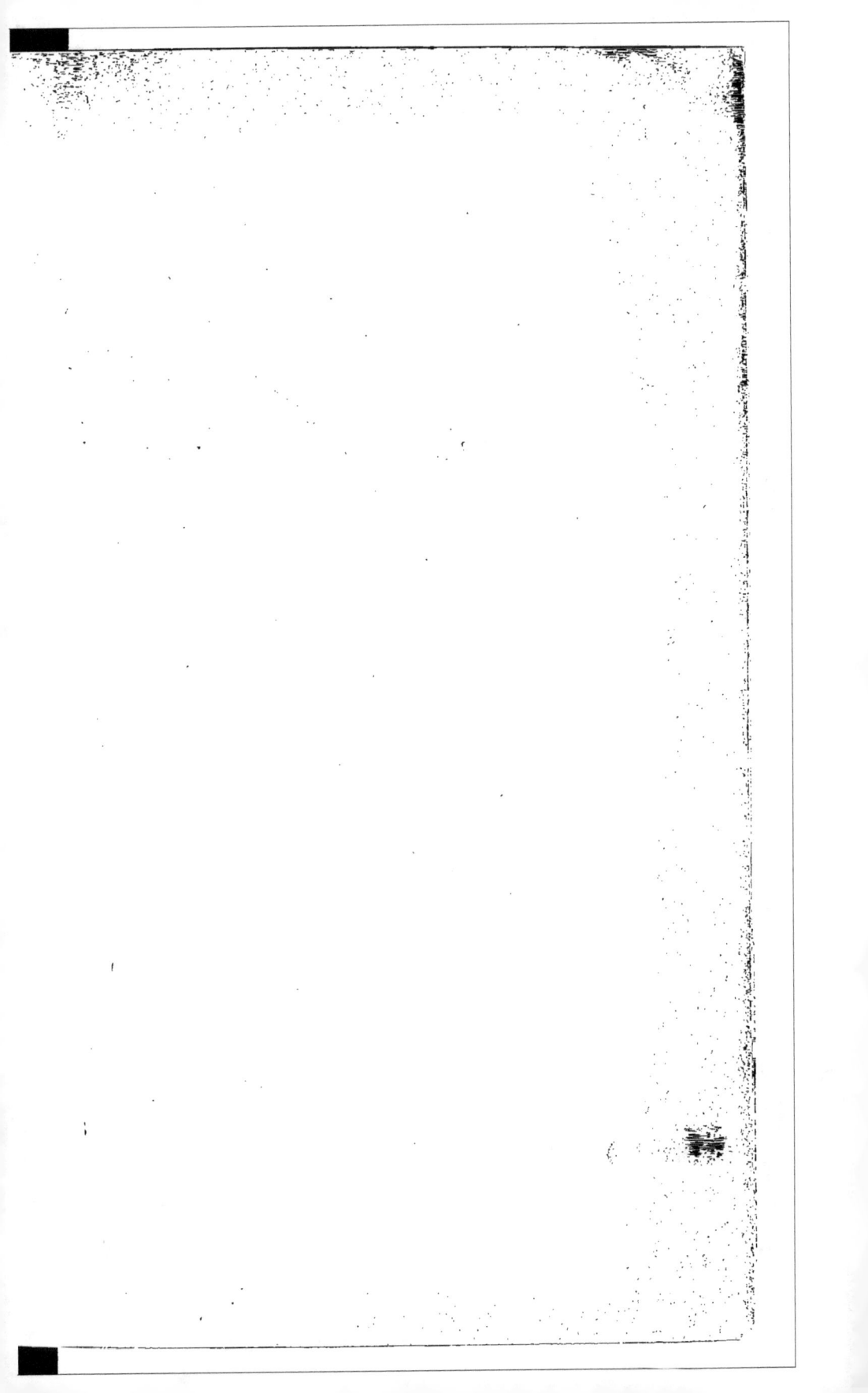

DÉMONSTRATIONS

ÉLÉMENTAIRES

DE BOTANIQUE.

TOME PREMIER.

DÉMONSTRATIONS
ÉLÉMENTAIRES
DE BOTANIQUE,

CONTENANT les Principes généraux de cette Science, l'explication des termes, les fondemens des Méthodes, & les élémens de la physique des végétaux.

LA description des Plantes les plus communes, les plus curieuses, les plus utiles, rangées suivant la Méthode de M. DE TOURNEFORT & celle du Chevalier LINNÉ.

LEURS usages & leurs propriétés dans les Arts, l'économie rurale, dans la Médecine humaine & Vétérinaire ; ainsi qu'une instruction sur la formation d'un Herbier, sur la dessication, la macération, l'infusion des plantes, &c.

TROISIEME ÉDITION, corrigée & considérablement augmentée.

TOME PREMIER.

A LYON,
Chez BRUYSET FRERES.

M. DCC. LXXXVII.
Avec Approbation & Privilege du Roi.

. . . . . quas vellent esse in tutelâ suâ
Divi legerunt plantas . . . .
Nisi utile est quod facimus, stulta est gloria.
PHÆD. *lib. 3. fab. 17.*

AVIS

SUR CETTE NOUVELLE ÉDITION.

LE premier plan des Démonſtrations Élémentaires de Botanique fut conçu en 1764, & l'inſtruction des Éleves de l'École Royale Vétérinaire, établie à Lyon depuis peu de temps, fut le premier objet qu'on ſe propoſa *. La

---

* L'Établiſſement des Écoles Vétérinaires eſt dû à M. Bourgelat, Chef de l'Académie du Roi dans la Ville de Lyon, ſa patrie, qu'il a illuſtrée par divers Ouvrages ſur les principes de l'Équitation & ſur la Zoologie Vétérinaire, par de nombreux articles de Manege & de Maréchallerie inférés dans la premiere édition de l'Encyclopédie, auxquels il doit la célébrité dont il jouit dans toute l'Europe. Ses premiers travaux ont été marqués par des ſuccès, & les Étrangers ne ſe ſont pas bornés à les honorer de leurs applaudiſſemens. Ils ont été jaloux de voir ſe former dans le ſein de ſon École des Éleves qui puſſent rapporter dans leur patrie les principes d'un Art eſſentiel & preſque nouveau dont juſque-là les procédés avoient été bornés aux foibles moyens d'une routine aveugle ou d'un empyriſme dénué de lumieres. Ce fut par les ſoins de ce Citoyen recommandable, & ſous les auſpices d'un Miniſtre bienfaiſant & éclairé (*M. Bertin*) que les fondemens de cet établiſſement utile furent jetés d'abord à Lyon, & enſuite à Paris où les regards du Miniſtere lui donnerent un nouveau degré d'importance. M. Bourgelat enviſagea les ſecours dont la Médecine Vétérinaire pouvoit être redevable au regne végétal, comme un motif qui rendoit indiſpenſable aux Éleves les notions les plus eſſentielles de la Botanique. Bientôt le jardin

Botanique alors étoit peu connue , & comptoit en France
un petit nombre d'Amateurs. La Médecine & la Pharmacie
se contentoient de la connoissance du nombre très-restreint
de Plantes dont les vertus ont consacré l'usage ; les Ouvrages du célebre Linné , qui depuis long-temps avoient fait
parmi les Naturalistes du Nord une révolution heureuse ,
à peine connus des François , peu appréciés , peu lus , si
ce n'est par quelques Savans de nos Provinces méridio-
nales , avoient été peu accueillis dans la Capitale où les
Principes du Botaniste Suédois hautement désapprouvés
sembloient ne présenter qu'une nomenclature barbare &
stérile. L'Encyclopédie récemment publiée ne proposoit

de l'École de Lyon présenta la réunion des Plantes médicinales
les plus utiles , de celles qui servent à la nourriture des animaux , & des especes les plus capables de fixer l'attention des
Naturalistes & des Amateurs. Deux amis , tous deux connus
par des Ouvrages utiles & par de vastes connoissances , s'em-
presserent de seconder le désir du Ministere & les travaux du
Fondateur. M. de la Tourrette & M. l'Abbé Rozier se chargerent
de la formation du jardin & de la rédaction des Démonstrations
destinées à l'instruction des Éleves. L'Introduction à la Botanique , qui forme le premier Volume , appartient en entier à M. de
la Tourrette , ainsi que le plan général de l'Ouvrage, les Pré-
faces & les Tables raisonnées. L'accueil du Public met ces
élémens au-dessus des éloges dus à la clarté de l'instruction , à la
précision avec laquelle les Principes de la Science y sont développés
& à la méthode philosophique qui y regne. Nommer M. l'Abbé
Rozier , c'est rappeler aux Savans que les Sciences lui sont rede-
vables du Journal de Physique & d'un excellent Dictionnaire
d'Agriculture auquel le premier des Arts devra ses progrès, sa
théorie & le recueil le plus étendu des observations qui peuvent
en éclairer la pratique.

que la méthode de Tournefort & s'étoit reftreinte pour les efpeces aux Plantes les plus utiles. On paroiffoit ne demander à la Botanique rien au-delà des fecours que le regne végétal peut offrir à la Médecine ou aux Arts : on la difpenfoit en quelque forte d'être un objet de curiofité ou d'inftruction ; comme fi la curiofité , quelque frivole qu'elle paroiffe lorfqu'elle n'a pas de but déterminé , ne conduifoit pas à des découvertes utiles ; comme fi les Plantes qui embelliffent le féjour de l'homme , ou qui fervent à fa nourriture , ne revendiquoient pas leur rang dans l'hiftoire de la nature & dans le fpectacle impofant qu'elle préfente à nos regards & à notre étude.

Ces confidérations durent reftreindre dans des bornes plus étroites un Ouvrage où l'on s'étoit propofé le double but de l'inftruction des Éleves de l'École & de celle des Étudians en Botanique dont le travail n'étoit encore aidé par aucun Ouvrage élémentaire écrit en notre Langue , où les nouveaux Principes de la Science préfentés avec méthode puffent en faciliter l'étude. Dès-lors néanmoins M. Gouan , célebre Botanifte de Montpellier , à qui il fut communiqué avant d'être livré à l'impreffion , jugea qu'il ne pouvoit être que très-utile. Le fuccès a juftifié fon attente : deux éditions nombreufes ont été fucceffivement épuifées ; la feconde l'eft depuis long-temps , & le Public en attendoit une nouvelle avec d'autant plus d'empreffement que fa confiance fe fondoit fur l'utilité reconnue de l'Ouvrage.

Mais depuis la publication des Démonftrations Élémentaires de Botanique, la Méthode de Linné a étendu fes conquêtes. Tous les Naturaliftes François fe font approprié ou fa méthode , ou fon langage , ou la route qu'il s'étoit tracée lui-même. D'ailleurs les rapports des Plantes ont été mieux évalués : la Matiere Médicale plus éclairée a été foumife à des principes moins arbitraires. De nouvelles obfervations ont procuré de nouvelles lumieres fur l'ufage des Plantes dans l'économie rurale & domeftique & fur leur emploi dans les Arts. Les caracteres naturels & effentiels des genres , les caracteres effentiels & les defcriptions des efpeces ont été portés à un plus grand degré de perfection & par le Chevalier Von Linné , & par fes Sectateurs. Les progrès de la Science exigeoient que, dans cette édition , de nouveaux développemens & des additions utiles conduififfent le Lecteur jufqu'à l'époque des connoiffances actuelles.

Engagé par les Éditeurs & invité par M. de la Tour-rette à nous charger du travail qu'exigeoit cette troifieme édition , nous rendrons compte fuccinctement de ce qui le conftitue. L'Avertiffement de l'édition précédente placé ci-après ne laiffe rien à défirer fur celui des premiers Rédacteurs.

Le travail le moins apparent & le plus effentiel qu'on dût attendre de nous , étoit la vérification des defcriptions que renferment les Démonftrations. Il n'en eft aucune dont le texte n'ait été comparé avec foin , foit avec l'individu vivant , foit , lorfqu'on n'a pu faire autrement , avec la Plante feche bien confervée. Nous avons comparé en même temps la defcription de chaque Plante à celle qu'en ont donnée dans les dernieres éditions de leurs Ouvrages le Chevalier Von Linné , Haller , Pollich , Scopoli , Bergius & d'autres célebres Botaniftes. Ce travail a néceffité plufieurs additions & quelques corrections que les fréquens changemens que Linné a faits à fes caracteres rendoient néceſſaires. Ce n'eſt qu'en rapprochant les démonſtrations de la nouvelle édition avec celles des éditions précédentes qu'on peut évaluer nos ſoins & prononcer ſur leur ſuccès.

La premiere addition dont nous ayons à rendre compte eſt l'abrégé du Syſtême de Linné, ou plutôt le texte pur du Botaniſte Suédois pour toutes les Plantes décrites ou caractériſées dans les deux nouveaux volumes de Démonſtrations. Cet Abrégé placé à la ſuite de l'Introduction à la Botanique renferme ainſi la ſubſtance entiere de l'Ouvrage qui ſuit, & forme un tableau précis où le rapprochement des objets en fait reſſortir l'enſemble. On y a fait entrer, 1.º Les lois fondamentales de la Botanique ſuivant le Chevalier Linné. 2.º Les caracteres eſſentiels des genres. 3.º Les caracteres eſſentiels des eſpeces. 4.º L'indication de la meilleure figure de chaque Plante. 5.º Les ſynonymes anciens qui citent une bonne figure ou qui peuvent éclairer le diagnoſtique de l'eſpece. 6.º La ſtation & le ſol de la Plante étrangere ou européenne. 7.º L'époque de la fleuraiſon. 8.º Son port, ſa ſtature & ſa durée. 9.º La latitude ſous laquelle on la trouve depuis la Mer Baltique juſques à la Mer Méditerranée. La Géographie Botanique générale & particuliere, ainſi que le Calendrier du Botaniſte, y completent pour l'Éleve les connoiſſances que nous devions lui préſenter.

Cet Abrégé appartenoit par ſa nature à un Ouvrage élémentaire tel que celui-ci. L'exactitude élégante qui caractériſe les phraſes de Linné, les progrès de ſa méthode, la dialectique profonde qu'il a portée dans ſa nomenclature en ont fait aujourd'hui la langue univerſelle des Botaniſtes. Il n'eſt preſque plus permis de citer une Plante décrite par Linné, ſous une dénomination différente de la ſienne, ſans courir le rifque de n'être pas entendu. Nous avons cru rendre fervice aux Étudians en Médecine en leur offrant le texte de Linné applicable aux Démonftrations , & en y joignant le plus fouvent , d'après l'Ouvrage de Reichard & d'après nos propres vérifications , la citation de plufieurs figures & de quelques fynonymes. Nous y avons ajouté l'indication des principales Flores publiées récemment.

On s'eft appliqué particuliérement dans cette partie de l'Ouvrage qui préfentoit dans un petit efpace une très-grande quantité d'objets , à y rappeler l'exécution typographique à fa deftination la plus effentielle dans des Ouvrages didactiques , fur-tout de la nature de celui-ci. Elle doit moins chercher à flatter les regards qu'à employer tous fes moyens à féparer , à diftinguer , à claffer les objets qu'elle préfente. Dans cet Abrégé elle n'offre rien d'indifférent : la variété des caracteres , leur changement , la pofition des lignes , leur diftance , la pofition des *alinéa* , & jufqu'à la ponctuation même y ont pour but la facilité & l'inftruction. Ces foins font pour le Lecteur un garant de l'exactitude qu'on a apportée dans la correction de l'ouvrage entier.

Les caracteres claffiques fur lefquels le Chevalier Linné a fondé fa méthode , demandoient à être mis fous les yeux des Éleves , foit pour être déterminés avec précifion , foit pour être reconnus plus facilement. Nous les avons fait graver ; ils forment le fujet d'une nouvelle Planche. Nous avons pris le même foin pour les fleurs des *Orchis* , pour celles des *Graminées* & pour quelques efpeces de la *Cryptogamie*. Une longue expérience nous a appris que fans ce fecours indifpenfable pour les Éleves , il eft prefque impoffible aux Commençans d'entendre le texte du Chev. Linné.

Telles ont été nos vues & l'objet de notre travail relativement aux Principes de la Science. La partie pratique qui renferme les Démonstrations proprement dites, soumise à la vérification dont nous avons déjà parlé, devoit par une suite du même plan acquérir plus d'étendue & exiger de nouveaux développemens.

Nous avons ajouté la description de plusieurs Plantes à celles que renfermoient déjà les Démonstrations, & nous les avons distinguées par un astérisque & la réduplication du numéro qui précède. Nous avons joint aux descriptions qui existoient déjà des notes qui présentent, d'après Linné, le caractere essentiel des Plantes les plus connues ou les plus curieuses. Au lieu de 640 descriptions que renfermoit l'édition précédente, on trouvera près de 2400 plantes décrites ou caractérisées, soit dans le corps de l'Ouvrage, soit dans nos Observations, sans que le volume de cette édition ait été augmenté proportionnellement à l'importance de cette addition.

Lorsque le caractere puisé dans le Chev. Linné nous a paru suffisant pour distinguer & faire connoître l'espece avec facilité, nous l'avons présenté seul. Dans d'autres circonstances nous avons réuni aux attributs caractéristiques reconnus par Linné, ceux que nous ont offert Haller, Scopoli, &c. Quelquefois même nous avons admis des attributs bannis par Linné lui-même de ses descriptions, tels que la grandeur absolue, la saveur, l'odeur, les couleurs; mais nous ne l'avons fait que lorsque nous avons reconnu ces qualités constantes & propres à conduire plus sûrement à la dénomination de l'espece.

Ailleurs nous avons joint des descriptions à la traduction de la phrase de Linné : c'est sur-tout dans les classes

& les ordres naturels où les anneaux de la chaîne font très-rapprochés, que nous nous fommes attachés à infifter fur les attributs les plus marqués, & à rendre nos defcriptions vraiment caractériftiques. D'autres fois, & lorfque le texte de Linné eft obfcur ou difficile à comprendre, nous l'avons paraphrafé au lieu de le traduire : fans ceffe nous nous fommes appliqués à faciliter l'intelligence de fes Ouvrages, & à aplanir les difficultés qu'ils préfentent ; nous avons envifagé les Démonftrations Élémentaires de Botanique comme une introduction néceffaire à la lecture de ce célebre Naturalifte, à celle de Haller, de Gouan, de Scopoli, d'Allioni, de la Marck, & de prefque tous les Botaniftes modernes.

On a fuivi dans l'ordre des Démonftrations la méthode de Tournefort, en faifant marcher de front celle du Chevalier Linné, qui y eft fans ceffe rappelée. Sans adhérer à l'opinion commune qui regarde le fyftême fexuel comme le chef-d'œuvre du Botanifte Suédois ; en y reconnoiffant, comme dans la méthode de Tournefort, des anomalies que nous citons & que Linné lui-même a reconnues ; une autre raifon nous eût attaché à fuivre par-tout les pas de ce grand homme. Guidé par une logique févere, par des vues grandes & juftes, il s'eft fait une maniere propre de peindre & de décrire ; l'exactitude de fes caracteres, l'art avec lequel il les circonfcrit, rappellent fans ceffe à lui ; il parle aux yeux comme à l'efprit ; éloquent & concis, il préfente toujours le mot & l'attribut propre ; lorfque l'expreffion lui manque, il la crée & l'adapte avec une telle juftefle qu'il faut toujours, en décrivant après lui, ou le copier ou l'imiter : c'eft à quoi nous nous fommes appliqués autant que le génie de notre Langue pouvoit nous le permettre.

Dans la deſcription françoiſe des Plantes , nous avons indiqué , comme dans l'Abrégé latin de Linné , la ſtation qui leur eſt propre ; mais nous nous ſommes contentés de déſigner par les mots *Lyonnoiſe* & *Lithuanienne* * celles qu'on trouve généralement en Europe. Notre ſéjour en Lithuanie & à Lyon nous ayant mis à portée de faire plus particuliérement de ces deux contrées le théâtre de nos recherches & de nos herboriſations. Cette raiſon & l'éloignement des deux points de comparaiſon ont dû nous déterminer à croire que toute eſpece qui appartenoit à la Flore Lyonnoiſe & à celle de Lithuanie , étoit ſpontanée dans toute l'Europe.

Les Plantes , quant à leurs uſages & à leurs vertus , peuvent être conſidérées ſous divers points de vue , ſoit comme médicinales , ſoit comme alimenteuſes pour l'homme & pour les beſtiaux , ſoit comme utiles aux Arts. Ces différens rapports ont ſucceſſivement fixé notre attention. Une obſervation longue , conſtante & répétée peut ſeule éclairer à cet égard. Nous nous y ſommes aſſidument livrés dans une pratique de vingt années dans les hôpitaux de Lithuanie ou de Lyon , & pendant le cours de laquelle l'emploi des ſubſtances végétales a été le moyen que nous avons le plus conſtamment adopté pour le traitement des maladies. Exercés à douter & attentifs à nous défendre de toute prévention , nous nous ſommes appliqués à vérifier les propriétés aſſignées par nos prédéceſſeurs

---

* La néceſſité de ſuivre un plan uniforme nous a fait toujours employer au féminin ces deux adjectifs qui ſe rapportent en général au mot *Plante* , lors même que le nom trivial de la Plante décrite ſe trouve appartenir , dans notre Langue , au genre maſculin.

aux Plantes officinales ; leurs bons ou leurs mauvais effets ont été conftatés , rapprochés , comparés dans nos journaux d'obfervations. Nous n'avons fur-tout cru obtenir de réfultats certains qu'après une longue étude des maladies que la nature guérit par fes propres forces , cherchant à diftinguer ainfi fon travail particulier d'avec l'effet du médicament. Ce n'eft qu'alors que nous avons cru pouvoir ftatuer fur le degré réel d'activité de chaque efpece. Guidés par l'analogie botanique étayée de la connoiffance des familles naturelles, confultant dans l'emploi des Plantes, leur faveur, leur odeur, le fol qui les nourrit & les principes chimiques qu'elles renferment, nous n'avons le plus fouvent écouté que nos obfervations , pour les comparer enfuite à celles de nos meilleurs Auteurs , & nous le dirons à l'honneur de l'Art , rarement elles fe font trouvées en contradiction. Nous ofons l'efpérer avec quelque confiance ; fi notre travail peut être utile à l'humanité , ce fera effentiellement dans le foin que nous avons apporté à conftater les propriétés médicinales ou alimenteufes des végétaux.

Les détails de l'économie ruftique qui pouvoient être liés aux Élémens de l'Hiftoire des Plantes , ceux qui tiennent à l'ufage des bois dans la charpente , le charronnage &c., l'emploi des fubftances végétales dans les Arts , & particuliérement dans celui de la Teinture , ont également été indiqués , & nous nous fommes empreffés de faire ufage, dans la defcription de la claffe des Lichens , des obfervations que nous avons puifées dans un excellent Mémoire de M. *Hofmann* fur l'ufage qu'on pouvoit faire des Plantes de cette famille dans l'art de la Teinture. C'eft avec le même empreffement que nous avons préfenté l'efquiffe des belles découvertes du Docteur *Hedwig* fur la génération des Plantes de la Cryptogamie. Nous les avons placées à la tête de notre travail fur cette famille, que nous avons cru devoir préfenter, ainfi que celle des Graminées, d'après le Chevalier Linné, attendu qu'elles ne font, l'une & l'autre, qu'ébauchées dans la méthode de Tournefort.

Nous ofons nous flatter que ces Élémens préfenteront un Cours de Botanique également utile à ceux qui n'ayant aucune notion de cette Science défirent l'acquérir, & fuffifant pour le Pharmacien, pour le Médecin & pour tous ceux que leur état appelle à avoir une connoiffance exacte du regne végétal, fans les obliger à en faire une étude approfondie. Les Amateurs, le Philofophe, l'homme du monde qui cherche à être inftruit, y trouveront tout ce qu'on peut favoir de l'hiftoire du regne végétal fans être Botanifte, & tous les fecours néceffaires pour le devenir.

GILIBERT, D. M.

Lyon, Novembre 1787.

xvj

AVERTISSEMENT.

L'OBJET qu'on s'eſt propoſé dans cet Ouvrage élémentaire, a moins été de faire un Livre, que de profiter de ceux qui ſont faits, & de faciliter l'étude de la Botanique à des Eleves qui ne ſont pas deſtinés à l'approfondir.

On n'a rien négligé cependant pour donner, dans l'Introduction, une idée juſte & préciſe des principes de la ſcience. On les a expoſés dans l'ordre qui a paru le plus ſimple & le plus clair ; & ſuppoſant toujours que ceux à qui l'on parloit, n'avoient aucune connoiſſance des Plantes & de la Botanique, on s'eſt fait une regle de n'employer les termes qui lui ſont conſacrés, qu'en les définiſſant, ou après les avoir définis.

Dans la même vue on s'eſt aſtreint à ne préſenter les notions eſſentielles, que dans leur progreſſion naturelle: Par-là, l'hiſtoire de la ſcience s'eſt trouvée néceſſairement liée au développement de ſes principes, & la phyſique des végétaux aux deſcriptions Botaniques ; mais on a tâché de réduire l'hiſtoire aux principales époques des découvertes, les principes aux parties eſſentielles qui devoient entrer dans les deſcriptions, & la phyſique végétale à ſes lois générales, à la nomenclature définie, & aux faits utiles qui tiennent à la Botanique.

Quelques ſoins que nous ayons pris pour reſtreindre tous ces objets, l'abondance des matieres, le nombre des découvertes modernes, la multiplicité des obſervations

tions intéressantes, nous ont quelquefois conduit au-
delà des bornes que nous nous étions prescrites.

Nous savons que l'art Vétérinaire n'exige pas
strictement toutes ces connoissances ; cependant qu'on
examine leur enchaînement, & l'on se convaincra
bientôt qu'elles s'éclairent mutuellement, qu'elles concourent de concert à l'établissement des principes,
& qu'enfin leur réunion peut seule diriger avec une
entière certitude , dans l'étude d'une science, où la
moindre méprise peut devenir d'une extrême consé-
quence.

Le plus grand nombre de ceux qui apprennent, se
contentent d'une instruction claire & succincte ; mais
il est des esprits ardens, actifs, avides de savoir ,
qui se dégoûtent bientôt de l'instruction, si la route
dans laquelle on les guide , n'est éclairée, si on ne
leur montre le développement des notions, l'origine
des principes, la raison du précepte ; & c'est principalement ces esprits qu'il importe d'attacher à l'étude ;
ce sont les seuls qui annoncent les grands succès en
tout genre.

Nous avons encore porté nos vues plus loin : dans
le nombre des Éleves, nous avons considéré ceux dont
le goût & le talent se tourneroient peut-être dans la
suite, du côté de la Médecine humaine ; nous avons
cru que des élémens raisonnés pourroient suppléer à
plusieurs volumes, & leur en tenir lieu, ainsi qu'aux
Médecins & aux Chirurgiens, qui dans les voyages
ou à la campagne, s'en trouvent dépourvus.

L'Introduction à la Botanique peut conduire
non-seulement à l'intelligence des démonstrations
qui en sont l'objet, mais encore à l'étude des grands
ouvrages de Botanique, & sur-tout des Auteurs
modernes.

Tome I.   b

La partie *physique*, en développant quelques-uns des rapports singuliers qui rapprochent le regne végétal de l'animal, découvre l'analogie qui existe dans l'anatomie des végétaux, comparée à celle des animaux : analogie qui, plus approfondie, jettera peut-être un jour de nouvelles lumieres sur l'économie des uns & des autres.

De la physique des végétaux résultent aussi plusieurs principes d'agriculture, que les Éleves pourront mettre utilement en usage, lorsqu'ils seront rappelés dans leurs Provinces. L'art Vétérinaire est à l'art de cultiver la terre, ce que la population est à l'État ; ils sont étroitement liés, leurs succès sont communs, & les principes de l'un ne doivent pas être étrangers à l'autre.

Ces réflexions justifient les détails dans lesquels nous sommes entrés. A l'égard des Éleves qui voudront se borner à l'instruction purement nécessaire, il sera facile au Démonstrateur chargé de cette partie, de leur faire distinguer ce qu'il leur importe d'apprendre, ce qu'il leur suffit de connoître, & ce qu'ils peuvent ignorer.

(1) Introd. pag. 22.
(2) Ib. p. 44.
(3) Ibid. p. 102, 105 & suiv.

La description des parties de la fructification (1), l'explication des principes de la méthode adoptée (2), ce qui concerne la forme & la disposition des parties des plantes (3), dont on peut encore retrancher tout ce qui s'annonce sous le titre de note ou d'observation, voilà où se réduisent à peu près les notions nécessaires ; mais nous devons prévenir qu'elles sont indispensables pour entendre les démonstrations ; ces notions renferment les définitions de tous les termes propres dont on s'est servi pour décrire les plantes.

La Botanique, comme chaque science, a une langue particuliere, qui sert à en faciliter l'étude. Cette

AVERTISSEMENT.

langue est en partie tirée du Grec, & pour ainsi dire
naturalisée en Latin ; contraints d'employer ici le
François, nous avons tâché de conserver le laconisme
qui la distingue. Il a fallu pour y parvenir, éviter
toute circonlocution, substituer l'épithete à la description, le mot à la définition, les termes propres
aux périphrases. Ce langage, au premier abord, pa-
roîtra sans doute sec & barbare ; mais l'usage le
rendra bientôt familier, & dans les matieres de ce
genre, on doit sacrifier l'agrément à la précision :
ornari præcepta negant, contenta doceri.

A l'exemple de presque tous les Botanistes modernes, nous avons adopté & traduit la nomenclature
du Chev. VON LINNÉ, comme la plus étendue &
la plus exacte ; mais en la traduisant en François,
nous nous sommes assujettis, dans l'Introduction,
à rapporter le plus souvent l'expression Latine ; &
à la fin de l'ouvrage, indépendamment de la Table
Françoise raisonnée, on a rassemblé ces termes sous
une forme alphabétique ; le mot Latin renvoie dans
le texte, au mot François qui est accompagné de sa
définition. De cette maniere, l'Introduction devient
un vocabulaire raisonné, François & Latin, de tous
les termes employés dans les démonstrations, & en
même temps de la plupart de ceux qui sont consacrés
dans les ouvrages de Botanique.

Malgré les efforts qu'on a faits pour rendre en
François la nomenclature de cette science, avec de
la clarté & quelque précision, on a pensé que des
planches gravées étoient le plus sûr moyen de faire
facilement entendre toutes les définitions. Plusieurs
figures de ces planches ont été tirées des Instituts de
Botanique, le plus grand nombre du Philosophia
Botanica LIN. ; on en a fait un choix, & on les

b ij

a diſtribuées dans un ordre relatif à celui de
l'ouvrage.

Quant au plan qu'on *a ſuivi dans* les démonſtrations des plantes, *nous n'ajouterons rien ici à*
(1) Voyez *ce qui en eſt dit à la fin de* l'Introduction (1).
pag. 174. *Le Démonſtrateur ſuppléera aux détails qu'on a*
ſupprimés dans pluſieurs articles ; c'eſt l'extrait de
ce qui doit être enſeigné aux Éleves , & le réſultat
des obſervations au moyen deſquelles ils ſeront aſſurés
de reconnoître dans la ſuite avec ſureté, les plantes
qui leur auront été démontrées.

Pour ne rien omettre de ce qui pouvoit rendre
ces Élemens plus complets, l'on a placé à la fin de
l'Introduction, *une inſtruction ſur la maniere de*
former un Herbier ; & les méthodes les plus ſures de
recueillir les plantes à l'uſage de la Pharmacie, de
les faire deſſécher, macérer, infuſer, &c. Ces métho-
des ſont tirées de Sylvius, & des Cours particuliers
de M. ROUELLE.

On n'a pas toujours cité dans le cours de l'Ouvrage, *les ſources où l'on a puiſé : les citations*
ſeroient devenues trop fréquentes. En général, on a
extrait les principes de la Botanique, de la belle
Préface des Inſtituts de M. DE TOURNEFORT,
& des immortels écrits du Chev. VON LINNÉ. *On*
a ſuivi la méthode du premier, en l'enrichiſſant des
découvertes du ſecond. Le ſyſtéme de celui-ci étoit
trop lié à ſes découvertes, & ce ſyſtéme a mérité trop
de célébrité, pour ne pas exciter la curioſité de plu-
ſieurs Éleves : on a donc cru devoir le faire connoître
également à ceux qui ſeroient dans le cas d'en pro-
fiter. On a expliqué auſſi ſuccinctement qu'il a été
poſſible, ſon plan & ſes principes ; pluſieurs d'entre eux
étoient inutiles à l'intelligence de la méthode de

TOURNEFORT; *mais tous font devenus néceffaires à celle
des defcriptions employées dans les* démonftrations.

*Dans cette feconde partie on a ajouté aux dé-
nominations génériques du* Chev. LINNÉ ; *la dé-
fignation de la claffe & de l'ordre que chaque plante
occupe dans fon fyftême. Au moyen de ce fecours ,
& de l'explication du fyftême , qui fe trouve dans
l'*Introduction (1), *on trouvera l'indication de
plufieurs caracteres effentiels , qui le plus fouvent
font omis dans les defcriptions , comme abfolument
étrangers à la méthode de* TOURNEFORT, *mais qui
devient d'un très-grand fecours pour reconnoître facilement la plupart des plantes : tels font le nombre
des étamines & des piftils , leur réunion , leur fituation , &c. Cette addition diftinguera avec quelque
avantage cette feconde édition d'avec celle que nous
avons donnée en 1766.*

(1) Pag. 43 & 80.

*Les autres Auteurs dont on a fait ufage dans
l'*Introduction , *pour la partie Botanique , font*
M. DUHAMEL DUMONCEAU (Phyfique & Traité
des arbres), M. DE SAUVAGES (Méthode des
feuilles) , M. ADANSON (Préface des familles
des plantes) ; *pour la phyfique & l'économie végétale , les Écrits de* MM. GREW, HALES, DUAMEL
& BONNET.

Dans les démonftrations, *les principaux caracteres des plantes font tirés des Élémens de Botanique
de* TOURNEFORT *& des* Genera Plantarum *du*
Chev. LINNÉ ; *les caracteres fecondaires & les defcriptions fpécifiques de* MM. LINNÉ, TOURNEFORT,
MORISON , *des ouvrages de* MM. DE HALLER,
SÉGUIER, GÉRARD, ALLIONE, JACQUIN , *&
principalement de l'*Hortus Monfpelienfis *de* M.
GOUAN , *célebre Botanifte de Montpellier.*

b iij

Les Écrivains confultés fur les ufages & fur les proprictés des plantes , font en général DALECHAMP, CHOMEL , & le plus fouvent les Matieres Médicales de MM. GÉOFFROI , CRANTZ , LINNÉ, la Pharmacopée de Londres , & le Flora Monfpelienfis.

Avec de tels guides doit-on craindre de s'égarer ? Si notre travail a quelque mérite , la gloire leur en appartient plus qu'à nous. Nous avons atteint à celle que nous ambitionnons , fi nous fommes parvenus à être utiles.

INTRODUCTION

A LA

BOTANIQUE.

Filum Ariadneum Botanices est systema, sine quo chaos est res Herbaria.

LIN. Phil. Botan. 156. p. 78.

Une méthode est le fil d'Ariane pour le Botaniste ; sans son secours, la Botanique est un chaos.

b iv

ORDRE DES MATIERES

CONTENUES

DANS L'INTRODUCTION.

T A B L E
ALPHABÉTIQUE, RAISONNÉE,
D E S   M A T I E R E S
ET DES TERMES BOTANIQUES,
Contenus dans l'Introduction.

A.

ç

xl T A B L E

Fin de la Table des Matieres.

TABLE
DES TERMES BOTANIQUES,
LATINS,

Qui font traduits & définis dans l'Introduction.

A.

Tome I.   d

Fin de la Table des termes Latins.

DÉMONST.

INTRODUCTION

AUX

DÉMONSTRATIONS

ÉLÉMENTAIRES

DE BOTANIQUE;

Contenant un abrégé de l'histoire & des principes de cette science, avec les élémens de la physique des plantes.

NOTIONS PRÉLIMINAIRES.

O N distingue trois regnes dans la nature, le TROIS REGNES. minéral, le végétal & l'animal.

Le regne minéral comprend toutes les *terres*, *pierres*, *métaux*, *sels*, *&c.* Le regne végétal renferme les *plantes* [herbes ou arbres], les *palmiers*, les *gramens*, les *fougeres*, les *mousses*, les *algues*,

A

les *champignons*. Le regne animal embrasse l'HOMME, les *quadrupedes*, les *reptiles*, *poissons*, *oiseaux*, *insectes*, &c. Voyez la *Matiere Médicale à l'usage de l'Ecole Vétérinaire*, *pag. 2 & suiv.*

Les minéraux croissent; les végétaux croissent, & vivent; les animaux croissent, vivent & sentent (*a*) : le raisonnement distingue l'HOMME.

Le plus noble usage qu'il puisse faire de cette faculté, est de l'employer à l'étude de la nature, qui dans ses trois regnes lui présente des objets innombrables d'agrément & d'utilité. C'est sous ce dernier point de vue, sur-tout, qu'il importe de la considérer. Les minéraux, les végétaux, les animaux fournissent des remedes à presque tous les maux qui dérangent l'économie animale ; mais ceux qu'on tire des végétaux ont toujours été préférés, comme les plus simples, les plus puissans, les moins dangereux & les plus multipliés.

REGNE VÉGÉTAL.

Le nombre des plantes connues va au-delà de 20000 especes, suivant les Auteurs qui y comprennent les *variétés ;* à plus de 8000, selon ceux qui ne les comptent pas ; & le microscope étend chaque jour l'empire de la Botanique.

Quoiqu'il soit à présumer que chaque plante ait des vertus qui lui sont propres, ou tout au moins des degrés de vertus particuliers & relatifs à nos besoins, on n'est parvenu à les déterminer distinctement, que sur sept ou huit cents especes, dont on n'emploie guere que la moitié ; parce que l'on néglige celles dont les propriétés, communes à plusieurs, sont moins sensibles & moins efficaces.

(*a*) *CAROL. LINNÆI Philos. Botan. Introduct.*

Si donc il fuffifoit, pour l'objet que l'on fe propofe, de connoître en général ce nombre limité de plantes, par leurs noms & par leurs vertus; la vue, un examen répété, la comparaifon : feroient peut-être les feuls moyens néceffaires pour y parvenir. Le Botanifte s'inftruiroit, comme un voyageur connoît les pays qu'il a parcourus; comme un laboureur apprend à diftinguer, par routine, la plupart des plantes de fon canton : il feroit fuperflu de recourir à d'autres voies.

Mais ce moyen eft long & toujours incertain. Nécessité
des
divisions. La reffemblance de plufieurs plantes utiles, avec celles qui ne le font pas ; l'impoffibilité de reconnoître parfaitement les unes, fi l'on n'a pas une idée diftincte des autres ; les rapports extérieurs de plufieurs efpeces, dont les propriétés font effentiellement différentes ; la facilité de s'y méprendre , & les dangers de cette méprife ; toutes ces chofes ont fait fentir la néceffité de recourir à des divifions déterminées par des caracteres diftincts.

» Suppofez, dit RONDELET, un tas de graines » d'efpeces différentes ; qu'on vous les donne » chacune à reconnoître: vous ne chercherez pas » à y parvenir par un examen général; vous com- » mencerez par féparer les graines qui paroîtront » différer le plus, & vous ferez de petits tas de » toutes celles qui auront des reffemblances «.

L'Aftronomie feroit reftée dans le chaos, fi on eût voulu s'attacher à donner un nom à chaque étoile ; elle ne s'eft éclairée, fuivant l'obfervation d'un Savant (b), que parce qu'on a fuppofé les étoiles arrangées en conftellations.

(b) M. Guettard, *Mém. Académ.* 1759, p. 125.

A ij

La néceffité des divifions devient plus forté encore, fi le défir de découvrir de nouvelles propriétés , de reculer les limites des connoiffances acquifes, ou même de les perfectionner, fait entreprendre en général l'étude de toutes les plantes *indigenes* & *exotiques* (c), dont on ne connoît peut-être que la moindre partie. La mémoire ne peut plus fuffire à ce travail, fi l'obfervation , le raifonnement & la méthode ne viennent à fon fecours.

Mais l'obfervation diftingue les caracteres ; le raifonnement fixe les rapports ; la méthode rapproche les objets femblables , & fépare ceux qui different ; de là naiffent des divifions, des fubdivifions que l'efprit faifit bientôt, & qui fe gravent facilement dans le fouvenir.

LA
BOTANIQUE. C'eft ainfi que l'étude des plantes, qui paroît d'abord fe réduire, & qui long-temps a été réduite à une fimple nomenclature, devient une fcience ; & cette fcience fe nomme la *Botanique*. Elle traite de tous les végétaux & de tous leurs rapports. BOERHAAVE la définit , *Partie de la fcience naturelle , au moyen de laquelle les plantes font le plus furement & le plus facilement reconnues & gravées dans la mémoire* (d).

Ce n'eft qu'après une longue fuite de fiecles , d'obfervations & de tâtonnement , qu'on eft parvenu à la confidérer fous un point de vue philofophique ; mais de tout temps on admit des divifions pour faciliter la connoiffance des plantes.

(c) On nomme *indigenes* les plantes naturelles au pays , *exotiques* les étrangeres.

(d) *Boerh.* Hift. 16.

On les a fucceffivement diftinguées, par les PREMIERES DIVISIONS. lieux qu'elles habitent, en *aquatiques*, *marines*, *fauvages*, *domeftiques*, &c. ; par les faifons où elles fe développent, en *printanieres*, *eftivales*, *automnales*, *hivernales*; quelquefois par les noms des Auteurs qui les ont reconnues, décrites ou rapprochées.

Les plus anciens Botaniftes que nous connoiffions ANCIENNES MÉTHODES. ont commencé à les divifer par leurs ufages ; tels font THÉOPHRASTE, difciple d'ARISTOTE, qui diftingua les plantes en *potageres*, *farineufes*, *fucculentes*, &c. & DIOSCORIDE, en *aromatiques*, *alimenteufes*, *médicinales* & *vineufes*.

Ces Philofophes, occupés à rendre la Botanique utile, ignorerent les moyens d'en faciliter l'étude. Leurs divifions vagues & incertaines peuvent tout au plus aider la mémoire de celui qui connoît déjà les plantes, & ne conduifent point à les connoître. Elles fuppofent tout, elles n'enfeignent rien.

On en peut dire autant de toutes les divifions MÉTHODES TIRÉES DES QUALITÉS. ou méthodes uniquement fondées fur les qualités ou vertus médicinales. Ces méthodes adoptées par de bons Botaniftes, & fur-tout par des Médecins, en cherchant à rapprocher la fcience de fon véritable objet, l'en éloignent en quelque forte, puifqu'elles jettent de la confufion fur des chofes qu'il importe de diftinguer.

Trois raifons, felon un favant Auteur (e), concourent à les rendre incertaines & dangereufes. 1.° Les différentes parties d'une plante ont fouvent des vertus oppofées ; de forte que pour fuivre un ordre exact, il faudroit placer la ra-

(e) M. Adanfon, *Familles des Plantes*. Préface, LXXVIII.

cine dans une divifion, la fleur dans une autre, la feuille dans une troifieme, &c. 2.° Souvent la même plante a plufieurs vertus différentes ; il faudroit donc la répéter autant de fois. 3.° Plufieurs plantes caractérifées par une vertu particuliere, la poffedent à un tel degré de force ou de foibleffe, qu'on ne peut en attendre que des effets fort éloignés.

Les divifions empruntées des vertus, loin d'éclairer la Botanique, la rejettent donc dans le chaos de l'ignorance. Elles font très-avantageufes dans la pratique médicinale ; on y diftinguera les plantes par leurs qualités *ameres*, *falées*, *ácres*, *acides*, *acerbes*, *aufteres*, &c. & par leurs vertus *purgatives*, *apéritives*, *fudorifiques*, *emménagogues*, *hépatiques*, &c. Mais ce n'eft plus alors la *Botanique*, c'eft la *Matiere Médicale*. L'une conduit à la connoiffance des plantes, l'autre indique leur emploi ; la premiere doit donc précéder & diriger la feconde. Elle ne peut elle - même être éclairée que par des divifions fondées fur des fignes plus déterminés, plus conftans, palpables ou fenfibles aux yeux de l'Obfervateur.

Les Botaniftes ont cherché à diftinguer ces fignes, à fixer leurs caracteres, à diftinguer leurs rapports, à donner des regles pour les faifir.

TIRÉES DE LA GRANDEUR ET DE LA DURÉE. Les plus apparens ont dû les premiers arrêter les regards : telles font la grandeur & la durée des plantes. On a établi une premiere diftinction des végétaux en *herbes* & en *arbres* ; c'eft-à-dire, en plantes d'une confiftance peu folide, qui perdent leurs tiges pendant l'hiver, & en plantes d'une confiftance folide, *ligneufe* (*f*), dont les tiges fubfiftent l'hiver.

(*f*) De la nature du bois.

Les herbes font *annuelles* ou *vivaces*. Les *annuelles* [annuæ] levent (*g*), croiffent & meurent en une année. Les *vivaces* [perennes] perdent leurs tiges pendant l'hiver, mais fubfiftent plufieurs années par leurs racines ; fi elles ne durent que deux ou trois années, on les diftingue en *bifannuelles* ou *trifannuelles*.

Les arbres fe divifent en *arbuftes* [frutices], *arbriffeaux* [fuffrutices], *arbres* [arbores].

Les *arbuftes* ou *fous-arbriffeaux* font des plantes vivaces qui ont une tige ligneufe, laquelle perfifte l'hiver, mais ne s'éleve qu'à la hauteur des *herbes*.

Les *arbriffeaux* ont une tige ligneufe & durable, qui s'éleve plus que l'*arbufte* & moins que l'*arbre*.

L'*arbre* eft une plante vivace dont la tige, les branches & les racines font ligneufes, qui s'éleve à une grande hauteur, & qui vit long-temps.

Cette divifion générale des plantes répond en quelque forte aux grandes divifions que la nature a mifes parmi les animaux, qui fe diftinguent en *quadrupedes*, *bipedes*, *oifeaux*, *poiffons*, *infectes*, &c.

La confidération des végétaux felon leur grandeur & leur durée, fut anciennement adoptée par ARISTOTE, & dans la fuite mieux développée par L'ÉCLUSE, fous le nom de CLUSIUS (*h*). Plufieurs Auteurs ont fuivi leur exemple ; mais fi on l'emploie feule, elle eft d'un foible fecours à celui qui veut reconnoître une plante ; il faut qu'il attende plus d'une année pour s'affurer de

---

(*g*) On dit qu'une femence *leve* quand la plante commence à fortir de terre. *Dans les années chaudes le froment leve de bonne heure.* Voyez ci-après *femences* & *germination*.

(*h*) CLUSII *rariorum péant. hiftoria*, 1576.

A iv

fa durée ; quoiqu'elle paroiffe ligneufe & femblable à un arbriffeau, elle peut être annuelle,
[l'*Abutilon*] (*i*) : bien plus, une plante vivace
dans un pays chaud, devient quelquefois annuelle dans un climat plus froid, [le *Riccin*].
Cette unique confidération peut donc induire en
erreur ; d'ailleurs elle eft fi générale, qu'elle en
exige néceffairement plufieurs autres pour déterminer une plante donnée.

Tirées des feuilles. Les *feuilles* étant plus apparentes, plus communes & plus permanentes que les fleurs, ont
été bientôt envifagées ; mais à mefure que la
Botanique a fait des progrès, on a également
reconnu l'incertitude des fignes caractériftiques
tirés des *feuilles*.

On a vu qu'elles varioient dans leurs formes
fur le même individu ; on a vu que la même
plante, fous un ciel différent, par une différente
culture, ou femée en différentes faifons, fe cou-
vroit de feuilles qui n'avoient aucune reffemblance entre elles. On s'eft affuré que des plantes,
très-analogues par une infinité d'autres rapports,
avoient des feuilles abfolument diffemblables ;
que d'autres plantes dont la figure, l'enfemble,
les qualités différoient effentiellement, avoient
des feuilles tellement uniformes, qu'il étoit facile
de les confondre, fi l'on s'en rapportoit à ce
caractere ; que certaine *Véronique*, par exemple,
portoit des feuilles de *Germandrée*, que la *Germandrée* avoit celles du *Chêne*, &c.

(*i*) On doit avertir qu'ici, comme dans la fuite, lorfqu'on cite
une plante, pour exemple de quelque caractere, c'eft un
exemple choifi fur plufieurs ; & l'on ne doit point en conclure
que le caractere dont il eft queftion, appartienne uniquement à
la plante citée.

Si d'habiles Naturalistes (k) ont établi de nos jours des méthodes sur les *feuilles*, ils n'ont point entendu par-là fixer des caracteres précis pour faire reconnoître essentiellement les plantes : ils ont voulu présenter de nouveaux rapports pour faciliter les distinctions qu'ils supposent déterminées par des moyens plus sûrs & plus méthodiques. Ils ont eux-mêmes établi pour principe l'insuffisance des *feuilles*.

On trouve la même insuffisance dans les racines, & encore plus dans toutes les qualités variables des végétaux, telles que le goût & la couleur, que la culture ou le climat modifient de mille manieres. {*Tirées des qualités variables.*}

On a donc cherché des caracteres plus solides encore, plus constans, plus généraux. On les a nommés *caracteres naturels*. Ils ont été tirés de l'ensemble & de la combinaison des parties les plus essentielles de la végétation ; la fleur, le fruit, la graine, la disposition des tiges & des branches, &c. Tous les divers accidens de chacune de ces parties, rapprochés & comparés, ont conduit à des divisions naturelles & déterminées. {*Familles naturelles.*}

Ces divisions fondées sur des rapports multipliés, permanens & sensibles, ont été appelées *familles naturelles* ; telles sont les plantes *Graminées*, les *Cruciformes*, les *Légumineuses*, les *Ombelliferes*, les *Malvacées*, les *Cucurbitacées*, *Labiées*, *Liliacées*, *Coniferes*, &c. (l). Chaque plante de chacune de ces familles, rassemble des caracteres

---

(k) M. de Sauvages, *Methodus foliorum*. M. Duhamel du Monceau, *Traité des arbres*.

(l) Voyez ci-après *la description de ces familles dans la méthode de* Tournefort.

fenfibles, effentiellement les mêmes, dans toutes
les plantes de la même famille ; telles font, dans
les animaux, les *chiens* parmi les *quadrupedes ;*
toutes les efpeces de *pic* parmi les *oifeaux ;* les
fcarabées parmi les *infectes,* &c.

Quiconque eft parvenu à fe faire une idée
jufte des caracteres diftincts de toutes ces *familles,* y range fans peine la plante inconnue
qu'il rencontre. Si elle lui préfente les mêmes
rapports, il ne peut s'y méprendre.

Elles paroiffent avoir été véritablement diftinguées par la nature, & les Botaniftes en ont
fucceffivement déterminé un grand nombre. S'ils
fuffent parvenus à raffembler ainfi toutes les efpeces de plantes connues, ils euffent trouvé la
méthode naturelle (m) qu'on cherche en vain depuis l'origine de la fcience.

Cette méthode ne feroit autre chofe que le
tableau de la progreffion graduelle que la nature
a fuivie dans la formation des végétaux, comme
dans celle de tous les êtres. Mais les chaînons
de cette chaîne ne font pas tous connus ; ceux
qui nous échappent forment des interruptions
qui mettent à chaque inftant la fcience en défaut ; un grand nombre de plantes ne peut trouver fa place dans les *familles naturelles ;* dénuées
de rapports uniformes entre elles, elles ne fauroient conftituer de nouvelles familles ; elles
reftent en quelque forte ifolées, & livreroient
de nouveau la Botanique à la confufion, fi l'art
n'eût fuppléé à ce que la nature nous dérobcit (n).

(m) Le *Chevalier von Linné* a donné un fragment de la méthode
naturelle. Voyez *Philof. Botan.* p. 27.
(n) Quelques Modernes regardent la détermination de ces
familles comme une découverte arbitraire ; ils vont même jufqu'à
nier qu'elles exiftent dans la nature.

On a donc imaginé des *méthodes artificielles* ; on a cherché dans les plantes ou dans quelques-unes de leurs parties, des caractères qui, quoique moins fenfibles, moins multipliés, fuffent plus fimples, plus généraux, auffi invariables que ceux qui établiffent les *familles naturelles* ; à cet effet on a étudié les principes mécaniques des végétaux, dans la forme, dans le nombre & dans les proportions refpectives.

Sur ces caractères généraux, obfervés fcrupuleufement, on a fondé les principales diftinctions, qu'on a fubdivifées en affignant d'autres caractères moins apparens. Ces divifions raifonnées ont été appelées *méthodes botaniques* ; & *fyftèmes*, lorfque les principes qu'elles fuppofent, font encore plus fixes & plus déterminés.

On a défigné chaque divifion de la *méthode* ou du *fyftème* par un terme générique qui la caractérife : De là font nées, 1.° les *claffes* ou *familles* ; 2.° les *ordres* ou *fections* ; 3.° les *genres* ; 4.° les *efpeces* ; 5.° les *variétés* ; 6.° l'*individu*.

Les *claffes* ou *familles* d'une méthode forment les premieres divifions ; celles qui fe tirent du caractere général qu'on a adopté pour la premiere diftinction.

L'*ordre* ou *fection*, fubdivife chaque claffe, en confidérant un caractere moins apparent, mais auffi général que celui qui conftitue la claffe. L'ordre eft en quelque forte une *claffe fubalterne* (o).

Le *genre* fubdivife l'*ordre*, en confidérant dans les plantes, indépendamment du caractere particulier de l'ordre, des rapports conftans dans

---

(o) Linn. *Genera plant.* 1754. *Ratio operis*, p. 5.

leurs parties effentielles ; rapports qui rapprochent un certain nombre d'*efpeces*.

L'*efpece* fubdivife le *genre*, mais par la confidération des parties moins effentielles qui diftinguent conftamment les plantes qui y font comprifes.

La *variété* fubdivife les *efpeces*, fuivant les différences, uniquement accidentelles, qui fe trouvent entre les individus de chaque efpece.

L'*individu* eft donc l'être ou la plante, qui arrête nos yeux, confidérée feule, ifolée, indépendamment de *fon efpece*, de *fon genre* & de *fa claffe*.

Cette idée générale des divifions admifes dans les *méthodes artificielles*, deviendra plus claire, par l'application qu'on en fera à des méthodes particulieres. Pour la rendre plus fenfible, dès à préfent, nous emprunterons, avec un Phyficien célebre (*p*), la comparaifon de CÆSALPIN (*q*). » Au moyen de ces diftinctions, le regne végé- » tal fe trouve divifé comme un grand corps de » troupes. L'armée eft divifée en régimens ; les » régimens en bataillons ; les bataillons en com- » pagnies ; les compagnies en foldats «.

USAGE DE CES DIVISIONS.   Une pareille méthode conduit pas à pas à connoître la plante qu'on n'a jamais vue. Suppofons 10000 plantes connues ; je cherche d'abord dans la plante que j'ai fous les yeux, le caractere général qui fert à diftinguer chacune des vingt-quatre *claffes*, que je fuppofe auffi dans la méthode. Ce caractere trouvé, je n'ai plus à reconnoître ma plante que fur cinq cents. Le ca-

(*p*) M. Duhamel du Monceau.
(*q*) Botanifte fameux du feizieme fiecle. *Nifi in ordines redigantur plantæ & velut caftrorum acies diftribuantur in fuas claffes, omnia fluctuari neceffe eft.*

ractere de l'*ordre* réduira bientôt ce nombre à une centaine de plantes environ ; celui du *genre* à une vingtaine ; le caractere de l'*espece* se présente alors, & me fait distinguer l'*espece* que j'examine, & la *variété* qui n'en differe qu'accidentellement.

Cette opération présente, comme l'observe M. DUHAMEL (r), autant de facilité & à peu près la même marche qu'un Dictionnaire, où, pour trouver le mot donné, on cherche successivement la premiere, la seconde, la troisieme, & de suite les autres lettres du mot. Pour trouver ARBRE, par exemple, on cherche l'*A* ; après l'*A*, l'*R*, & successivement le *B*, l'*R* & l'*E*. Le premier A représente le caractere de la *classe*, l'R celui de l'*ordre*, le B celui du *genre*, l'R de l'*espece*, l'E de la *variété* ; & la méthode, ainsi que le Dictionnaire, en donne la description particuliere.

PROGRÈS DES MÉTHODES ARTIFICIELLES.

Les méthodes artificielles ont été long-temps à atteindre au point de précision dont on parle. La détermination des caracteres généraux & particuliers qui les constituent, exigeoit des observations d'autant plus exactes & plus multipliées, que le mérite de ces caracteres consiste à rapprocher un plus grand nombre de *familles naturelles* ; qu'ils doivent convenir en même temps à toutes les plantes connues ; & que la Botanique, depuis la découverte du Nouveau Monde, a plus que doublé ses richesses.

LOBEL. L'ÉCLUSE. DALÉCHAMP

LOBEL en 1570, L'ÉCLUSE [*Clusius*] en 1576, DALÉCHAMP, Docteur en Médecine à Lyon en 1587, donnerent successivement de bonnes des-

_____

(r) *Préface de la Physique des arbres.*

criptions d'un très-grand nombre de plantes ;
mais la vraie difficulté étoit de fixer les parties
où l'on devoit chercher les caracteres classiques
& génériques.

GESNER. — GESNER, Médecin Suisse, est le premier qui,
en 1560, avança qu'il falloit les chercher dans
les parties de la fructification, c'est-à-dire, dans
les fleurs, dans les fruits & dans les graines ;
principe d'autant plus juste, que ces parties étant
destinées à la reproduction du sujet, sont né-
cessairement les plus constantes & les plus générales ; mais jusqu'à GESNER, les racines, les
feuilles, ou les fleurs seules, avoient fixé les
regards des Observateurs.

CÆSALPIN. — CÆSALPIN, Médecin de Pise, a la gloire d'avoir
le premier mis en usage le principe de GESNER.
En 1583, il décrivit 840 plantes, & les distribua
en quinze classes, par une méthode, dans laquelle,
après avoir admis la distinction générale des
arbres & des herbes, il tira ses caracteres distinctifs & génériques, des parties de la *fructification*, & sur-tout des fruits, du nombre des
loges, du nombre, de la forme & de la disposition des graines, &c.

COLUMNA. — En 1592, FABIUS COLUMNA, Napolitain,
développa encore mieux la distinction des genres.

LES FRERES BAUHIN. — Peu de temps après, en 1596, GASPARD
BAUHIN, par un travail immense, fixa, dans
son *Pinax*, la dénomination de toutes les plantes
décrites jusqu'à lui. En 1650, parut l'*Histoire
universelle* des Plantes de JEAN BAUHIN, où l'on
trouve la description de 5266 plantes, divisées
en quatre classes. La Botanique doit une partie
de ses progrès à ces deux illustres freres ; mais

la manie de vouloir l'asservir à la division des vertus & des usages, retardoit encore ceux des méthodes qui peuvent seules la perfectionner.

En 1680, MORISON, Médecin Ecossois, pu- MORISON. blia une Histoire universelle des Plantes, dans laquelle il présenta, sous une nouvelle forme, les divisions de CÆSALPIN, tirées des *parties de la fructification*, & principalement du fruit.

RAI, Ministre Anglois, dans sa *Méthode na-* RAI. *turelle des Plantes* (1682), surpassa MORISON & CÆSALPIN ; il en exécuta le plan en 1686, dans l'*Histoire générale des Plantes*, où il décrivit 18655 especes ou variétés. Il se fonda dans leur arrangement, sur l'ensemble de toutes les parties, la durée & la grandeur, la perfection, le lieu de la naissance, le nombre des pétales, les capsules des graines, les fleurs, les calices & les feuilles ; sous ce point de vue il forma trente-trois classes.

CHRISTOPHE KNAUD, dans *l'énumération des* KNAUD. *plantes qui croissent aux environs de Hall*, donna en 1687, une méthode établie en partie sur les fruits, qui differe peu de celle de RAI.

PAUL HERMAN, Professeur à Leyde, MAGNOL, HERMAN. Professeur à Montpellier, RIVIN, à Leipzig, en- MAGNOL. richirent successivement la Botanique, de métho- RIVIN. des ingénieuses & d'observations nouvelles, qui furent comme l'aurore du jour, que l'illustre M. PITON DE TOURNEFORT alloit répandre sur toutes les branches de cette science.

Il proposa en 1694 sa méthode fondée sur TOURNE- la corolle & sur le fruit. La clarté de cette mé- FORT. thode, sa précision, sa généralité, lui mériterent, dès son origine, la préférence sur toutes celles qui avoient paru. Plus de vingt-deux Auteurs

l'adopterent fucceffivement, en y faifant les changemens qu'exigerent les nouvelles découvertes,
ou les imperfections échappées à ce grand homme.

SES SECTA-
TEURS.
Les principaux Sectateurs de TOURNEFORT
font, le Pere PLUMIER dans fes *Fougeres* & fes
Plantes d'Amérique, BARRELIER, DILLEN, PON-
TÉDÉRA, MICHELI, l'immortel BOERHAAVE,
qui voulant ramener fa méthode principalement
à la confidération du fruit, combina en quelque
forte les méthodes de RAI, d'HERMAN & de
TOURNEFORT; & de nos jours, M. BERNARD
DE JUSSIEU, célebre Lyonnois, digne éleve de
M. DE TOURNEFORT, qui feroit gloire d'introduire dans fa méthode les changemens heureux que
l'obfervation & l'analogie ont dictés à fon fuccef-
feur, & qui l'engageroit fans doute à les publier.

LE
CHEVALIER
LINNÉ.
Enfin, parut en 1737 la méthode fexuelle
du Chevalier VON LINNÉ, Médecin & Profeffeur de Botanique à Upfal. Elle préfente la
Botanique fous une face tóute nouvelle, &
eut en naiffant le même fort que celle du Reftaurateur de cette fcience.

Le Botanifte François la trouva encore incer-
taine & la fixa; le Botanifte Suédois s'ouvrit
une route nouvelle, & tendit au même but,
éclairé des lumieres de fes prédéceffeurs, d'un
immenfe travail & du génie de l'obfervation.
Peut-être la fcience eût-elle acquis un degré de
perfection de plus, fi le Chevalier LINNÉ fe fût
borné à réformer encore la méthode de TOUR-
NEFORT; mais elle n'eût pas acquis cette foule
de faits, de vues, de rapports, auxquels la confidération du fexe des plantes a donné lieu.

Sans vouloir comparer ici ces deux grands
hommes,

hommes, répéter ce qu'ils ont infpiré à leurs fectateurs & à leurs ennemis, & faire obferver qu'un
Auteur n'a guere d'ennemis que pendant fa vie ;
admirons-les l'un & l'autre ; cherchons à tirer
une inftruction de la diverfité même & de la
comparaifon de leurs principes & de leurs méthodes. L'ordre de la nature eft lui feul fans im-
perfection ; mais il eft voilé à nos yeux qui font
à peine ouverts. Toute méthode artificielle a
néceffairement des défauts, des vides, des lacunes,
des points obfcurs ; mais deux méthodes fi bien
conçues, fi bien liées, fondées fur l'obfervation,
s'éclairent mutuellement; elles ne fauroient errer
dans les mêmes parties ; fi l'une égare un inftant,
l'autre ramene au but.

On en peut dire autant de la comparaifon de **AUTRES MÉTHODIS-** plufieurs autres méthodes favantes ou ingénieufes, **MÉTHODIS- TES ET BO-** telles que celles de MM. DE HALLER, VAN **TANISTES** ROYEN, DE SAUVAGES, ADANSON, & des obfer- **CÉLEBRES.** vations répandues dans les ouvrages de MM. DE JUSSIEU, GUETTARD, DILLENIUS, ALLIONE, GOUAN, GÉRARD, &c. La multiplicité des méthodes & des obfervations comparées, conduit
à diftinguer les plantes, fous un plus grand
nombre de rapports, & conféquemment à les
mieux connoître.

Nous nous bornerons ici aux deux méthodes **MÉTHODE** les plus univerfellement adoptées, & aux prin- **DE TOUR-** cipes les plus généraux. Nous tâcherons de donner **NEFORT,** une idée du fyftême du Chevalier LINNÉ, de **ADOPTÉE** fon plan & de l'exécution. Nous développerons **DANS LES** davantage la méthode de TOURNEFORT, qui a **DÉMONS-** été adoptée dans l'arrangement des Démonftra- **TRATIONS.** tions, par deux raifons : 1.° parce qu'étant bon,

Tome I. B

nées à un petit nombre de plantes, cet ordre
est plus simple, plus facile à saisir, plus commode
à expliquer en François; 2.º parce que l'ordre
des Démonstrations devant être le même que celui
du jardin où elles sont faites, la distinction des
arbres & des herbes adoptée par TOURNEFORT,
convient mieux à un jardin que la méthode sexuelle,
qui suivant uniquement la marche de la nature,
place comme elle la *Pimprenelle* au pied du *Chéne*.

Avant d'expliquer ces méthodes, il est nécessaire d'établir les notions qu'elles supposent, &
principalement celles qui sont nécessaires pour
l'intelligence des Démonstrations. De ce nombre
sont les *caracteres généraux* des classes, des ordres
& des genres. On peut dire que dans les deux
systêmes ils sont fondés sur les mêmes principes,
puisqu'ils sont tirés en général *des parties de la
fructification*, c'est-à-dire, des parties qui concourent à la formation de la graine, unique fin de
la nature végétante.

Nous allons les décrire; & pour ne pas confondre les objets en les multipliant sous un point
de vue trop rapproché, nous examinerons dans
la suite, en particulier, les caracteres des especes
qui sont fondés sur toutes les autres parties des
végétaux; ces caracteres sont en quelque sorte
indépendans des systêmes, puisque dans quelque
méthode que ce soit, on peut employer les mêmes
principes à la distinction des especes.

Il est bon d'observer ici, que l'objet de la
Botanique étant de fournir les moyens de reconnoître & de distinguer les plantes, les recherches
des Botanistes ne doivent essentiellement porter
que sur leurs parties extérieures. L'examen des

organes internes appartient au Physicien qui cherche à découvrir les lois de la végétation, pour étendre la sphere de nos connoissances, & pour en tirer des conséquences utiles à l'humanité.

Quelque nombreuses que soient les observations dont s'est enrichie l'histoire physique des végétaux; quelque importante que soient les découvertes modernes dues aux célebres MM. GREW (ʃ), HALES (t), DUHAMEL (u), & BONNET (x); nous devons nous renfermer dans les limites de la Botanique; nous borner, pour l'éclairer en tous ses points, à donner une idée de l'organisation, de l'économie & de l'usage des parties internes; nous occuper essentiellement de l'organisation extérieure, & commencer par les parties sur lesquelles nos deux méthodes sont fondées.

On doit se rappeler que leurs *caracteres* généraux & particuliers sont pris dans les parties des plantes employées à leur reproduction, & qu'on les a nommé, *parties de la fructification,* ou *parties de la génération.*

(ʃ) *Anatomie des plantes.*
(t) *Statique des végétaux.*
(u) *Physique & Traité des arbres.*
(x) M. BONNET de Geneve, dans ses *Recherches sur l'usage des feuilles*, dans la *Contemplation de la nature*, & dans ses *Considérations sur les corps organisés*; Ouvrage immortel qui fait l'éloge de la Philosophie qui l'a dicté, & du siecle où il a paru.

B ij

DES

CARACTERES BOTANIQUES

EN GÉNÉRAL.

ON a vu, par tout ce qui précede, que le but des recherches des vrais Botaniftes a toujours été de découvrir & de déterminer des notes, ou fignes, affez fenfibles, affez conftantes, affez générales, pour fervir à diftinguer toutes les plantes les unes des autres. Ces fignes reconnus ont été nommés *caracteres.*

CARACTERES. *Les caracteres* des plantes font donc les parties effentielles par lefquelles elles fe reffemblent ou different entre elles.

TOURNEFORT n'en a fait aucune diftinction ; le Chevalier LINNÉ les divife en quatre efpeces.

FACTICE. 1.° Le *caractere factice* ou *artificiel.* C'eft celui qui fe tire d'un figne de convention, tel que ceux qui font déterminés par la plupart des méthodes (*y*). On verra que ce caractere fuffit pour diftinguer les genres d'un ordre, d'avec ceux d'un autre ordre, mais qu'il ne les diftingue pas entre eux.

ESSENTIEL. 2.° Le *caractere effentiel.* C'eft un figne remarquable & fi approprié aux plantes qui le portent,

(*y*) Voyez ci-après, *Principes des Méthodes.*

qu'il ne convient à aucune autre ; tel eſt le *nectar* (ẓ) des *Ellébores* & des *Aconits*. Ce caractere diſtingue eſſentiellement les genres dans ‚tous les ordres, & diſtingue eſſentiellement auſſi tous les genres d'un même ordre les uns des autres.

3.° Le *caractere naturel*. Il ſe tire de tous les ſignes que peuvent fournir les plantes, & comprend par conſéquent le *factice* & l'*eſſentiel ;* ainſi on s'en ſert pour diſtinguer les claſſes, les genres & les eſpeces (*a*). NATUREL.

4.° Le *caractere habituel*. Il fut connu de TOUR- NEFORT ſous le nom de *PORT*, *facies propria*, *habitus plantæ*. Il conſiſte dans la conformation générale d'une plante, conſidérée ſuivant le réſultat & l'enſemble de toutes ſes parties, dans leur poſition, dans leur accroiſſement, dans leurs grandeurs reſpectives, & tous autres rapports qui les rapprochent ou les différencient entre elles. On peut le comparer à la *phyſionomie*, qui réſulte de toutes les modifications des traits du viſage. HABITUEL.

Ce *caractere* que l'œil de l'obſervateur parvient bientôt à diſcerner, & que la mémoire rappelle plus facilement que l'eſprit ne le définit, n'a guere été employé qu'à la diſtinction des eſpeces. Le Chevalier LINNÉ a penſé néanmoins qu'il pouvoit ſervir auſſi à faciliter celle des genres ; & M. GOUAN, dans ſon *Hortus Monſpelienſis*, l'a utilement employé ſous le nom de *caractere ſecondaire*.

Ces principes s'éclairciront par le développement des méthodes, & des notions générales qui vont les précéder.

(ẓ) Voyez ci-après *la corolle & ſes parties*.
(*a*) Voyez *Familles naturelles*, p. 9.

B iij

DES PARTIES

DE LA FRUCTIFICATION.

Caractères classiques & génériques.

LES *PARTIES* essentielles de la *FRUCTIFI-CATION*, qui servent de caractères distinctifs pour les classes, les ordres & les genres, sont la *FLEUR* & le *FRUIT*, dont l'organisation interne comprend des fibres, des trachées, des vaisseaux, des utricules, une *pulpe*. Il en sera parlé dans la suite, principalement dans l'examen des parties des plantes en général (*b*).

Les *parties de la fructification* sont ordinairement placées à l'extrémité d'une petite tige qu'on nomme *péduncule* ; l'extrémité de la tige est appelée *réceptacle*.

PÉDUNCULE   Le *péduncule* [pedunculus] est donc la tige qui supporte la *fleur* & le *fruit*. *Voyez* Pl. 1. Fig. 11. Lett. *a*. distingué du *pétiole* qui porte les feuilles, Pl. 5. Fig. 3. Lett. *i*.

RÉCEPTA-CLE.   Le *réceptacle* [receptaculum] est l'extrémité du pédoncule, sur laquelle reposent immédiatement la *fleur* ou le *fruit*, ou tous deux ensemble. C'est ordinairement le centre de la cavité du *calice*, qui est quelquefois convexe en cette partie. *Voy*. Pl. 2.

(*b*) Voyez ci-après, *Organisation interne des parties des plantes, &c.*

Fig. 1. Lettre *o*. On le nomme *placenta*, lorfqu'il reçoit les vaiffeaux ombilicaux qui fervent à tranf-mettre la nourriture aux femences.

TOURNEFORT le diftingue en *réceptacle propre*, qui ne porte que les parties d'une feule fructi-fication, c'eft-à-dire, une fleur fimple, unique; & en *réceptacle commun*, qui porte des fleurs compofées de l'agrégation de plufieurs petites fleurs.

Il eft quelquefois garni de *poils* ou *foies* [fetæ], (*les Chardons*); quelquefois de *lames* [paleæ], interpofées entre les graines, (*les Marguerites*).

OBSERV. Le Chevalier LINNÉ place l'*ombelle* (c) parmi les efpeces de *réceptacle*. Pl. 1. Fig. 7.

LA FLEUR [flos] eft cette partie de la plante qui renferme *les organes de la fructification*, qu'on nomme auffi *organes* ou *parties de la génération* (d). | **1.° LA FLEUR.**

Elle eft compofée du *calice*, de la *corolle*, de l'*étamine* & du *piftil*.

La fleur eft appelée *complete*, lorfqu'elle ren-ferme toutes ces parties; *incomplete*, lorfqu'elle eft dépourvue de quelques-unes d'entre elles. Il y a des fleurs fans *calice*, fans *corolle*, &c.

LE CALICE [calix] eft un corps évafé à l'ex-trémité du péduncule, par l'épanouiffement ou | **CALICE.**
le renflement duquel il eft formé; il porte, & enveloppe en partie les organes de la fructification. Lorfqu'il tombe avec les pétales, il s'appelle *deci-duus;* celui qui tombe avant eux, *caducus;* celui qui perfifte après la fleur, *perfiftens.*

TOURNEFORT le diftingue en *proprement dit* &

(c) Voy. ci-après *ombelle*, dans les *Principes de la méthode* de TOURNEFORT.

(d) Voy. ci-après *Organifation extérieure des parties des plantes*, *Difpofition des fleurs*, *Fleuraifon*, *Epanouiffement*.

improprement dit. Le premier renferme les organes de la fructification jusqu'à leur état de perfection ; le fecond ne les accompagne pas jusqu'à cet état ; alors le piftil devient le fruit.

Le Chevalier LINNÉ détermine fept efpeces de *calices*.

1.° Le *périanthe* [perianthium] eft le plus commun ; il eft ordinairement de plufieurs pieces, ou du moins découpé par fes bords ; il n'enveloppe quelquefois qu'une partie de la corolle. *Voy.* Pl. 1. Fig. 1. & 2. Lett. *b.* Pl. 2. Fig. 1. Lett. *h.* & la Fig. 3. Lett. *a.*

Quand il eft d'une feule piece, on l'appelle *monophille* [monophyllus] ; s'il y en a deux, *diphille* ; trois, *triphille*, &c.

Il varie dans fa forme, en *globuleux*, *cylindrique*, *écailleux*, *ftrié*, *cannelé*, &c. Ces épithetes feront définies, en parlant des parties des plantes qui conftituent les efpeces.

2.° L'*enveloppe* [involucrum] embraffe plufieurs fleurs ramaffées enfemble, qui chacune peuvent avoir leur *périanthe* particulier ; c'eft le calice *improprement dit* de TOURNEFORT. Il convient aux fleurs *Compofées* & aux *Ombelliferes* (e). *Voy.* Pl. 1. Fig. 2. Lett. *d d d*, *dans les Ombelliferes*, & Fig. 12. Lett. *c c*, *dans les Compofées*.

3.° Le *fpathe* ou *voile* [fpatha] enveloppe une ou plufieurs fleurs, qui ordinairement n'ont point de *périanthe*. C'eft une membrane adhérente à la tige, ouverte de bas en haut & d'un feul côté ; ordinairement d'une feule piece qui s'ouvre d'une maniere indéterminée ; rarement de deux pieces ;

(e) Voyez ci-après les fleurs *Compofées* & les *Ombelliferes*, *Principes de la méthode* de TOURNEFORT.

A LA BOTANIQUE. 25

ía figure varie ; (*plufieurs Liliacées*). *Voy.* Pl. 2. Fig. 1. Lett. *a*, le *fpathe du Narciffe*.

4.º La *bâle* [gluma] eft compofée d'une, de deux, ou de trois valvules, efpeces d'écailles, ordinairement tranfparentes par leurs bords, & le plus fouvent terminées par un filet pointu qu'on nomme *barbe* [arifta]. C'eft le calice des *Graminées* (*f*). *Voy.* Pl. 1. Fig. 15. Lett. *c*, ·*un épi couvert de bâles*; Lett. *a a*, *les écailles.* Lett. *b b*, *les barbes.*

5.º Le *chaton* [julus *ou* amentum] eft une forte de filet, d'axe ou de poinçon (*g*), reffemblant en quelque forte à la queue d'un chat ; il porte un amas de fleurs *mâles* ou *femelles* (*h*), prefque toujours dépourvues de pétales & de calice ; mais il eft garni d'écailles qui y fuppléent, (les *Amentacées*, les *Coniferes*, la *Maffe d'eau*, &c.) *Voy.* Pl. 1. Fig. 18 & 19 ; à la Fig. 18, *un chaton du* Peuplier *portant des fleurs femelles ;* à la Fig. 19, *un chaton du* Saule *portant des fleurs mâles.*

6.º La *coiffe* [calyptra], enveloppe mince, membraneufe, qui entoure la fructification dans plufieurs efpeces de *Mouffes. Voy.* Pl. 1. Fig. 20. Lett. *a a.*

7.º La *bourfe* [volva], enveloppe épaiffe qui renferme certains *Champignons* avant leur développement, & qui éclate enfuite pour faire paffage à la plante, (*la Morille*).

LA COROLLE [corolla] eft la partie la plus COROLLE

(*f*) On appelle ainfi toutes les plantes qui ont les caracteres des *Gramens*, les efpeces de *Blés*, le *Millet*, l'*Avoine*, le *Chiendent*, &c.

(*g*) Les gens de la campagne le nomment *Roupie.*

(*h*) Voyez la diftinction des fleurs *mâles* & *femelles*, après la defcription des parties de la fleur.

apparente de la fleur, ordinairement colorée, quelquefois odorante, souvent divisée en feuilles, en affectant diverses formes. Elle est portée par le calice, avec lequel les Jardiniers la confondent quelquefois. Ce que dans la *Tulipe* ils nomment *calice*, eu égard à sa figure, est réellement une *corolle*. La *Tulipe* n'a point de *calice*.

La *corolle* varie dans sa forme & dans sa couleur. On examinera dans la suite les différentes formes qu'elle affecte.

Quant à la couleur, elle est en général, ou *aqueuse*, couleur de verre [hyalina], ou *blanche* [alba], ou *cendrée* [cinerea], ou *brune* [fusca], ou *noire* [nigra], ou *jaune* [lutea], ou *rouge* [rubra], ou *pourpre* [purpurea], ou *bleue* [cærulea], ou *baie* [spadicea], avec diverses variétés dans les nuances (*i*).

Mais ces couleurs ne fournissent que des caractères incertains, & reçoivent de la température du sol, de la culture, &c. diverses modifications qui les alterent, & qui changent, sur-tout le bleu, en blanc (dans la *Campanule*, la *Valériane grecque*) ; le rouge éprouve le même changement (le *Serpolet*, la *Bétoine*) ; le jaune se change aussi en blanc (le *Mélilot*) ; le blanc en pourpre (la *Pomme épineuse*) ; le bleu en jaune (le *Safran*) ; le rouge en bleu (le *Mouron*), &c.

OBSERV. La couleur des fleurs vient moins de la nature des sucs qui contribuent à leur nutrition, que de l'organisation primitive de la corolle ; cependant en arrosant les plantes avec des sucs colorés, on parvient quelquefois à changer leurs couleurs. L'air, la chaleur, & sur-

(*i*) Voyez ci-après *Organisation interne des Plantes, Suc propre.*

tout la lumiere, concourent auffi à la colorifa-
tion des fleurs, & à celle des autres parties de la
plante (k). Voyez ci-après *Récolte du Pharmacien
VIII. Deffication pour la Pharmacie V.*

On diftingue dans la *corolle*, le *pétale* & le
nectar.

1.° Le *pétale* [petalum] eft une production PÉTALE.
mince, une efpece de feuille ordinairement colorée,
compofée d'un grand nombre de vaiffeaux, &
d'un tiffu cellulaire, fubftance pulpeufe, que GREW
nomme *parenchyme.* Toutes ces parties font recouvertes d'un épiderme, ou plutôt d'une véritable
écorce tranfparente (l) qui tranfmet les couleurs
du parenchyme.

Le pétale conftitue réellement la corolle, il
entoure les étamines & les piftils. *Voy.* Pl. 1.
Fig. 1. Lett. *a a.* Fig. 2 & 3. Lett. *id.* Il eft
quelquefois d'une feule piece; Pl. 1. Fig. 1. Quelquefois compofé de plufieurs; Pl. 1. Fig. 8 & 10.

Dans le premier cas, la corolle fe nomme
monopétale; dans le fecond, *polypétale.* On appelle
apétale, la fleur qui n'a point de pétales.

La corolle *monopétale* eft compofée d'une feule COROLLE
feuille, dont la partie fupérieure eft nommée le MONOPÉ-
limbe [limbus]. *Voy.* Pl. 1. Fig. 1. Lett. *k.* L'infé- TALE.
rieure relativement à fa forme, prend le nom de
tuyau ou *tube* [tubus], d'où l'on dit une corolle
tubulée. Pl. 1. Fig. *id.* Lett. *o.* L'ouverture ou
l'évafement de cette corolle fe nomme en latin
faux. Voy. Pl. *id.* Fig. *id.* Lett. *p.*

La corolle *polypétale* eft compofée de plufieurs POLYPÉ-
TALE.

(k) Voyez ci-après *Parties des Plantes en général, Obfervation fur les variétés accidentelles, Etiolement.*
(l) Voyez les *Obfervations fur l'écorce des feuilles & des pétales,*
par M. DE SAUSSURE, Profeffeur à Geneve, 1762.

fouilles détachées les unes des autres : Pl. 1. Fig.
8. Lett. *d*. On nomme *onglet* [unguis] la partie
inférieure, par laquelle elles s'attachent au réceptacle : Fig. *id*. Lett. *ce* ; & la supérieure l'*épanouissement* ou la *lame* [lamina] : Fig. *id*. Lett. *ff*.
Sa forme varie en *dentelée*, *échancrée*, *plate*,
creuse, *frangée*, [fimbriata], &c.

Il suit de là, que les découpures du *limbe* ne
constituent pas une corolle *polypétale* ; elle doit
être considérée jusqu'à la base du *tube*, & n'est
réputée *polypétale*, que lorsqu'elle se termine en
onglet, & non en *tuyau*.

<!-- marginal note -->
FLEUR
APÉTALE.

La fleur *apétale* n'a point de pétales, mais un
calice & des étamines, ou un calice & des pistils,
ou des étamines & des pistils sans calice : Pl. 1.
Fig. 15, 16, 17, 18, 19 & 20.

Nota. Les diverses formes de ces trois espèces
de fleurs, seront décrites ci-après, avec la
méthode de TOURNEFORT, & leurs diverses
dénominations indiquées.

<!-- marginal note -->
NECTAR.

2.º Le *nectar* [nectarium] est une partie de la
corolle destinée à contenir le *miel*, espece de
sel végétal, sous une forme fluide, qui suinte
de la plante, & que les Abeilles viennent y chercher.
Toutes les fleurs n'en sont pas pourvues, il ne
paroît pas essentiel à la fructification.

Il se présente sous plusieurs formes ; comme
un filet, comme une écaille, un cornet, un
mamelon, un éperon ; quelquefois ce font des
poils, des sillons, des cavités ; quelquefois par
sa forme, par ses couleurs & par son organisation interne, on le reconnoît pour un simple
prolongement des pétales, pour un vrai pétale,
distingué par son usage & par sa disposition.

L'*Ancolie*, l'*Ellébore*, &c. en ont de remarquables.
Voy. Pl. 2. Fig. 2. Lett. *a a*, *le nectar de la*
Capucine, *en forme de corne dans son calice.*

L'*ETAMINE* [stamen] est la partie mâle de la **ETAMINE**
génération ; elle est renfermée dans l'intérieur
de la corolle, ou du calice, si la fleur est apétale (*m*).

Elle varie en nombre. Sa forme est ordinairement celle d'un *filet* surmonté d'un *bouton* qui
renferme une poussiere. *Voy.* Pl. 2. Fig. 3. Lett.
e f, & la Fig. 5. On y distingue donc trois parties.

1.° Le *filet* [filamentum] est une sorte de pédi- **FILET**
cule qui supporte le *sommet*. Pl. 2. Fig. 3. Lett.
e e, & la Fig. 5. Lett. *a*.

2.° Le *sommet* ou *anthere* [anthera] paroît au **ANTHERE**
dehors comme un *bouton*. *Voy.* Pl. 2. Fig. 3.
Lett. *f f f*, & la Fig. 5. Lett. *b*. C'est un petit
sac, une capsule qui a une ou deux cavités, &
qui est fixé à la pointe du *filet*. On le considere
comme le véritable organe de la génération. Il
varie dans sa forme.

3.° La *poussiere fécondante* ou *génitale*, [pollen, **POLLEN**
pulvis], est contenue dans l'intérieur du *sommet*,
& s'en échappe lorsque la maturité le fait en-
tr'ouvrir. *Voy.* Pl. 2. Fig. 3. Lett. *f f*, & *dans la*
même planche, Fig. 4, *le* pollen *grossi au micros-*
cope, & *le jet élastique de la poussiere fécondante.*

Cette poussiere ordinairement jaune , très-
apparente dans les *sommets* des *Tulipes*, est la
vraie cire brute que les Abeilles recueillent, au
moyen des brosses de poils dont leurs cuisses sont
couvertes. Après avoir été triturée & préparée
dans leur estomac, elle devient la vraie *cire* ,

(*m*) Voyez ci-après, sur le lieu où s'inserent les étamines, la
note de la *monœcie gynandrie*, dans les ordres du *système* sexuel.

espece d'huile végétale, rendue concrete par la préfence d'un acide, que la Chimie en retire lorfqu'elle veut la rendre fluide.

OBSERV. Dans quelques fleurs, les étamines font fenfibles comme les feuilles de la *Senfitive*; elles éprouvent un mouvement convulfif, lorfqu'on les touche à leur bafe. Telles font celles de l'*Héliantheme*, de la *Raquette*, de l'*Epine-vinette*, &c (*n*).

PISTIL. *LE PISTIL* [piftillum] eft la partie femelle de la génération. *Voy.* Pl. 2. Fig. 3. Lett. *b c d*, & la Fig. 6. Lett. *a b c.*

Il varie en nombre; il occupe le centre de la corolle & du réceptacle; fa forme ordinaire eft une efpece de *mamelon* qui fe termine en un *ftilet* fouvent perforé à fon extrémité fupérieure. Il eft donc compofé de trois parties, qu'on nomme le *germe*, le *ftyle* & le *ftigmate*.

GERME. 1.º Le *germe*, autrement dit *embryon* [germen], eft la partie inférieure du *piftil* qui porte fur le *réceptacle*. Il fait les fonctions d'*uterus* ou de *matrice*; il renferme les *embryons* des femences, & les organes qui fervent à leur nutrition. *Voy.* Pl. 2. Fig. 3. Lett. *b*, & la Fig. 6. Lett. *a.*

STYLE. 2.º Le *ftyle* [ftylus] eft un petit corps plus ou moins alongé, qui porte fur le *germe*, & qui fe termine par le *ftigmate*. Il eft ordinairement *fiftuleux*, c'eft-à-dire creufé en tuyau; on le compare au *vagin*. Il n'exifte pas dans toutes les plantes. *Voy.* Pl. 2. Fig. 3. Lett. *c*, & la Fig. 6. Lett. *b.*

STIGMATE. 3.º Le *ftigmate* [ftigma] termine le *ftyle*. *Voy.* Pl. 2. Fig. 3. Lett. *d*, & dans la Fig. 6. Lett. *c.* Il eft tantôt arrondi, tantôt pointu, long, effilé,

(*n*) Voyez ci-après *Détermination des feuilles*, *Irritabilité des Plantes.*

quelquefois divifé en plufieurs parties. On le
regarde comme l'organe extérieur de la génération,
ou comme les *levres du vagin*. Il reçoit là *pouffiere
fécondante* du *fommet de l'étamine*, & la tranfmet
par le *ftyle* dans l'intérieur du *germe*, pour féconder les femences. Dans les fleurs qui n'ont point
de *ftyle*, le *ftigmate* adhere au germe; on le
nomme alors *feffile* [feffilis, *affis*].

OBSERV. Il fuit de ce qui précede, qu'on doit
nommer fleurs *mâles*, celles qui ont une, deux
ou plufieurs étamines, fans piftils : fleurs *femelles*,
celles qui ont un, deux ou plufieurs piftils, fans
étamines : fleurs *hermaphrodites* ou *androgynes* (o),
celles qui renferment en même temps les parties
mâles & *femelles*, c'eft-à-dire les *étamines* & *les
piftils*.

*DES FLEURS
EN
GÉNÉRAL.*

Les fleurs *ftériles* font celles dont le germe
avorte [mutili] fans produire des femences fécondes; ce font des fleurs *neutres*, *eunuques*, des
monftres. De ce nombre eft la *fleur imparfaite* [imperfectus flos], c'eft-à-dire, celle à qui l'on ne
trouve ni étamines, ni piftils, quoique deftinée à
en porter, comme la *Rofe gueldre*; celle dont
l'étendue n'eft pas naturelle [*flos luxurians*]; toutes

(o) On ne diftingue pas ici les fleurs *androgynes*, des *hermaphrodites* ; felon la plupart des Botaniftes, ces termes font fynonymes, & fignifient l'un & l'autre des fleurs comme des animaux, qui réuniffent les deux fexes. Il importe cependant d'obferver que le Chevalier LINNÉ en a fait une diftinction ; il appelle *hermaphrodite* [hermaphrodita] la plante qui n'a que des fleurs hermaphrodites; *androgyne* [androgyna] celle qui porte fur le même pied des fleurs mâles & des fleurs femelles, *polygame* ou *hybride* [polygama, hybrida] celle qui a toujours des fleurs hermaphrodites, & outre cela des fleurs mâles ou des femelles fur différens pieds ou fur le même pied; les hermaphrodites fur un pied, les femelles ou les mâles fur un autre, avec ou fans hermaphrodite. *Voyez Philof. Botan. pag. 93 & 94.*

celles enfin qui viennent d'un germe fécondé par le *pollen* d'une espece différente (*p*).

Les Jardiniers appellent les fleurs mâles, *fauffes fleurs*, parce qu'elles ne produifent point de fruit; ils nomment *fleurs nouées*, celles qui en portent, foit qu'elles foient *femelles*, foit qu'elles foient *hermaphrodites*.

On diftingue encore les fleurs, en *fimples*, *doubles*, *pleines* & *proliferes*.

La fleur fimple [*fimplex*] eft la fleur naturelle qui n'a que le nombre de pétales qui lui convient. La fleur *double* [multiplex] eft celle qui, par le développement contre nature, de quelques-unes de fes parties, acquiert un plus grand nombre de pétales, que la fleur naturelle de la même efpece. Les Fleuriftes appellent *femi-double*, celle dont le nombre des pétales eft moindre que dans la *double*, & plus multiplié que dans la *fimple*. La fleur *pleine* [plenus] eft celle dont toutes les parties, les étamines & les piftils, font changées en pétales; ce qui la rend abfolument *ftérile*, & la diftingue de la *double* qui porte quelques femences fécondes.

Enfin, on appelle *prolifere* [prolifer] la fleur qui dans fon centre produit extraordinairement une feconde fleur, quelquefois avec fon calice, quelquefois avec des feuilles.

Tous ces jeux de la nature font occafionnés par les engrais, par la culture, par la nature du fol, quelquefois par d'autres accidens. Ce font de petites mouches *ichneumons*, qui font devenir la *Camomille prolifere*. Quelques-unes de ces monftruofités fe perpétuent, & forment parmi les efpeces, des

(p) Voyez ci-après *Principes des Méthodes*, *Sexe des Plantes*.

variétés

variétés conftantes qui fe reproduifent par la graine.

LE FRUIT [fructus] n'eft autre chofe que le germe groffi & développé par la maturité. Toutes les parties de la fleur, après leur accroiffement, fubfiftent quelques jours, fe deffechent & tombent. Les *embryons* reftent & continuent de fe développer en groffiffant; alors, felon l'expreffion des cultivateurs, le fruit fe *noue;* il parvient bientôt à fa perfection, & la reproduction de l'efpece eft affurée (*q*).

On diftingue dans le fruit l'*enveloppe* & la *graine.* L'enveloppe fe nomme *péricarpe;* la graine, *femence.*

Le *péricarpe* [pericarpium] eft la partie du germe développé qui renferme les femences; il peut être comparé à l'*ovaire fécondé.* Cependant toutes les plantes n'ont pas de *péricarpe;* dans celles qui en font dépourvues, le *réceptacle* ou le *calice* en font les fonctions & contiennent les femences (*r*). *Voy.* Pl. 2. Fig. 9. Lett. *a. un réceptacle de femences.*

Le *péricarpe* varie dans fa forme & dans fa confiftance; on en compte huit efpeces, fous autant de noms différens.

1.° La *capfule* [capfula], enveloppe charnue & fucculente avant fa maturité, compofée de panneaux qui en mûriffant deviennent fecs & élaftiques. L'élafticité de quelques fruits eft telle qu'ils lancent au loin leurs femences (l'*Alléluia*); ils les laiffent ordinairement fortir, en s'ouvrant d'une maniere bien déterminée, en travers ou de bas en haut.

(*q*) Voyez ci-après, *Parties des plantes en général. Maturation des fruits.*

(*r*) Voyez ci-deffus *Réceptacle*, pag. 22; & *Calice*, pag. 23.

Tome I.   C

Quelques capſules ſont d'une ſeule piece &
s'ouvrent par le haut. *Voy.* Pl. 2. Fig. 13. (le
Pavot, le *Mufle*) ; d'autres par le bas (la *Campanule*) ; d'autres horizontalement, en deux portions hémiſphériques (le *Mouron*) ; d'autres enfin,
longitudinalement (le *Liſeron*), &c.

La capſule n'a qu'une ſeule cavité. Quelquefois
elle eſt intérieurement diviſée par des cloiſons en
pluſieurs loges. Dans le premier cas on la nomme
uniloculaire (la *Primevere*) ; dans le ſecond cas,
multiloculaire (le *Nymphea*). *Voy.* Pl. 2. Fig. 14,
*une capſule à quatre battans, coupée tranſverſale-
ment, pour obſerver ſes diviſions intérieures.* Lett. *a.*
les valvules ou battans. Lett. *b. les cloiſons.* Lett. *c.*
l'axe où elles ſe rejoignent. Lett. *d. le réceptacle
des ſemences. Voy.* à la Fig. 15, *une capſule ouverte
longitudinalement, pour découvrir le réceptacle des
ſemences dans ſa longueur.*

Si les loges de la capſule ſont tellement diſtin-
guées qu'elles forment pluſieurs capſules réunies,
mais diſtinctes, on nomme ce péricarpe *bicapſu-
laire*, lorſqu'il y en a deux (la *Pervanche*) ;
tricapſulaire, trois (le *Pied-d'alouette*) ; *multicap-
ſulaire*, pluſieurs (la *Joubarbe*, l'*Ancolie*).

2.º La *coque* [conceptaculum] eſt compoſée
d'une ſeule piece, qui s'ouvre de bas en haut,
d'un ſeul côté & ſans future, (le *Laurier roſe*).

3.º La *ſilique* [ſiliqua] eſt compoſée de deux
panneaux ordinairement alongés, mais qui varient
dans leur forme & dans leur dénomination ; on
les nomme panneaux *naviculaires*, lorſqu'ils ſont
creuſés en bateaux ; *tétragones*, lorſqu'ils ont
quatre côtés ; longs, courts, arrondis, &c.

La ſilique eſt diviſée dans ſa longueur par une

cloifon membraneufe. Les femences qu'elle ren‑
ferme font attachées, comme par un *placenta*, à
l'une & l'autre future longitudinale des panneaux,
au moyen d'un filet qui fait l'office de *cordon ombi‑
lical*, (*les Cruciformes*). *Voy*. Pl. 2. Fig. 8. Lett. *a b.
les deux futures fervant de réceptacle aux femences.*
Lett. *c. l'un des panneaux.*

4.° La *gouffe* ou le *légume* [legumen] eft formée
de deux panneaux oblongs, nommées *coffes*, dont
les bords font réunis par des futures longitudinales ;
les femences font attachées à la future fupérieure
feulement, (*les Légumineufes*). *Voy*. Pl. 2. Fig. 7.
Lett. *a a. future fupérieure où s'attachent les femences.*

La *gouffe* differe donc de la *filique*, en ce que
fes graines ou *femences* font attachées à une feule
future, & qu'elle n'eft point divifée intérieure‑
ment par une cloifon.

5.° Le *fruit à noyau* [drupa] eft compofé d'une
pulpe ou chair molle, qui renferme un noyau, efpece
de boîte ligneufe, dans laquelle eft contenue la
femence ou *amande*, (le *Prunier*, le *Cerifier*). *Voy*.
Pl. 2. Fig. 11. Lett. *a. la chair.* Lett. *b. le noyau.*

6.° Le *fruit à pepin* ou *pomme* [pomum] eft
compofé d'une pulpe charnue, dans le milieu
de laquelle on trouve ordinairement des loges
membraneufes qui renferment des femences qu'on
nomme *pepins*, dont l'enveloppe eft coriacée,
(le *Poirier*). *Voy*. Pl. 2. Fig. 10. Lett. *a a. la
Pomme.* Lett. *b b. les loges des* pepins.

On appelle la pomme *ombiliquée* [umbilicatum],
lorfqu'elle a une petite cavité au bout oppofé à
celui qui tient au péduncule ; cette cavité prend le
nom d'*ombilic*, de *nombril* [umbilicus]. Les Jardi‑
niers la nomment l'*œil*.

7.º La *baie* [bacca] eſt recouverte d'une enveloppe membraneuſe, & renferme les ſemences
éparſes dans une pulpe ſucculente, où l'on ne
trouve aucune diviſion de loges, (le *Genévrier*).
Pl. 2. Fig. 12. La baie eſt ordinairement ovale,
ronde, & ſouvent *ombiliquée*.

8.º Le *cône* [ſtrobilus] eſt compoſé d'écailles
ligneuſes, appliquées les unes contre les autres,
s'ouvrant par le haut, & fixées par le bas, ſur un
axe qui occupe le centre (le *Pin*, les *Coniferes*).
Remarquez que les plantes dont le fruit eſt un
cône, ont ordinairement la floraiſon de même,
& les fleurs incompletes.

9.º La *noix* [nux] eſt une eſpece de fruit
oſſeux, compoſé de pluſieurs pieces, recouvert
d'une enveloppe coriacée, peu ſucculente, & dans
le milieu duquel eſt contenue la ſemence, (le
Noyer, l'*Amandier*). La chair qui lui ſert d'enveloppe ſe nomme le *brou*. Le Chevalier LINNÉ
regarde la *noix* comme la ſemence même.

DU FRUIT
EN
GÉNÉRAL.
OBSERV. De même que les Jardiniers appellent
fleurs nouées celles qui ſont deſtinées à produire
un fruit, les Agriculteurs diſent que le *fruit eſt
noué*, lorſque la fleur eſt paſſée, & que le fruit
commence à groſſir; s'il avorte, ils diſent qu'il a
coulé ; lorſque, avant la maturité, il commence à
changer de couleur, on dit qu'il *tourne*, & il a
tourné lorſqu'il eſt mûr.

SEMENCE.
LA SEMENCE ou *graine* [ſemen] eſt le rudiment d'une nouvelle plante ; c'eſt l'*œuf végétal*,
qui *fécondé* par la pouſſiere des étamines, *vivifié*
par le piſtil, & pour ainſi dire *couvé* par la chaleur
de la terre, doit reproduire une plante ſemblable
à celle qui lui donna naiſſance.

On peut confidérer la femence extérieurement & intérieurement.

1.º A l'extérieur elle préfente d'abord l'*épiderme* [arillus], très-vifible dans les femences du *Café*, du *Jafmin*, &c. ORGANISA-TION EXTÉ-RIEURE.

Toutes les femences n'ont pas d'*arillus*, mais elles ont une enveloppe feche qui en tient lieu, & fes enveloppes font intérieurement tapiffées d'autres membranes plus déliées. Les fonctions de toutes les peaux de la femence, font de recevoir les fucs nourriciers, de les tranfmettre au dedans, de concentrer la chaleur, & de contribuer à leur fermentation. ENVELOP-PES.

La femence eft appelée *à nu* [nudum] ou *couverte* [tectum]. La premiere eft celle qui n'eft enveloppée que de fa tunique propre, (dans les *Graminées*, les *Labiées*) ; la feconde eft renfermée dans un péricarpe quelconque, *noyau*, *pomme*, *baie*, &c.

La femence eft appelée *fimple*, lorfqu'elle n'eft ni *ailée*, ni *couronnée*, ni *aigrettée*.

La femence *fimple* varie pour la forme ; elle eft grande ou petite, ovale, ronde, en forme de cœur (*cordiforme*), en forme de rein, (*réniforme*), à quatre ou cinq côtés (*tétragone*, *pentagone*), couverte de piquans (*échinée*), rude, velue, ridée, liffe ou luifante, &c., noire, blanche, brune, &c. (*f*).

La femence *ailée* eft entourée d'une efpece d'aile [ala]; (quelques Ombelliferes, l'*Erable*, le *Tulipier*).

La femence *couronnée* porte un rebord en maniere de *couronne* [femen coronatum]; (*les Anthemis*).

La femence *aigrettée* eft furmontée d'une *aigrette*

_____

(*f*) Voyez ci-après les *Principes des fections* de TOURNEFORT.

[pappus]. *Voy*. Pl. 2. Fig. 16. lett. *c. la semence;* lett. *d b. l'aigrette.*

L'aigrette est *simple* ou *branchue*. La *simple* est composée de filets. Pl. *id*. Fig. *id*. lett. *a*. La *branchue* est divisée en rameaux, *ibid*, lett. *b*. On appelle ces rameaux *plumeux*, quand ils imitent une plume.

L'aigrette est *sur un pied*, ou n'en a point : dans le dernier cas, on la nomme *sessile*, elle adhere à la semence; l'aigrette *sur un pied*, qu'on nomme *stipes*, est portée par un pédicule. *Voy*. Pl. *id*. Fig. *id*. lett. *d*.

OBSERV. L'aigrette & les *ailes* des semences ne sont pas seulement destinées à leur servir d'ornement; peut-être originairement sont-elles des organes utiles à leur économie. Leur usage le plus certain, est de faciliter la dispersion des semences qui, portées par les vents, vont reproduire au loin de nouveaux individus de la même espece.

ORGANISA-TION INTERNE. 2.º Si on enleve l'enveloppe ou les peaux qui recouvrent la semence, on distingue dans ses parties intérieures les *lobes*, la *plantule*, la *radicule*.

Les *lobes* ou *cotylédons* [cotyledones] sont deux corps réunis : *Voy*. Pl. 2. Fig. 22. très-visibles dans la *Feve* & dans toutes les semences des *Légumineuses*, sur-tout lorsqu'elles ont resté quelque temps dans la terre ou dans l'eau. Leur substance est farineuse, mucilagineuse, fermentescible. Leur composition résulte de l'épanouissement d'un grand nombre de vaisseaux ramifiés. *Voy*. Pl. 2. Fig. 24. lett. *c c c*.

Les *lobes* sont appliqués l'un sur l'autre (Pl. 2. Fig. 23. lett. *b b*. (*les deux lobes*), convexes du côté extérieur, aplatis du côté où ils se touchent, mais intérieurement un peu concaves vers le point par lequel ils se tiennent & se réunissent. Ce point de réunion est nommé [*corculum*]. Pl. 2. Fig. 22 & 23. Lett. *a*.

C'est le vrai germe uni aux lobes par deux troncs de vaisseaux en forme d'appendices ; il doit produire la tige & la racine qui y existent déjà en très - petit, de sorte qu'on y distingue deux parties :

1.º Le rudiment de la tige ou la *plantule* [plantula, plumula] ; elle est étendue dans la cavité des lobes, terminée par un petit rameau, & semblable à une *plume*, d'où on l'a nommée *plumule*. Pl. 2. Fig. 24. Lett. *b*.

2.º Le rudiment de la racine ou la *radicule* [radicula, rostellum] ; sa forme est celle d'un petit bec, placé hors des lobes, adhérant intérieurement à la *plantule* : Pl. 2. Fig. 23 & 24. Lett. *a*.

Si on laisse quelque temps la semence dans la terre ou dans l'eau, les *lobes* pénétrés des parties aqueuses qui sont chargées des sucs nourriciers que la chaleur met en mouvement, s'enflent & grossissent ; l'air (*t*) renfermé dans leur substance,

GERMINA-TION.

(*t*) L'air & l'eau sont les agens de la germination. L'humidité seule fait germer plusieurs graines exposées à l'air. On fait lever des graines dans l'eau, sans l'intermede de la terre ; mais l'eau, sans l'air, est insuffisante. M. HOMBERG a essayé de faire germer plusieurs graines sous le récipient de la machine pneumatique ; quelques-unes n'ont pas levé ; toutes les productions ont été foibles. Voy. Mém. de l'Acad. ann. 1693. Ainsi, c'est par défaut d'air, que les graines trop profondément enterrées, réussissent mal, ou ne levent pas. Mais selon l'observation de M. DUHAMEL, elles s'y conservent quelquefois très-long-temps ; ce qui fait paroître alors, sur les terrains nouvellement & profondément défoncés, plusieurs plantes qu'on n'y voyoit pas précédemment.

L'air est nécessaire à l'accroissement des plantes. Si en frottant les racines avec de l'huile, on bouche l'entrée de l'air dans les

C iv

en se dilatant, fait éclater l'enveloppe qui tient les deux lobes unis ; la radicule se montre : on dit alors que la semence est *germée*. En même temps, les lobes sortent de terre en s'alongeant un peu, sous la forme de deux feuilles très-différentes de celles que la plante doit porter : on dit que la graine *leve*. *Voy.* Pl. 5. Fig. 2. Lett. *e e*.

En cet état, les lobes prennent le nom de *cotylédons* ou *feuilles séminales*, c'est-à-dire, premieres feuilles produites par la semence. Ils travaillent à épurer la seve destinée à nourrir le *fœtus* de la plante. La *radicule* va bientôt chercher des sucs plus forts dans le sein de la terre ; la *plantule* commence à paroître ; mais ses parties, augmentées en volume, sont encore roulées & repliées sur elles-mêmes, comme elles l'étoient dans la semence. Les *cotylédons*, toujours unis à la plantule par les deux troncs de vaisseaux, l'accompagnent hors de terre, comme deux *mamelles* destinées à allaiter le jeune sujet ; sa force s'accroît, & le développement graduel continue, en raison de la chaleur & des sucs qui l'operent.

OBSERV. Les différentes especes de graines sont plus ou moins de temps à lever, selon le degré de chaleur qui convient à chacune d'elles. Le *Millet* & plusieurs *Graminées* levent en un jour ; quelques *Cruciformes*, en trois ou quatre ; les *Légumineuses* sont en général quelques jours de plus ; ensuite viennent les *Labiées*, les *Ombelliferes*, &c. Il faut à la graine du *Persil* plus de

vaisseaux, les racines meurent & la plante périt. C'est ainsi qu'en frottant avec de l'huile les insectes & les chenilles qui respirent par des stigmates distribués sur leur peau, on les fait mourir en peu de temps. Voyez l'Encyclopédie, au mot *Anatomie des Plantes.*

quarante jours ; une année à celle de plusieurs arbres ; & deux pour d'autres especes, telles que le *Rosier*.

Il est des graines, comme celles de la *Fraxinelle*, qu'il faut semer dès qu'elles sont mûres, sinon elles ne germent pas.

D'autres, & sur-tout les *Légumineuses*, se peuvent garder plusieurs années. Monsieur ADANSON assure que la *Sensitive* conserve pendant quarante ans sa vertu germinative.

Il est d'autres graines qu'on ne parvient jamais à faire lever, telles que celles des *Plantes Orchidées* & de quelques *Liliacées*.

Remarquez ici que la *radicule* n'est pas visible dans toutes les semences, comme dans la *Feve* ; que quelques semences sont intérieurement divisées en plus de deux lobes (le *Cresson*) ; que d'autres enfin ne sont point divisées (le *Blé*) ; mais leurs fonctions sont les mêmes.

Nota. Il suit de toutes les notions précédentes, que la semence seule mérite réellement le nom de *fruit ;* dans les corps charnus & osseux, le véritable *fruit* est le *pepin ;* l'enveloppe n'en porte qu'improprement le nom.

USAGE DES FLEURS ET DES FRUITS.

La *plantule* & la *radicule* constituent essentiellement la *semence ;* les *lobes* leur servent de *berceau* ou d'*aliment*.

L'usage de toutes les parties qu'on a distinguées dans les *fleurs* & dans les *fruits*, est d'opérer la fécondation & le développement de cette *semence*, corps organisé, destiné à la reproduction & à la propagation de l'espece.

Les *étamines* & les *pistils* paroissent les agens immédiats de la *fécondation* (*u*), & sous ce point de vue les véritables parties de la *fructification* ; les autres sont moins essentielles, puisque dans quelques especes de plantes, la fécondation s'opere sans leur secours, & qu'il est des fruits sans péricarpe, des fleurs sans calice, sans nectar, & même sans pétales.

Le plus souvent cependant ces parties, dans les fleurs qui en sont pourvues, concourent au développement du sujet, en défendant les organes essentiels, des accidens extérieurs, ou bien en leur fournissant les sucs propres qui leur conviennent; c'est par-là qu'ils ont mérité d'être mis au nombre des *parties de la fructification*.

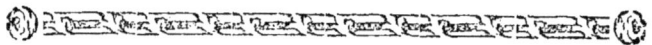

PRINCIPES

DES MÉTHODES.

En faisant connoître les *parties de la fructification*, nous avons déterminé les principes mécaniques des plantes, sur les rapports desquels sont essentiellement établis les classes, les ordres & les genres qui servent à diviser méthodiquement tous les végétaux.

Il suffit de se faire une idée précise des objets qui viennent d'être décrits, c'est-à-dire, de tout ce qui coopere à la *fructification* ou *génération végétative*, pour entendre avec facilité les Méthodes

(*u*) Voyez ci-après les *Principes du système sexuel.*

Botaniques, principalement celles de MM. de TOURNEFORT & LINNÉ. L'une & l'autre font fondées fur la confidération du plus grand nombre de ces parties, obfervées fous différens points de vue, & avec diverfes reftrictions. Une idée générale de leur plan découvrira les différences qui les diftinguent.

M. DE TOURNEFORT éclairant de la lumiere de fon génie les obfervations de fes prédéceffeurs, donna de nouvelles lois à la Botanique, rejeta les rapports incertains, & les rendit fixes en les tirant uniquement de la plupart des parties ci-deffus décrites. Il marqua des limites précifes entre les caracteres des *claffes* & ceux des *genres*. PLAN DE LA MÉTHODE DE M. DE TOURNEFORT.

CÆSALPIN, MORISON & RAI, y avoient principalement employé la confidération du *fruit*. TOURNEFORT jeta fes premiers regards fur la *corolle*, comme plus apparente, & précédant le fruit dans l'ordre des chofes; mais il s'attacha moins au nombre qu'à la forme des *pétales*.

Il prend en général la *fleur* pour déterminer la *claffe*, le *fruit* pour fubdivifer les *claffes* en *fections*, toutes les *parties de la fructification* pour établir les *genres*, & lorfqu'elles ne fuffifent pas, d'autres parties de la plante, ou même leurs qualités particulieres. Il diftingue enfin les *efpeces*, par la confidération de tout ce qui n'appartient pas à la fructification, *tiges*, *feuilles*, *racines*, *couleur*, *faveur*, *odeur*, &c.

La Méthode du Chevalier LINNÉ a été nommée *fyfteme fexuel*, parce qu'elle eft fondée en général fur la confidération des parties *mâles* & *femelles* des plantes, c'eft-à-dire fur les *étamines* & fur les *piftils*. PLAN DU SYSTÊME SEXUEL.

Avant le Chevalier LINNÉ, on avoit examiné ces corps ; TOURNEFORT les a décrits ; mais il les confidéroit comme des vaiffeaux excrétoires, deftinés à débarraffer les plantes de certains fucs fuperflus.

SEXE DES PLANTES. Plufieurs Botaniftes avoient également diftingué les Plantes en mâles & femelles. PLINE parle du fexe des Plantes ; RAI & CAMÉRARIUS font mention de leurs parties mâles & femelles (x) ; CÆSALPIN, de la pouffiere fécondante des étamines, dont GREW détermine encore plus pofitivement l'ufage ; mais le Chevalier LINNÉ eft le premier qui, les confidérant comme les parties effentielles de la reproduction, & dès-lors comme les plus conftantes dans toutes les efpeces, y ait cherché les caracteres génériques & claffiques d'une méthode. En cela, il eft dans le cas du célebre HARVEI qui obtint la gloire de la découverte, en démontrant le premier la circulation du fang, foupçonnée & reconnue long - temps avant lui.

NOCES. Sous le nouvel afpect où le Chevalier LINNÉ envifagea la Botanique, il l'enrichit d'un grand nombre de découvertes particulieres & des termes que lui fournit l'analogie. Dans l'acte de la *fructification*, il ne vit plus que celui de la *génération ;* elle devint les *noces* du regne végétal ; la *corolle* forme le *palais* où fe célebrent les *noces* ; le *calice* eft le *lit conjugal* ; les *pétales* font les *nymphes* ;

(x) Les payfans diftinguent eux-mêmes lès fexes dans certaines Plantes, par exemple, dans le *Chanvre*, l'*Epinard*, le *Houblon*, chez qui le *mâle* eft féparé de la *femelle* ; mais ils confondent affez conftamment l'un avec l'autre. Ils appellent *mâle*, le Chanvre *femelle* ; & *femelle*, le Chanvre *mâle*. On a vu, par ce qui a été dit, que la plante *femelle* eft néceffairement celle qui porte le *fruit*.

Les *filets* des étamines font les *vaiffeaux fpermatiques ;* leurs *fommets* ou *antheres* font les *tefticules ;* la *pouffiere* des fommets eft la *liqueur féminale ;* le *ftigmate* du piftil devient la *vulve ;* le *ftyle* eft le *vagin* ou la *trompe ;* le *germe* eft l'*ovaire ;* le *péricarpe* eft l'ovaire *fécondé ;* la *graine* eft l'*œuf ;* & le concours des *mâles* & des *femelles* eft néceffaire à la *fécondation* (*y*).

Cette théorie ingénieufe n'eft point l'ouvrage de l'imagination ; on l'a annoncé ci-deffus. La graine ou *femence* préexiftante dans le germe, n'eft développée que par la fécondation qui réfulte du contact de la pouffiere des étamines fur le ftigmate, ou fi elle fe développe en partie fans fon fecours, elle refte inféconde , incapable de reproduire fon efpece. Des faits finguliers établiffent cette vérité.

Si des infectes , une gelée fubite, de longues pluies alterent le *ftigmate* dans le temps de la fleuraifon, la *femence* avorte; & felon l'expreffion des Cultivateurs, le fruit *coule.* On parvient par la même raifon à rendre une fleur *ftérile* en la châtrant : coupez les *antheres* ou *fommets* des étamines, avant que la pouffiere fécondante s'en foit détachée, pour s'introduire par l'intermede du *ftigmate* jufques au *germe ;* la *femence* fera inféconde malgré fa maturité , comme l'œuf d'une poule qui n'a pas éprouvé les approches du coq.

Si après avoir coupé les *antheres ,* on fait tomber fur le *ftigmate* la pouffiere d'une fleur d'efpece différente, la *femence* qui en proviendra, produira une plante qui tiendra de l'efpece fécondante & de l'efpece fécondée : ce fera un *mulet ;* mais il

(*y*) LINNÆI *Philof. Botan.* p. 92.

faut qu'il se trouve entre elles, comme chez les animaux, une certaine analogie d'organisation.

L'expérience de la castration réussit principalement sur le *Melon*, ou sur toute autre plante qui, comme lui, porte des fleurs *mâles* séparées des *femelles*. On comprend qu'elle devient plus délicate sur les fleurs *hermaphrodites*, dont on risque d'altérer, par l'opération, les organes voisins (ζ) ; mais cette expérience est confirmée par la *stérilité* des plantes, dans qui le trop grand embonpoint, comme chez les animaux, ôte le pouvoir d'engendrer ; telles sont celles dont les étamines, & quelquefois les pistils, par une surabondance de nourriture, dégénerent en pétales, & forment des fleurs *doubles* ou *pleines* (*).

Voyons l'usage que le Chevalier LINNÉ fait de ces observations pour l'établissement de sa Méthode. Les *étamines* ou parties *mâles* servent à la premiere division, c'est-à-dire à celle des *classes*. Les *pistils* ou parties *femelles* établissent la premiere subdivision ; celles des *ordres* qui répondent aux *sections* de TOURNEFORT. La considération de toutes les *parties de la génération* constituent les *genres* ; mais nulle autre ne peut y être employée. L'Auteur restreint pareillement les caracteres des

(ζ) Il importe d'observer aussi, pour la réussite de l'expérience, que la plante châtrée doit être tellement éloignée de toute autre plante d'espece semblable, que le vent ne puisse apporter sur la premiere, la poussiere fécondante de la seconde ; ce qui arrive à une grande distance.

Dans les jardins où l'on cultive plusieurs plantes du même genre, & d'especes différentes, le mélange spontanée de leurs poussieres fécondantes, donne naissance à des plantes *bâtardes*, variétés si recherchées par les Fleuristes. Le *Chanvre* est mâle ou femelle sur deux pieds différens ; mais un seul pied de *Chanvre* suffit à la fécondation d'un champ entier de femelles, en fût-il distant de quelques lieues.

(*) Voyez l'observation de la pag. 32.

especes aux parties de la plante vifibles & palpables, *tiges*, *feüilles*, *racines*, &c. admettant néanmoins les *parties de la fructification* elles-mêmes, lorfqu'elles ne font pas néceffaires à la diftinction du *genre*.

. Si l'on compare le plan général des deux Méthodes ainfi rapprochées, on reconnoît dans le développement de leurs principes, quels ont été les progrès fucceffifs de la fcience. Examinons chaque Méthode en particulier.

MÉTHODE
DE M. DE TOURNEFORT.

PRINCIPES FONDAMENTAUX.

LA Méthode de M. DE TOURNEFORT, fondée sur la *fleur* & sur le *fruit*, indépendamment des notions générales qu'on a données, suppose encore quelques principes particuliers. Commençons par ceux qui constituent la division des classes.

1.º Les plantes font naturellement divisées en *herbes* & en *arbres*.

2.º DES HERBES. — Les *herbes*, parmi lesquelles M. DE TOURNEFORT comprend aussi les *sous-arbrisseaux*, font, comme on l'a dit, des plantes dont la tige a peu de confistance, & périt ordinairement pendant l'hiver (*a*).

PÉTALES. — 2.º Les herbes font *pétalées* [petalodes] ou *apétales* [apetalæ], c'est-à-dire, qu'elles ont des fleurs avec des *pétales* ou fans *pétales*.

Les fleurs *pétalées*, nommées par RAI, *parfaites* [perfecti], font celles qui, outre les étamines & les piftils, ont une ou plusieurs feuilles nommées *pétales*, ordinairement colorées, qui tombent après la fleuraison. *Voy.* Pl. 1. *depuis la* Fig. 1. *jusques à la* Fig. 14. *inclusivement.*

(*a*) Voyez ci-dessus leur diftinction en *vivaces* & *annuelles*, pag. 7.

3.º

3.° Elles font *fimples* ou *compofées*. On appelle *fimples*, les fleurs qui font feules dans un calice : Pl. 1. Fig. 1, 2, 3, &c. ; *compofées*, celles qui, étant raffemblées en grand nombre dans une enveloppe commune, efpece de calice différent du calice propre, ont en même temps cinq étamines réunies par leurs *fommets* qui forment une gaîne traverfée par le piftil : Pl. 1. Fig. 12, 13 & 14.

4.° *LES FLEURS SIMPLES* fe fubdivifent en fleurs d'une feule piece ; on les nomme *monopétales*, & en fleurs de plufieurs pieces qu'on appelle *polypétales*.

5.° Les fleurs *fimples monopétales* font *réguliéres* ou *irréguliéres*.

Les fleurs *fimples monopétales*, *régulieres*, font celles dans qui toutes les parties de la corolle font coupées uniformément, & placées à égale diftance d'un centre commun, de maniere qu'elles affectent une figure fymétrique & réguliere dans leur contour, imitant une cloche ; *les Campaniformes*, Pl. 1. Fig. 1. ; ou un entonnoir, les *Infundibuliformes*, Pl. 1. Fig. 2.

Toutes deux varient dans leur forme. On y diftingue l'*entrée*, Pl. 1. Fig. 1. Lett. *k.* ; *le corps*, Lett. *m.* ; *le fond*, Lett. *o.*

Les *Campaniformes proprement dites*, font à peu près également évafées dans toutes leurs parties ; Les *Campaniformes tubulées* ont le corps plus alongé & le fond plus étroit ; Les *évafées* ont le fond beaucoup plus étroit que l'entrée ; Celles qu'on nomme en *grelot*, ont l'entrée plus étroite que le corps & le fond.

Les *Infundibuliformes proprement dites*, font coniques à leur extrémité fupérieure, tubulées à

FLEURS SIMPLES.

MONOPÉTALES RÉGULIERES.

Tome I.   D

l'inférieure. Les *improprement dites*, appelées *Hypo* *cratériformes*, parce qu'elles imitent les *foucoupes* des Anciens, font repliées, aplaties à leur extré-mité fupérieure, ou elles imitent une *molette*, une *rofette*, &c. Pl. 1. Fig. 2. Lett. *a a a.*

IRRÉGU-LIERES. Les *fleurs monopétales irrégulieres* ont une forme moins fymétrique dans leur enfemble ; elles fe divifent en *Perfonnées* & en *Labiées.*

Les *Perfonnées*, appelées auffi *fleurs en mafque*, imitent un mufle à deux levres ; (le *Mufle-de-veau*) ? *Voy.* Pl. 1. Fig. 3. Lett. *a, d.* ; (l'*Ariftoloche*), Fig. *id.* Lett. *b.* Leurs femences font renfermées dans une capfule.

Les *Labiées* ou *fleurs en gueule*, Pl. 1. Fig. 4. font terminées inférieurement par un tuyau, Lett. *f.* ; fupérieurement *par un mufle* à deux levres, Lett. *a* ; *e.* (la *Queue-de-lion*, l'*Ortie blanche*) ; quel-quefois à une feule levre inférieure, (la *German-drée*). Leurs femences mûriffent à nu, dans l'intérieur du calice : Fig. *id.* Lett. *b.* le *calice.*

Nota. Le caractere diftinctif des *Perfonnées* & des *Labiées*, fe tire de la maniere dont leurs femences font renfermées.

POLYPÉTA-LES. 6.° Les *fleurs polypétales* font auffi ou *régulieres* ou *irrégulieres*, felon la difpofition uniforme, ou non fymétrique des parties qui les compofent.

RÉGU-LIERES. Les *fleurs polypétales régulieres* font compofées, ou de quatre *pétales* en forme de croix, à peu près égaux : on les nomme *Cruciformes : Voy.* Pl. 1. Fig. 5. : ou de plufieurs *pétales* égaux, difpofés en rofe ; les *Rofacées*, Pl. 1. Fig. 6. : ou de cinq *pétales* difpofés en rofe, mais ordinairement inégaux, imitant en quelque forte la *Fleur-de-lis* des Armes de France, & dont le calice devient un fruit composé de deux semences unies ensemble ; les *Ombelliferes*, quelquefois nommées *fleurde-lisées* : Pl. 1. Fig. 7, *une plante Ombellifere;* Fig. *id.* Lett. *f.*, *la fleur.*

OBSERV. Cette famille est particuliérement caractérisée par la disposition des tiges ou péduncules des fleurs qui sortent d'un centre commun, en s'évasant comme les rayons d'un parasol qui forme supérieurement un hémisphere ou un plan, dans lequel l'on distingue le *disque* & la *circonférence.* Cette disposition a pris le nom d'*ombelle :* Pl. 1. Fig. 7. Lett. *a.* , *le centre commun d'où partent les rayons.*

On appelle *ombelle générale* ou *universelle*, celle qui vient d'être décrite. Elle est simple lorsqu'elle n'est composée que d'un ordre de rayons. On nomme *ombelle partielle*, ou *petite ombelle*, l'assemblage de plusieurs petits rayons qui partent de l'extrémité des rayons de l'*ombelle générale*, & qui sont disposés de la même maniere qu'eux : Fig. *id.* Lett. *c c c c.*

Les *Ombelliferes*, indépendamment du calice propre de chaque fleur [perianthium], ont encore une espece de calice ou *enveloppe* [involucrum] qui se trouve à la base des rayons : Pl. *id.* Fig. *id.* Lett. *d d d.* On nomme *enveloppe générale* ou *universelle*, le calice commun, placé à la base des rayons de l'ombelle générale ; & *enveloppe partielle*, celle qui se trouve au bas des petites *ombelles.* L'enveloppe *polyphille* est celle qui est divisée en plusieurs parties ou petites feuilles ; l'enveloppe *monophille* n'est point divisée.

Parmi les autres fleurs *polypétales régulieres*, les unes sont composées de plusieurs pétales, dont l'onglet est caché dans un calice d'une seule piece, fur les bords duquel les lames des pétales font difpofées en *roue*, (l'*Œillet*, les *Caryophillées*), Pl. 1. Fig. 8.; les autres de fix pétales, quelquefois de trois, ou d'un feul divifé en fix, dont la forme approche de celle du *Lis*, & dont le fruit eft prefque toujours une capfule partagée en trois loges; (les *Liliacées*), Pl. 1. Fig. 9.

IRRÉGU-LIERES. Les *fleurs polypétales irrégulieres* font les *Papilionacées* & les *Anomales*. Les premieres, Pl. 1. Fig. 10., font compofées de quatre ou cinq pétales, diftingués par leur pofition & par leur forme; le fupérieur plié en *dos-d'âne*, quelquefois relevé: il fe nomme l'*étendard* ou *pavillon* [vexillum], Pl. 1. Fig. 10. Lett. *d.*; l'inférieur quelquefois divifé en deux pieces, qui chacune ont leur attache, repréfente l'*avant* d'une nacelle, & s'appelle *carene* [carina], *ibid.* Lett. *e.*: les deux pétales latéraux font nommés les *ailes* [alæ], *ibid.* Lett. *f.*, & portent ordinairement à leur naiffance deux appendices ou *oreillettes*: *ibid.* Lett. *g.*

Le caractere de ces fleurs eft d'avoir dix étamines, dont neuf font réunies par leurs filets, en un tuyau au travers duquel s'éleve le *piftil*: Pl. *id.* Fig. *id.* Lett. *l*, *m*, *n*. Ces fleurs comprennent toutes les *Légumineufes*, à qui CORDUS donna le nom de *Papilionacées*, à caufe de leur reffemblance avec un Papillon.

Enfin les *polypétales irrégulieres*, *anomales*, font compofées de plufieurs pieces irrégulieres & diffemblables, ordinairement accompagnées d'un *nectar*: *Voy.* Pl. 1. Fig. 11. la *Violette*, Lett. *b.*; l'*Orchis*, Lett. *c.*; l'*Aconit*, Lett. *a.*; & Pl. 2. Fig. 2. la *Capucine* avec fon *nectar*, Lett. *a.*

7.° *LES FLEURS COMPOSÉES* font formées de la réunion de plufieurs petites fleurs , dans un calice commun , & fe divifent en fleurs à fleurons, (les *Flofculeufes*) ; en fleurs en *demi-fleurons* , (les *Semi-flofculeufes*) ; en fleurs compofées de *fleurons* & de *demi-fleurons* , (les *Radiées*).

OBSERV. Le véritable caractere de chacune des petites fleurs , dont l'agrégation forme les fleurs *compofées* , eft d'avoir cinq étamines réunies par leurs *fommets* ou *antheres* , de maniere qu'elles forment une gaîne enfilée par le piftil qui s'éleve au-deffus : *Voy.* Pl. 1. Fig. 13. Lett. *d.*

Nota. On ne comprend pas ici , parmi les fleurs *compofées* , celles qui n'ont pas ce caractere , quoique ramaffées en tête & dans un calice commun : telles que les *Ombelliferes* , la *Scabieufe* , la *Statice* , &c.

Le *fleuron* ou *fleuron à tuyau* [corollula tubulata] , eft une petite fleur monopétale , en entonnoir , évafée & découpée par le limbe en plufieurs parties égales & recourbées , (le *Chardon* , les *Cynarocéphales* ou Plantes qui imitent l'*Artichaux*) : *Voy.* Pl. 1. Fig. 12. Lett. *a a a.* , *fleur à fleurons dans fon calice ;* Lett. *b.* , *un des fleurons hors du calice.*

Le *demi-fleuron* , ou *fleuron à languette* [corollula ligulata] , eft une petite fleur monopétale , compofée d'un tuyau étroit qui s'évafe par le haut , en forme de languette découpée à fon extrémité , (l'*Hieracium*). Pl. 1. Fig. 13. Lett. *a a a.* , *fleur à demi-fleuron* ; Lett. *b.* , *le demi-fleuron* ; Lett. *c.* , *le tuyau* ; Lett. *e.* , *la languette* ; Lett. *d.* , *la gaîne formée par les antheres.*

Lorfque les fleurons & les demi-fleurons font

réunis dans une même fleur, les fleurons occupent le centre de la fleur, qu'on nomme *disque* [discus]; les *demi-fleurons* sont à la circonférence, qui s'appelle *rayon* [radius], ou *couronne* [corona]. La forme de ces fleurs les a fait nommer *Radiées* [radiati] (l'*Aster*). *Voy.* Pl. 1. Fig. 14. Lett. *a.*, *le disque :* Lett. *b b b.*, *le rayon.*

HERBES APÉTALES.   8.° *LES PLANTES APÉTALES*, nommées par TOURNEFORT, *fleurs à étamines*, & par VAILLANT, *fleurs incompletes*, n'ont que des *étamines* & des *pistils* sans *pétales*. Quelques-unes de leurs parties ressemblent à des *pétales*, mais n'en sont pas, puisqu'elles subsistent après la fleuraison, (la *bâle des Graminées*) : Pl. 1. Fig. 15. Lett. *a a.*

Les plantes qui n'ont pas de fleurs, selon TOURNEFORT, portent des graines ordinairement disposées sur le dos des feuilles, (*les Fougeres*) ; quelquefois sur un pédicule au haut des tiges, (l'*Osmonde fleurie*) ; quelquefois dans des *godets*, (l'*Hépatique de fontaine*). Elles sont réputées n'avoir point de fleurs.

Il résulte cependant des observations modernes, que quelques *Fougeres*, (le *Palma-filix*), ont des fleurs où étamines, distinctes des *graines* ou *ovaires* ; & peut-être ce qu'on appelle *graine*, dans les *Fougeres*, n'est-il point véritablement graine, mais plutôt *étamine. Voy.* Pl. 1. Fig. 15, *le Poly*pode *avec sa fructification disposée sur le dos des feuilles, en points ronds & épars.*

Les plantes, dont on ne connoît ni la *fleur* ni le *fruit*, n'ont, selon TOURNEFORT, ni fleurs, ni fruits apparens, (les *Mousses*, Pl. 1. Fig. 20. ; les *Champignons*, Pl. 1. Fig. 17).

Il est bon d'observer cependant, que cet Auteur

avoit foupçonné leur exiftence par analogie (b) ; & de nos jours, on a reconnu dans un grand nombre d'efpeces, des fleurs mâles compofées d'*étamines*, quelquefois fans pédicule (dans le *Lycopodium*), quelquefois portées fur un long pédicule (les *Brium*). Le fommet de ces étamines, qui s'ouvre en deux valves, eft fouvent recouvert d'une petite enveloppe qu'on a défignée en parlant des *calices*, fous le nom de *coiffe* [calyptra] : *Voy.* Pl. 1. Fig. 20. Lett. *a a a*. On a auffi découvert, dans quelques *Mouffes*, des fleurs femelles, (*Lycopodium*) ; mais en général, on ne fauroit diftinguer le piftil des graines.

Les *arbres*, parmi lefquels l'Auteur comprend les *arbriffeaux* ou petits arbres, font des plantes vivaces, dont les tiges ligneufes perfiftent pendant l'hiver (c).

2.º DES ARBRES.

Les fleurs des *arbres*, ainfi que celles des *herbes*, font *pétalées* ou *apétales*.

Les pétalées font également *monopétales* ou *polypétales* ; les *monopétales* font *régulieres* ; parmi les *polypétales*, il y en a de *régulieres*, de *rofacées*, & d'*irrégulieres papilionacées*.

Les arbres *apétales* ont des *fleurs à étamines*, ou des *fleurs amentacées*. Leurs *fleurs à étamines* fe rapportent à celles des *herbes*. Les *Amentacées*, autrement appelées fleurs à *chaton*, font des fleurs attachées, plufieurs enfemble, autour d'un filet commun, décrit ci-deffus parmi les efpeces de calice, fous le nom de *chaton* (d) [julus, amentum] : *Voy.* Pl. 1. Fig. 18 & 19. Ordinairement toutes ces fleurs font *mâles* ; il s'en trouve cependant d'*hermaphrodites* qui portent des fruits, (le *Saule*).

(b) *Omnes probabiliter femina obtinent.* ISAGOGE *in* R. H. pag. 55.
(c) Voyez ci-deffus, *pag.* 7.
(d) Voyez ci-deffus, *pag.* 25.

D iv

MÉTHODE.

LES observations précédentes servent de fondement à la Méthode de TOURNEFORT, & déterminent vingt-deux Classes qui comprennent toutes les plantes connues par cet Auteur.

De la premiere distinction des plantes en *herbes* & en *arbres*, il est résulté dix-sept Classes pour les *herbes* & *sous-arbrisseaux*, & cinq pour les *arbres* & *arbustes*.

DISTINCTION DES CLASSES. La distinction particuliere de chaque Classe est tirée de la *corolle*, en considérant, 1.° sa *présence* ou son *absence* ; 2.° sa *disposition simple* ou *composée* ; 3.° le *nombre* des pétales, qui la constitue *Monopétale* ou *Polypétale* ; 4.° la *figure* des pétales, qui est *réguliere* ou *irréguliere*.

Les *Monopétales régulieres* forment deux Classes ; les *irrégulieres* la troisieme & la quatrieme.

Les *Polypétales régulieres* fournissent les cinq, six, sept, huit & neuvieme Classes ; les *irrégulieres* la dixieme & onzieme.

Les *Composées* donnent la douzieme, la treizieme & la quatorzieme Classe.

Les *Apétales* la quinzieme, la seizieme & la dix-septieme.

Les Classes des *arbres* & *arbustes*, sont divisées sur les mêmes principes, mais dans un ordre inverse à celui des *herbes*.

Les fleurs *Apétales* forment la dix-huitieme Classe ; les *Apétales amentacées*, la dix-neuvieme ; les *Monopétales*, la vingtieme ; les *Polypétales régulieres*, *Rosacées*, la vingt-unieme ; les *Polypétales irrégulieres*, *Papilionacées*, la vingt-deuxieme.

CLASSES.

HERBES OU SOUS - ARBRISSEAUX.

CLASSE I. Les *Campaniformes* : herbes à fleurs simples, composées d'un seul pétale régulier, en forme de *cloche*, de *baffin* ou de *grelot*, (*Mandragore*, *Cucurbitacées*, *Mauves*, &c.) *Voy*. Pl. 1. Fig. 1., *fleurs en cloche*.

CL. II. Les *Infundibuliformes* : herbes à fleurs simples, monopétales, irrégulieres, reffemblant à un *entonnoir*, une *foucoupe* ou un *godet*, (*Jufquiame*, *Bourrache*, *Morelle*). *Voy*. Pl. 1. Fig. 2., *fleurs en entonnoir*.

CL. III. Les *Perfonnées* : fleurs fimples, monopétales, anomales ou irrégulieres, imitant un *mafque*, ou *mufle* à deux levres. Leurs femences font renfermées dans une capfule, (*Ariftoloche*, *Mufle*). *Voy*. Pl. 1. Fig. 3. Lett. *b* & *a*.

CL. IV. Les *Labiées* ou *fleurs en gueules* : fimples, monopétales, irrégulieres, compofées d'un tuyau terminé par le haut en un *mufle* à deux levres ; la levre *fupérieure* en forme de *faucille* ou de *cafque*, (l'*Ormin*) ; de *cuilleron*, (la *Moldavique*) ; quelquefois retrouffée, (le *Marrube*) ; où le *mufle* n'a qu'une levre, (la *Germandrée*). Leurs femences font contenues fimplement par le calice. *Voy*. Pl. 1. Fig. 4. (la *Queue-de-lion*, le *Lamium*). Lett. *a*, *e*., *les deux levres*.

POLYPÉ-
TALES RÉ-
GULIERES.
CL. V. Les *Cruciformes* : fleurs simples, polypétales, régulieres, composées de quatre pétales disposés en croix, (*Chou* , *Moutarde*). *Voy*. Pl. 1. Fig. 5.

CL. VI. Les *Rosacées* : fleurs simples, polypétales, régulieres, composées d'un nombre indéterminé de pétales disposés en *rose* , (l'*Amaranthe* , le *Pavot*). *Voy*. Pl. 1. Fig. 6. (*la Benoite*).

CL. VII. Les *Ombelliferes* ou *fleurs en parasol* : simples, polypétales, régulieres, composées de cinq pétales disposés en rose, mais distingués des *Rosacées* , par leurs pétales souvent inégaux, par leur fruit composé de deux semences réunies, & sur-tout par la disposition des péduncules qui partent d'un centre commun, en s'évasant comme les rayons d'un parasol (*e*). *Voy*. Pl. 1. Fig. 7.

. CL. VIII. Les *Caryophillées* ou *fleurs en œillet* : polypétales, régulieres, dont l'*onglet* est attaché au fond d'un calice formé d'une seule piece cylindrique , & sur les bords duquel les *lames* des pétales s'évasent & se disposent en roue; (l'*Œillet* , le *Lychnis*) : Pl. 1. Fig. 8. Lett. *e e*., l'*onglet* : Lett. *ff*. , *la lame*.

CL. IX. Les *Liliacées* ou *fleurs en lis* : polypétales, régulieres, composées ordinairement de six pétales, quelquefois cependant de trois, ou même d'un seul divisé en six portions par les bords; elles imitent le *Lis*. Leurs semences sont toujours renfermées dans une capsule à trois loges; (le *Lis* , l'*Asphodele*). Pl. 1. Fig. 9.

POLYPÉ-
TALES IRRÉ-
GULIERES.
CL. X. Les *Papilionacées* ou *fleurs légumineuses* : polypétales, irrégulieres, composées de quatre

(*e*) Voyez *les Principes* ci-dessus , pag. 50 & 51.

ou cinq pétales qui fortent du fond du calice ; le fupérieur nommé le *pavillon* ou l'*étendard* ; l'inférieur la *carene*, quelquefois divifée en deux ; les latéraux, les *ailes*, qui portent fouvent deux oreillettes vers leur naiffance (*f*) ; (*Régliffe*, *Pois*, *Lotier*). *Voy.* Pl. 1. Fig. 10.

CL. XI. Les *Anomales* ou *Polypétales proprement dites* : polypétales, irrégulieres, d'une forme bizarre ; (*Aconit*, *Violette*, *Orchis*). *Voy.* Pl. 1. Fig. 11. Lett. *a*, *b*, *c*.

CL. XII. Les *Flofculeufes* ou *fleurs à fleurons* : PÉTALÉES COMPOSÉES. compofées de l'agrégation de plufieurs petites corolles monopétales, régulieres, en entonnoir, découpées par leurs *limbes*, en plufieurs parties recourbées, raffemblées & réunies dans un calice commun ; ce font ces petites corolles qu'on nomme *fleurons*, ou *fleurons à tuyau*. Elles ont cinq étamines réunies par leurs *fommets*, en un tube, au travers duquel s'éleve le piftil ; (*Centaurée*, *Chardon*). Pl. 1. Fig. 12. Lett. *a.*, *la fleur compofée* ; Lett. *b.*, *le fleuron*.

CL. XIII. Les *Semi-flofculeufes* ou *fleurs à demi-fleurons* : compofées de l'agrégation de plufieurs petites corolles monopétales, dont la partie inférieure eft un tuyau étroit, & la fupérieure une petite langue, ou *languette*, dentelée à fon extrémité, ramaffées & réunies dans un calice commun, qui fe renverfe fouvent en mûriffant ; ces corolles font nommées *demi-fleurons* ou *fleurons à languette*. Leurs étamines font réunies par les fommets, comme dans la claffe précédente ; (le *Piffenlit*,

(*f*) Voyez *les Principes* ci-deffus, pag. 52.

le *Laitron*). Pl. 1. Fig. 13. Lett. *a.*, *la fleur compofée :* Lett. *b.*, *le demi-fleuron.*

CL. XIV. Les *Radiées* ou *fleurs en foleil :* compofées de l'agrégation de plufieurs *fleurons* & *demi-fleurons,* difpofés de maniere que les *fleurons* occupent le centre qu'on nomme le *difque* de la fleur, & les *demi-fleurons* la circonférence qu'on appelle fa *couronne ;* (l'*After,* le *Soleil*). Pl. 1. Fig. 14. Lett. *a.*, *le difque :* Lett. *b.*, *la circonférence.*

APÉTALES.   CL. XV. Les *Apétales* ou *fleurs à étamines :* fans pétales, mais avec des étamines très-apparentes. Dans quelques-unes, certaines parties reffemblent à des pétales, & n'en font pas, puifqu'elles fubfiftent après la *fleuraifon,* c'eft-à-dire quand le fruit eft formé ; (le *Cabaret,* l'*Ofeille,* les *Plantes Graminées*). Pl. 1. Fig. 15. Lett. *c c.*, *fleurs à étamines :* Lett. *c c.*, *épi qui en eft compofé.*

CL. XVI. Les *Apétales fans fleurs :* plantes qui n'ont point de fleurs apparentes, & feulement des efpeces de graines, ordinairement difpofées fur le dos des feuilles, (les *Fougeres*) ; quelquefois fur un péduncule, (l'*Ofmonde,* l'*Ophioglofe*) ; quelquefois dans des godets, (l'*Hépatique des fontaines*). *Voyez* Pl. 1. Fig. 16., *le Polypode ;* Lett. *a a a.*, *fa fructification difpofée fur le dos des feuilles.*

CL. XVII. *Apétales, fans fleurs ni graines :* plantes qui n'ont ni fleurs ni fruits apparens (*a*) ; (*Mouffes, Champignons, Truffes*). Pl. 1. Fig. 20. & Fig. 17.

(*a*) Voyez ci-deffus *Principes,* pag. 55.

ARBRES ET ARBUSTES.

CL. XVIII. *Arbres* ou *arbustes à fleurs apétales* ou à *étamines* (*b*). Les fleurs à étamines des arbres font, ou attachées aux fruits, (le *Frêne*); ou féparées des fruits fur le même pied, (le *Buis*) ; ou fur des pieds différens, (le *Lentifque*).

ARBRES APÉTALES.

CL. XIX. *Arbres* ou *Arbuftes à fleurs apétales*, *amentacées* ou à *chaton* : attachées plufieurs enfemble, fur une queue nommée *chaton* ; féparées des fruits, ou fur le même pied, (le *Noyer*), ou fur des pieds différens , (le *Saule*). *Voyez* Pl. 1. Fig. 18., *le Peuplier* ; Fig. 19., *le Saule*.

AMENTACÉS.

CL. XX. *Arbres* ou *Arbuftes à fleurs monopétales*, Infundibuliformes , le *Nerprun*), ou Campaniformes, (l'*Arboufier*).

MONOPÉTALES.

CL. XXI. *Arbres* ou *Arbuftes à fleurs rofacées* (*c*), dont les fleurs font en *rofe ;* (le *Fuftet* , la *Vigne*).

POLYPÉTALÉS RÉGULIERS.

CL. XXII ET DERNIERE. *Arbres* ou *Arbuftes à fleurs papilionacées* ou *légumineufes* (*d*) , (le *faux Acacia*).

IRRÉGULIERS.

(*b*) Voyez ci-deffus la CL. XV.
(*c*) Voyez ci-deffus , CL. VI.
(*d*) Voyez ci-deffus , CL. X.

Pour rapprocher le plan & les principes de la Méthode de TOURNEFORT, nous placerons ici le tableau qu'en a donné le Chevalier LINNÉ, dans un Ouvrage intitulé, *Claſſes Plantarum* : ce ſera le réſumé de ce qui vient d'être dit.

CLEF DES CLASSES
DE TOURNEFORT.

Claſſes.

Fleurs.	d'Herbes.	Pétalées.	Simples.	Monopétales.	Régulieres. { Campaniformes - - - 1. / Infundibuliformes - 2.
					Irrégul. { Perſonnées - - - - 3. / Labiées - - - - - 4.
				Polypétales.	Régulieres. { Cruciformes - - - 5. / Roſacées - - - - 6. / Ombelliferes - - - 7. / Caryophillées - - 8. / Liliacées - - - - - 9.
					Irrégul. { Papilionacées - - - 10. / Anomales - - - - 11.
			Compoſées - - - - - { Floſculeuſes - - - 12. / Semi-floſculeuſes 13. / Radiées - - - - - 14.	
		Apétales - - - - - - - - - { à Étamines - - - - 15. / ſans Fleurs - - - - 16. / ſans Fleurs ni Fruits 17.		
	d'Arbres.	Apétales - - - - - - - - - { Apétales - - - - - 18. / Amentacées - - - 19.		
		Pétalées.	Monopétales - - - - - { Monopétales - - - 20.		
			Polypétales. { Régul. { Roſacées - - - - 21. / Irrégul. { Papilionacées - - 22.		

SECTIONS.

ON a dit que les Classes se subdivisent en *Sections*, qui sont des especes de *Classes subalternes* (e). Cette division, en réunissant plusieurs *genres*, sous la considération d'un caractere quelconque, donne plus de clarté à la méthode, & plus de facilité à la distinction des genres entre eux.

PRINCIPES

Sur lesquels sont établies les Sections.

M. DE TOURNEFORT, après avoir tiré de la corolle les distinctions générales des classes, a établi celles des *Sections*, principalement sur le *fruit*.

On doit se rappeler les notions ci‑devant données sur cette partie essentielle de la *fructification*, sur le *fruit* en général, & en particulier sur les diverses especes de *péricarpes* & de *semences*. Pour se faire une juste idée de la détermination des Sections, il convient d'y ajouter ici quelques observations particulieres.

1.º *SUR L'ORIGINE DU FRUIT.*

Quelquefois le pistil devient le fruit, (les *Cruciformes*) ; quelquefois c'est le calice, (les *Ombelliferes*).

REGLES DES SECTIONS.

(e) Voyez ci‑dessus, *Divisions des méthodes*, pag. 11.

2.° *SUR LA SITUATION DU FRUIT ET DE LA FLEUR* (*f*).

Dans les fleurs, dont le piftil devient le fruit, la fleur & le fruit portent fur le réceptacle, (la *Nicotiane*); dans celles au contraire, dont le *calice* devient le fruit, le réceptacle de la fleur eft fur le fruit; & l'*extrémité* du péduncule auquel le fruit eft attaché, devient fon *receptacle*, (la *Garence*).

3.° *SUR LA SUBSTANCE, LA CONSISTANCE ET LA GROSSEUR DU FRUIT.*

Il eft des fruits mous, (le *Sceau-de-Salomon*); il en eft de fecs, (la *Gentiane*); d'autres font charnus, (la *Pomme de merveille*); d'autres pulpeux, renfermant des fubftances offeufes, (le *Prunier*).

Les uns font gros, (le *Melon*); les autres petits, (la *Morelle*).

4.° *SUR LE NOMBRE DES CAVITÉS.*

On a diftingué précédemment les capfules *uniloculaires*, (la *Primevere*); les *multicapfulaires*, (le *Nymphæa*); les fruits *bicapfulaires*, l'*Afclepias*); *tricapfulaires*, (le *Pied-d'Alouette*) (*g*).

(*f*) On ne donne ici, fur cet objet, que ce qui eft néceffaire pour faire entendre la Métbode de TOURNEFORT. Tout ce qui concerne la difpofition des fleurs, des fruits, des feuilles, &c. fera expliqué dans la fuite, plus en détail, pour fixer les caractères fpécifiques. Voyez *Organifation extérieure : difpofition des fleurs & des fruits.*

(*g*) Voyez ci-deffus *péricarpe, capfule,* pag. 33 & fuiv.

5.°

5.° *SUR LE NOMBRE, LA FORME, LA DISPOSITION ET L'USAGE DES SEMENCES.*

Le nombre des femences varie dans les fruits; il en eft qui n'en ont qu'une, (la *Statice*); d'autres deux, (les *Ombelliferes*); d'autres quatre, (les *Labiées*).

Quant à la forme, on en trouve de rondes, d'ovales, de plates, en forme de rein, liffes, raboteufes, ridées, anguleufes, &c.

Les unes font *aigrettées*, c'eft-à-dire ornées d'une aigrette, (la *Conife*); les autres fans aigrettes, (la *Chicorée*); d'autres ont un chapiteau de feuilles, (le *Soleil*); d'autres enfin font difpofées en *épis*, & quelques-unes font propres à faire du pain (h).

6.° *SUR LA DISPOSITION DES FRUITS ET DES FLEURS.*

Les fruits font quelquefois féparés des fleurs, fur un même pied, c'eft-à-dire fur une même plante, (le *Noyer*); quelquefois les fleurs & les fruits font placés fur des pieds différens, (le *Saule*, le *Chanvre*).

7.° *SUR LA FIGURE ET LA DISPOSITION DE LA COROLLE.*

Lorfque les fignes précédens, tirés des fruits, ne paroiffent pas fuffire à diftinguer les Sections, l'Auteur y emploie la figure de la corolle confidérée par des caracteres différens de ceux qui lui ont fervi à diftinguer les Claffes.

Parmi les fleurs *infundibuliformes*, CL. II, les

(h) Voyez ci-deffus *Semences*, pag. 36 & fuiv.

unes font en forme de *rofette*, (le *Ménianthe*);
les autres en forme de *foucoupe*, (l'*Androface*);
en forme de *roue*, (la *Corneille*).

Parmi les *Monopétales irrégulieres*, CL. III, les
unes ont un *capuchon*, (le *Pied-de-veau*); les
autres fe terminent en langue par le haut, (l'*Arif-toloche*); les autres fe terminent inférieurement
en anneau, (l'*Achante*).

Parmi les *Labiées*, CL. IV, quelquefois la levre
fupérieure reffemble à un cafque, à une faux,
(l'*Ormin*); quelquefois elle eft creufée en cuiller,
(la *Menthe*); quelquefois elle eft droite, (la
Méliffe); quelquefois il n'y en a qu'une, (le
Teucrium).

Parmi les *Compofées*, CL. XII, les fleurons font
réguliers, (le *Chardon*); ou irréguliers, (la
Scabieufe); ramaffés en bouquet, (la *grande
Centaurée*); en boule, (l'*Echinops*).

8.º SUR LA DISPOSITION DES FEUILLES.

L'Auteur ne confidere ici les feuilles que dans
les herbes & dans les arbres *papilionacés*, CL. X
& CL. XXII. Il en eft qui ont trois folioles fur
une *queue*, (le *Trefle* ou *Triolet*); d'autres ont
leurs folioles oppofées fur une côte commune,
(le *Bagnaudier*); d'autres les ont alternatives
ou *verticillées*, c'eft-à-dire rangées circulairement
autour de leur tige, (le *Genêt*).

Ces huit obfervations, ajoutées aux principes
généraux établis fur le *fruit*, ont fourni à l'Auteur
cent vingt-deux divifions, qui fubdivifent fes
vingt-deux Claffes; mais les mêmes obfervations
font fouvent admifes à la divifion de plufieurs
Claffes.

EXEMPLE.

La premiere Claſſe, (les *Campaniformes*), eſt SECTIONS de la Cl. 1
ſubdiviſée en neuf Sections.

Six, dans leſquelles le piſtil ſe change en fruit.

LA PREMIERE comprend les plantes *Campa-niformes*, dont le piſtil devient un fruit *mou & aſſez gros*, (la *Mandragore*).

LA SECONDE, celles dont le *piſtil* devient un fruit *mou & aſſez petit*, (le *Muguet*).

LA TROISIEME, celles dont le piſtil ſe change en un fruit *ſec à pluſieurs loges*, (la *Salſe-pareille*).

LA QUATRIEME, celles dont le piſtil ſe change en un fruit *qui ne porte qu'une ſemence*, (la *Rhubarbe*).

LA CINQUIEME, celles dont le piſtil devient un fruit *en gaîne*, (le *Dompte-venin*).

LA SIXIEME, celles dont le piſtil devient un fruit *ſec compoſé de pluſieurs loges*, (la *Mauve*).

Trois, dans leſquelles le calice devient le fruit.

LA SEPTIEME, celles dont le calice devient un fruit *charnu*, (les *Cucurbitacées*).

LA HUITIEME, celles dont le calice devient un fruit *ſec*, (la *Campanule*).

LA NEUVIEME, celles dont le calice devient un fruit *à deux pieces adhérentes par leur baſe*, (le *Caille-lait*).

La Claſſe deuxieme, (les *Infundibuliformes*), SECTIONS de la Cl. 2
ſe diviſe en huit Sections ; les premieres, comme dans la Claſſe précédente, ſe diſtinguent par le piſtil qui ſe change en fruit, de la derniere où le fruit eſt formé par le calice. Elles ſont chacune caractériſées, ou par le nombre des ſemences, ou par la ſubſtance du fruit, ou par la forme de la corolle, &c.

E ij

C'en eſt aſſez pour faire connoître la maniere dont TOURNEFORT emploie ſes principes, à l'établiſſement des Sections.

On les trouvera énoncées, chacune en particulier, dans le Cours des Démonſtrations, avec le caractere précis qui les diſtingue, & qui rapproche les Genres compris dans chaque Section.

G E N R E S.

LES SECTIONS ſont compoſées de la réunion de pluſieurs *Genres*.

LE GENRE eſt lui-même l'aſſemblage de pluſieurs *eſpeces*, c'eſt-à-dire de pluſieurs plantes qui ont des rapports communs, dans leurs parties les plus eſſentielles. On peut donc comparer le *Genre* à une famille dont tous les parens portent le même nom, quoiqu'ils ſoient diſtingués, chacun en particulier, par un nom ſpécifique.

Ainſi l'établiſſement des Genres ſimplifie la Botanique, en reſtreignant le nombre des noms, & en rangeant ſous une ſeule dénomination, qu'on nomme *générique*, pluſieurs plantes qui, quoique différentes, ont entre elles des rapports conſtans dans leurs parties eſſentielles ; on les appelle *Plantes congéneres*.

TOURNEFORT, comme on l'a vu, a travaillé l'un des premiers, à la véritable diſtinction des Genres, qu'on a perfectionnée dans la ſuite.

RÈGLES DES GENRES. Après avoir déterminé celles des Claſſes & des Sections, par une des *parties* de la *fructification*, il établit pour principe que la comparaiſon & la ftructure particuliere de toutes ces mêmes parties, doivent conftituer les Genres; mais il ajoute que lorfque cette confidération paroît infuffifante, on peut y employer auffi celle des autres parties des plantes.

Les regles établies à ce fujet, par le reftaurateur de la Botanique, fe réduifent à cinq principales.

1.º Lorfque les plantes ont des fleurs & des fruits, on doit toujours les confidérer pour la diftinction des Genres, & fe borner à ces fignes, s'ils font fuffifans.

2.º Si ces fignes font infuffifans, on aura recours aux autres parties moins effentielles, telles que les racines, les tiges, l'écorce, le nombre des feuilles; aux qualités des plantes, comme leur couleur, leur goût; à leur port en général (i).

3.º A l'égard des plantes, dans lefquelles les fleurs & les fruits manquent, ou font invifibles fans le fecours de la loupe, le Genre doit être affigné fur ceux de ces derniers caracteres, qui font les plus remarquables.

4.º Il importe de rejeter de la diftinction des Genres tous les fignes fuperflus; & avant d'admettre un caractere, d'obferver fi le Genre changeroit dans le cas où ce caractere viendroit à manquer.

5.º Il faut enfin confidérer l'habitude générale des plantes, plus que les variétés particulieres qu'une obfervation minutieufe y découvre. Ainfi,

(i) Cette reftriction au principe général, en donnant plus de facilité dans l'établiffement des Genres, n'a-t-elle pas expofé l'Auteur aux reproches que lui ont fait les modernes d'avoir fixé des caracteres génériques, qui ne paroiffent ni affez rigoureux, ni affez effentiels, ni affez naturels? mais cette difcuffion n'entre point dans notre objet.

E iij

quoique le grand *Trefle* des prés & quelques fleurs du même Genre, portent une corolle réellement *monopétale*, on ne doit pas les féparer des autres efpeces qui font *polypétales*, comme toutes les *Papilionacées* ; les autres caractcres doivent décider.

DISTINC- TION DES GENRES.

Ces regles, mieux développées dans la Préface des *Elémens de Botanique*, ont conduit l'Auteur à diftinguer deux fortes de *Genres*, les uns qu'il appelle Genres du *premier ordre*, les autres du *fecond ordre*.

Les *Genres du premier ordre* font ceux que la nature paroît elle-même avoir inftitués & diftingués déterminément par les fleurs & par les fruits ; telles font les *Violettes*, les *Renoncules*, les *Rofes*, &c. Ce font les feuls qu'admette le Chevalier LINNÉ.

Les *Genres du fecond ordre* font ceux pour la diftinction defquels, il faut recourir à des parties différentes des fleurs & des fruits.

Ainfi, felon l'Auteur, la *Germandrée* forme un Genre différent du *Polium*, du *Teucrium* & de l'*Ivette*, en confidérant fon calice tubulé, & la difpofition de fes fleurs dans les aiffelles des feuilles. Il diftingue le *Polium* du *Teucrium*, de l'*Ivette* & de la *Germandrée*, par fes fleurs ramaffées en bouquet ; le *Teucrium* des trois autres, par fon calice campanulé, & l'*Ivette*, par la difpofition des fleurs qui ne font pas verticillées, & qui naiffent féparées fous les ailes des feuilles.

C'eft fur ces principes qu'il caractérifa les Genres de toutes les plantes qui lui furent connues, & qu'après lui, les Botaniftes fectateurs de fa Méthode, y introduifirent les Genres nouvelle-ment découverts, ou réformerent ceux qu'il avoit

lui-même invité de perfectionner par de nouvelles observations.

Il décrivit dans ses *Elémens de Botanique*, près
de 700 Genres, dont il fit graver les caracteres
déterminés, avec une précision & une vérité
inconnues jusqu'à lui. Nombre des Genres.

Bornons-nous à un exemple de chacun des Exemples.
Genres.

GENRE DU PREMIER ORDRE.

L'ACONIT.

Cl. XI. *Fleur anomale, polypétale.*

Sect. II. *Dont le pistil devient un fruit multi-
capsulaire.*

Genre de plante à fleur composée de cinq
pétales de différentes formes, dont l'ensemble
représente, en quelque sorte, une tête avec un
casque ou un *capuchon*: le pétale supérieur forme
le *casque* ou *capuchon*; les deux inférieurs, la
partie du casque qui couvre la mâchoire inférieure; & les latéraux, les tempes.

Du milieu de la fleur, s'élevent deux styles
en forme de pieds (*les nectars*), renfermés dans
le pétale supérieur, ainsi que le pistil qui devient
un fruit formé de gaînes membraneuses, rassemblées en chapiteau, & remplies de semences
ridées, ordinairement à quatre angles.

GENRE DU SECOND ORDRE.

LA TULIPE.

Cl. IX. *Liliacée.*

Sect. IV. *Fleur à six pétales, dont le pistil
devient le fruit.*

E iv

GENRE de plante à fleur compofée de fix pétales, reffemblant en quelque forte à un petit vafe.

Le piftil, qui occupe le milieu des pétales, devient un fruit oblong, s'ouvrant en trois parties, intérieurement divifé en trois loges qui font remplies de femences plates, rangées en deux rangs qui fe touchent.

Nota. Ces caractères appartiennent *au Genre du premier ordre;* mais ne paroiffant pas fuffifans à l'Auteur, pour diftinguer affez la fleur de la *Tulipe* de celle de la *Couronne impériale*, de la *Fritillaire* & des autres qui lui reffemblent, il a cru devoir indiquer un autre caractère qui appartient *au Genre du fecond ordre.*

» Ajoutez, dit-il, à ces caractères, la racine » bulbeufe, formée de plufieurs tuniques ou » *couches*, qu'on nomme *Oignon* «.

La brièveté qu'on a voulu introduire dans les démonftrations, la découverte de plufieurs caractères dûs aux modernes, ont obligé de s'écarter fouvent de cette maniere de décrire les Genres; mais la Botanique lui doit peut-être tous fes progrès.

USAGE DE LA MÉTHODE
DE TOURNEFORT.

APRÈS avoir développé la théorie de cette Méthode, & les principes fur lefquels font établis fes *Claffes*, fes *Sections* & fes *Genres*, il refte à montrer l'ufage qu'on en fait dans la pratique, & comment, ainfi qu'on l'a annoncé, elle devient une efpece de *Dictionnaire* qui conduit degré par degré à la plante qu'on veut connoître.

Il fe préfente à moi une plante que je n'ai jamais vue, par exemple, la *Queue-de-lion*; pour la reconnoître, je dois chercher à déterminer fon *Genre*; & pour cela, je dois commencer par découvrir la *Claffe* & la *Section* dans lefquelles elle eft comprife.

J'ai foin de cueillir un brin où fe trouvent les *parties de la fructification* bien diftinctes, c'eft-à-dire, la *fleur* & le *fruit* : je fuppofe la plante du nombre de celles qui en portent (*k*).

TROUVER LA CLASSE.

Je confidere d'abord la confiftance de la tige & des racines, fa hauteur & les autres fignes qui peuvent m'apprendre que la plante eft *herbe* ou *arbre*; j'y reconnois les caracteres qui défignent les herbes, & je vois qu'elle n'eft point comprife dans les cinq dernieres Claffes; il en refte dix-fept fur lefquelles je dois me déterminer.

(*k*) Si la plante qu'on veut reconnoître, n'a ni fleurs ni fruits apparens, après s'en être affuré en examinant plufieurs pieds, on parvient, à l'aide des principes qu'on a établis fur ces fortes de plantes, à les déterminer par une marche femblable à celle qu'on va tracer.

Je jette mes regards fur les parties de la fructification ; je reconnois que la fleur a des pétales :
je conclus que la plante n'eft ni de la dix-feptieme,
ni de la feizieme, ni de la quinzieme, qui ne renferment que des *Apétales.*

Il en refte quatorze ; j'examine fi la fleur pétalée
eft *fimple* ou *compofée ;* je n'y trouve ni *fleurons*
ni *demi-fleurons* raffemblés dans un calice : je dis
qu'elle n'appartient ni à la quatorzieme, ni à la
treizieme, ni à la douzieme Claffe ; je n'en ai plus
que onze à diftinguer.

Je paffe à un examen particulier de la corolle.
Je la diffeque, je l'obferve jufqu'à fa bafe ; je
découvre fi elle a plufieurs pétales, ou fi le pétale
feulement divifé par fes bords fe termine inférieurement par un *tuyau ;* je lui reconnois ce
dernier caractere : donc la plante eft *monopétale ;*
donc elle n'eft placée, ni dans la onzieme, ni
dans la dixieme, neuvieme, huitieme, feptieme,
fixieme, cinquieme Claffes, qui comprennent les
Polypétales.

Je ne refte indécis que fur quatre ; mais la
corolle ne me paroît ni en forme de *cloche ,* ni
en forme d'*entonnoir ;* fes parties ne font pas
fymétriquement arrangées, à égale diftance du
centre : elle eft donc irréguliere, & n'entre pas
dans les deux premieres Claffes ; elle appartient
donc à l'une des deux qui fuivent. Reffemble-t-elle
à un *mafque* ou à un *mufle* à deux levres : fa forme
me décide ; & les graines n'étant point renfermées dans une capfule, achevent de me perfuader
que la plante que je cherche à reconnoître, eft
labiée , de la quatrieme Claffe.

Mais cette Claſſe en renferme un grand nombre ; pour la réduire , il faut déterminer la *Section*. Le caractere de la Section ſe tire en général de la conſidération du fruit ; je ſais néanmoins que pluſieurs Claſſes ont été ſubdiviſées par d'autres ſignes , lorſque cette partie de la fructification n'en a pas fourni d'aſſez diſtincts ; je me rappelle que la Claſſe des *Labiées* eſt de ce nombre , & qu'elle ſe diviſe en Sections, ſelon la figure des corolles , & principalement des levres qui les caractériſent. Si leurs diverſes figures ne ſont pas aſſez préſentes à mon eſprit , j'ai recours aux deſcriptions qu'en donne la Méthode ; je reconnois que la corolle de ma plante a deux levres ; elle n'eſt donc pas dans la derniere Section. La levre ſupérieure n'eſt pas en forme de *caſque* ou de *faucille* ; elle n'eſt donc pas non plus dans la premiere ; ni dans la troiſieme , puiſque la levre ſupérieure n'eſt pas retrouſſée ; cette levre ſupérieure , creuſée en maniere de *cuiller* , me fixe bientôt à la deuxieme Section.

LA SECTION.

Il reſte à découvrir quel eſt ſon *Genre* ; mais de ſix cents quatre-vingt-dix-huit Genres contenus dans la Méthode générale, je n'ai plus à examiner que les douze qui compoſent la Section 11 de la Claſſe IV.

LE GENRE.

J'ai préſens à mon eſprit les caractères qui conſtituent les Genres des plantes dont les fleurs ſont viſibles ; ils ſont tirés , en général, de la comparaiſon & de la ſtructure particuliere des diverſes parties des fleurs & des fruits ; je les examine de nouveau ; je fais l'anatomie de toutes les pieces qui les compoſent ; je compare ce que je vois, aux deſcriptions de mes douze Genres ;

je compare ces defcriptions entre elles ; je reconnois quels font les caractheres communs à plufieurs Genres, & ceux qui diftinguent chacun d'eux en particulier ; je fuis aidé dans cette recherche par les planches gravées.

Je vois une fleur monopétale labiée, dont la levre fupérieure eft creufée en *cuiller*, & l'inférieure divifée en trois parties ; le piftil eft fixé au fond de la fleur, comme un clou, pofé fur quatre embrions, qui dans les fruits mûrs font changés en femences renfermées dans une efpece de capfule formée par le calice.

Mais ces fignes font communs à prefque tous les Genres de la Section. Je compare de nouveau, & je remarque que la levre fupérieure n'eft pas creufée précifément en forme de *cuiller*, mais plutôt en forme de *tuile*. Or je vois que ce caractere n'appartient qu'à deux Genres, l'*Agripaume* ou la *Queue-de-lion*. Leurs levres inférieures font également divifées en trois, mais j'obferve que les femences de ma plante ne font pas anguleufes, & ne rempliffent pas toute la cavité de la capfule formée par le calice, ce qui eft annoncé dans la defcription de l'*Agripaume*. Les femences oblongues, & la forme du calice devenu une capfule longue & tubulée, m'apprennent enfin que ma plante eft certainement un *Léonurus* ou *Queue-de-lion*.

C'eft ainfi que la méthode conduit pas à pas au moyen de la chofe connue, à celle qui ne l'eft pas. La plante qu'on eft parvenu à déterminer de cette maniere, refte profondément gravée dans la mémoire, comme l'*énigme* qu'on a devinée, comme le *probléme* qu'on a réfolu ; & tel eft l'objet de la Botanique.

Si l'opération, ainfi qu'elle eft décrite, paroît longue, c'eft qu'on a voulu en fuivre tous les degrés, dans la vue de guider un éleve qui commence; mais l'ufage la fimplifie, & l'habitude réduit ces degrés à un petit nombre; elle fupplée à la progreffion des raifonnemens qu'on a fuppofés. L'Obfervateur s'habitue bientôt à reconnoître d'un coup d'œil, qu'une plante eft *pétalée*, *monopétale*, *irréguliere*; la faveur aromatique lui indique encore la Claffe des *Labiées*; mais l'étude de la *Section* & plus encore celle du *Genre*, exigent toujours un plus long examen; elles préfentent plus de rapports à comparer.

Paffons enfin à la Méthode du Chevalier VON LINNÉ, qui mérita le nom de *Syftéme*, parce que, fondée à-peu-près fur les mêmes principes, elle les embraffe d'une maniere plus fixe, plus précife & plus abfolue.

SYSTÊME SEXUEL

DU

CHEVALIER VON LINNÉ.

ON a vu dans le plan général du *Syſtême ſexuel* (*l*), qu'il porte eſſentiellement ſur les parties de la *fructiſcation*, conſidérées comme parties de la *génération*, & en particulier ſur les *étamines* qui ſont les *parties mâles*, & ſur les *piſtils* qui ſont les *parties femelles. Voy.* Pl. 2. Fig. 3 , 4, 5 & 6.

PRINCIPES DU SYSTÊME SEXUEL.

PRINCIPES DES CLASSES.

Cette méthode diviſe les plantes, comme celle de TOURNEFORT, en *Claſſes*, en *Ordres*, qui répondent aux *Sections* ; & en *Genres*.

Les Claſſes ſe diviſent en conſidérant les étamines ſeules ; ainſi qu'il ſuit :

1°. *Leur apparence ou occultation.* ⎰ Les organes de la *fécondation ou génération* des Plantes , ſont viſibles ou peu apparens à nos yeux.

(*l*) Voyez ci-deſſus , *Principes des méthodes* , *Plan du Syſtême ſexuel*, pag. 42, 43 , &c.

2.° *Leur union* ou *féparation.* { Parmi les plantes où ces organes font apparens, les unes contiennent, dans une même fleur, les deux fexes, c'eft-à-dire, des *étamines* & des *piftils*, & font nommées *hermaphrodites*; les autres n'ont qu'un fexe, & font nommées *mâles*, quand elles n'ont que des *étamines*; *femelles*, quand elles n'ont que des *piftils*.

3.° *Leur fituation.* { Les plantes qui n'ont que les organes d'un fexe, portent leurs fleurs *mâles* ou *femelles*, ou fur le même pied, ou fur des pieds différens; ou indifféremment, tantôt les *mâles* fur des pieds différens des *femelles*, tantôt fur le même.

4.° *Leur infertion.* { Les *étamines* font ordinairement attachées au *réceptacle*; quelquefois cependant elles s'inferent dans le *calice*.

5.° *Leur réunion.* { Quelquefois les *étamines* font totalement féparées les unes des autres; d'autres fois elles font liées par quelques-unes de leurs parties & réunies de cinq manieres; ou en un feul corps, ou en deux corps, ou en plufieurs; ou en forme de cylindre, ou liées au *piftil*.

6.° *Leur proportion.* { Les *étamines* font toutes de même hauteur, fans avoir entre elles aucune proportion de grandeur refpective ; ou bien elles font d'une inégale grandeur déterminée ; de forte qu'alors il s'en trouve deux toujours plus petites , les plus grandes étant quelquefois au nombre de deux , quelquefois au nombre de quatre.

7.° *Leur nombre.* { Le nombre des *étamines* varie dans les fleurs, foit *mâles*, foit *hermaphrodites*.

DIVISION DES CLASSES. Ces fept obfervations fourniffent les caracteres de vingt-quatre Claffes.

Les treize premieres font divifées par le nombre des *étamines* uniquement, à l'exception de la douzieme & de la treizieme , qui le font auffi par leur *infertion*.

La quatorzieme & la quinzieme , par leurs *proportions refpectives*.

La feizieme, dix - feptieme , dix - huitieme , dix-neuvieme & vingtieme , par leur *réunion* en quelques parties.

La vingt-unieme, vingt-deuxieme & vingt-troifieme , par leur *union* avec le *piftil* , ou leur *féparation* d'avec lui.

La vingt-quatrieme , par l'*abfence* ou le *peu d'apparence* des *étamines*.

Chaque Claffe porte un nom tiré d'un mot Grec qui renferme fon principal caractere.

CLASSES.

CLASSES.

LES treize premieres Classes comprennent les fleurs visibles, hermaphrodites, dont les étamines ne font réunies par aucune de leurs parties, & n'observent entre elles aucune proportion de grandeur; on les divise par le nombre des étamines.

NOMS DES CLASSES.

Caractères des Classes tirés		
	Cl. I. Une étamine ; (Balisier).	Monandrie. μονος ανηρ. un mari.
	Cl. II. Deux étamines, (Jasmin).	Diandrie. δις ανηρ. 11 maris.
	Cl. III. Trois étamines, (Graminées).	Triandrie. III maris.
	Cl. IV. Quatre étamines, (Rubiacées).	Tétrandrie. I V.
	Cl. V. Cinq étamines, (Ombelliferes).	Pentandrie. v.
du nombre des étamines.	Cl. VI. Six étamines, (Liliacées).	Hexandrie. V I.
	Cl. VII. Sept étamines, (Marron d'Inde).	Heptandrie. V I I.
	Cl. VIII. Huit étamines, (Persicaire).	Octandrie. V I I I.
	Cl. IX. Neuf étamines, (Capucine).	Enncandrie. I X.
	Cl. X. Dix étamines, (Caryophillées).	Décandrie. x.
	Cl. XI. Douze étamines, (Aigremoine).	Dodécandrie. X I I.

La douzieme & la treizieme Classes, indépendamment du nombre, considerent l'*insertion des étamines*; elles tiennent au calice ou n'y tiennent pas.

De leur nombre & de leur insertion.		
	Cl. XII. Une vingtaine d'étamines attachées au calice (m), (Rose).	Icosandrie. X X maris.
	Cl. XIII. Depuis vingt jusqu'à cent étamines, qui ne tiennent pas au calice (Pavot).	Polyandrie. πολυς, plusieurs.

(m) Le vrai caractere de cette Classe consiste moins dans le nombre que dans l'*insertion*.

Tome I.   F

La quatorzieme & la quinzieme Claſſes renferment les fleurs viſibles, hermaphrodites, dont les étamines ne ſont réunies par aucune de leurs parties, mais dont la longueur eſt inégale ; de ſorte qu'il y en a deux plus petites que les autres.

De leurs proportions.	CL. XIV. Quatre étamines, deux petites, deux plus grandes, (*Labiées, Perſonnées*).	*Didynamie.* δὶς δυναμὶς, 11 puiſſances.
	CL. XV. Six étamines, deux petites oppoſées l'une à l'autre, quatre plus grandes, (*Cruciformes*).	*Tétradynamie.* IV puiſſances.

Depuis la ſeizieme juſqu'à la vingtieme incluſivement, ſont compriſes les fleurs viſibles, hermaphrodites, dont les étamines, à peu près égales en hauteur, ſont réunies par quelques-unes de leurs parties.

De la réunion de quelques parties.	CL. XVI. Pluſieurs étamines réunies par leurs filets en un corps, (*Mauves*).	*Monadelphie.* μονος αδελφος un frere.
	CL. XVII. Pluſieurs étamines réunies par leurs filets, en deux corps, (*Légumineuſes*).	*Diadelphie.* deux freres.
	CL. XVIII. Pluſieurs étamines réunies par leurs filets, en trois ou pluſieurs corps, (*Mille-pertuis.*)	*Polyadelphie.* pluſieurs.
	CL. XIX. Pluſieurs étamines réunies, en forme de cylindre, par les *antheres* ou ſommets, rarement par les filets, (*fleurs compoſées*).	*Syngénéſie.* συν γένυσὶς. enſemble, génération.
	CL. XX. Pluſieurs étamines réunies & attachées au piſtil, ſans adhérer au réceptacle, (*les Orchidées*).	*Gynandrie.* γυνὴ ανιρ. femme mari.

La vingt-unieme, vingt-deuxieme, & vingttroiſieme Claſſes renferment les plantes, dont les

urs visibles ne sont point hermaphrodites, &
nt qu'un sexe mâle ou femelle, c'est-à-dire des
mines ou des pistils séparés dans différentes
urs.

De la si-
tion des
mines,
arées des
ils.

> CL. XXI. Les fleurs mâles & femelles séparées, sur un même individu, *Monœcie.* μονος οιχια. une maison.
> (*Masse d'eau*)
> CL. XXII. Fleurs mâles & femelles séparées, sur différens individus, *Diœcie.* 11 maisons.
> (*Chanvre*).
> CL. XXIII. Fleurs mâles & femelles, sur un ou sur plusieurs individus, qui portent aussi des fleurs hermaphrodites, *Polygamie.* πολυς γαμος. plusieurs noces.
> (*Pariétaire*).

La vingt-quatrieme Classe comprend les plantes
l'on ne distingue que difficilement, ou point
tout, les étamines, celles dont la fructification
occulte, difficile à appercevoir, ou peu connue.

De leur
ultation
eu d'ap-
ence.

> CL. XXIV. Fleurs renfermées dans le fruit, ou presque invisibles, *Cryptogamie,* κρυπτος γαμος. cachées noces.
> (*Fougeres, Mousses*).

Enfin, l'Auteur range à la suite de sa Méthode, APPENDIX
forme d'*Appendix*, les *Palmiers* & les autres
ntes, dont les caracteres essentiels ne sont pas
ore suffisamment déterminés.

Pour réfumer & raffembler, fous un point de vue les caracteres claffiques du *Syſtême ſexuel*, nous nou contenterons de préfenter le tableau que l'Auteur en formé, *Claſſes plantarum*, pag. 443.

CLEF DU SYSTÊME SEXUEL.

NOCES DES PLANTES.

FLEURS

VISIBLES;

HERMAPHRODITES;

LES ÉTAMINES N'ÉTANT UNIES PAR AUCUNE DE LEURS PARTIES;

TOUJOURS ÉGALES, OU SANS PROPORTIONS RESPECTIVES;

AU NOMBRE.		CLASSES.
d'une - - - - - - - - - - - - - - - -	1.	*Monandri*
de deux - - - - - - - - - - - - - -	2.	*Diandrie.*
de trois - - - - - - - - - - - - - -	3.	*Triandrie.*
de quatre - - - - - - - - - - - - - -	4.	*Tétrandrie.*
de cinq - - - - - - - - - - - - - -	5.	*Pentandrie.*
de fix - - - - - - - - - - - - - -	6.	*Hexandrie.*
de fept - - - - - - - - - - - - - -	7.	*Heptandrie.*
de huit - - - - - - - - - - - - - -	8.	*Octandrie.*
de neuf - - - - - - - - - - - - - -	9.	*Ennéandrie.*
de dix - - - - - - - - - - - - - -	10.	*Décandrie.*
de douze - - - - - - - - - - - - - -	11.	*Dodécandrie.*
plufieurs fouvent 20, adhérentes au calice - -	12.	*Icoſandrie.*
plufieurs, juſqu'à 100, n'adhérant pas au calice -	13.	*Polyandrie.*

INÉGALES, DEUX TOUJOURS PLUS COURTES,

de 4. { Tantôt deux filets plus longs - - -	14.	*Dydinamie.*
de 6. { Tantôt quatre plus longs - - - -	15.	*Tétradynami.*

UNIES PAR QUELQUES-UNES DE LEURS PARTIES;

Par les filets mis en un corps, - - -	16.	*Monadelphiæ*
unis en deux corps, - - -	17.	*Diadelphie.*
unis en plufieurs, - - - -	18.	*Polyadelphiæ*
Par les antheres, en forme de cylindre,	19.	*Syngénéfie.*
Etamines unies & attachées au piftil, -	20.	*Gynandrie.*

LES ÉTAMINES ET LES PISTILS DANS DES FLEURS DIFFÉRENTES,

Sur un même pied - - - - -	21.	*Monœcie.*
Sur des pieds différens - - - -	22.	*Diœcie.*
Sur différens pieds, ou fur le même, avec des fleurs hermaphrodites - -	23.	*Polygamie.*

A PEINE VISIBLES, ET QU'ON NE PEUT DÉCRIRE DISTINCTEMENT, 24. *Cryptogamie*

ORDRES.

ᴇs Ordres font, dans le *Syfteme fexuel*, la
ᵖᵐière fubdivifion des *Claffes*, comme les Sec-
ns dans la *Méthode* de Tournefort.

PRINCIPES
fur lefquels font fondés les Ordres.

1.° *LE SYSTÊME SEXUEL*, portant en géné-
fur la confidération des *parties de la génération*
s plantes, les *Ordres* font établis fur les parties
elles qui font les *piftils*, comme les *Claffes* fur
parties *mâles* qui font les *étamines*.
Cette regle reçoit cependant quelques exceptions,
mme on va le voir.

2.° Ainfi que les étamines, les piftils varient
nombre, dans les fleurs qui en font pourvues,
ft-à-dire dans les fleurs hermaphrodites & dans
femelles.

3.° Le nombre des piftils fe prend à la bafe du
le, & non à fon extrémité fupérieure, nommée
ᵍmate, qui fe trouve quelquefois divifée, fans
'on puiffe compter plufieurs piftils. Lorfqu'ils
nt dénués de ftyle, comme dans les *Gentianes*,
ir nombre fe compte par celui des ftigmates
i, en ce cas, font adhérens au *germe. Voyez*
furplus ce qui a été dit ci-deffus, fur le piftil &
le fruit.

Sur ces principes font fondées les diftinctions
s Ordres. L'Auteur emprunte leur nom du Grec,
mme ceux des Claffes; & ce nom eft toujours

PRINCIPES
DES
ORDRES.

F iij

l'expreſſion du caractere de l'Ordre auquel il eſt donné.

Il eſt inutile d'obſerver que le même caractere peut être employé à déterminer les Ordres de pluſieurs Claſſes ; le Syſtême ſeroit parfait en ce point, ſi l'on pouvoit y employer un caractere unique.

DIVISION GÉNÉRALE PAR LE NOMBRE DES PISTILS. Le caractere le plus général des Ordres ſe tire du nombre des piſtils ; ainſi le *premier Ordre* d'une Claſſe comprend les fleurs qui n'ont qu'un piſtil ; Il ſe nomme . . . . *Monogynie.*
μονος·γυνη.
une femelle.

Le ſecond Ordre , comprend les fleurs qui ont deux piſtils, ... *Digynie.*
II.

Le troiſieme , les fleurs qui ont trois piſtils , ... *Trigynie.*
III.

Le quatrieme , les fleurs qui ont quatre piſtils , ... *Tétragynie.*
IV.

Le cinquieme , les fleurs qui ont cinq piſtils , ... *Pentagynie.*
V.

Le ſixieme , les fleurs qui ont ſix piſtils , ... *Hexagynie.*
VI.

Enfin l'*Ordre* des fleurs qui ont un nombre de piſtils indéterminé, ſe nomme . . . . *Polygynie.*
pluſieurs.

C'eſt ainſi que ſont ſubdiviſées les treize premieres Claſſes. Une plante dont la fleur n'a qu'une *étamine* & un *piſtil*, eſt de la *Monandrie-monogynie* ; ſi elle a deux piſtils, de la *Monandrie - digynie* ; trois, *Trigynie*, &c.

On dit de même *Pentandrie - monogynie* , pour exprimer la Claffe & l'Ordre des fleurs hermaphrodites qui ont cinq *étamines* & un *piftil; Pentandrie-digynie* , *trigynie* , *tétragynie* , lorfqu'elles ont deux, trois, quatre *piftils*, &c.

Mais la quatorzieme Claffe, la *Didynamie*, fe fubdivife en deux Ordres, dont la diftinction eft tirée de la difpofition des graines :

DIVISIONS PARTICULIERES PAR LE FRUIT.

1.º Quatre graines nues , à découvert, au fond du calice, (les *Labiées*):
Cet Ordre eft nommé. . . . .   *Gymnofpermie.*
                                     γυμνὸς σπέρμα.
                                     nue femence.

2.º Graines renfermées dans un péricarpe . . . .   *Angiofpermie.*
     (les *Perfonnées*).   αγγειον.
                                                                      vafe , femence.

La XV.e Claffe (*Tétradynamie*) fedivife en deux Ordres ; leur caractere eft tiré de la figure du *péricarpe* , qui dans les plantes de cette Claffe , fe nomme *filique* (*n*).

1.º Le péricarpe prefque arrondi, garni d'un ftyle à peu près de fa longueur , conftitue le premier Ordre,   *Les Siliculeufes.*
          (le *Creffon*).   *à petites filiques.*

2.º Le péricarpe très-alongé, avec un ftyle court , conftitue le fecond Ordre . . . .   *Les filiqueufes.*
          (la *Dentaire*).   *à filiques.*

Les Claffes fuivantes , depuis la feizieme jufqu'à la vingt-troifieme inclufivement, à l'exception de la dix-neuvieme (la *Syngénéfie*) , tirent la diftinction de leurs Ordres, des caracteres claffiques de toutes les Claffes qui les précedent.

PAR LES CARACTERES CLASSIQUES.

(*n*) Voyez ci-deffus *filique* , p. 34.

F iv

Par exemple : la *Monadelphie*, seizieme Classe, qui comprend les fleurs dont les étamines font réunies par leurs filets, en un seul corps, se subdivise en trois Ordres qui prennent le nom de *Pentandrie*, *Décandrie*, *Polyandrie*; les fleurs de la *Monadelphie - pentandrie*, font celles qui ont cinq étamines réunies par leurs filets en un seul corps; les fleurs de la *Monadelphie - décandrie*, font celles qui ont dix *étamines* ainsi réunies; celles de la *Monadelphie-polyandrie*, en ont plusieurs.

De même, la vingt-unieme Classe (la *Monœcie*) est divisée en *Monœcie-monandrie*, *Diandrie*, *Monadelphie*, *Syngénésie*, *Gynandrie*; parce que la *Donœcie*, dont le caractere est d'avoir les fleurs mâles, féparées des femelles, fur un même pied, comprend des fleurs qui ont quelquefois un étamine, quelquefois deux, &c., ce qui les range dans la *Monœcie-monandrie* ou *Diandrie*, &c; ou leurs étamines font réunies par leurs filets, en un seul corps, ce qui constitue la *Monœcie-monadelphie*; ou bien en forme de cylindre par leurs antheres, ce qui fait la *Monœcie - syngénésie*; ou bien encore, les étamines s'inferent dans le lieu qu'occuperoit le pistil, si la fleur étoit *hermaphrodite* (*o*),

(*o*) Les Cenfeurs du Syftême fexuel ont principalement attaqué cette fubdivifion de la *Monœcie* & de la *Diœcie*. Les fleurs mâles y font féparées des femelles, ou fur des pieds différens, ou fur le même pied. Si les *mâles* ou étamines font féparés des *femelles* ou piftils, comment peut-il y avoir *Gynandrie*? comment l'étamine peut-elle s'unir & s'inférer au piftil? On a prévenu cette critique avec l'Auteur du Syftême, en difant qu'elle s'infere, finon au piftil, du moins fur la place qu'il occuperoit. Ayant eu lieu de confulter M. GOUAN fur cette difficulté, nous croyons devoir publier ici l'extrait de fa réponfe, comme une interprétation utile à l'intelligence des principes de fon illuftre ami.

Confidérez, avec le Chevalier LINNÉ, le réceptacle de la fleur, comme s'il étoit divifé en quatre cercles concentriques : *Voy.* Pl, 1, Fig. 21 ; le calice occupe effentiellement le cercle extérieur, ce qui établit la *gynandrie*, & forme la *monœcie-gynandrie* ; il en est de même dans la *diœcie*.

Suivant les mêmes principes, la *polygamie*, vingt-troisieme Classe, se distingue en *polygamie-monœcie*, & *polygamie-diœcie*.

Les Ordres de la *Syngénésie*, dix-neuvieme Classe, ORDRES DE LA SYN-GÉNÉSIE. sont plus composés, & leurs caracteres plus difficiles à saisir. Cette classe rassemble les fleurs formées de l'agrégation de plusieurs petites fleurs (*p*) ; caractere général, nommé *polygamie* [polygamia], πολυς *plusieurs*, γαμος *noces*. Elle se subdivise de cinq manieres, ainsi qu'il suit :

1.º En *polygamie égale* [æqualis] ; Cet Ordre comprend les fleurons qui sont *hermaphrodites*, tant

---

Lett. *d* ; les pétales occupent le second cercle, Lett. *c* ; les étamines sont placées dans le troisieme , Lett. *b* ; le pistil est dans celui du milieu , Lett. *a*.

Il suit de là ; que lors même que les étamines sont inférées aux parois intérieures des pétales , elles sont toujours dans un cercle concentrique à celui des pétales , extérieur à celui des pistils , & dès-lors, elles ne peuvent être réputées déplacées. Mais le cercle du milieu *a*, ou centre du réceptacle, étant essentiellement destiné au pistil , si ce cercle, dans l'absence même du pistil , est occupé par l'étamine , elle doit être regardée comme déplacée, & formant une vraie *Gynandrie* ; elle est censée attachée au pistil , dès qu'elle est inférée au lieu qu'il occuperoit , s'il existoit.

Il suit encore de là que toute partie du pistil , qui occupe le centre du réceptacle, que ce soit le style, le germe, le stigmate, ou même un péduncule qui porte le germe, comme dans la *Fleur-de-la-Passion*, cette partie quelconque représente le pistil en entier ; & si l'étamine s'y insere, il y a réellement *Gynandrie* ; parce que l'étamine n'occupe pas le cercle qui lui est destiné, mais bien celui du pistil.

Cette observation sert, non-seulement de réponse aux Censeurs du Système , mais de guide aux Etudians , pour découvrir & discerner les Genres de la *Gynandrie*, tels que les *Arums*, les *Aristoloches*, &c. ; elle fait voir comment les *nectars* des *Orchis*, auxquels s'attachent les étamines, & qui sont attachés au pistil , devenant de cette sorte médiateurs entre les étamines & les pistils , constituent essentiellement la *Gynandrie*.

(*p*) Voyez ci-dessus *les fleurs composées*, pag. 53.

dans le difque que dans la circonférence de la
fleur; (la *Laitue*).

2.º En *polygamie fuperflue* [fuperflua] ; Cet
Ordre comprend les fleurs dont les fleurons du
difque font *hermaphrodites*, & ceux de la circonférence, *femelles* ; (les *Radiées* & plufieurs *Flofculeufes*).

3.º En *polygamie fauffe* [fruftranea] ; fleurons
hermaphrodites dans le difque, & *neutres* ou *ftériles*
dans la circonférence ; (la *Centaurée*).

4.º En *polygamie néceffaire* [neceffaria] ; les
fleurons du difque *mâles*, ceux de la circonférence *femelles* ; (le *Souci*).

5.º En *monogamie* [monogamia] ; fleurs qui,
fans être compofées de fleurons, ont leurs étamines réunies en cylindre, par leurs antheres ;
(la *Violette*).

FAMILLES
DE LA CRYP-
TOGAMIE.   Enfin, la vingt-quatrieme Claffe, ou *Cryptogamie*, ne pouvant fournir des divifions tirées
des parties de la *fructification*, qui y font trop
peu apparentes, a été partagée en quatre *Ordres*
ou *Familles* faciles à difcerner : 1.º les *Fougeres* ;
2.º les *Mouffes* ; 3.º les *Algues* ; 4.º les *Champignons*.

G E N R E S.

LES *Ordres*, après avoir divifé les *Claffes*, font
eux-mêmes fubdivifés en *Genres*, que nous avons
comparés à des familles compofées de tous les
parens du même nom, & qui doivent être diftingués par des caracteres plus multipliés, plus

rapprochés , & auſſi eſſentiels que ceux des *Claſſes* & des *Ordres*.

M. de TOURNEFORT, en établiſſant ce principe, s'en eſt lui-même écarté , dans la détermination des *Genres du ſecond Ordre*.

Le Chevalier LINNÉ n'admet que ceux du premier, & ſe reſtreint à la conſidération des *parties de la fructification* ; mais il les obſerve chacune en particulier, dans tous leurs rapports, & dans l'ordre ſuivant :

1.º Le calice.
2.º La corolle , & ſur-tout le nectar.
3.º Les étamines.
4.º Les piſtils.
5.º Le péricarpe.
6.º Les ſemences.
7.º Le réceptacle.

} & toutes leurs eſpeces diffé- rentes.

(marginal note: CARACTERES DES GENRES.)

Il conſidere ces ſept parties, relativement à quatre attributs : le *nombre*, la *figure*, la *ſituation* & la *proportion*.

De ſorte que toutes les eſpeces de calices , de corolles , de nectars , d'étamines , de piſtils , de péricarpes , de ſemences , & de réceptacles, obſervés ſuivant leur nombre , ſuivant la figure particuliere qu'ils affectent , la ſituation dans laquelle ils ſont, & la proportion qu'ils gardent entre eux , fourniſſent à l'Obſervateur autant de caracteres ſenſibles & eſſentiels.

L'Auteur appelle ces caracteres, les *lettres* ou *l'alphabet* de la Botanique. En étudiant ces lettres , en les comparant , en les épelant , pour ainſi dire , on parvient à lire , & à reconnoître les caracteres génériques que le Créateur a originai-rement empreints dans les plantes ; » car les

(marginal note: ALPHABET BOTANIQUE)

» *Genres*, fuivant le Chevalier LINNÉ, font uni-
» quement l'ouvrage de la nature, quoique les
» *Claffes* & les *Ordres* foient, tout enfemble, celui
» de la nature & de l'art (*q*) «

Sur ces principes, l'Auteur, dans l'Ouvrage
intitulé *Genera plantarum*, détermine les caractères
génériques de toutes les plantes qui lui font
connues ; bornons-nous à un feul exemple pris
au hafard.

Genre du

N A R C I S S E.

Claffe HEXANDRIE. *Ordre* MONOGYNIE.

EXEMPLE.
Calice :   *Spathe* oblong, obtus, comprimé, qui éclate du côté aplati, & qui fe deffeche.

Corolle :   *Nectar* d'une feule piece, en enton-noir cylindrique, dont l'ouverture eft évafée. Six *pétales*, ovales, ter-minés en pointe, planes, inférés extérieurement fur la bafe du tube du *nectar.*

Etamines :   Six *filets*, en forme d'alêne, atta-chés au tube du *nectar*, plus courts que lui ; les *fommets* oblongs.

Piftil :   *Germe* arrondi ; à trois côtés obtus, placé fous le réceptacle; *ftyle* en forme de fil, plus long que les étamines ; le *ftigmate* divifé en trois, concave, obtus.

(*q*) *Naturæ opus femper eft fpecies & genus ; culturæ fæpiùs va-rietas; naturæ & artis claffis & ordo. Philof. Botan.* pag. 101. art. 162.

Péricarpe :   *Capsule* obronde, à trois côtés obtus, triloculaire, à trois valvules.

Semences :   Plusieurs, globuleufes, avec un appendice ; leur *réceptacle* en forme de colonne.

On voit par cette maniere de décrire les fleurs, combien les *lettres* de la Botanique, c'eft-à-dire les caracteres *génériques*, fe multiplient, & fourniffent d'objets à comparer.

Quelques caracteres font communs à plufieurs Genres, indépendamment des fignes qui conftituent l'Ordre & la Claffe ; ainfi le *Leucoium*, Lin., le *Galanthus*, L., le *Pancratium*, L. ont pour calice, un *fpathe* femblable à celui du *Narciffe ;* mais en rapprochant les autres caracteres, on reconnoît aifément ceux qui font diftinctifs : tels font, dans le *Leucoium*, la corolle campaniforme ; dans le *Galanthus*, le *nectar* à trois pétales ; dans le *Pancratium*, le *nectar* divifé en douze parties.

Le Chevalier LINNÉ, dans fon *Syftema naturæ* (1759), n'énonce que les caracteres diftinctifs, pour éviter l'inutile comparaifon des autres, qu'il fuppofe admis, & connus précédemment.

Il a décrit, fuivant cette méthode, plus de 1174 Genres (r), c'eft-à-dire, environ 500 au-delà de TOURNEFORT, qui n'en a guere établi que 600. On doit obferver néanmoins, que le premier réunit fouvent plufieurs Genres divifés par le fecond : Tels font la *Germandrée*, le *Teucrium*, le *Polium*, & l'*Ivette*, que le Botanifte François avoit diftingués, comme on l'a vu (f),

NOMBRE DES GENRES.

(r) *Genera plantarum* 1754, & *Syftema naturæ* 1759.
(f) Voyez ci-deffus, *les Genres du fecond Ordre de* TOURNEFORT, pag. 70 & 71.

en autant de Genres du *second Ordre*, par des caractères indépendans de la fructification ; mais le Botaniste Suédois , n'employant ces caractères qu'à la distinction des especes, & trouvant ici des rapports essentiels dans les autres parties de la fructification , rassemble toutes ces plantes, qui deviennent les especes d'un même Genre.

LEURS NOMS.
Cette réforme l'a conduit à changer plusieurs noms génériques , comme on le verra dans les Démonstrations ; on lui a reproché, ainsi qu'à quelques Auteurs modernes , d'avoir multiplié ces changemens , & surchargé par-là la nomenclature d'une science , dans laquelle les mots devroient être , s'il étoit possible, la définition des choses. Ce n'est pas ici le lieu de discuter les raisons de l'Auteur ; on peut consulter sa savante justification, dans le *Philosophia Botanica*, pag. 158 & suivantes.

U S A G E

DU SYSTÉME SEXUEL.

LE *Systême sexuel* conduit à la connoissance des plantes , par une marche semblable à celle que nous avons indiquée après la Méthode de TOURNEFORT, mais par des routes différentes.

TROUVER LA CLASSE.
Je suppose que je veux reconnoître le *Lin* qui se présente à moi pour la premiere fois ; instruit de tous les principes qui précedent, je cueille plusieurs pieds de la plante , ayant soin qu'ils

foient fournis des *fleurs* & des *fruits*. L'apparence de ces parties de la fructification, fur lefquelles le Syftême eft fondé, m'annonce d'abord que la plante n'appartient pas à la vingt-quatrieme Claffe.

Je diftingue dans toutes les fleurs que j'examine, des *étamines* & des *piftils ;* elles font donc *hermaphrodites*, & par conféquent ne font comprifes ni dans la vingt-troifieme, ni dans la vingt-deuxieme, ni dans la vingt-unieme Claffe.

J'examine les étamines en particulier : j'obferve qu'elles ne font point attachées au piftil, & qu'elles occupent la place du réceptacle qui leur eft deftinée (*t*) ; les fleurs ne font donc pas de la vingtieme Claffe.

Je vois que ces étamines ne font réunies dans aucune de leurs parties, ni par les filets, ni par les antheres ; je conclus que la plante n'eft pas de la dix-neuvieme, ni des dix-huitieme, dix-feptieme & feizieme Claffes.

Je compare leurs grandeurs refpectives : je n'y découvre aucune proportion déterminée, elles font à peu près égales entre elles ; la plante ne doit donc entrer ni dans la quinzieme, ni dans la quatorzieme Claffe.

Ainfi je dois me décider par le nombre des étamines, caractere des treize premieres divifions : j'en compte cinq ; la plante eft donc la cinquieme Claffe de la *Pentandrie ;* donc, au lieu de chercher à la reconnoître, fur onze cents Genres, le nombre en eft réduit à moins de deux cents.

Il s'agit de déterminer l'*Ordre*. Je porte mes L'ORDRE.

(*t*) *Voyez la note de la page* 88.

regards fur le piftil, parce que je fais que dans la *Pentandrie*, le nombre des piftils fixe les Ordres ; j'obferve le ftyle jufqu'à fa bafe, pour m'affurer du nombre des piftils : j'en trouve cinq ; ainfi ma plante eft de la *Pentandrie - pentagynie*. Me voilà réduit à la comparaifon de dix Genres, pour découvrir celui que je cherche à connoître.

LE GENRE.   Je parcours les caracteres de ces dix Genres décrits par l'Auteur (*u*) ; je les compare à ceux de ma plante. Bientôt le *périanthe* à cinq découpures, la *corolle* à cinq pétales, la *capfule* pentagone, divifée en cinq valvules qui forment dix cavités, dix femences folitaires ; tous ces fignes, conftans dans les individus que j'obferve, m'apprennent avec certitude que ma plante eft du genre du *Lin ;* mais quelle eft fon efpece ?

L'ESPECE.   L'*efpece*, comme on l'a annoncé, fubdivife le Genre par la confidération des parties qui diftinguent les plantes conftamment, fans être auffi effentielles que celles qui établiffent les *Genres*, les *Ordres* & les *Claffes*.

Il nous refte à faire connoître ces parties, pour déterminer les principes fur lefquels TOURNEFORT & le Chevalier LINNÉ ont fondé la diftinction des efpeces ; nous défignerons fur-tout les objets & les termes qui font entrés dans les Démonftrations. Dans cette vue, nous adopterons ici, comme dans la defcription des parties de la fructification, les notions données par le Chevalier LINNÉ, qui lui-même a fait ufage d'un grand nombre de celles qui lui furent tranfmifes par le Botanifte François.

(*u*) *Genera plantarum*, 1754.

DES

DES PARTIES
DES PLANTES
EN GÉNÉRAL.

POUR découvrir les caracteres génériques & claffiques, nous avons examiné les fleurs & les fruits confidérés uniquement en eux-mêmes, & dans leurs principes mécaniques ; pour déterminer leurs caracteres fpécifiques, nous devons les examiner encore relativement à leurs difpofitions, & nous occuper de toutes les autres parties qui compofent les plantes.

Leur forme extérieure établit les caracteres qui diftinguent les *efpeces*, comme l'*organifation interne* conftitue l'*économie végétale*, au moyen de laquelle la plante fe nourrit, croît & multiplie. Nous ferons connoître la premiere, nous donnerons une idée de la feconde.

OBSERVATIONS PRÉLIMINAIRES.

Il exifte en général une conftante uniformité dans la forme & dans la difpofition des parties de chaque individu d'une même efpece.

Cependant il eft bon d'être prévenu que diverfes caufes, la culture, le climat, l'expofition, l'âge, les maladies, les piqûres d'infectes, produifent des monftruofités, & font varier accidentellement

VARIÉTÉS ACCIDENTELLES.

Tome I. G

les parties des plantes, comme celles de la fructification.

Occasionnées par les engrais. On a vu que la furabondance d'engrais occa-
fionnoit les *fleurs doubles* (*x*) & quelques *prolifères ;*
elle donne auffi à toutes les parties de la plante
une groffeur & une étendue qui ne leur font pas
naturelles. La *fullomanie* eft une multiplication de
feuilles, fi prodigieufe, qu'elle nuit à l'effloref-
cence & à la fructification.

Par l'âge. Les jeunes arbres & les nouvelles branches
jettent des feuilles beaucoup plus grandes, moins
découpées, moins nerveufes que celles de l'arbre
fait. Les feuilles du *Houx* perdent leurs piquans
lorfque l'arbre vieillit.

Par les maladies. Les épis des *Graminées* fe prolongent quelquefois
en forme de corne ; vice connu fous le nom
d'*ergot* (*y*). La *Nielle* réduit en pouffière noire
l'épi des *Blés*, ainfi que le *charbon ;* maladie
encore plus nuifible, parce qu'elle eft contagieufe
& fe propage par *inoculation.*

Par l'expofition. Certaines plantes des pays chauds, cultivées
dans les pays froids, portent leur fruit fans produire leur corolle. Le Chevalier LINNÉ a obfervé
ce phénomene fur plufieurs efpeces, en particulier
fur la *Campanule perfeuillée* de la Virginie (*z*) &

(*x*) Voyez ci-deffus, pag. 32.

(*y*) On a fouvent éprouvé que le pain fait avec la farine du
Seigle *ergoté*, produit les maladies les plus dangereufes, & fur-
tout celle qu'on connoît fous le nom de *gangrene feche*. Elle a régné
en *Artois*, depuis le mois d'Août 1764. On a cru devoir l'attribuer
à l'ufage des farines faites avec des grains *ergotés* qui furent
communs cette année dans l'*Artois*. On a reconnu que le plus fûr
moyen d'employer, fans danger, les Seigles qui font mêlés de
beaucoup de grains infectés de ce vice, étoit de ne les employer
que long-temps après la récolte, & jamais avant qu'ils aient fué,
L'ufage des Blés trop nouveaux eft toujours pernicieux.

(*z*) *Campanula perfoliata*, L. Hort. Upfal; n.° 3. pag. 4°.

fur le *Ruellia* des Barbades (*a*). La même chofe arrive dans nos climats, à cette derniere ; & à Paris, à une petite plante marine, nommée *Glaux* (*b*).

Les plantes qui croiffent ferrées & à l'ombre, ne prennent pas la confiftance qui leur convient; elles s'alongent, elles *filent*, ne fe colorent pas comme les autres, & portent rarement leurs fruits : on les nomme *étiolées*. L'expérience démontre que leur affoibliffement vient moins du défaut de chaleur que de la privation de la lumiere (*c*).

D'autres caufes alterent la couleur des feuilles qui fe tachent de jaune diverfement mêlé avec le vert, (l'*Obier*, l'*Erable*); les Jardiniers les recherchent & les multiplient par la greffe, fous le nom de *feuilles panachées* [variegatæ]. Quelquesunes prennent un rouge foncé (*le Bec-de-grue à Robert*). Le jaune pâle eft un figne de dérangement dans l'économie végétale, occafionné par la féchereffe. La blancheur qui couvre quelquefois la furface des feuilles, provient de l'humidité & du défaut de circulation dans l'air : on l'appelle *givre*.

Le vice, où la furabondance des liqueurs nutritives, fait naître fur quelques arbres des tumeurs, des *excroiffances*, qu'on peut regarder comme des *exoftofes ;* ce font ces loupes dont on fait des ouvrages de marqueterie, & que mal-à-propos on prend pour des racines.

Par le vice de la feve.

(*a*) *Ruellia clandeftina*. L. Hort. Upfal; n.º 2. pag. 179.
(*b*) *Glaux maritima*. L. Spec. Pl, pag. 207.
(*c*) Semez dans la même terre, à la même expofition, la même efpece de graine, fous une cloche de verre tranfparent, & fous une cloche de bois, ou de verre opaque : la premiere plante réuffira, la feconde fera foible, maigre, *étiolée*, fans couleur : (Expérience de Meffieurs BONNET & HILL). On blanchit les *Cardons*, en les privant de la lumiere.

G ij

Par la greffe. Souvent les branches du *Frêne*, du *Saule*, &c. fe contournent comme une croffe, ou s'aplatiffent de plufieurs manieres irrégulieres; ce peut être l'effet de deux bourgeons greffés naturellement l'un dans l'autre, avant le développement de la branche. Deux feuilles, deux fruits greffés de cette forte, produifent d'autres *monftruofités* (*d*). On fait varier de même, au moyen de la greffe artificielle, la forme des feuilles, des tiges, des fleurs & des fruits; & d'un fujet deftiné à devenir un grand arbre, la ferpette du Jardinier forme un arbre *nain*, &c.

Par les Infectes. Enfin plufieurs infectes, & principalement de petites mouches à tariere, nommées *Cynips* (*e*), en dépofant leurs œufs fous l'écorce des feuilles & des tiges, y occafionnent une extravafion de la feve, & donnent naiffance à plufieurs productions étrangeres qui imitent quelquefois des fruits, des champignons, des éponges, tantôt rondes, tantôt alongées, dures, molles, couvertes de feuilles, ou hériffées de filets (*f*).

Telles font les *gales* de Chêne qui entrent dans la compofition de l'encre, celles qui recouvrent le chaton de fes fleurs, *les gales du Lierre terreftre*, de certain *Hieracium*, du *Chardon hémorroïdal*, du *Tremble*, & de plufieurs efpeces de *Saules*; tels font ces corps bizarres, couverts

(*d*) Voy. *Sur les monftres végétaux*, le quatrieme Mémoire *fur l'ufage des feuilles* de M. BONNET.
La *Phyfique des arbres* de M. DUHAMEL, T. I. Liv. III. chap. III. Art. III.
La *Préface des familles des plantes* de M. ADANSON, pag. 42.
Un Mémoire fur les monftres végétaux; Journal économique, Juillet & Août 1761.
(*e*) *Cynips*. LIN. Syft. nat. 1758.
Cynips GEOFF. Infect T. II. pag. 289.
(*f*) REAUMUR, *Mémoires des Infectes*, T. III. Pl. 34 & fuiv.

de filamens verts, jaunes ou rougeâtres, appelés *bédéguar*, qu'une mouche du même genre fait naître fur le *Rofier fauvage*; tous ces corps nourriffent des *larves*, ou vers fortis des œufs dépofés, & produifent des mouches femblables à celles qui les ont pondus. Telles font encore les veilles de l'*Orme*, remplies de *Pucerons* (g), & d'une liqueur aftringente, fpécifique pour les bleffures; les fauffes *Rofes* d'un petit Saule aquatique, & les efpeces de *cul d'artichaux* du *Chéne* (h), développemens monftrueux d'un bourgeon piqué par une mouche qui y dépofe fes œufs, &c.

Il importe de connoître tous ces accidens. Ce n'eft qu'après les avoir obfervés, qu'on parvient à ne pas les confondre avec les vraies parties qui fourniffent les caracteres effentiels des *efpeces*; comme accidens, ils ne conftituent que des *monf-truofités* ou des *variétés*. Pour apprendre à difcerner l'*efpece* conftante, confidérons les parties des plantes dans leur état naturel.

(g) *Aphis ulmi*, LINNÆI, RÉAUMUR, Infect. T. I I I. Pl. 25.
(h) RÉAUMUR, *Inf. T. PI.* 4.

·※══════════◎══════════※·

ORGANISATION EXTÉRIEURE

DES PLANTES,

D'où réfultent les caracteres fpécifiques.

ON comprend ici, fous le terme d'*organifation extérieure*, la *difpofition des fleurs & des fruits*, ainfi que la *forme* & la *difpofition* de toutes les autres parties extérieures des plantes, qui font les *feuilles*, les *fupports* ou *points d'appui*, les *troncs* ou *tiges*, les *racines* & les *bourgeons*.

I.º DE LA DISPOSITION

DES FLEURS ET DES FRUITS.

Leur *difpofition* n'eft autre chofe que la maniere dont ils font difpofés & diftribués fur les tiges de la plante.

On ne fauroit obferver avec exactitude la difpofition des fleurs & des fruits, qu'en les fuppofant développés ; ainfi il importe de connoître préalablement ce qu'on entend par *fleuraifon*, *épanouiffement* des fleurs, & *maturation* des fruits.

FLEURAI-
SON.

LA FLEURAISON [efflorefcentia] eft le temps de l'année où chaque plante produit fes premieres fleurs. Il en eft qui en donnent deux fois l'année ; on les nomme *biferæ*, & *multiferæ* celles qui fleuriffent plus fouvent, comme la *Rofe de tous les mois*.

Le temps de la fleuraison eſt déterminé par le degré de chaleur néceſſaire à chaque eſpece ; le *Bois-gentil*, le *Perce-neige*, produiſent leurs fleurs dès le commencement de Février ; l'*Hépatique*, la *Primevere*, au commencement de Mars ; le plus grand nombre, au mois de Mai ; les *Blés*, au commencement de Juin ; la *Vigne*, au milieu ; pluſieurs *fleurs compoſées*, dans les mois de Juillet & d'Août ; la *Colchique*, le *Safran*, dans le mois d'Oĉtobre : ils annoncent l'hiver.

Le Chevalier LINNÉ a donné une eſquiſſe du tableau de la fleuraison, ſous la dénomination de *Calendrier de Flore* (*i*) ; il comprend très-peu de plantes ; & l'on conçoit que la détermination préciſe doit toujours avoir de l'incertitude. L'ordre de la fleuraison n'eſt jamais interverti entre les diverſes eſpeces ; mais le temps où l'on ſeme, l'accélere ou la retarde pour les annuelles, & même pour les vivaces, la premiere année. La température de la ſaiſon influe ſur les unes & ſur les autres ; elles ſont toutes plus hâtives dans les Pays chauds (*k*) ; il arrive de là que les plantes cultivées hors de leur terroir natal, ne fleuriſſent que dans le temps où la chaleur du lieu qu'elles habitent eſt égale à celle qui les eût fait fleurir dans leur pays, & par une ſuite néceſ-ſaire, une plante d'Afrique, annuelle, ne peut guere conduire ſes fruits à maturité, ſi l'art ne ſupplée à la chaleur.

(*i*) *Calendarium Floræ.* Amœn. т. IV. pag. 387.
(*k*) On trouve dans la Préface *des Familles des Plantes*, pag. 102. un tableau de la *fleuraison* dans le climat de Paris, avec le terme moyen de la chaleur néceſſaire. Il comprend ſoixante & dix plantes des plus connues.

EPANOUIS-
SEMENT.

L'ÉPANOUISSEMENT [vigiliæ plantarum (*l*)] ne convient qu'à quelques fleurs qui, après leur développement, s'ouvrent & se ferment à certaines heures du jour & de la nuit.

Les heures de l'épanouiſſement varient en raiſon de la chaleur & des autres cauſes qui élevent dans les vaiſſeaux des pétales, les ſucs qui les forcent à s'étendre & à ſe redreſſer ; elles varient donc, comme le temps de la fleuraiſon, ſelon l'eſpece de la plante, la température du climat & celle de la ſaiſon.

Le Chevalier LINNÉ a déterminé ces heures ſur pluſieurs plantes obſervées dans le jardin d'Upſal ; il appelle le tableau de cette détermi-nation, l'*Horloge de Flore* (*m*) ; ſelon M. ADANSON, il ne diffère guere que d'une heure ſur celui qu'on pourroit faire pour Paris, & par conſéquent d'environ cinq ou ſix quarts d'heure pour Lyon.

Le Botaniſte Suédois appelle *ſolaires* [ſolares] les fleurs qui s'épanouiſſent & ſe ferment pendant le jour : il les diviſe en trois eſpeces :

Les *équinoxiales* [æquinoxiales], celles qui s'ouvrent & ſe ferment à une heure fixe.

Les *tropiques* [tropici], celles qui s'ouvrent le matin & ſe ferment le ſoir, plutôt ou plus tard, ſelon la briéveté ou la longueur du jour.

Les *météoriques* [meteorici], celles dont l'heure de l'épanouiſſement eſt dérangée par la tempéra-ture de l'atmoſphere : tel eſt le *Laitron de Sibérie* qui ſe ferme la nuit, ſi le lendemain doit être un jour ſerein : tel eſt auſſi le *Souci d'Afrique* ; lorſqu'il n'eſt pas épanoui à ſix heures du matin,

(*l*) *Philoſ, Botan.* LINNÆI, pag. 272.
(*m*) *Horologium Floræ.* Phil. Bot. pag. 274.

on est assuré qu'il pleuvra dans la journée. Les sucs qui contribuent à son expansion, peuvent être comparés à la liqueur du Barometre.

En général les fleurs à *demi-fleurons* s'ouvrent le matin ; les *Malvacées* avant midi ; les *Becs-de-grue* le soir ; la *Belle-de-nuit* & le *Cierge rampant* la nuit, &c. L'heure où elles se ferment est également déterminée.

MATURATION [frutescentia], c'est le temps où après la chute des fleurs, les fruits arrivent à leur maturité, & dispersent leurs semences. Il varie, comme la fleuraison, en conservant quelques rapports avec elle. MATURA-TION.

En général, les plantes qui fleurissent au printemps, donnent leurs fruits dans l'été, (le *Seigle*); celles qui fleurissent l'été, ont leurs fruits mûrs en automne, (la *Vigne*); le fruit des fleurs d'automne ne mûrit que l'hiver ou le printemps suivant, (le *Safran*), &c.

Venons à la *disposition* des fleurs & des fruits. DISPOSI-TION.

Remarquons, en premier lieu, que les fleurs & les fruits sont nommés *pédunculés*, lorsqu'ils sont supportés par un *péduncule* : *Voy.* Pl. 2. Fig. 1. Lett. *c.*, & Fig. 17. Lett. *a a a*. Ils sont appelés *sessiles*, lorsqu'ils n'ont point de *péduncule*, & qu'ils adherent immédiatement aux tiges ou aux branches de la tige : *Voy.* Pl. 2. Fig. 19. Lett. *a a.*, & Fig. 20. Lett. *id.*

Le *péduncule* porte une, deux, trois, ou plusieurs fleurs ; ce qui s'exprime par ces mots, *uniflorus, biflorus, triflorus, multiflorus*. Quelquefois il va former le calice, & se prolonge sans interruption, en s'évasant à son extrémité supérieure, [*pedunculus incrassatus*].

La *disposition* est simple ou composée ; *simple*, lorsque le péduncule est simple ; *composée*, lorsqu'il est branchu, rameux.

Les diverses dispositions se désignent par des épithetes relatives ; ainsi on nomme, en général, les fleurs, les fruits & leurs péduncules :

Caulinaires [caulinares], lorsqu'ils tirent leur origine de la tige ; placés quelquefois à son extrémité [terminales]: *Voy*. Pl. 2. Fig. 17. Lett. *b b.* ; quelquefois aux aisselles des branches ou des feuilles, *axillaires* [axillares]: *Ibid*. Fig. 20. Lett. *a a.* ; quelquefois *épars* [sparsi] ; & lorsqu'ils sortent des branches mêmes, *rameux* [ramosi].

Radicaux [radicales], lorsqu'ils partent de la racine : *Voy*. Pl. 6. Fig. 2.

Suivant leur disposition particuliere, *solitaires* [solitarii], lorsqu'ils ne sont point rassemblés, & toujours un à un : *Voy*. Pl. 5. Fig. 2. Lett. *k k k.*

Verticillés [verticillati], ceux qui forment des bouquets en anneau autour des tiges, (le *Marrube*): *Voy*. Pl. 2. Fig. 20. Lett. *a a a.*

En *grappe* [racemosi], rassemblés comme les grains du *raisin* (*n*), de maniere que chaque fleur est soutenue par un petit péduncule, attaché à un péduncule commun qui les porte toutes, (le *Cytise*) : *Voy*. Pl. 2. Fig. 18.

En *corymbe* [corymbosi], rassemblés en un

_____

(*n*) *Grain* ne doit pas être confondu avec *graine*, *semence*. On nomme *grain*, [acinus, acini], quelques especes de fruits qui sont ordinairement des *baies* rassemblées en grappe, comme celles qui composent le *Raisin*, celles du *Troëne*, du *Groseillier*, de la *Ronce*, du *Mûrier*, &c. quelques Botanistes donnent le même nom aux semences succulentes de la *Grenade*, & d'autres Auteurs, aux semences mêmes renfermées dans les grains de *Raisin* ou de *Groseille*, mais cette expression est impropre. On dit cependant un *grain de Froment*, un *grain d'Orge*, &c.

bouquet composé de fleurs qui sont portées par de petits péduncules, attachés à un péduncule commun ; les petits péduncules inférieurs, étant graduellement plus longs que les supérieurs, de maniere qu'ils montent tous au même niveau, (le *Spiréa à feuilles d'Obier*) : Pl. 2. Fig. 17. On appele *fastigiati* les fleurs en corymbe, dont les bouquets sont horizontalement aplatis, comme s'ils eussent été tondus au ciseau, (la *Mille-feuille*).

En *épi* [spicati], sessiles & rassemblés sur un péduncule commun, alongé souvent en forme de cône, (*plusieurs Graminées*) : Pl. 2. Fig. 19., & Pl. 1. Fig. 15. Lett. *c c c*.

En *panicule* [paniculati], espece d'épi branchu, composé de petits épis, attachés le long d'un péduncule commun, (le *Panif*). La panicule est *diffuse* [panicula diffusa], lorsque les péduncules particuliers divergent : Pl. 2. Fig. 21. ; *resserrée* [coarctata], lorsqu'ils se rapprochent.

Ombellés [umbellati], quand les fleurs sont portées par des péduncules particuliers, attachés à l'extrémité supérieure d'un péduncule commun, de maniere qu'ils divergent comme les rayons d'un parasol, qui partent d'un même centre, (les *Ombelliferes*) (o) : *Voy*. Pl. 1. Fig. 7.

Nota. 1.° Le *corymbe* est le terme moyen entre la *grappe* & l'*ombelle* ; ses fleurs sont pédunculées comme les leurs ; mais les péduncules du *corymbe* montent graduellement comme ceux de la *grappe*, & arrivent tous à la même hauteur, comme ceux de l'*ombelle*.

Nota. 2.° On emploie l'épithete d'*ombellé*, pour

(o) Voyez ci-dessus leurs caracteres, pag. 51, & la Classe VII de TOURNEFORT, pag. 58.

exprimer la difpofition de quelques fleurs , qui par-là reffemblent aux vraies *Ombelliferes* , mais qui n'ont pas leurs caracteres génériques , (l'*Ornithogale ordinaire* , *la Toutefaine*). On appelle auffi *Cymofi* , plufieurs fleurs de Claffes différentes , difpofées en efpeces d'*ombelle* , ou plutôt en *corymbe*.

Thyrfoïdes , en *grappe* ou *panicule* , dont les bouquets font en pyramides ovales , parce que les péduncules inférieurs s'étendent horizontalement , & font les plus longs , tandis que les fupérieurs font plus courts , & montent verticalement , (le *Lilac*).

Capités , en maniere de tête [capitati] , bouquets ramaffés en tête , (le *Lotier*).

En *faifceau* [fafciculati] , plufieurs fleurs ou fruits raffemblés & ferrés les uns contre les autres , (l'*Œillet barbu*).

Séparés , *éloignés* [divaricati] , écartés les uns des autres.

En *maniere de croffe* [convoluti] , (l'*Héliotrope*).

Penchés [nutantes] , lorfque la fleur eft inclinée vers la terre (*un Chardon* , *carduus nutans* L.). Le péduncule auquel tient cette fleur , eft dit *replié* , *arqué* , [cernuus].

NUTATION. *OBSERV.* On entend , en général , par *nutation* des plantes , la faculté donnée à quelques-unes , de tourner le difque de leurs fleurs du côté du foleil , en fuivant le cours de cet aftre ; de forte que leur difque , le matin , regarde l'Orient , le Sud à midi , l'Occident le foir. Ces plantes font en général , appelées *Héliotropes* , (*qui tournent avec le foleil*) ; de ce nombre eft celle qu'on connoît fous le nom de *Soleil* [Helianthus *Linn.*

Corona folis], les fleurs à *demi-fleurons*, le *Réséda*, &c. On peut remarquer auffi que les épis de Blé, qui par le poids de leurs grains, font repliés en *cou-d'oie*, inclinent toujours du côté du foleil, jamais au Nord.

Les obfervations DE MM. DE LAHIRE, HALES & BONNET, établiffent que ces mouvemens ne font point l'effet d'une torfion dans la tige, mais du deffichement des fibres expofées à l'ardeur du foleil, lefquelles, en fe raccourciffant, déterminent la *nutation* des fleurs & des jeunes tiges. C'eft ainfi que l'humidité & la féchereffe développent & contractent alternativement les tiges de la *Rofe de Jéricho*; ce qu'on obferve auffi dans la *bâle de l'Avoine*, & dans les battans de la capfule du *Bec-de-grue*.

Toutes les plantes ne font pas douées du mouvement de *nutation*; il en eft même, qui n'ont pas la faculté de reprendre leur premiere fituation lorfqu'on la change; telle eft une efpece de *Moldavique* (*p*) de Virginie qu'on nomme *Cataleptique*; de quelque côté qu'on tourne fes fleurs, elles reftent difpofées comme on les place.

CATALEP- SIE.

(*p*) *Dracocephalum Virginianum* L.

II.° *DES FEUILLES.*

LES feuilles ne font pas un fimple ornement pour les plantes, elles fervent à plufieurs de nos befoins, & font partie des organes de la végétation.

Le plus grand nombre des plantes, fur-tout des arbres, portent des feuilles ; quelques-unes cependant en font dépourvues, comme les *Champignons*, & parmi les arbuftes, le *Raifin de mer*.

On diftingue dans la feuille, la *queue* & la *feuille proprement dite*.

La queue, comme toutes les parties des plantes (*q*), eft compofée de vaiffeaux lymphatiques, de trachées, & d'un tiffu cellulaire, recouvert d'une écorce. On l'a nommée *pétiole* [petiolus], pour la diftinguer du *péduncule ;* dénomination confacrée à la queue qui porte les fleurs & les fruits. *Voy.* Pl. 5. Fig. 3. Lett. *i*.

LE PÉTIOLE.

Le *pétiole* eft verdâtre, quelquefois cylindrique, & fouvent on y diftingue des côtes. Il eft ordinairement aplati en deffus, d'autres fois creufé en gouttiere ; il foutient la feuille de diverfes manieres ; avec roideur, (le *Laurier*) ; en laiffant pendre la feuille, (le *Tremble*), &c. Si la feuille n'a point de pétiole, on la nomme *feffile*, (la *Lavande*) ; *pétiolée*, lorfqu'elle en a, (le *Poirier*).

(*q*) Voyez ci-après, *Organifation interne des parties des Plantes en général* ; on a placé ici celle des feuilles, pour répandre plus de clarté fur les defcriptions qui fuivent.

La feuille proprement dite, est une production mince, ordinairement verte, d'un vert plus foncé que le pétiole, formée par l'expansion des vaisseaux de la queue, parmi lesquels, dans plusieurs especes, on distingue les vaisseaux propres, par le goût particulier, par l'odeur & la couleur des liqueurs qu'ils renferment (*r*).

De l'épanouissement des vaisseaux de la queue, naissent plusieurs ramifications qui se réunissant par quelques-unes de leurs parties, forment un *réseau* réticulaire (*s*), dont les mailles sont remplies d'un tissu cellulaire (*t*), tendre, nommé *pulpe* ou *parenchyme*. Ainsi certains petits insectes qui se nourrissent du *parenchyme*, sans toucher au *réseau*, découvrent le vrai squelette de la feuille.

Le réseau est recouvert, au-dehors, d'un épi- derme qui paroît une continuation de celui de la queue, & peut-être de celui de la tige. Un judicieux Observateur (*u*) a prouvé que cet épiderme, comme celui des pétales, est une véritable écorce, composée elle-même d'un épiderme & d'un réseau cortical. Ces parties sont des organes excrétoires par lesquels se dissipent les sucs superflus.

Le réseau cortical est garni, principalement à la surface inférieure de la feuille (*x*), d'un grand nombre de suçoirs ou vaisseaux absorbans, destinés à pomper l'humidité de l'air. La surface supérieure, tournée du côté du ciel, sert de défense à l'inférieure qui regarde la terre ; & cette dispo-

(*r*) Ils renferment le *suc propre* : Voyez ci-après, *Economie végétale* ; *suc propre, ses diverses couleurs*.
(*s*) En maniere de filet.
(*t*) Qui a des loges ou cellules.
(*u*) M. DESAUSSURE, *écorce des feuilles*. Geneve.
(*x*) Voyez ci-après, *Surface des feuilles*, pag, 118.

fition eft fi effentielle à l'économie végétale, que
fi l'on renverfe une branche, de maniere que la
partie inférieure des feuilles foit tournée du côté
du ciel, la feuille fe retourne d'elle-même en
peu de temps, & autant de fois qu'on renverfe
la branche.

UTILITÉ DES FEUILLES. Les feuilles font donc des organes utiles &
néceffaires. On a vu périr des arbres qu'on avoit
totalement *effeuillés*. En général, la plante à qui
l'on ôte des feuilles, ne fauroit pouffer vigou-
reufement ; on le remarque conftamment fur
celles que les infectes ont attaquées ; & par la
même raifon, fi l'on veut fufpendre ou diminuer
la pouffée des plantes, on les dépouille de quelques feuilles ; ce qui s'appele *effaner* (*y*).

Mais il eft un temps où la végétation ceffe ;
les organes de fuccion & de tranfpiration deviennent alors fuperflus ; c'eft pourquoi les plantes
ne font pas toujours pourvues de feuilles ; elles
en produifent chaque année de nouvelles, &
chaque année la plupart s'en dépouillent, c'eft
ce qu'on nomme la *feuillaifon* & l'*effeuillaifon*.

LA FEUIL-LAISON. *LA FEUILLAISON* [frondefcentia *L.*] (*ʒ*), eft
le renouvellement annuel des feuilles, produit
par le développement des *bourgeons* (*a*).

Le temps de la *feuillaifon*, comme celui de la
fleuraifon,

(*y*) *Effaner* ou *effeuiller*, ôter les feuilles que les Agriculteurs
appellent la *fane* de la plante ; cela fe pratique fur les Blés,
lorfqu'on craint qu'un trop fort accroiffement ne les faffe *verfer*.
On emploie auffi ce moyen, dans les années froides, fur les arbres
fruitiers & fur la vigne, pour leur faire produire des fruits plus
mûrs & plus colorés ; mais il convient d'attendre que les fruits
ayent acquis leur groffeur, parce que les feuilles contribuent à
leur accroiffement.

(*ʒ*) Voyez *Philof. Botan.* pag. 271.
(*a*) Voyez ci-après *Bourgeons.*

fleuraifon, varie felon la chaleur qu'exige chaque plante, felon la température de la faifon, & celle du climat qu'elle habite. Mais chaque année, les mêmes plantes, dans le même pays, pouffent leurs feuilles en même temps, & la feuillaifon fe fuccede dans les diverfes efpeces, fuivant un ordre toujours uniforme entre elles (*b*) ; il faut excepter les jeunes arbres, qui font plus hâtifs que les vieux.

Ainfi, parmi les plantes ligneufes, le *Sureau* & la plupart des *Chevres-feuilles* [Loniceræ *L.*], font toujours les premieres qui feuillent ; parmi les vivaces, le *Safran*, la *Tulipe*, &c. Le temps des femailles décide des annuelles. Le *Chêne* & le *Frêne* font conftamment les derniers à pouffer leurs feuilles ; le plus grand nombre les développe en été ; les *Mouffes*, les *Sapins* en hiver.

L'*EFFEUILLAISON* [defoliatio], eft la chute des feuilles, ordinairement annoncée par la fleuraifon de la *Colchide*. On ne la confidere que dans les arbres & arbuftes.

EFFEUILLAISON.

Toutes les plantes ne perdent pas leurs feuilles en même temps ; parmi les grands arbres, le *Frêne* & le *Noyer* dont la *feuillaifon* eft la plus tardive, fe dépouillent néanmoins les premiers, de maniere que le *Noyer* ne porte fouvent pas fes feuilles plus de cinq mois.

Elles fe deffechent, dès les premiers froids, fur le *Charme* & fur le *Chêne* ; mais elles reftent

(*b*) Le Chevalier LINNÉ conclut de là, qu'après avoir obfervé le temps où il convient de femer, au printemps, les grains qu'on cultive pour nos befoins, & s'affurant d'une efpece d'arbre qui développe fes feuilles dans le même temps précis, on aura dans chaque pays, un figne certain pour déterminer à jamais le temps convenable aux femailles des *mars*. Il établit de cette maniere que la *feuillaifon* du *Bouleau* doit déterminer, à Upfal, les femailles de l'*Orge*. Voyez *Vernatio arborum*. Amœn. T. III. pag. 363.

attachées aux branches jufqu'à ce qu'elles foient chaffées par les nouvelles qui fe développent au printemps. Dans les hivers doux, le *Lilac*, le *Troëne*, &c. confervent leurs feuilles vertes pendant prefque tout l'hiver.

ARBRES TOUJOURS VERTS. D'autres efpeces d'arbres ou arbuftes font réellement *toujours verts*, on les nomme *fempervirentes*; ils confervent leurs anciennes feuilles, long-temps après la formation des nouvelles, & ne les quittent que dans des temps indéterminés. En général, leurs feuilles font plus dures, moins fucculentes que celles qui fe renouvellent annuellement; ces arbres habitent, la plupart, des pays chauds; (l'*Alaterne*, le *Chêne vert*).

PLANTES GRASSES. Quelques plantes vivaces, herbacées, jouiffent du même privilege, & réfiftent à la rigueur de l'hiver, (les *Joubarbes*, les *Sedum*, *Craffula*); quelques-unes peuvent même fe paffer de terre, pendant un certain temps; elles font remplies de fucs que l'humidité de l'air renouvelle au moyen des feuilles, & qui fuffifent à la végétation (c).

Si nous confidérons les feuilles à l'extérieur, & plus relativement à l'établiffement des efpeces, nous diftinguerons leur *forme* & leur *détermination*. Nous entendons, avec le Chevalier LINNÉ, par *forme des feuilles*, leur ftruûture & leur conformation externe; par leur *détermination*, tout ce qui n'appartient pas à leur *forme*, mais à leur *difpofition*.

(c) C'eft par cette raifon, que dans les temps médiocrement chauds, on ne doit prefque pas arrofer les plantes graffes, qui pourriffent lorfqu'elles font mouillées, fi le foleil ne les feche pas promptement.

DE LA FORME DES FEUILLES.

LES FEUILLES [folia], obfervées fuivant leur forme, fe divifent en *fimples* & en *compofées*.

FEUILLES SIMPLES.

Les *feuilles fimples* [fimplicia], font celles dont le pétiole n'eft terminé que par un feul épanouiffe-ment, c'eft-à-dire ne porte qu'une feule feuille : *Voy.* Pl. 3.

On confidere les feuilles fimples, de fept manieres différentes, fuivant 1.° leur *circonférence* ; 2.° leurs *angles* ; 3.° leurs *finus* ; 4.° leurs *bordures* ; 5.° leur *furface* ; 6.° leur *fommet* ; 7.° leurs *côtés*.

1.° *LA CIRCONFÉRENCE* [circumfcriptio], CIRCONFÉ- eft le contour de la feuille obfervée abftraction RENCE. faite des *finus* & des *angles* ; ainfi l'on entend par-là toute figure qui fe préfente comme un anneau comprimé de diverfes manieres ; en ce fens, on diftingue les feuilles :

Orbiculaires [folia orbiculata], qui font à peu près rondes, les bords également éloignés du centre : *Voy.* Pl. 3. Fig. 1.

Sous-orbiculaires [fubrotunda], qui ont plus de largeur que de longueur ; *ibid.* Fig. 2.

En forme d'œuf, ovoïdes [ovata] qui ont plus de longueur que de largeur ; *ibid.* Fig. 3.

En forme d'œuf renverfé [obverfè-ovata], les mêmes renverfées, attachées au pétiole par leur partie étroite.

Ovales ou *elliptiques* [elliptica], plus longues que larges, égales en haut & en bas ; *ibid.* Fig. 4.

Oblongues [oblonga], la longueur contenant plusieurs fois la largeur ; *ibid.* Fig. 5.

En forme de coin [cuneiformia] , l'extrémité du coin du côté du pétiole : Pl. 3. Fig. 45.

ANGLES. 2.° *LES ANGLES* [anguli], font les parties faillantes d'une feuille confidérée comme entiere ; il n'est donc question que de fes angles faillans, les angles rentrans font compris ci-après dans les *finus.* On distingue ici les feuilles ,

Lancéolées, en *fer de lance* [lanceolata], celles qui font rétrécies par l'extrémité & par la bafe ; *ibid.* Fig. 6.

Linéaires, *filiformes* [linearia], rétrécies par les extrémités , mais paralleles dans leur longueur ; *ibid.* Fig. 7.

Subulées, en *forme d'alêne* [fubulata], les précédentes terminées en pointe ; *ibid.* Fig. 8.

Rhomboïdes, à quatre côtés ; les côtés correfpondans paralleles , formant quatre angles , deux aigus , deux obtus.

Triangulaires, à trois angles ; *ibid.* Fig. 12.

Deltoïdes, à quatre angles , *ibid.* Fig. 58 ; *quinquangulaires,* à cinq ; Fig. 20.

Oreillées [auriculata], avec deux appendices, ou *oreilles* à la bafe , près du pétiole.

Arrondies [rotunda], fans aucun angle.

SINUS. 3.° *LES SINUS* ou *échancrures* [finus], ce font les échancrures des feuilles qui forment dans leur difque des angles rentrans ; en ce fens la feuille eft .

En cœur, cordiforme [cordatum], lorfqu'elle eft ovoïde & échancrée à fa bafe : Pl. 3. Fig. 10.

En cœur renverfé [obverfè-cordatum], la même dont l'échancrure eft au fommet.

Réniforme [reniforme], en forme de rein ; *ibid.* Fig. 9.

En croiffant [lunulatum], coupée comme une faux ; *ibid.* Fig. 11.

En fer de fleche [fagittatum], triangulaire, échancrée à fa bafe ; *ibid.* Fig. 13.

En fer de pique [haftatum], la même lorfque les pointes font un crochet vers la bafe, en s'écartant confidérablement ; *ibid.* Fig. 15.

Nota. Plufieurs caractères font quelquefois réunis dans la même feuille ; on emploie alors des termes compofés, comme en *forme de cœur-ovale*, en *forme de cœur - en fer de fleche*, Pl. 3. Fig. 14 ; en forme de *pique - en cœur*. La premiere partie du mot compofé, annonce le caractère dominant ; la feconde exprime la modification particuliere.

En forme de violon [panduræforme] ; *ibid.* Fig. 63.

Fendue en deux, en trois, &c. [bifidum, trifidum], &c.

Bilobée, trilobée [bilobatum, trilobatum], fendue, mais dont les angles font arrondis en lobes ; *ibid.* Fig. 17 & 19.

En deux ou trois découpures profondes [bipartitum, tripartitum].

Palmée [palmatum], en main ouverte ; *ibid.* Fig. 22.

Digitée ou en *éventail* [digitatum], à découpures profondes, formant de longs appendices, comme des doigts ; elle fe rapporte auffi aux feuilles *compofées* : *Voy.* Pl. 4. Fig. 4.

Laciniée [laciniatum], déchiquetée en échancrures qui font elles-mêmes découpées dans leurs lobes ; Pl. 3. Fig. 24.

Sinuée [finuatum], la même dont les lobes font peu découpés ; *ibid.* Fig. 25.

H iij

Entiere [integrum], celle qui n'a aucun *finus ; ibid.* Fig. 1 , 3 , 4.

BORDURE.   4.° *LA BORDURE* [margo], on entend par-là le *limbe* ou *bord* de la feuille , abftraction faite du *difque ;* en ce fens la feuille eft appelée,

Dentée [dentatum], quand fes bords ont des pointes horizontales, diftinctes, égales ; *ibid.* Fig. 30.

Dentelée [denticulatum], découpée en dente- lures moins égales, & écartées les unes des autres.

Serraturée, à dents de fcie [ferratum], dont les pointes font pofées & recourbées les unes fur les autres, Pl. 3. Fig. 31 : quelquefois ces dents font *émouffées,* quelquefois elles font elles- mêmes *dentelées.*

Crénelée [crenatum], quand la dent eft tournée en dehors, fans fe recourber ni vers la bafe , ni vers le fommet, *ibid.* Fig. 38. Ces dents font quelquefois *aiguës,* Fig. 35 ; quelquefois *arron- dies ,* Fig. 36 ; quelquefois garnies elles-mêmes de dentelures.

Cartilagineufe [cartilagineum], quand les bords font diftingués par une efpece de cartilage ; *ibid.* Fig. 34.

Ciliée [ciliatum], garnie de poils paralleles comme des cils ; *ibid.* Fig. 50.

Rongée [erofum], Fig. 21 : *frifée* [crifpum]; *déchirée* [lacerum]; felon les diverfes inflexions des dentelures.

Entiere, fans aucune dentelure ; *ibid.* Fig. 1 , 3 , 4, &c.

SURFACE.   5.° *LA SURFACE* ou *SUPERFICIE* [fuper- ficies], eft la partie plane , le deffus ou le deffous de la feuille , c'eft-à-dire fon écorce.

Le deſſus de la feuille eſt conſtamment tourné vers le ciel , & s'appelle *partie ſupérieure* ; le deſſous regarde la terre , & ſe nomme *partie inférieure.*

La *partie ſupérieure* a ordinairement une ſuperficie plus liſſe , d'un vert plus foncé , & des nervures exprimées en creux ; les *côtes* de la partie *inférieure*, ſont le plus ſouvent en relief & ſaillantes ; mais cette regle n'eſt pas générale ; quelques feuilles ont des côtes ſaillantes en deſſus , & creuſes en deſſous , on les nomme *folia bullata* , (pluſieurs *Sauges*).

D'autres, comme celles des plantes graſſes , des *Oignons* & de pluſieurs *Liliacées* , n'ont ſur aucune de leurs parties , les nervures ſaillantes qu'on trouve ſur preſque toutes les feuilles des arbres.

La feuille conſidérée relativement à ſa ſurface , s'appelle ,

Nerveuſe [nervoſum] , lorſqu'elle a des côtes ou nervures , Pl. 3. Fig. 53 ; *pliſſée* [plicatum] ; *ondée* [undulatum] ; *ridée* [rugoſum] , Fig. 51 ; *veinée* [venoſum] , Fig. 52 ; ces épithetes n'ont pas beſoin de définition.

Glabre [glabrum] , lorſqu'elle eſt ſans poil ; elle eſt alors *liſſe* , *luſtrée* ou *brillante.*

Cotonneuſe ou *drapée* [tomentoſum] , lorſqu'elle eſt couverte de poils que la vue ne diſtingue pas, mais que le tact annonce ; *ibid.* Fig. 48.

Velue [villoſum] , couverte de poils viſibles; *ibid.* Fig. 47.

Lanugineuſe [lanuginoſum] , reſſemblant au toucher à de la laine.

Hériſſée [hiſpidum] , couverte de poils fragiles.

& roides : elle eſt alors, ou *raboteuſe* [ſcabrum] ;
ou *piquante* [ſpinoſum] ; *garnie de mamelons*
[papilloſum] , *ibid.* Fig. 54 ; de *glandes*, de
filets (*d*).

Nue [nudum], lorſqu'elle n'a à ſa ſurface
aucun des ſignes précédens.

Nota. RAI a diſtingué une famille naturelle,
par le caractere des feuilles *rudes* au *toucher*,
ſous le nom d'*Aſperifolia ;* c'eſt la Claſſe des *Bu-
gloſſes*, des *Bourraches*, &c.

SOMMET.   6.° *LE SOMMET* [apex], eſt l'extrémité ſupérieure d'une feuille qui, en ce ſens, eſt *tronquée*
[truncatum], quand ſon ſommet eſt coupé par
une ligne tranſverſale.

Emouſſée [retuſum], quand il eſt terminé par
une échancrure obtuſe : Pl. 3. Fig. 46.

Echancrée [emarginatum], quand le ſommet
eſt réellement entaillé ; ſi l'entaille forme deux
pointes [acutè-emarginatum] ; *ibid.* Fig. 44.

Aiguë [acutum], Fig. 41 ; *pointue* [acumina-
tum], Fig. 42 ; *obtuſe* [obtuſum], Fig. 40 ;
obtuſe avec une pointe [obtuſum acumine], Fig. 43.

CÔTÉS.   7.° *LES CÔTÉS* [latera], ce mot eſt pris pour
le *port* général de la feuille, de ſorte que pour
appercevoir ſes *côtés*, il faut la conſidérer dans
une direction perpendiculaire; ſous ce point de
vue, elle varie, & ſe nomme,

Cylindrique [teres], lorſqu'elle imite un cylindre, excepté dans ſon ſommet qui ſe termine en
pointe : Pl. 3. Fig. 62.

Fiſtuleuſe [fiſtuloſum, tubuloſum], lorſque le
cylindre eſt creux en dedans.

(*d*) Voyez ci-après *Supports*, *Glandes*.

Charnue [carnofum], remplie de *pulpe* ou fubftance charnue.

Membraneufe [membranofum], fans pulpe entre les membranes.

Déprimée, comprimée, plane, felon les divers aplatiffemens.

Suivant fes diverfes éminences, *convexe* ou *concave.*

Nota. Ce caractere varie quelquefois. M. BONNET a obfervé que la furface de plufieurs feuilles *planes* devient *concave,* lorfqu'elles font expofées au foleil.

Ombiliquée [umbilicatum], lorfque toutes les nervures partent d'un même centre concave.

A trois côtés [triquetrum], Pl. 3. Fig. 59; en *épée,* en *glaive* [acinaciforme], Fig. 56 ; en *gouttiere,* en *fillon* [fulcatum], Fig. 61 ; *cannelée* [canaliculatum], Fig. 60 ; *ftriée* [ftriatum] ; à *deux tranchans* [anceps] ; en *fabre,* en *couteau* [dolabriforme], Fig. 57.

Carinée [carinatum], en forme de carene, c'eft-à-dire creufée dans le milieu, & relevée par le bout.

FEUILLES COMPOSÉES.

Les *feuilles compofées* [compofita], font celles dont le pétiole eft terminé par plufieurs épa-nouiffemens, c'eft-à-dire, celles qui font formées de la réunion de plufieurs feuilles ; on nomme *folioles,* les petites feuilles qui les compofent : *Voy.* Pl. 4.

Il faut obferver que les folioles font elles-mêmes de petites feuilles fimples, & qu'elles

varient dans leur forme, felon les fept diftinctions que l'on vient d'établir. Elles font pareillement ou *pétiolées*, ou *feffiles*, fur le pétiole commun
qui les porte.

La feuille compofée fe divife en *compofée proprement dite*, en *recompofée* & en *furcompofée*.

PROPRE-
MENT DITE.

1.° *LA FEUILLE COMPOSÉE PROPREMENT
DITE* [compofitum], eft celle qui n'eft qu'une
fois compofée, ce qui arrive de différentes manieres, & lui fait donner différentes dénominations.

Binée [Binatum], lorfqu'on trouve deux
folioles fur un pétiole commun, *Voy.* Pl. 4.
Fig. 1 ; *ternée*, lorfqu'elle a trois folioles *feffiles*,
ibid. Fig. 2 ; ou *pétiolées*, Fig. 3.

Sur un *pied* [pedatum], quand plufieurs folioles
fe réuniffent à leurs bafes, fur un pétiole commun ;
Fig. 5.

Digitée [digitatum], fi les folioles réunies à
leurs bafes font longues & de la forme d'un doigt ;
Fig. 4.

Ailée, empennée, pinnée [pinnatum], compofée
de folioles rangées en maniere d'ailes, des deux
côtés, & le long d'un pétiole commun ; *ibid.*
Fig. 6, 7, 8, &c.

Ailée par interruption [interruptè-pinnatum],
fe dit lorfque les folioles font de grandeurs inégales ; *ibid.* Fig. 9.

La feuille *ailée* eft quelquefois terminée par
une foliole feule, qu'on nomme *impaire*, *ibid.*
Fig. 6 ; quelquefois par deux de fes folioles *oppofées*, *ibid.* Fig. 7 ; quelquefois par un ou plufieurs
filets appelés *vrilles*, *mains* ; *ibid.* Fig. 10.

La feuille *ailée* eft tantôt *alterne*, *ibid.* Fig. 8 ;
tantôt *oppofée*, *ibid.* Fig. 6.

Conjugée [conjugatum], c'eft celle dont les folioles latérales font attachées par paires, *ibid.* Fig. 11. On l'appelle *bijuguée*, *trijuguée*, fuivant le nombre de fes *conjugaifons*.

Courante [decurfivè-pinnatum], lorfque les folioles fe prolongent fur la tige, *Voyez* Pl. 4. Fig. 12 (*e*); formant quelquefois des articulations, *ibid.* Fig. 13.

En maniere de lyre [lyratum], compofée d'une feule feuille, découpée comme la feuille *ailée*, mais les découpures inférieures font écartées des fupérieures, & ordinairement plus étroites; *ibid.* Fig. 14.

2.° *LA FEUILLE RECOMPOSÉE* [decompofitum], eft en quelque forte *compofée* deux fois; fon pétiole, au lieu de porter des folioles de chaque côté, porte des filets ou petits pétioles, d'où fortent à droite & à gauche des folioles; *ibid.* Fig. 16 & 17. RECOM-POSÉE.

Les filets latéraux portent quelquefois trois folioles; *ibid.* Fig. 15.

Quelquefois, des folioles rangées en maniere d'ailes; *ibid.* Fig. 16.

3.° *LA FEUILLE SURCOMPOSÉE* [fupradecompofitum] eft plus de deux fois *compofée*, en ce que les filets latéraux, au lieu de porter des folioles, fe divifent encore en d'autres filets d'où naiffent les folioles : Pl. 4. Fig. 18 & 19. Ces filets font, comme dans la précédente, deux ou trois rangés fur leur filet particulier, & fe terminent ou par deux folioles, Fig. 18; ou par une *impaire*, Fig. 19. SURCOM-POSÉE.

(*e*) Voyez *Infertion*, pag. 124.

DE LA DÉTERMINATION
OU DISPOSITION DES FEUILLES.

La détermination des feuilles comprend quatre objets : 1.° le *lieu* ; 2.° leur *insertion* ; 3.° leur *situation* ; 4.° leur *direction*.

LIEU.   1.° LE LIEU [locus] ; on appelle ainsi la partie où s'attache la feuille. En ce sens elle est,

Florale [florale], lorsqu'elle est près de la fleur , & ne paroît qu'avec elle ; Pl. 5. Fig. 2. Lett. *ff.*

Rameuse [ramosum], celle qui part des rameaux; Pl. *id.* Fig. 2. Lett. *b b.*

Caulinaire [caulinum] , celle qui tient à la tige ; *ibid.* Lett. *c c c.*

Subalaire [subalare], celle qui vient sous les aisselles des branches; *ibid.* Lett. *a a.*

Radicale [radicale], celle qui vient immédiatement de la racine , sans adhérer à la tige ; *ibid.* Lett. *d.*

Séminale ou *Cotyledon* [seminale], elle sort immédiatement de la semence germée ; elle est produite par ses lobes ; *ibid.* Lett. *e e* (*f*).

INSERTION.   2.° L'INSERTION [insertio] ; on entend par-là la maniere dont la feuille s'attache à la plante ; on l'appelle ,

Pétiolée [petiolatum], lorsqu'elle s'y attache par une queue , qu'on nomme *pétiole ;* Pl. 5. Fig. 3. Lett. *g , i.*

Sessile [sessile], lorsqu'elle s'insere dans la plante , sans avoir de pétiole; *ibid.* Fig. 3. Lett. *e.*

(*f*) Voyez ci-dessus *Cotyledons* , pag. 40.

En rondache [peltatum], lorfque le pétiole s'attache au difque, & non à la bafe ou aux bords de la feuille ; *ibid*. Lett. *h , i , m.*

Courante [decurrens], feuille qui fuit la tige, de maniere qu'elle y eft collée depuis la bafe jufqu'à fon milieu, & qu'elle eft libre depuis fon milieu jufqu'à fon extrémité ; *ibid*. Fig. 3. Lett. *f, k.*

Amplexicaule [amplexicaule], lorfque par fa bafe elle embraffe le tour de la tige , comme il arrive dans les feuilles en *cœur*, en *fleche ; ibid*. Lett. *d.*

Perfeuillée [perfoliatum], lorfqu'elle eft enfilée dans fon difque par la tige, fans y adhérer par fes bords ; *ibid*. Lett. *c.*

Cohérentes [connata folia], quand deux feuilles oppofées l'une à l'autre fur la tige , s'uniffent par leur bafe : Pl. 5. Fig. 3. Lett. *b.*

En gaîne [vaginans], lorfque la bafe forme une efpece de tuyau qui entoure la tige ; *ibid*. Lett. *a a.*

3.° *LA SITUATION* [fitus], fe dit de la pofi- Situation tion refpective des feuilles entre elles ; ainfi elles font ,

Articulées [articulata], lorfqu'elles fortent du fommet les unes des autres ; *ibid*. Fig. 4. Lett. *g.*

Verticillées [verticillata], lorfqu'elles font rangées en anneau autour de la tige ; *ibid*. Lett. *e.*

Étoilées [ftellata], lorfqu'il y en a plus de fix *verticillées ; ibid*. Lett. *f.*

Ternées, quaternées, quinées, trois, quatre, cinq *verticillées.*

Geminées [gemina], deux feuilles qui fortent enfemble. *Oppofées* [oppofita], deux feuilles dont les pétioles font attachés fur les tiges, à la même hauteur , & vis-à-vis les uns des autres ; *ibid.* Fig. 1. Lett. *a a.*, *b b.*, *c c.*, & la Fig. 5.

Alternes [alterna], dont les pétioles font rangés par degrés fur la tige, & difposés de côté & d'autre alternativement; *ibid.* Fig. 4. Lett. *d d.*, *c c.*

Eparfes [fparfa], difposées fans ordre ou entaffées : Pl. 5. Fig. 4. Lett. *a.*

Imbriquées , *tuilées* [imbricata], rangées en maniere de tuiles, Fig. 4. Lett. *h.* ; *en faifceau* [fafciculata], Lett. *b.*

Conglobées [conferta], ramaffées en forme de boule.

En fpatule [fpatulata]; *ibid.* Fig. 7.

En parabole [parabolica]; *ibid.* Fig. 8.

Nota. On appelle *feuillage* [frons], les feuilles qui font confondues avec les fleurs , les fruits , les tiges & les branches, (*Fougeres*) (*g*).

DIRECTION. 4.° *LA DIRECTION* [directio], c'eft l'expanfion de la feuille confidérée dans toute fon étendue , fans avoir égard à fa forme réelle , Pl. 5. Fig. 1 ; en ce fens une feuille eft appelée,

Arquée [inflexum], quand elle fe tourne vers la plante ; *ibid.* Fig. 1. Lett. *f f.*

Droite [erectum], quand elle approche de la perpendiculaire ; *ibid.* Lett. *e e.*

Ouverte [patens] , quand elle s'en écarte ; Fig. 1. Lett. *d d.*

Horizontale [patentiffimum], quand elle s'en écarte abfolument, & parallelement à l'horizon ; *ibid.* Lett. *c c.*

Oblique [obliquum], lorfque les deux bords de la feuille deviennent verticaux, de forte que la bafe de la feuille a une efpece d'entorfe, (le *Houx frelon* , la *Fritillaire de Perfe*).

(*g*) Voyez ci-après, *Tronc*, pag. 135.

Réfléchie, *rabattue* [reflexum], quand la feuille s'incline, de maniere que sa base est plus haute que son sommet; *ibid.* Lett. *b b.*

Repliée [revolutum], lorsqu'elle se roule en dedans, par le sommet; *ibid.* Lett. *a a.*

Flottante [natans], celle qui surnage sur l'eau.

OBSERV. La direction des feuilles éprouve des changemens pendant la nuit sur quelques plantes. Si dans une nuit d'été, un Botaniste accoutumé au *port* habituel des plantes, examine celles qui couvrent une prairie, il en voit plusieurs qu'il ne sauroit reconnoître à ce caractere. La même chose arrive, lorsque la fraîcheur ou l'humidité du jour répond à celle de la nuit.

Le changement de direction est sur-tout sensible dans les feuilles *composées*. Pendant la chaleur du jour, les folioles opposées des feuilles *ailées*, se relevent sur leur pétiolé commun, & forment avec lui un angle droit, en rapprochant leurs surfaces supérieures. Si le ciel se couvre, elles se rabattent & s'étendent sur le même plan que leur pétiole commun. Pendant la nuit, elles s'abaissent encore plus, & s'unissent en dessous du pétiole commun, comme les feuilles d'un livre, en s'appliquant les unes contre les autres par leurs surfaces inférieures, tandis que la foliole impaire, placée à l'extrémité de la feuille, se replie pour venir toucher les bords des premieres folioles. C'est là ce que le Chevalier LINNÉ nomme le *sommeil* des plantes (*h*).

Cette derniere direction varie dans les *Réglisses* & dans le *faux Acacia* [Robinia-pseudo-acacia *L.*]. Les folioles sont précisément pendantes durant la

SOMMEIL des Plantes.

(*h*) *Somnus plantarum*, Amœn. T. IV. pag. 333.

nuit ; celles de la *Senfitive* [Mimofa pudica] ; s'étendent fur leur pétiole commun longitudinalement, & en recouvrement les unes fur les autres. Les folioles de plufieurs efpeces de *Trefles*, de *Luzernes*, de *Lotiers*, ne fe rejoignent que par leurs fommets, & laiffent entre elles une cavité qui renferme les jeunes fleurs, pour les mettre à l'abri des injures du temps.

La même chofe s'obferve dans quelques feuilles fimples ; les feuilles fupérieures de l'*Arroche* [Atriplex hortenfis *L.*], fe rapprochent pendant la nuit, s'uniffent perpendiculairement, embraffent la jeune pouffe, & ne fe déploient que lorfque le foleil a diffipé l'humidité de l'air.

NUTATION des Feuilles. L'action du foleil influe encore différemment fur ces mêmes feuilles, & fur celles de la *Mauve* & du *Trefle* ; elles fuivent fon cours, à la maniere des fleurs *héliotropes* (*i*), en lui préfentant toujours leur furface extérieure.

IRRITABILITÉ des Plantes. Mais la température de l'atmofphere n'eft pas la feule caufe qui altere la direction des feuilles. Tout le monde connoît le mouvement de contraction qu'éprouvent quelques plantes, principalement la *Senfitive*, lorfqu'on leur donne une légere fecouffe. Ce mouvement femble avoir quelques rapports avec l'*irritabilité* de certaines parties animales.

Si l'on donne un coup, une fecouffe prompte à l'extrémité de la plante, (le matin fur-tout, & lorfque le fujet eft dans fa vigueur), le pétiole particulier de chaque foliole fe contracte ; les folioles s'appliquent les unes contre les autres ; le pétiole commun, également contracté, fe

(*i*) Voyez ci-deffus, pag. 108.

rapproche

rapproche de la tige, les jeunes rameaux l'embraffent; toute la plante fe refferre & fe roidit,
de maniere qu'on romproit plutôt fes branches,
que de leur rendre fur le champ leur direction,
qu'elles reprennent enfuite d'elles-mêmes. L'irritabilité de la *Senfitive* eft telle, que l'exhalaifon des
liqueurs fortes & volatiles fuffit pour faire con-
tracter fes feuilles (k).

Ces obfervations ne font pas étrangeres à la
Botanique; elles conduifent à fixer le *caractere
habituel* des plantes, & à faire diftinguer leur
port en tout temps.

III.° DES SUPPORTS

OU POINTS D'APPUI.

ON appelle *SUPPORTS* [fulcra] les parties
extérieures de la plante, qui fervent à la défendre,
à la foutenir, ou à faciliter quelque excrétion.
On en diftingue trois qui lui fervent de *foutiens*,
fix qui lui fervent de *défenfes*, & deux de *vaiffeaux excrétoires* : Pl. 6. Quelques plantes font
totalement dépourvues des uns & des autres.

LES *SUPPORTS* confidérés comme *foutiens*, SOUTIENS,
font,

1.° LE *PÉTIOLE* [petiolus] ou la queue des PÉTIOLE,
feuilles (*l*). *Voy.* Pl. 5. Fig. 3. Lett. *i.*

2.° LE *PÉDUNCULE* [pedunculus] ou la queue PÉDUN-
des fleurs (*m*). Pl. 2. Fig. 1. Lett. *c.* GULE,

(k) Voyez *Phyfique des arbres*, T. 11. pag. 163.
(l) Voyez ci-deffus *Queue des Fleurs*, pag. 110.
(m) Voyez ci-deffus, *Difpofition des Fleurs*, pag. 105.

3.° *LA HAMPE* [scapus], espece de péduncule qui ne porte que les parties de la fructification, & jamais de feuilles ni de branches; elle
part immédiatement de la racine. On peut la
considérer comme une sorte de tige (n). *Voy.* Pl. 6.
Fig. 2. Lett. *a a.*

DÉFENSES. *LES SUPPORTS* considérés comme *défenses*,
sont,

STIPULE. 1.° *LA STIPULE* [stipula], petite production qui naît à l'insertion des pétioles ou des
péduncules, ou qui forme le bouton (o). *Voy.*
ibid. Fig. 5, *les Stipules*, Lett. *b ; différentes de la*
feuille, Lett. *d.*

Le Chevalier LINNÉ a le premier distingué
botaniquement les stipules ; ce sont des especes
de petites feuilles, ordinairement de la même
nature qu'elles, & placées à leur insertion ; deux
à deux, *géminées* [geminæ], *ibid.* Fig. 5. Lett. *b ;*
orbiculaires, *linéaires*, en cœur ou en fleche,
(dans plusieurs *Papilionacées*) ; quelquefois *soli-*
taires, (*dans le Houx frelon*).

Elles forment une espece de fraise *perfeuillée*
qui entoure les branches du *Platane.* Elles sont
ovales, *obtuses*, dans le *Noisetier ; longues*, *pointues*
dans le *Nez-coupé*, &c.

Les unes tombent avant les feuilles [deciduæ];
les unes subsistent jusqu'à leur chute, [persistentes].

Nota. Les stipules sont d'un grand secours pour
distinguer les especes de certains genres ; c'est
ainsi que le *Mélianthe* d'Afrique & celui d'Ethiopie,
sont caractérisés ; le premier, par des stipules
solitaires ; le second, par des stipules *géminées.*

(n) Voyez ci-après, *Tronc.*
(o) Voyez ci-après, *Bourgeons.*

2.° *LA FEUILLE FLORALE, BRACTÉE* Bractée [braftea], petite feuille diftinguée des autres , par fa forme , & fouvent par fa couleur ; elle ne paroît qu'avec la fleur, & l'accompagne comme dans le *Tilleul : Voy.* Pl. 6. Fig. 8. Lett. *a a.* , *braftées différentes des feuilles*, Lett. *b b.*

Nota Les braftées fervent à la diftinftion des efpeces, fur-tout dans les genres nombreux, tels que celui des *Moldaviques* [dracocephalum L.]. Elles caraftérifent la *Lavande*, le *Stœchas*, le *Mélampyrum*, la *Couronne impériale*, & forment au-deſſus de leurs fleurs une touffe de feuilles qu'on nomme *chevelure* [coma].

3.° *L'AIGUILLON* ou *piquant* [aculeus], eft Aiguillon une produftion dure, terminée par une pointe fragile, placée fur les tiges & fur les branches : *Voy.* Pl. 6. Fig. 6. Lett. *a a.* Il eft quelquefois *recourbé* ; quelquefois *triple*, *ibid.* Lett. *b b.*

L'aiguillon fe développe avec les autres parties de la plante, & paroît être une prolongation de l'Aubier (*p*) ou de l'écorce, puifqu'il fe détache avec elle de la tige, (l'*Epine-vinette*, la *Ronce*). M. DUHAMEL le compare aux ongles des animaux.

4.° *L'EPINE* [fpina], eft une produftion dure, Epine quelquefois ligneufe, toujours adhérente au corps de la plante, dont on ne peut détacher l'une, fans déchirer l'autre. Elle eft donc une expanfion du corps ligneux (*q*), & peut être comparée aux cornes des animaux, qui adherent aux os du crâne (*r*).

L'Epine eft ou *fimple*, Pl. 6. Fig. 9. Lett. *a* ; ou *triple*, Lett. *b*.

(*p*) Voyez ci-après, *Organifation interne. Aubier, écorce.*
(*q*) Voyez ci-après, *Organifation interne. Bois.*
(*r*) M. DUHAMEL, *Mém. Académ.* ann. 1751.

Quelques épines sont distribuées sur les tiges & sur les branches, (l'*Oranger*) ; d'autres sur les pétioles, (le *Robinia*) ; d'autres sur les feuilles, (le *Houx*) ; sur leurs nervures, (plusieurs *Solanum*) ; sur les calices, (la *Mélongene*) ; sur les fruits, (les *Châtaigniers*), &c.

Quelques plantes perdent leurs épines : les tiges du *Poirier sauvage*, par la culture ; les feuilles du *Houx*, en vieillissant.

ÉCAILLES. 5.° *LES ÉCAILLES* [squamæ], production qu'on peut comparer aux écailles de poisson seches, coriacées. Elles forment l'enveloppe du bouton (*s*) ; on en trouve dans les chatons, dans quelques calices, dans des racines bulbeuses (*t*) ; l'écorce des plantes est quelquefois *écailleuse. Voy.* Pl. 6. Fig. 1. Lett. *a a.*

VRILLES. 6.° *LES VRILLES* ou *MAINS* [cirrhi, capreoli, claviculæ], sont des productions filamenteuses, au moyen desquelles certaines plantes [cirrhosæ] s'attachent à d'autres corps. Elles sont formées du prolongement du pédoncule ou du pétiole, & organisées comme eux. Leur figure est celle d'un filet le plus souvent roulé en *tire-bourre*, & qui s'attache en spirale autour des corps étrangers, (la *Vigne*, plusieurs *Papilionacées*). *Voy.* Pl. 6. Fig. 5. Lett. *a a a.*

La vrille est quelquefois opposée aux feuilles, (la *Vigne*) ; quelquefois à côté du pétiole, (la *Fleur de la passion*) ; quelquefois elle part des feuilles même, (l'*Ochre*) ; elle est ou simple, *monophille*, (la *Vesce*) ; ou composée & divisée en deux, en trois filets, *diphille*, *triphille*, (la *Gesse*).

(*s*) Voyez ci-près, *Bourgeon.*
(*t*) Voyez ci-après, *Bulbe.*

Dans la *Vigne vierge*, la *Bignonia*, le *Lierre*, les vrilles font des efpeces de griffes qui s'implantent, comme des racines, dans les murailles ou dans l'écorce des arbres voifins : Pl. 6. Fig. 1. Lett. *b b b*.

LES *SUPPORTS* confidérés comme *vaiffeaux* VAISSEAUX excrétoires font : EXCRÉTOIRES.

1.° *LES GLANDES* [glandulæ], petits corps GLANDES. véficuleux qu'on trouve fur les feuilles & fur les jeunes tiges de plufieurs plantes. M. GUETTARD, qui le premier les a examinées en Phyficien & en Botanifte, en a diftingué fept efpeces principales : 1.° Glande en veffie (dans la *Glaciale*) ; 2.° en écailles (la *Fougere*) ; 3.° en globules (les *Labiées*) ; 4.° en lentilles (le *Bouleau*) ; 5.° en petits grains milliaires (le *Sapin*). Ces cinq efpeces examinées à la loupe, paroiffent fupportées par des pédicules. 6.° En godet (l'*Abricotier*) ; 7.° en petites outres (la *Gaude*) ; ces dernieres font *feffiles*. *Voy*. Pl. 6. Fig. 7. Lett. *a*., *Glandes pédiculées*. Pl. 9. Fig. 5. Lett. *c c*., *Glandes feffiles, concaves*.

Les glandes font diverfement fituées fur les parties des plantes ; la plupart fe trouvent fur les feuilles & à leurs bords. On trouve des *véficulaires* fous quelques calices (le *Mille-pertuis*) : les *lenticulaires* font diftribuées fur les jeunes pouffes ; les glandes *concaves* ou à *godet*, fur le pétiole, ou à la bafe des feuilles, (*Pécher*, *Cerifier*), &c.

Tous ces corps paroiffent produits par le renflement de quelques portioncules du tiffu cellulaire. Il fuinte de plufieurs, une liqueur vifqueufe, ou bien on y trouve une pouffiere blanche & des fils, formés du deffechement de cette liqueur. De là

I iij

on a conclu qu'ils étoient les organes de quelque
sécrétion, mais il n'est pas prouvé qu'ils soient
restreints à cette fonction.

Nota. Les glandes fourniffent des caractères
effentiels à la diftinction de plusieurs plantes,
comme le *bois de Sainte-Lucie*, l'*Amandier*, les
Caffies, les *Senfitives*, &c.

POILS.

2.° *LES POILS* [pili] font de petits filets plus
ou moins courts, plus ou moins folides, quelques-
uns visibles aux yeux, d'autres feulement au
moyen de la loupe. Prefque toutes les parties
des plantes, fur-tout les jeunes tiges, obfervées
de cette maniere, paroiffent recouvertes de poils(*u*).

Ils fe préfentent fous plufieurs formes variées,
cylindriques dans plufieurs *Légumineufes*; terminés
en pointe, dans les *Mauves*; en deux pointes
courbées, dans quelques *fleurs à fleurons*; en
hameçon, dans l'*Aigremoine*; *fubulés* & *articulés*,
dans l'*Ortie*, &c.

Les poils font peut-être appelés à quelque fécré-
tion organique, mais plus vraifemblablement ils
préfervent les parties des plantes de l'action des
frottemens, du vent, de la chaleur & du froid.

Nota. M. GUETTARD a montré par le plan
d'une méthode Botanique fondée fur les *glandes*
& fur les *poils*, que ces parties font affez conftamment uniformes dans toutes les plantes congéneres.

(*u*) Voyez ci-deffus, *Surface des feuilles*, pag, 118 & 119.

IV.° *DU TRONC.*

L E *TRONC* [truncus], n'eft autre chofe que
la *plumule* de la femence, développée, étendue
& augmentée par la nutrition (*x*). Il part de la
racine à qui il eft réuni par une partie, qu'on
nomme *le collet*; il s'éleve verticalement, ou
s'étend horizontalement à la furface de la terre;
il fournit les branches, les feuilles, les fleurs &
les fruits.

Quelques plantes en font dépourvúes; la PLANTES
plante *fans tronc* fe nomme *acaulis*, *acaulos*; les SANS
fleurs, les feuilles & leurs pédicules, partent TRONC.
directement du collet de la racine.

On diftingue plufieurs efpeces de troncs : la
tige, le *chaume*, la *hampe*, les *pétioles*, & les
pédunculus; ces trois derniers ont été décrits
parmi les fupports (*y*).

Le Chevalier LINNÉ en admet encore deux
autres, fous le nom de *frons* & de *ftipes*; le
premier convient aux *Palmiers* & aux *Fougeres*
dont les rameaux, les feuilles, & fouvent la
fructification, font réunis : *Voy.* Pl. 1. Fig. 16.
Le fecond fert de bafe au précédent, fe trouve
dans les mêmes plantes & dans les *Champignons*;
ibid. Fig. 17. Confidérons la *tige* & le *chaume*.

1.° *LA TIGE* [caulis], eft *fimple* ou *com-* TIGE.
pofée.

(*x*) Voyez ci-deffus, *Semence, Organifation interne*, pag. 38.
(*y*) Voyez ci-deffus, pag. 129 & fuiv.

SIMPLE. *LA TIGE SIMPLE* s'éleve de la racine sans interruption, de diverses manieres : *entiere* (integer), sans aucune branche, c'est la *hampe*. *Voy.* Pl. 6. Fig. 2. Lett. *a a.*

Nue [nudus], sans aucune feuille ; *feuillée* [foliatus], avec des feuilles.

Droite [erectus] ; *penchée* [reclinatus] ; *courbée* [procumbens] ; *rampante* [repens] ; *entortillée* [volubilis] : Pl. 6. Fig. 4. Lett. *b b.* Sarmenteuse, imitant le sarment.

Grimpante [scandens], qui s'attache par les *vrilles* ou especes de racines, sur les corps contre lesquels elle monte (χ); Pl. 6. Fig. 1. Lett. *b b*; *rameuse* [ramosus], qui se ramifie.

En considérant sa surface, elle est appelée *glabre* [glaber], sans poil ; *gluante* [viscidus] ; *velue*, *rude*, *raboteuse*, *hérissée* de poils, &c. (*a*) ; & suivant sa consistance, *ligneuse* [lignosus], ou *herbacée* [herbaceus].

Selon sa forme : *arrondie*, *cylindrique* [teres]; *cannelée* [striatus]; *rayée*, *plissée*, &c. à deux angles marqués [anceps] ; *fistuleuse*, *en tuyau* [fistulosus].

COMPOSÉE. *LA TIGE COMPOSÉE*, est celle qui, en se ramifiant, cesse de paroître une tige.

On appelle *fourchue* [dichotomus], la tige qui se bifurque, & *dichotomia*, le point de la division ; *distichus*, celle qui se partage en deux rangs de branches ; *divisée* [divisus], lorsqu'elle se divise en petites branches.

Les *branches* [rami], sont diversement disposées, *élevées*, *recourbées*, *rapprochées* du tronc, *écartées*,

(χ) Voyez ci-dessus, *Vrilles*, pag. 132.
(*a*) Voyez ci-dessus, *Surface des feuilles*, pag. 118. & suiv.

diffuses , *alternes* , *opposées* , *éparses*, *verticillées* d'étage en étage , &c. (*b*).

2.° *LE CHAUME* [culmus], espece de tuyau CHAUME; ou de tige fistuleuse , destinée aux plantes *graminées*. *Voy*. Pl. 6. Fig. 3.

Le collet de la racine du chaume, est composé de nœuds qui produisent plus ou moins de jets , qu'on nomme *talles*. Lorsque les engrais , les labours & la saison favorable, ont fait jeter à la racine d'un grain de Blé beaucoup de tuyaux, on dit qu'il a bien *tallé*.

Le chaume est souvent *articulé*, c'est-à-dire , coupé par des nœuds distribués de distance en distance. Il est souvent aussi garni de feuilles , que les Agriculteurs appelent *fane ;* elles sont ou *radicales* ou *caulinaires ;* celles-ci sont ordinairement *amplexicaules* , & partent toujours des articulations.

Le chaume est quelquefois *écailleux* (*squamosus*), c'est-à-dire, couvert d'écailles en recouvrement.

On nomme *feuillé* [foliatus], celui qui est garni de feuilles ; *nu* [nudus], celui qui n'en a point ; *entier* [integer], celui qui n'a aucune espece de branche ; *sans nœud* [enodis], lorsqu'il n'est point interrompu par des articulations ; *articulé* [articulatus], lorsqu'il a des nœuds : Pl. *id*. Fig. 3. Lett. *a a a. ;* l'espace contenu entre deux nœuds , se nomme *internodium*.

(*b*) Voyez pour l'intelligence de ces termes , *la disposition des fleurs* , ci-dessus , pag. 105, 108 , &c.

✳

V.º *DE LA RACINE.*

L A *RACINE* [radix], eft un organe doué d'une grande force de fuccion, & deftiné à pomper une partie des fucs néceffaires à l'accroiffement & à l'entretien des plantes.

C'eft le développement de la *radicule* (c) qui prend fon accroiffement dans la terre (*Voy.* Pl. 7.) perpendiculairement ou horizontalement, & jamais verticalement, excepté dans l'*Upata* du Sénégal, dont les racines fe replient fur elles-mêmes, & s'élevent à un pied au-deffus du terrain.

PLANTES PARASITES. Toutes les racines ne font pas fixées dans la terre ; quelques-unes, comme celles du *Gui*, de l'*Hypocifte*, de la *Cufcute*, &c. font attachées à d'autres plantes ; le *Gui*, aux branches des arbres ; l'*Hypocifte*, aux racines, fur-tout du *Cifte* ; la *Cufcute*, aux tiges de toutes fortes de plantes, quoiqu'on l'ait nommée *Epithyme*, comme fi elle ne fe trouvoit que fur le *Thym*. Ces plantes fe nomment *Parafites* (parafiticæ).

Leur maniere de fe fixer n'eft pas uniforme. La femence de la *Cufcute*, germe & leve dans la terre ; fa tige s'accroche à la premiere plante qu'elle rencontre ; elle eft garnie de petits mamelons, efpeces de fuçoirs qui lui fervent en même temps à fe cramponner, & à tirer des fucs nourriciers ; bientôt le pied de la *Cufcute* fe deffeche,

(c) Voyez ci-deffus, *Semence*, *Organifation interne*, pag. 38.

fa premiere racine meurt, & la plante continue de vivre aux dépens de celle qui la fupporte (*d*).

Le *Gui*, au contraire, & l'*Hypocifte* levent fur l'arbre même, étendent leurs racines fous l'écorce, & pénetrent infenfiblement jufque dans le corps ligneux.

De petits tubercules, autres *parafites*, que M. DUHAMEL regarde comme des *Truffes*, jettent des racines fibreufes, qui pénetrent les oignons du *Safran*, en fucent toute la fubftance, & le font périr fi promptement, que cette maladie a été nommée *la Mort*.

Quelques racines s'attachent aux corps les plus durs : les *Mouffes*, fur des écorces; les *Lichens*, fur la pierre, fe nourriffant fans doute de l'humidité de l'air, pompée par leurs feuilles ou par leurs branches; d'autres plantes furnagent l'eau, fans adhérer à la terre (la *Lentille d'eau*); d'autres enfin paroiffent totalement dépourvues de racines (le *Biffus*, le *Nofloc*, ou *Flos-cœli*).

Mais le plus grand nombre des racines fubfifte dans la terre; on en diftingue trois efpeces : les *Bulbeufes*, les *Tubéreufes*, les *Fibreufes*.

1.° *LA RACINE BULBEUSE* [bulbofa], eft ordinairement appelée *Oignon*, encore mieux, *Bulbe* [bulbus], eu égard à la fubftance dont elle eft compofée; fa forme eft ronde ou ovale. On trouve à fa partie inférieure une portion charnue d'où partent des racines fibreufes. *Voy*. Pl. 7. Fig. 3. Lett. *d d d*.

RACINE BULBEUSE,

Cette portion eft, à proprement parler, la vraie racine, & la bulbe eft le berceau de la tige qui doit fe développer. Après avoir donné des fleurs

(*d*) Voy. *Mém.* de M. GUETTARD, Açad. ann. 1744.

un certain nombre de fois, la bulbe périt ; mais elle se renouvelle avant ce temps, en produifant à fes côtés de petites *bulbes* , qu'on nomme *cayeux*. Ce qu'on appelle improprement *Gouffe d'Ail*, n'eft autre chofe qu'un affemblage de *cayeux* (*e*).

On connoît quatre efpeces de *bulbes* :

Les *écailleufes* [fquamofi], formées de membranes écailleufes (le *Lis*). *Voy*. Pl. 7. Fig. 1. Lett. *a a a*.

Les *folides* [folidi], compofées d'une fubftance charnue (la *Tulipe*) ; *ibid*. Fig. 2.

Les *tuniquées* [tunicati] , ou *bulbes en couches ;* formées de plufieurs tuniques, qui s'enveloppent les unes dans les autres (l'*Oignon*) ; *ibid*. Fig. 3. Lett. *c c c*, les *tuniques*.

Les *articulées* [articulati] , compofées de lamelles attachées les unes aux autres , (le *fruit cornu* ou *Martynia*).

Nota. Ces tuniques font quelquefois épaifles, & tellement fucculentes qu'elles fuffifent à la végétation de la plante, fans le fecours de la terre & de l'eau. La bulbe de la *Squille* pouffe fa tige, & fleurit en plein air. Ses tuniques, fans doute garnies de vaiffeaux abforbans , fe nourriffent de l'humidité répandue dans l'air. Par la même raifon , quelques plantes graffes , telles que le *Sedum en arbre*, jettent des racines fans être enterrées.

TUBÉREUSE. 2.° *LA RACINE TUBÉREUSE* [tuberofa], auffi nommée *tubercule*, du mot *Tuber*, *Truffe* , eft un corps charnu , folide , dur , ordinairement plus gros que la tige , quelquefois compofé de petits corps ronds, fufpendus par des filets comme des grains de chapelet (la *Filipendule*). *Voy*. Pl. 7. Fig. 4.

(*e*) Voyez ci-après, *Bourgeons* , *Cayeux*, pag. 146 & fuiv.

On la nomme *seffile*, quand elle adhere à la tige; *noueuse* [nodofa], quand elle forme des nœuds; en *faisceau* [fafciculata], lorfqu'un grand nombre fort du même centre, en s'alongeant (l'*Afphodele*); *grumeleuse* [grumofa], celle qui eft en grumeaux. On peut rapporter ici les *pattes* d'*Anémones*, les *bottes* d'*Afperges*, & les *griffes* de *Renoncules*; *ibid.* Fig. 8.

Nota. Plufieurs racines tubéreufes ont la faculté de reproduire leurs plantes, lors même qu'elles font divifées en plufieurs morceaux. On coupe en tronçons la *Pomme de terre*, (racine du *Sola-num tuberofum* Lin.); chaque tronçon, après avoir été planté, reprend, pouffe des racines & des tiges.

3.° *LA RACINE FIBREUSE* [fibrofa], eft FIBREUSE; compofée de fibres ou filamens. *Voy.* Pl. 7. Fig. 6.

La radicule, après être fortie de la femence, s'enfonce perpendiculairement dans la terre, & forme le corps principal de cette racine, qu'on nomme *Pivot*; il jette de tous côtés des rameaux qui fe divifent, & qui, après plufieurs fubdivi-fions, deviennent auffi fins que des cheveux. Ces dernieres divifions prennent le nom de *chevelus*; *ibid.* Lett. *a a a*; elles fe prolongent & s'étendent prodigieufement; c'eft dans elles que réfide la plus grande force de fuccion.

La racine fibreufe varie dans fa direction, dans fa fubftance, dans fa forme & dans fa durée; de là on la nomme, fuivant fa direction:

Traçante [repens], lorfqu'elle s'étend hori-zontalement entre deux terres. Les plantes *tra-çantes*, font celles dont les tiges latérales jettent des racines, en rampant fur la terre (la *Ronce*).

Stolonifere [ftolonifera], du mot *Stolones*, *Drageons*, lorfque la racine traçante jette çà & là des *rejets* ou *drageons* qui portent eux-mêmes des racines (le *Chiendent*). Pl. 7. Fig. 7.

Perpendiculaire, quand elle eft perpendiculaire à l'horizon ; *pivotante*, quand la racine perpendiculaire eft profonde.

Fufiforme [fufiformis], racine pivotante qui imite un fufeau (la *Carotte*); Pl. 7. Fig. 5.

Napiforme [napiformis], de la forme du *Navet*.

Suivant fa fubftance, elle eft appelée *charnue* [carnofa], lorfqu'elle eft pulpeufe, fucculente ; *ligneufe* [lignofa], de la nature du bois, comme dans les arbres, &c.

Suivant fa forme, *fimple* [fimplex], quand elle ne fe divife pas ; *branchue* [ramofa], quand elle fe ramifie ; *dichotome* [dichotoma], fourchue, qui fe bifurque ou fe divife en fourche.

Si l'on confidere la durée des racines fibreufes, les unes font *vivaces*, ainfi que leurs tiges [fruti-cofæ]; les autres fubfiftent l'hiver, quoique leurs tiges périffent, ou bien il fe forme de nouvelles racines à côté des anciennes qui pourriffent [perennes]; quelques-unes fe renouvellent par des *drageons* enracinés [ftoloniferæ] ; d'autres enfin ne vivent qu'une année, les *annuelles* [annuæ]. Les racines fibreufes conviennent donc aux herbes & aux arbres ; les tubéreufes & les bulbeufes n'appartiennent qu'aux plantes herbacées.

Nota. Chaque efpece fuit conftamment l'ordre qui lui eft affigné ; mais il eft des racines vivaces qui deviennent annuelles, lorfqu'elles font tranf-portées dans des climats trop froids, & quelques arbuftes y perdent leurs tiges. La culture, au contraire, peut prolonger la vie des annuelles. M. DUHAMEL a vu un pied d'*Orge* repouffer des tiges après la moiffon, & donner des épis l'année fuivante.

OBSERVATIONS SUR LES TIGES ET SUR LES RACINES. Les tiges & les racines ont entre elles des rapports & une correfpondance réciproque; elles fe développent, fe ramifient, & fe fubdivifent à peu près uniformément; l'étendue & la force des unes eft toujours en proportion avec celles des autres. Un arbufte qui ne jette que de petites branches, n'a que des racines grêles ; un efpalier, un arbre *nain* ou tondu en boule, produit des racines moins nombreufes, moins fortes, moins étendues, que celles de la même efpece cultivée à *plein-vent ;* c'eft donc à tort qu'on prétend faire étendre les racines d'un arbre, en élaguant fes branches; l'arbre fruitier produira plus de fruits, mais fon accroiffement fera retardé, & fa vie plus courte.

Les tiges, comme les racines, s'alongent par leurs extrémités, & ceffent de croître lorfqu'on les coupe; les unes & les autres font alors de nouvelles productions; les tiges pouffent des branches par les côtés, les racines jettent des racines latérales; d'où il fuit qu'il convient d'*arrêter* (*f*) les tiges des arbres à qui l'on veut faire des *têtes*, & de couper le *pivot* des racines, pour former de beaux arbres, en multipliant les ramifications latérales qui, placées plus près de la fuperficie de la terre, y trouvent plus de fucs nourriciers.

La tige eft donc pourvue de plufieurs germes de branches, & la racine de plufieurs germes de

(*f*) *Arrêter* les branches ou les tiges, c'eft en couper les extrémités.

racines; la tige renferme auſſi des germes de racines qui ſe déploient lorſqu'on l'a coupée & miſe en terre; & la racine de ſon côté produit à l'air des branches ou *rejets*, qui partent de la portion coupée. Le ſuccès des *prairies artificielles*, vient de ce qu'on fauche ſouvent les plantes qui les compoſent.

Les racines & les tiges peuvent encore être comparées dans leur organiſation; elle eſt à peu près la même dans toutes les deux, ſi ce n'eſt que l'épiderme des racines eſt plus épais, & que leurs couleurs ſont intérieurement plus vives; mais ces parties different eſſentiellement dans leurs directions.

LEUR DIRECTION. Les Phyſiciens ne ſont pas d'accord ſur les cauſes qui déterminent les tiges à s'élever vers le ciel, & les racines à s'enfoncer dans la terre; mais cette diſpoſition eſt tellement conſtante, que ſi l'on retourne dans la terre la plante qui vient de lever, de maniere que la racine ſoit en haut & la tige en bas, l'une & l'autre ſe courbent bientôt pour reprendre la direction qui leur eſt propre.

Un arbre qui croît dans l'épaiſſeur d'un mur, ſe courbe par le pied pour s'élever perpendiculairement ſuivant la parallele du mur; & celui qui eſt planté ſur une colline, malgré l'inclinaiſon du ſol, ſe dirige verticalement, formant avec la ſurface de la terre un angle aigu du côté qui monte, obtus du côté de la pente. Le *Gui* eſt excepté de cette loi; il végete en tout ſens horizontalement, & même en ſens renverſé. *Geoff. M. Medic. t. 10. p. 343.*

L'élévation des ſucs dans le corps des plantes,

peut

peut contribuer à leur direction; mais l'air, le soleil & la lumiere, paroissent des causes plus certaines pour les tiges, ainsi que l'air & l'humidité pour les racines.

Cultivez des plantes dans une chambre qui ne reçoive de jour que par une petite ouverture, les tiges s'inclineront du côté du jour. Dans les massifs de bois, les jeunes arbres sont toujours penchés du côté où le jour pénetre. Les nouvelles pousses d'un espalier s'éloignent de la muraille qui leur dérobe l'air, le soleil & la lumiere; c'est pour les chercher, que les branches latérales des arbres abandonnent la direction des tiges, s'écartent & s'étendent parallélement au terrain, lors même qu'il est en pente.

Les racines sont pivotantes ou latérales; mais si à quelque distance de la racine, il se trouve des canaux, un fossé rempli d'eau, une terre fraîchement remuée, les principales racines, & quelquefois le pivot lui-même, abandonnent leur direction, se replient, & vont chercher dans la terre ameublie un air & des sucs plus abondans, & auprès des fossés l'humidité qui s'en échappe. L'eau attire tellement les racines, qu'elles quittent la terre pour s'introduire dans l'intérieur des canaux, lorsqu'elles peuvent y pénétrer.

Cette force d'extension paroît être plus grande EXTENSION dans les racines que dans les tiges. La branche plie & se recourbe, lorsqu'elle rencontre un obstacle; la racine au contraire perce à la longue les terrains les plus durs, pénetre dans des murs qu'elle renverse, & fait éclater des rochers.

Tome I.   K.

VI.º *DES BOURGEONS.*

NOUS ne prenons pas ce terme dans son acception commune. Les cultivateurs entendent par *bourgeon* [surculus, turio] la jeune *pousse* d'une plante ; d'où l'on dit, *ébourgeonner* un arbre , c'est-à-dire, couper les nouvelles pousses superflues.

Le terme *bourgeon*, exprime ici un corps destiné à la reproduction, & qui renferme les rudimens d'une ou de plusieurs parties de plante, produites par la plante mere ; c'est le *germen* PLIN., corps qui renouvelle l'espece, ainsi que la graine ; l'*Hybernaculum* LIN., comme qui diroit, le lieu où les nouvelles parties passent l'hiver.

Le bourgeon sert à défendre ces parties, du contact de l'air & des injures des insectes, jusqu'à leur parfait développement. Il est situé ou sur les tiges, ou sur les racines ; celui qui tient aux tiges, prend le nom de *bouton ;* celui qui tient à la racine, se nomme *cayeu.*

BOUTON. *LE BOUTON*, autrement dit *bourse*, *œil* [gemma, oculus], est un petit corps arrondi , un peu alongé, quelquefois terminé en pointe ; il varie dans sa forme extérieure, suivant les diverses especes, & peut servir à les faire distinguer les unes des autres pendant l'hiver. *Voy.* Pl. 8. Fig. 1, 2 & 3.

SA SITUATION. . On apperçoit alors les *boutons* à l'extrémité des jeunes rameaux ; on les trouve aussi le long des branches, fixés par un court pédicule, sur des renflemens ou efpeces de petites confoles qui ont fervi d'attaches aux feuilles, dans l'aiffelle def-quelles ils fe font formés l'année précédente ; *ibid*. Lett. *b b b*. Ils y font quelquefois *folitaires*, quelquefois *raffemblés*, *deux à deux*, *oppofés*, *alternes*, ou plufieurs *verticillés*.

Les plantes annuelles & les vivaces qui perdent leurs tiges pendant l'hiver, n'ont point de *bouton*, & dans le nombre de celles qui les confervent, quelques-unes en font dépourvues, telles que la *Rue*, le *Bec-de-Grue*, &c. ; & parmi les arbuftes, la *Bourgene*, l'*Alaterne*, le *Paliure*, &c.

Le bouton eft compofé de plufieurs parties SA FORME artiftement arrangées ; à l'extérieur, on trouve EXTÉRIEU-des écailles affez dures, fouvent hériffées de poils, RE. creufées en cuiller, & en recouvrement les unes fur les autres. Ces écailles font implantées dans les lames intérieures de l'écorce (*g*), dont elles paroiffent un prolongement. Leur ufage eft de défendre les parties internes du bouton, qui par leur développement doivent fournir, les unes, des fleurs, des feuilles, des ftipules ; les autres, des pétioles & des écailles ; & qui toutes font encore repliées, tendres, délicates, enduites d'une humeur vifqueufe, quelquefois réfineufe & odorante (le *Baumier* ou *Tacamahaca*). Les écailles exté-rieures tombent après l'entier développement des parties internes.

En général, on peut diftinguer trois efpeces de boutons ; le bouton *à fleur*, le bouton *à feuilles*, le bouton qui eft en même temps *à fleur & à feuilles*.

(*g*) Voyez ci-après, *Organifation interne, Ecorce*.

K ij

BOUTON A FLEUR. *LE BOUTON A FLEUR* ou *A FRUIT* [gemma florifera], renferme les rudimens d'une ou de plusieurs fleurs concentrées, repliées sur elles-mêmes, & enveloppées d'écailles. Dans plusieurs arbres, on le trouve communément à l'extrémité de certaines petites branches plus courtes que les autres, moins lisses, & chargées de feuilles (le *Poirier*).

Les écailles extérieures du bouton *à fleur*, sont plus dures que les intérieures ; les unes & les autres sont en dedans garnies de poils, & en général plus renflées que celles du bouton *à feuilles*. Le bouton *à fleur* est ordinairement plus gros, plus court, presque carré, moins uni, moins pointu, terminé par une pointe obtuse. *Voy*. Pl. 8. Fig. 2. Lett. *a*, *un bouton à fleur* ; & Fig. 3. Lett. *a*, *celui du Poirier, observé dans le mois de Janvier*.

BOUTON A FEUILLES. *LE BOUTON A FEUILLES* ou *à bois* [gemma foliifera], contient les rudimens de plusieurs feuilles enroulées, diversement repliées, & enveloppées au dehors, par des écailles qui produisent principalement des stipules. On les nomme boutons *à bois*, parce qu'avec les feuilles, ils donnent des branches. *Voy*. Pl. 8. Fig. 1. Lett. *a*.

Ils sont ordinairement plus pointus que les boutons *à fleur ;* on en trouve cependant d'arrondis (le *Noyer*), & de très-gros (le *Marronnier d'Inde*).

FOLIATION. On peut nommer *foliation* [foliatio], (*h*) l'espece d'enroulement que les feuilles éprouvent dans le bouton, & remarquer que ce roulement,

(h) Voyez *Philosophia Botanica* Liv. pag. 105. & *Amœnitates, tom. VI. pag. 245.* Vernatio.

par fa diverfité, diftingue les plantes, encore mieux que les formes extérieures du bouton; mais on ne peut le bien obferver que lorfque la feve a développé les parties internes, développement qui commence pendant l'hiver, & qui n'eft fenfible qu'au printemps.

Selon le Chevalier LINNÉ, les feuilles font roulées dans le bouton, fous dix formes principales qui déterminent autant de *foliations* différentes. *Voy.* Pl. 8. Fig. 4. *& fuiv.*

1.° Quelquefois la feuille eft repliée de maniere que fes bords latéraux font roulés fur eux-mêmes en dedans [folium involutum], dans le *Chevrefeuille*, *Voy. ibid.* Fig. 5 : cette foliation peut être *fimple*, Fig. id. ; *alterne*, Fig. 14; ou *oppofée*, Fig. 13.

2.° Quelquefois les bords latéraux font roulés en dehors [folium revolutum], dans le *Romarin*; *Voy. ibid.* Fig. 6 : elle peut être *oppofée*, *ibid.* Fig. 15.

3.° Ou les bords d'une feuille font compris alternativement, entre les bords d'une autre feuille [folia obvoluta], dans l'*Œillet*; *ibid.* Fig. 10.

4.° Ou bien le bord d'un des côtés d'une feuille, enveloppe le bord de l'autre côté de la même feuille roulée en fpirale, en maniere de croffe [folium convolutum], dans le *Balifier*; *ibid.* Fig. 4. Cette foliation comprend quelquefois plufieurs feuilles [convoluta]; *ibid.* Fig. 12.

5.° Ou les feuilles fe recouvrent parallélement, de forte que les deux bords d'une feuille aboutiffent aux deux bords de la feuille oppofée [imbricata], dans le *Troëne*; *ibid.* Fig. 9.

6.° Les feuilles font quelquefois en recouvre-

K iij

ment les unes fur les autres, de maniere que les deux bords de la feuille intérieure font embraffés par celle qui la recouvre [equitantia], dans l'*Iris ; ibid.* Fig. 8.

7.° Quelquefois les bords d'une feuille fe rapprochent parallélement l'une de l'autre [conduplicatum], dans le *Chéne ; ibid.* Fig. 7.

8.° Ou bien la feuille eft plufieurs fois pliffée & repliée fur elle - même, longitudinalement [plicatum], dans l'*Erable ; ibid.* Fig. 11.

9.° Ou les feuilles font repliées en bas, vers le pétiole [reclinata], dans l'*Aconit.*

10.° Ou enfin elles font roulées en deffous, en fpirales tranfverfales, de maniere que leur fommet occupe le centre [folia circinalia], dans les *Fougeres.*

BOUTON A FLEURS ET A FEUILLES. *LE BOUTON A FLEURS ET A FEUILLES* eft plus petit que les précédens ; il produit des fleurs & des feuilles, mais de deux manieres différentes :

Tantôt les fleurs & les feuilles fe développent en même temps [gemma foliifera & florifera] ;

Tantôt les feuilles naiffent fur un petit rameau qui fleurit dans la fuite [foliifero-florifera].

Ces fleurs font mâles, femelles, ou hermaphrodites ; ce qui peut encore faire diftinguer des boutons *mâles*, (le *Pin*) ; des boutons *femelles*, (le *Charme*) ; des boutons *hermaphrodites*, (le *Cornouiller*).

Nota. Les Cultivateurs donnent indifféremment le nom de boutons *à fleur* ou *à fruit*, à celui qui doit produire des fruits, qu'il s'y trouve ou non des feuilles & des tiges. La jeune tige fortie du bouton, eft ce qu'ils appellent *bourgeon*, ou *furgeon*, fi elle part du bas de la tige. Le *drageon* enraciné,

eft une petite tige qui s'éleve des racines ram-
pantes; la jeune pouffe que jette l'arbre *étêté*, ou
l'arbre *recépé*, c'eft-à-dire celui dont on a coupé la
tête & les branches, ou celui qu'on a coupé par
le pied, s'appelle *rejeton*.

LES *CAYEUX* [adnata, adnafcentia, bulbi],
font de petites bulbes ou oignons qui naiffent à
côté des anciennes, quelquefois avec une promp-
titude furprenante.

CAYEU.

Le cayeu ne convient qu'aux plantes bulbeufes;
il leur tient lieu de *bouton;* il reproduit l'efpece,
& remplace l'individu par le développement de la
plante qu'il renferme en raccourci: elle n'eft pas
vifible dans le cayeu; mais dès le mois de Janvier,
examinée avec la loupe, elle paroît diftinctement
dans le centre de la bulbe.

Les *cayeux*, comme les bulbes, fe divifent en
écailleux, *folides*, *tuniqués*, & *articulés* (*i*).

Nota. Quelques plantes forment des productions
qu'on peut comparer aux cayeux, quoiqu'elles ne
foient pas placées, comme eux, auprès de la racine.
Dans quelques efpeces d'*Aulx*, qu'on nomme
bulbiferes, le fpathe des fleurs renferme de petites
bulbes qui végetent lorfqu'on les met en terre; on
obferve la même chofe parmi les Graminées, dans
un *Poa* [poa alpina β vivipara *L.*] & fuivant M.
ADANSON (*k*), on doit confidérer auffi comme de
vrais bourgeons, les parties au moyen defquelles
la tige du *Lis rouge*, & quelques feuilles des plantes
graffes, reprennent en terre, & donnent une
nouvelle plante.

(*i*) Voyez ci-deffus *Racine bulbeufe*, pag. 139.
(*k*) *Famille des Plantes*; Préface, pag. 64.

ORGANISATION INTERNE

DES PARTIES DES PLANTES,

Et leur uſage dans la Végétation.

ORGANI-
SATION
INTERNE.
AVANT de déterminer comment la conſidération des parties extérieures des plantes qu'on
vient de décrire, conſtitue en Botanique la diſtinction des eſpeces, jetons un coup d'œil rapide ſur
leur organiſation interne ; c'eſt en quelque ſortè
rechercher la cauſe après avoir examiné l'effet,
puiſque toutes les parties de la plante ne ſe développent & n'exiſtent qu'en vertu de cette même
organiſation.

VAISSEAUX. Suivant les Obſervations Anatomiques de
MALPIGHI, de GREW, & des Modernes, les
parties des plantes ſont compoſées, 1.° De vaiſſeaux
droits & longitudinaux qui charient les ſucs nourriciers qu'on nomme la *ſeve*, & qui par leur aſſemblage forment des lames déliées, repliées en
maniere de petits cônes inſcrits les uns dans les
autres.

2.° D'autres vaiſſeaux roulés en ſpirales élaſtiques, vraies *trachées* qui reçoivent & tranſmettent
l'air néceſſaire à la préparation & au mouvement
des humeurs.

FIBRES. 3.° De fibres tranſverſales qui lient ces vaiſſeaux,
& qui forment en les croiſant un tiſſu cellulaire
dont les interſtices ſont remplis de petits *utricules*,
eſpeces d'*eſtomacs* deſtinés à recevoir, à digérer,
à aſſimiler les ſucs apportés par les vaiſſeaux.

Cette charpente, dont les parties étroitement **BOIS.** unies & refferrées dans les *arbres*, compofent les corps *ligneux* qu'on nomme *bois*, eft extérieurement recouverte d'une enveloppe, appelée *écorce*.

On donne le nom de *livre* [liber] à la partie **ECORCE.** intérieure de l'écorce. Elle préfente au dehors une fine membrane ou un *épiderme* étendu fur des fibres, fur des vaiffeaux parmi lefquels on ne trouve point de trachées, & fur un tiffu cellulaire, plus lâche & plus large que celui du corps ligneux, autour duquel ces vaiffeaux font difpofés en couches concentriques.

Entre l'écorce & ce corps, on diftingue auffi **AUBIER,** dans les arbres, l'*aubier* (*l*), jeune couche ligneufe qui n'eft encore qu'un bois imparfait, deftiné à devenir bois, lorfqu'une couche nouvelle, par fucceffion de temps, l'aura enveloppée.

Le centre du corps ligneux, ou plutôt fon axe, **MOELLE.** eft occupé par la *moëlle*, partie également compofée de vaiffeaux, & fur-tout d'utricules qui font plus larges encore & moins ferrés que ceux de l'écorce, & qui fe deffechent à mefure que la plante vieillit.

Telle eft, en général, l'organifation des végé- **ORGANISA-** taux; elle n'eft nulle part plus apparente que dans **TION IM-** les tiges; on la retrouve dans les feuilles qui font **PARFAITE,** des efpeces de tiges aplaties (*m*); vraifemblablement elle eft moins parfaite dans plufieurs autres parties & dans un grand nombre de plantes. Elle paroît fi incomplete dans quelques-unes, qu'elle femble réduite à un fimple tiffu véficulaire; mais

(*l*) Dans certains arbres qu'on appelle vulgairement *bois blancs*, *les Saules*, *les Peupliers*, &c. on diftingue peu l'*aubier* qui n'acquiert jamais une grande folidité.
(*m*) Voyez ci-deffus, la *Feuille en général*, pag. 111.

défions-nous de la foibleffe de nos yeux : *in arctum coarcta rerum majeftas* (*n*), toute la grandeur de la nature eft renfermée dans les petits objets. Quelle diverfité ne préfente pas l'organifation animale, comparée dans les divers animaux, depuis l'*Homme* jufqu'au *Puceron !*

ORIGINE DES PARTIES EXTÉRIEURES. Obfervez encore que l'écorce & la moëlle paroiffent conftituer effentiellement le corps végétal (*o*) : recherchez l'origine de fes parties extérieures, vous reconnoîtrez que les feuilles, les bractées & les calices ne font autre chofe que la prolongation de l'*écorce ;* les pétales & les étamines, un prolongement du *liber* ; les piftils, une production de la *moëlle* (*p*). Le *bois* eft en quelque forte le *fquelette* qui foutient toutes ces parties à leur place, concourant avec elles aux fonctions vitales auxquelles il participe.

PRODUITS CHIMIQUES. Si l'on foumet les plantes à l'analyfe chimique, on voit que leur compofition réfulte d'un mélange d'huile, d'eau, de plufieurs fels, quelquefois de réfines, de beaucoup de terre, & d'une quantité d'air furprenante. Cet air *principe* abonde fur-tout dans les parties dures & ligneufes ; il furpaffe confidérablement le volume du corps végétal, dans lequel il eft refferré & *corporifié*. L'air renfermé dans le bois de Chêne, en contient 216 fois le volume, & fon poids eft environ le quart de celui du bois (*q*).

(*n*) PLIN.
(*o*) Voyez *Generatio ambigena.* Amœn. Lin. tom. VI. pag. 6 & feq.
(*p*) Voyez *Prolepfis plantarum.* Amœn. Lin. tom. VI. pag. 375 & feq
(*q*) *Expériences de M. Hales* (Statique des végétaux), *perfectionnée par M. Rouelle.*

La ſtruſture & la ſubſtance des végétaux reconnues, l'uſage de leurs parties n'eſt plus un myſtere difficile à pénétrer.

On a vu précédemment (pag. 39.) que la ſemence , véritable œuf végétal , après avoir été couvée par la terre , s'enfloit , levoit ; & que du germe développé, il ſortoit des racines , des tiges , une plante.

On a vu (pag. 41 & 44) que l'uſage des fruits étoit de produire cette ſemence ; que celui de la fleur , étoit de développer & de féconder les fruits ; la deſtination de toutes les autres parties de la plante , eſt de donner à leur tour naiſſance aux fleurs. Tout eſt lié dans la nature , ſa marche eſt une progreſſion , & ſon but eſt toujours la régé-nération de l'individu.

La génération ſuppoſe le développement ; le développement ſuppoſe l'accroiſſement ; l'accroiſ-ſement eſt produit par la nutrition.

Les racines qui tiennent la plante fixée dans la terre , paroiſſent les premiers agens de la nutrition. Dès que la chaleur (r) vient animer le jeu de leurs organes , au moyen des pores qui ſont placés à l'extrémité de leurs chevelus qu'il faut conſidérer comme l'orifice des vaiſſeaux de la plante , elles pompent les ſucs nourriciers diſſous dans une eau qui leur ſert de véhicule , & qui paroît preſque réduite en vapeur.

Les racines rempliſſent en même temps les fonc-tions de bouche & d'œſophage ; elles ſont la pre-miere élaboration des ſucs qu'elles ont pompés ,

(r) Le mouvement de la ſeve commence d'abord après les gelées de l'hiver, & ſemble ſe ranimer après les chaleurs de l'été ; ce qui fait diſtinguer la *ſeve du printemps* & celle de l'*automne*.

& les tranſmettent dans les vaiſſeaux dont le collet, la tige, les branches, ſont fournis principalement dans leur ſubſtance médullaire corticale (*s*). Les ſucs nourriciers y reçoivent une nouvelle préparation, & ſont enſuite portés dans les véſicules du tiſſu cellulaire. Ils prennent le nom de *ſeve*, ſubſtance qu'on peut comparer au *chyle* des animaux.

L'air qui, par le moyen des trachées, ſe renouvelle ſans ceſſe, raréfié par la chaleur, continue d'entretenir par ſon élaſticité les divers mouvemens de la ſeve, & la ſubtiliſe par ſon activité; elle pénetre bientôt les fibres ligneuſes qui la charient juſqu'aux extrémités de la plante.

SUC PROPRE.

Elle change alors de nature & de couleur (*t*) ; on la nomme le *ſuc propre* ; c'eſt le *ſang* de la plante où réſident ſes vertus & ſa ſaveur. La ſeve devenue pour elle, ce que le ſang eſt à l'animal, s'unit à ſes parties. Sans en former préciſément de nouvelles, elle s'aſſimile à celles qui exiſtent, elle s'y incorpore, en augmente le volume & les développe; bientôt ſa conſiſtance gélatineuſe paſſe à l'état d'écorce ou d'aubier. L'évaporation & l'apport de nouveaux ſucs la durciſſent encore ; elle devient bois.

ACCROISSEMENT.

C'eſt ainſi que la tige paroît, chaque année, augmentée d'une couche de cônes extérieurs, qui

---

(*s*) Le bois eſt vraiſemblablement formé par l'écorce, comme les os par le périoſte.

(*t*) La couleur du *ſuc propre* varie ainſi que ſa ſubſtance ; dans pluſieurs plantes, il eſt de couleur d'eau ; quelquefois jaune (l'*Eclaire*) ; vert (la *Pervenche*) ; blanc (le *Tithymale*) , &c. Dans pluſieurs arbres , il eſt gommeux (le *Cerifier*); dans les Ceniferes il produit la réſine (le *Sapin*) ; la térébenthine (le *Mélèſe*); la poix (la *Peſſe*) ; le ſandaraque (le *Genévrier*), &c.

emboîtent les anciens cônes internes (u), & l'écorce augmentée de nouveaux cônes corticaux, qui recouvrent ceux des années précédentes. La plante s'accroît donc en longueur & en largeur, excepté dans ses racines, qui ne s'alongent qu'à leurs extrémités.

La fibre ligneuse & les couches corticales parfaitement développées, ne sont plus susceptibles d'accroissement ; mais le développement des fibres imparfaites, leur prolongement, l'addition de nouvelles substances & de nouvelles couches, forcent incessamment la tige de s'étendre en tout sens ; elle s'élargit, elle s'éleve ; de nouveaux rameaux percent l'écorce, se déploient, jettent des feuilles ; tout concourt à former la fleur. Elle se développe ; la lumiere la colore ; le germe est fécondé par le *pollen ;* le fruit paroît, & produit une semence capable de renouveler l'espece.

En même temps les feuilles, les jeunes tiges, les fleurs, les fruits, font pendant le jour, les fonctions d'organes excrétoires (x). Par eux s'exécute la transpiration, qui peut-être est la seule véritable excrétion de la plante saine ; mais on a reconnu qu'elle étoit dix-sept fois plus abondante que celle des animaux, comparée en temps égaux & à volume égal. TRANSPIRATION.

Pendant la nuit, l'usage des feuilles n'est plus le même. Ce font alors des racines aëriennes, qui, par les petites bouches de leur surface inférieure (y), pompent l'humidité & les sucs répandus SUCCION.

(*u*) On connoît l'âge des arbres, par le nombre de leurs couches concentriques.

(*x*) Voyez *Vaisseaux excrétoires*, pag. III, & les *Recherches sur l'usage des feuilles*, par M. Bonnet.

(*y*) Voyez *Vaisseaux absorbans*, pag. III.

dans l'atmofphere (≀). Les trachées, dont l'air eſt reſſerré par la fraîcheur de la nuit, n'oppoſent aucun obſtacle au paſſage des nouveaux ſucs ; ils deſcendent vers les racines, avec le ſuperflu de ceux qui s'étoient élevés pendant la journée ; ce qui prouve que les vaiſſeaux des plantes n'ont point de valvules, ou que la ſoupleſſe de ces valvules eſt telle, qu'elles ſouffrent le mouvement des humeurs, en ſens contraires.

MOUVE-MENT DE LA SEVE. Il ſuit de cette théorie démontrée par les belles obſervations de MM. HALES & BONNET, que le mouvement de la feve dans les plantes, excité par la raréfaction ou par la condenſation de l'air extérieur & de l'air renfermé dans les trachées élaſtiques, n'eſt point une vraie circulation, mais un mouvement alternatif, une vraie impulſion des humeurs, une fluctuation aſcendante pendant le jour, deſcendante pendant la nuit, dont l'action diminue en raiſon du froid & de l'humidité, de maniere qu'elle devient preſque nulle pendant l'hiver.

MALADIE ET MORT. Si d'autres accidens ſuſpendent ſon action, l'accroiſſement ceſſe ; des *obſtructions*, des *chancres* ſe forment ; la plante ſouffre, elle eſt *malade* (a). Lorſque le temps a endurci & obſtrué les vaiſſeaux qui charient l'air & la feve, ce ſuc ſe corrompt ; la plante ne recevant dès-lors qu'une nourriture viciée ou inſuffiſante, languit, *meurt* (b) ; & bientôt les élémens dont l'agrégation formoit ſon

---

(≀) C'eſt par cette raiſon que la Chimie ne peut tirer de la terre toutes les ſubſtances qu'elle découvre dans les végétaux ; ils doivent à l'air une partie de celles qui les compoſent.
(a) Voyez ci-deſſus, pag. 97, *Variétés accidentelles.*
(b) La gelée, le tonnerre font éprouver aux arbres une *mort ſubite*, & les coups-de-ſoleil, aux plantes plus délicates.

exiftence, défunis, atténués, difperfés, vont nourrir ou développer un nouvel individu.

Nous n'avons jufqu'ici confidéré la régénération de l'individu, que dans l'ordre général, c'eft-à-dire opérée par le développement du germe compris dans la femence, & fécondé par le concours des fexes (c). Sous ce point de vue l'imagination eft étonnée de la prodigieufe fécondité de quelques végétaux ; on a compté dans une feule tête de *Pavot blanc*, 8000 graines ; & au rapport de RAI, une feule femence de *Tabac*, en a produit plus de 360000.

REPRO-
DUCTION.

Mais la nature abondante en moyens, n'eft pas bornée à cette voie ; toujours occupée de la confervation de l'efpece, elle diftribue des germes féconds dans prefque toutes les parties d'un grand nombre de végétaux, & l'art induftrieux multiplie fes reffources.

En examinant les bourgeons, on a vu que le bouton & le cayeu renfermoient les rudimens d'une plante préexiftante. L'écorce tranfmet au bouton la nourriture qui lui eft propre ; la bulbe, celle qui convient au cayeu ; la nutrition développe leurs parties, en leur affimilant les fucs nourriciers. Les parties du bouton déroulées, étendues, forment une branche, ou plutôt une plante complete comprife dans la plante mere ; la jeune plante enfante à fon tour des boutons qui produifent de nouveaux rejetons doués de la même vertu régénérative que les germes développés des femences. Par une femblable progreffion, le cayeu donne naiffance à un individu, forme de nouveaux cayeux qui en produifent d'autres, & qui propagent l'efpece auffi furement que la graine,

BOURGEON

(c) *Voyez ci-deffus, pag. 39. & fuiv. pag. 44. & fuiv.*

Cette vertu prolifique n'eft pas donnée à toutes les plantes ; elles la poffedent à différens degrés ; les annuelles n'en jouiffent pas ; les vivaces qui perdent leurs tiges, pouffent feulement quelques boutons à la bafe des vieilles tiges ou fur leurs racines. En général, la nature ne multiplie les moyens de reproduction, que pour les efpeces qui, plus lentes dans leur développement, fourniffent plus tard des femences ; telles font les plantes bulbeufes, dont l'oignon venu de graine, ne fauroit produire un individu parfait auffi-tôt que les annuelles ; tels font fur-tout les arbres & les végétaux ligneux.

DRAGEONS. Les *drageons* (*d*) enracinés [vivi-radices], les *vives racines* ou *plants* détachés de la racine qui leur donna naiffance, font, en miniature, des plantes completes qui n'attendent que le déploiement de leurs parties.

BOUTURE. Mais il y a plus : une partie détachée du corps même de la plante, tend également à la reproduction ; une feuille pouffe dans l'eau quelques racines par fon pétiole ou par fes nervures (*e*) ; une branche dépourvue de racines, mife en terre, y végete & devient arbre ; elle eft intérieurement garnie de germes qui, développés par la nutrition, fe déploient en racines dans la terre, & dans l'air en rameaux ; ce qui fe nomme, reprendre de *bouture*.

Ce ne font point les vrais boutons à fleur & à feuilles déjà formés qui fe changent en racines ;

(*d*) Les plantes vivaces & les arbuftes donnent des *drageons* plus communément que les grands arbres ; cependant l'*Orme* à grandes feuilles pouffe des jets qu'on peut lever, & qu'on éleve en pépiniere. *Voyez Semis* & *Plantation*, pag. 61.

(*e*) Expérience de M. BONNET.

il y a ici une nouvelle reproduction. Les boutons,
peu de jours après qu'ils ont été enterrés, s'ouvrent,
mais bientôt ils périssent. Les jeunes racines partent
de la petite console qui leur servoit de support
(*f*), ou des tumeurs qu'on trouve aux bifurca-
tions des branches, ou bien encore de certains
bourrelets qui se forment constamment à la levre
supérieure des anciennes plaies de l'écorce, &
au-dessus des ligatures dont on entoure fortement
une jeune branche.

Ces bourrelets supérieurs aux ligatures & aux
incisions, sont dûs à la seve qui descend par
l'écorce, & démontrent cette descendance, comme
les arrosemens d'eaux colorées prouvent le mouvement de la seve ascendante qui va nourrir les
branches. Celle qui descend par l'écorce, paroît
destinée à la nourriture des racines ; les bourrelets
formés par les sucs arrêtés dans leur cours, sont
des especes de bulbes composées de fibrilles & de
mamelons qui n'ont besoin que d'une certaine humidité pour se développer. Qu'on applique contre
un bourrelet une éponge ou de la terre mouillées,
les racines ne tarderont pas d'en sortir.

Ces observations ont découvert plusieurs
moyens ingénieux de multiplier & de perfectionner
l'art des *boutures* (*g*), procédé qui consiste à faire

(*f*) Voyez ci-dessus, *Bouton*, *sa situation*, pag. 146.
(*g*) BOUTURE. En général, les *bois blancs*, les *Saules*, les
Peupliers noirs, reprennent facilement de *bouture*. Sur la fin de
Mars, avant que l'arbre ait commencé à pousser, on choisit des
branches saines, vigoureuses & garnies de boutons, pour faire ce
qu'on nomme des *Plantards* ; on doit préférer celles qui ont sur
leur écorce des bourrelets ou des tumeurs, & couper au-dessous,
de maniere que lorsqu'on plantera la branche, les bourrelets se
trouvent dans la terre. A leur défaut, il est avantageux de couper
la branche à son insertion, & d'emporter avec elle la grosseur
ou l'éminence qui s'y trouve ; elle a la même qualité, mais à un

pouffer des racines à une branche, foit par l'extré=
mité qui tenoit au tronc dont elle eft détachée,
foit par le bout oppofé qui devoit porter des
branches, ou même par l'un & l'autre bout, en
repliant la branche pour les planter tous les deux.
Dans le premier cas, l'arbre pouffe fes branches
& fes racines dans l'ordre naturel; dans le fecond
cas, les racines fe dirigent d'abord vers le ciel,
& les branches vers la terre; mais bientôt cha-

degré inférieur. Il eft encore mieux de faire éclater la branche en
l'arrachant avec force, fi l'on ne craint pas de nuire au fujet. On
peut auffi faire des entailles à l'extrémité inférieure qui doit être
enterrée; elles occafionnent des tumeurs. On laiffe tremper dans
l'eau, les plantards d'arbres aquatiques, jufqu'à la fin d'Avril; on
appointit l'extrémité du gros bout, de maniere qu'un des côtés
refte couvert d'écorce; par ce moyen, les plantards pénetrent
plus facilement dans le trou qu'on fe contente de faire avec une
cheville, à un pied & demi de profondeur. Plus l'arbre réfifte à
la reprife, plus on doit enterrer le plantard. On coupe les deux
extrémités à ceux du *Saule*; il faut laiffer la fupérieure au *Peuplier*.
On aura foin de laiffer peu de boutons & peu de branches à l'extérieur; le plantard étant dépourvu de racines, n'a pour nourrir
ces parties, que le peu de fucs qu'il renferme, ou qu'il pompe.
Par la même raifon, on ôtera tous les boutons de l'extrémité inférieure, mais on ménagera avec foin les confoles qui les fupportent,
& qui doivent produire les racines.

Pour les arbres qui reprennent moins aifément, tels que le
Platane, le *Peuplier blanc*, le *Tremble*, il convient de planter leurs
boutures en pépinieres, & de les cultiver foigneufement. Si les
arbres font encore plus précieux, & moins féconds en racines,
on fera des entailles & de fortes ligatures aux branches qu'on
deftinera à devenir bouture. On les choifira plus minces & plus
jeunes que dans les précédens; on ne les coupera que lorfqu'elles
auront des tumeurs formées; alors on les tranfplantera dans des
foffés pratiqués dans la direction du levant au couchant; on les
couchera dans une terre franche, appuyée de droite & de gauche
par des couches de fumier. On ne laiffera fortir les plantards de
terre, que de quelques pouces, & on les recouvrira de mouffe.
On aura foin, par le moyen des paillaffons, de les garantir de
l'ardeur du foleil pendant l'été, & du vent du Nord, dès l'entrée
de l'hiver; enfin on leur donnera de temps en temps de légers
arrofemens. On peut encore faire reprendre des boutures précieufes
dans des ferres, fur des couches de tan. *Voy. Phyf. des Arbres,
Tom. II. pag. 128 & fuiv. Semis & Plantations, pag. 62 & fuiv.*

cune fe recourbe, & prend une direction oppofée.
Dans le dernier cas, le corps de la branche jette
des rameaux, chacune de fes extrémités des
racines, & fi l'on coupe dans le milieu de la
courbure, on a deux arbres; chaque partie devient
un tout.

Cette multiplication étonne moins nos yeux,
depuis qu'ils l'ont apperçue dans le regne animal,
& qu'ils ont vu des animaux (les *Polypes*) reprendre de *bouture*. Dans le regne végétal, elle
convient particuliérement aux arbres, & peut-
être à tous (*h*).

On la retrouve auffi dans quelques plantes her- MARCOTTE
bacées; l'opération de la *marcotte* (*i*) réuffit fur ET PROVINS,
les *Œillets* comme fur les arbres; & *marcotter*,
c'eft faire reprendre une branche, de *bouture*,
fans la détacher du fujet (*k*). On l'enfonce en
terre, par un de fes nœuds fur lequel on fait une

(*h*) M. d'AUBENTON l'aîné, Maire & Subdélégué de Montbard,
qui s'eft adonné à la culture des Arbres, avec le zele le plus éclairé,
fait reprendre de bouture prefque toutes les efpeces connues. Il
fe propofe de publier fon procédé, lorfque le temps & l'expérience
en auront confirmé le fuccès.

(*i*) MERGUS, *quòd mergatur in terram.*

(*k*) MARCOTTE. Il eft des arbres qui ne reprennent pas de
bouture, & qu'on multiplie par les *marcottes*, tel eft l'*Aune* ou
Verne. On recouvre de terre la fouche garnie de furgeons; au
bout de quelques années, chaque furgeon devient une plante
enracinée; c'eft à-peu-près la maniere de multiplier les Oliviers
en Provence.

La marcotte fe pratique auffi, en faifant traverfer une jeune
branche dans un pot ou manequin rempli de terre. Les Jardiniers
qui veulent tirer d'un fujet beaucoup de plants, coupent fon tronc
fort près de terre, avant que la feve foit en action; le tronc qu'ils
appellent la *mere*, jette une grande quantité de branches latérales
qu'on couche en terre dès la feconde année, & qui à la troifieme
fe trouvent fuffifamment pourvues de racines, pour être détachées
de la *mere*, & tranfplantées; elle en fournit ainfi, pendant douze
ou quinze ans. *Voy. Phyf. des Arbres, tom.* II. *pag.* 131. *Semis &*
Plantation, pag. 71.

L ij

légere incision. L'incision occasionne un bourrelet qui produit des racines, mais elle devient superflue sur plusieurs plantes. Lorsque leurs branches contiennent assez de substance pour former naturellement des bourrelets à racine, il suffit de les coucher & de les enterrer, ce qu'on nomme à l'égard de la *Vigne*, faire des *provins* (*l*).

Parmi les végétaux herbacés, des fragmens de racines tubéreuses suffisent à la multiplication de l'espece. L'*Aloès*, l'*Opuntia*, sont reproduits par une feuille mise en terre (*m*), & la *Lentille d'eau* se multiplie sur la surface des eaux, par une opération spontanée ; ses feuilles se détachent d'elles-mêmes ; chaque feuille détachée surnage, flotte, pousse des racines & de nouvelles feuilles qui se détachent à leur tour.

GREFFE.   Tous ces procédés sont des *boutures ;* la feuille de la *Lentille d'eau* est une bouture qui reprend dans l'eau. La *greffe* est pareillement une bouture plantée dans un arbre vivant, au lieu d'être

---

(*l*) La *Vigne* se multiplie par *marcotte* & par *bouture* ; on peut aussi la *greffer* ; il n'est pas d'usage de la faire venir de graine, la production seroit lente ; M. DUHAMEL (*Traité des Arbres*) assure même qu'un pied de Vigne élevé de pépin, après douze années, n'avoit produit chez lui aucun raisin. Cependant un Cultivateur du Beaujolois qui anciennement ne tiroit de ses vignes qu'un vin médiocre & qui poussoit fréquemment, s'est très-bien trouvé de cette pratique. Il a choisi dans un bon canton, les pépins d'une bonne espece de raisin dont le vin ne poussoit pas. Après les avoir cultivés dans un carré de jardin, il en a formé des plantiers qui au bout d'un certain nombre d'années, lui ont fourni des raisins dont le vin, infiniment plus agréable que celui qu'il recueilloit auparavant, ne tourne jamais. Ses Vignes paroissent encore avoir la propriété de ne pas couler, & l'on doit présumer que leur durée sera plus grande que celle des pieds venus de bouture, ou par provignement. Il est intéressant de répéter cette expérience.

(*m*) M. ADANSON (*Familles des Plantes*) regarde cette reproduction comme celle de vrais *bourgeons* qui sortent de l'aisselle des feuilles, de leur base, ou de leur pétiole.

placée dans la terre. L'une ne diffère de l'autre, qu'en ce que la *greffe* est difpenfée de produire des racines.

Que les branches de deux arbres viennent à fe toucher, que le frottement enleve une partie de l'écorce, que les *libers* & les aubiers fe rapprochent & fe joignent étroitement, leurs vaiffeaux s'aboucheront réciproquement par différens points de leurs furfaces ; ils s'entrelaceront les uns dans les autres ; ils exprimeront une fubftance qui de gélatineufe, deviendra ligneufe par degré, & parviendra à les unir intimement. Dès-lors le mouvement de la feve deviendra commun aux deux pieds ; ils ne formeront qu'un arbre individuel : Voilà la *greffe* naturelle.

L'art a dérobé le fecret de la nature pour la tromper à notre profit : au moyen de la *greffe* artificielle (*n*), il rajeunit un vieux arbre, en lui

---

(*n*) GREFFE, *ente*, *inoculation*, *écuffon*, font des termes à-peu-près fynonymes, & défignent l'opération par laquelle on multiplie une efpece d'arbre, en coupant une de fes branches, qui fe nomme la *greffe* ; & en la fubftituant aux branches de l'arbre à qui on veut la faire porter, & qui s'appelle le *fujet*. Cette opération fe fait de plufieurs manieres :

1.º *Greffer en fente.* On coupe tranfverfalement la branche ou la tige du fujet qu'on veut enter ; on la fend enfuite longitudinalement ; on taille l'extrémité de la greffe en forme de coin ; on l'introduit dans la fente du fujet, de maniere que les *aubiers* des deux arbres coïncident exactement.

2.º *Greffer en couronne.* On choifit le temps de la feve ; on coupe tranfverfalement la tige du fujet ; on taille la greffe en maniere de cure-dent ; on l'introduit entre l'écorce & l'aubier du fujet, de maniere que l'écorce ne foit détachée de l'aubier, que dans la partie qui embraffe la greffe ; on entoure ainfi la circonférence de la tige, de plufieurs greffes qui y forment une couronne.

3.º *Greffer en flûte*, *en fifflet.* Dans le temps de la feve, on prend des greffes du même diametre que le fujet ; on coupe circulairement l'écorce de celui-ci, de maniere qu'on puiffe en enlever un anneau ; on détache de la greffe un anneau d'écorce de la même étendue, & chargé d'un ou de plufieurs boutons ;

donnant de jeunes branches ; il multiplie les arbres d'agrément fur des fujets peu estimés ; il perfectionne les fruits destinés à flatter nos goûts ; il fait porter au même tronc, l'*Orange*, le *Citron*, le *Cédrat*, & des poires fucculentes à l'*Aubepin* ; il opere des miracles que la Physique, peu crédule, explique par l'abouchement des vaiffeaux, par le mélange des feves, par les modifications qu'elles éprouvent en traverfant des filieres étrangeres.

Mais la nature qui fe prête à nos caprices, lorfque nous confultons fes lois, ne permet pas de les enfreindre. L'efpece des fujets n'eft point changée par la *greffe* ; les productions qui en réfultent, font des monftres, qui dans l'ordre naturel ne propagent pas ; les efpeces qui peuvent être greffées l'une fur l'autre, font reftreintes à un certain nombre, & déterminées par l'analogie

on l'introduit fur le fujet, à la place de l'écorce qu'on lui a enlevée ; on couvre le tout de cire, &c.

4.° *Greffer en écuffon.* On entaille l'écorce du fujet en maniere de T ; on détache de la g.effe un morceau d'écorce ga.nie d'un bouton. Après avoir taillé ce morceau en écuffon ou en triangle alongé, on l'introduit dans la fente faite au fujet, de maniere que les levres de la fente le recouvrent ; on lie le tout avec de la laine. Au printemps, cette g.effe fe nomme à *œil pouffant*, pa.ce que fi elle prend, le bouton fe développe fur le champ ; on la nomme à *œil dormant*, fi on la pratique au déclin de la feve, parce que le bouton ne s'ouv.e qu'au printemps qui fuit.

5.° *Greffer par approche.* Suppofez deux arbres plantés à côté l'un de l'autre ; on fait à chacun une incifion difpofée de maniere qu'en .approchant les branches entaillées, leurs *libers* & leurs aubie.s fe touchent à nu. La fimple union des écorces fuffit à cette greffe : c'eft l'opération naturelle.

Remarquez que la *greffe en fente* n'eft qu'une modification de celle-ci, de même que la greffe en *couronne*, en *flûte*, en *écuffon*, ne font qu'un même procédé fous différentes formes. Le fuccès des unes & des autres dépend du rapp.ochement des aubiers ; & la régénération, .u développement & de l'union des vaiffeaux des deux écorces. *Voy. Phyfique des Arbres*, tom. II. *pag.* 65.

de leurs fucs & celle de leur organifation. C'eft
ainfi que, malgré nos efforts, le *Nymphæa* ne
multipliera pas dans un terrain fec, la *Renoncule
glaciale* (o), dans les fables d'Afrique, ni le *Café*,
en plein air, dans nos climats.

(o) *Ranunculus glacialis* L. Petite plante qu'on ne trouve que
dans les hautes Alpes de la Suiffe & de la Laponie.

DES ESPECES

SUIVANT LES PRINCIPES

DE MM. TOURNEFORT ET LINNÉ.

PAR le nombre de formes & de modifications que nous avons reconnues dans l'organifation extérieure des parties des plantes, on a vu combien les caracteres des efpeces fe multiplient, lors même qu'on les reftreint à la feule confidération de ces mêmes parties.

CARACTE-RES DES ESPECES. Nous avons dit précédemment (*p*), que l'*Efpece* divife le *Genre* , comme le *Genre* divife l'*Ordre* ; que la diftinction des efpeces peut dépendre des mêmes principes , dans quelque Méthode que ce foit ; que cependant ceux de TOURNEFORT & du Chevalier LINNÉ different en quelques points; que le premier établit pour regle , d'employer à la diftinction des efpeces toutes les parties qui n'appartiennent pas à la fructification , & même les qualités des plantes ; que l'autre ne reçoit pour figne fpécifique, que toutes les parties vifibles & palpables, parmi lefquelles il comprend celles de la fructification, lorfqu'elles ne font pas employées à la diftinction des genres.

(*p*) Voyez ci-deffus *Divifions des Méthodes*, pag. 11 & 12. *Principes des Méthodes* , pag. 43 , 46 & 48.

Pour éclairer davantage ces notions, nous ajouterons que M. DE TOURNEFORT, dans l'établissement des especes, rejette uniquement la considération de la fleur & du fruit, comme réservée à la détermination des genres ; qu'il admet l'examen, non-seulement du port, des feuilles, des tiges, des supports, des racines, mais encore où ces signes paroîtroient insuffisans, celui de toutes les qualités sensibles, telles que la couleur, la saveur, l'odeur, la grandeur, la ressemblance à des choses connues, &c. SELON TOURNEFORT.

Le Chevalier LINNÉ, au contraire, rejette ces dernieres qualités comme incertaines, peu déterminées, vagues & sujettes à varier suivant la différence de la culture, du sol, du climat, de l'exposition & de plusieurs autres accidens. Il veut qu'on distingue l'espece d'une maniere plus stable ; il admet l'unique considération de toutes les parties de la plante, que l'œil & la main discernent constamment dans chaque individu de l'espece. SELON LE CHEVALIER LINNÉ.

Ces caracteres à la vérité sont devenus plus nombreux depuis TOURNEFORT, par la détermination d'un grand nombre de parties, qui de son temps n'avoient pas encore été suffisamment observées ; telles sont plusieurs supports, les stipules, les glandes, les poils, &c. Il faut y ajouter les parties de la fructification elles-mêmes, que le Chevalier LINNÉ considere aussi dans l'espece, lorsqu'elles n'ont pas servi à déterminer le genre.

Il est donc certain que la théorie du Botaniste Suédois tend à perfectionner la science, en y laissant moins d'objets incertains que celle de TOURNEFORT ; mais dans l'exécution, l'un & l'autre ont éprouvé des critiques.

On accuse ce dernier d'avoir multiplié souvent très-inutilement le nombre des especes, en les confondant avec les variétés que ses principes lui faisoient admettre, mais que GASPARD BAUHIN, dans son *Pinax*, avoit déjà la plupart distinguées, comme les fleurs doubles, celles qui sont accidentellement colorées, les productions artificielles & monstrueuses des Fleuristes, si variées parmi les *Renoncules*, les *Tulipes*, les *Œillets*, &c.

On reproche au premier, d'avoir de son côté trop restreint le nombre des especes, d'avoir pris pour variétés des especes qui paroissent constantes, telles que les diverses *Luzernes*, n.° 9. *Syst. Nat.* d'où il arrive que quoique le Chevalier LINNÉ ait connu un bien plus grand nombre de plantes que TOURNEFORT, celui-ci paroît en avoir publié davantage ; mais il importe d'observer que dans ses Elémens de Botanique, les variétés sont réellement placées au nombre des especes, & peuvent induire en erreur ; au lieu que dans l'Ouvrage du Chevalier LINNÉ (*q*), où les variétés ne sont pas comptées, celles qui présentent quelques signes remarquables, se trouvent constamment annoncées & désignées. Il ne sauroit donc en résulter aucun inconvénient (*r*).

DESCRIPTIONS. Quant aux descriptions qui caractérisent chaque espece, elles different dans les deux Auteurs, en

(*q*) *Species Plantarum.*
(*r*) Aucun Botaniste n'a peut-être fait autant d'efforts que le Chev. LINNÉ, pour distinguer parfaitement les variétés des especes. Il seroit à souhaiter qu'à son exemple, on multipliât les recherches, pour assigner entre elles des limites stables. Il a travaillé à reconnoître leurs rapports & leurs différences, jusque dans les *cotyledons*. Voyez le *Geranium*, n.° 27. pag. 951. *Spec. Pl. Edit.* 2. Anciennement, il l'avoit joint au *Geranium cicutarium* n.° 9. duquel ses observations le séparent aujourd'hui.

raifon de leurs principes fur les caracteres fpécifiques. Les defcriptions des plantes font des définitions qui doivent contenir tous les attributs
diftinctifs, & rien au-delà.

TOURNEFORT a perfectionné les defcriptions
de fes Prédéceffeurs; le plus fouvent il a adopté
celles de G. BAUHIN, dont le mérite confifte
dans la clarté & dans la précifion. Le Chevalier
LINNÉ s'eft encore ouvert ici une route nouvelle;
il a confidéré des attributs plus conftans & plus
multipliés; ayant à décrire de nouvelles Obfervations, il a employé des termes nouveaux qui
épargnent de longues périphrafes, & fuppléent
feuls à des defcriptions.

L'un & l'autre après avoir décrit chaque efpece, SYNONYMES
fuivant leur méthode, citent les meilleurs *fyno-*
nymes ou *phrafes* des Auteurs; on appelle ainfi
les defcriptions particulieres, par lefquelles les
anciens Botaniftes ont fait connoître les plantes.

Indépendamment de ces fynonymes, le Chev. NOM
LINNÉ joint à chaque efpece un nom *trivial;* TRIVIAL.
il entend par ce mot un nom très-court, tiré de
celui que la plante a anciennement porté, de celui
par lequel des Auteurs célebres l'ont fait connoître,
de celui du pays qu'elle habite, quelquefois de
fes attributs particuliers, différens des caracteres
du Genre & de la Claffe, fouvent de la durée
de cette même plante, de la forme conftante de
fes feuilles, de la difpofition de fes fruits, de
l'ufage qu'elle a dans les Arts ou dans la Médecine, &c. Cette épithete, rapprochée du genre,
fuffit pour rappeller l'efpece : c'eft un furnom qui
diftingue la perfonne.

EXEMPLE TIRÉ DE TOURNEFORT. Rapportons des exemples. Monsieur de TOUR-NEFORT, pour désigner la plante qu'on nomme *Corne-de-cerf*, l'appelle *Coronopus hortensis*. C. B. P. *Coronopus des jardins. Phrase de GASPARD BAUHIN, dans son* Pinax.

Il cite ensuite deux ou trois synonymes des plus connus, tels que : *Coronopus, sive Cornu cervinum vulgò, spicâ Plantaginis*. J. B. hist. C'est-à-dire, *Coronopus, vulgairement appelé Corne-de-cerf, à épi de Plantain. Synonyme de JEAN BAUHIN, dans son Histoire des Plantes.*

Il a décrit dans cette forme, environ 10000 especes ou variétés.

EXEMPLE TIRÉ DU CHEVALIER LINNÉ. Le Chevalier LINNÉ (*s*), après avoir réuni la même plante au genre des *Plantains*, dont elle ne diffère que par les caracteres spécifiques, l'a décrit ainsi :

Plantago foliis linearibus dentatis, scapo tereti.

Plantain à feuilles linéaires, dentées, dont la tige est une hampe cylindrique.

Ces signes suffisent à le distinguer des autres *Plantains* connus, & son nom trivial, emprunté de l'ancienne dénomination, est *Plantago coronopus*.

L'Auteur cite ensuite quelques synonymes, parmi lesquels on retrouve celui qu'on a rapporté ci-dessus. Il en ajoute un autre, par lequel G. BAUHIN avoit annoncé une variété de la même plante sous une autre description ; à ce nouveau synonyme, il joint une lettre grecque, qui sert à indiquer que ce n'est qu'une variété de l'espece.

Par un autre signe, il caractérise la durée de la plante ; il indique qu'elle est vivace ; il annonce le pays dans lequel on la trouve, la nature du terrain où elle se plaît, l'exposition, &c.

(*s*) *Species Plantarum*, Holm, 1753, pag. 115.

On a dit que l'Auteur emploie quelquefois les parties même de la fructification, à la description des especes ; c'est principalement dans le cas où l'espece à décrire fournit des caracteres qui font exception à ceux qui constituent le genre ; il en forme alors le caractere spécifique.

Par exemple, les *Lychnis* font de la *Décandrie- pentagynie*, & par conséquent doivent avoir dix étamines & cinq piftils ; cependant il se trouve une plante qui, en considérant l'ensemble de tous ses caracteres, est évidemment un *Lychnis*, mais dans qui les fleurs mâles font séparées des femelles fur des pieds différens. Ce nouveau caractere devient celui de l'espece; & au lieu de la décrire comme BAUHIN & TOURNEFORT :

Lychnis sylvestris, *alba*, *simplex*. *Lychnis* fauvage, blanc, simple ;

Il se contente de dire : *Lychnis floribus dioicis. Lychnis* dont les fleurs font de la *Dioecie ;* & il le nomme trivialement, *Lychnis dioica.*

C'est ainsi que le Chevalier LINNÉ a décrit près de 8000 plantes, sans y comprendre les variétés.

Nous obferverons à l'égard des principes de nos deux grands Maîtres, fur l'établissement des especes, la même regle que nous nous sommes prefcrite fur leur Méthode en général. Nous chercherons à profiter des uns & des autres, & nous les emploîrons également dans les Démonstrations.

PLAN DES DÉMONSTRATIONS.

Nous reconnoîtrons pour *variétés* toutes les plantes provenues de graines d'une même efpece; quelles que foient la couleur, l'odeur, & les autres accidens que la culture, l'expofition, ou le hafard auront pu y apporter (*t*).

Nous admettrons pour *efpece* toute plante qui, dans quelques-unes de fes parties, offre des différences primitivement & effentiellement diftinctes.

Pour décrire l'efpece, nous nous fervirons en général des caracteres reftreints & perfectionnés par le Chevalier LINNÉ, confidérés dans les feuilles, dans les racines & dans le port, qui comprendra les tiges, les fupports, la détermination des feuilles, la difpofition des fleurs & des fruits, l'habitude générale de la plante.

Mais n'ayant qu'un petit nombre de plantes à démontrer, & voulant les faire reconnoître de la maniere la plus facile à des Eleves qui ne font pas appelés à approfondir la fcience, mais à chercher & à découvrir des plantes ufuelles dans les champs, plutôt que dans les jardins, nous n'héfiterons point d'ajouter aux vrais caracteres fpécifiques, ceux que le goût de la plante, l'odeur, la couleur même, nous fourniront, lorfque nous les croirons affez conftans & affez remarquables, pour pouvoir fervir d'indication.

Nous annoncerons pareillement le lieu natal, la durée, les vertus & les ufages les plus reconnus, principalement dans l'Art Vétérinaire.

La defcription des efpeces, envifagées fous toutes ces faces, fera précédée de celle du *Genre*

(*t*) Voyez ci-deffus, pag. 97 & 98.

confidéré dans les parties de la fructification, dans la fleur & dans le fruit, fuivant les principes de la Méthode adoptée, & dans l'ordre de fes Claffes & de fes Sections. On emploîra néanmoins dans la defcription les obfervations modernes, comme plus exactes, plus multipliées & plus précifes (*u*).

Quant aux dénominations du genre & de l'efpece, la premiere fera Françoife, & comprendra le nom *officinal*, ou du moins le nom le plus connu. La phrafe Latine de TOURNEFORT, ou des Auteurs qu'il a cités, fuivra immédiatement; à la fuite viendra le nom générique & fpécifique *trivial* du Chevalier LINNÉ.

Tel eft le plan qu'on a fuivi, & par lequel on a cherché à raffembler dans des efpeces de tableaux, fous un point de vue fimple & rapproché, un grand nombre d'inftructions fondées fur les obfervations les plus certaines & les plus utiles : *Que le Botanifte*, dit le Chevalier LINNÉ, *établiffe les vertus des plantes fur la fructification, après avoir obfervé leur goût, leur odeur, leur lieu natal* (*x*).

A l'égard des ufages & des propriétés, on s'eft contenté de les indiquer. Les principes qui doivent diriger fur ce point, font développés dans la *Matiere Médicale raifonnée* ; on y renvoie également-

(*u*) *Voyez l'Avertiffement.* On a moins mis en ufage les obfervations modernes, dans les deux premieres Claffes, que dans les fuivantes ; les caracteres de ces Claffes ont paru faciles à faifir, fans leur fecours. Il eft inutile d'avertir que lorfqu'on a eu à démontrer une efpece d'un Genre déjà décrit, on s'eft cru difpenfé de répéter fes caracteres génériques : on a renvoyé au Genre ; & lorfque, dans la Méthode adoptée, l'efpece compofe un Genre différent, on a indiqué le caractere particulier qui la diftingue, fans l'adopter comme véritablement générique.

(*x*) *Vires plantarum à fructificatione defumat Botanicus, obfervato fapore, odore, colore & loco.* Phil. Bot. pag. 278.

ment pour l'explication des termes pharmaceutiques qu'on a employés.

Dans le choix des plantes ufuelles, on a préféré celles qui fe trouvent facilement, ou dont la culture eft aifée ; on ne s'eft pas borné aux plantes qui font d'un ufage journalier ; on a décrit toutes celles dont on peut attendre quelques fecours ; on en a même démontré plufieurs dont on révoque en doute les vertus ; on a prétendu par-là prémunir les Eleves contre l'éloge dangereux qu'en font quelques Auteurs.

On a le plus fouvent déterminé les dofes convenables pour l'homme, on a effayé pareillement d'indiquer celles qui conviennent aux animaux ; mais les expériences, quelque multipliées qu'elles ayent été jufqu'à ce jour, dans l'Ecole Royale Vétérinaire, ne font pas affez répétées, pour qu'on puiffe donner ces indications comme des regles précifes ; il eft tout au moins dangereux de vouloir fixer des réfultats, lorfqu'on eft encore occupé à l'obfervation (*y*).

(*y*) Voyez la Préface de la Matiere Médicale à l'ufage de l'Ecole Royale Vétérinaire, *pag. x & fuiv.*

Fin de l'Introduction à la Botanique.

CLASSIS.

METHODI LINNÆANÆ

BOTANICÆ

DELINEATIO,

EXHIBENS

CHARACTERES ESSENTIALES GENERUM necnon Specierum, quæ in Demonftrationibus Elementaribus Botanicis defcribuntur, feu Plantarum in Europâ vulgarium, aut utilium & curiofarum in hortis obfervandarum; additis fynonymis, necnon figuris præftantioribus, cum cujufque ftatione, tempore florendi, duratione, &c.

OPUS HERBATIONIBUS ACCOMMODATUM;

CURANTE J. E. GILIBERT, Facult. Monfp. Doctore, Collegii Lugd. Profeff. aggregato; in Academiâ Wilnenfi Botanicæ, Hiftoriæ Naturalis, Materiæ Medicæ olim Profeffore; S. R. M. Poloniæ Confiliario Medico; Acad. Lugd., Monfp.; Societatis Regiæ Agriculturæ Lugd. Socio, &c. &c.

In scientia Naturali

Principia veritatis

Observationibus confirmari debent.

LEGES BOTANICÆ

LINNÆANÆ.

1. BOTANICA est scientia naturalis quæ Vegetabilium cognitionem tradit.

2. Essentia Floris consistit in anthera & stigmate, fructûs in semine, fructificationis in flore & fructu, [Vegetabilium in fructificatione.]

3. Fundamentum Botanices Duplex est : Dispositio & Denominatio.

4. Dispositio Plantarum divisiones vel conjunctiones docet; estque vel *primaria*, quæ genera, ordines & classes; vel *secundaria*, quæ species & varietates instituit.

5. Dispositio Vegetabilium vel *synopticè* vel *systematicè* absolvitur, diciturque vulgò Methodus.

6. *Synopsis* pro arbitrio divisiones bifurcatas, longiores vel breviores, plures vel pauciores tradit; à Botanicis in genere non agnoscenda.

7. Systema dispositiones per quinque appropriata membra resolvit : *Classes* scilicet, *Ordines*, *Genera*, *Species*, *Varietates.*

8. Filum ariadneum Botanices, est Systema sine quo chaos.

9. *Species* tot numeramus, quot diversæ formæ in principio sunt creatæ.

10. *Varietates* tot sunt, quot differentes plantæ, ex ejusdem speciei semine sunt productæ.

11. *Genera* tot dicimus, quot diversæ constructæ fructificationes proferunt plantarum species naturales.

12. *Classis* est plurium generum convenientia in partibus fructificationis, secundùm principia Naturæ & Artis,

¶ L ij

4.
CHARAC-
TERES.
88.

151 *fundam. bot.*

13. *Ordo* est Classium subdivisio , ne plura genera distin-
     guenda simul & semel evadant , quàm animus facilè
     assequatur.

14. Naturæ opus semper est species & genus , culturæ
     sæpiùs varietas , Artis & Naturæ classis ac ordo.

15. Facies est similitudo quædam Vegetabilium affinium
     & congenerum, nunc in hac, nunc in alia, nunc
     in plerifque Vegetabilium partibus magis manifesta.

16. Dispositio Vegetabilium primaria à sola fructificatione
     desumenda est.

17. Quæcumque plantæ in fructificationis partibus conve-
     niunt , limitatis limitandis , non sunt in primaria
     distributione distinguendæ.

18. Quæcumque plantæ in fructificationis partibus , obser-
     vatis observandis , differunt , non sunt combinandæ.

19. A Numero *a*, Figura *b*, Proportione *c* , & Situ *d* ,
     omnium partium fructificationis differentium , omnis
     nota generum characteristica erui debet.

20. Facies occultè consuli potest , ne genus artificiale , levi
     de causa fingatur.

21. Quæ in uno genere ad genus stabiliendum valent ,
     non idem necessariò præstant in altero.

22. Rarò observatur genus , in quo aliqua pars fructifica-
     tionis non aberrat.

23. In plerifque generibus nota aliqua fructificationis
     singularis observatur.

24. Si nota quædam fructificationis singularis vel sui
     generis propria , in speciebus non omnibus adsit ,
     ne plura genera accumulentur , cavendum.

25. Si nota quædam generis singularis etiam in genere
     affini reperiatur , ne idem genus in plura , quàm
     natura dictitat , separetur , cavendum.

26. Quò constantior pars aliqua fructificationis est in
     pluribus speciebus , eò etiam certiorem exhibet
     notam genericam,

27. In aliis generibus hæc, in aliis alia pars fructificationis
conftantior obfervatur.

28. Si Flores conveniunt, fructus autem differunt, cæteris
paribus, conjungenda funt; contrariorum plerumque
contraria eft ratio.

29. *Figura* floris certior eft quàm fructus in plerifque
generibus.

30. *Numerus* faciliùs aberrat quàm figura, proportione
numeri tamen optimè explicatur. *Proportio* fæpè
ludit. *Situs* conftantiffimus eft.

31. *Receptaculi* floris duplicem fitum magni fecit *Turne-*
fortius.

32. *Petalorum regularitatem* nimiam fecit *Rivinus.*

33. *Nectarium* maximi fecit Natura, nihili hactenus datæ
theoria.

34. *Stamina* & *Calyx*, luxuriationibus minus obnoxia,
petalis longè certiora funt.

35. *Pericarpii ftructura*, toties à Syftematicis examinata,
infinitis exemplis dudum docuit, fe minus valere
quàm Veteres crediderunt.

36. *Luxuriantes* Flores ut Monftrofi & Eunuchi, in genere
conftituendo attendi non debent.

37. *Multiplicati* & *pleni* Flores à calyce & infimâ ferie
petalorum, ut Proliferi à prole, ad fui generis
naturales reducuntur.

38. *Character* idem eft ac definitio generica: qui triplex
datur: Factitius, effentialis, & naturalis.

39. *Effentialis* Character notam generi, cui applicatur
propriiffimam & fingularem fubminiftrat.

40. *Factitius* Character genus ab aliis fui ordinis in methodo
facta, tantùm diftinguit.

41. *Naturalis* Character notas omnes generi poffibiles
allegat, adeoque Effentialem & Factitium includit.

¶ L iij

LEGES

CHARAC-
TERES.

42. Character Factitius erroneus est ; Essentialis bonus, sed vix ubique possibilis ; Naturalis difficillimus est constructu ; constitutus autem basis est omnium Systematum , generum infallibilis custos , omnique Systemati possibili & vero applicabilis.

43. Naturalis Character ab omni Botanico teneatur oportet.

44. Character Naturalis omnes fructificationis notas , per singulas suas species convenientes recensebit , dissentientes verò sileat.

45. Nullus Character infallibilis est , antequam secundùm omnes suas species directus.

46. Situs fructificationis naturalissimus , ni satis etiam differens est , in Charactere non adhiberi debet.

47. Character nomen suum genericum in frontispicio gerat.

48. Unaquæque pars fructificationis in Charactere Naturali novam ordiatur lineam.

49. Nomen partis fructificantis lineam differentibus litteris inchoabit.

50. Similitudinis notam , ni dextrâ manu notiorem , Character non assumat.

51. Notas convenientes terminis compendiosè describat Character.

52. *Termini* puri eligendi , obscuri & erronei non admittendi sunt.

53. Termini necessariis plures excludendi , pauciores augendi sunt.

54. Character in omnibus , licèt diversis Systematibus , immutabilis servetur.

55. Genus unicâ specie constare potest , licèt plurimis sæpiùs componatur.

56. Quod valet de Charactere generico valet etiam de classico , licèt in hoc latiùs sumantur omnia.

57. Classis genere magis arbitraria est , utrisque magis ordo.

58. Claffes quò magis naturales, eò, cæteris paribus, etiam meliores funt.

CHARAC-
TERES.

59. Claffes & Ordines nimis longæ vel plures, difficillimæ funt.

60. Ordo, genera inter fe magis affinia & fimilia, proprius collocabit.

61. Faciei plantarum adeo adhærere, ut ritè affumpta fructificationis principia deponantur, eft ftultitiam fapientiæ loco quærere.

62. Denominatio, alterum Botanices fundamentum, factâ difpofitione Nomina primùm imponat.

NOMINA.
210. fund. Bot.

63. Nomina vera plantis imponere Botanicis genuinis tantùm in poteftate eft.

64. Nomina omnia funt in ipfa Vegetabilis enunciatione vel *muta*, ut claffis & ordinis; vel *fonora*, ut genericum, fpecificum & varians.

65. Quæcumque plantæ genere conveniunt, eodem nomine generico defignandæ funt.

66. Quæcumque plantæ genere differunt, diverfo nomine generico, defignandæ funt.

67. Nomen genericum in eodem genere *unicum* erit.

68. Nomen genericum in eodem genere *idem* erit.

69. Nomen genericum unum idemque, ad diverfa defignanda genera affumptum, altero loco excludendum erit.

70. Qui novum genus conftituit, eidem nomen etiam imponere tenetur.

71. Nomen genericum immutabile figatur; antequam fpecificum ullum componatur.

72. Nomina generica *primitiva* nemo fanus introducit.

73. Nomina generica ex *duobus vocabulis* integris ac

diſtinctis facta, è Republica Botanica releganda ſunt.

74. Nomina generica, ex *duobus latinis vocabulis* integris & *conjunctis* compoſita, vix toleranda ſunt.

75. Nomina generica, ex vocabulo græco & latino, ſimilibuſque, *hybrida*, non agnoſcenda ſunt.

76. Nomina generica ex uno vocabulo plantarum generico *fracto*, altero *integro* compoſita, Botanicis indigna ſunt.

77. Nomen genericum, cui *ſyllaba* una vel altera *præponitur*, ut aliud planè genus quàm quod antea ſignificet, excludendum eſt.

78. Nomina generica in *oïdes* deſinentia, è foro Botanico releganda ſunt.

79. Nomina generica, ex aliis nominibus genericis, cum *ſyllaba* quadam in *fine* addita, conflata, non placent.

80. Nomina generica *ſimili ſono* exeuntia, anſam præbent confuſionis.

81. Nomina generica, quæ ex *græca* vel *latina* lingua radicem non habent, rejicienda ſunt.

82. Nomina generica plantarum cum *Zoologorum* & *Lithologorum* nomenclaturis communia, ſi à Botanicis poſtea aſſumpta, ad ipſos remittenda ſunt.

83. Nomina generica cum *Anatomicorum*, *Pathologorum*, *Therapeuticorum* vel *Artificum* nomenclaturis communia, omittenda erunt.

84. Nomina generica *contraria* ſpeciei alicui ſui generis, mala ſunt.

85. Nomina generica, cum *Claſſium* aut *Ordinum* naturalium nomenclaturis communia, omittenda ſunt.

86. Nomina generica è rebus domeſticis ſimilibuſque *diminutiva*, minus placent.

87. Nomina generica *Adjectiva* ſubſtantivis pejora ſunt.

88. Nominibus genericis non abuti decet ad *Sanctorum*, Hominumve in alia arte *illuſtrium*, memoriam conſervandam, vel favorem captandum.

89. Nomina generica *Poëtica*, *Deorum* ficta, *Regum* confe- NOMINA.
crata, & eorum qui *Botanices* ſtudium *promoverunt*,
retineo.

90. Nomina generica ad *Botanici*, bene meriti, memoriam
conſervandam, conſtructa, ſanctè ſervo.

91. Nomina generica, quæ citra *noxam* Botanices impoſita
ſunt, cæteris paribus, tolerari debent.

92. Nomina generica, quæ *characterem eſſentialem*, vel
faciem plantæ exhibent, optima ſunt.

93. Nomina generica *Patrum* Botanices, græca vel latina,
ſi bona ſint, retineri debent, ut etiam *uſitatiſſima*
& *officinalia*.

94. Nomen genericum *antiquum* antiquo generi convenit.

95. Nomen genericum dignum, alio licèt aptiori, *permu-
tare* non licet.

96. Nomina generica, quandiu *ſynonyma* digna in promptu
ſunt, nova non effingenda.

97. Nomen genericum unius generis, ni ſupervacaneum,
in aliud *transferri* non debet, licèt eidem aptiùs
competerét.

98. Si genus receptum, ſecundùm jus naturæ & artis, in
plura dirimi debet, tum nomen antea *commune*
manebit *vulgatiſſimæ* & *officinali* plantæ.

99. Nomina generica græca *latinis litteris* pingenda ſunt.

100. *Terminatio* & *Sonus* nominum genericorum, quantùm
fieri poſſit, facilitentur.

101. Nomina generica *ſeſquipedalia*, enunciatu *difficilia* vel
nauſeabunda, fugienda ſunt.

102. *Terminis Artis* loco nominum genericorum abuti
inconſultum eſt.

103. Nominum Claſſium & Ordinum cum *genericis* par eſt
ratio.

104. Nomina Claſſium & Ordinum è *viribus*, *modo naſcendi*,
foliis, ſimilibuſque petita, mala ſunt.

NOMINA. 105. Nomina Claffium & Ordinum notam *effentialem &* *characterificam* includant.

106. Nomina Claffium & Ordinum à *plantæ* cujufdam nomine defumpta, fub quo totam cohortem intellexere Vete-res, in genere exclufa, claffibus naturalibus tantùm inferenda funt.

107. Nomina Claffium & Ordinum *unico* vocabulo conf-tabunt.

DIFFEREN-TIÆ. 108. Perfectè nominata eft planta nomine *generico* & *fpecifico* inftructa.

109. Nomen fpecificum plantam ab *omnibus* congeneribus diftinguat.

110. Nomen fpecificum primo intuitu plantam fuam ma-nifeftabit, cùm differentiam *ipfi plantæ infcriptam* contineat.

111. Nomen fpecificum à partibus plantarum *non varian-tibus*, defumi debet.

112. *Magnitudo* fpecies non diftinguit.

113. Notæ *collatitiæ* cum aliis fpeciebus *diverfi generis*, falfæ funt.

114. Notæ *collatitiæ*, cum aliis fpeciebus *ejufdem generis*, malæ funt.

115. *Inventoris*, vel alius cujufcumque *nomen*, in differentia non adhibeatur.

116. *Locus* natalis fpecies diftinctas non tradit.

117. *Tempus* florendi vegetandique maximè fallax eft diffe-rentia.

118. *Color* in eadem fpecie mirè ludit, hinc in differentiæ nihil valet.

119. *Odor* fpeciem nunquam clarè diftinguit.

120. *Sapor* pro ratione manducantis fæpè variabilis eft, hinc in differentia excludatur.

121. *Usus* differentiam Botanico vanam subministrat.

122. *Sexus* nullibi species diversas constituit unquam.

123. *Monstrosi* flores & plantæ omnes à naturalibus originem trahunt.

124. *Hirsuties* fallax est differentia, cùm sæpè culturâ deponatur.

125. *Duratio* sæpè magis ad locum, quàm ad plantam pertinet; in differentia eam adhibere non arridet.

126. *Multitudo* plantæ loco sæpè mutatur.

127. *Radix* differentiam realem subministrat, ad eam tamen, nisi omnes aliæ interclusæ sint viæ, non confugiendum est.

128. *Trunci* notæ differentias sæpè optimas edunt.

129. *Folia* elegantissimas naturalissimasque differentias exhibent.

130. *Fulcra* communiter optimas differentias relinquunt.

131. *Fructificationis situs* maximè realis est differentia.

132. A *partibus fructificationis*, ni summa cogat necessitas, nulla exposcenda est differentia (*a*).

133. *Notæ genericæ*, in differentia usurpatæ, absurdæ sunt.

134. Differentia omnis è *numero*, *figura*, *proportione*, & *situ* variarum plantarum partium necessariò desumatur.

135. *Ne varietas loco speciei* sumatur, ubique cavendum est.

136. Nomen *genericum* singulis *Speciebus* applicari debet.

137. Nomen specificum semper *genericum sequi* oportet.

138. Nomen specificum *sine generico*, est quasi campana sine pistillo.

(*a*) Hanc legem neglexit postea Linnæus, nam in posterioribus editionibus sæpe sæpius desumpsit differentias specificas à minimis fructificationis partibus.

139. Nomen specificum ipsi nomini generico *adglutinatum* non erit.

140. Nomen specificum genuinum est vel synopticum, vel essentiale.

141. Nomen specificum *synopticum* plantis congeneribus notas semidichotomas imponit.

142. Nomen specificum *essentiale* notam differentem singularem, suæque speciei tantummodò propriam, exhibet.

143. Nomen specificum quò *breviùs* est, eò etiam meliùs, si modò tale.

144. Nomen specificum *nulla* admittat *vocabula*, nisi quibus à congeneribus necessariò distinguitur.

145. Nomen specificum *nullum*, speciei in suo genere solitariæ, imponi potest.

146. Nomen specificum imponat, *qui* novam *adinvenerit* speciem, si modò necesse sit tale.

147. Nominis specifici vocabula non erunt *composita*, nominibus genericis similia, nec *græca*, sed tantùm latina: nam quò simpliciora, eò etiam meliora.

148. Nomen specificum non erit *tropis* Rhetoricis figuratum, multò minus *erroneum*, sed fideliter, quæ natura dictitat, exponat.

149. Nomen specificum nec *comparativum*, nec *superlativum* sit.

150. Nomen specificum *terminis* positivis, non verò negantibus, utatur.

151. *Similitudo* omnis, in omne specifico usurpata, dextrâ manu notior erit, licèt & hæc minus placeat.

152. Nomen specificum, nullum *adjectivum sine* opposito *substantivo* adhibeat.

153. Omne *adjectivum* in nomine specifico *sequi debet* substantivum suum.

154. *Adjectiva* in nomine specifico usurpata, *è terminis* artis selectis, si modò sufficientibus, petenda sunt.

155. *Particulas*, adjectiva substantivave conjungentes, nomen specificum excludat.

156. Notæ distinctivæ partes plantarum, non verò adjectiva, in nomine specifico distinguant.

157. *Parentesin*, Nomen specificum nunquam admittat.

158. Nomini generico & specifico etiam varians, si quod tale, addi potest.

159. Nomina generica, specifica & variantia *litteris diversæ magnitudinis* scribenda sunt.

160. *Sexus* varietates *naturales* constituit, reliquæ omnes varietates *monstrosæ* sunt.

161. Varietates monstrosas constituunt flores *multiplicati, pleni, proliferi*, plantæ *luxuriantes, fasciatæ, mutilatæ*, in numero, figura, proportione & situ partium omnium, necnon sæpè *color, odor, sapor*, & *tempus*.

162. Casuales monstrositates & varietates, si levissimæ vixque notabiles sunt, eas non curat Botanicus.

163. Luxuriationes foliorum in *foliis oppositis* & *digitatis* facillimè adsunt.

164. *Morbosas* plantas, vel etiam *ætates* in Nominibus varietatum assumere, sæpiùs superfluum est.

165. *Color* corollæ, in cæruleis purpureisque petalis, facillimè variat.

166. *Locus aquosus* folia inferiora, *montosus* autem superiora sæpiùs findit.

167. Planta naturalis, nomine varietatibus opposito, notari non debet.

168. *Cultura* tot varietatum mater, optima quoque varietatum examinatrix est.

169. *Varietates* diversas *sub* sua specie colligere, non minoris est, quàm species sub suo genere collocare.

318. F.B.

SYNONYMA.

170. Synonyma *funt* diverfa Phytologorum nomina, eidem plantæ impofita, eaqué generica, fpecifica & variantia.

171. In Synonymis nomen optimum *agmen ducat*, qualë fit felectum aliquod, vel ipfius Auctoris nomen.

172. Synonyma *eadem* conjungantur.

173. Synonyma fingula *novam* ordiantur *lineam.*

174. In Synonymis *Auctor* & *Pagina*, ubique ad finem indicanda funt.

175. In completa Synonymorum cohorte, *Inventorem* no= tulâ five afterifco notare placet.

176. Nomina cujufcunque Regionis vel loci *vernacula*, in Synonymorum cohorte, fuperflua funt.

F.B.

325. ADUMBRA- 177. Adumbrationes quæcumque de plantis, alicujus mo=
TIONES.   menti, tradita funt, contineant; ut *nomina*, *ety-mologias*, *claffes* cum *ordinibus* omnium fyftematum realium, *caracteres*, *differentias*, *varietates*, *fyno-nyma*, *defcriptiones*, *icones*, *loca*, *tempora*.

178. Defcriptio per *omnium partium externarum* plantæ veram explicationem, fructificatione minime neglectâ inftituitur.

179. Defcriptio compendiofiffimè, tamen perfectè, terminis tantùm artis, fi fufficientes, partes depingat, fecun= dùm *numerum*, *figuram*, *proportionem* & *fitum.*

180. Defcriptio ordinem nafcendi fequatur.

181. Defcriptio diftinctas partes plantarum in *diftinctis para-graphis* tradat.

182. Defcriptio longior vel brevior, utraque mala eft.

183. *Menfura* magnitudinis, à manu defumpta, in plantis convenientiffima eft.

184. *Icones magnitudine* & *fitu* naturali depingi debent.

185. Icones optimæ *omnes* plantæ *partes* , licèt minimas etiam fructificationis, exhibeant.

ADUMBRA-
TIONES.

186. *Loca* plantarum natalia , latè fumpta , triplicia funt : *Communia* fcilicet , *Alpina* & *Marina* quorum fpecies variæ.

187. *Tempus* vegetandi , florendi , fructumque ferendi , nunquam fine *loco* & gradu *elevationis* indicandum eft.

188. *Vires* plantarum à *fructificatione* defumat Botanicus , quâ talis , cum fapore , odore , interdùm colore & loco limitatas.

VIRES;
336. F.B.

189. Quæcumque plantæ *genere* conveniunt, *etiam virtute conveniunt*; quæ Ordine naturali continentur , etiam virtute propiùs accedunt ; quæque Claffe naturali congruunt, etiam viribus quodam modo congruunt.

190. GRAMINUM folia jumentis læta pafcua , femina minora avibus , majora hominibus efculenta funt.

191. STELLATÆ Raji diureticæ dicuntur.

192. ASPERIFOLIÆ Raji adftringentes & vulnerariæ funt;

193. PENTANDRIA *monogyna baccifera monopetala* communiter venenata eft.

194. UMBELLATÆ in *ficcis* locis aromaticæ , calefacientes , refolventes & carminativæ ; in humidis autem venenatæ funt; radice & feminibus pollent.

195. HEXANDRIÆ radices fecundùm faporem & odorem, edules vel noxiæ funt.

196. Plantæ quarum flores *antheris bicornibus* gaudent , adftringunt ; fi bacciferæ , acidæ & efculentæ funt.

197. ICOSANDRIÆ fructus pulpofus efculentus eft,

198. POLYANDRIA plerumque venenata eft.

199. DIDYNAMIA *Gymnofperma* odorata, cephalica, & refolvens eft : folia virtute pollent.

200. TETRADINAMIA artifcorbutica , aquofa & acris eft quæ virtus exficcatione imminuitur;

201. MONADELPHIA *Polyandria* mucilaginofa & emolliens eft.

202. DIADELPHIÆ folia jumentis, femina animalibus efculentá, flatulenta ac farinacea funt.

203. SYNGENESIA varie & fpecie medicamentofa putatur; communiter amara eft.

204. GYNANDRIA *Diandria* aphrodifiaca dicitur.

205 AMENTACEÆ *acifoliæ* refiniferæ funt.

206. CRYPTOGAMIA vegetabilia fæpiùs fufpecta continet.

207. Plantæ quarum flores *nectariis* à petalis feparatis gaudent, communiter venenatæ funt.

208. LACTESCENTES communiter venenatæ funt; minus tamen *femiflofculofæ* Tournefortii.

209. Plantæ in *ficcis* fapidiores, in *humidiufculis* infipidæ magis, in *aquofis* fæpiùs corrofivæ funt.

210. *Sapidæ* & *odoratæ* infipidas & inodoras viribus fuperant; demptis enim his, caftratur etiam virtus.

211. Sapidæ & *fuaveolentes* bonæ funt, *graveolentes* autem malæ, *naufeofæ* verò purgantes, vomitoriæ vel venenatæ funt.

212. *Dulces* nutriunt, *pingues* emolliunt magis, *falfæ* ftimulant & calefaciunt magis.

213. *Acres* corrofivæ funt, fi verò per exficcationem fapore privantur, edules fæpè evadunt.

214. *Amaræ* alcalinæ funt, ftomachicæ, antivenenæ & fæpiùs fufpectæ.

215. *Acidæ* calorem & fitim reftinguunt. *Aufteræ* adftringunt.

216. Flores & fructus *rubri* acidum communiter occultant.

217. *Color* floris *luridus* & *afpectus* totius plantæ *triftis*, fufpectas reddit plantas.

CLAVIS

CLAVIS

SYSTEMATIS SEXUALIS.

NUPTIÆ PLANTARUM.
Actus generationis incolarum Regni vegetabilis.
Florescentia.

PUBLICÆ.
Nuptiæ, omnibus manifestæ, apertè celebrantur.
Flores unicuique visibiles.
MONOCLINIA.
Mariti & uxores uno eodemque thalamo gaudent.
Flores omnes hermaphroditi sunt, & stamina cum pistillis in eodem flore.
DIFFINITAS.
Mariti inter se non cognati.
Stamina nullà sua parte connata inter se sunt.
INDIFFERENTISMUS.
Mariti nullam subordinationem inter se invicem servant.
Stamina nullam determinatam porportionem longitudinis inter se invicem habent.

1. MONANDRIA.	7. HEPTANDRIA.
2. DIANDRIA.	8. OCTANDRIA.
3. TRIANDRIA.	9. ENNEANDRIA.
4. TETRANDRIA.	10. DECANDRIA.
5. PENTANDRIA.	11. DODECANDRIA.
6. HEXANDRIA.	12. ICOSANDRIA.
	13. POLYANDRIA.

SUBORDINATIO.
Mariti certi reliquis præferuntur.
Stamina duo semper reliquis breviora sunt.

14. DIDYNAMIA.	15. TETRADYNAMIA.

AFFINITAS.
Mariti propinqui & cognati sunt.
Stamina cohærent inter se invicem aliquà suâ parte vel cum pistillo.

16. MONADELPHIA.	19. SYNGENESIA.
17. DIADELPHIA.	20. GINANDRIA.
18. POLYADELPHIA.	

DICLINIA (a δὶς bis & κλίνη thalamus f. duplex thalamus).
Mariti & Feminæ distinctis thalamis gaudent.
Flores masculi & feminei in eâdem specie.

21. MONOECIA.	23. POLYGAMIA.
22. DIOECIA.	

CLANDESTINÆ.
Nuptiæ clam instituuntur.
Flores oculis nostris nudis vix conspiciuntur.
24. CRYPTOGAMIA.

CLAVIS

CLASSIUM CHARACTERES.

I. MONANDRIA, à μέν☉ unicus & α'νήρ maritus.
    Maritus unicus in matrimonio.
    Stamen unicum in flore hermaphrodito.

II. DIANDRIA.
    Mariti duo in eodem conjugio.
    Stamina duo in flore hermaphrodito.

III. TRIANDRIA.
    Mariti tres in eodem conjugio.
    Stamina tria in flore hermaphrodito.

IV. TETRANDRIA.
    Mariti quatuor in eodem conjugio.
    Stamina quatuor in eodem flore cum fructu.
    Obf. *Si Stamina 2 proxima breviora funt , referatur ad Cl.* 14.

V. PENTANDRIA.
    Mariti quinque in eodem conjugio.
    Stamina quinque in flore hermaphrodito.

VI. HEXANDRIA.
    Mariti fex in eodem conjugio.
    Stamina fex in flore hermaphrodito.
    Obf. *Si ex his Stamina 2 oppofita breviora , pertinet ad Cl.* 15.

VII. HEPTANDRIA.
    Mariti feptem in eodem conjugio.
    Stamina feptem in flore eodem cum piftillo.

VIII. OCTANDRIA.
    Mariti octo in eodem thalamo cum femina.
    Stamina octo in eodem flore cum piftillo.

IX. ENNEANDRIA.
    Mariti novem in eodem thalamo cum femina.
    Stamina novem in flore hermaphrodito.

X. DECANDRIA.
    Mariti decem in eodem conjugio.
    Stamina decem in flore hermaphrodito.

XI. DODECANDRIA.
    Mariti duodecim in eodem conjugio.
    Stamina duodecim in flore hermaphrodito.

XII. ICOSANDRIA, ab είκοσι viginti & άνήρ.
    Mariti viginti communiter , faepè plures, raro pauciores.
    Stamina (non receptaculo) *calycis lateri interno adnata.*

XIII. POLYANDRIA , a πολυς & ἀνὴρ.
Mariti viginti & ultra in eodem cum femina thalamo.
Stamina à 15 ad 1000 in eodem , cum piſtillo , flore.

XIV. DIDYNAMIA. à δις bis, & δύναμις potentia.
Mariti quatuor , quorum 2 longiores, & 2 breviores.
Stamina quatuor : quorum 2 proxima longiora ſunt.

XV. TETRADYNAMIA.
Mariti ſex , quorum 4 longiores in flore hermaphrodito.
Stamina ſex : quorum 4 longiora , 2 autem oppoſita breviora.

XVI. MONADELPHIA. à μόνος unicus , & ἀδελφὸς frater.
Mariti, ut fratres , ex una baſi proveniunt.
Stamina filamentis in unum corpus coalita ſunt.

XVII. DIADELPHIA.
Mariti è duplici baſi , tanquam è duplici matre , oriuntur.
Stamina filamentis in duo corpora connata ſunt.

XVIII. POLYADELPHIA.
Mariti ex pluribus, quàm duabus , matribus orti ſunt.
Stamina filamentis in tria , vel plura , corpora coalita.

XIX. SYNGENESIA, à σὺν ſimul , & γένεσις generatio.
Mariti cum genitalibus fœdus conſtituerunt.
Stamina antheris (rarò filamentis) in cylindrum coalita.

XX. GYNANDRIA , à γυνὴ femina , & ἀνὴρ maritus.
Mariti cum feminis monſtroſè connati.
Stamina piſtillis (non receptaculo) inſident.

XXI. MONOECIA , à μόνος unicus , & οἰκία domus.
Mares habitant cum fem. in eadem domo, ſed diverſo thalamo.
Flores maſculi & feminei in eadem planta ſunt.

XXII. DIOECIA.
Mares & feminæ habitant in diverſis thalamis & domiciliis.
Flores maſculi in diverſa planta à femineis naſcuntur.

XXIII. POLYGAMIA , à πολὺς & γάμος Nuptiæ.
Mariti cum uxoribus & innuptis cohabitant in diſtinctis
thalamis.
Flores hermaphroditi & maſculi aut feminei in eadem ſpecie.

XXIV. CRYPTOGAMIA. à κρυπτὸς occultus , & γάμος Nuptiæ.
Nuptiæ clam celebrantur.
Flores intrà fructum , vel parvitate oculos noſtros ſubterfugiunt.

ORDINUM DIVISIO.

ORDINES à feminis feu piftillis, ut claffes à Maribus feu Staminibus, defumuntur; in Claffi Syngenefiæ autem à cæteris differunt Ordines, e. gr.

MONOGYNIA, Digynia, Trigynia, &c. à γυνὴ femina, præpofitis numeris græcis μονⓈ, δἱς, τρεῖς, τέσσαρες. &c.

   i. e. *Piftillum* 1. 2. 3. 4. &c. *Numerus hic piftilli defumitur à Bafi ftyli; fi ftylus autem deficiat, à numero ftigmatum calculus fit.*

POLYGAMIA ÆQUALIS conftat multis nuptiis, conjugia pura contrahentibus.

   i. e. *multis flofculis, flaminibus & piftillis inftructis.*
   Flores ejufmodi maximam partem vulgò Flofculofi *dicuntur.*

POLYGAMIA SPURIA, ubi thalami verè nuptorum difcum occupant, & ambitum cingunt thalami meretricum maritis deftitutarum, ut à maritis uxoratis fœcundentur.

   i. e. *ubi flofculi hermaphroditi difcum occupant, & marginem cingunt flofculi feminei, flaminibus deftituti, idque triplici modo :*

   (a) SUPERFLUA dicitur, cùm feminæ maritatæ fertiles funt, & familiam propagare queunt, adeò ut meretricum auxilium videatur fuperfluum.

   i. e. *cùm flores difci hermaphroditi ftigmate inftruuntur & femina proferunt; flores quoque feminei radium conftituentes fimiliter femina ferunt.*

   (b) FRUSTRANEA dicitur, cùm feminæ maritatæ fertiles funt & fpeciem propagare queunt; Meretrices autem ob defectum vulvæ, veluti caftratæ, impregnari nequeunt.

   i. e. *cùm flores difci hermaphroditi ftigmate inftruuntur & femina proferunt; flofculi verò radium conftituentes, quum ftigmate careant, femina proferre nequeunt.*

   (c) NECESSARIA dicitur, cùm feminæ maritatæ, ob genitalium labem & vulvæ defectum fteriles; familiam propagare nequeunt; meretricibus autem à maritis feminarum fœcundatis, uxorum locum fupplentibus, fobolemque lætè propagantibus.

   i. e. *cùm flores hermaphroditi ob defectum ftigmatis piftilli, femina perficere nequeunt; floribus autem femineis in radio femina perfecta proferentibus.*

CLASSIS

CLASSIS I.

MONANDRIA

MONOGYNIA.

* Stamineæ, inferæ : Fructu loculari infero.

1. CANNA.   *Cor.* 6-partita : labio 2-partito revoluto. *Cal.* 3-phyllus.

† *Valeriana rubra, Calcitrapa.*

** *Monospermæ.*

11. HIPPURIS.   *Cal.* o. *Cor.* o.
10. SALICORNIA.   *Cal.* 1-phyllus. *Cor.* o.

DIGYNIA.

* *Plantæ.*

12. CORISPERMUM. *Cal.* o. *Cor.* 2-petala. *Semen* 1.
13. CALLITRICHE. *Cal.* o. *Cor.* 2-petala. *Capsula* 2-locularis.
14. BLITUM.   *Cal.* 3-fidus baccatus. *Cor.* o. *Semen* 1.

MONANDRIA
MONOGYNIA.

Gen. 1.   1. CANNA *indica.* Foliis ovatis utrinque acuminatis
nervofis. *Knorr del. hort.* 2. t. c. 2.

     Arundo indica latifolia. *Bauh. pin.* 19.
     Habitat inter tropicos Afiæ, Africæ, Americæ. ♃

10.   1. SALICORNIA *herbacea.* Patula, articulis apice compreffis emarginato-bifidis. *Oed. dan.* 303. *Blackw.*
t. 598.

     Salicornia, *Dod. pempt.* 82.
     Habitat in Europæ *littoribus maritimis*, Virginia. ♃ *Monfp.*

11.   1. HIPPURIS *vulgaris. Flor. dan.* 1. 87.

     Limnopeuce. *Vaill. act. par.* 1719. t. 1. f. 3.
     Equifetum paluftre, brevioribus foliis, polyfpermum. *Bauh.*
     pin. 15.
     Habitat in Europæ *fontibus, foffis aquofis, lacubus.* Junio. ♃
     Suec. par. vind. filef. pal. lithu. monfp. burg. lugd.

DIGYNIA.

12.   1. CORISPERMUM *hyffopifolium.* Floribus lateralibus.
Kniph. orig. cent. 8. n. 32.

     Habitat ad Wolgam Tartariæ: *Gillau* Boruffiæ, Monfpelii, *locis*
     arenofis. ♃

13.   1. CALLITRICHE *verna.* Foliis fuperioribus ovalibus;
floribus androgynis. *Oed. dan.* t. 129.

     Stellaria aquatica. *Bauh. pin.* 141.
     Habitat in Europæ *foffis aquofis, vere florens. Pal. ged. filef.*
     lugd. lithuan.

     2. CALLITRICHE *autumnalis.* C. foliis omnibus linearibus apice
     bifidis; floribus hermaphroditis.
     Alfine aquatica minor f. fluitans. *Bauh. pin.* 257.
     Habitat in Europæ *foffis aquofis, autumno florens. Suec. pal.*
     gedan. lith. monfp. lugd. parif. burg.

14.   1. BLITUM *capitatum.* Capitellis fpicatis terminalibus.
Knorr del. hort. 1. t. E. 3.

     Atriplex fylveftris lappulas habens. *Bauh. pin.* 119.
     Habitat in Europa; *præfertim in comitatu* Tyrolenfi. ☉

CLASSIS II.

DIANDRIA

MONOGYNIA.

* *Flores inferi, monopetali, regulares.*

20. OLEA.	*Corolla* 4-fida. *Drupa.*
19. PHILLYREA.	*Cor.* 4-fida. *Bacca* 1-fper- ma.
18. LIGUSTRUM.	*Cor.* 4-fida. *Bacca* 4-fper- ma.
22. SYRINGA.	*Cor.* 4-fida : lacin. linea- ribus. *Capfula* 2-locula- ris.
17. JASMINUM.	*Cor.* 5-fida. *Bacca* dicoc- ca.
16. NYCTANTHES.	*Cor.* 8-fida. *Bacca* dicoc- ca.

** *Flores inferi, monopetali, irregulares. Fructus capfularis.*

27. PÆDEROTA.	*Cor.* 4-fida. *Cal.* 5-parti- tus.
26 VERONICA.	*Cor.* 4-partito limbo : laci- nia inferiore anguftiore.
30. GRATIOLA.	*Cor.* 4-fida, irregularis. *Stam.* 4 : 2. fterilia.
28. JUSTICIA.	*Cor.* ringens. *Capfula* ungue elaftico.
33. PINGUICULA.	*Cor.* ringens, calcarata. *Cal.* 5-fidus.
34. UTRICULARIA.	*Cor.* ringens, calcarata. *Cal.* 2-phyllus.

M ij

† *Bignonia Catalpa.*

*** *Flores inferi, monopetali, irregulares, Fructus gymnospermi.*

35. VERBENA.　　*Cor.* subæqualis. *Cal.* lacinia suprema breviore.
36. LYCOPUS.　　*Cor.* subæqualis. *Stam.* distantia.
37. AMETHYSTEA.　*Cor.* subæqualis; lacinia infima concava.
39. ZIZIPHORA.　　*Cor.* ringens : galea reflexa. *Cal.* filiformis.
40. MONARDA.　　*Cor.* ringens : galea lineari obvolvente genitalia.
41. ROSMARINUS.　*Cor.* ringens : galea falcata. *Stam.* curva.
42. SALVIA.　　　*Cor.* ringens. *Filamenta* transverse pedicellata.

**** *Flores superi.*

25. CIRCÆA.　　　*Cal.* 2-phyllus. *Cor.* 2-petala, obcordata.

† *Valeriana Cornucopiæ.*

D I G Y N I A.

46. ANTHOXANTHUM. *Cal.* Gluma 1-flora, oblonga. *Cor.* Gluma aristata.

✳

MONOGYNIA.

2. JASMINUM *officinale*. J. foliis oppofitis : foliolis dif-   Gen. 17.
tinctis. *Blackw.* t. 13. *Kniph.* origin. cent. 3. n.
47. *Ludw.* ect. 1. 111.

J. vulgatius flore albo. *Bauh. pin.* 397.
Habitat in India, inque Helvetia. ♄

4. JASMINUM *fruticans*. J. foliis alternis, ternatis, fimplicibusque,
ramis angulatis. *Kniph. orig. cent.* 1. n. 45.
J. luteum, vulgò dictum bacciferum. *Bauh. pin.* 198.
Trifolium fruticans. *Dod. pempt.* 571.
Habitat in Europa auftrali & toto Oriente. ♄ *Monfp. burg. lugd.*

1. LIGUSTRUM *vulgare*. Liguftrum. *Blackw.* t.   18.
142.

L. germanicum *Bauh. pin.* 472.
Phillyrea. *Dod. pempt.* 775.
Habitat in Europæ collibus glareofis ad fepes. Junio. ♄ *Succ.
par. pal. fil. lugd. monfp. burg.*

1. PHILLYREA *media*. Ph. foliis ovato - lanceolatis   19.
fubintegerrimis.

Ph. liguftri folio. *Bauh. pin.* 476.
Habitat in Europæ auftralioris collibus. ♄ *Monfp.*

1. OLEA *Europæa*. O. foliis lanceolatis.   20.

Olea fativa. *Bauh. pin.* 472. *Blackw.* t. 199.
Habitat in Europa auftrali. ♄ *Carn. monfp.*

1. SYRINGA *vulgaris*. S. foliis ovato-cordatis. *Knorr*   22.
del. hort. 2. t. f. 11.

S. cœrulea. *Bauh. pin.* 398. *Cluf. hift.* 58.
Habitat verfus Perfiam. *In fepibus* Germaniæ & *fylvis* Helvetiæ
quafi fponte. Junio. ♄ *Parif. lugd. monfp. burg.*

2. SYRINGA *perfica*. S. foliis lanceolatis.
α S. foliis lanceolatis integris. *Mill. dict.* t. 164. f. 1.
β Syringa *laciniata*.
Liguftrum foliis laciniatis. *Bauh. pin.* 476.
Habitat in Perfia. ♄

1. CIRCÆA *Lutetiana*. C. caule erecto, racemis pluribus,   25.
foliis ovatis. *Oed. dan.* 256. *Kniph. orig. cent.* 10.
t. 22.

6 DIANDRIA MONOGYNIA.

Solanifolia Circæa dicta major. *Bauh. pin.* 168.
Habitat in Europæ & Americæ *borealis nemoribus.* Julio. ♃ *Suec.*
parif. filef. gedan. herborn. fil. vind. lugd. lith. burg.

2. CIRCÆA *alpina.* C. caule proftrato, racemo unico. foliis
cordatis. *Oed. flor. dan.* t. 210.
Solanifolia Circæa alpina. *Bauh. pin.* 163.
Habitat ad montium rádices in frigidis Europæ. ♃ *Gedan. fil. lith. lugd.*

VERONICA.

* SPICATÆ.

3. VERONICA *fpuria.* V. fpicis terminalibus, foliis
ternis æqualiter ferratis. *Gmel. it.* 1. p. 169. t. 39.
Habitat in Europa auftraliore, Siberia, Thuringia. ♃ *pal. auft. burg.*

4. VERONICA *maritima.* V. fpicis terminalibus, foliis ternis
inæqualiter ferratis. *Oed. dan.* 374.
Lyfimachia fpicata cærulea. *Bauh. pin.* 246.
Habitat in maritimis Europæ *macris apricis.* Julio. ♃ *fuec. fil. lith.*

5. VERONICA *longifolia.* V. fpicis terminalibus, foliis oppofitis,
lanceolatis, ferratis, acuminatis. *Sabbat. hort. rom.* 2. t. 48.
V. fpicata latifolia. *Bauh. pin.* 246.
Habitat in Tartaria, Auftria, Suecia. ♃ *Suec. auftr. fil. burg.*

7. VERONICA *fpicata.* V. fpicâ terminali, foliis oppofitis,
crenatis, obtufis; caule afcendente fimpliciffimo. *Oed. dan.* t. 52.
V. fpicata minor. *Bauh. pin.* 247. *Vaill. par.* t. 33. f. 4.
Habitat in Europæ *campis.* Julio. ♃ *Suec. pal. fil. par. lugd. burg.*

10. VERONICA *officinalis.* V. fpicis lateralibus, pedunculatis; foliis
oppofitis; caule procumbente. *Oed. dan.* t. 248. *Ludw. ect.* t. 100.
V. mas fupina & vulgatiffima. *Bauh. pin.* 246.
Habitat in Europæ *fylveftribus fterilibus.* Junio. ♃ *Suec. pal. fil.*
lugd. lith. burg. parif.

* * CORYMBOSO-RACEMOSÆ.

14. VERONICA *alpina.* V. corymbo terminali; foliis oppofitis;
calycibus hifpidis. *Oed. dan.* t. 16.
Habitat in alpibus Europæ. ♃ *Suec. carn.*

15. VERONICA *ferpillifolia.* V. racemo terminali, fubfpicato;
foliis ovatis, glabris, crenatis. *Oed. dan.* t. 492.
V. pratenfis ferpillifolia. *Bauh. pin.* 247.
Habitat in Europa & America *feptentrionali ad vias, agros.*
Aprili. ♃ *Suec. pal. carn. fil. burg. lugd. lith. parif.*

16. VERONICA *Beccabunga.* V. racemis lateralibus; foliis
ovatis, planis; caule repente. *Oed. dan.* 511.
Anagallis aquatica major (minorque) folio fubrotundo. *Bauh.*
pin. 252.
Anagalis aquatica. *Dod. pempt.* 823. *Blackw.* t. 48.
Habitat in Europa *ad fcaturigines vix congelandas.* Maio. *Suec.*
parif. pal. fil. vind. herborn. lugd. lith. monfp. burg.

17. VERONICA *Anagallis.* V. racemis lateralibus; foliis lanceolatis, serratis; caule erecto.
Anagallis aquatica major, folio oblongo. *Bauh. pin.* 252.
Habitat in Europa *ad fossas & in* Oriente. Maio. ☉ *Suec. parif.
pal. auftr. carn. fil. lugd. lith. monfp. burg.*

18. VERONICA *scutellata.* V. racemis lateralibus alternis:
pedicellis pendulis; foliis linearibus integerrimis. *Oed. dan.* 209.
Anagallis aquatica angustifolia scutellata. *Bauh. pin.* 252.
Habitat in Europæ *inundatis.* Maio. ♃ *Suec. parif. pal. auftr.
herborn. fil. carn. lith. lugd. rug. burg.*

19. VERONICA *Teucrium.* V. racemis lateralibus longissimis;
foliis ovatis, rugofis, dentatis, obtufiufculis; caulibus procumbentibus.
Chamædrys fpuria major, angustifolia. *Bauh. pin.* 248.
Habitat in Germania, Helvetia. Junio. ♃ *Pal. herborn. fil. lugd.
lith. burg.*

23. VERONICA *montana.* V. racemis lateralibus pauciftoris;
calycibus hirfutis; foliis ovatis, rugofis, crenatis, petiolatis;
caule debili. *Jacq. auftr. t.* 109.
Chamædrys fpuriæ affinis rotundifolia fcutellata. *Bauh. pin.* 249.
Habitat in Italiæ, Helvetiæ, Germaniæ *umbrofis.* Maio. ♃ *Pal.
herborn. lugd. delph.*

24. VERONICA *Chamædrys.* V. racemis lateralibus; foliis ovatis,
feffilibus, rugofis, dentatis; caule bifariam pillofo. *Oed.
dan.* 448.
Chamædrys fpuria minor rotundifolia. *Bauh. pin.* 249.
Habitat in Europæ *pratis.* Junio. ♃ *Pal. herborn. fil. haff. monfp.
rug. burg. lugd. Parif.*

27. VERONICA *latifolia.* V. racemis lateralibus, foliis cordatis
rugofis, dentatis, caule ftricto.
Pfeudochamædris. *Jacq. Auft. tab.* 60.
Chamædrys fpuria major latifolia. *Bauh. pin.* 248.
Habitat in Helvetia, Bithynia, Auftria, Germania. ♃ *Gedan.
carn. monfp. lith. lugd.*

*** PEDUNCULIS UNIFLORIS.

30. VERONICA *agreftis.* V. floribus folitariis, foliis cordatis,
incifis, pedunculo brevioribus. *Oed. dan. t.* 449.
Alfine chamædryfolia, flofculis pediculis oblongis infidentibus.
Bauh. pin. 250.
Habitat in Europæ *agris & arvis.* Martio. ☉ *Suec. parif. pal. fil.
carn. lith. lugd. burg.*

31. VERONICA *arvenfis.* V. floribus folitariis, foliis cordatis,
incifis, pedunculo longioribus. *Oed. dan.* 515.
Alfine Veronicæ foliis, flofculis cauliculis adhærentibus. *Bauh.
pin.* 250.
Habitat in Europæ *arvis cultis.* Aprili. *Suec. parif. pal. monfp.
burg. lith. lugd.*

Gen.

32. VERONICA *hederifolia.* V. floribus folitariis; foliis cordatis; planis, quinquelobis. *Oed. dan.* 428.
Alfine hederulæ folio. *Bauh. pin.* 250. *Tabern. hift.* 1080.
Habitat in Europæ *ruderatis, hortis, agris.* Aprili. ⊙ *Suec. parif. pal. fil. monfp. burg. lugd. lith.*

33. VERONICA *triphyllos.* V. floribus folitariis; foliis digitato-partitis; pedunculis calyce longioribus. *Oed. dan.* t. 627.
Alfine triphyllos cærulea. *Bauh. pin.* 250.
Habitat in Europæ *agris.* Martio. ⊙ *Pal. carn. fil. monfp. burg. lith. lugd. parif.*

34. VERONICA *verna.* V. floribus folitariis; foliis digitato-partitis; pedunculis calyce brevioribus. *Oed. dan.* t. 252.
Habitat in Germaniæ, Sueciæ, Hifpaniæ *aridis apricis.* Martio. ⊙ *Pal. flor. gedan. lith. lugd. fuec.*

36. VERONICA *acinifolia.* V. floribus pedunculatis folitariis; foliis ovatis, glabris, crenatis; caule erecto fubpilofo.
V. minima, clinopodii minoris folio glabro, romana. *Vaill. Parif.* 201. t. 33. f. 3. optima.
Habitat in Europa *auftrali.* Aprili. *Pal. herborn. burg. lugd.*

37. VERONICA *peregrina.* V. floribus folitariis feffilibus; foliis lanceolato-linearibus, glabris, obtufis, integerrimis; caule erecto. *Oed. dan.* 407.
V. terreftris annua, folio polygoni, flore albo. *Morif. hift.* 2. p. 322. f. 3. t. 34. f. 19.
Habitat in Europæ *hortis, arvisque.* Maio. ⊙ *Suec. lugd.*

28.

1. JUSTICIA *Adhatoda.* J. arborea, foliis lanceolato-ova-tis; bracteis ovatis perfiftentibus, corollarum galea con-cava. *Sabb. h. rom.* 3. t. 10. *Kniph. orig. cent.* 9. n. 54.
Habitat in Zeylona. ♄

80.

1. GRATIOLA *officinalis.* G. foliis lanceolatis ferratis, floribus pedunculatis. *Oed. fl. dan.* t. 363.
G. centauroides. *Bauh. pin.* 279.
Habitat in Lufatia, Gallia & *auftrali* Europæ *humidiufculis.* Julio. ♃ *Pal. vind. carn. fil. lith. lugd. burg. parif.*

33.

2. PINGUICULA *vulgaris.* P. nectario cylindraceo lōngitudine petali. *Oed. dan.* t. 93.
Sanicula montana, flore calcari donato. *Bauh. pin.* 243.
Habitat in Europæ *uliginofis.* ♃ *Suec. gedan. monfp. burg. delph. lugd. lith.*

34.

3. UTRICULARIA *vulgaris.* U. nectario conico, fcape paucifloro. *Oed. dan.* t. 138.
Millefolium aquaticum lenticulatum. *Bauh. pin.* 141.

Habitat in Europæ foſſis, paludibus profundioribus. Junio. ♃ Succ: Gen.
pal. auſtr. ſil. monſp. par. burg. lugd. lith.

4. UTRICULARIA minor. U. nectario carinato. Oed. dan. t. 128.
Habitat in Europæ foſſis rarius. Succ. pal. delph.

15. VERBENA officinalis. V. tetranda, ſpicis filiformi- 35.
bus, paniculatis; foliis multifido-laciniatis; caule
ſolitario. Oed. dan. t. 628.

V. communis, flore cæruleo. Bauh. pin. 269.
Habitat in Europæ mediterraneæ ruderatis. Julio. ⊙ Succ. pal. carn.
gedan. auſtr. ſil. monſp. pariſ. lith. lugd.

1. LYCOPUS Europæus. L. foliis ſinuato-ferratis. 36.

Marrubium paluſtre glabrum. Bauh. pin. 230. Riu. t. 21.
Habitat in Europæ ripis humentibus. Julio. ♃ Succ. pal. carn. ſil.
monſp. burg. lith. lugd. pariſ.

1. AMETHYSTEA cærulea. Kniph. orig. cent. 2. n. 4. 37

Amethyſtina montana erecta; foliis exiguis, digitatis, trifidis,
ferratis; floſculis cum coma è cæruleo ianthinis. Amm.
ruth. 4. Hall. act. upſ. 1742. p. 51. f. 1.
Habitat in Sibiriæ montoſis. ⊙

1. ZIZIPHORA capitata. Z. faſciculis terminalibus, 39.
foliis ovatis. Kniph. orig. cent. 8. n. 100.

Habitat in Syria, Armenia, Sibiria. ⊙

1. MONARDA fiſtuloſa. M. capitulis terminalibus, caule 40.
obtuſangulo. Kniph. orig. cent. 1. n. 47.

Habitat in Canada. ♃

1. ROSMARINUS officinalis. Roſmarinus. Blackw. 41.
t. 159.

Roſmarinus ſpontaneus, latiore folio. Bauh. pin. 217.
Habitat in Hiſpaniæ, G. narbonenſis, Italiæ, Helvetiæ;
Orientis, Gallileæ collibus. ♄ Monſp.

4. SALVIA officinalis. S. foliis lanceolato-ovatis, integris, 42.
crenulatis; floribus ſpicatis; calycibus acutis. Blackw.
t. 10.

Salvia major. Bauh. pin. 237.
β. Salvia minor aurita & non aurita, Bauh. pin. 237.
Habitat in Europa auſtrali. ♄ Monſp. carn. burg.

9. SALVIA horminum. S. foliis obtuſis crenatis; bracteis ſummis
ſterilibus, majoribus, coloratis.
Horminum ſativum, Bauh. pin. 238.
Habitat in Græcia, Apulia. ⊙

Gen.

10. SALVIA *fylveftris.* S. foliis cordato-lanceolatis, undulatis , biferratis, maculatis, acutis; bracteis coloratis flore brevioribus. Horminum fylveftre falvifolium majus maculatum. *Bauh. pin.* 239.
Habitat in Auftriæ *inferioris* , Bohemiæ *agrorum marginibus* , *vincis; in* Germania. ♃ *Carn. auftr.*

14. SALVIA *pratenfis.* S. foliis cordato-oblongis, crenatis : fummis amplexicaulibus, verticillis fubnudis , corollis galea glutinofis. *Blackw.* t. 258.
Horminum pratenfe , foliis ferratis. *Bauh. pin.* 238.
Habitat in Europæ *pratis.* Junio. ♃ *Suec. pal. auftr. fil. lugd. burg. monfp. parif.*

17. SALVIA *verbenaca.* S. foliis ferratis , finuatis , leviufculis ; corollis calyce anguftioribus.
Horminum fylveftre , lavendulæ flore. *Bauh. pin.* 239.
Horminum fylveftre minus, incifo folio, flore azureo. *Barr.ic.* 208.
Habitat in Europæ & Orientis *pafcuis.* ♃ *Monfp. parif.*

18. SALVIA *clandeftina.* S. foliis ferratis , pinnatifidis , rugofiffimis ; fpicâ obtufâ , corollis calyce anguftioribus.
Horminum fylveftre , incifo folio , cæfio flore , italicum. *Barr. rar.* 24. t. 220.
Habitat in Italia. ♂

22. SALVIA *hifpanica.* S. foliis ovatis , petiolis utrinque mucronatis, fpicis imbricatis, calycibus trifidis. *Sabb. hort. rom.* 3. t. 22.
Horminum fylveftre , lavendulæ flore. *Bauh. pin.* 239.
Habitat in Italia. *D. Rathgeb. in* Hifpania *Læfling.* ☉ *Carn.*

24. SALVIA *glutinofa.* S. foliis cordato-fagittatis, ferratis, acutis. *Sabb. hort. rom.* 3. t. 21.
Horminum luteum glutinofum. *Bauh. pin.* 238.
Habitat in Europæ *lutofis.* ♃ *Monfp. carn. lugd.*

32. SALVIA *fclarea.* S. foliis rugofis, cordatis, oblongis, villofis, ferratis ; bracteis floralibus calyce longioribus, concavis, acuminatis. *Ludw.* ect. t. 171.
Horminum Sclarea dictum. *Bauh. pin.* 228.
Habitat in Syria , Italia. ♂ *Par. burg. lugd. monfp.*

33. SALVIA *æthiopis.* S. foliis oblongis, erofis , lanatis ; verticillis lanatis; bracteis recurvatis, fufpinofis. *Jacq. auftr.* t. 211.
Æthiopis foliis finuofis. *Bauh. pin.* 241.
Habitat in Illyria, Græcia , Africa , Gallia , Auftria. ♂ *Monfp. burg. delph.*

DIGYNIA.

46.

1. ANTHOXANTHUM *odoratum.* A. fpicâ oblongâ, ovatâ; flofculis fubpedunculatis, ariftâ longioribus. *Flor. dan.* t. 666.

Gramen pratenfe , fpica flavefcente. *Bauh. pin.* 3.
Habitat in Europæ *pratis.* Maio. ♃ *Vind. pal. gedan. carn. heræ born. fil. monfp. burg. lugd. lith.*

CLASSIS III.

TRIANDRIA

MONOGYNIA.

* Flores superi.

48. VALERIANA.	*Cor.* 5-fida, basi gibba. *Sem.* unicum.
55. MELOTHRIA.	*Cor.* 5-fida, rotata. *Bacca* 3-locularis.
61. CROCUS.	*Cor.* 6-petaloidea, erecto-patula. *Stigmata* convo-luta, colorata.
65. IRIS.	*Cor.* 6-petaloidea : Pet. al-ternis reflexis. *Stigma* pe-taloideum.
63. GLADIOLUS.	*Cor* 6-petaloidea : Pet. supe-rioribus tribus convergen-tibus.
62. IXIA.	*Cor.* 6-petaloidea, patens. *Stigm.* 3. simplicia.

* * Flores inferi.

58. LOEFLINGIA.	*Cor.* 5-petala. *Cal.* 5-phyl-lus. *Capf.* 1-locularis.
52. CNEORUM.	*Cor.* 3-petala. *Cal.* 3-denta-tus. *Bacca.* 3-cocca.
57. ORTEGIA.	*Cor.* nulla. *Cal.* 5-phyllus. *Capf.* 1-locularis.
59. POLYCNEMUM.	*Cor.* nulla. *Cal.* 5-phyllus, subtus triphyllus. *Sem.* 1. nudum.

* * * *Flores graminei, valvulis Glumæ calycinæ.*

71. SCHOENUS.   *Cor.* nulla. *Cal.* paleis fafci-
                          culatis. *Sem.* fubrotundum.

72. CYPERUS.   *Cor.* nulla. *Cal.* paleis dif-
                          trichis. *Sem.* nudum.

73. SCIRPUS.   *Cor.* nulla. *Cal.* paleis im-
                          bricatis. *Sem.* nudum.

74. ERIOPHORUM.   *Cor.* nulla. *Cal.* paleis imbri-
                          catis. *Sem.* lanigerum.

75. NARDUS.   *Cor.* bivalvis. *Cal.* nullus.
                          Sem. tectum.

DIGYNIA.

* *Flores uniflori vagi.*

82. PANICUM.   *Cal.* 3-valvis : tertio dor-
                          fali minori.

84. ALOPECURUS.   *Cal.* 2-valvis. *Cor.* 1-valvis
                          apice fimplici.

83. PHLEUM.   *Cal.* 2-valvis truncatus
                          mucronatus, feffilis.

80. PHALARIS.   *Cal.* 2-valvis : valvis cari-
                          natis, æqualibus, corol-
                          lam includentibus.

85. MILIUM.   *Cal.* 2-valvis : valvis ven-
                          tricofis corolla majoribus,
                          fubæqualibus.

86. AGROSTIS.   *Cal.* 2-valvis : valvis acutis
                          corolla brevioribus.

92. DACTYLIS.   *Cal.* 2-valvis : valva majore
                          longiore compreffa cari-
                          nata.

96. STIPA.   *Cal.* 2-valvis. *Corolla* arifta
                          terminali inarticulata.

98. LAGURUS.   *Cal.* 2-valvis villofus. *Cor.*
                          ariftis. 2-terminalibus &
                          1-dorfali.

79. SACCHARUM.   *Cal.* lanugine extus veftitus.

† *Arundo epigeios , calamagroſtis , arenaria.*
* * *Flores biflori , vagi.*

87. AIRA.   *Cal.* bivalvis. *Floſculi* abſque rudimento tertii.

88. MELICA.   *Cal.* 2-valvis, *Rudimentum*
tertii inter floſculos.

* * * *Flores multiflori , vagi.*

90. BRIZA.   *Cal.* 2-valvis. *Cor.* cordata.
valvis ventricoſis.

89. POA.   *Cal.* 2-valvis. *Cor.* ovata ;
valvis acutiuſculis.

84. FESTUCA.   *Cal.* 2-valvis. *Cor.* oblonga.
valvis mucronatis.

95. BROMUS.   *Cal.* 2-valvis. *Cor.* oblonga :
valvis ſub apice ariſtatis.

97. AVENA.   *Cal.* 2-valvis. *Cor.* oblonga :
valvis dorſo ariſta con-
torta.

99. ARUNDO.   *Cal.* 2-valvis. *Cor.* baſi lanata , mutica.

† *Dactylis glomerata.*
* * * *Spicati Receptaculo ſubulato.*

103. SECALE.   *Cal.* biflorus.
105. TRITICUM.   *Cal.* multiflorus.
104. HORDEUM.   *Involucr.* hexaphyllum triflorum. *Flos* ſimplex.

102. ELYMUS.   *Involucr.* tetraphyllum biflorum. *Flos* compoſitus.

101. LOLIUM.   *Involucr.* monophyllum, uniflorum. *Flos* compoſitus.

93. CYNOSURUS.   *Involucr.* monophyllum , la-
terale. *Flos* compoſitus.

TRIGYNIA.

* *Flores inferi.*

110. HOLOSTEUM.   *Cor.* 5-petala. *Cal.* 5-phyl-
lus. *Capf.* apice dehifcens.

112. POLYCARPON.   *Cor.* 5-petala. *Cal.* 5-phyl-
lus. *Capf.* 3-valvis.

107. MONTIA.   *Cor.* 1-petala. *Cal.* 2-phyl-
lus. *Capf.* 3-valvis., 3.
fperma.

114. MINUARTIA.   *Cor.* nulla. *Cal.* 5-phyllus.
Capf. 1-locularis; poly-
fperma.

115. QUERIA.   *Cor.* nulla. *Cal.* 5-phyllus.
Capf. 1-fperma.

111. KOENIGIA.   *Cor.* nulla. *Cal.* 3-phyllus.
Sem. 1. ovatum.

* *Tilleæ.*

GRAMINA RELIQUA

SECUNDÙM SEXUM DISPOSITA.

Polygamia.   *Andropogon.*   Hexandria.
   Ægilops.   Monœcia 3.   *Oryʒa.*
   Cenchrus.   *Coix.*   Diandria.
   Ifchæmum.   *Carex.*   *Anthoxanthum.*
   Holcus.

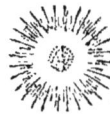

MONOGYNIA.

1. VALERIANA *rubra*. V. floribus monandris caudatis, foliis lanceolatis integerrimis. Gen. 48.

V. rubra. *Bauh. pin.* 165. *Riu.* t. 3. *Dod.* 19.
β. Valeriana (*angustifolia*) foliis linearibus integerrimis.
V. rubra angustifolia. *Bauh. pin.* 165.
Habitat in Galliæ, Helvetiæ, Italiæ, Orientis *ruderatis.* ♃
  Lugd. delph.

4. VALERIANA *dioica*. V. floribus triandris, dioicis; foliis pinnatis, integerrimis. *Flor. dan.* t. 687.
V. palustris minor. *Bauh. pin.* 164.
V. palustris inodora parum laciniata. *Bauh. pin.* 86. *femina.*
Habitat in Europæ & Orientis *campis uliginosis.* ♃ *Suec. parif.*
  pal. carn. gallob. fil. lith. lugd. burg.

5. VALERIANA *officinalis*. V. floribus triandris, foliis omnibus pinnatis. *Blakw.* t. 271.
V. sylvestris major. *Bauh. pin.* 164.
Habitat in Europæ *nemoribus paludosis.* Junio. ♃ *Suec. parif. pal.*
  carn. fil. lith. lugd. burg. monfp.

6. VALERIANA Phu. V. floribus triandris, foliis caulinis pinnatis; radicalibus indivisis. *Ludw. ect.* t. 98. *Blakw.* t. 250.
  Kniph. orig. cent. 5. n. 98.
V. hortensis. *Bauh. pin.* 164.
Habitat in Alfatia, Silefia. ♃

7. VALERIANA *tripteris*. V. floribus triandris; foliis dentatis; radicalibus cordatis; caulinis ternatis ovato-oblongis. *Jacq. austr.* t. 3.
V. alpina prima. *Bauh. pin.* 165. *prodr.* 86. t. 86.
Habitat in Alpibus Helvetiæ, Austriæ. ♃ *Carn. monfp. lugd.*

8. VALERIANA *montana*. V. floribus triandris; foliis ovato-oblongis, fubdentatis; caule fimplici. *Jacq. auft. cent.* 3. t. 269.
V. montana, fubrotundo folio. *Bauh. pin.* 165.
Habitat in alpibus Helveticis, Rhæticis, Pyrenæis, Austriacis.
  ♃ *Carn. lugd.*

9. VALERIANA *celtica*. V. foliis triandris; foliis ovato-oblongis obtufis, integerrimis.
Nardus ex Apulia. *Bauh. pin.* 165.
Habitat in alpibus Helvetiæ, Austriæ, Valefiæ. ♃ *Vind. carn.*

11. VALERIANA *faxatilis*. V. floribus triandris; foliis fubdentatis; radicalibus ovatis; caulinis lineari lanceolatis. *Auftr.* 3. t. 267.
V. alpina nardo celticæ fimilis, *Bauh. pin.* 165.

Gen.

Habitat in alpibus Stiriæ, Austriæ, Baldi, Montalbani *Italiæ.* ♃
Carn. lugd.

12. VALERIANA *elongata.* V. floribus triandris; foliis radi-
calibus ovatis; caulinis cordatis, sessilibus, inciso subhastatis.
Jacq austr. 3. t. 219.
Habitat in alpibus Schneeberg *Austriæ inferioris.* Burserus,
Jacquin. Carn. lugd.

16. VALERIANA *locusta.* V. floribus triandris, caule dichotomo, foliis linearibus.
α Valeriana (*olitoria*) fructu simplici. *Hort. Cliff.*
V. campestris inodora major. *Bauh. pin.* 165.
γ Valeriana (*coronata*) caule dichotomo; foliis lanceolatis,
dentatis; fructu sexdentato.
V. semine stellato. *Bauh. pin.* 165.
Valeriana locusta dentata. *Flor. herb.*
Habitat in Europæ *arvis.* Aprili. *Suec. parif. naff. lugd. burg.*
monfp. herb. lugd. pal.

52. 1. CNEORUM *tricoccon.* Cneorum. *Kniph. orig. cent.*
2. n. 17.

Chamælea tricoccos. *Bauh. pin.* 462.
Habitat in Hispaniæ, Nardonæ *glareofis.* ♄

55. 1. MELOTHRIA *pendula.* Melothria *Kniph. orig.*
cent. 4. n. 49.

Cucumis parva repens virginiana, fructu minimo. *Pluk. alm.*
123. t. 85. f. 5.
Habitat in Canada, Virginia, Jamaica. ⊙

63. 1. POLYCNEMUM *arvenfe.* Polycnemum. *Jacq. auftr.*
t. 365.

Chenopodium foliis subulatis prismaticis; floribus solitariis,
sessilibus, axillaribus. *Guett. stamp.*
Camphorata congener. *Bauh. pin.* 486.
Habitat in Galliæ, Italiæ, Germaniæ *arvis.* Julio. ⊙ *Monfp.*
herborn. lugd. burg. parif.

1. 1. CROCUS *sativus.* C. spathâ univalvi radicali; corollâ
tubo longissimo.
α Crocus *officinalis.*
C. autumnalis sativus. *Morif. hift.* 2. p. 335. f. 4. t. 2. f. 1.
Blackw. t. 144. f. 1.
C. sativus. *Bauh. pin.* 55.
β Crocus *vernus.*
C. vernus latifolius. I. XI. & I. VI. *Bauh. pin.* 65. 66. *Blackw.*
t. 144. f. 2.
Habitat in Alpibus Delphin. Helveticis, Pyrenæis, Lufitanicis,
Thracicis, ♃ *Delph.* 1. GLADIOLUS

1. GLADIOLUS *communis*. G. foliis enfiformibus flori-   Gen. 63.
   bus diftantibus.

  Gladiolus. *Dolon. coron.* p. 162. *Riu. mon.* 163.
  G. floribus uno verfu difpofitis major & procerior. *Bauh.*
    pin. 41.
  Habitat in Europa auftrali. ♃ *Carn. fil. lith. monfp. delph. lugd.*

I R I S.

* *BARBATÆ: PETALIS DEFLEXIS, BARBATIS.*

1. IRIS *fufiana*. I. corolla barbara, caule foliis longiore   454
   unifloro. *Knorr. del. hort.* I. t. L. 6.   ⌐

  I. fufiana, flore maximo ex albo nigricante. *Bauh. pin.* 31.
  Habitat in Oriente, *venit Conftantinopoli in Belgium* 1573. ♃

  2. IRIS *florentina*. I. corollis barbatis; caule foliis altiore
     fubbifloro; floribus feffilibus. *Blackw.* t. 414.
  I. alba florentina. *Bauh. pin.* 31.
  Habitat in Europa auftrali, Carniola. ♃

  3. IRIS *germanica*. I. corollis barbatis; caule foliis altiore
     multifloro; floribus inferioribus pedunculatis. *Blackw.* t. 69.
  I. vulgaris germanica f. fylveftris. *Bauh. pin.* 30.
  Habitat in Germaniæ, Helvetiæ *editis*. Maio. ♃ *Palat. vind.*
    carn. fil. lugd. burg. monfp.

  5. IRIS *fambucina*. I. corollis barbatis; caule foliis altiore,
     multifloro; petalis deflexis planis, erectis, emarginatis. *Jacq.*
     hort. tab. 2.
  I. latifolia germanica, fambuci odore. *Bauh. pin.* 31.
  Habitat in Europa auftrali. ♃

  9. IRIS *pumila*. I. corollis barbatis; caule foliis breviore, unifloro.
     Jacq. auft. t. 1.
  Chamæiris minor flore purpureo *Bauh. pin.* 33.
  Habitat in Auftriæ, Pannoniæ *collibus apricis.* ♃ *Monfp.*

** *IMBERBES: PETALIS DEFLEXIS, LÆVIBUS.*

  10. IRIS *pfeud'acorus*. I. corollis imberbibus; petalis interio-
      ribus ftigmate minoribus; foliis enfiformibus. *Œd. dan.* t. 494.
  Acorus adulterinus. *Bauh. pin.* 34. *theatr.* 634. *Blackw.* t. 261.
  Habitat in Europa ad ripas paludum, foffarum. Junio. ♃ *Succ. pal.*
    carn. fil. lugd. lith. burg. monfp. parif.

  11. IRIS *fœtidiffima*. I. corollis imberbibus; petalis interioribus
      patentiffimis; caule uniangulato; foliis enfiformibus.
  Gladiolus fœtidus. *Bauh. pin.* 30.
  Spathula fœtida, Xyris. *Bauh. hift.* 2. p. 731. *Dod. pempt.* 247.
    Blackw. t. 158.
  Habitat in Gallia, Anglia, Hetruria. Junio. ♃ *Parif. monfp.*
    ged. lugd.

12. IRIS *sibirica.* I. corollis imberbibus; germinibus trigonis; caule tereti; foliis linearibus. *Jacq. aust. t. 3.*

I. pratensis angustifolia non foetidà altior. *Bauh. pin.* 32.

Habitat in Austriæ, Helvetiæ, Sibiriæ, Germaniæ *pratis.* Maio. ♃ *Pal. sil. burg. lith.*

18. IRIS *graminea.* I. corollis imberbibus; germinibus sexangularibus; caule ancipiti; foliis linearibus. *Jacq. austr. t.* 2.

I. graminea. *Bauh. hist.* 2. p. 77.

Habitat in Austria *ad radices montium.* ♃ *Carn. sil. lith.*

S C H O E N U S.

* *CULMO TERETI.*

1. SCHOENUS *mariscus.* S. culmo tereti; foliis margine dorsoque aculeatis.

Cyperus longus inodorus germanicus. *Bauh. pin.* 14.

Habitat in Europæ *paludibus.* ♃ *Succ. paris. monsp. burg. lugd.*

4. SCHOENUS *nigricans.* S. culmo tereti nudo; capitulo ovato; involucri diphylli valvulà alterà subulatà longà.

Junco affinis capitulo glomerato nigricante. *Scheuch. gram.* 349. t. 7. s. 13. 14. 15.

Habitat in Europæ *paludibus æstate exsiccatis.* Maio. ♃ *Succ. paris. sil. burg. monsp. lugd.*

* * *CULMO TRIQUETRO.*

12. SCHOENUS *compressus.* S. culmo subtriquetro nudo; spicà distichà; involucro monophyllo. *Flora pal.* n. 38. t. 1. f. 1. herborn. n. 32. t. 1. f. 1.

Habitat in Anglia, Helvetia, Italia, (*etiam* Germania). Maio.

15. SCHOENUS *albus.* S. culmo subtriquetro, folioso; floribus fasciculatis; foliis setaceis. *Oed. dan.* 320.

Gramen luzulæ accedens glabrum, in palustribus proveniens, paniculatum. *Pluk. alm.* 178. t. 34. f. 11.

Habitat in Europæ *borealis paludibus turfosis.* Julio. ♃ *Succ. paris. pal. carn.*

6. CYPERUS *longus.* C. culmo triquetro, folioso; umbellà foliosà supra decompositâ; pedunculis nudis; spicis alternis.

C. odoratus radice longà s. Cyperus officinarum. *Bauh. pin.* 14. *Morif. hist.* 3. p. 237. s. 8. t. 11. f. 13.

Habitat in Italiæ, Galliæ, Carnioliæ *paludibus.* ♃ *Paris. carn. monsp. burg. lugd.*

18. CYPERUS *flavescens.* C. culmo triquetro, nudo; umbellà triphyllà; pedunculis simplicibus, inæqualibus; spicis confertis, lanceolatis.

Gramen Cyperoides minus, paniculâ fparfâ fubflavâ. *Bauh. pin.*
  6. *theatr.* 88. t. 88.
Habitat in Germaniæ, Helvetiæ, Galliæ, Italiæ *paludofis.* Augufto.
  Pal. carn. haff. lugd. burg. parif.

19. CYPERUS *fufcus.* C. culmo triquetro, nudo; umbellâ trifidâ;
  pedunculis fimplicibus, inæqualibus; fpicis confertis, linearibus. *Oed. dan.* t. 179. *Herborn.* t. 1. f. 2.
Gramen Cyperoydes minus; paniculâ fparfâ, nigricante.
  Bauh. pin. 6.
Habitat in Galliæ, Germaniæ, Helvetiæ, Ægyptiæ *pratis
  humidis, Vindob. pal. carn. naff. lugd. parif. burg.*

S C I R P U S.

* *SPICA UNICA.*

2. SCIRPUS *paluftris.* S. culmo tereti, nudo; fpicâ
  fubovatâ, terminali. *Oed. dan.* t. 273. *Herborn.*
  n. 34. t. 1. f. 3.
Juncus paluftris capitulo equifeti, major. *Bauh. pin.* 12. *Lobel.
  ic.* 86.
Habitat in Europæ *foffis & inundatis.* Maio. *Suec. parif. pal.
  Carn. fil. burg. monfp. lugd. lith.*

6. SCIRPUS *cæfpitofus.* S. culmo ftriato, nudo; fpicâ bivalvi
  terminali longitudine calycis; radicibus fquamulâ inter-
  ftinctis. *Oed. dan.* t. 167.
Gramen junceum, foliis & fpicâ junci, minus. *Bauh. pin.* 6.
Habitat in Europæ *paludibus cæfpitofis filvaticis.* Maio. ♃ *Suec.
  parif. pal. haff. gallob. lith. lugd.*

8. SCIRPUS *acicularis.* S. culmo tereti, nudo, fetiformi; fpicâ
  ovatâ bivalvi; feminibus nudis. *Oed. dan.* t. 287.
Juncus inutilis f. chamæfchœnus. *Bauh. theatr.* 183.
Habitat in Europa *fub aquis purioribus.* Junio. *Suec. parif. pal.
  gedan. burg. lith. lugd.*

** *CULMO TERETI POLYSTACHIO.*

10. SCIRPUS *lacuftris.* S. culmo nudo; fpicis ovatis, pluribus,
  pedunculatis, terminalibus.
Juncus maximus f. fcirpus major. *Bauh. pin.* 12. *theatr.* 178.
Habitat in Europæ *aquis puris ftagnantibus & fluviatilibus.* Junio.
  Suec. parif. pal. fil. monfp. burg. lugd. lith.

14. SCIRPUS *fetaceus.* S. culmo nudo, fetaceo; fpicâ terminali,
  feffili. *Oed. dan.* t. 311. *Herborn.* n. 35. t. 1. f. 6.
Gramen junceum minimum, capite fquamofo. *Bauh. pin.* 6.
  prodr. 13.
Habitat in Europæ *littoribus maritimis, ad ftagna.* Maio. *Carn.
  gallob. burg. fuec. monfp.*

Con.   *** *CULMO TRIQUETRO*, *PANICULA NUDA.*

19. SCIRPUS *mucronatus*. S. culmo triangulo, nudo, acuminato ;
fpicis conglomeratis, feffilibus, lateralibus.
Juncus acutus maritimus caule triangulo. *Bauh. pin,* 11. *prodr.*
22. *Morif. hift.* 3. p. 232. f. 8. t. 10. f. 20.
Habitat in Angliæ, Italiæ, Helvetiæ, Virginiæ *ftagnis.* Julio.
Pal. carn. monfp. lugd.

**** *CULMO TRIQUETRO*, *PANICULA FOLIACEA.*

29. SCIRPUS *fylvaticus*. S. culmo triquetro, foliofo ; umbellâ
foliaceâ ; pedunculis nudis, fupra decompofitis ; fpicis confertis. *Oed. dan.* t. 307. *Herborn.* n. 36. t. 1. f. 4. *
Gramen cyperoides miliaceum. *Bauh. pin.* 6.
Habitat in Europæ *fylvis humentibus.* Maio. ♃ *Suec. parif. pal.
vind. carn. fil. lith. lugd. monfp.*

E R I O P H O R U M.

74.   1. ERIOPHORUM *vaginatum*. E. culmis vaginatis
teretibus ; fpicâ fcariofâ. *Oed. dan.* t. 236.

Gramen tomentofum alpinum & minus. *Bauh. pin.* 5.
Habitat in Europæ *frigidis fterilibus.* Maio. ♃ *Suec. parif. pal. fil.
monfp. lith. lugd.*

2. ERIOPHORUM *polyftachion*. E. culmis teretibus ; foliis
planis ; fpicis pedunculatis. *Herborn.* n. 37. t. 1. f. 5.
Gramen pratenfe tomentofum ; paniculâ fparfâ. *Bauh. pin.* 4.
Habitat in Europæ *uliginofis turfofis.* Aprili. ♃ *Suec. parif. fil.
pal. monfp. burg. lugd. lith.*

75.   1. NARDUS *ftricta*. N. fpicâ fetaceâ, rectâ, fecundâ.
Schreb. gram. 65. t. 7. *Herborn.* n. 38. t. 1. f. 7.

Gramen fparteum juncifolium. *Bauh. pin.* 5. *Scheu. gram.* 90.
Habitat in Europæ *afperis, fterilibus, duris.* Maio. ♃ *Suec. parif.
pal. vind. fil. lith. monfp. lugd.*

D I G Y N I A.

80.   1. PHALARIS *canarienfis*. P. paniculâ fubovatâ, fpiciformi ; glumis carinatis. *Schreb. gram.* 83. t. 10.
f. 2. *Herborn.* t. 7. f. 3.

Ph. major, femine albo. *Bauh. pin.* 28.
Habitat in Canariis *inter fegetes ; nunc fponte in* Haffia. ☉

5. PHALARIS *phleoides*. Ph. paniculâ cylindricâ fpiciformi,
glabrâ paffim viviparâ. *Oed. dan.* t. 531.

Gramen typhinum, junceum, perenne. *Barr. ic. t. 21. f. 2.*
Habitat in Europæ *verfuris.* Maio. *Suec. Parif. pal. fil. burg.*
monfp. lith.

8. PHALARIS *arundinacea.* Ph. paniculâ oblonguâ, ventricofâ,
amplâ. *Oed. dan.* t. 259. *Leers herborn.* n. 49. t. 7. f. 3.
Gramen arundinaceum fpicatum. *Bauh. pin.* 6. *theatr.* 94.
Habitat in Europæ *fubhumidis ad ripas lacuum.* Junio. *Suec.*
parif. pal. gedan. fil. lugd. monfp. lith. burg.

PANICUM.

* SPICATA.

2. PANICUM *verticillatum.* P. fpicâ verticillatâ; race-
mulis quaternis; involucellis unifloris, bifetis; culmis
diffufis.

Gramen paniceum, fpicâ afperâ. *Bauh. pin.* 8. *theatr.* 139. t. 139.
Habitat in Europa *auftrali &* Oriente. Julio. *Pal. haff. burg. lugd.*

3. PANICUM *glaucum.* P. fpicâ tereti; involucellis bifloris
fafciculato-pilofis; feminibus undulato-rugofis. *Leers. herb.*
n. 39. t. 2. f. 2. ‡. *
Panici effigie gramen fimplici fpicâ. *Lob. ic.* 13.
Habitat in Indiis, Italia, Germania. ⊙ *Lugd.*

4. PANICUM *viride.* P. fpicâ tereti; involucellis bifloris, fafciculato-pilofis; feminibus nervofis. *Leers herborn.* n. 40. t. 2.
f. 2. *
Gramen Paniceum f. panicum fylveftre, fpicâ fimplici. *Bauh.*
pin. 8.
Habitat in Europa *auftrali.* Augufto. ⊙ *Pal. burg. lugd.*

7. PANICUM *crus galli.* P. fpicis alternis conjugatifque;
fpiculis fubdivifis; glumis ariftatis, hifpidis, rachi quinquangulari. *Leers herborn.* n. 41. t. 2. f. 3. *Fl. dan. t.* 852.
Gramen paniceum, fpicâ divifâ. *Bauh. pin.* 8.
Habitat in Europæ, Virginiæ *cultis.* Julio. ⊙ *Suec. pal. carn.*
gedan. fil. burg. monfp. lith. lugd. parif.

13. PANICUM *fanguinale.* P. fpicis digitatis bafi interiore nodofis;
flofculis geminis, muticis, vaginis foliorum punctatis. *Oed.*
dan. 388. *Leers herborn.* n. 42. t. 2. f. 6.
Gramen dactylon folio latiore. *Bauh. pin.* 8.
Gramen dactylum aquaticum. *Bauh. pin.* 118.
Habitat in America, Europa auftrali, Hollandia. Julio. *Sil.*
monfp. lugd. lith. parif.

14. PANICUM *dactylon.* P. fpicis digitatis patentibus; bafi interiore villofis; floribus folitariis, farmentis repentibus. *Mont.*
ic. 99.
Gramen dactylon, folio arundinaceo, majus & minus germanicum. *Bauh. pin.* 7.
Habitat in Europa *auftrali*, Oriente. Julio. ♃ *Pal. monfp. lugd.*

N iij

Gen.

23. PANICUM *miliaceum.* P. paniculâ laxâ , flaccidâ ; foliorum
vaginis hirtis ; glumis mucronatis , nervofis.
Milium femine luteo & albo. *Bauh. pin.* 26. *theatr.* 502.
Habitat in India.

83.

1. PHLEUM *pratenfe.* Ph. fpicâ cylindricâ , longiffimâ ,
ciliatâ ; culmo erecto. *Herborn.* n. 46. t. 3. f. 1.

Gramen thyphoides afperum primum. *Bauh. pin.* 4.
Gramen thyphoides maximum , fpicâ longiffimâ. *Bauh. pin.* 4.
Habitat in Europæ *verfuris & pratis.* Maio. ♃ *Suec. parif. pal.
carn. fil. burg. monfp lugd. lith.*

3. PHLEUM *nodofum.* Ph. fpicâ cylindricâ ; culmo afcendente ;
foliis obliquis ; radice bulbofâ. *Oed. dan.* t. 380. *Herborn.*
t. 3. f. 2.
Gramen nodofum, fpicâ parvâ. *Bauh. pin.* 2.
Habitat in Gallia, Helvetia, Italia , Germania. Maio. ♃ *Pal.
carn. lugd.*

4. PHLEUM *arenarium.* P. fpicâ ovatâ , ciliatâ ; culmo ramofo.
Habitat in Europæ *locis arenofis.* ⊙ *Suec. lugd.*

84.

2. ALOPECURUS *bulbofus.* A. culmo erecto ; fpicâ
cylindricâ ; radice bulbofâ.

Gramen typhoides fpicâ angufiiore. *Bauh. pin.* 4.
Gramen typhinum phalaroides , pilofâ fpicâ , aquaticum bulbo-
fum. *Barr. ic.* 699. f. 1 , & 680. f. 1. 2.
Habitat in Galliæ , Angliæ *pratis.* ♃ *Monfp. angl. lugd.*

3. ALOPECURUS *pratenfis.* A. culmo fpicato , erecto ; glumis
villofis ; corollis muticis. *Leers herborn.* n. 43. t. 2. f. 4.
Gramen phalaroides fpicâ mollif. germanicum. *Bauh. pin.* 4.
Habitat in Europæ *pratis.* Maio. ♃ *Suec. parif. pal. fil. monfp.
burg. lugd. lith.*

4. ALOPECURUS *agreftis.* A. culmo fpicato , erecto ; glumis
lævibus. *Herborn.* n. 44. t. 2. f. 5. *Flor. dan.* t. 697.
Habitat in Europa *auftrali.* Maio. ♃ *Pal. fil. Burg. lugd.*

5. ALOPECURUS *geniculatus.* A. culmo fpicato , infracto ; corollis
muticis. *Oed. dan.* t. 564. *Leers herborn.* n. 45. t. 2. f. 7.
Gramen aquaticum geniculatum fpicatum. *Bauh. pin* 3.
Habitat in Europæ *uliginofis.* Maio. ♃ *Suec. parif. pal. monfp.
lugd. burg.*

7. ALOPECURUS *monfpelienfis.* A. paniculâ fubfpicatâ ; caly-
cibus fcabris , corollis ariftatis.
Gramen alopecurum majus , fpicâ virefcente , divulfâ ; pilis
longioribus. *Barr. ic* 115. f. 2.
Gramen alopecuroides anglo-britannicum maximum. *Bauh. pin.* 4.
Habitat in Angliæ , Galliæ *humentibus.* ⊙

3. MILIUM *lendigerum*. M. paniculâ fubfpicatâ; floribus   Gen. 85.
ariftatis. *Schreb. gram.* 14. t. 23. f. 3.

Habitat Monfpelii. *Gouan.* ⊙ *Lugd.*

5. MILIUM *effufum*. M. floribus paniculatis, difperfis, muticis.
Leers herborn. n. 50. t. 8. f. 7.
Gramen fylvaticum, paniculâ miliaceâ, fparfâ. *Bauh. pin.* 8.
Habitat in Europæ *nemoribus umbrofis.* Maio. ♃ *Suec. parif. pal.*
fil. burg. lugd. lith.

AGROSTIS.

* *ARISTATÆ.*

1. AGROSTIS *fpica venti*. A. petalo exteriore; ariftâ   56.
rectâ, ftrictâ, longiffimâ; paniculâ patulâ. *Leers*
herborn. n. 51. t. 4. f. 1. *Fl. dan.* t. 853.
Gramen fegetum altiffimum, paniculâ fparfâ. C. B.
Habitat in Europa *inter fegetes.* Junio. ⊙ *Pal. fil. monfp. burg.*
lugd. lith. fuec.

6. AGROSTIS *arundinacea*. A. paniculâ oblongâ, petalo exteriore
bafi villofo ariftâque tortâ calyce longiore.
Habitat in Europæ *monticulis fylvofis glareofis juniperitis.* Junio. ♃
Suec. gedan. haff. fil. pal. lith.

9. AGROSTIS *rubra*. A. paniculæ parte florente patentiffimâ,
petalo exteriore glabro; ariftâ terminali, tortili, recurvâ.
Habitat in Anglia, Suecia: *vulgaris. Suec. parif. monfp. lugd.*

11. AGROSTIS *canina*. A. calycibus elongatis; petalorum ariftâ
dorfali recurvâ; culmis proftratis, fubramofis. *Leers herborn.*
n. 52. t. 4. f. 2. *Oed. fl. dan.* t. 161.
Gramen fupinum caninum paniculatum, folio varians. *Bauh.*
pin. 1.
Habitat in Europæ *pafcuis humidiufculis.* Junio. ♃ *Suec. pal.*
gedan. fil. monfp. lith. lugd.

** *MUTICÆ.*

12. AGROSTIS *ftolonifera*. A. paniculæ ramulis patentibus,
muticis; culmo repente; calycibus æqualibus. *Oed. dan.* 564.
Habitat in Europa. Junio. ♃ *Suec. pal. monfp. burg. lugd. parif.*

13. AGROSTIS *capillaris*. A. paniculâ capillari patente; calycibus fubulatis, æqualibus, hifpidiufculis coloratis; flofculis
muticis. *Oed. dan.* t. 163. *Leers herborn.* n. 54. t. 4. f. 3.
Gramen montanum, paniculâ fpadiceâ delicatiore. *Bauh. pin.* 3.
Habitat in Europæ *pratis.* Junio. *Parif. pal. monfp. burg. Lugd.*

17. AGROSTIS *minima*. A. paniculâ muticâ, filiformi.
Gramen minimum, paniculis elegantiffimis. *Bauh. pin.* 2.

Gen.

Gramen minimum. *Bauh. hift.* 2. p. 465. *Dalech. hift.* 425.
Habitat in Germania, Gallia. *Vernalis planta.* Martio. *Gallob.*
pal. burg. monfp. lugd.

A I R A.

* *M U T I C Æ.*

87.

3. AIRA *aquatica.* A. paniculâ patente; floribus muticis,
lævibus, calyce longioribus; foliis planis. *Oed. Fl.*
dan. t. 381.

Gramen aquaticum miliaceum. *Vaill. parif.* 89. t. 17. f. 7.
Gramen caninum fupinum paniculatum dulce. *Bauh. pin.* 1.
Habitat in Europæ *pafcuis aquofis.* Junio. ♃ *Suec. parif. pal.*
monfp. burg. lith. lugd.

** *A R I S T A T Æ.*

5. AIRA *cefpitofa.* A. foliis planis, paniculâ patente; petalis
bafi villofis ariftatifque; ariftâ rectâ brevi. *Oed. dan.* t. 240.
Herborn. n. 59. t. 4. f. 8.
Gramen fegetum, paniculâ arundinaceâ. *Bauh. pin.* 3.
Habitat in Europæ *pratis cultis & fertilibus.* Junio. ♃ *Suec. pal.*
gedan. fil. monfp. burg. rug. lith. lugd.

6. AIRA *flexuofa.* A. foliis fetaceis, culmis fubnudis, paniculâ
divaricatâ, pedunculis flexuofis. *Oed. dan.* 157. *Fl. herborn.*
n. 60. t. 5. f. 1.
Gramen nemorofum, paniculis albis; capillaceo folio. *Bauh.*
pin. 7.
Habitat in Europæ *petris, rupibus.* Maio. ♃ *Suec. parif. fil.*
monfp. lugd.

7. AIRA *montana.* A. foliis fetaceis; paniculâ anguftatâ; flofculis bafi pilofis ariftatis; ariftâ tortili, longiore. *Herborn.*
t. 5. f. 2. *cui præcedentis varietas.*
Gramen avenaceum capillaceum, minoribus glumis. *Bauh.*
pin. 10.
Habitat in Europæ *alpinis.* ♃. *Suec. fil. monfp.*

9. AIRA *canefcens.* A. foliis fetaceis; fummo fpathaceo pani-
culam inferne involvente.
Gramen fparteum variegatum. *Bauh. pin.* 5.
Habitat in Scania *&* auftralioris Europæ *arvis arenofis.* Julio. ⊙
Suec. parif. pal. gedan. fil. monfp. burg. lugd. lith.

10. AIRA *præcox.* A. foliis fetaceis; vaginis angulatis; floribus
paniculato-fpicatis, flofculis bafi ariftatis. *Oed. dan.* t. 383.
Habitat in Europæ *auftralioris campis arenofis inundatis.* Maio. ⊙
Suec. pal. lugd.

11. AIRA *caryophyllea.* A. foliis fetaceis; paniculâ divaricatâ;
floribus ariftatis, diftantibus. *Oed. dan.* t. 382. *Leers herborn.*
n. 62. t. 5. f. 7.

Caryophillus arvenfis glaber minimus. *Bauh. prodr.* 105.
Habitat in Angliæ, Germaniæ, Galliæ *glareofis.* Maio. ⊙ *Pal. gedan. monfp. lith. parif.*

1. MELICA *ciliata.* M. flofculi inferioris petalo exteriore ciliato.

Gramen avenaceum montanum lanuginofum. *Bauh. pin.*
Habitat in Europæ *collibus fterilibus faxofis.* Junio. ♄ *Suec. pal. monfp. burg. lugd.*

2. MELICA *nutans.* M. petalis imberbibus ; paniculâ nutante fimplici. *Herborn.* n. 63. t. 3. f. 4.
Gramen montanum avenaceum, locuftis rubris. *Bauh. pin.* 10.
Habitat in Europæ *frigidioris rupibus.* Maio. ♃ *Pal. fil. monfp. burg. lugd. lith. parif.*

4. MELICA *cærulea.* M. paniculâ coarctatâ, floribus cylindricis. *Oed. dan.* 239. *Herborn.* n. 58. t. 4. f. 7.
Gramen arundinaceum enode minus fylvaticum. *Bauh. pin.* 7.
Habitat in Europæ *pafcuis aquofis.* Augufto. ♃ *Pal. fil. burg. monfp. lith. lugd.*

1. POA *aquatica.* P. paniculâ diffufâ, fpiculis fexfloris linearibus. *Leers herborn.* n. 65. t. 5. f. 5.

Gramen aquaticum paniculatum latifolium. *Bauh. pin.* 3.
Habitat in Europa *ad ripas pifcinarum, fluviorum.* Julio. ♃ *Suec. parif. gedan. fil. pal. monfp. burg. lith. lugd.*

2. POA *alpina.* P. paniculâ diffufâ, ramofiffimâ; fpiculis fexfloris, cordatis.
Habitat in alpibus *Lapponicis, Helveticis.* ♃ *Suec. parif. burg. delph. lugd.*

3. POA *trivialis.* P. paniculâ fubdiffufâ; fpiculis trifloris bafi pubefcentibus; culmo erecto tereti. *Leers herborn.* n. 66. t. 6. f. 2.
Gramen pratenfe paniculatum medium. *Bauh. pin.* 2.
Habitat in Europæ *pafcuis.* ♃ *Suec. parif. pal. fil. monfp. burg. lith. lugd.*

4. POA *anguftifolia.* P. paniculâ diffufâ; fpiculis quadrifloris pubefcentibus; culmo erecto tereti. *Herborn.* n. 67. t. 6. f. 3.
Gramen pratenfe paniculatum majus, anguftiore folio. *Bauh. pin.* 2. *prodr.* 5. *Scheuchz. gram.* 178.
Habitat in Europa *ad agrorum verfuras.* Maio. ♃ *Suec. parif. pal. fil. monfp. burg. lith. lugd.*

5. POA *pratenfis.* P. paniculâ diffufâ; fpiculis quinquefloris glabris; culmo erecto tereti. *Leers herborn.* n. 68. t. 6. f. 4.
Gramen pratenfe paniculatum majus (latiore folio. *Bauh. pin.* 2.)
Habitat in Europæ *pratis fertiliffimis.* Maio. *Suec. parif. pal. fil. monfp. burg. lith. lugd.*

Gen.

6. POA *annua.* P. paniculâ diffusâ, angulis rectis , spiculis obtusis ; culmo obliquo compresso. *Leers herborn.* n. 70. t. 6. f. 1.
Gramen pratense minus. *Bauh. pin.* 2. *theatr.* 13. *Scheuchz. gram.* 189.
Habitat in Europa *ad vias.* Martio. ⊙ *Suec. paris. ged. sil. pal. monsp. burg. lith. lugd.*

16. POA *rigida.* P. paniculâ lanceolatâ subramosâ secundâ : ramulis alternis secundis.
Gramen paniculâ multiplici. *Bauh. pin.* 3.
Habitat in Galliæ, Angliæ, Germaniæ *siccis.* ⊙ *Burg. lugd.*

17. POA *compressa.* P. paniculâ coarctatâ secundâ , culmo obliquo compresso. *Leers herborn.* 71. t. 5. f. 4. *Fl. dan.* t. 742.
Gramen caninum vineale. *Bauh. pin.* 11.
Habitat in Europæ *&* Americæ septentrionalis *siccis , muris , tectis.* Junio. ♃ *Suec. paris. pal. monsp. burg. lith. lugd.*

19. POA *nemoralis.* P. paniculâ attenuatâ ; spiculis subbifloris mucronatis , scabris ; culmo incurvo. *Leers herborn.* n. 72. t. 5. f. 3. *Fl. dan.* t. 749.
Habitat in Europa *ad radices montium umbrosis.* Maio. ♃ *Suec. carn. pal. sil. monsp. lith. paris.*

20. POA *bulbosa.* P. paniculâ secundâ patentiusculâ ; spiculis quadrifloris.
β Gramen arvense, paniculâ crispâ. *Bauh. pin.* 3. *Barr. ic.* 703. *Pollich. pal.*
γ Gramen vernum , radice ascalonica. *Vaill. paris.* 91. t. 17. f. 8.
Habitat in Gallia , Germania , Helvetia , Hispania , Oriente , Nycopia , Sueciæ. Maio. *Monsp. burg. lugd. paris.*

23. POA *cristata.* P. paniculâ spicatâ ; calycibus subpilosis , subquadrifloris , pedunculo longioribus ; petalis aristatis. *Leers herborn.* n. 73. t. 5. f. 6.
Gramen , spicâ cristatâ subhirsutum. *Bauh. pin.* 13.
Habitat in Germaniæ, Angliæ , Galliæ , Helvetiæ *siccioribus.* Maio. ♃ *Burg. lugd. monsp. paris.*

90.

1. BRIZA *minor.* B. spiculis triangulis ; calyce flosculis (7) longiore.
Gramen tremulum minus, paniculâ parvâ. *Bauh. pin.* 2. *Scheochz. gram.* 205. t. 4. f. 9.
Habitat in Helvetia, Italia , Germania. ⊙ *Monsp. burg.*

3. BRIZA *media.* B. spiculis ovatis ; calyce flosculis , (7) breviore. *Oed. dan.* t. 258. *Leers herbon.* n. 64. t. 7. f. 2.
Gramen tremulum majus. *Bauh. pin.* 2.
Habitat in Europæ *pratis siccioribus.* ♃ *Suec. pal. sil. monsp. burg. lith. lugd.*

4. BRIZA *maxima.* B. spiculis cordatis ; flosculis septemdecim.
Briza spiculis racemosis. *Jacq. obs.* 3. p. 10. t. 60.
Gramen tremulum maximum. *Bauh. pin.* 2.

Habitat in Italia , Lufitania. *Monfp. burg.*

5. BRIZA *eragroftis.* B. fpiculis lanceolatis; flofculis viginti.
Gramen paniculis elegantiffimis. *Bauh. pin.* 2.
Gramen Eranthemum f. Eragroftis. *Barr. rar.* t. 43.
Habitat in Europa *auftrali ad agrorum verfuras. Monfp. lugd.*

2. DACTYLIS *glomerata.* D. paniculâ fecundâ glome-   92.
ratâ. *Herborn.* n. 57. t. 3. *Fl. dan.* t. 743.
Gramen fpicatum, folio afpero. *Bauh. pin.* 3.
Habitat in Europæ *cultis , ruderatis.* Junio. ♄ *Suec. pal. fil.*
lith. lugd. burg.

1. CYNOSURUS *criftatus.* C. bracteis pinnatifidis.   93.
Oed. dan. t. 238. *Leers herborn.* n. 99. t. 7. f. 4.
Gramen criftatum. *Bauh. pin.* 2. p. 468.
Habitat in Europæ *pratis.* Junio. ♃ *Suec. pal. fil. monfp. burg.*
lith. lugd.

5. CYNOSURUS *cœruleus.* C. bracteis integris.
Gramen glumis variis. *Bauh. pin.* 10. *prodr.* 21. *Scheuch. gram.*
83. t. 2, f. 9. *A. B.*
Habitat in Europæ *pafcuis uliginofis , pratis , ad rupes* Helvetiæ
& Halæ *ad falinas.* Leyfer. *fueci monfp. burg. lugd.*

FESTUCA.

* *PANICULA SECUNDA.*

1. FESTUCA *bromoides.* F. paniculâ fecundâ; fpiculis   95.
erectis, lævibus; calycis alterâ valvulâ integrâ ,
alterâ acuminatâ.
Habitat in Anglia , Gallia. *Monfp. lugd.*

2. FESTUCA *ovina.* F. paniculâ fecundâ coarctâ , ariftatâ;
culmo tetragono, nudiufculo; foliis fetaceis. *Leers herborn.*
n. 74. t. 8. f. 3. 4.
Gramen foliis junceis, brevibus, majus ; radice nigrâ. *Bauh,*
pin. 5.
Habitat in Europæ *collibus apricis, aridis vulgatiffimum.* Maio. ♃
Suec. pal. fil. monfp. burg. lugd. lith.

3. FESTUCA *rubra.* F. paniculâ fecundâ fcabrâ ; fpiculis fexfloris,
ariftatis; flofculo ultimo mutico ; culmo femitereti. *Leers*
herborn. n. 76. t. 8. f. 1.
Habitat in Europæ *fterilibus ficcis.* Maio. *Suec. pal. monfp. burg.*
lith. lugd.

6. FESTUCA *duriufcula.* F. paniculâ fecundâ oblongâ; fpiculis
fexfloris, oblongis, lævibus; foliis fetaceis. *Leers herborn.*
n. 75. t. 8. f. 2. *Fl. dan.* t. 848.
Gramen foliis junceis , brevibus minus, *Bauh. pin.* 5.

Gen. *Habitat in* Europæ *pratis ficcis*, Maio. ♃ *Gedan. pal. burg. lith. lugd.*

7. FESTUCA *dumetorum.* F. paniculâ fpiciformi , pubefcente ; foliis filiformibus. *Flor. dan.* t. 700.
Habitat in Hifpania , Dania. ♃ *Lugd.*

8. FESTUCA *myurus.* F. paniculâ fpicatâ; calycibus minutiffimis, muticis; floribus fcabris; ariftis longis. *Leers herborn.* n. 77. t. 3. f. 5.
Habitat in Anglia , Italia , Barbaria , Germania , Helvetia. *Pal. monfp.*

** *PANICULA ÆQUALI.*

12. FESTUCA *decumbens.* F. paniculâ erectâ; fpiculis fubovatis, muticis; calyce flofculis majore ; culmo decumbente. *Oed. dan.* t. 162. *Leers herborn.* n. 78. t. 7. f. 5.
Habitat in Europæ *pafcuis fterilibus.* Junio. *Suec. gedan. burg. lith. lugd. pal.*

13. FESTUCA *elatior.* F. paniculâ fecundâ erectâ , fpiculis fubariftatis ; exterioribus teretibus. *Leers herborn.* n. 79. t. 8. f. 6.
Habitat in Europæ *pratis fertiliffimis.* Maio. ♃ *Suec. pal. fil. parif. lugd.*

14. FESTUCA *fluitans.* F. paniculâ ramofâ , erectâ ; fpiculis fubfeffilibus, teretibus, muticis. *Ocd. dan.* t. 237. *Leers herborn.* n. 80. t. 8. f. 5.
Gramen aquaticum fluitans ; multiplici fpicâ. Bauh. pin. 2.
Habitat in Europæ *foffis & paludibus.* Junio. *Suec. pal. gedan. fil. monfp, burg. lith. lugd.*

95. 1. BROMUS *fecalinus.* B. paniculâ patente ; fpiculis ovatis , ariftis, rectis ; feminibus diftinctis. *Leers herborn.* n. 81. t. 11. f. 2.

Feftuca graminea , glumis hirfutis. Bauh. pin. 9.
Habitat in Europæ *agris fecalinis, arenofis.* Maio. ☉ *Pal. gedan. fil. monfp. burg. lith. lugd. fuec.*

2. BROMUS *mollis.* B. paniculâ erectiufculâ ; fpicis ovatis, pubefcentibus ; ariftis rectis; foliis molliffimè villofis. *Leers herborn.* n. 82. t. 11. f. 1.
Habitat in Europæ *auftralioris ficcis.* Maio. ♂ *Pal. fil. lugd.*

3. BROMUS *fquarrofus.* B. paniculâ nutante ; fpiculis ovatis ; ariftis divaricatis.
Feftuca graminea ; glumis vacuis. Scheuch. gram. 251. t. 5. f. 11. *Bauh. prodr.* 64. *pin* 144. 64.
Habitat in Gallia , Helvetia , Sibiria. *Monfp. burg. lugd.*

8. BROMUS *fterilis.* B. paniculâ patulâ ; fpiculis oblongis, diftichis;glumis fubulato-ariftatis. *Leers herborn.* n. 83. t. 11.f.4.
Feftuca avenacea fterilis elatior. Bauh. pin. 9.
Habitat in Europæ *auftralioris agris , fylvis , ad vias.* Maio. *Pal. monfp, burg. lugd.*

9. BROMUS *arvensis*. B. paniculâ nutante ; spiculis ovato-
oblongis. *Oed. dan.* t. 293. *Leers herborn.* n. 84. t. 11. f. 3.
Festuca graminea ; jubâ effusâ. *Bauh. pin.* 9.
Festuca graminea nemoralis latifolia mollis. *Bauh. pin.* 9.
Habitat in Europa *ad versuras agrorum.* ⊙

Gen.

11. BROMUS *tectorum*. B. paniculâ nutante; spiculis linearibus.
Herborn. n. 85. t. 10. f. 2.
Habitat in Europæ *collibus siccis & tectis terestribus.* Maio. ♂
Suec. ged. pal. monsp. burg. lith. lugd. paris.

12. BROMUS *giganteus*. B. paniculâ nutante; spiculis quadri-
floris; aristis brevioribus. *Herborn.* t. 10. f. 1.
Gramen silvaticum glabrum, paniculâ recurvâ. *Vaill. paris.*
93. t. 18. f. 3.
Habitat in Europæ *humidis, umbrosis, & collibus, sylvis.* Julio. ♃
Suec. pal. gedan. burg. lugd. paris.

20. BROMUS *pinnatus*. B. culmo indiviso ; spiculis alternis,
subsessilibus, teretibus, subaristatis. *Herborn.* n. 87. t. 10.
f. 3. *Fl. dan.* t. 164.
Gramen spica Brizæ majus. *Bauh. pin.* 9.
Habitat in Europæ *sylvis montosis asperis.* Junio. ♃ *Suec. gedan.*
monsp. burg. lith. lugd. pal.

22. BROMUS *distachys*. B. spicis duabus erectis, alternis.
Gramen festuceum myurum elatius ; spicâ heteromalâ gracili.
Barr. ic. 99. f. 2.
Gramen spica Brizæ minus. *Bauh. pin.* 9.
Habitat in Europa *australi,* Oriente. ⊙ *Burg. lugd.*

1. STIPA *pennata*. St. aristis lanatis.

Gramen sparteum pennatum. *Bauh. pin.* 5. *Barrel.* n. 46.
Habitat in Austria, Gallia, Suecia, Germania. Maio. ♃ *Pal.*
rind. monsp. lugd. burg.

96.

3. STIPA *capillata*. St. aristis nudis, curvatis ; calycibus se-
mine longioribus ; foliis intùs pubescentibus.
Festuca longissimis aristis. *Bauh. pin.* 10. *theatr.* 153.
Habitat in Germania, Gallia. Julio. *Pal. burg.*

2. AVENA *elatior*. A. paniculata ; calycibus bifloris ;
flosculo hermaphrodito, submutico ; masculo aristato.
Oed. dan. 165. *Leers herborn.* n. 88. t. 10. f. 4.

Gramen nodosum, avenaceâ paniculâ : radice tuberibus præ-
ditâ. *Bauh. pin.* 2.
Habitat in Europæ *maritimis & apricis.* Junio. ♃ *Suec. pal.*
monsp. burg. lugd. paris.

97.

6. AVENA *sativa*. A. paniculata ; calycibus dispermis ; semi-
nibus lævibus, altero aristato.
A. nigra. *Bauh. pin.* 23.
Habitat in Insula Juan Fernandez, *versùs* Chili. *Anson.* ⊙

Gen.

7. AVENA *nuda.* A. paniculata ; calycibus trifloris ; receptaculo calicem excedente ; petalis dorſo ariſtatis ; tertio
floſculo mutico.
Avèna nuda. *Bauh. pin.* 23.
Habitat . . . . ⊙

8. AVENA *fatua.* A. paniculata ; calycibus trifloris , floſculis
omnibus ariſtatis , baſique piloſis. *Leers herborn.* n.90. t. 9. f. 4.
Feſtuca utriculis lanugine flaveſcentibus. *Bauh. pin.* 16.
Habitat in Europæ *agris inter ſegetes.* Junio. ⊙ *Suec. pal. ſil.
monſp. burg. lugd. lith.*

10. AVENA *pubeſcens.* A. ſubſpicata ; calycibus ſubtrifloris baſi
piloſis ; foliis planis, pubeſcentibus. *Leers herborn.* n. 91. t. 9.
f. 2.
Feſtuca dumetorum. *Bauh. pin.* 20. *prodr.* 19.
Habitat in Germaniæ , Sibiriæ , Angliæ , Galliæ *pratis.* Maio. ♃
Pal. gedan. lith. pariſ.

12. AVENA *flaveſcens.* A. paniculâ laxâ ; calycibus trifloris ;
brevibus ; floſculis omnibus ariſtatis. *Leers herborn.* 93. t. 10.
f. 5.
Habitat in Germania , Anglia, Gallia. Junio. *Suec. pal. monſp.
burg. lugd.*

14. AVENA *pratenſis.* A. ſubſpicata ; calycibus quinquefloris.
Leers herborn. n. 92. t. 9. f. 1.
Gramen avenaceum , locuſtis ſplendentibus & bicornibus.
Vaill. pariſ. t. 18. f. 1.
Habitat in Europæ *pratis & paſcuis.* Maio. *Pal. monſp. lugd.*

99.

2. ARUNDO *donax.* A. calycibus quinquefloris ; paniculâ diffuſâ ; culmo fruticoſo.

A. ſativa , quæ Donax Dioſcoridis. *Bauh. pin.* 17.
Habitat in Hiſpania , Galloprovincia , Helvetia , Carniolia ,
collibus calidis; in Sibiria *Gmel. it.* 2. p. 199. ♃ *Monſp.*

3. ARUNDO *phragmites.* A. calycibus quinquefloris ; paniculâ
laxâ. *Leers herborn.* n. 94. t. 7. f. 1.
A. vulgaris ſ. Phragmites Dioſcoridis. *Bauh. pin.* 15.
Habitat in Europæ *lacubus , fluviis.* Julio. *Pal. ſil. burg. lugd.
lith.*

4. ARUNDO *epigejos.* A. calycibus unifloris ; paniculâ erectâ ;
foliis ſubtus glabris.
Habitat in Europæ *collibus aridis.* ♃ *Lugd. ſuec.*

5. ARUNDO *calamagroſtis.* A. calycibus unifloris , lævibus ;
corollis lanuginoſis ; culmo ramoſo. *Oed. dan.* 280.
Gramen arundinaceum ; paniculâ molli ſpadiceâ , majus. *Bauh.
pin.* 7.
Habitat in Europæ *paludibus graminoſis.* Junio. ♃ *Suec. pal. ſil.
monſp. burg. lugd. lith.*

1. LOLIUM. *perenne*. L. ſpicâ muticâ ; ſpiculis com- Gen. 101.
preſſis, multifloris. *Leers herborn.* n. 97. t. 12. f. 1.
Fl. dan. t. 750.

Gramen loliaceum ; anguſtiore folio & ſpicâ. *Bauh. pin.* 9.
Habitat in Europa *ad agrorum verſuras ſolo fertili.* Junio. ♃ *Gedan.*
pal. lugd. burg. lith.

2. LOLIUM *tenue*. L. ſpicâ muticâ tereti ; ſpiculis trifloris.
Gramen loliaceum ; foliis & ſpicis tenuiſſimis. *Vaill. pariſ.* 81.
Graminis foliacei anguſtiore folio & ſpica vàrietas. *Bauh. pin.* 9.
Habitat in Gallia , Germania. *Gmel. lugd.*

3. LOLIUM *temulentum*. L. ſpicâ ariſtatâ ; ſpiculis compreſſis ,
multifloris. *Oed. dan.* t. 160. *Leers herborn.* n. 98. t. 12. f. 2.
Gramen loliaceum ; ſpicâ longiore , ſ. Lolium Dioſcoridis.
Bauh. pin. 9.
Habitat in Europæ *agris inter* Hordeum , Linum. Junio. ☉ *Pal.*
ſil. burg. lugd. ſucc. lith.

1. ELYMUS *arenarius*. E. ſpicâ erectâ, arctâ ; caly- 102.
cibus tomentoſis, floſculo longioribus.

Habitat ad Europæ *littora maritima , in arena mobili.* ♃ *Ingr.*
monſp. rug.

5. ELYMUS *caninus*. E. ſpicâ nutante arctâ ; ſpiculis rectis,
involucro deſtitutis ; infimis geminis. *Leers herborn.* n. 96.
t. 12. f. 4.
Gramen Loliaceum , fibroſâ radice ; ariſtis donatum. *Vaill.*
pariſ. 82.
Habitat in Europa. Junio. ♃ *Suec. pal. monſp.*

7. ELYMUS *europæus*. E. ſpicâ erectâ ; ſpiculis bifloris, invo-
lucro æqualibus.
Gramen hordeaceum montanum ſ. majus. *Bauh. pin.* 9.
Habitat in Germaniæ, Helvetiæ *ſilvis* ♃ *Lugd.*

1. SECALE *cereale*. S. glumarum ciliis ſcabris. 103.

S. (*hybernum*) hybernum vel majus. *Bauh. pin.* 22. *theatr.* 425.
Blackw. t. 424.
S. (*vernum*) vernum vel minus. *Bauh. pin.*
Habitat in Creta. ☉

1. HORDEUM *vulgare*. H. floſculis omnibus herma- 104.
phroditis , ariſtatis ; ordinibus duobus erectioribus.

H. polyſtichum vernum. *Bauh. pin.* 22.
Habitat circa Marzameni Siciliæ , *gen.* Riedeſel ; *circa* Samaram.
☉ *Ruſſiæ.*

2. HORDEUM *hexaſtychon*. H. floſculis omnibus hermaphro-
ditis ; ariſtatis feminibus ſexfariam poſitis.
H. polyſtichum vernum. *Bauh. theatr.* p. 439.
Habitat . . . . ☉

Gen.

3. HORDEUM *diſtichon.* H. floſculis lateralibus , maſculis ,
muticis; feminibus angularibus, imbricatis. *Hall. helv. n.* 1535.
Habitat ad Samaram Tartatiæ *fluvium.* ☉

7. HORDEUM *murinum.* H. floſculis lateralibus , maſculis,
ariſtatis ; involucris intermediis ciliatis. *Oed. dan.* t. 629.
Gramen hordeaceum minus & vulgare. *Bauh. pin.* 9.
Habitat in Europæ *locis ruderatis.* Junio. ☉ *Suec. pal. ſil, monſp.
burg. lugd. lith.*

TRITICUM.

* A N N U A.

105.

1. TRITICUM *æſtivum.* T. calycibus quadrifloris ,
ventricoſis, glabris, imbricatis, ariſtatis.

T. æſtivum. *Bauh. pin.* 11.
Habitat apud Baſchiros *in campis. Heintzelmann.* ☉

2. TRITICUM *hybernum.* T. calycibus quadrifloris , ventricoſis,
lævibus , imbricatis, ſubmuticis.
T. hybernum , ariſtis carens. *Bauh. pin.* 21.
Habitat . . . . ♂

6. TRITICUM *Spelta.* T. calycibus quadrifloris , truncatis ;
floſculis ariſtatis, hermaphroditis; intermedio neutro.
Zea dicoccus, vel Spelta major. *Bauh. pin.*
Habitat . . . . ♂

* * P E R E N N I A.

9. TRITICUM *junceum.* T. calycibus quinquefloris, truncatis;
foliis involutis.
Gramen tritici, ſpicâ muticæ ſimili. *Bauh. pin.* 9.
Habitat in Europa *auſtrali* , Oriente. ♃ *Burg. lugd. pariſ.*

10. TRITICUM *repens.* T. calycibus quadrifloris , ſubulatis ,
acuminatis ; foliis planis. *Herborn.* 95. t. 12. f. 3. *Blackw.*
t. 537. *Fl. dan.* t. 748.
Gramen caninum arvenſe ſ. Gramen Dioſcoridis. *Baug. pin.* 1.
ß. Gramen loliaceum , radice repente , ſ. gramen officinarum
ariſtis donatum. *Vaill. pariſ.* 81. t. 17. f. 2. *R.*
Habitat in Europæ *cultis.* Maio. ♃ *Pal. ſil. lugd. ſuec. monſp.
Lith.*

12. TRITICUM *tenellum.* T. calycibus ſubquadrifloris ; floſculis
muticis , acutis; foliis ſetaceis.
Gramen loliaceum minus ; ſpicâ ſimplici. *Bauh. pin.* 8.
Habitat Monſpelii, *Sauvage; in* Helvetia, *Haller.* ☉ *Lugd.*

TRIGYNIA.

TRIGYNIA.

1. MONTIA *fontana.* M. Oed. dan. t. 151.　　　Gen. 107.

M. foliis oblongo-ovatis, subcarnosis; pedunculis unifloris, fructiferis, deflexis. *Mœnch. hass.*

Potulaca arvensis. *Bauh. pin.* 288.
β. Montia aquatica major. *Mich. gen.* p. 15. t. 13. f. 1.
Habitat in Europa *ad scaturigines.* Maio. ☉ *Succ. pal. monsp. burg. lugd.*

2. HOLOSTEUM *umbellatum.* H. floribus umbellatis.　　　120.

Caryophyllus arvensis, umbellatus; folio glabro. *Bauh. pin.* 210.
Habitat in Europæ *australis arvis.* Martio. ☉ *Pal. herb. hass. sil. lugd. paris. burg.*

3. POLYCARPON *tetraphyllum.* Mollugo tetraphylla; foliis quaternis, obovatis; paniculis dichotomis. *Sp. pl.*　　　112.

P. caule ramoso prostrato. : foliis quaternis. *Suppl.* p. 116.
Anthylis marina alsinefolia. *Bauh. pin.* 282.
Anthylis alsinefolia polygonoides major. *Barr. rar.* 103. t. 534.
Habitat in Italiæ; G. Narbonensis *vineis, in* Istria. ☉ *Monsp. lugd.*

CLASSIS IV.

TETRANDRIA

MONOGYNIA.

Flores monopetali, monofpermi, inferi.

118. GLOBULARIA. *Cor.* 1-petalæ irregulares. *Sem.* nuda.

Flores monopetali, monofpermi, fuperi. Aggregatæ.

120. DIPSACUS. *Cal.* communis foliaceus. *Recept.* conicum, paleaceum. *Semen* columnaria.

121. SCABIOSA. *Cal.* communis. *Recept.* elevatum, fubpaleaceum. *Semina* coronata, involuta.

122. KNAUTIA. *Cal.* communis oblongus. *Recept.* planum, nudum, *Semina* apice villofa.

Flores monopetali, monocarpi, inferi.

51. CENTUNCULUS. *Cor.* rotata. *Cal.* 4-partitus. *Capf.* 1-locularis, circumfciffa.

48. PLANTAGO. *Cor.* refracta. *Cal.* 4-partitus. *Capf.* 2-locularis, circumfciffa.

* *Gentianæ quadrifidæ.*

Flores monopetali, monocarpi, fuperi.

52. SANGUISORBA, *Cor.* plana. *Cal.* 2-phyllus. *Capf.* 4-gona, inter calycem & corollam.

Flores monopetali, dicocci, superi. Stellatæ.

834. RUBIA.   *Cor.* campanulata. *Fructus* baccati.

132. GALIUM.   *Cor.* plana. *Fructus* sub-globosi.

128. ASPERULA.   *Cor.* tubulosa. *Fructus* sub-globosi.

127. SCHERARDIA.   *Cor.* tubulosa *Fructus* coronatus. *Sem.* 3-dentata.

133. CRUCIANELLA. *Cor.* tubulosa, aristata. *Fructus* nudus. *Sem.* linearia.

Flores tetrapetali, inferi.

154. EPIMEDIUM.   *Petala* Nectar. 4. incumbentia. *Cal.* 4-phyllus. *Siliqua* 1-locularis.

  * *Cardamine hirsuta.*

  * *Evonymus Europæus.*

Flores tetrapetali, superi.

165. TRAPA.   *Cal.* 4-partitus. *Nux* armata spinis conicis, oppositis.

155. CORNUS.   *Cal.* 4-dentatus, deciduus. *Drupa* nucleo 2-loculari.

Flores incompleti, inferi.

174. RIVINA.   *Cor.* 4-petala. *Bacca* 1-sperma. *Sem.* scabrum.

176. CAMPHOROSMA. *Cal.* 4-fidus. *Capf.* 1-sperma.

177. ALCHEMILLA.   *Cal.* 8-fidus. *Sem.* 1. calyce inclusum.

  * *Convallaria bifolia.*

O ij

Flores incompleti , superi

164. ISNARDIA. *Cal.* campanulatus , perfi=
ftens. *Capf.* 4-locularis.
168. ELÆAGNUS. *Cal.* campanulatus , deci=
duus. *Drupa.*

* *Thefium alpinum.*

DIGYNIA.

180. BUFONIA. *Cor.* 4-petala. *Cal.* tetra=
phyllus. *Capf.* 1-locularis,
2-valvis , 2-fperma.
183. HYPECOUM. *Cor.* 4-petala , inæqualis.
Cal. 2-phyllus. *Siliqua.*
182. CUSCUTA. *Cor.* 4-fida , ovata. *Cal.*
4-fidus. *Capf.* 2-locularis,
circumfciffa.
178. APHANES. *Cor.* 0. *Cal.* 8-fidus. *Sem.* 2.

* *Herniaria fruticofa.*

* *Gentiana.*

* *Swertia.*

TETRAGYNIA.

184. ILEX. *Cor.* 1-petala. *Cal.* 4-den=
tatus. *Bacca* 4-fperma.
188. SAGINA. *Cor.* 4-petala. *Cal.* 4-phyl=
lus. *Capf.* 4-loculatis , po=
lyfperma.
189. TILLÆA. *Cor.* 3. f. 4-petala. *Cal.* 3. f.
4-phyllus. *Capf.* 3. f. 4. po=
lyfpermæ.
186. POTAMOGETON, *Cor.* 0. *Cal.* 4-phyllus. *Sem.*
4. feffilia.
187. RUPPIA. *Cor.* 0. *Cal.* 0. *Sem.* 4. pe=
dicellata.

TETRANDRIA.
MONOGYNIA.

1. GLOBULARIA *Alypum.* G. caule fruticoſo; foliis Gen. 118.
lanceolatis, tridentatis, integriſque.

Thymelæa foliis acutis; capitulo ſucciſæ. *Bauh. pin.* 463.
Habitat Monſpelii *inque Regni* Valentini & Italiæ *ſylvis ad rupes*
& ſaxoſa. ♄

2. GLOBULARIA *vulgaris.* G. caule herbaceo; foliis radicalibus, tridentatis, caulinis, lanceolatis.
Bellis cærulea, caule folioſo. *Bauh. pin.* 262.
Habitat in Europæ *apricis duris.* Maio. ♃ *Suec. pariſ. pal. ged.
monſp. burg. lith. lugd.*

3. GLOBULARIA *cordifolia.* G. caule ſubnudo; foliis cuneiformibus, tricuſpidatis; intermedio minimo. *Jacq. auſtr.*
t. 245.
Bellis cærulea montana fruteſcens. *Bauh. pin.* 262.
Habitat in Pannonia, Auſtria, Helvetia, Pyrenæis. ♃ *Delph.*

1. DIPSACUS *fullonum.* D. foliis feſſilibus ſerratis. 120.

D. ſylveſtris, aut Virga Paſtoris major. *Bauh. pin.* 385.
β. Dipſacus ſativus, *Bauh. pin.* 385. ariſtis fructus hamatis.
Habitat in Gallia, Anglia, Italia. Julio. ♂ *Pal. ged. ſil. monſp.
lugd. burg. lith. pariſ. monſp.*

2. DIPSACUS *laciniatus.* D. foliis connatis, ſinuatis.
D. folio laciniato. *Bauh. pin.* 384. *Moriſ. hiſt.* 3. p. 158. ſ. 7.
t. 36. f. 4.
Habitat in Alſatia, Azow; Carniola. Julio. ♂ *Pal. kaſſ. burg.
lugd.*

3. DIPSACUS *piloſus.* D. foliis petiolatis appendiculatis. *Blackw.*
t. 124.
D. ſylveſtris; capitulo minore ſ. Virga Paſtoris minor. *Bauh.
pin.* 385.
Habitat in Anglia, Gallia, Germania, &c. Julio. ♂ *Lugd. burg.
par. pal.*

SCABIOSA.
* *COROLLULIS QUADRIFIDIS.*

1. SCABIOSA *ſucciſa.* S. corollulis quadrifidis, æqua- 121.
libus; caule ſimplici; ramis approximatis; foliis
lanceolato-ovatis. *Oed. dan.* t. 279. *Blackw.* t. 144.

O iij

Gen.

Succisa glabra. *Bauh. pin.* 269.
β. Succisa hirsuta. *Bauh. pin.* 369.
Habitat in Europæ *pascuis humidiusculis.* Septembri. ♃ *Succ.*
paris. pal. ged. herborn. sil. monsp. burg. lugd. lith.

10. SCABIOSA *arvensis.* S. corollulis quadrifidis, radiantibus;
foliis pinnatifidis, incisis; caule hispido. *Oed. dan.* 447.
S. pratensis hirsuta. *Bauh. pin.* 269.
Habitat in Europa, *solo glareoso, juxta segetes inque pratis.*
Maio. ♃ *Pal. herborn. monsp. burg. lugd. lith. paris.*

11. SCABIOSA *sylvatica.* S. corollulis quadrifidis, radiantibus;
foliis omnibus indivisis, ovato-oblongis, serratis; caule
hispido. *Jacq. austr.* 4. t. 362.
S. maxima dumetorum, folio non laciniato. *Bauh. hist.* 3. p. 10.
β. Scabiosa montana, non laciniata, rubra. 1. *Bauh. pin.* 270.
Habitat in Austriæ, Helvetiæ, Germaniæ, Monspelii *sylvaticis.*
Julio, *Pal. lith. lugd.*

* * *COROLLULIS QUINQUEFIDIS.*

12. SCABIOSA *gramuntia.* S. corollis quinquefidis; calycibus
brevissimis; foliis caulinis, bipinnatis, filiformibus.
S. capitulo globoso minor. *Bauh. pin.* 270.
Habitat Monspelii *secus vias; autumno florens. Monsp. burg.*
lugd.

13. SCABIOSA *columbaria.* S. corollulis quinquefidis, radiantibus; foliis radicalibus, ovatis, crenatis; caulinis pinnatis,
setaceis. *Oed. dan.* 314.
Scabiosa capitulo globoso major & minor. *Bauh. pin.* 207.
Habitat in Europæ *montosis siccioribus.* Junio. *Suec. paris. monsp.*
pal. sil. burg. lugd. lith.

18. SCABIOSA *atropurpurea.* S. corollulis quinquefidis, radiantibus; foliis dissectis; receptaculis florum subulatis. *Knip.*
cent. 4. n. 73.
S. peregrina rubra, capite oblongo. *Bauh. pin.* 270.
Habitat in India. ⊙

24. SCABIOSA *graminifolia.* S. corollulis quinquefidis, radiantibus; foliis lineari-lanceolatis, integerrimis; caule herbaceo.
Scabiosa argentea, angustifolia. *Bauh. pin.* 270. *prodr.* 127.
t. 127.
Habitat in alpibus Helvetiæ, Baldi, Tridentini. ♃ *Carn. delph.*

28. SCABIOSA *ochroleuca.* S. corollulis quinquefidis, radian-
tibus; foliis bipinnatis, linearibus. *Jacq. obs.* 3. p. 20.
t. 73. 74.
S. multifido folio; flore flavescente. *Bauh. pin.* 270. *Moris.*
hist. 3. p. 48. f. 9. t. 13. f. 23.
S. Angustifolia alba altera. *Bauh. pin.* 270. *Barr. ic.* 770. f. 2.
Habitat in Germaniæ *pratis siccis.* ♂ *In* Sibiria. *Gmel.* Septembri.
Monsp. lith.

1. KNAUTIA *orientalis*. K. foliis incifis ; corollulis   Gen. 122;
quinis calyce longioribus. *Kniph. cent.* 7. n. 39.

Habitat in Oriente. ☉

2. SHERARDIA *arvenfis*. S. foliis omnibus verticillatis ;   127;
floribus terminalibus. *Oed. dan.* t. 439.

Rubeola arvenfis repens cærulea. *Bauh. pin.* 334. *prodr.* 145.
Habitat in arvis Scaniæ, Germaniæ, Helvetiæ, Angliæ. Julio.
☉ *Pal. herborn. carn. fuec. monfp. burg. lugd. lith.*

3. ASPERULA *odorata*. A. foliis octonis, lanceolatis ;   128;
florum fafciculis pedunculatis. *Oed. dan.* 562.

A. f. Rubeola montana odorata. *Bauh. pin.* 334.
Habitat in Europæ umbrofis. Maio. ♃ *Suec. parif. pal. fil.
monfp. burg. lugd. lith.*

2. ASPERULA *arvenfis*. A. foliis fenis ; floribus terminalibus,
feffilibus, aggregatis.
A. cærulea arvenfis. *Bauh. pin.* 334.
A. cærulea. *Dod. pempt.* 355.
Habitat in Gallia , Flandria , Germania , Anglia , Helvetia.
Maio. ☉ *Pal. Monfp. burg. lugd. parif.*

5. ASPERULA *tinctoria*. A. foliis linearibus , inferioribus fenis ,
intermediis quaternis ; caule flaccido ; floribus plerifque
trifidis.
Gallium album 3. *Tabern. hift.* 433. t. 733. f. 1. *bona.*
Habitat in Sueciæ, Germaniæ, Galliæ, Sibiriæ *collibus aridis
faxofis.* Maio ♃ *Vind. lith. monfp. fuec. parif.*

7. ASPERULA *cynanchica*. A. foliis quaternis, linearibus , fuperioribus oppofitis ; caule erecto ; floribus quadrifidis.
Rubia cynanchica. *Bauh. pin.* 333. *Bauh. hift.* 3. p. 723.
Habitat in Germaniæ , Angliæ , Helvetiæ , Italiæ , Orientis
pratis aridis, faxofis, cretaceis. Junio. ♃ *Pal. burg. lugd. monfp.*

8. ASPERULA *lævigata*. A. foliis quaternis, ellipticis, enerviis,
læviufculis ; pedunculis divaricatis, trichotomis ; feminibus
fcabtis. *Jacq. auftr.* t. 94.
Rubia quadrifolia f. rotundifolia lævis. *Bauh. pin.* 334.
Cruciata minor glabra ; flore molluginis albo. *Barr. ic.* 324.
Habitat in alpibus Helvetiæ, Styriæ ; *in* Lufitania , Carniolia,
Germania. *Lith. delph. lugd. monfp.*

GALIUM.

* FRUCTU GLABRO.

1. GALIUM *paluftre*. G. foliis quaternis obovatis inæ-   132;
qualibus; caulibus diffufis. *Oed. dan.* t. 423.

G. paluftre album. *Bauh. pin.* 335.
Habitat in Europæ *rivulis limofis.* Maio. ♃. *Suec. pal. herborn. monfp. burg. lugd. lith.*

4. GALIUM *montanum.* G. foliis fubquaternis, linearibus 6 lævibus; caule debili fcabro; feminibus glabris.
Habitat in Germania, Helvetia. Maio. ♃. *Ged. fil. lith. pal.*

6. GALIUM *uliginofum.* G. foliis fenis, lanceolatis, retrorfum ferrato-aculeatis, mucronatis, rigidis; corollis fructu ma-joribus.
Galium aquaticum, flore albo. *Barrel. ic.* 82. *Hall.* R.
Rubia quædam minor. *Bauh. hift.* 3. p. 716.
Habitat in Europæ *pafcuis aquofis fterilibus.* Maio. ♃ *Suec. pal. monfp. burg. lugd. lith.*

7. GALIUM *fpurium.* G. foliis fenis, lanceolatis, carinatis, fcabris, retrorfum aculeatis; geniculis fimplicibus; fructibus glabris.
Habitat in Europæ *cultis.* ☉ *Herb. burg. lugd.*

8. GALIUM *faxatile.* G. foliis fenis, obovatis, obtufis; caule ramofiffimo procumbente.
G. faxatile fupinum, molliore folio. *Juff. Act. parif.* 1714. t. 15.
Habitat in Hifpaniæ, Helvetiæ *alpinis. Lith. lugd.*

11. GALIUM *verum.* G. foliis octonis, linearibus, fulcatis; ramis floriferis brevibus. *Blackw.* t. 435.
G. luteum, *Bauh. pin.* 335.
Galium. *Dod. pempt.* 335. *Camer, epit.* 368.
Habitat in Europa *frequens.* Julio. ♃ *Suec. pal. fil. monfp. burg. lugd. lith. parif.*

12. GALIUM *Mollugo.* G. foliis octonis, ovato-linearibus, fubferratis, patentiffimis, mucronatis; caule flaccido; ramis patentibus. *Oed. dan.* t. 455.
Mollugo montana, anguftifolia, ramofa, f. Gallium album lati-folium. *Bauh. pin.* 334.
Habitat in Europa *mediterranea.* Maio. ♃ *Pal. fil. monfp. burg. lugd. lith.*

13. GALIUM *fylvaticum.* G. foliis octonis, lævibus fubtus fcabris; floralibus binis; pedunculis capillaribus, caule lævi.
Mollugo montana, latifolia ramofa. *Bauh. pin.* 334.
Mollugo. *Dod. purg.* p. 161. *Hall.*
Habitat in Germaniæ, Europæ *auftralis montibus fylvofis.* Julio. *Pal. herborn. lith. lugd.*

14. GALIUM *criftatum.* G. foliis octonis, lanceolatis, lævibus; paniculâ capillari; petalis ariftatis; feminibus glabris.
Habitat in Baldo. ♃ *Lugd.*

16. GALIUM *glaucum.* G. foliis verticillatis, linearibus; pedun-culis dichotomis; caule lævi. *Oed. dan.* t. 609.

Rubia montana angustifolia. *Bauh. pin.* 333. *prodr.* 145.

Habitat in Tattaria , Helvetia , Austria, Monspelii, Germania , Sibiria. *Gmel.* Maio. ♃ *Lugd.*

Gen.

* * *FRUCTU HISPIDO.*

19. GALIUM *boreale.* G. foliis quaternis , lanceolatis , trinerviis , glabris ; caule erecto ; seminibus hispidis.

Rubia pratensis , lævis , acuto folio. *Bauh. pin.* 333. *prodr.* 145.

Habitat in Europæ pratis. Junio. ♃ *Fl. suec. sil. vind. burg. lith. lugd.*

23. GALIUM *Aparine.* G. foliis octonis , lanceolatis , carinatis , scabris, retrorsùm aculeatis ; geniculis villosis ; fructibus hispidis. *Oed. dan.* 495. *Blackw.* t. 39.

Aparine vulgaris. *Bauh. pin.* 334.

Habitat in Europæ *cultis & ruderatis.* Junio. ☉ *Pal. herborn. sil. monsp. burg. lith. lugd. carn. suec.*

24. GALIUM *parisiense.* G. foliis verticillatis , linearibus ; pedunculis bifloris; fructibus hispidis.

Galium parisiense tenuifolium ; flore atropurpureo. *Tournes. inst.* 664.

Habitat in Anglia, Gallia. ☉ *Monsp. helv.*

5. CRUCIANELLA *angustifolia.* C. erecta , foliis senis, linearibus ; floribus spicatis.

133

Rubia angustifolia spicata. *Bauh. pin.* 334. *prodr.* 145.

Habitat Monspelii. ☉

2. CRUCIANELLA *latifolia.* C. procumbens ; foliis quaternis , lanceolatis ; floribus spicatis.

Rubia latifolia spicata. *Bauh. pin.* 334.

Habitat in Creta & Monspelii. ☉

5. CRUCIANELLA *maritima.* C. procumbens suffruticosa ; foliis quaternis , mucronatis ; floribus oppositis , quinquefidis.

Rubia maritima. *Bauh. pin.* 334. *Dod. pempt.* 357.

Habitat in Creta & Monspelii. ♄

6. CRUCIANELLA *monspeliaca.* C. procumbens; foliis acutis ; caulinis quaternis , ovatis ; rameis linearibus ; floribus spicatis.

Rubia spicata repens. *Magn. bot. monsp.*

Habitat Monspelii, *inque* Palestina. *monsp. lugd.*

6. RUBIA *tinctorum.* R. foliis annuis ; caule aculeato.

134

R. sylvestris aspera. *Bauh. pin.* 33.

β. R. tinctorum sativa. *Bauh. pin.* 33. *hæc annua aut biennis.*

Habitat Monspelii, *in* Italia , Helvetia , Danubii pratis. ♃ *Pol. carn. burg. lugd. monsp. helv.*

2. RUBIA *peregrina.* R. foliis perennantibus , linearibus , supra lævibus.

Gen.

Habitat in Gallorum Monte Pilati, Lugduni, Niceæ, *in* Ruſſia. ♃ *Lugd.*

PLANTAGO.

* SCAPO NUDO.

148.

1. PLANTAGO *major.* P. foliis ovatis, glabris; ſcapo tereti; ſpicâ floſculis imbricatis. *Oed. dan.* t. 461.

P. latifolia ſinuata. *Bauh. pin.* 189.

β. P. latifolia glabra minor. *Bauh. pin.* 189. *Tabern.* 732.

γ. P. latifolia roſea, floribus quaſi in ſpica diſpoſitis. *Bauh. pin.* 189.

δ. P. latifolia, ſpicâ multiplici ſparſâ. *Bauh. pin.* 189.

ε P. latifolia roſea, flore expanſo.

Habitat in Europa & Japonia *ad vias.* Junio. ♃ *Ged. pal. herb. ſil. monſp. burg. lugd. ſuec. par. lith.*

3. PLANTAGO *media.* P. foliis ovato-lanceolatis, pubeſcentibus; ſpicâ cylindricâ; ſcapo tereti. *Oed.* t. 581.

P. latifolia incana. *Bauh. pin.* 189.

β. Plantago latifolia hirſuta minor. *Bauh. pin.* 189.

P. latifolia incana, ſpicis variis. *Bauh. pin.* 189.

Habitat in Europæ *paſcuis ſterilibus, apricis, argilloſis,* Maio. ♃ *Pal. ged. ſil. monſp. burg. lugd. lith. pariſ. ſuec.*

6. PLANTAGO *lanceolata.* P. foliis lanceolatis; ſpicâ ſubovatâ, nudâ; ſcapo angulato. *Oed. dan.* t. 437.

P. anguſtifolia major. *Bauh. pin.* 189.

β. P. trinervia, folio anguſtiſſimo. *Bauh. pin.* 189. *prodr.* 98. *Ger. prov.* 338. t. 12.

γ. P. anguſtifolia alpina. *Bauh. hiſt.* 3. p. 506. R.

δ. P. anguſtifolia major, caulium ſummitate folioſâ. *Bauh. pin.* 189.

Habitat in Europæ *campis ſterilibus,* Aprili. ♃ *Suec. pariſ. pal. ſil. monſp. burg. lugd. lith.*

7. PLANTAGO *Lagopus.* P. foliis lanceolatis, ſubdenticulatis; ſpicâ ovatâ, hirſutâ; ſcapo tereti.

P. anguſtifolia, paniculis lagopi. *Bauh. pin.* 189. *prodr.* 98. *Moriſ. hiſt.* 3. ſ. 8. t. 16. f. 13.

Habitat in G. Narbonenſi, Hiſpania, Luſitania. ♃ *Monſp. burg.*

10. PLANTAGO *alpina.* P. foliis linearibus, planis; ſcapo tereti, hirſuto; ſpicâ oblongâ, erectâ. *Jacq. hort.* t. 125.

Holoſteum hirſutum nigricans. *Bauh. pin.* 190.

Habitat in Helvetiæ, Auſtriæ *alpibus.* ♃ *Monſp. lugd.*

12. PLANTAGO *maritima.* P. foliis ſemicylindraceis, integerrimis, baſi lanatis; ſcapo tereti. *Oed. dan.* t. 243.

Coronopus maritimus major. *Bauh. pin.* 190.

Habitat in littoribus maritimis Europæ, Americæ borealis. ♃
   Suec. pal. monsp.

  13. PLANTAGO *subulata.* P. foliis subulatis, triquetris, striatis,
    scabris; scapo tereti.
Holosteum, strictissimo folio minus. *Bauh. pin.* 191.
Habitat in maritimis Mediterranei arenosis. ♃ *Monsp.*

  16. PLANTAGO *coronopifolia.* P. foliis linearibus, dentatis;
    scapo tereti. *Oed. dan.* t. 272.
Coronopus sylvestris hirsutior. *Bauh. pin.* 190.
  ß. Coronopus hortensis. *Bauh. pin.* 190. *Blackw.* t. 460.
Habitat in Europæ glareosis. Monf. burg. delph. suec. parif.

    * * *C A U L E R A M O S O.*

  18. PLANTAGO *Psyllium.* P. caule ramoso, herbaceo; foliis
    subdentatis, recurvatis; capitulis aphyllis.
Psyllium majus erectum. *Bauh. pin.* 191.
Psyllium. *Dod. pempt.* 115. *Tabern.* 1. 2. p. 145.
Habitat in Europa australi, inter segetes. Junio. ☉ *Monsp. lugd.*
  lith.

  20. PLANTAGO *Cynops.* P. caule ramoso, suffruticoso; foliis
    integerrimis, filiformibus, strictis; capitulis subfoliatis.
Psyllium majus supinum. *Bauh. pin.* 191.
Habitat in Gallo-Provincia, Italia, Sibiria. Junio. ♄ *Sil. monsp,*
  burg. lugd. lith.

CENTUNCULUS *minimus. Oed. dan.* t. 177. *optima.*   **151.**
  Anagallis paludosa minima. *Vaill. Parif.* 12. t. 4. f. 2.
Habitat in Italiæ, Galliæ, Germaniæ, Scaniæ *arenosis, subudis.*
  Junio. ☉ *Pal. lugd. parif. lith.*

SANGUISORBA *officinalis.* S. spicis ovatis. *Oed.*   **152.**
  dan. t. 97.
  Pimpinella sanguisorba major. *Bauh. pin.* 160.
Habitat in Europæ *pratis siccioribus.* Junio. ♃ *Suec. parif. pal.*
  monsp. burg. lugd.

EPIMEDIUM *alpinum.* Epimedium. *Dod. pempt.*   **154.**
  599.
Habitat in Alpium Euganeorum, Ligurinorum, Grettanensium,
  Pontebarum *umbrosis.* ♃

2. **CORNUS** *mascula.* C. arborea, umbellis involucrum   **155.**
  æquantibus.
  C. sylvestris mas. *Bauh. pin.* 447. *Lob. ic.* 2. 169.
Habitat in sepibus Europæ. ♄ *Parif. monsp. burg. lugd.*

  3. CORNUS *sanguinea.* C. arborea; cymis nudis; ramis rectis.
    Oed. dan. t. 481.

Gen.

C. femina. *Bauh. pin.* 447. *Lob.* 2. p. 169. *Tabern.* 1046.
Habitat in Europæ , Afiæ , Americæ *borealis dumetis.* Junio. ♄
Pal. fil. monfp. burg. lugd. lith. parif.

164. 1. ISNARDIA *paluftris.*

Dantia paluftris. *Petit. gen.* 49. t. 49.
Dantia foliis fubovatis , pedunculatis ; floribus in foliorum aliis
feffilibus. *Guett. ftamp.*
Glaux major paluftris , flore herbaceo. *Bocc. muf.* 105. t. 84. f. 2.
Alfine paluftris rotundifolia repens ; foliis portulaccæ pinguibus,
Lind. alfat. 114. t. 2.
Habitat in Galliæ , Alfatiæ , Ruffiæ , Jamaicæ , Virginiæ *fluviis.*
⊙ *Parif. burg. lugd.*

165. 2. TRAPA *natans.* T. petiolis foliorum natantium
ventricofis. *Nucibus, quadricornibus fupl.*

Tribulus aquaticus. *Bauh. pin.* 194. *Dodon. cer.* 225.
Habitat in Europæ *auftralis ,* Afiæque *ftagnis limofis.* ⊙ *Suec.*
Parif. pal. fil. burg. lugd.

168. 1. ELÆAGNUS *anguftifolius.* E. foliis lanceolatis,

Elæagnus. *Cam. epit.* 106.
Olea fylveftris , folio molli incano. *Bauh. pin.* 472.
Habitat in Bohemia , Hifpania , Syria , Cappadocia , *inque* Aquis
fextiis , *locis fubhumidis.* ♄

176. 1. CAMPHOROSMA *monfpeliaca.* C. foliis hirfutis ,
lineàribus.

Camphorata hirfuta. *Bauh. pin.* 486.
Habitat in Hifpaniæ , Narbonæ , Tartariæ , Germaniæ *arenofis,*
Julio. *Pal. delph. monfp.*

177. 1. ALCHEMILLA *vulgaris.* A. foliis lobatis. *Flor.*
dan. t. 693.

Pes leonis f. ftellaria. *Bauh. hift.* 2. p. 398. R.
β. A. vulgaris. *Bauh. pin.* 319. *Cluf. hift.* 108.
Habitat in Europæ pafcuis. Aprili. ♃ *Suec. pal. fil. monfp. burg.*
lugd. lith. carn.

2. ALCHEMILLA *alpina.* A. foliis digitatis , ferratis. *Fl. fuec.*
Oed. dan. t. 49.
Tormentilla alpina , foliis fericeis. *Bauh. pin.* 326.
Habitat in alpibus Europæ. ♃ *monfp. delph. lugd.*

DIGYNIA.

178. 1. APHANES *arvenfis.* Alchemilla. *Col. ecphr.* t. 146,

Chærophyllo nonnihil fimilis. *Bauh. pin.* 182.
Habitat in Europæ & orientis *arvis.* Maio. ⊙ *Suec. parif. pal. fil,*
monfp. burg. lugd. carn.

1. BUFONIA *tenuifolia.*   Gen. 180.

Alfine polygonoides tenuifolia ; flofculis ad longitudinem caulis velut in fpicam difpofitis. *Pluk. alm.* 22. t. 75. f. 3.
Habitat in Anglia , Gallia , Hifpania. Junio. ♃ *Monfp. delph.*

2. CUSCUTA *europæa.* C. floribus feffilibus. *Oed. dan.* t. 199.   181.

Cufcuta major. *Bauh. pin.* 219.
β. Cufcuta *epithymum.*
C. floribus feffilibus , quinquefidis , bracteis obvalatis. *Oed.* t. 427.
Epithymum f. Cufcuta minor. *Bauh. pin.* 219.
Habitat in plantis Europæ , *parafitica.* Julio. ☉ *Ged. pal. fil. burg. lugd. fuec. lith. parif.*

3. HYPECOUM *procumbens.* H. filiquis arcuatis , compreffis , articulatis.   183.

Hypecoum. *Bauh. pin.* 172. *Dod. pempt.* 449.
Habitat inter Archipelagi , Narbonæ & *Salmanticenfes fegetes.* Circa Aftrachan. ☉ *Monfp. delph.*

2. HYPECOUM *pendulum.* H. filiquis cernuis , teretibus , cylindricis.
Hypecoi altera fpecies. *Bauh. pin.* 172.
Habitat in Galloprovincia , Sibiria. ☉ *Monfp.*

TETRAGYNIA.

1. ILEX *aquifolium.* I. foliis ovatis , acutis , fpinofis. *Oed. dan.* 508. t. 305.   184.

I. aculeata baccifera. *Bauh. pin.* 425.
Habitat in Europa *auftraliori* , Laponia , Virginia. ♄ *Parif. herb. naff. monfp. burg. lugd.*

2. POTAMOGETON *natans.* P. foliis oblongo=ovatis , petiolatis , natantibus.   186.

P. rotundifolium. *Bauh. pin.* 193.
Habitat in Europæ *lacubus & fluviis.* Junio. ♃ *Suec. parif. pal. fil. monfp. burg. lugd. lith. delph.*

2. POTAMOGETON *perfoliatum.* P. foliis cordatis , amplexicaulibus. *Oed.* t. 196.
P. foliis latis , fplendentibus. *Bauh. pin.* 195.
Habitat in Europæ *lacubus fluviisque argillofis.* ♃ *Suec. parif. carn. haff. burg. lugd. rug. lith. delph.*

3. POTAMOGETON *denfum.* P. foliis ovatis , acuminatis , oppofitis , confertis ; caulibus dichotomis ; fpicâ quadriflorâ.
Habitat in Gallia , Italia. Junio. *Pal. burg. lugd. delph. monfp.*

Gen.

4 POTAMOGETON *lucens*. P. foliis lanceolatis, planis, in pœtiolos definentibus. *Oed. dan.* t. 195.
P. foliis anguftis fplendentibus. *Bauh. pin.* 193.
Habitat in Europæ lacubus, ftagnis, fluviis argillofis. Julio. ♃ *Suec. parif. fil. pal. burg. lith. lugd. delph.*

5. POTAMOGETON *crifpum.* P. foliis lanceolatis, alternis oppofitifve, undulatis, ferratis.
P. foliis crifpis f. Laftuca ranarum, farmentis planis, *Bauh. pin.* 193.
Tribulus aquaticus minor. *Cluf. hift.* 715. R.
Habitat in Europæ foffis & rivulis. Junio. *Suec. pal. fil. monfp. burg. lugd. lith.*

6. POTAMOGETON *ferratum.* P. foliis lanceolatis, oppofitis, fubundulatis. *Oed. dan.* 195.
P. longo ferrato folio. *Bauh. pin.* 193.
Habitat in Europæ rivulis. Carn, naff. monfp. burg. lugd.

7. POTAMOGETON *compreffum.* P. foliis linearibus, obtufis; caule compreffo. *Ocd. dan.* t. 203.
P. gramineum latifolium. *Læf. pruf.* p. 206. t. 66.
Habitat in Europæ foffis paludofis. Junio. *Suec. parif. burg. lith. pal.*

8. POTAMOGETON *peftinatum.* P. foliis fetaceis, parallelis, approximatis, diftichis.
P. gramineum ramofum. *Bauh. pin.* 193. prodr. 101.
Habitat in Europæ foffis & paludibus. Suec. parif. lugd.

9. POTAMOGETON *fetaceum.* P. foliis lanceolatis, oppofitis, acuminatis.
P. ramofum anguftifolium. *Bauh. pin.* 193. prodr. 101.
Habitat in Europæ foffis paludofis. Parif. burg. monfp.

10. POTAMOGETON *gramineum.* P. foliis lineari-lanceolatis, alternis, feftilibus, ftipulâ latioribus. *Oed. dan.* t. 222.
P. gramineum latifolium. *Læf. pruff.* 206. t. 66. ad P. compreffum refert. *Haller.* R.
Habitat in Europæ foffis & paludibus. Suec. lith.

12. POTAMOGETON *pufillum.* P. foliis linearibus, oppofitis, alternisque, diftinftis bafi patentibus; caule tereti.
P. minimum, capillaceo folio. *Bauh. pin.* 193. prodr. 101.
P. pufillum, gramineo folio breviore. *Vaill. parif.*
Habitat in Europæ paludibus. Julio. ☉ *Suec. parif. pal. monfp. lith. delph. lugd.*

287. 1. RUPIA *maritima.* Rupia. *Oed. dan.* t. 364.

Fucus folliculaceus, fœniculi folio longiore. *Bauh. pin.* 365.
Habitat in Europæ maritimis. ☉ *Suec. monfp.*

288. 1. SAGINA *procumbens.* S. ramis procumbentibus.

Alfine pufilla graminea; flore tetrapetalo, *Segu. veron.* 421. t. 5. f. 3.

Habitat in Europæ *pascuis sterilibus, uliginosis, aridis.* Julio. *Suec.*
pal. carn. monsp. burg. lugd. lith. delph.

3. SAGINA *erecta.* S. caule erecto subunifloro.
Alsine verna glabra. *Vaill. Paris.* 6. t. 3. f. 2.
Habitat in Galliæ, Angliæ, Germaniæ *sterilibus glareosis.* Aprili.
Pal. Monsp.

4. TILLÆA *aquatica.* T. erecta, dichotoma; foliis
acutis, floribus quadrifidis.

Sedum minimum annuum; flore roseo, tetrapetalo. *Vaill.*
paris. 181. t. 10. f. 2.
Habitat in Europæ *inundatis.* ⊙ *Suec. burg.*

2. TILLÆA *muscosa.* T. procumbens; floribus trifidis.
T. muscosa, annua, perfoliata. *Mich. gen.* 22, t. 20.
Habitat in Italiæ, Siciliæ, Galliæ *muscosis. Monsp. burg. paris.*

Gen:

182

CLASSIS V.
PENTANDRIA,
MONOGYNIA.

* *Flores monopetali, inferi, monospermi.*

259. MIRABILIS.   *Nucula* infra corollam ; *Coroll.* infundibuliform. *Stig.* globosum.

227. PLUMBAGO.   *Sem.* 1. *Stam.* valvis inserta. *Cor.* infundibulif. *Stigma.* 5-fidum.

* *Flores monopetali, inferi, dispermi.* Afperifoliæ.

198. CERINTHE.   *Cor.* fauce nudâ, ventricofâ. *Sem.* 2, offea, 2-locularia.

* *Flores monopetali, inferi, tetrafpermi.* Afperifoliæ.

203. ECHIUM.   *Cor.* fauce nudâ, irregularis, campanulata.

191. HELIOTROPIUM.   *Cor.* fauce nudâ, hypocraterif. lobis dente interjectis. *Sem.* 4.

196. PULMONARIA.   *Cor.* fauce nudâ, infundib. *Cal.* prifmaticus.

193. LITHOSPERMUM.   *Cor.* fauce nudâ, infundib. *Cal.* 5-partitus.

199. ONOSMA.   *Cor.* fauce nudâ, ventricofâ. *Sem.* 4.

197. SYMPHYTUM.   *Cor.* fauce dentatâ, ventricofâ.

200. BORRAGO.   *Cor.* fauce dentatâ, rotatâ.

202.

202. LYCOPSIS.   *Cor.* fauce fornicatâ, infundib. tubo curvato.

201. ASPERUGO.   *Cor.* fauce fornicatâ, infundib. Fructus compreffus.

195. CYNOGLOSSUM.   *Cor.* fauce fornicatâ, infunfundib. *Sem.* depreffa, latere affixa.

194. ANCHUSA.   *Cor.* fauce fornicatâ, infundib. tubo bafi prifmatico.

192. MYOSOTIS.   *Cor.* fauce fornicatâ, hypocraterif. lobis emarginatis.

* *Flores Monopetali, inferi, pentafpermi.*

206. NOLANA.   *Cor.* monopetala. *Sem.* 50 baccata. 2. f. 4 - locularia.

* *Flores Monopetali, inferi, angiofpermi.*

260. CORIS.   *Capf.* 1-locularis, 5-valvis. *Cor.* irregularis, *Stigm.* capitatum.

211. CORTUSA.   *Capf.* 1-locularis, oblonga. *Cor.* rotata. *Stigma* fubcapitatum.

220. ANAGALLIS.   *Capf.* 1-locularis, circumciffa. *Cor.* rotata. *Stigma* capitatum.

219. LYSIMACHIA.   *Capf.* 1-locularis, 10-valvis. *Cor.* rotata. *Stigma* obtufum.

214. CYCLAMEN.   *Capf.* 1-locularis, intus pulpofa. *Cor.* reflexa. *Stigma* acutum.

213. DODECATHEON.   *Capf.* 1-locularis, oblonga. *Cor.* reflexa. *Stigma* obtufum.

Tome I.   P

212. SOLDANELLA.   *Capf.* 1-locularis. *Cor.* lacera. *Stigm.* fimplex.

210. PRIMULA.   *Capf.* 1-locularis. *Cor.* infundib. fauce pervia. *Stigm.* globofum.

209. ANDROSACE.   *Capf.* 1-locularis. *Cor.* hypocrat. fauce coarctata. *Stigm.* globofum.

208. ARETIA.   *Capf.* 1-locularis. *Cor.* hypocraterif. *Stigm.* depreffo-capitatum.

216. HOTTONIA.   *Capf.* 1-locularis. *Cor.* tubus infra ftamina. *Stigm.* globofum.

215. MENYANTHES.   *Capf.* 1-locularis. *Cor.* villofa. *Stigm.* bifidum.

222. SPIGELIA.   *Capf.* 2-locularis, didyma, *Cor.* infundib. *Stigm.* fimplex.

231. CONVOLVULUS.   *Capf.* 2-locularis, 2-fperma. *Cor.* campanulata. *Stigm.* 2-fidum.

263. DATURA.   *Capf.* 2-locularis 4-valvis. *Cor.* infundib. *Cal.* deciduus.

264. HYOSCIAMUS.   *Capf.* 2-locularis. operculata. *Cor.* infundib. *Stigm.* capitatum.

265. NICOTIANA.   *Capf.* 2-locularis. *Cor.* infundib. *Stigm.* emarginatum.

262. VERBASCUM.   *Capf.* 2-locularis. *Cor.* rotata. *Stigm.* obtufum. *Stam.* declinata.

207. DIAPENSIA.   *Capf.* 3-locularis. *Cor.* hypocrat. *Cal.* 8-phyllus.

229. PHLOX.   *Capf.* 3-locularis. *Cor.* hypocrat. tubo curvo. *Stigm.* trifidum.

233. POLEMONIUM.   *Capf.* 3-locularis. *Cor.* 5-partita. *Stam.* valvis impofita.

232. IPOMOEA.   *Capf.* 3-locularis. *Cor.* infundib. *Stigm.* capitatum.

226. AZALEA.   *Capf.* 5-locularis. *Cor.* campanulata. *Stigm.* obtufum.

323. NERIUM.   *Follic.* 2. erecti. *Cor.* fauce
coronatâ. *Sem.* pappofa.

322. VINCA.   *Follic.* 2. erecti. *Cor.* hypocrat. *Sem.* fimplicia.

269. CAPSICUM.   *Bacca* 2-locul. exfucca.
Antheræ conniventes.

268. SOLANUM.   *Bacca* 2-locularis. *Antheræ*
biperforatæ.

267. PHYSALIS.   *Bacca* 2-locularis, calyce
inflato. *Antheræ* appro-
ximatæ.

266. ATROPA.   *Bacca* 2-locularis. *Stam.*
diftantia, incurvata.

273. LYCIUM.   *Bacca* 2-locul. *Stam.* bafi
villo claudentia.

* *Flores monopetali , fuperi.*

238. SAMOLUS.   *Capf.* 1-locularis , apice
5-valvis. *Cor.* hypocrat.
Stigm. capitatum.

236. PHYTEUMA.   *Capf.* 2. f. 3-locularis, perforata. *Cor.* campanul.
Stigm. 3-fidum.

234. CAMPANULA.   *Capf.* 2. f. 5-locularis perforata. *Cor.* 5-partita *Stigm.*
2. f. 3-fidum.

237. TRACHELIUM.   *Capf.* 3-locularis, perforata.
Cor. infundib. *Stigm.* ca-
pitatum.

250. LONICERA.   *Bacca.* 2-locularis, fubrotunda. *Cor.* inæqualis. *Stigm.*
capitatum.

† *Rubia, Crucianella.*

* *Flores pentapetali, inferi.*

284. RHAMNUS.   *Bacca* 3-locularis, rotunda. *Cal.* tubul. corollifer. *Squamæ* oris 5. convergentes.

291. EVONIMUS.   *Bacca* capfularis, lobata. *Cal.* patens. *Sem.* baccatoarillata.

305. VITIS.   *Bacca* 5-fperma. *Cor.* fæpe emarcido-connata, *Stylus* nullus.

* *Violæ.*

* *Flores pentapetali, fuperi.*

301. RIBES.   *Bacca* polyfperma. *Cor.* corollifer. *Stylus* 2-fidus.

304. HEDERA.   *Bacca* 5-fperma. *Cal.* cingens fructum. *Stigm.* fimplex.

306. LAGOECIA.   *Sem.* 2. nuda. *Cal.* pinnatopectinatus. *Pet.* bicornia.

* *Flores incompleti, inferi.*

311. ACHYRANTHES. *Sem.* 1. oblongum. *Cal.* exterior 3-phyllus, nudus.

312. CELOSIA.   *Capf.* 3-fperma. *Cal.* exterior 3-phyllus, coloratus.

313. ILLECEBRUM.   *Capf.* 1-fperma, 5-valvis. *Cal.* fimplex, rudis.

314. GLAUX.   *Capf.* 5-fperma, 5-valvis. *Cal.* fimplex, rudior, campanulatus.

† *Polygonum amphibium, lapathifolium.*

* *Flores incompleti, fuperi.*

315. THESIUM.   *Sem.* 1. coronatum. *Cal.* ftaminifer.

DIGYNIA.

* Flores monopetali, inferi.

334. STAPELIA. *Folliculi* 2. *Cor.* rotata : Nectariis stellatis.

331. CYNANCHUM. *Folliculi* 2. *Cor.* rotata : Nectario cylindrico.

330. PERIPLOCA. *Folliculi* 2. *Cor.* rotata : Nectariis 5. filiformibus.

332. APOCYNUM. *Folliculi* 2. *Cor.* campan. Nectariis glandulosis. 5. Setis 5.

333. ASCLEPIAS. *Folliculi* 2. *Cor.* reflexa : Nectariis 5. auriformibus unguiculatis.

351. SWERTIA. *Capf.* 1-locul. 2-valvis. *Cor.* rotata : poris 5. nectariferis.

352. GENTIANA. *Capf.* 1-locul. 2-valvis. *Cor.* tubulosa, indeterminata.

341. CRESSA. *Capf.* 1-sperm. 2-valvis. *Cor.* hypocrater. limbo reflexo.

* Flores pentapetali, inferi.

350. VELEZIA. *Capf.* 1-locul. 1-valvis. *Cor.* 5-petala. *Cal.* tubulosus.

† *Staphyllea pinnata.*

* Flores incompleti.

339. SALSOLA. *Sem.* 1. cochleatum, tectum. *Cal.* 5-phyllus.

337. CHENOPODIUM. *Sem.* 1 = orbiculare. *Cal.* 5-phyllus, foliolis concavis.

338. BETA. *Sem.* 1. reniforme. *Cal.* 5-phyllus, basi semen fovens.

336. HERNIARIA. *Sem.* 1. ovatum, tectum. *Cal.* 5-partitus. *Filam.* 5. sterilia.

343. GOMPHRENA.   *Capf.* 1-fperma, circumfciffa. *Cal.* diphyllus, compreſſus, coloratus.

345. ULMUS.   *Bacca* exfucca, compreſſa. *Cal.* 1-phyllus, emarcefcens.

† *Rhamnus ziziphus.*

⁂ *Flores pentapetali, fuperi, difpermi.* Umbellatæ.

A. *Involucro univerfali partialique.*

354. ERYNGIUM.   *Flor.* capiti. *Recept.* paleaceum.

355. HYDROCOTYLE.   *Flor.* fubumbellati, fertiles. *Sem.* compreſſa.

356. SANICULA.   *Flor.* fubumbellati, abortivi. *Sem.* muricata.

357. ASTRANTIA.   *Flor.* umbellati, abortivi. *Invol.* colorata. *Sem.* rugofa.

375. HERACLEUM.   *Flor.* radiati, abortivi. *Invol.* deciduum. *Sem.* membranacea.

382. OENANTHE.   *Flor.* radiati, abortivi radio. *Invol.* fimplex. *Sem.* coronata, feffilia.

359. ECHINOPHORA.   *Flor.* radiati, abortivi. *Invol.* fimplex. *Sem.* feffilia.

362. CAUCALIS.   *Flor.* radiati. *Invol.* fimplex. *Sem.* muricata.

364. DAUCUS.   *Flor.* radiati, abortivi. *Invol.* pinnatum. *Sem.* hifpida.

361. TORDYLIUM.   *Flor.* radiati, fertiles. *Invol.* fimplex. *Sem.* margine crenata.

374. LASERPITIUM.   *Flor.* floſcul. abortivi. *Pet.* cordata. *Sem.* 4-alata.

370. PEUCEDANUM.   *Flor.* flofculofi, abortivi. *Invol.* fimplex. *Sem.* depreſſa, ftriata.

365. AMMI.   *Flor.* flosculosi , fertiles. *Invol.* pinnatum. *Sem.* gibba , lævia.

366. BUNIUM.   *Flor.* flosc. fert. *Pet.* cordata. *Involucella* setacea.

369. ATHAMANTA. *Flor.* flosc. fert. *Pet.* cordata. *Sem.* convexa , striata.

358. BUPLEURUM.   *Flor.* flosc. fert. *Pet.* involuta. (*Plerisque folia indivisa f. Involucella petaliformia.*

378. SIUM.   *Flor.* flosc. fert. *Pet.* cordata. *Sem.* subovata , striata.

368. SELINUM.   *Flor.* flosc. fert. *Pet.* cordata. *Sem.* depressa , striata.

381. CUMINUM.   *Flor.* flosc. fert. *Pet.* cordata. *Umb.* 4-fida. *Invol.* setacea , longissima.

373. FERULA.   *Flor.* flosc. fert. *Pet.* cordata. *Sem.* plana.

371. CRITHMUM.   *Flor.* flosc. fert. *Pet.* planiuscula. *Invol.* horizontale.

380. BUBON.   *Flor.* flosc. fert. *Pet.* planiusc. *Invol.* 5-phyllum.

372. CACHRYS.   *Flor.* flosc. fert. *Pet.* planiusc. *Sem.* cortice suberoso.

376. LIGUSTICUM.   *Flor.* flosc. fert. *Pet.* involuta. *Invol.* membranacea.

377. ANGELICA.   *Flor.* flosc. fert. *Pet.* planiusc. *Umbellulæ* globosæ.

379. SISON.   *Flor.* flosc. fert. *Pet.* planiusc. *Umbell.* depauperata.

B. *Involucris partialibus* : universali nullo.

385. ÆTHUSA.   *Flor.* subradiati , fertiles. *Involucella* dimidiata.

386. CORIANDRUM.   *Flor.* radiati , abortivi. *Fr.* subglobosi.

387. SCANDIX.   *Flor.* radiat. abort. *Fr.* oblongi.

388. CHÆROPHYLLUM. *Flor.* floſcul. abort. *Fr.* ſub-globoſi.

383. PHELLANDRIUM. *Flor.* floſcul. ſert. *Fr.* coronati.

389. IMPERATORIA. *Flor.* floſc. ſert. *Umbell.* expanſo-plana.

390. SESELI. *Flor.* floſc. ſert. *Umbell.* rigidula.

384. CICUTA. *Flor.* floſc. ſert. *Pet.* planiuſcula.

* *Bupleurum rotundifolium. Apium Petroſelinum. & Aniſum.*

C. *Involucro nullo* ; nec univerſali , nec partialibus.

393. SMYRNIUM. *Flor.* floſc. abortivi. *Sem.* reniformia, angulata.

395. CARUM. *Flor.* floſc. abortivi. *Sem.* gibba , ſtriata.

391. THAPSIA. *Flor.* floſc. ſert. *Sem.* membranaceo-alata , emarginata.

392. PASTINACA. *Flor.* floſc. ſert. *Sem.* depreſſo-plana.

394. ANETHUM. *Flor.* floſc. ſert. *Sem.* marginata, ſtriata.

398. ÆGOPODIUM. *Flor.* floſc. ſert. *Sem.* gibba, ſtriata. *Pet.* cordata.

397. APIUM. *Flor.* floſc. ſert. *Sem.* minuta, ſtriata. *Pet.* inflexa.

369. PIMPINELLA. *Flor.* floſc. ſert. *Umbell.* ante floreſcentiam nutantes. *Pet.* cordata.

TRIGYNIA.

* *Flores ſuperi.*

400. VIBURNUM. *Cor.* 5-fida. *Bacca* 1-ſperma.

402. SAMBUCUS. *Cor.* 5-fida. *Bacca* 3-ſperma.

* *Flores inferi*

399. RHUS. *Cor.* 5-petala. *Bacca* 1-ſperma.

404. STAPHYLEA.   *Cor.* 5-petala. *Capf.* 2. f. 3-fida, inflata.

405. TAMARIX,   *Cor,* 5-petala. *Capf.* 1-locularis. *Sem.* pappofa.

412. DRYPIS.   *Cor.* 5-petala , coronata. *Capf.* 1-fperma , circumf- cifla.

411. ALSINE.   *Cor.* 5-petala. *Capf.* 1-locul, *Cal.* 5-phyllus. *Pet.* 2-fida.

408. TELEPHIUM.   *Cor.* 5-petala. *Capf.* 1-locul. triquetra. *Cal.* 5-phyllus.

409. CORRIGIOLA.   *Cor.* 5-petala. *Sem.* 1. trique- trum. *Cal.* 5-partitus.

410. PHARNACEUM,   *Cor,* nulla. *Cal.* 5-phyllus, *Capf.* 3-locularis.

413. BASELLA.   *Cor.* nulla. *Cal.* 6-fidus. *Sem.* 1. globofum , calyce bac- cato.

     * *Rhamnus Paliurus.*

TETRAGYNIA.

415. PARNASSIA.   *Cor.* 5-petala. *Capf.* 4-valvis. *Nect.* 5. ciliato-glandulofa.

PENTAGYNIA.

     * *Flores fuperi.*

417. ARALIA.   *Cor,* 5-petala. *Bacca* 5-fper- ma.

     * *Flores inferi.*

423. CRASSULA.   *Cor.* 5-partita. *Capf.* 5. polyf- permæ.

419. LINUM.   *Cor.* 5-petala. *Capf.* 10-lo- cularis, 2-fperma.

421. DROSERA.   *Cor.* 5-petala. *Capf.* 1-locu- laris, apice dehifcens.

425. SIBBALDIA.   *Cor.* 5-petala. *Sem.* 5. *Cal.* 10-fidus.

418. STATICE.   *Cor.* 5-partita. *Sem.* 1. calyce infundib. veftitum.

     † *Cerastium pentandrum.*

     † *Spergula pentandra.*

     † *Gerania pentandra.*

POLYGYNIA.

426. MYOSURUS.   *Cal.* 5-phyllus. *Nectar.* 5. lin-
                          gulata. *Sem.* numerosa.

     † *Ranunculus hederaceus.*

PENTANDRIA.

MONOGYNIA.

1. HELIOTROPIUM *peruvianum.* H. foliis lanceolato-   Gen. 191.
ovatis ; caule fruticefcente ; fpicis numerofis aggre-
gato-corymbofis.

Habitat in Peru. ♄

4. HELIOTROPIUM *europæum.* H. foliis ovatis, integerrimis ;
tomentofis, rugofis; fpicis conjugatis. *Jacq. auftr.* 3. t. 207.
H. majus diofcoridis. *Bauh. pin.* 253.
Habitat in Europa *auftrali* Julio. ☉ *Monfp. pal. burg. lugd.*

5. HELIOTROPIUM *fupinum.* H. foliis ovatis , integerrimis ,
tomentofis , plicatis ; fpicis folitariis. *Fl. Monfp. c. fig. Richeri.*
H. minus fupinum. *Bauh. pin.* 253.
Habitat Salmanticæ *juxta agros* , Monfpelii *in littore.* ☉

2. MYOSOTIS *fcorpioides.* M. feminibus lævibus ;   192.
foliorum apicibus callofis. *Oed. dan.* 583.

α M. *arvenfis* foliis hirfutis.
Echium fcorpioides arvenfe. *Bauh. pin.* 254.
β M. *Paluftris* foliis glabris.
γ. Echium fcorpioides minus ; flofculis luteis. *Bauh. pin.* 254.
Habitat in Europæ *campis aridis* , β. *in aquofis fcaturiginofis.*
Var. α. γ. *annua* , β. *perennis.* Aprili. *Pal. fil. gallob. herb.*
lugd. lith. burg. lipf. monfp. fuec.

4. MYOSOTIS *Lappula.* M. feminibus aculeis glochidibus ;
foliis lanceolatis , pilofis. *Flor. dan.* t. 692.
Cynogloffum minus. *Bauh. pin.* 257. *Bauh. hift.* 3. p. 600.
Habitat in Europæ *argillofis* , *nudis* , *ruderatis* , *muris.* Julio. ☉
Monfp. burg. lith. lugd.

5. LITHOSPERMUM *officinale.* L. feminibus lævibus ;   193.
corollis vix calycem fuperantibus ; foliis lanceolatis.
Blackw. t. 436.

L. majus erectum. *Bauh. pin.* 258.
Habitat in Europæ *ruderatis.* Maio. ♃ *Suec. parif. pal. fil. lugd.*
burg. monfp. lith.

2. LITHOSPERMUM *arvenfe.* L. feminibus rugofis ; corollis
vix calycem fuperantibus. *Oed. dan.* t. 456.
L. arvenfe ; radice rubrâ. *Bauh. pin.* 258.
Habitat in Europæ *agris & arvis.* Aprili. ☉ *Suec. parif. pal.*
fil. monfp. lugd. burg. lith.

Gen.

LITHOSPERMUM *purpuro-cœruleum*. L. seminibus lævibus ;
corollis calycem multoties superantibus. *Jacq. auſtr.* t. 14.
L. minus repens latifolium. *Bauh. pin.* 258.
Habitat in Ungariæ, Angliæ, Germaniæ, Galliæ, Italiæ *nemo-*
ribus & secùs vias. ♃ *Pal. monsp. lugd.*

194.

1. ANCHUSA *officinalis*. A. foliis lanceolatis; spicis
imbricatis, secundis. *Oed. dan.* t. 572. *Blackw.*
t. 500.

Buglossum angustifolium majus. *Bauh. pin.* 256.
Buglossum sylvestre majus nigrum. *Bauh. pin.* 256.
Habitat ad Europæ ruderata, vias, agros. Maio. ♃ *Suec. pariſ.*
pal. monsp. burg. lugd. lith.

2. ANCHUSA *angustifolia*. A. racemis subnudis, conjugatis.
Buglossum angustifolium minus. *Bauh. pin.* 256.
Habitat in Italia, Germania. Julio. ♃ *Pal. sil. lith. delph.*

3. ANCHUSA *undulata*. A. strigosa, foliis linearibus, dentatis;
pedicellis bracteâ minoribus; calycibus fructiferis, inflatis.
Anchusa, angustis, dentatis foliis; hispanica. *Barr. ic.* 578.
Habitat in Hispaniæ, Lusitaniæ, Sibiriæ *pratis.* Lugd.

4. ANCHUSA *tinctoria*. A. tomentosa, foliis lanceolatis, obtusis;
staminibus corollâ brevioribus.
Anchusa puniceis floribus. *Bauh. pin.* 255.
Habitat Monspelii, *in* Silesia. ♃ *Monsp. lugd.*

1. CYNOGLOSSUM *officinale*. C. staminibus corollâ
brevioribus; foliis lato - lanceolatis, tomentosis,
sessilibus. *Blackw.* t. 249.

C. majus vulgare. *Bauh. pin.* 257.
Habitat in Europæ ruderatis. Maio. ☉ *Pal. sil. monsp. burg.*
lugd. lith.

3. CYNOGLOSSUM *cheirifolium*. C. corollis calyce duplo.
longioribus; foliis lanceolatis.
C. creticum, argenteo angusto folio. *Bauh. pin.* 257.
Habitat in Creta, Hispania, Oriente, Carniolia. *Carn. delph.*
lugd.

196.

1. PULMONARIA *angustifolia*. P. foliis radicalibus
lanceolatis *Oed. dan.* 483.

P. 5. pannonica. *Cluf. hist.* 2. p. 170.
Habitat in Pannonia, Helvetia, Suecia, Germania. Aprili. ♃
Suec. pariſ. pal. sil. lith.

2. PULMONARIA *officinalis*. P. foliis radicalibus ovato-cordatis,
scabris. *Oed. flor. dan.* t. 482.
Symphitum maculosum f. Pulmonaria latifolia. *Bauh. pin.* 259.
γ. Pulmonaria non maculoso folio. *Cluf. hist.* 2. p. 168. *Bauh.*
pin. 259.

Habitat in Europæ *nemoribus.* Aprili. ♃ *Suec. sil. parif. monsp.* burg. lith. lugd.

Gen.

1. SYMPHYTUM *officinale.* S. foliis ovato-lanceolatis, decurrentibus. *Flor. dan.* t. 664.

197.

Symphytum confolida major. *Bauh. pin.* 249.
β. Symphytum majus, flore purpureo. *Tabern.* p. 559. *Kniph. cent.* 1. n. 86.
Habitat in Europæ *umbrosis fubhumidis.* Maio. ♃ *Suec. sil. monsp. burg. lugd. lith.*

2. SYMPHYTUM *tuberosum.* S. foliis femidecurrentibus, fummis oppositis.
S. majus tuberofâ radice. *Bauh. pin.* 259.
Habitat in Germania auftrali, Monfpelii, Hifpania. Maio. ♃ *Monsp. lugd.*

1. CERINTHE *major.* C. foliis amplexicaulibus; corollis obtufiufculis, patulis.

C. flore rubro purpurafcente. *Bauh. pin.* 258.
Habitat in Sibiria, Helvetia. ☉ (*Perennat. Haller.*)

2. CERINTHE *minor.* C. foliis amplexicaulibus, integris; corollis acutis, claufis. *Jacq. auftr.* t. 124.
C. minor. *Bauh. pin.* 258.
Habitat in Auftriæ, Styriæ *agris,* Jenæ. ♃ *Delph.*

3. ONOSMA *echioides.* O. foliis lanceolatis, hifpidis; fructibus erectis. *Jacq. auftr.* t. 295.

199.

Anchufa lutea minor. *Bauh. pin.* 255. *Sabb. hort. rom.* 2. t. 32.
β. Anchufa lutea major. *Bauh. pin.* 255.
Anchufa lutea. *Dalech. hift.* 1102.
Habitat in Auftriæ, Pannoniæ, Helvetiæ, Galliæ, Italiæ *rupibus.* Junio. ♃ *Monsp. lugd. helv. carn.*

1. BORAGO *officinalis.* B. foliis omnibus alternis; calycibus patentibus. *Blackw.* t. 36.

200.

Bugloffum latifolium, Borago. *Bauh. pin.* 256.
Habitat hodie in Normania *ad Colbeck. & alibi in* Europa; *venit olim ex Aleppo.* ☉ *Lugd.*

1. ASPERUGO *procumbens.* A. calycibus fructûs compreffis. *Oed.* t. 552.

Bugloffum fylveftre; caulibus procumbentibus. *Bauh. pin.* 257.
Habitat in Europæ *ruderatis pinguibus.* Junio. ☉ *Suec. Parif. sil. lith. monsp. burg. delph.*

1. LYCOPSIS *veficaria.* L. foliis integerrimis; caule proftrato; calycibus fructefcentibus, inflatis, pendulis.

202.

Gen.

Buglossum procumbens annuum; pullo minimo flore. *Morif.* *hist.* 3. p. 439. f. 11. t. 26. f. 11.
Habitat in Europa *australi.* Junio. ☉ *Monsp. lugd.*

4. LYCOPSIS *arvensis.* L. foliis lanceolatis, hispidis; calycibus florescentibus, erectis. *Oed. dan.* 435.
Buglossum minus sylvestre. *Bauh. pin.* 257. *Blackw.* t. 234.
Habitat in Europæ *arvis.* Junio. ☉ *Suec. parif. pal. monsp. burg. lith. lugd.*

203.

6. ECHIUM *italicum.* F. caule erecto, piloso; spicis hirsutis; corollis subæqualibus; staminibus longissimis.

E. majus & asperius; flore albo. *Bauh. pin.* 254.
Habitat in Anglia, Italia, Helvetia, Monspelii, *in collibus siccis. Delph. lugd.*

7. ECHIUM *vulgare.* E. caule tuberculato-hispido; foliis caulinis lanceolatis, hispidis; floribus spicatis, lateralibus. *Oed. dan.* t. 445.
E. vulgare. *Bauh. pin.* 254. *Clus. hist.* 2. p. 143.
Habitat in Europa *ad vias & agros.* Junio. ♂ *Suec. parif. pal. fil. monsp. burg. lugd. lith.*

8. ECHIUM *violaceum.* E. corollis stamina æquantibus; tube calyce breviore.
E. sylvestre hirsutum maculatum. *Bauh. pin.* 254.
Habitat in Austria, Germania. ☉ *Lith. lugd.*

206.

1. NOLANA *prostrata.*

Atropa foliis geminatis; calycibus polycarpis; caule humifuso. *Gouan. hort.* 82. *cum figura.*
Habitat in Peru. ☉

208.

1. ARETIA *helvetica.* A. foliis imbricatis; floribus sessilibus.

Habitat in Alpibus Helvetiæ *occidentalibus frequens.* ♃ *Delph.*

3. ARETIA *vitaliana.* A. foliis linearibus, recurvatis; floribus subsessilibus.
Primula vitalia. *Sp. pl. Allion. pedem.*
Sanicula alpina, angustissimo folio; flore carneo. *Pluk. alm.* 332. t. 108. f. 6.
Sedum alpinum; exiguis foliis. *Bauh. pin.* 284.
Habitat in alpibus Pyreneis, Helveticis, & Italicis. ♃ *Monsp. delph.*

209.

1. ANDROSACE *maxima.* A. perianthiis fructuum maximis. *Jacq. austr.* t. 331.

Alsine affinis Androsace dicta major. *Bauh. pin.* 251.
Habitat inter Germaniæ, Austriæ, Helvetiæ *segetes.* Maio. ☉ *Monsp. delph.*

2. ANDROSACE *elongata*. A. foliis fubdentatis ; pedicellis longiffimis ; corollis calyce brevioribus. *Jacq. obf.* 1. p. 31.
t. 19. *Jacq. Flor. auftr. cent.* 4. t. 330.
Habitat in Auftria , Sibiria , Germania.

3. ANDROSACE *feptentrionalis*. A. foliis lanceolatis , dentatis ,
glabris ; perianthiis angulatis corollâ brevioribus. *Fl.*
dan. t. 7.
Alfine adfinis , Androface dicta minor. *Bauh. pin.* 251.
Habitat in alpibus , Lapponiæ , Ruffiæ , Germaniæ. ⊙ *Suec.*
monfp.

4. ANDROSACE *villofa*. A. foliis pilofis ; perianthiis hirfutis.
Jacq. auftr. t. 332.
Sedum alpinum alterum lacteo flore. *Cluf. pann.* p. 489. 490.
Hall.
Habitat in alpibus Rheticis , Pyrenæis , Carniolicis. ♃ *Delph.*

5. ANDROSACE *lactea*. A. foliis lanceolatis , glabris ; umbellâ
involucris multoties longiore. *Jacq. auftr.* t. 333.
Sedum alpinum , gramineo folio ; lacteo flore. *Bauh. pin.* 284.
Habitat in Auftriæ , Helvetiæ , &c. *alpibus.* ♃ *Delph. monfp.*

6. ANDROSACE *carnea*. A. foliis fubulatis , glabris ; umbellâ
involucrâ æquante.
Sedum alpinum anguftiffimo folio ; flore carneo. *Bauh. pin.*
284.
Sanicula alpina , anguftiffimo folio. *Pluk. alm.* 332. t. 108. f. 5.
Habitat in alpibus Pyrenæis, Helveticis. ♃ *monfp. delph.*

1. PRIMULA *veris*. P. foliis dentatis, rugofis. *Blackw.*
t. 52.

α Primula *officinalis*. *Limbus corollarum concavus.*
P. foliis rugofis dentatis , hirfutis ; fcapis multifloris ; floribus
omnibus nutantibus. *Hall. helv.* n. 610. *Oed. dan.* 433.
P. veris odorata, flore luteo fimplici. *Bauh. hift.* 3. p. 495.
Verbafculum pratenfe odoratum. *Bauh. pin.* 241.
β. Primula *elatior*. *Limbus corollarum planus.*
P. foliis rugofis , P. foliis rugofis , dentatis ; fcapis multifloris ;
floribus exterioribus nutantibus. *Hall. helv.* n. 609.
Verbafcum pratenfe , vel fylvaticum inodorum. *Bauh. pin.* 241.
γ. Primula *acaulis* . . . . . *fcapo nullo. Oed. dan.* t. 194.
P. foliis hirfutis , rugofis , dentatis ; fcapis unifloris. *Hall. helv.*
n. 608.
Verbafcum fylveftre majus , fingulari flore. *Bauh. pin.* 241.
Habitat in Europæ *pratis.* Martio. ♃ *Suec. parif. pal. fil. haff. naff.*
monfp. burg. lith. lugd.

2. PRIMULA *farinofa*. P. foliis crenatis , glabris ; florum limbo
plano. *Suec. Oed. dan.* t. 125.
Verbafculum umbellatum alpinum minus. *Bauh. pin.* 242.
Habitat in Alpinis *frigidifque* Europæ *pratis uliginofis.* ♃ *Suec.*
gedan. monfp. delph.

(right margin) *Ger.*

(right margin) 210.

Gen.
3. PRIMULA *auricula*. P. foliis serratis, glabris.
Sanicula alpina lutea. *Bauh. pin.* 242.
Habitat in alpibus Helveticis, Styriacis, *circa* Astracan. *Gmel.* ♃

4. PRIMULA *integrifolia*. P. foliis integerrimis, glabris, oblongis; calycibus tubulosis, obtusis. *Oed. dan.* 188.
Sanicula alpina rubescens, folio non serrato. *Bauh. pin.* 243.
Habitat in alpibus Helveticis, Styriacis, Pyrenaicis. ♃ *Monsp. delph.*

211. 1. CORTUSA *Mathioli*. C. calycibus corollâ brevioribus.
C. foliis cordatis, petiolatis. *Hort. cliff.*
Sanicula montana, latifolia, laciniata. *Bauh. pin.* 243.
Habitat in alpibus Astriæ, Sibiriæ, Silesiæ. *Sil.*

212. 1. SOLDANELLA *alpina*. *Jacq. austr.* t. 13.
S. alpina rotundifolia. *Bauh. pin.* 295.
S. minore folio. *Cluf. pann.* 355.
Habitat in alpibus Helvetiæ, Austriæ, Pyrenæorum. ♃ *Delph.*

213. 1. DODECATHEON *Meadia*. *Trew. Ehret. tab.* 12.
Auricula ursi, virginiana, floribus boraginis instar rostratis; cyclaminum more reflexis. *Plu. alm.* 62. t. 76. f. 6.
Habitat in Virginia. ♃

214. 1. CYCLAMEN *europæum*. C. corollâ reflexâ.
Cyclamina omnia. 1. 13. *Bauh. pin.* 307.
Habitat in Austriæ, Tartariæ, Europæ *australis siccis, umbrosis, nemorosis.* ♃ *Monsp. burg. lugd.*

215. 1. MENYANTHES *nymphoides*. M. foliis cordatis, integerrimis; corollis ciliatis. *Oed. dan.* t. 339.
Nymphæa lutea minor, flore fimbriato. *Bauh. pin.* 194.
Habitat in Belgii, Angliæ, Germaniæ, Dantzisci *fossis majoribus.* Julio. ♃ *Pal. monsp. burg. lugd. parif.*

3. MENYANTHES *trifoliata*. M. foliis ternatis. *Oed. dan.* 541.
Trifolium palustre. *Bauh. pin.* 327.
Habitat in Europæ *paludosis.* Aprili. ♃ *Suec. pal. sil. monsp. burg. lugd. lith.*

216. 1. HOTTONIA *palustris*. H. pedunculis verticillato-multifloris. *Oed. dan.* t. 487.
Millefolium aquaticum s. Viola aquatica; caule nudo. *Bauh. pin.* 141.
Habitat in fossis & paludibus Europæ borealioris. Maio. ♃ *Suec. parif. sil. pal. monsp. burg. lugd. lith. parif.*

219.

LYSIMACHIA.

* PEDUNCULIS MULTIFLORIS.

1. LYSIMACHIA *vulgaris.* L. paniculata; racemis terminalibus. *Blackw.* t. 178. *Fl. dan.* t. 689.

219.

L. lutea major. *Bauh. pin.* 245. *Matth.* 349.
Habitat in Europa *ad ripas & paludes.* Junio. ♃ *Pal. fil. monsp. burg. lugd. lith.*

4. LYSIMACHIA *thyrsiflora.* L. racemis lateralibus, pedunculatis. *Oed. dan.* t. 517.

L. bifolia; flore globoso luteo. *Bauh. pin.* 242.
Habitat in Europa *in paludibus.* Junio. ♃ *Pal. fil. lugd. lith. suec.*

** PEDUNCULIS UNIFLORIS.

8. LYSIMACHIA *nemorum.* L. foliis ovatis, acutis; floribus solitariis; caule procumbente. *Oed. dan.* 174.
Anagallis lutea nemorum. *Bauh. pin.* 252.
Habitat in Germaniæ, Galliæ, Angliæ *nemoribus glareosis roridis.* Junio. *Pal. fil. lugd. monsp.*

9. LYSIMACHIA *nummularia.* L. foliis subcordatis; floribus solitariis; caule repente. *Oed. dan.* t. 493.
Nummularia major lutea. *Bauh. pin.* 309.
Habitat in Europa *juxta agros & scrobes.* Junio. ♃ *Suec. ged. pal. monsp. burg. lith. lugd.*

1. ANAGALLIS *arvensis.* A. foliis indivisis; caule procumbente.

225.

α. A. flore cæruleo.
A. femina. *Camer. epit.* 395.
β. Anagallis phœniceo flore. *Bauh. pin.* 252.
A. terrestris mas. *Blackw.* t. 43. *Oed. dan.* t. 88.
Habitat in Europæ arvis. Junio. ☉ *Suec. pal. fil. lugd. monsp. burg. lith.*

5. ANAGALLIS *tenella.* A. foliis ovatis, acutiusculis; caule repente.
Lysimachia tenella. *Sp. pl. edit.* 2.
Nummularia minor, purpurascente flore. *Bauh. pin.* 310. *prodr.* 139. *Morif. hist.* 2. p. 567. f. 5. t. 26. f. 2.
Habitat in Galliæ, Angliæ, Italiæ *ericetis humidis. Burg.*

1. SPIGELIA *anthelmia.* S. caule herbaceo; foliis summis quaternis. *Amœn. acad.* tom. 5. p. 133. t. 2. *

227.

Habitat in Caienna, Brasilia. ☉ *Flores racemosi.*

6. AZALEA *procumbens.* A. ramis diffuso-procumbentibus. *Oed. dan.* t. 9.

226.

Tome I. Q

Gen.

Chamæciſtus ſerpyllifolia; floribus carneis. *Bauh. pin.* 466.
Habitat in Alpibus Europæ. ♄ *Delph.*

227.

1. PLUMBAGO *europæa.* P. foliis amplexicaulibus, lanceolatis, ſcabris.

Lepidium Dentillaria dictum. *Bauh. pin.* 97.
Habitat in Europa auſtrali. ♃ *Monſp.*

CONVOLVULUS.

* CAULE VOLUBILI.

231.

1. CONVOLVULUS *arvenſis.* C. foliis ſagittatis utrinque acutis; pedunculis ſubunifloris. *Oed. dan.* t. 459.
C. minor arvenſis. *Bauh. pin.* 294.
Habitat in Europæ agris. Junio. ♃ *Suec. pariſ. pal. lith. lugd. burg.*

2. CONVOLVULUS *ſepium.* C. foliis ſagittatis; poſtice truncatis; pedunculis tetragonis, unifloris. *Oed. dan.* t. 458.
C. major albus. *Bauh. pin.* 294.
Habitat in Europæ ſepibus. Julio. ♃ *Suec. pariſ. pal. monſp. burg. lugd. lith.*

* * CAULE PROSTRATO, ſeu NON VOLUBILI.

40. CONVOLVULUS *Cneorum.* C. foliis lanceolatis, tomentoſis; floribus umbellatis; calycibus hirſutis; caule erectiuſculo. *Kniph. cent.* 7. n. 14.
C. ſaxatilis, erectus, villoſus, perennis. *Barr. rar.* 4. t. 470.
Cneorum album; folio argenteo molli. *Bauh. pin.* 463.
Habitat in Hiſpania, Creta, Syria. ♃ *Monſp.*

41. CONVOLVULUS *cantabrica.* C. foliis lineari-lanceolatis, acutis; caule ramoſo, erectiuſculo; calycibus piloſis; pedunculis ſubbifloris. *Jacq. auſtr.* t. 296.
C. linariæ folio. *Bauh. pin.* 295.
Habitat in Europa auſtrali, Sibiria, Africa. ♃ *Lugd. monſp.*

46. CONVOLVULUS *tricolor.* C. foliis lanceolato-ovatis, glabris; caule declinato; floribus ſolitariis.
C. peregrinus, cæruleus; folio oblongo. *Bauh. pin.* 295.
Habitat in Africa, Mauritania, Hiſpania, Sicilia. ☉

50. CONVOLVULUS *ſoldanella.* C. foliis reniformibus; pedunculis unifloris. *Kniph. cent.* 6. n. 30.
Soldanella maritima minor. *Bauh. pin.* 295.
Habitat in Angliæ, Friſiæ littoribus maris; in Carniolia. *Monſp.*

233.

1. POLEMONIUM *cæruleum.* P. foliis pinnatis; floribus erectis; calycibus corollæ tubo longioribus. *Oed. Fl. dan.* t. 255.

Valeriana cærulea. *Bauh. pin.* 164.
Habitat in Europa, Asia. ♃ *Lith. suec.*

CAMPANULA.

* *FOLIIS LEVIORIBUS ANGUSTIORIBUS.*

4. CAMPANULA *rotundifolia.* C. foliis radicalibus, reniformibus; caulinis linearibus.

234.

C. minor rotundifolia vulgaris. *Bauh. pin.* 93.

β. C. minor rotundifolia alpina. *Bauh. pin.* 93. *prodr.* 34. t. 34.

C. foliis serratis, radicalibus cordatis, caulinis linearibus. *Hall. helv.* n. 702.

γ. C. alpina linifolia rara cærulea. *Bauh. hist.* 2. p. 797. *pin.* 93. *Magn. monsp.* 47. t. 46. *Oed. dan.* t. 189.

C. caule simplici; foliis subhirsutis, linearibus; petiolis unifloris. *Hall.* n. 700.

Habitat in Europæ pascuis muris. β. γ. *in montanis & alpinis.* Junio. *Suec. paris. pal. ged. lugd. burg. lith.*

5. CAMPANULA *patula.* C. foliis strictis; radicalibus lanceolato-ovalibus; paniculâ patulâ. *Oed. dan.* 373.

C. minor rotundifolia; flore in summis caulibus. *Bauh. pin.* 93.

Habitat in Angliæ, Sueciæ, &c. arvis. Junio. ♂ *Suec. pal. lith. burg. delph.*

6. CAMPANULA *rapunculus.* C. foliis undulatis; radicalibus lanceolato-ovalibus; paniculâ coarctatâ.

Rapunculus esculentus. *Bauh. pin.* 92.

Habitat in Helvetia, Anglia, Gallia, &c. Junio. ♂ *Pal. delph. lugd. par. monsp. burg.*

7. CAMPANULA *persicifolia.* C. foliis radicalibus, obovatis; caulinis lanceolato-linearibus, subserratis, sessilibus, remotis.

Rapunculus persicifolius; magno flore. *Bauh. pin.* 93.

Habitat in Europæ *septentrionalis asperis.* Junio. ♃ *Suec. paris. ged. monsp. lith. burg. lugd.*

8. CAMPANULA *pyramidalis.* C. foliis lævibus, serratis, cordatis; caulinis lanceolatis; caulibus junceis, simplicibus; umbellis sessilibus, lateralibus.

Rapunculus hortensis; latiore folio, s. Pyramidalis. *Bauh. pin.* 93.

Habitat circa Idriam & *alibi in* Carniolia. ♂ *Lith.*

* * *FOLIIS SCABRIS LATIORIBUS.*

12. CAMPANULA *latifolia.* C. foliis ovato-lanceolatis; caule simplicissimo, tereti; floribus solitariis, pedunculatis; fructibus cernuis. *Oed. dan.* t. 85.

C. maxima; foliis latissimis. *Bauh. pin.* 94.

Habitat in Helvetiæ, Angliæ, Sueciæ *montosis sepibus.* ♃ *Suec. ged. lith. delph. burg.*

Q ij

Gen.

13. CAMPANULA *rapunculoïdes*. C. foliis cordato-lanceolatis;
caule ramoso; floribus secundis, sparsis; calycibus reflexis.
C. hortensis, rapunculi radice. *Bauh. pin.* 94.
Habitat in Helvetiæ, Galliæ, Austriæ *siccissimis*. Julio. *Paris.*
pal. ged. fil. lith. lugd.

15. CAMPANULA *graminifolia*. C. foliis lineari-subulatis; capi-
tulo terminali.
C. alpina; tragópogi folio. *Bauh. pin.* 94.
Trachelium minus gramineum, cæruleo-violaceum. *Barr. ic.* 332.
Habitat in Italiæ *montibus*, Aprutii Salmone vicinis. *Burg.*

16. CAMPANULA *trachelium*. C. caule angulato; foliis petiolatis; calycibus ciliatis; pedunculis trifidis.
C. vulgatior, foliis urticæ; vel major & asperior. *Bauh. pin.* 94.
Habitat in Europæ *sepibus*. Julio. ♃ *Suec. parif. pal. ged. fil.*
delph. lugd. lith.

17. CAMPANULA *glomerata*. C. caule angulato, simplici; floribus
sessilibus; capitulo terminali.
C. pratensis, flore conglomerato. *Bauh. pin.* 94.
Habitat in Angliæ, Galliæ, Austriæ, Sueciæ, &c. *pratis aridis.*
Maio. ♃ *Suec. parif. ged. pal. monsp. lugd. lith.*

18. CAMPANULA *cervicaria*. C. hispida; floribus sessilibus;
capitulo terminali; foliis lanceolato-linearibus, undulatis.
C. foliis echii. *Bauh. prodr.* 36. (*non Pinacis*).
Habitat in Helvetiæ, Germaniæ, Sueciæ *asperis sylvaticis*. Julio.
Suec. pal. lith. delph.

19. CAMPANULA *thyrsoïdea*. C. hispida; racemo ovato,
oblongo, terminali; caule simplicissimo; foliis lanceolato-
linearibus. *Jacq. vind.* 211. *obf.* 1. p. 33. t. 21.
C. foliis echii. *Bauh. pin.* 94.
Alopecurus alpinus quibusdam, Echium montanum Dale-
champii. *Bauh. hist.* 2. p. 809.
Habitat in alpibus & *montibus* Helvetiæ, Harcyniæ, Carniolæ. ♂
Ged. carn. lith. delph.

* * * *CAPSULIS OBTECTIS CALYCIS SINUBUS*
REFLEXIS.

23. CAMPANULA *medium*. C. capsulis quinquelocularibus
obtectis; caule indiviso, erecto, folioso; floribus erectis.
C. hortensis, folio & flore oblongo. *Bauh. pin.* 94.
Viola mariana. *Dod. pempt.* 163.
Habitat in Germaniæ, Italiæ *sylvis apricis*. ♂ *Monsp. delph. lugd.*

24. CAMPANULA *barbata*. C. capsulis quinquelocularibus
obtectis; caule simplicissimo, subunifolio; foliis lanceolatis;
corollis barbatis. *Jacq. obf.* 2. p. 14. t. 37.
C. foliis echii; floribus villosis. *Bauh. pin.* 94. *prodr.* 36.
t. 36.
Habitat in alpibus Austriæ, Helvetiæ, Pedemontii, *Delph.*

34. CAMPANULA *speculum*. C. caule ramosissimo , diffuso ;
foliis oblongis , subcrenatis ; floribus solitariis ; capsulis prismaticis.

Onobrychis arvensis s. Campanula arvensis erecta. *Bauh. pin.*
215.

Habitat inter segetes Europæ *australis*. Junio. ☉ *Pal. lugd. burg.
delph. par. monsp.*

35. CAMPANULA *hybrida*. C. caule basi subramoso stricto ;
foliis oblongis , crenatis ; calycibus aggregatis corollà longioribus ; capsulis prismaticis.
C. arvensis minima erecta. *Moris. hist.* 2. p. 457. s. 5. t. 2.
f. 22.

Habitat in Helvetia , Anglia , Gallia , *inter segetes.* Monsp. lugd.
delph.

41. CAMPANULA *hederacea.* C. foliis cordatis , quinquelobis ,
petiolatis , glabris ; caule laxo. *Oed.* t. 330.
C. cymbalariæ vel hederæ folio. *Bauh. pin.* 93.
Habitat in Anglia , Gallia , Hispania , Dania , *locis umbrosis ,
humidiusculis.* Paris. monsp. burg.

44. CAMPANULA *Erinus.* C. caule dichotomo ; foliis sessilibus :
superioribus , oppositis , tridentatis.
Rapunculus minor ; foliis incisis. *Bauh. pin.* 92.
Habitat in Italia , Hispania , G. Narbonensi. ☉ *Monsp. delph.*

1. PHYTEUMA *pauciflora*. P. capitulo subfolioso ;
foliis omnibus lanceolatis.

Rapunculus alpinus, parvus , comosus. *Bauhin hist.* 2. p. 811.
Habitat in alpibus Helveticis , Styriacis. *Delph.*

2. PHYTEUMA *hemisphærica.* P. capitulo subrotundo ; foliis
linearibus , subintegerrimis.
Rapunculus umbellatus ; folio gramineo. *Bauh. pin.* 92.
Habitat in alpibus Helvetiæ , Italiæ , Hassiæ , Pyrenæis. ♃ *Monsp.
delph.*

3. PHYTEUMA *comosa.* P. fasciculo terminali , sessili ; foliis
dentatis ; radicalibus cordatis. *Barr. ic.* 889.
Rapunculus alpinus , corniculatus. *Bauh. pin.* 113. *prodr.* 33.
t. 33.
Habitat in Baldi , Carniolæ & Delphinatûs *montibus.* ♂ *Monsp.*

4. PHYTEUMA *orbicularis.* P. capitulo subrotundo ; foliis serratis ;
radicalibus cordatis.
Rapunculus folio oblongo ; spicà orbiculari. *Bauh. pin.* 92.
Moris. hist. 2. p. 463. s. 5. t. 5. f. 47.
Habitat in alpibus Italiæ , Helvetiæ , Veronæ , Suffexiæ , *in
monte* Meissner Hassiæ. Monsp. delph. lugd.

5. PHYTEUMA *spicata.* P. spicà oblongâ ; capsulis bilocularibus ;
folis radicalibus cordatis. *Oed. dan.* 362.
Rapunculus spicatus, *Bauh. pin.* 92. cæruleus, *prodr.* 32. t. 32.

Q iij

Gen.

Habitat in alpestribus Helvetiæ, Austriæ, Germaniæ, Baldi, Angliæ, Galliæ, Italiæ. Maio. Pal. sil. monsp. lugd. lith. burg. delph. paris.

237. 1. TRACHELIUM cæruleum. Trachelium. Kniph. cent. 10. n. 89.

Cervaria valerianoïdes cærulea. Bauh. pin. 95.
Habitat in Italiæ & Orientis umbrosis. ♂

238. 4. SAMOLUS valerandi. Samolus. Oed. 198.

Anagallis aquatica; rotundo folio non crenato. Bauh. pin. 252.
Habitat in maritimis Europæ, Asiæ & Americæ borealis, ad littora, fontes. Junio. ♂ Suec. paris. pal. lugd. monsp. burg.

L O N I C E R A.

* PERICLYMENA CAULE VOLUBILI.

250. 1. LONICERA caprifolium. L. floribus verticillatis, terminalibus, sessilibus; foliis summis connato-perfoliatis. Jacq. austr. t. 357.

Periclymenum perfoliatum. Bauh. pin. 302.
Caprifolium italicum. Dod. pempt. 411.
Habitat in Europa australi. Maio. ♃ Monsp. burg. lugd. delph.

4. LONICERA periclymenum. L. capitulis ovatis, imbricatis, terminalibus; foliis omnibus distinctis. Blackw. t. 25.
Periclymenum non perfoliatum, germanicum. Bauh. pin. 302.
Habitat in Europa media. Junio. ♄ Suec. paris. monsp. pal. burg. lugd. delph.

* * CHAMÆCERASA PEDUNCULIS BIFLORIS.

5. LONICERA nigra. L. pedunculis bifloris; baccis distinctis; foliis ellipticis, integerrimis. Jacq. austr. t. 314.
Chamæcerasus alpina; fructu nigro gemino. Bauh. pin. 451.
Habitat in Delphinatu, Gallia, Helvetia. Monsp. lugd.

7. LONICERA Xilosteum. L. pedunculis bifloris; baccis distinctis; foliis integerrimis, pubescentibus.
Chamæcerasus dumetorum; fructu gemino rubro. Bauh. pin. 451.
Habitat in Europæ frigidioris sepibus. Maio. ♄ Suec. paris. monsp. pal. sil. burg. lugd. lith.

9. LONICERA alpigena. L. pedunculis bifloris; baccis coadunatis, didymis; foliis ovali-lanceolatis. Jacq. austr. t. 274.
Chamæcerasus alpina; fructu rubro gemino, duobus punctis notato. Bauh. pin. 451.
Habitat in Alpibus Helveticis, Pyrenæaicis, Allobrogicis, &c. ♃ Carn. burg. delph. lugd. monsp.

10. LONICERA *cærulea.* L. pedunculis bifloris; baccis coadu-   Gen.
natis, globofis; ftylis indivifis.
Chamæcerafus montana; fructu fingulari cæruleo. *Bauh. pin.*
451.
Habitat in Helvetia. ♄ *Carn. monfp. lith.*

2. MIRABILIS *jalapa.* M. floribus congeftis, termina-   259.
libus, erectis. *Blackw.* t. 404.
Solanum mexicanum; flore magno. *Bauh. pin.* 168.
Habitat in India *utraque.* ♃

1. CORIS *monfpelienfis.*   260.
C. cærulea maritima. *Bauh. pin.* 280.
Symphytum petræum. *Cam. epit.* 699.
Habitat in Europæ *auftralis arenofis, maritimis.* ☉ *Monfp. delph.*
Caulis ruber. Folia alterna, linearia, craffiufcula, patentia.
Flores fpicati.

3. VERBASCUM *thapfus.* V. foliis decurrentibus utrin-   262.
que tomentofis; caule fimplici. *Oed. dan.* 631.
V. mas, latifolium, luteum. *Bauh. pin.* 239.
Habitat in Europæ *glareofis fterilibus.* Julio. ♂ *Suec. parif. pal.*
ged. monfp. burg. lugd. lith.

4. VERBASCUM *phlomoïdes.* V. foliis ovatis utrinque tomen-
tofis; inferioribus petiolatis. *Kniph. cent.* 6. n. 99.
V. femina; flore luteo magno. *Bauh. pin.* 239.
Habitat in Italia, Germania. ♂ *Monfp. burg.*

5. VERBASCUM *lychnitis.* V. foliis cuneiformi-oblongis. *Oed.*
dan. t. 586.
V. mas; anguftioribus foliis; floribus pallidis. *Bauh. pin.* 239.
Habitat in Europæ *ruderatis cultis.* Junio. ♂ *Suec. pal. fil.*
monfp. burg. lugd. parif.

6. VERBASCUM *nigrum.* V. foliis cordato-oblongis, petiolatis.
V. nigrum; flore ex luteo purpurafcente. *Bauh. pin.* 40.
Habitat in Europa *ad pagos, vias.* Julio. ♃ *Ged. pal. fil. lugd.*
parif. lith. fuec. burg.

8. VERBASCUM *blattaria.* V. foliis amplexicaulibus, oblongis
glabris; pedunculis folitariis.
Blattaria lutea; folio longo, laciniato. *Bauh. pin.* 240.
β. Blattaria alba. *Bauh. pin.* 241.
Habitat in Europæ *auftralioris argillaceis.* ☉ *Pal. fil. lugd. burg.*
parif. monfp.

12. VERBASCUM *myconi.* V. foliis lanatis, radicalibus; fcapo
nudo. *Mill. dict.* n. 13. & *ic.* t. 277. *Trew. ehret.* 26. t. 57.
Sanicula alpina; foliis borraginis; villofa. *Bauh. pin.* 243.
Auricula urfi myconi. *Daiech. hift.* 837. *Bauh. hift.* 3. p. 869.
Habitat in Pyrenæorum *nemorofis, tegit rupes.* ♃

Gen. 263. 2. DATURA *stramonium*. D. pericarpiis spinosis, erectis, ovatis; foliis ovatis, glabris. *Oed. dan.* 436.

> Solanum fœtidum; pomo spinoso, oblongo; flore albo. *Bauh. pin.* 168.
> *Habitat in* America, *nunc vulgaris per* Europam. Julio. ☉ *Succ. parif. pal. monfp. lugd. lith. burg.*

264. 1. HYOSCYAMUS *niger*. H. foliis amplexicaulibus, sinuatis; floribus sessilibus. *Blackw.* t. 550.

> H. vulgaris & niger. *Bauh. pin.* 169.
> *Habitat in* Europæ ruderatis pinguibus. Maio. ♂ *Succ. parif. pal. monfp. lugd. burg. lith.*

> 3. HYOSCIAMUS *albus*. H. foliis petiolatis, sinuatis, obtufis; floribus sessilibus. *Blackw* t. 111.
> H. albus major. *Bauh. pin.* 169.
> *Habitat in* Europa *auftrali.* ☉ *Monfp.*

265. 1. NICOTIANA *tabacum*. N. foliis lanceolato-ovatis, sessilibus, decurrentibus; floribus acutis. *Blackw.* t. 146.

> N. major latifolia. *Bauh. pin.* 169.
> *Habitat in* America, *nota Europeis ab* 1560. ☉

> 3. NICOTIANA *ruftica*. N. foliis petiolatis, ovatis, integerrimis; floribus obtufis. *Blackw.* t. 437.
> N. minor. *Bauh. pin.* 170.
> *Habitat in* America, *nunc in* Europa. ☉

266. 1. ATROPA *mandragora*. A. acaulis scapis, unifloris. *Blackw.* t. 364. *Sabb. hort.* 1. t. 1.

> Mandragora fructu rotundo. *Bauh. pin.* 169.
> *Habitat in* Hifpaniæ, Helvetiæ, Italiæ, Sibiriæ, Cretæ, Cycladum *apricis.*

> 2. ATROPA *belladonna*. A. caule herbaceo; foliis ovatis, integris. *Blackw.* t. 564.
> Solanum melanoferafus. *Bauh. pin.* 166.
> *Habitat in* Auftriæ, Angliæ, Germaniæ, Italiæ *montibus fylvefis.* Junio. ℞ *Pal. monfp. burg. lugd.*

267. 7. PHYSALIS *alkekengi*. P. foliis geminis, integris, acutis; caule herbaceo infernè fubramofo. *Blackw.* t. 161.

> Solanum veficarium. *Bauh. pin.* 166. *Dod. pempt.* 454.
> *Habitat in* Italiæ, Germaniæ, Japoniæ *fcrobibus.* Julio. ℞ *Burg. lugd. parif. pal.*

SOLANUM.

* *INERMIA.*

2. SOLANUM *pseudo-capsicum.* S. caule inermi-fruticoso ; foliis lanceolatis, repandis; umbellis sessilibus. *Kniph. cent.* 6. n. 87.   268.

S. fruticosum , bacciferum. *Bauh. pin.* 61.
Habitat in Madera. ♄

4. SOLANUM *dulcamara.* S. caule inermi, frutescente, flexuoso; foliis superioribus hastatis ; racemis cymosis. *Oed. dan.* 607.
S. scandens s. Dulcamara. *Bauh. pin.* 167.
Habitat in Europæ *sepibus humentibus.* Junio. ♄ *Succ. paris. pal. fil. monsp. burg. lugd. lith.*

11. SOLANUM *tuberosum.* S. caule inermi, herbaceo ; foliis pinnatis , integerrimis ; pedunculis subdivisis. *Blackw.* t. 523. a. b. & t. 587.
S. tuberosum esculentum. *Bauh. pin.* 167. *prodr.* 89. t. 89.
Habitat in Peru ; *innotuit* 1590. C. *Bauhino.* ⊙ ♃

13. SOLANUM *lycopersicum.* S. caule inermi , herbaceo ; foliis pinnatis, incisis ; racemis simplicibus. *Kniph. cent.* 4. n. 82.
S. pomiferum; fructu rotundo , striato, molli. *Bauh. pin.* 167.
Pomum amoris. *Cam. epit.* 821. *Blackw.* t. 133.
Habitat in America calidiore. ⊙ ♃ Fructus glabri.

17. SOLANUM *nigrum.* S. caule inermi, herbaceo ; foliis ovatis, dentato-angulatis ; racemis distichis , nutantibus. *Oed. dan.* t. 460.
Solanum officinarum. *Bauh. pin.* 166.
Habitat in Orbis *totius cultis.* Julio. ⊙ *Succ. pal. monsp. lugd. burg. lith. paris.*

19. SOLANUM *melongena.* S. caule inermi , herbaceo ; foliis ovatis, tomentosis ; pedunculis pendulis , incrassatis ; calycibus inermibus.
S. pomiferum; fructu oblongo. *Bauh. pin.* 167. *Pluk. phyt.* t. 226. f. 2.
Habitat in Indiis. ♃ Fructus magni, glabri.

* * *ACULEATA.*

20. SOLANUM *insanum.* S. caule aculeato , herbaceo ; foliis ovatis, tomentosis ; pedunculis pendulis , incrassatis ; calycibus aculeatis. *Blackw.* t. 549. *Kniph. cent.* 10. n. 81.
S. pomiferum, magno fructu ex albo & atro-purpureo nitente ; foliis & calyce spinosis. *Plukn. alm.* 550. t. 226. f. 3. *Moris. hist.* 3. p. 524. f. 13. t. 2. f. 2.
Habitat in Indiis. ⊙ Valdè affinis Melongenæ.

Gen.

28. SOLANUM *fodomeum.* S. caule aculeato, fruticofo, tereti;
foliis pinnatifido-finuatis, fparfè aculeatis, nudis; calycibus
aculeatis. *Kniph. cent.* 4. n. 83.

S. fpinofum, profundè laciniatis foliis, fubtùs lanuginofis;
maderafpatanum. *Pluk. alm.* 351. t. 316. f. 4?
Habitat in Africa. ♄

269. 1. CAPSICUM *annuum.* C. caule herbaceo; pedunculis
folitariis. *Kniph. cent.* 11. n. 23.

Piper indicum vulgatiffimum. *Bauh. pin.* 102. *Blackw.* t. 129.
Habitat in America *meridionali.* ☉ Fructus propendentes.

273. 2. LYCIUM *barbarum.* L. foliis lanceolatis; calycibus
fubbifidis. *Kniph. cent.* 9. n. 62.

Habitat in Afia, Africa, Europa. Fructus flavefcens.

3. LYCIUM *europæum.* L. foliis obliquis; ramis flexuofis, tere-
tibus.
Rhamnus fpinis oblongis; flore candicante. *Bauh. pin.* 177.
Habitat in Europa *auftrali.* ♄

RHAMNUS.

* SPINOSI.

284. 1. RHAMNUS *catharticus.* R. fpinis terminalibus;
floribus quadrifidis, dioicis; foliis ovatis. *Blackw.*
t. 135. *Flor. dan.* t. 850.

R. folutivus. *Dod. pempt.* 756.
R. catharticus. *Bauh. pin.* 478.
Habitat in Europæ *fepibus & in aquofis.* Junio. ♄ *Succ. pal. herb.
fil. monfp. lugd. burg. lith.*

2. RHAMNUS *infectorius.* R. fpinis terminalibus; floribus qua-
drifidis, dioicis; caulibus procumbentibus.
R. Catharticus minor. *Bauh. pin.* 478.
Habitat in Hifpania, Gallia, Carniolia, Italia. ♄

* * INERMES.

12. RHAMNUS *alpinus.* R. inermis; floribus dioicis; foliis
duplicato-crenatis.
R. inermis; foliis ovatis, crenulatis. *Hall. helv.* n. 823. t. 40.
Frangula altera polycarpos. *Bauh. prodr.* 160.
Habitat in alpibus Helveticis, Carniolicis; in monte *Meiffner*
Haffiæ. ♄ *Lith. delph. burg.*

14. RHAMNUS *frangula.* R. inermis, floribus monogynis,
hermaphroditis; foliis integerrimis. *Oed. dan.* t. 278.
Alnus nigra baccifera. *Bauh. pin.* 428.

Frangula. *Dod. pempt.* 784.
Habitat in Europæ *borealis nemorosis humidiusculis.* Junio. ♄ *Succ.*
ged. pal. monsp. burg. lugd. lith.

16. RHAMNUS *alaternus.* R. inermis ; floribus dioicis; stigmate
triplici; foliis serratis. *Kniph. cent.* 7. n. 75. *mas.*
Phylica elatior. *Bauh. pin.* 477.
Habitat in Europa *australi.* ♄ *Monsp.*

* * * *ACULEATI.*

17. RHAMNUS *paliurus.* R. aculeis geminatis ; inferiore reflexo ;
floribus trigynis. *Kniph. cent.* 6. n. 76.
Rhamnus s. Paliurus folio jujubino. *Bauh. hist.* 1. p. 35.
Habitat in Europa *australi.* ♄ *Monsp.* Fructus marginatus.

RHAMNUS *zizyphus.* R. aculeis geminatis ; altero recurvo ;
floribus digynis; foliis ovato-oblongis.
Jujuba sylvestris. *Bauh. pin.* 446.
Zizyphus. *Dod. pempt.* 807.
Habitat in Europa *australi.* ♄ *Monsp.* carn. Fructus oblongi.

1. EVONYMUS *europæus.* E. floribus, plerisque quadrifidis ; foliis sessilibus.

  α. Evonymus *tenuifolius Pollich. pal.*
  E. (*vulgaris*) pedunculis solitariis; petalis oblongis; fructibus
apteris. *Scop. carn.*
  E. 2. *Clus. hist.* 1. p. 57. *Dod. pempt.* 783.
  β. Evonymus *latifolius.* Jacq. austr. t. 289.
  E. pedunculis lateralibus , patulis ; foliis subrotundis ; fructibus
alatis. *Scop. carn.*
  E. 1. s. latifolia. *Clus. hist.* 2. p. 56.
  Habitat in Europæ *sepibus* ; β *in* Helvetia , Pannonia, Austria.
Maio. ♄ *monsp. lugd. lith. burg.*

RIBES.

* RIBESIA *INERMIA.*

1. RIBES *rubrum.* R. inerme ; racemis glabris , pendulis ;
floribus planiusculis. *Blackw.* t. 285.

  Grossularia ; multiplici acino, s. non spinosa , hortensis rubra.
Bauh. pin. 455. *Duham. arb. fruit.* 1. t. 1.
  Habitat in Sueciæ *borealibus.* Aprili. ♄ *Pal. lith. paris. suec.*

  2. RIBES *alpinum.* R. inerme ; racemis erectis ; bracteis flore
longioribus. *Jacq. austr.* t. 47.
  Grossularia vulgaris ; fructu dulci. *Bauh. pin.* 455.
  Habitat in Sueciæ , Helvetiæ , Angliæ , Germaniæ , Sibiriæ ,
sepibus siccis. Maio. ♄ *Succ. pal. sil. delph. lith.*

  3. RIBES *nigrum.* R. inerme ; racemis pilosis; floribus oblongis.
Œd. dan. t. 556.

Gen.

Groffularia non fpinofa, fructu nigro. *Bauh. pin.* 455.
Habitat in Suecia, Helvetia, Germania, Sibiria, Penfylvania.
Maio. ♄ *Sil. lith. delph. fuec.* Folia olentia.

** *GROSSULARIÆ ACULEATÆ.*

5. RIBES *groffularia.* R. ramis aculeatis ; petiolorum ciliis
pilofis ; baccis hirfutis. *Kniph. cent.* 1. n. 74. *Knorr. del.*
2. t. G.
Habitat in Europa. ♄ *Rug. haff. lith.* Fructus maximus.

6. RIBES *uva crifpa.* R. ramis aculeatis ; baccis glabris ; pedicellis bracteâ monophyllâ. *Oed. dan.* 546.
Groffularia fimplici acino, vel fpinofa fylveftris. *Bauh. pin.* 455.
Habitat in Europa boreali. Aprili. ♄ *Pal. fil. lugd. lith. burg.
delph. monfp. parif.*

504.

1. HEDERA *helix.* H. foliis ovatis, lobatifque. *Blackw.*
t. 188.

H. arborea & major fterilis, & humi repens. *Bauh. pin.* 305.
Habitat in Europæ arboribus putrefcentibus, inque fepibus. Septembri. ♄ *Succ. pal. gedan. fil. monfp. burg. lith. lugd.*

505.

1. VITIS *vinifera.* V. foliis lobatis, finuatis, nudis.
Blackw. t. 154.

V. vinifera. *Bauh. pin.* 299.
Habitat in Orbis quatuor partibus temporatis. Junio. ♄ *Lugd.
monfp. burg.*

3. VITIS *labrufca.* V. foliis cordatis, fubtrilobis, dentatis ;
fubtus tomentofis.
V. fylveftris virginiana. *Bauh. pin.* 299.
Habitat in America feptentrionali. ♄ *Carn. lugd.*

506.

1. LAGOECIA *cuminoïdes.*

Cuminum fylveftre ; capitulis globofis. *Bauh. pin.* 146.
Habitat in Creta, Galatia. ☉

311.

1. ACHYRANTHES *afpera.* A. caule fruticofo, erecto ;
calycibus reflexis, fpicæ adpreffis.
Habitat in Sicilia. ♄

312.

1. CELOSIA *argentea.* C. foliis lanceolatis ; ftipulis
fubfalcatis ; pedunculis angulatis ; fpicis fcariofis.
Kniph. cent. 6. n. 22. *Knorr. del.* 1. t. H. 7.

Amaranthus fpicâ albefcente habitiore. *Mart. cent.* 7. t. 7.
Habitat in China. ☉

3. CELOSIA *criftata.* C. foliis oblongo-ovatis ; pedunculis
teretibus, fubftriatis ; fpicis oblongis. *Kniph. cent.* 11. n. 24.
Knorr. del. 1. t. G. 5. 6.

Amaranthus, paniculâ conglomeratâ. *Bauh. pin.* 221.
Habitat in Asia. ☉

5. **ILLECEBRUM** *verticillatum.* I. floribus verticillatis, nudis ; caulibus procumbentibus. *Flor. dan. ic.* t. 335.

313.

Paronychia serpillifolia palustris. *Vaill. parif.* 157. t. 15. f. 1.
Polygala repens nivea. *Bauh. pin.* 215.
Habitat in Europæ *pascuis udis. Delph. monfp. parif. lugd.*

8. ILLECEBRUM *paronychia.* I. floribus bracteis nitidis, obvallatis ; caulibus procumbentibus ; foliis lævibus. *Kniph. cent.* 1. n. 46.
Polygonum minus candicans. *Bauh. pin.* 281.
Habitat in Hispania & Narbona. ♃

9. ILLECEBRUM *capitatum.* I. floribus bracteis, nitidis, occultantibus capitula terminalia ; caulibus erectiusculis ; foliis ciliatis, subtus villosis.
Polygonum montanum, niveum, minimum. *Lob. ic.* 420.
Habitat in G. Narbonensi, Hispania, Oriente.

1. **GLAUX** *maritima. Flor. dan.* t. 548.

314.

G. maritima. *Bauh. pin.* 215.
Alfine bifolia ; fructu coriandri ; radice geniculatâ. *Læfel. pruff.* 13. t. 3.
Habitat in Europæ *maritimis, falfis.* Maio. ♃ *Suec. ged. pal.*

1. **THESIUM** *linophyllum.* T. paniculâ foliaceâ ; foliis linearibus.

315.

Linaria montana ; flofculis albicantibus. *Bauh. pin.* 213.
Habitat in Europæ *ficcis montofis, cretaceis & in* Oriente. Junio.
    ☉ *Parif. pal. lugd. lith. burg. delph.*

2. THESIUM *alpinum.* T. racemo foliato ; foliis linearibus. *Ger. prov.* 422. t. 17. f. 1.
Habitat in Italiæ *alpibus, in* Sueciæ, Germaniæ, Sibiriæ, (*Georgi it.* 1. p. 202.) *collibus.* Junio. ☉ *Pal. lith. lugd.*

1. **VINCA** *minor.* V. caulibus procumbentibus ; foliis lanceolato-ovatis ; floribus pedunculatis.

322.

Clematis Caphnoïdes minor. *Bauh. pin.* 301.
Clematis Daphnoïdes. *Dod. pempt.* 405. *Blackw.* t. 59.
Habitat in Germania, Anglia, Gallia, &c. Aprili. ♄ *Pal. burg. lugd. parif.*

2. VINCA *major.* R. caulibus erectis ; foliis ovatis ; floribus pedunculatis.
Clematis Daphnoïdes major. *Bauh. pin.* 302. *Dod. pempt.* 406.
Habitat in Gallia, Narbonensi, Hispania, Helvetia, &c. ♄ *Lugd. carn.*

Gen.

4. VINCA *rofea*. V. caule fuffruteſcente, erecto; floribus gemi-
nis, feſſilibus; foliis ovato-oblongis; petiolis baſi bidentatis.
Kniph. cent. 8. n. 99.
Habitat in Madagaſcar, Java. ♄

323. 1. NERIUM *oleander*. foliis lineari-lanceol. ternis; corollis
coronatis. *Blackw.* t. 531. *flore albo & rubro*.

N. floribus rubeſcentibus. *Bauh. pin.* 464.
Habitat à Gades in Indiam *orientalem, locis ſubhumidis*. ♄

DIGYNIA.

330. 1. PERIPLOCA *græca*. P. floribus interne hirſutis ;
terminalibus. *Kniph. cent.* 2. n. 52.

Apocynum, folio oblongo. *Bauh. pin.* 303.
Habitat in Syria, Sibiria. ♃

331. 8. CYNANCHUM *monſpeliacum*. C. caule volubili,
herbaceo; foliis reniformi-cordatis, acutis. *Kniph.
cent.* 3. n. 35.

Scammonea monſpeliaca; foliis rotundioribus. *Bauh. pin.* 294.
Habitat in Hiſpania & Narbonæ *maritimis*. ♄ *Monſp.*

332. 3. APOCYNUM *venetum*. A. caule erectiuſculo, herbaceo; foliis ovato-lanceolatis.

Tithymalus maritimus, purpuraſcentibus floribus. *Bauh. pin.*
291.
Habitat in Adriatici maris inſulis; Sibiria. ♃ *Monſp.*

ASCLEPIAS.

* *FOLIIS OPPOSITIS, PLANIS.*

333. 9. ASCLEPIAS *curaſſavica*. A. foliis lanceolatis, petiolatis, glabris, nitidis; caule ſimplici; umbellis
erectis, ſolitariis, lateralibus.

Apocynum radice fibroſâ; petalis coccineis; corniculis croceis. *Dill. Hort. elth.* 34. t. 30. f. 33.
Habitat in Curaſſao. ♃ ♄

14. ASCLEPIAS *vincetoxicum*. A. foliis ovatis, baſi barbatis;
caule erecto; umbellis proliferis.
A. albo flore. *Bauh. pin.* 303.
Vincetoxicum. *Dod. pempt.* 407. *Blackw.* t. 96.
Habitat in Europæ *glareoſis*, Maio. ♃ *Pal. lugd. lith. burg. monſp.
pariſ. ſuec.*

** *FOLIIS LATERALIBUS, REVOLUTIS.*

17. ASCLEPIAS *fruticosa.* A. foliis revolutis , lineari - lanceolatis; caule fruticofo. *Kniph. cent.* 4. n. 9.
Apocynum erectum , elatius ; falicis angufto folio; folliculis
pilofis. *Pluk. alm.* 36. t. 138. f. 2.
Habitat in Æthiopia. ♂

1. STAPELIA *variegata.* S. denticulis ramorum paten-
tibus. *Knorr. del.* 1. t. f. 4.   334.
Habitat ad Cap. b. fpei. ♄ Planta fucculenta.

2. STAPELIA *hirfuta.* S. denticulis ramorum erectis. *Kniph.*
cent. 2. n. 89.
Habitat ad Cap. b. fpei. ♄ Planta fucculenta.

1. HERNIARIA *glabra.* H. glabra, glomerulis multi-   536.
floris. *Oed.* 529.

Polygonum minus f. Millagrana major. *Bauh. pin.* 281.
Habitat in Europæ apricis , glareofis , ficcis. Maio. ☉ *Pal. lith.*
burg. monfp. lugd. parif. fuec.

2. HERNIARIA *hirfuta.* H. hirfuta; glomerulis paucifloris.
H. hirfuta Raii. *Zanichelli. ic.* 284. *Bauh. hift.* 3. p. 379.
Habitat in glareofis agris Angliæ , Germaniæ , Helvetiæ
Italiæ. Maio. *Pal. lugd. monfp.*

CHENOPODIUM.

* *FOLIIS ANGULOSIS.*

1. CHENOPODIUM *Bonus Henricus.* C. foliis trian-   337.
gulari-fagittatis , integerrimis ; fpicis compofitis ,
aphyllis, axillaribus. *Oed. dan.* t. 579.

Lapathum unctuofum. *Bauh. pin.* 115.
Habitat in Europæ ruderatis. Maio. ♃ *Suec. parif. pal. lugd.*
monfp. lith. burg.

2. CHENOPODIUM *urbicum.* C. foliis triangularibus , fubdentatis; racemis confertis , ftrictiffimis , cauli approximatis,
longiffimis.
Habitat in Europæ borealis plateis. Junio. ☉ *Suec. pal. lith.*
lugd.

3. CHENOPODIUM *rubrum.* C. foliis cordato-triangularibus ,
obtufiufculis , dentatis ; racemis erectis , compofitis , fub-
foliofis , caule brevioribus.
Atriplex fylveftris latifolia. *Bauh. pin.* 119. *Morif. hift.* 2. p. 604.
t. 31.
Habitat in Europæ cultis, ruderatis. Augufto. ☉ *Suec. parif. pal.*
lugd. burg. lith.

Gen.

4. CHENOPODIUM *murale*. C. foliis ovatis, nitidis, dentatis, acutis; racemis ramofis, nudis.
Atriplex fylveftris latifolia, acutiore folio. *Bauh. pin.* 119.
Habitat in Europæ *muris aggeribufque.* Julio. ⊙ *Suec. parif. pal. lugd.*

5. CHENOPODIUM *ferotinum*. C. foliis deltoïdeis, finuato-dentatis, rugofis, glabris, uniformibus; racemis terminalibus.
Habitat in Hifpania, Gallia, Anglia, Sibiria. ⊙ *Lugd. helv.*

6. CHENOPODIUM *album*. C. foliis rhomboïdeo - triangularibus, erofis, poftice integris; fummis oblongis; racemis erectis. *Blackw.* t. 553.
Atriplex fylveftris; folio finuato, candicante. *Bauh. pin.* 119.
Habitat in agris Europæ. Augufto. ⊙ *Suec. parif. pal. lugd. lith.*

7. CHENOPODIUM *viride*. C. foliis rhomboïdeis, dentato-finuatis; racemis ramofis, fubfoliatis.
C. fylveftre, opuli folio. *Vaill. parif.* 36. t. 7. f. 1.
Habitat in Europæ *cultis oleraceis nimiùm abundans.* Junio. ⊙ *Suec. parif. pal. lugd. lith.*

8. CHENOPODIUM *hybridum*. C. foliis cordatis, angulato-acuminatis; racemis ramofis, nudis.
C. ftramonii folio. *Vaill. parif.* 36. t. 7. f. 2.
Habitat in Europæ *cultis. Suec. parif. fil. pal. lugd.*

9. CHENOPODIUM *botrys*. C. foliis oblongis, finuatis; racemis nudis, multifidis. *Kniph. cent.* 9. n. 20. *Blackw.* t. 314. *Ludw. ect.* t. 32.
Botrys ambrofioides vulgaris. *Bauh. pin.* 138.
Habitat in Europæ *auftralis arenofis.* ⊙ *Sauv. monfp. lugd.*

10. CHENOPODIUM *ambrofioides*. C. foliis lanceolatis; racemis foliatis, fimplicibus.
Habitat in Mexico, Lufitania. ⊙

13. CHENOPODIUM *glaucum*. C. foliis ovato-oblongis, repandis; racemis nudis, fimplicibus, glomeratis.
Atriplex anguftifolia, laciniata. *Bauh. hift.* 2. p. 472. t. 473.
Habitat ad Europæ *fimeta.* Julio. ⊙ *Suec. parif. pal. lugd.*

** FOLIIS INTEGRIS.

14. CHENOPODIUM *vulvaria*. C. foliis integerrimis, rhombeo-ovatis; floribus conglomeratis, axillaribus.
Atriplex fœtida. *Bauh. pin.* 119.
Vulvaria. *Dalech. hift.* 543. *Blackw.* t. 100.
Habitat in Europæ *cultis oleraceis.* Junio. ⊙ *Suec. parif. pal. lugd. burg.*

15. CHENOPODIUM *polyfpermum*. C. foliis integerrimis, ovatis; caule decumbente; cymis dichotomis, aphyllis, axillaribus.

Blitum

Blitum polyfpermum. *Bauh. pin.* 118.
Habitat in Europæ *cultis.* Julio. ⊙ *Gallob. pal. lith. lugd. par.*

1. BETA *vulgaris.* B. floribus congeftis. 338.

   α. B. rubra vulgaris. *Bauh. pin.* 118. *Blackw.* t. 23f.
   β. B. rubra major. *Bauh. pin.* 118.
   γ. B. rubra, radice rapæ. *Bauh. pin.* 118.
   δ. B. lutea major. *Bauh. pin.* 118.
   ε. B. pallide virens major. *Bauh. pin.* 118.
Habitat in Europæ *auftralioris maritima.* ♂

   2. BETA *Cicla.* B. floribus ternis.
   B. alba, vel palefcens, quæ cicla officinarum. *Bauh. pin.* 118.
   B. communis viridis. *Bauh. pin.* 118.
Habitat in Lufitania *ad Tagum.* ⊙

1. SALSOLA *Kali.* S. herbacea decumbens; foliis fubulatis, fpinofis; calycibus marginatis, axillaribus. 339.

   Kali fpinofæ affinis. *Bauh. pin.* 289. *Morif. hift.* 2. f. 5. t. 33. f. 11.
Habitat in Europæ *littoribus maris.* ⊙ *nunc lugd.*

   2. SALSOLA *Tragus.* S. herbacea, erecta; foliis fubulatis,
   fpinofis, lævibus; calycibus ovatis.
   Kali fpinofum, cochleatum. *Bauh. pin.* 289.
Habitat in Europa *auftrali.* ⊙ *Lugd.*

   4. SALSOLA *Soda.* S. herbacea, patula; foliis inermibus. *Jacq.* 3.
   hort. t. 68.
   Kali majus, cochleato femine. *Bauh. pin.* 287.
Habitat in Europæ *auftralis falfis.* ⊙ *Monfp.*

   5. SALSOLA *fativa.* S. diffufa, herbacea; foliis teretibus,
   glabris; floribus conglomeratis.
   Kali minus alterum. *Bauh. pin.* 283.
Habitat in Hifpaniæ *auftralis maritimis.* ⊙

   6. SALSOLA *altiffima.* S. herbacea, erecta, ramofiffima; foliis
   filiformibus, acutiufculis bafi pedunculiferis.
   Kali gramineo folio. *Bauh. pin.* 289.
Habitat ad Salinas *Italiæ,* Saxoniæ, Aftracani. ⊙

   12. SALSOLA *fruticofa.* S. erecta, fruticofa; foliis filiformibus,
   obtufiufculis. *Kniph. cent.* 11. n. 20.
   Anthyllis chamæphithydes frutefcens. *Bauh. pin.* 232.
Habitat in maritimis Galliæ, Hifpaniæ, Perfiæ. ♄

1. GOMPHRENA *globofa.* G. caule erecto; foliis 343.
   ovato-lanceolatis; capitulis folitariis; pedunculis
   diphyllis. *Kniph. cent.* 5. n. 39.

   Habitat in India. ⊙

1. ULMUS *campeftris.* U. foliis duplicato-ferratis, bafi 345.
   inæqualibus.
   Tome I.   R

Gen.

Ulmus fructu membranaceo. *Oed. dan.* t. 632.
U. campestris & Theophrasti. *Bauh. pin.* 246.
U. *Dod. pempt.* 337. *Camer. epit.* 70. *Lob. ic.* 2. p. 89.
Habitat in Europa *ad pagos*, *à Gades in Gestriciam*. Aprili. ♄
Suec. parif. pal. lugd. lith. burg.

350.　1. VELEZIA *rigida*. Silene foliis fubularis, cauli adpreffis;
calycibus rigidis, intermedio longioribus.

Lychnis fylveftris minima, exiguo flore. *Bauh. pin.* 206.
Lychnis corniculata minor. *Barr. rar.* 665. t. 1018. 1017.
Habitat in Europa *auftrali.* ⊙ *Monfp. lugd.*

GENTIANA.

. COROLLIS QUINQUEFIDIS SUBCAMPANIFORMIBUS.

352.　1. GENTIANA *lutea.* G. corollis fubquinquefidis,
rotatis, verticillatis; calycibus fpathaceis.

G. major vulgaris; flore pallido. *Barrel. ic.* 63. R.
G. major lutea. *Bauh. pin.* 187.
Habitat in alpibus Norvegicis, Helveticis, Apenninis, Silefiacis,
Auftriacis, Pyrenæis, Tridentinis. ♃ *Carn. fil. delph. lugd.*
fucc. monfp.

2. GENTIANA *purpurea.* G. corollis fubquinquefidis, campanu-
latis, verticillatis; calycibus truncatis, *Oed. dan.* t. 50.
G. major purpurea. *Bauh. pin.* 187.
Habitat in alpibus Helveticis, Pyrenæis, Norvegicis. ♃ *Delph.*

3. GENTIANA *punctata.* G. corollis fubquinquefidis, campanulatis, punctatis; calycibus quinquedentatis.
G. major; flore punctato. *Bauh. pin.* 187.
Habitat in Helvetiæ, Sibiriæ, Auftriæ, Styriæ, Silefiæ, Rhetiæ
alpinis. ♃ *Sil. delph.*

4. GENTIANA *ofclepiadea.* G. corollis quinquefidis, campanu-
latis, oppofitis, feffilibus; foliis amplexicaulibus. *Barr. ic.*
70. *Jacq. auftr.* t. 328.
G. afclepiadis folio. *Bauh. pin.* 187.
Habitat in alpibus Helvetiæ, Pannoniæ, Auftriæ, Silefiæ,
Mauritaniæ. ♃ *Delph.*

5. GENTIANA Pneumonanthe. G. corollis quinquefidis, campanulatis, oppofitis, pedunculatis; foliis linearibus. *Oed. fl.*
dan. t. 269.
G. paluftris anguftifolia. *Bauh. pin.* 188.
G. minima. *Barrel. ic.* 51. n. 11. *ic.* 52. n. 1. 2.
Habitat in Europæ *pafcuis humidiufculis.* Augufto. ♃ *Pal. Lith.*
delph. lugd. parif. fuec.

8. GENTIANA *acaulis.* G. corollâ quinquefidâ, campanulatâ,
caulem excedente. *Jacq. auftr.* t. 135.

G. alpina latifolia, magno flore. *Bauh. pin.* 187. *prodr.* 97.
Icones. *Barrel.* n. 47. 105. 106. 110. *Hall.* R.
Habitat in alpibus Helveticis, Auftriacis, Pyrenaicis. ♃ *Carn.*
delph. monfp.

* * *COROLLIS QUINQUEFIDIS INFUNDIBULIFORMIBUS.*

10. GENTIANA *verna.* G. corollâ quinquefidâ, infundibu-
liformi caulem excedente ; foliis radicalibus, confertis,
majoribus.
G. alpina verna major. *Bauh. pin.* 188.
Habitat in alpibus Helvetiæ, Auftriæ, Rhetiæ, Pyrenæis. ♃
Delph. carn. helv.

11. GENTIANA *pyrenaica.* G. corollâ decemfidâ, infundibuliformi, æquali ; laciniis exterioribus, rudioribus.
Habitat in Pyrenæis. ♃

12. GENTIANA *pumila.* G. corollâ quinquefidâ, infundibuliformi, fubferratâ ; foliis lanceolato-linearibus. *Jacq. vind.*
215. *obf.* 2. p. 29. t. 49.
Habitat in alpibus Auftriæ. ♃ *carn.*

13. GENTIANA *bavarica.* G. corollâ quinquefidâ, infundibuliformi, ferratâ ; foliis ovatis, obtufis *Jacq. obf.* 3. p. 19. t. 71.
Habitat in alpibus Helvetiæ, Bavariæ, Sueviæ.

14. GENTIANA *aurea.* G. corollis quinquefidis, infundibuli-
formibus, acuminatiffimis ; fauce imberbi, muticâque ;
ramis oppofitis.
G. alpina, pumila; flore aureo. *Barr. ic.* 3. t. 104. f. 1.
Habitat in alpibus Burdegalenfibus & Lapponiæ *Norwegicæ. D.*
Solander. ☉

15. GENTIANA *nivalis.* G. corollis quinquefidis, infundibuli-
formibus ; ramis unifloris, alternis. *Oed. dan.* 17.
G. alpina, æftiva; centaureæ minoris folio. *Bauh. pin.* 188.
Habitat in Lapponiæ, Helvetiæ, Pyrenæis *fummis alpibus.* ☉

17. GENTIANA *utriculofa.* G. corollis quinquefidis, hypocra-
teriformibus ; calycibus plicato-carinatis.
Habitat in alpibus Helvetiæ, Auftriæ, Italiæ in Germania,
Idria. ☉ *Pal.*

19. GENTIANA *Centaurium.* G. corollis quinquefidis, infundibuliformibus ; caule dichotomo ; piftillo fimplici. *Oed. dan.*
t. 617.
Centaurium minus. *Bauh. pin.* 278. *Dodon. purg.* 52.
β. G. corollis quinquefidis, infundibuliformibus ; caule breviffimo, ramofiffimo. *Ger. prov.* 311.
Centaurium minus, paluftre ramofiffimum ; flore purpureo.
Vaill. parif. 32. t. 6. f. 1. *Act. Hafn.* 2. p. 130.
Habitat in Europæ apricis, *præfertim maritimis.* Junio. ☉ *Pal.*
ged. lugd. lith. burg. parif.

25. GENTIANA *Amarella*. G. corollis quinquefidis, hypocrateriformibus, fauce barbatis. *Oed. dan.* 328.

G. pratenfis ; flore lanuginofo. *Bauh. pin.* 188.

Habitat in Europæ *pratis.* Septembri. ☉ *Pal. lith. delph. lugd. Parif. fuec.*

* * * *COROLLIS NON QUINQUEFIDIS.*

26. GENTIANA *campeftris*. G. corollis quadrifidis , fauce barbatis. *Oed. dan.* 367.

G. purpurea minima. *Barr. ic.* 97. f. 2.

β. G. corollis quadrifidis, imberbibus; pedunculis tetragonis. *Oed. dan.* t. 318.

Habitat in Europæ *pratis ficcis.* ☉ *Ged. carn. fil. lith. lugd.*

27. GENTIANA *ciliata*. G. corollis quadrifidis , margine ciliatis. *Oed. dan.* 317.

G. anguftifolia , autumnalis minor; floribus ad latera pilofis. *Bauh. pin.* 188.

Habitat in Helvetiæ , Italiæ, Germaniæ, Auftriæ, Carnioliæ, Canadæ *montibus.* Septembri. *Pal. carn. delph. lugd.*

28. GENTIANA *cruciata*. G. corollis quadrifidis , imberbibus; floribus verticillatis, feffilibus. *Jacq. auftr.* t. 372.

G. cruciata. *Bauh. pin.* 188.

Habitat in Pannoniæ , Apenninorum , Helvetiæ *montofis apricis , ad vias , in fterilibus.* Julio. ♃ *Ged. carn. pal. naff. lugd. lith. parif.*

30. GENTIANA *filiformis*. G. corollis quadrifidis , imberbibus; caule dichotomo filiformi. *Flor. dan.* t. 324.

Centaurium paluftre luteum minimum. *Vaill. parif.* 32. t. 6. f. 3.

Centaurium pufillum luteum. *C. B.* 278.

Habitat in Gallia , Dania. ☉ *Lith. lugd. monfp. parif.*

UMBELLATÆ.

3. ERYNGIUM *planum*. E. foliis radicalibus , ovalibus planis , crenatis ; capitulis pedunculatis. *Jacq. auftr.* t. 391.

E. latifolium planum. *Bauh. pin.* 87.

Habitat in Ruffia , Polonia , Auftria. ♃ *Ged. lith.*

4. ERYNGIUM *pufillum*. E. foliis radicalibus , oblongis , incifis; caule dichotomo ; capitulis feffilibus.

E. planum minus. *Bauh. pin.* 386.

E. pufillum planum montoni. *Cluf. hift.* 2. p. 158.

Habitat in Hifpania , Oriente.

6. ERYNGIUM *maritimum*. E. foliis radicalibus , fubrotundis , plicatis, fpinofis; capitulis pedunculatis, paleis tricufpidatis. *Fl. fuec.*

E. maritimum. *Bauh. pin.* 386.
E. maritimum. *Cluf. hift.* 2. p. 169. *Cam. epit.* 448.
Habitat ad Europæ *littora arenofa maritima. Suec. ged.*

7. ERYNGIUM *campeftre.* E. foliis radicalibus amplexicaulibus,
pinnato-lanceolatis. *Flor. dan.* t. 554.
Eryngium. *Camer. epit.* 447. campeftre. *Dodon.* 730.
E. vulgare. *Bauh. pin.* 386.
Habitat in Germaniæ, Galliæ, Hifpaniæ, Italiæ *incultis.* Augufto.
♃. *Pal. lugd. burg.*

8. ERYNGIUM *amethyftinum.* E. foliis radicalibus trifidis, bafi
fubpinnatis.
E. montanum, amethyftinum. *Bauh. pin.* 386. *Morif. hift.* 3.
p. 165. f. 7. t. 25. f. 2.
Habitat in Styriæ *montibus.* ♃. *Lith.*

9. ERYNGIUM *alpinum.* E. foliis digitatis, laciniatis, fubor-
biculatis; capitulo oblongo, polyphyllo; paleis fetaceis,
trifidis.
E. alpinum, cœruleum; capitulis dipfaci. *Bauh. pin.* 386.
E. alpinum, latis foliis; magno capite, oblongo, cœruleo.
Bauh. hift. 3. P. 1. p. 88.
Habitat in alpibus Helvetiæ, Italiæ. ♃ *Delph. lith.*

1. HYDROCOTYLE *vulgaris.* H. foliis peltatis; umbellis quinquefloris. *Oed. dan.* t. 90.

Ranunculus aquaticus; cotyledonis folio. *Bauh. pin.* 180.
Cotyledon aquatica. *Lob. ic.* 387. paluftris. *Dod. pempt.* 133.
Habitat in Europæ *inundatis.* Julio. ♃ *Ged. pal. lugd. parif.
helv. fuec.*

355.

1. SANICULA *europæa.* S. foliis radicalibus, fimplicibus; flofculis omnibus feffilibus. *Oed. dan.* 283.

S. officinarum. *Bauh. pin.* 319.
Habitat in Europæ *fylvis montofis.* Maio. ♃ *Suec. pal. ged.
lugd. lith. burg. auftr. gallob.*

336.

ASTRANTIA *major.* A. foliis quinquelobis; lobis trifidis.

Helleborus niger, faniculæ folio. *Bauh. pin.* 186.
Veratrum nigrum. *Dod. pempt.* 387.
Helleborus, faniculæ facie, minor. *Bauh. pin.* 186.
Helleborus minimus alpinus, aftrantiæ flore. *Bocc. fic.* 10.
t. 6.
Habitat in alpibus Helvetiæ, Carnioliæ, Hetruriæ, Pyrenæis.
♃ *Sil. delph. lugd. carn. helv.*

357.

R iij

Gen.

BUPLEURUM.

* HERBACEA.

358. 1. BUPLEURUM *rotundifolium*. B. involucris univer-
salibus nullis; foliis perfoliatis. *Blackw.* t. 65.
Perfoliata vulgatissima arvensis. *Bauh. pin.* 277.
Perfoliata. *Dod. pempt.* 104. *Camer. epit.* 888. *Riu.* t. 45.
Habitat inter Europæ *australis segetes.* Julio. ⊙ *Pal. lugd. polon.*

2. BUPLEURUM *stellatum*. B. involucellis coadunatis; uni-
versali triphyllo.
B. foliis gramineis; involucro peculiari octies emarginato. *Hall.*
helv. n. 771. t. 18.
Perfoliata alpina, angustifolia media. *Bauh. pin.* 277.
Habitat in alpibus Helveticis. *Delph.*

6. BUPLEURUM *falcatum*. B. involucellis pentaphyllis, acutis;
universali subpentaphyllo; foliis lanceolatis; caule flexuoso.
Jacq. austr. t. 158.
B. folio subrotundo f. vulgatissimum. *Bauh. pin.* 278.
Auricula leporis, umbellà luteà. *Bauh. hist.* 3. p. 200. f. 1.
Habitat in Misniæ, Vallesiæ, Germaniæ *sepibus.* Julio. ♃ *Pal.*
lugd. burg. stamp.

7. BUPLEURUM *Odontites*. B. involucellis pentaphyllis,
acutis; universali triphyllo; flosculoso centrali, altiore;
ramis divaricatis.
Perfoliata minor angustifolia, bupleuri folio. *Bauh. pin.* 277.
Perfoliata minima, bupleuri folio. *Column. ecphr.* 1. p. 84.
t. 247.
Habitat in alpibus Vallesiæ, *in* Italiæ *rupibus, vineis.* ⊙ *Carn.*
lugd. helv.

9. BUPLEURUM *ranunculoides*. B. involucellis pentaphyllis,
lanceolatis, longioribus; universali triphillo; foliis caulinis
lanceolatis.
Perfoliata alpina, angustifolia, minima. *Bauh. pin.* 277.
Habitat in Helvetia & Pyrenæis. ♃ *Delph.*

10. BUPLEURUM *rigidum*. B. caule dichotomo, subnudo;
involucris minimis, acutis.
B. folio rigido. *Bauh. pin.* 278.
B. alterum latifolium. *Dod. pempt.* 633.
Habitat Monspelii, Francofurti ad Mœnum. ♃ *Monsp.*

11. BUPLEURUM *tenuissimum*. B. umbellis simplicibus, alternis;
pentaphyllis, subtrifloris.
B. tertium minimum. *Column. ecphr.* 1. p. 85. t. 247. *Moris.*
hist. 3. p. 300. f. 9. t. 14. f. 4.
B. angustissimo folio. *Bauh. pin.* 278.
Habitat in Germania, Anglia, Gallia, Italia. ⊙ *Austr. burg.*
lugd.

12. BUPLEURUM *junceum*. B. caule erecto, paniculato; foliis linearibus; involucris triphyllis, involucellis pentaphyllis.

B. angustifolium. *Dod. pempt.* 474. *Bauh. basil.* 81.

Habitat in Gallia, Italia, Helvetia, Germania. Augusto. ☉ *Pal. monsp. helv.*

* * *FRUTESCENTIA.*

13. BUPLEURUM *fruticosum*. B. frutescens; foliis obovatis integerrimis.

Seseli æthiopicum, salicis folio. *Bauh. pin.* 161.

Seseli æthiopicum, frutex. *Dod. pempt.* 312.

Habitat in Galliæ australis & Orientis *saxosis maritimis.* ♄ *Monsp.*

1. ECHINOPHORA *spinosa*. E. foliis subulato-spinosis, integerrimis. — 359

Crithmum maritimum, spinosum. *Bauh. pin.* 288.

Crithmum spinosum. *Dod. pempt.* 705.

Habitat ad littora maris, præsertim Mediterranei. ♃ *Monsp.*

1. TORDYLIUM *officinale*. T. involucris partialibus, longitudine florum; foliolis ovatis, laciniatis. — 361

Seseli creticum minus. *Bauh. pin.* 161.

Seseli creticum. *Dod. pempt.* 314. ☉ *Monsp.*

Habitat in Narbona, Italia, Sicilia. ☉ *Monsp.*

5. TORDYLIUM *maximum*. T. umbellis confertis, radiatis; foliis lanceolatis, incisoserratis. *Jacq. austr.* t. 142.

Caucalis maxima; sphondylii aculeato semine. *Bauh. pin.* 172.

Habitat in Italiæ, Helvetiæ, Austriæ, Germaniæ *ruderatis, sepibus. Monsp. carn. lugd. helv.*

6. TORDYLIUM *Antriscus*. T. umbellis confertis; foliolis ovato-lanceolatis, pinnatifidis. *Fl. suec. Jacq. austr.* t. 261.

Caucalis femine aspero; flosculis rubentibus. *Bauh. pin.* 152.

Caucalis minor; flore rubente. *Morif. hist.* 3. p. 308. f. 9. t. 14. f. 8.

Habitat in Europæ septentrionalis arvis ruderatis. Julio. ♂ *Pal. lith. lugd. burg. carn.*

7. TORDYLIUM *nodosum*. T. umbellis simplicibus, sessilibus; seminibus exterioribus, hispidis.

Caucalis nodosa, echinato semine. *Bauh. pin.* 153.

Habitat in Gallia, Carniolia, Italia *ad vias.* ☉ *Lugd. burg. par. carn.*

1. CAUCALIS *grandiflora*. C. involucris singulis, pentaphyllis; foliolo unico, duplo majore. *Jacq. austr.* t. 54. — 363

C. arvensis echinata, magno flore. *Bauh. pin.* 152.

Gen. *Habitat* in Europa *auſtraliori inter ſegetes.* Julio. *Monſp. pal. burg. lugd. delph. carn. pariſ.*

2. CAUCALIS *daucoïdes.* C. umbellis trifidis, aphyllis; umbellulis triſpermis, triphyllis. *Jacq. auſtr.* t. 157.
Habitat in Germania, Helvetia, Italia, Gallia. ⊙ *Prov. herb. naſſ. carn. lugd.*

3. CAUCALIS *latifolia.* C. umbellâ univerſali trifidâ; partialibus pentaſpermis; foliis pinnatis, ſerratis. *Jacq. hort.* t. 128.
C. arvenſis echinata, latifolia. *Bauh. hiſt.* 152.
Habitat in Germania, Helvetia, Gallia, Oriente *inter ſegetes.* Junio. ⊙ *Pariſ. monſp. pal. burg.*

6. CAUCALIS *leptophylla.* C. involucro univerſali, ſubnullo; umbellâ bifidâ; involucellis pentaphyllis.
C. arvenſis echinata; parvo flore & fructu. *Bauh. pin.* 152.
Habitat in Germania, Helvetia, Italia, Anglia *inter ſegetes.* Junio. ♂ *Prov. burg. lugd. par.*

364. 1. DAUCUS *carota.* D. ſeminibus hiſpidis; petiolis ſubtus nervoſis. *Fl. ſuec.*

Paſtinaca tenuifolia, ſylveſtris Dioſcoridis. *Bauh. pin.* 151.
β. Paſtinaca tenuifolia, ſativa; radice luteâ. *Bauh. pin.* 151.
γ. Daucus ſativus, radice atrorubente. *Tournef. inſt.* 307.
Habitat in Europæ campis exaridis. ♂ *Succ. pariſ. pal. lugd. burg. lith. gallob. helv.*

3. DAUCUS *viſnaga.* D. ſeminibus lævibus; umbellâ univerſali, baſi coalitâ.
Gingidium umbellâ oblongâ. *Bauh. pin.* 151.
Gingidium alterum. *Dod. pempt.* 792.
Habitat in Europa auſtrali, Mauritania, Libano.

365. 1. AMMI *majus.* A. foliis inferioribus, pinnatis, lanceolatis, ſerratis; ſuperioribus multifidis, linearibus. *Blackw.* t. 447. *Kniph. cent.* 8. n. 8.

Ammi majus. *Bauh. pin.* 159.
Habitat in Europæ auſtralis Orientis *vineis arvis. Burg. auſtr.*

3. AMMI *glaucifolium.* A. foliorum omnium lacinulis lanceolatis.
Daucus petræus, glaucifolius. *Bauh. hiſt.* 3. p.
Habitat in Gallia. ♃ *Stamp. lugd.*

366. 1. BUNIUM *Bulbocaſtanum.* B. involucro polyphyllo. *Oed. dan.* 220.

Bulbocaſtanum majus, folio apii. *Bauh. pin.* 162.
Nulucula terreſtris. *Lob. hiſt.* 419.
Habitat in Germaniæ, Helvetiæ, Galliæ, Angliæ *agris, arvis.* Junio. *Burg. delph. lugd. monſp.*

¼. CONIUM *maculatum.* C. feminibus ſtriatis. *Jacq.* Gen. 367.
auſtr. t. 156.

Cicuta major. *Bauh. pin.* 160.
Habitat in Europæ *cultis, agris, ruderatis.* ♂ *Suec. ged. carn.
pal. fil. lugd. burg. lith. gallob.*

1. SELINUM *ſylveſtre.* S. radice fuſiformi, multiplici.   368.
Flor. dan. t. 412.

Apium ſylveſtre, lacteo ſucco turgens. *Bauh. pin.* 153.
Habitat in Harcynia, Gallia. ♃ *Helv.*

2. SELINUM *paluſtre.* S. ſublacteſcens ; radice unicâ. *Oed.
dan.* 257.
Seſeli paluſtre lactefcens. *Bauh. pin.* 162. *prodr.* 85.
Habitat in Europæ *ſeptentrionalis paludibus.* Julio. *Vind. pal.
carn. lugd. burg.*

3. SELINUM *Carvifolia.* S. caule ſulcato, acutangulo ; involucro
univerſali evanido; piſtillis fructûs reflexis. *Oed. dan.* t. 667.
Carvifolia. *Bauh. pin.* 158. *Vaill.* t. 5. f. 2.
Habitat in Germania, Helvetia, Sibiria, Auſtria. Julio. ♃ *Pal.
ged. lith. lugd. carn.*

3. ATHAMANTA *libanotis.* A. foliis bipinnatis ,   369.
planis ; umbellâ hemiſphæricâ ; feminibus hirſutis.
Jacq. auſtr. t. 392.

Libanotis apii folio , minor. *Bauh. pin.* 157. *prodr.* 77.
Habitat in Sueciæ , Germaniæ *pratis ſiccis , apricis.* ♃ *Suec. ged.
lugd. carn.*

2. ATHAMANTA *cervaria.* A. foliolis pinnatis , decuſſatis ,
inciſo-angulatis; feminibus nudis. *Jacq. auſtr.* t. 69.
Daucus montanus , apii folio , major. *Bauh. pin.* 150.
Habitat in Germaniæ, Helvetiæ , Auſtriæ , Galliæ. &c. *montibus.* Julio. ♃ *Sil. pal. lugd. lith. burg. carn. helv.*

5. ATHAMANTA *Oreoſolinum.* A. foliolis divaricatis. *Jacq.
auſtr.* t. 68.
Apium montanum , folio ampliore. *Bauh. pin.* 153.
Habitat in Germaniæ, Galliæ , Angliæ *collibus apricis.* Julio. ♃
Suec. ged. pal. fil. lugd. burg. lith. carn.

7. ATHAMANTA *cretenſis.* A. foliolis linearibus, planis, hir-
ſutis; petalis bipartitis; feminibus oblongis, hirſutis. *Jacq.
auſtr.* t. 62.
Daucus foliis fæniculi tenuiſſimis. *Bauh. pin.* 150.
Daucus creticus. *Cam. epit.* 536. *Blackw.* t. 471.
Habitat in Helvetia , Auſtria , Carniolia. ♃ *Helv. carn. lugd.*

5. PEUCEDANUM *officinale.* P. foliis quinquies   370.
tripartitis, filiformibus, linearibus.

Gen.

P. germanicum. *Bauh. pin.* 149.
Habitat in Europæ auftralioris *pratis pinguibus.* Julio. ♃ *Pal.*
burg. lugd.

4. PEUCEDANUM *Silaus.* P. foliis pinnatifidis; laciniis oppo-
fitis; involucro univerfali diphyllo. *Jacq. auftr.* t. 15.
Sefeli pratenfe. *Bauh. pin.* 162.
Habitat in Helvetiæ, Narbonæ, Germaniæ, Angliæ *fubhumidis.*
Junio. *Monfp. pal. lugd. burg.*

371.   1. CRITHMUM *maritimum.* C. foliolis lanceolatis ,
carnofis. *Jacq. hort.* t. 187.

Crithmum, fœniculum maritimum minus. *Bauh. pin.* 288.
Fœniculum marinum f. Empetrum f. Calcifraga. *Lob. ic.* 392.
Habitat ad oceani Europæi *littora.* ♄ *Monfp. carn.*

372.   1. CACHRYS *libanotis.* C. foliis bipinnatis ; foliolis
acutis, multifidis; feminibus fulcatis, lævibus.

Libanotis ferulæ folio; femine angulofo. *Bauh. pin.* 158.
Habitat in Sicilia, Monfpelii. ♃ *Monfp.*

373.   1. FERULA *communis.* F. foliis linearibus, longiffimis ,
fimplicibus.

F. femina plinii. *Bauh. pin.* 138.
F. *Dod. pempt.* 321.
Habitat in Europa auftrali. ♃ *Monfp.*

374.   1. LASERPITIUM *latifolium.* L. foliolis cordatis ,
incifo-ferratis. *Jacq. auftr.* t. 146.

Libanotis latifolia altera major. *Bauh. pin.* 157.
Sefeli æthiopicum herba. *Dod. pempt.* 312.
Habitat in Europæ nemoribus ficcis. Julio ♃ *Suec. pal. burg.*
lith. delph.

2. LASERPITIUM *trilobum.* L. foliolis trilobis, incifis.
L. aquilegifolium. *Jacq. auftr.* t. 147. R.
Libanotis latifolia, aquilegiæ folio. *Bauh. pin.* 157. *prodr.* 83.
Habitat in Gargano *monte*, Auftria. ♃ *burg. lith.*

4. LASERPITIUM *anguftifolium.* L. foliis lanceolatis, integerri-
mis , feffilibus.
L. anguftifolium majus ; fegmentis longioribus & indivifis.
Morif. hift. 3. p. 321. f. 9. t. 19. f. 9.
Habitat in Europa auftrali. ♃ *Delph.*

5. LASERPITIUM *prutenicum.* L. foliis lanceolatis, integerrimis ,
extimis coalitis. *Jacq. auftr.* t. 153.
L. daucoïdes prutenicum, vifcofo femine. *Breyn. cent.* 166.
t. 84.
Habitat in Boruffia, Lipfiæ. ♃ *Lipf. ged. fil. lith. delph.*

7. LASERPITIUM *Siler*. L. foliolis ovali-lanceolatis, integerri-   Gen.
mis, petiolatis. *Jacq. auſtr.* t. 145.
Liguſticum quod Seſeli officinarum. *Bauh. pin.* 162.
Habitat in Auſtria , Helvetia , Gallia. ♃ *Carn. lugd. helv.*

1. HERACLEUM *ſphondylium*. H. foliis pinnatifidis ,   375.
lævibus ; floribus uniformibus. *Blackw.* t. 540.

Sphondylium vulgare hirſutum. *Bauh. pin.* 157. *Dod. pcm.* 307.
Habitat in Europæ *pratis.* Junio. ♂ *Succ. ged. pal. lugd. lith.*
burg. monſp.

2. HERACLEUM *anguſtifolium*. H. foliis cruciato - pinnatis ;
foliolis linearibus ; corollis floſculoſis.
Sphondylium hirſutum ; foliis anguſtioribus. *Bauh. pin.* 157.
Habitat in Suecia , Anglia. ♃ *Delph. lith. burg.*

6. HERACLEUM *alpinum*. H. foliis ſimplicibus ; floribus radiatis.
Sphondylium alpinum , glabrum. *Bauh. pin.* 157. *prodr.* 83. t. 83.
Habitat in Helvetiæ *alpibus. innotuit C. Bauhino* 1595.

1. LIGUSTICUM *Leviſticum*. L. foliis multiplicibus ;   376.
foliolis ſupernè inciſis. *Blackw.* t. 275.

L. vulgare. *Bauh. pin.* 157.
Leviſticum vulgare. *Moriſ. hiſt.* 3. p. 275. ſ. 9. t. 3. f. 1.
Habitat in Apenninis Liguriæ. ♃ *Monſp. delph.*

1. ANGELICA *archangelica*. A. foliorum impari   377.
lobato. *Oed. dan.* t. 206.

A. ſativa. *Bauh. pin.* 155.
A. major. *Dod. pempt.* 318.
Habitat in Alpibus, Lapponiæ , Auſtriæ , &c. *ad rivulos.* ♂
Succ. ged. lith.

2. ANGELICA *ſylveſtris*. A. foliolis æqualibus , ovato-lanceo-
latis , ſerratis.
A. ſylveſtris major. *Bauh. pin.* 155.
A. ſylveſtris. *Dod. pempt.* 318.
Habitat in Europæ *frigidioris ſubhumidis ſylvaticis.* Julio. ♃
Succ. ged. pal. lugd. burg. lith. monſp,

1. SIUM *latifolium*. S. foliis pinnatis ; umbellâ termi-   378.
nali. *Oed. dan.* t. 246.

S. latifolium. *Bauh. pin.* 154. *dod. pempt.* 589.
Habitat in Europæ *rivulis & ad ripas paludoſas.* Julio. ♃ *Suec.*
ged. pal. lugd. lith. burg.

2. SIUM *anguſtifolium*. S. foliis pinnatis ; umbellis axillaribus,
pedunculatis ; involucro univerſali pinnatifido. *Jacq. auſtr.*
t. 67.
S. ſ. Apium paluſtre ; foliis oblongis. *Bauh. pin.* 154.

Gen.

Habitat in Europæ *auſtralis aquoſis , nec extra aquas aſcendit.* Julio. ♃ *Pal. lugd. burg. lith.*

3. SIUM *nodiflorum.* S. foliis pinnatis ; umbellis axillaribus , ſeſſilibus. *Fl. dan.* 247.

Sium aquaticum procumbens, ad alas floridum. *Moriſ. hiſt.* 3. p. 283. ſ. 9. t. 5. f. 3.

Habitat in Europa *ad ripas fluviorum.* Julio. *Suec. monſp. ged. pal. naſſ. lugd. burg.*

4. SIUM *Siſarum.* S. foliis pinnatis; floralibus ternatis.

Siſarum germanorum. *Bauh. pin.* 155.

Siſarum. *Dod. pempt.* 681.

Habitat in China. ♃

7. SIUM *falcaria.* S. foliolis linearibus, decurrentibus, connatis. *Jacq. auſtr.* t. 257.

Eryngium arvenſe ; foliis ſerratis. *Bauh. pin.* 386.

Habitat in Flandria , Carniolia, Germania , Auſtria, Helvetia , Bohemia , Alſatia , Gallia , Oriente. Julio. ⊙ *Monſp. ſil. pal. burg. lith.*

379. **1. SISON** *Amomum.* S. foliis pinnatis; umbellis erectis. *Blackw.* t. 442.

S. quod Amomum officinis noſtris. *Bauh. pin.* 154.

Petroſelinum macedonicum Fuchſii. *Dod. pempt.* 697.

Habitat in Angliæ *humectis lutoſis*, in Carniolia. *Monſp. delph.*

4. SISON *Ammi.* S. foliis tripinnatis ; radicalibus linearibus ; caulinis ſetaceis; ſtipularibus longioribus. *Jacq. hort.* t. 200.

Ammi parvum ; foliis fœniculi. *Bauh. pin.* 159.

Ammi. *Cam. epit.* 522.

Habitat in Luſitania , Apulia , Ægypto. ⊙

5. SISON *inundatum.* S. repens; umbellis bifidis. *Fl. ſuec. Oed. dan.* t. 89.

Sium minimum, umbellatum ; folio varians. *Pluk. phyt.* 61. f. 3.

Habitat in Europæ *inundatis. Burg. lugd. monſp.*

6. SISON *verticillatum.* S. foliis verticillatis , capillaribus.

Daucus pratenſis millefolii paluſtri folio. *Bauh. pin.* 150.

Habitat in Gallia , Pyrenæis. ♃ *Burg. lugd. monſp. pariſ.*

380. **1. CUMINUM** *Cyminum.*

C. ſemine longiore , hirſuto & glabro. *Moriſ. hiſt.* 271. f. 9. t. 2. f. *ex.* G. *vel* R.

C. ſemine longiore. *Bauh. pin.* 146.

Habitat in Ægypto , Æthiopia. ⊙

382. **1. OENANTHE** *fiſtuloſa.* O. ſtolonifera; foliis caulinis, pinnatis, filiformibus, fiſtuloſis. *Fl. dan.* 846.

O. aquatica. *Bauh. pin.* 162.

Habitat in Europæ *foſſis paludibus.* Junio. ♃ *Auſtr. pal. ſil. lugd. burg. ſuec.*

2. OENANTHE *crocata*. O. foliis omnibus multifidis, obtufis, fubæqualibus. *Blackw.* t. 575.
O. chærophylli foliis. *Bauh. pin.* 162.
Habitat in Europæ *paludibus. Suec.*

Geo.

5. OENANTHE *pimpinelloïdes*. O. foliolis radicalibus, cuneatis, fiffis; caulinis integris, linearibus, longiffimis, fimplicibus. *Jacq. auftr.* t. 395.
O. apii folio. *Bauh. pin.* 162.
Habitat in Monfpelii & *in* Europa auftrali. Junio. *Monfp. carn. pal. delph. lugd.*

1. PHELLANDRIUM *aquaticum*. P. foliorum ramificationibus divaricatis. *Blackw.* t. 570.

383.

Cicutaria paluftris tenuifolia. *Bauh. pin.* 161.
Habitat in Europæ *foffis.* Julio. ♂ *Ged. pal. fil. burg. lith. delph. lugd.*

2. PHELLANDRIUM *Mutellina*. P. caule fubnudo; foliis bipinnatis. *Jacq. auftr.* 1. t. 56.
Meum alpinum; umbellâ purpurafcente. *Bauh. pin.* 148.
Habitat in Helvetia, Carniola, Auftria, Sibiria. ♃ *Carn. burg. delph.*

1. CICUTA *virofa*. C. umbellis oppofitifoliis; petiolis marginatis, obtufis. *Oed. dan.* t. 208.

384.

Sium erucæ folio. *Bauh. pin.* 154.
Sium alterum. *Dod.* 589.
Habitat in paludibus Europæ *fterilibus.* Julio. ♃ *Pal. lith. burg.*

1. ÆTHUSA *Cynapium*. Æ. foliis conformibus. *Blackw.* t. 517.

385.

Cicuta minor, petrofelino fimilis. *Bauh. pin.* 160.
Habitat inter Europæ *olera.* Julio. ☉ *Suec. carn. burg. lugd.*

3. ÆTHUSA *Meum*. Æ. foliis omnibus, multipartito fetaceis.
Meum athamanticum. *Jacq. auftr.* t. 303.
Meum foliis anethi. *Bauh. pin.* 148.
Meum. *Dod. pempt.* 305. *Blackw.* t. 525.
Habitat in alpibus Italiæ, Hifpaniæ, Helvetiæ, Auftriæ, Carniolæ, *in* Harcynia *circa Andreasberg abundè.* ♃ *Lugd. monfp.*

1. CORIANDRUM *fativum*. C. fructibus globofis.

386.

C. majus. *Bauh. pin.* 158. *Riu. t.* 70.
Coriandrum. *Cam. epit.* 523. *Blackw.* t. 176.
Habitat in Italiæ *agris.* ☉ *Monfp.*

2. CORIANDRUM *tefticulatum*. C. fructibus didymis.
C. minus tefticulatum. *Bauh. pin.* 158. *Pluk. alm.* 120, t. 169. f. 2.
Habitat in Europæ *auftralis agris.* ☉ *Monfp.*

Gen. 387. 1. SCANDIX *odorata*. S. feminibus fulcatis, angulatis.
Blackw. t. 243.

Myrrhis major, cicutaria odorata. *Bauh. pin.* 160.
Habitat in alpibus Alverniæ, *inque confinibus agris* Veronenfis &
Vicentini; *in monte* Meifner Haffiæ. *Carn. lugd.*

2. SCANDIX *Pecten*. S. feminibus roftro longiffimo. *Fl. dan.* 844.
Scandix. *Dod. Pempt.* 701. R.
S. femine roftrato, vulgaris. *Bauh. pin.* 152.
Habitat inter Germaniæ & Europæ *auftralioris fegetes.* Maio. ⊙
Burg. lugd. varf.

3. SCANDIX *cerefolium*. S. feminibus nitidis, ovato-fubulatis;
umbellis feffilibus, lateralibus. *Jacq. auftr.* t. 390.
Chærophyllum fativum. *Bauh. pin.* 152.
Habitat in agris & arvis Europæ *auftralioris.* ⊙ *Succ.*

4. SCANDIX *Antrifcus*. S. feminibus ovatis, hifpidis; corollis
uniformibus; caule lævi. *Jacq. auftr.* t. 154.
Myrrhis fylveftris; feminibus afperis. *Bauh. pin.* 160.
Habitat in Europæ *aggeribus terrenis.* Maio. ⊙ *Ged. pal. lugd.
burg. lith. fucc.*

6. SCANDIX *nodofa*. S. feminibus fubcylindricis, hifpidis;
caule hifpido; geniculis tumidis.
Cerefolium annuum, nodofum; femine afpero majore. *Morif.
hift.* 3. p. 303. f. 9. t. 10. f. 4.
Habitat in Sicilia. ⊙ *Burg. lugd.*

388. 1. CHÆROPHYLLUM *fylveftre*. C. caule ftriato;
geniculis tumidiufculis. *Jacq. auftr.* t. 149.

Myrrhis fylveftris; feminibus lævibus. *Bauh. pin.* 160.
Cicutaria vulgaris. *Dod. pempt.* 701. *Bauh. hift.* 3. p. 181.
Habitat in Europæ *pomariis & cultis.* Maio. ♃ *Suec. pal. fil.
burg. lugd. lith.*

2. CHÆROPHYLLUM *bulbofum*. C. caule lævi, geniculis tumido;
bafi hirto. *Jacq. auftr.* 63.
Cicutaria bulbofa. *Bauh. pin.* 161. *Bauh. hift.* 3. p. 183.
Myrrhis annua, femine ftriato, lævi, tuberofa nodofa conio-
phyllon. *Pluk. alm.* 249. t. 206. f. 2.
Habitat in Germania, Hungaria, Helvetia, Norvegia. Junio. ♂
Ged. pal. lith.

3. CHÆROPHYLLUM *temulum*. C. caule fcabro; geniculis
tumidis. *Jacq. auftr.* t. 65.
C. fylveftre. *Bauh. pin.* 152. Tabern. 64.
Myrrhis annua vulgaris; caule fufco. *Morif. hift.* 3. p. 302.
f. 9. t. 10. f. 7.
Habitat ad Europæ *arvos, vias & fepes.* Junio. ♂ *Pal. delph.
lugd. lith.*

4. CHÆROPHYLLUM *hirfutum*. C. caule æquali; foliolis incifis,
acutis; fructibus biariftatis. *Jacq. auftr.* t. 148.

Cicutaria palustris, latifolia, alba. *Bauh. pin.* 161.

Habitat in alpibus Helvetiæ, *in* Germania, Austria Horto Dei. ♃
Burg. lugd. lith. monsp.

5. CHÆROPHYLLUM *aromaticum*. C. caule æquali ; foliolis
cordatis, ferratis, integris ; fructibus biaristatis. *Jacq. austr.*
t. 150.

Angelica sylvestris, hirfuta inodora. *Bauh. pin.* 156. prodr. 82.

Habitat in Lusatia, Misnia, Austria, Silesia. ♃ *Sil. lith.*

7. CHÆROPHYLLUM *aureum*. C. caule æquali ; foliolis incisis ;
seminibus coloratis, sulcatis, muticis. *Jacq. austr.* t. 64.

Myrrhis minor. *Bauh. pin.* 160.

Habitat in Germania, Helvetia. Junio. ♃ *Pal. delph. lugd.*

Gen.

1. IMPERATORIA *Ostruthium*. *Blackw.* t. 279.
Bauh. pin. 156. *Camer epit.* 532.   389.

Habitat ad radices alpium Helvetiæ, Austriæ, Alverniæ. ♃
Sil. delph.

2. SESELI *montanum*. S. petiolis ramiferis, membranaceis, oblongis, integris ; foliis caulinis, angus-
tissimis. *Blackw.* t. 426.   390.

Meum latifolium, adulterinum. *Bauh. pin.* 148.

Habitat in Galliæ, Italiæ *collibus*. ♃ *Paris. monsp. burg. lugd.
delph.*

3. SESELI *glaucum*. S. petiolis ramiferis, membranaceis, oblongis, integris ; foliis singularibus, binatisque, canaliculatis,
lævibus, petiolo longioribus. *Jacq. austr.*

Saxifraga montana minor, glauca & rigidior. *Morif. hist.* 3.
p. 273.

Habitat in Gallia. ♃ *Carn. burg. delph.*

4. SESELI *annuum*. S. petiolis rameis, membranaceis, ventricosis, emarginatis. *Jacq. austr.* t. 55.

Fœniculum sylvestre annuum, tragoselini odore ; umbellâ
albâ. *Vaill. paris.* 54. t. 9. f. 4.

Habitat in Pannonia, Gallia, Germania. ⊙ *Monsp. carn. lugd.*

6. SESELI *tortuosum*. S. caule alto, rigido ; foliis linearibus,
fasciculatis.

Sefeli massiliense, fœniculi folio. *Bauh. pin.* 101.

Habitat in Europa *australi*. ♃ *Pal. delph. monsp.*

7. SESELI *Turbith*. S. involucro universali, monophyllo ; feminibus striatis, villosis, stylatis.

Thapsia fœniculi folio. *Bauh. pin.* 184.

Habitat in Europa *australi*. ♃

11. SESELI *elatum*. S. caule elongato, geniculis callosis ;
foliis bipinnatis ; pinnis linearibus, distantibus.

Apium montanum ; folio tenuiore. *Bauh. pin.* 153.

Habitat in Austria, Gallia. ♃ *Burg. delph.*

Gen. 391. 1. THAPSIA *villofa*. T. foliolis dentatis , villofis , bafi coadunatis.

T. latifolia villofa. *Bauh. pin.* 148.
Habitat in Hifpania , Lufitania , Galloprovincia , Cetio Monf- pelienfi. ♃

392. 2. PASTINACA *fativa*. P. foliis fimpliciter pinnatis.

P. fylveftris latifolia. *Bauh. pin.* 155, *Riu.* t. 6.
β. P. fativa , latifolia. *Bauh. pin.* 155. *Blackw.* t. 379.
Habitat in Europæ auftralioris ruderatis & pafcuis. Julio. *Suec. lith. lugd. burg.*

3. PASTINACA *Opoponax*. P. foliis pinnatis ; foliis bafi anticâ excifis.
Panax coftinum. *Bauh. pin.* 156.
Panax Heracleum. *Morif. hift.* 3. p. 315. f. 9. t. 9. f. 2.
Habitat in Italia , Sicilia. ♃

393. 3. SMYRNIUM *Olufatrum*. S. foliis caulinis, ternatis , petiolatis, ferratis. *Blackw.* t. 408.

Hippofelinum Theophrafti. f. Smyrnium Diofcoridis. *Bauh. pin.* 154.
Hippofelinum. *Dod. pempt.* 698.
Habitat in Scotia, Wallia, Gallia, Hifpania, Belgio. ♂ *Monfp. burg.*

394. 1. ANETHUM *graveolens*. A. fru64tibus compreffis. *Blackw.* t. 545.

A. hortenfe. *Bauh. pin.* 147.
Habitat inter Lufitaniæ & Hifpaniæ *fegetes* ; *circa* Aftrachan. *Gmel. it.* 2. p. 197. ⊙ *Haff. delph.*

3. ANETHUM *Fœniculum*. A. fru64tibus ovatis.
Fœniculum. *Blackw.* t. 288.
Fœniculum dulce. *Bauh. pin.* 147.
β. Fœniculum vulgare germanicum. *Bauh. pin.* 147.
γ. Fœniculum vulgare italicum ; femine oblongo , guftu acuto. *Bauh. pin.* 147.
δ. Fœniculum fylveftre. *Bauh. pin.* 147.
Habitat in Narbonæ , Aremoriæ , Maderæ rupibus cretaceis , in cultis oleraceis Germaniæ. ♂ *Delph.*

395. 1. CARUM *Carvi*. C. *Dod. pempt.* 299. *Blackw.* t. 529.

Carum pratenfe ; Carvi officinarum. *Bauh. pin.* 158.
Habitat in Europæ borealis pratis. Maio. ♂ *Suec. pal. lith. delph.*

396. 1. PIMPINELLA *faxifraga*. P. foliis pinnatis ; foliolis radicalibus , fubrotundis ; fummis linearibus. *Fl. dan.* t. 662.

P

P. faxifraga minor. *Bauh. pin.* 160. GER.
β. P. faxifraga major altera. *Bauh. pin.* 159.
Habitat in Europæ *pafcuis ficcis , ad vias.* Junio. ♃ *Pal. lugd. lith. burg.*

2. PIMPINELLA *magna.* P. foliolis omnibus lobatis , impari trilobo.
P. major germanica ; foliis altiùs incifis. *Barrel. ic.* 213.
P. faxifraga major ; ûmbellâ candidâ. *Bauh. pin.* 159.
β. P. faxifraga major ; umbellâ rubente. *Bauh. pin.* 159. *Riu.* t. 60.
Habitat in Europa *auftraliore.* Maio. *Pal. lith. lugd.*

3. PIMPINELLA *glauca.* P. foliis fupradecompofitis; caule angulato , ramofiffimo.
Habitat in Gallia , Italia. Maio. *Pal. delph. lugd. ftamp.*

5. PIMPINELLA *Anifum.* P. foliis radicalibus , trifidis , incifis.
Blackw. t. 374. *Kniph. cent.* 2. n. 57.
Anifum herbariis. *Bauh. pin.* 159.
Habitat in Ægypto. ☉

2. APIUM *Petrofelinum.* A. foliolis caulinis, linearibus; involucellis minutis. 397.
A. hortenfe , Petrofelinum vulgò. *Bauh. pin.* 153.
A. hortenfe. *Dod. pempt.* 694. *Blackw.* t. 172. a.
β. Apium vel Petrofelinum crifpum. *Bauh. pin.* 153.
Habitat in Sardinia *juxta fcaturigines.* ♂

2. APIUM *graveolens.* A. foliis caulinis , cuneiformibus; umbellis feffilibus.
A. paluftre f. apium officinarum. *Bauh. pin.* 154.
β. A. dulce Celleri Italorum. *Tourn. inft.* 305.
Habitat in Europæ *humeftis, præfertim maritimis.* Julio. ♂ *Suec. pal. lugd. burg.*

3. ÆGOPODIUM *podagraria.* Æ. foliis caulinis fummis ternatis. *Flor. dan.* t. 607. 398.
Angelica fylveftris minor f. erratica. *Bauh. pin.* 155.
Herba Gerardi. *Dod. pempt.* 320.
Habitat in Europa ad *fepes inque pomariis.* Maio. ♃ *Suec. ged. pal. lugd. lith. burg.*

TRIGYNIA.

1. RHUS *coriaria.* R. foliis pinnatis, obtufiufculè ferratis, ovalibus fubtus villofis. *Kniph. cent.* 3. ... 74. *Blackw.* t. 486. *Ludw. ect.* t. 122. 399.
R. folio ulmi. *Bauh. pin.* 414.
Habitat in Europa *auftrali,* Syria, Paleftina. ♄ *Delph.*
Tome I. S

Gen.

5. RHUS *vernix*. R. foliis pinnatis , integerrimis , annuis, opacis; petiolo integro , æquali.

Toxicodendron foliis alatis ; fructu rhomboïdo. *Dill. Elth.* 390. t. 292. f. 377.

Habitat in America *septentrionali* , Japonia. ♄

17. RHUS *Cotinus*. R. foliis simplicibus , obovatis. *Jacq. austr.* t. 210.

Cotinus coriaria. *Dod. pempt.* 780. *Du Ham. arb.* 1. t. 78.

Cocconilea f. Coccygria. *Bauh. pin.* 415. *Clus. hist.* p. 16. *ic.*

Habitat in Lombardia, Italiæ , & *ad radices* Apenninorum , *in* Carniola, Helvetia , Sibiria , Austria. ♄

800. 1. VIBURNUM *Tinus*. V. foliis integris , ovatis , ramificationibus venarum subtus villoso-glandulosis. *Kniph. cent.* 1. n. 95.

Laurus sylvestris, corni feminæ foliis subhirsutis. *Bauh. pin.* 461.

Habitat in Lusitania , Hispania, Italia. Aprili. ♄

5. VIBURNUM *Lantana*. V. foliis cordatis , serratis, venosis, subtus tomentosis. *Jacq. austr.* t. 341.

V. vulgò. *Bauh. pin.* 249. *Camer. epit.* 122.

Lantana. *Dod. pempt.* 701.

Habitat in Europæ *australioris sepibus , argillosis*. Maio. ♄ *Monsp. pal. lugd. burg.*

7. VIBURNUM *Opulus*. V. foliis lobatis , petiolis glandulosis. *Flor. dan.* 661.

Sambucus aquatica , flore simplici. *Bauh. pin.* 450.

Sambucus palustris. *Dod. pempt.* 846.

β. Viburnum *roseum*.

Sambucus aquatica; flore globoso, pleno. *Bauh. pin.* 456.

Habitat in Europæ *pratis humidiusculis.* Junio. ♄ *Pal. lugd. burg. lith.*

802. 1. SAMBUCUS *ebulus*. S. cymis tripartitis ; stipulis setaceis; caule herbaceo. *Blackw.* t. 488.

S. humilis f. Ebulus. *Bauh. pin.* 457.

Habitat in Europa. Julio. ♃ *Pal. lugd. lith. burg. succ.*

3. SAMBUCUS *nigra*. S. cymis quinque-partitis ; caule arboreo. *Oed. dan.* t. 545.

S. fructu in umbella nigro. *Bauh. pin.* 456.

Sambucus. *Dod. pempt.* 845. *Cam. epit.* 975.

β. S. fructu in umbella viridi. *Bauh. pin.* 456.

γ. Sambucus *laciniata*.

S. laciniato folio. *Bauh. pin.* 456. *Dod. pempt.* 845.

Habitat in Germania , Laponia. Junio. ♄ *Pal. lugd. burg. lith.*

4. SAMBUCUS *racemosa*. S. racemis compositis, ovatis; caule arboreo.

S. racemofa rubra. *Bauh. pin.* 456. *D. Ham. arb.* 2. t. 66.   Gen.
Habitat in Europæ auſtralis montibus. Junio. ♄ *Pal. carn. ſil.*
polonica. lugd. monſp.

STAPHYLEA *pinnata.* S. foliis pinnatis.   404.

Staphylodendron. *Dalech. hiſt.* 102. *Du Ham. arb.* 1.
Piſtacia ſylveſtris. *Bauh. pin.* 401. *Camer. epit.* 171.
Nux veſicaria. *Dod. pempt.* 818.
Habitat in Europæ auſtralioris ſucculentis. ♄

TAMARIX *gallica.* T. floribus pentandris. *Blackw.*   405.
t. 331. f. 2.

T. altera; folio tenuiore, ſ. gallica. *Bauh. pin.* 485.
Tamariſcus narbonenſis. *Lob. ic.* 218.
Habitat in Gallia, Hiſpania, Italia, Ruſſia. ♃ *Monſp. delp.*

2. TAMARIX *germanica.* T. floribus decandris. *Oed. dan.* t. 234.
Blackw. t. 331.
T. fruticoſa; folio craſſiore, ſ. germanica. *Bauh. pin.* 485.
Habitat in Germaniæ *locis inundatis.* ♄ *Lugd.*

TELEPHIUM *imperati.* T. foliis alternis. *Kniph.*   408.
cent. 2. n. 95.

T. repens; folio non deciduo. *Bauh. pin.* 287.
T. legitimum. *Cluf. hiſt.* 2. p. 67.
Habitat in Gallo-provincia, Helvetia. ♃ *Delph.*

CORRIGIOLA *littoralis.* Fl. dan. n. 334.   409.

Polygonum littoreum minus; floſculis ſpadiceo-albicantibus.
Bauh. pin. 281.
Habitat in Galliæ, Germaniæ, Helvetiæ arenoſis. ☉ *Lugd.*

ALSINE *media.* A. petalis bipartitis; foliis ovato-   411.
cordatis. *Oed. dan.* 525. 438.

A. media. *Bauh. pin.* 250.
A. minor. *Dod. pempt.* 29.
Habitat in Europæ cultis. Martio. ☉ *Suec. pal. ſil. lugd. burg.*
lith.

2. ALSINE *ſegetalis.* A. petalis integris; foliis ſubulatis.
A. ſegetalis; gramineis foliis, unum latus ſpectantibus. *Vaill.*
Pariſ. 8. t. 3. f. 3.
Habitat in Pariſiis. ☉ *Delph. pariſ. lugd.*   412.

DRYPIS *ſpinoſa.* Jacq. hort. 49.

D. Italica aculeata; floribus albis, umbellatis, compactis.
Mich. gen. 24. t. 23.
Spina alba foliis vidua. *Bauh. pin.* 388.
Habitat in Mauritania, Italia, Iſtria. ♂ *Carn.*

Gen.

TETRAGYNIA.

415. **1. PARNASSIA** *paluſtris*. P. *Fl. dan.* t. 584.
Gramen parnaſſi albo ſimplici flore. *Bauh. pin.* 309.
Pyrola rotundifolia paluſtris; flore unico ampliore. *Moriſ. hiſt.*
3. p. 505. ſ. 12. t. 10. f. 3.
Habitat in Europæ *uliginoſis.* Auguſto. Suec. pariſ. ged. pal.
lith. delph.

PENTAGYNIA.

418. **1. STATICE** *Armeria*. S. ſcapo ſimplici capitato; foliis
linearibus.

Caryophyllus montanus major; flore globoſo. *Bauh. pin.* 211.
Gramen polyanthemum majus. *Dod. pempt.* 564.
Gramen polyanthemum minus. *Dod. pempt.* 564.
Habitat in Europæ & Americæ *ſeptentrionalis campis.* Julio. ♃
Pal. lugd. burg. lith.

2. STATICE *Limonium*. S. ſcapo paniculato tereti; foliis lævi-
bus, enerviis, ſubtus mucronatis. *Flor. dan.* t. 315.
Limonium maritimum majus. *Bauh. pin.* 192.
Habitat in Europæ & Virginiæ *maritimis.*

6. STATICE *echioïdes*. S. ſcapo paniculato, tereti, articulato;
foliis ſcabris.
Limonium minus annuum; bullatis foliis. *Magn. monſp.* 157.
t. 2. f. 4.
Habitat Monſpelii. ☉.

14. STATICE *monopetala*. S. caule fruticoſo folioſo; floribus ſolitariis; foliis lanceolatis, vaginantibus. *Kniph. cent.* 8. n. 91.
Habitat in Sicilia & in Gallia, Narbonenſi, *juxta mare Medi-
terraneum.*

LINUM.

* FOLIIS ALTERNIS.

419. **1. LINUM** *uſitatiſſimum*.L. calycibus capſuliſque mucronatis; petalis crenatis; foliis lanceolatis, alternis;
caule ſubſolitario.

L. arvenſe. *Bauh. pin.* 214.
β. L. ſativum. *Bauh. pin.* 214. *Blackw.* t. 160.
Habitat hodie inter ſegetes Europæ *auſtralis.* ☉ Sil. lugd. lith.

2. LINUM *perenne*. L. calycibus capſuliſque obtuſis; foliis
alternis, lanceolatis, integerrimis.
Habitat in Sibiria & Cantabrigiæ. ♃ Delph. monſp.

5. LINUM *narbonense*. L. calycibus acuminatis ; foliis lanceolatis , sparsis, strictis, scabris, acuminatis; caule tereti , basi ramoso.

L. sylvestre caeruleum ; folio acuto. *Bauh. pin.* 214.

Habitat in Galloprovincia, Helvetia, Monspelii , *unde Burserus attulit C. Bauhino.* ♃ *Delph. lugd.*

6. LINUM *tenuifolium*. L. calycibus acuminatis ; foliis sparsis, lineari-setaceis, retrorsum scabris. *Jacq. austr.* t. 215.

L. sylvestre angustifolium ; flore magno. *Bauh. pin.* 214.

Habitat in Galliae, Helvetiae , Germaniae, *aridis herbosis.* Junio, ♃ *Pal. lugd. delph.*

7. LINUM *gallicum*. L. calycibus subulatis , acutis ; foliis lineari-lanceolatis , alternis; paniculae pedunculis bifloris; floribus subsessilibus.

L. sylvestre minus ; flore luteo. *Bauh. pin.* 214.

Habitat Monspelii. *Delph. monsp.*

9. LINUM *alpinum*. L. calycibus rotundatis , obtusis ; foliis linearibus , acutiusculis ; caulibus declinatis. *Jacq. austr.* t. 321.

Habitat in Austriae alpinis. ♃ *Delph.*

12. LINUM *flavum*. L. calycibus subserrato - scabris , lanceolatis, subsessilibus; paniculâ ramis dichotomis. *Jacq. austr.* t. 214.

L. sylvestre latifolium luteum. *Bauh. pin.* 214.

Habitat in Austria. *Carn.*

16. LINUM *campanulatum*. L. foliorum basi utrinque punctatâ , glandulosâ.

Rapunculus nemorosus , angustifolius ; parvo flore. *Bauh. pin.* 93.

Campanula linifolia lutea. *Bauh. hist.* 2. p. 817.

Habitat in Galloprovinciae *montibus.,* Monspelii *in monte Lupi ; in* Russia. *Delph.*

** *FOLIIS OPPOSITIS.*

19. LINUM *catharcticum*. L. foliis oppositis , ovato-lanceolatis; caule dichotomo ; corollis acutis. *Blackw.* t. 368.

L. pratense , flosculis exiguis. *Bauh. pin.* 214.

Chamaelinum subrotundo folio. *Barrel. ic.* 1165. n. 1.

Spergula bifolia , lini capitulis. *Loes. pruss.* 261. t. 86.

Habitat in Europae *septentrionalis pascuis succulentis.* Junio. ☉ *Suec. pal. sil. lith. burg. lugd.*

20. LINUM *Radiola*. L. foliis oppositis ; caule dichotomo ; floribus tetrandris, tetragynis. *Oed. dan.* 178.

Chamaelinum vulgare. *Vaill. paris.* 33. t. 4. f. 6.

Polygonum... Millegrana minima. *Bauh. pin.* 282.

Habitat in Europae *sabulo inundata.* Julio. ☉ *Suec. pal. lith. lugd. paris.*

S iij

Gen. 421. 1. DROSERA *rotundifolia.* D. fcapis radicatis, foliis orbiculatis. *Blackw.* t. 432.

Ros folis, folio rotundo. *Bauh. pin.* 357. *Barrel. ic.* 251. n. 10. *Habitat in* Europae, Afiae, Americae *paludofis.* Augufto. *Suec. pal. lith. lugd. burg.*

2. DROSERA *longifolia.* D. fcapis radicatis, foliis ovali-oblongis.
Ros folis major, f. longifolius. *Barrel. ic.* 251. n. 11.
Ros folis, folio oblongo. *Bauh. pin.* 357.
Habitat in Europa *ubique cum praecedente, an itaque fatis diverfa fpecies.* Augufto. *Suec. lith. lugd. burg.*

423. 11. CRASSULA *rubens.* C. foliis fufiformibus, fubde-preffis; cyma quadrifida, foliosa; floribus feffilibus; ftaminibus reflexis. *Flor. dan.* t. 82.

Sedum faxatile, atrorubentibus floribus. *Bauh. pin.* 283.
Habitat in Europa *auftrali.* ☉ *Lugd.*

425. 1. SIBBALDIA *procumbens.* S. procumbens, foliolis tridentatis. *Oed. dan.* 32.

Fragariae affinis, fericea, incana. *Bauh. pin.* 327. *prodr.* 139.
Pentaphylloïdes fruticofum, minimum, procumbens; flore luteo. *Pluk. alm.* 284. t. 212. f. 3.
Habitat in alpibus Lapponiae, Helvetiae, Scotiae, Sibiriae. *Gmel.* ♃ *Delph. helv. lapp.*

426. 1. MYOSURUS *minimus.* M. foliis integerrimis. *Flor. dan.* t. 406.

Holofteo affinis, Cauda muris. *Bauh. pin.* 190.
Cauda muris. *Dod. pempt.* 112. *Lob. ic.* 40.
Habitat in Europae *collibus apricis, aridis.* Maio. ☉ *Pal. gsd. delph. lith. lugd.*

CLASSIS VI.

HEXANDRIA.

MONOGYNIA.

* Fl. Calyculati calyce corollaque inſtructi.

427. BROMELIA.   *Cor.* 3-partita. *Cal.* 3-partitus, ſuperus. *Bacca.*

430. TRADESCANTIA.   *Cor.* 3-petala. *Cal.* 3-phyllus, inferus. *Filamenta* barbata.

481. FRANKENIA.   *Cor.* 5-petala. *Cal.* 1-phyllus, inferus. *Capſ.* 1-locularis, polyſperma.

478. LORANTHUS.   *Cor.* 6-partita. *Cal.* margo ſuperus. *Bacca.* 1-ſperma.

476. BERBERIS.   *Cor.* 6-petala. *Cal.* 6-phyllus, inferus. *Bacca.* 2-ſperma.

* * Fl. Spathacei ſ. Glumacei.

434. LEUCOJUM.   *Cor.* ſupera, 6-petala, campanulata. *Stam.* æqualia.

433. GALANTHUS.   *Cor.* ſupera, 6-petala: *Petalis* 3. interioribus brevioribus emarginatis.

433. NARCISSUS.   *Cor.* ſupera, 6-petala. *Nectarium* campanulatum, extra ſtamina.

437. PANCRATIUM.   *Cor.* ſupera, 6-petala. *Nectarium* campanulatum, ſtaminibus terminatum.

439. AMARYLLIS.   *Cor.* ſupera, 6-petala, campanulata. *Stam.* inæqualia.

S iv

440. BULBOCODIUM. *Cor.* infera, 6-petala, unguibus longissimis, staminiferis.

442. ALLIUM. *Cor.* infera, 6-petala. *Petala* ovata, sessilia.

441. APHYLLANTHES. *Cor.* infera, 6-petala. *Spathæ* dimidiatæ, glumosæ.

* * * *Flores nudi.*

467. HEMEROCALLIS. *Cor.* infera, 6-partita. *Stam.* declinata.

465. AGAVE. *Cor.* supera, 6-fida, limbo erecto, *Filam.* brevior.

464. ALOE. *Cor.* infera, 6-fida. *Filam.* receptaculo inserta.

460. POLIANTHES. *Cor.* infera, 6-fida; Tubo curvato.

459. CONVALLARIA. *Cor.* infera, 6-fida. *Bacca* trisperma.

461. HYACINTHUS. *Cor.* infera, 6-fida. *Germinis* ad apicem pori tres melliferi.

454. ASPHODELUS. *Cor.* infera, 6-partita; nectarii valvulis 6. staminiferis.

455. ANTHERICUM. *Cor.* infera, 6-petala, plana.

451. ORNITHOGALUM. *Cor.* infera, 6-petala. *Filam.* alternis basi dilatatis.

452. SCILLA. *Cor.* infera, 6-petala, decidua. *Filam.* filiformia.

457. ASPARAGUS. *Cor.* infera, 6-petala. *Bacc.* 6-sperma.

447. ERYTHRONIUM. *Cor.* infera, 6-petala, reflexa; petalis basi 2. callis.

445. UVULARIA. *Cor.* infera, 6-petala, basi fovea nectarifera, erecta.

444. FRITILLARIA. *Cor.* infera, 6-petala; basi fovea, nectarifera, ovata.

443. LILIUM. *Cor.* infera, 6-petala; petalis basi canaliculato tubulosis.

448. TULIPA.   *Cor.* infera, 6-petala, campa-
                       nulata. *Stylus* o.
463. YUCCA.   *Cor.* infera, 6-petala, patens.
                       Stylus o.

      * * * * *Flores incompleti.*

468. ACORUS.   *Spadix* multiflorus. *Capſ.*
                       3-locularis.
471. JUNCUS.   *Cal.* 6-phyllus. *Capſ.* 1-lo-
                       cularis.
482. PEPLIS.   *Cal.* 12-fidus. *Capſ.* 2-locu-
                       laris.

D I G Y N I A.

482. ORYZA.   *Gluma* 1-flora. *Cor.* 1.
                       glumis. *Sem.* 1, oblon-
                       gum.

T R I G Y N I A.

    * *Flores inferi.*

492. COLCHICUM.   *Cal.* ſpatha. *Cor.* 6-peta-
                       loïdea.
488. TRIGLOCHIN.   *Cal.* 3-phyllus. *Cor.* tri-
                       petala. *Capſ.* baſi dehiſ-
                       cens.
485. RUMEX.   *Cal.* 3-phyllus. *Cor.* 3-pe-
                       tala. *Sem.* 1, trique-
                       trum.
487. SCHEUCHZERIA.   *Cal.* 6-phyllus. *Cor.* o. *Capſ.*
                       3, 1-ſpermæ.

T E T R A G Y N I A.

494. PETIVERIA.   *Cal.* 4-phyllus. *Cor.* o. *Sem.*
                       1, ariſtis uncinatis.

P O L Y G Y N I A.

495. ALISMA.   *Cal.* 3-phyllus. *Cor.* 3-pe-
                       tala. *Pericarp.* plura.

HEXANDRIA.

MONOGYNIA.

607. 1. BROMELIA *Ananas.* B. foliis ciliato-fpinofis, mucro=
natis ; fpicâ comofâ.

Carduus Brafilianus, foliis aloës. *Bauh. pin.* 384.
Ananas aculeatus ; fructu ovato, carne albidâ. *Blackw.* t. 567.
Habitat in nova Hifpania, Surinamo. ♃

430. 1. TRADESCANTIA *Virginica.* T. erecta, lævis ;
floribus congeftis. *Kniph. cent.* 6. n. 94.

Allium f. Moly virginianum. *Bauh. pin.* 506.
Habitat in Virginia. ♃

433. 1. GALANTHUS *nivalis. Jacq. auftr.* t. 330.

Leucoïum bulbofum, trifolium minus. *Bauh. pin.* 56.
Habitat ad radices Montium Veronæ, Tridenti, Germaniæ ;
Carniolæ, Viennæ. ♃ *Ged. fil. burg.*

434. 1. LEUCOIUM *vernum.* L. fpathâ uniflorâ ; ftylo
clavato. *Jacq. auftr.* t. 312.

L. bulbofum vulgare. *Bauh. pin.* 55.
Habitat in Germaniæ, Helvetiæ, Italiæ *umbrofis pratis ad
rivulos.* ♃ *Delph. burg. lugd.*

436. 1. NARCISSUS *poëticus.* N. fpathâ uniflorâ ; nectario
rotato, breviffimo, fcariofo, crenulato.

N. albus, circulo purpureo. *Bauh. pin.* 48.
Habitat in G. Narbonenfi, Italia, Helvetia, Germania. *Delph.
lugd. monfp. helv.*

2. NARCISSUS *Pfeudo-Narciffus.* N. fpathâ uniflorâ ; nectario.
campanulato, erecto, crifpo, æquante petala ovata.
N. fylveftris pallidus, calyce luteo. *Bauh. pin.* 52.
Habitat in Galliæ, Angliæ, Hifpaniæ, Italiæ *nemoribus ; in*
Germaniæ pratis. ♃ *Carn. herb. delph. burg. lugd. monfp. helv.*

5. NARCISSUS *mofchatus.* N. fpathâ uniflorâ ; nectario cylin-
drico, truncato, fubrepando, æquante petala oblonga.
N. totus albus, nutante flore, longâ tubâ. *Barr. ic.* 945.
N. albus, calyce flavo, mofcari odore. *Bauh. pin.* 52.
Habitat in Hifpania.

7. NARCISSUS *orientalis*. N. fpathâ fubbiflorâ; nectario campanulato, trifido, emarginato; petalis triplo breviore.

N. niveus; calyce flavo, odoris fragrantiffimi. *Bauh. pin.* 50.

Habitat in Oriente. ♃

9. NARCISSUS *odorus*. N. fpathâ fubbiflorâ; nectario campanulato, fexfido, lævi; dimidio petalis breviore; foliis femicylindricis.

Habitat in Europa *auftrali.*

11. NARCISSUS *Tazetta*. N. fpathâ multiflorâ; nectario campanulato, plicato, truncato, triplo petalis breviore; foliis planis. *Knorr. del.* 1. t. n. 3.

N. luteus polyanthos Lufitanicus. *Bauh. pin.* 50.

Habitat in G. Narbonenfis, Lufitaniæ, Hifpaniæ *maritimis fublumidis.* ♃

14. NARCISSUS *Jonquilla*. N. fpathâ multiflorâ; nectario campanulato, brevi; foliis fubulatis.

N. juncifolius luteus minor. *Bauh. pin.* 51.

Habitat inter Hifpaniam & Gades, *inter* Guadaloupam & Toletum, *inque* Oriente *locis uliginofis.* ♃ *Burg.*

4. PANCRATIUM *maritimum*. P. fpathâ multiflorâ, petalis planis, foliis lingulatis.   437

Narciffus maritimus. *Bauh. pin.* 54.

Habitat in Hifpaniæ *maritimis, circa* Valentiam & *infra* Monfpelium. ♃

1. AMARYLLIS *lutea*. A. fpathâ uniflorâ; corollâ æquali; ftaminibus ftrictis.   439

Colchicum luteum 1. majus. *Bauh. pin.* 69.

Habitat in Hifpania, Italia, Thracia. ♃

4. AMARYLLIS *formofiffima*. A. fpathâ uniflorâ, corollâ inæquali; petalis tribus, genitalibufque declinatis.

Lilio-Narciffus jacobæus, flore fanguineo nutante. *Dill. Elth.* 195. t. 162. f. 196.

Habitat in America *meridionali, innotuit* Europæis 1593. ♃

1. BULBOCODIUM *vernum*. B. foliis lanceolatis.   440

Colchicum vernum hifpanicum. *Bauh. pin.* 69.

Colchicum vernum. *Cluf. hift.* 2. app. 203.

Habitat in Hifpania, Ruffia. ♃ *Delph.*

1. APHYLLANTES *Monfpelienfis*. A. monfpelienfium. *Lob. adu.* 190. *Bauh. hift.* 3. p. 336.   441

Caryophyllus cæruleus Monfpelienfium. *Bauh. pin.* 279. *Morif. hift.* 2. p. 562. f. 5. t. 25. f. 12.

Habitat Monfpelii, *locis montofis, faxofis, fterilibus. Delph.*

Radix repens. Culmi nudi, simplices, cincti basi vaginis uti Juncus. Gluma bivalvis, biflora; Gluma propria etiam bivalvis. Juncus esset, si corollâ careret.

ALLIUM.

* *FOL. CAULINA PLANA. UMBELLA CAPSULIFERA.*

442. 1. ALLIUM *Ampeloprasum*. A. caule planifolio, umbellifero; umbellâ globosâ; staminibus tricuspidatis; petalis carinâ scabris.

A. sphærico capite, folio latiore s. Scorodoprasum alterum. *Bauh. pin.* 74.
Habitat in Oriente, *inque insula* Holms Angliæ, &c. ♃

2. ALLIUM *Porrum*. A. caule planifolio, umbellifero; staminibus tricuspidatis; radice tunicatâ.
Porrum commune capitatum. *Bauh. pin.* 72. *Blackw.* t. 421.
Habitat in vineis Helvetiæ, *an sponte?*

4. ALLIUM *rotundum*. A. caule planifolio, umbellifero, staminibus tricuspidatis; umbellâ subglobosâ; floribus lateralibus, nutantibus.

5. ALLIUM *victorialis*. A. caule planifolio, umbellifero; umbellâ rotundatâ; staminibus lanceolatis, corollâ longioribus; foliis ellipticis. *Blackw.* t. 544.
A. montanum, latifolium, maculatum. *Bauh. pin.* 74.
Habitat in alpibus Helvetiæ, Italiæ, Austriæ, Silesiæ. Junio. ♃ *Sil. burg. pal. delph. lugd.*

* * *FOL. CAULINA PLANA. UMBELLA BULBIFERA.*

11. ALLIUM *sativum*. A. caule planifolio, bulbifero; bulbo composito; staminibus tricuspidatis.
A. sativum. *Bauh. pin.* 73.
Habitat in Sicilia.

12. ALLIUM *Scorodoprasum*. A. caule planifolio, bulbifero; foliis crenulatis; vaginis ancipitibus; staminibus tricuspidatis.
Allium sativum alterum s. Allioprasum, caulis summo circumvoluto. *Bauh. pin.* 73.
Habitat in Oelandia, Dania, Pannonia, Germania. Junio. *Caen. pal. suec.*

13. ALLIUM *arenarium*. A. caule planifolio, bulbifero; vaginis teretibus; spathâ muticâ; staminibus tricuspidatis. *Oed. dan.* t. 290.
Allium montanum, bicorne, latifolium; flore dilutè purpurascente. *Bauh. pin.* 74.
Habitat in Thuringia, Helvetia, Scania. *Delph. helv. suec.*

14. ALLIUM *carinatum.* A. caule planifolio, bulbifero; staminibus subulatis.

Habitat in Germania, Helvetia, Carniolia. Junio. ♃ *Suec. ged. pal. sil. lith. helv.*

✱✱✱ *FOL. CAULINA TERETIA. UMBELLA CAPSULIFERA.*

15. ALLIUM *sphærocephalon.* A. caule teretifolio, umbellifero; foliis semiteretibus; staminibus tricuspidatis corollâ longioribus.

Scorodoprasum montanum, juncifolium; capite rotundo dilutè janthino; floribus paucis. *Mich. gen.* 25. t. 24. f. 2.

Habitat in Italia, Sibiria, Helvetia, Germania. Junio. ♃ *Burg. delph. lugd.*

17. ALLIUM *descendens.* A. caule subteretifolio, umbellifero, pedunculis exterioribus, brevioribus; staminibus tricuspidatis.

A. staminibus alternè trifidis; foliis fistulosis; capite sphærico non bulbifero, atropurpureo. *Hall. all.* n. 11. t. 2. f. 1.

Habitat in Helvetia. *Delph.*

19. ALLIUM *flavum.* A. caule teretifolio, umbellifero; floribus pendulis; petalis ovatis; staminibus corollâ longioribus. *Jacq. austr.* t. 141.

Habitat Monspelii, *in* Austria. ♃ *Delph.*

20. ALLIUM *pallens.* A. caule subteretifolio, umbellifero; floribus pendulis, truncatis; staminibus simplicibus corollam æquantibus.

A. montanum bicorne; flore pallido, odoro. *Bauh. pin.* 75.

Habitat in Italia, Hispania, Monspelii, Pannonia. ♃ *Delp. burg. lugd.*

21. ALLIUM *paniculatum.* A. caule subteretifolio, umbellifero; pedunculis capillaribus effusis; staminibus simplicibus; spathâ longissimâ.

Habitat in Austria, Italia, Gallia. *Lugd.*

22. ALLIUM *vineale.* A. caule teretifolio, bulbifero; staminibus tricuspidatis.

A. campestre juncifolium capitatum, purpurascens majus & minus. *Bauh. pin.* 74.

Habitat in Germania, Helvetia. Junio. *Ged. pal. burg. delph. lugd. lith.*

23. ALLIUM *oleraceum.* A. caule teretifolio, bulbifero; foliis scabris, semiteretibus, subtus sulcatis; staminibus simplicibus.

A. montanum bicorne; flore exalbido. *Bauh. pin.* 75.

Habitat in Suecia, Germania, Helvetia, Ingria. *Herb. burg. delph. lugd.*

✱✱✱✱ *FOLIA RADICALIA. SCAPUS NUDUS.*

24. ALLIUM *nutans.* A. scapo nudo, ancipiti; foliis linearibus planis; staminibus tricuspidatis.

Habitat in Sibiria. *Delph.*

Gen.

25. ALLIUM *Afcalonicum.* A. fcapo nudo tereti; foliis fubu-
latis; umbellâ globofâ; ftaminibus tricufpidatis.
Cepa Afcalonica. *Morif. hift.* 2. p. 383. f. 4. t. 14. f. 3.
Cepa fterilis. *Bauh. pin.* 72.
Habitat in Palæftina. *Haffelquift.* ♃

28. ALLIUM *angulofum.* A. fcapo nudo, ancipiti; foliis linea-
ribus, canaliculatis, fubtus fubangulatis; umbellâ faftigiatâ.
A. montanun, foliis narciffi minus. *Bauh. pin.* 78.
Habitat in Sibiriæ, Germaniæ *humidiufculis.* Junio. ♃ *Sil. lugd.*

31. ALLIUM *urfinum.* A. fcapo nudo, triquetro; foliis lan-
ceolatis, petiolatis; umbellâ faftigiatâ. *Flor. dan.* t. 757.
A. fylveftre latifolium. *Bauh. pin.* 74.
A. fylveftre latioris folii f. Allium urfinum. *Dod. pempt.* 683.
Hall. R.
Habitat in Europæ *feptentrionalioris nemorofis, roridis.* Julio. ♃
Sil. delph. burg. lugd. lith.

33. ALLIUM *Cepa.* A. fcapo nudo, infernè ventricofo, lon-
giore, foliis teretibus.
Cepa vulgaris. *Bauh. pin.* 71.
Habitat . . . .

34. ALLIUM *Moly.* A. fcapo nudo, fubcylindrico; foliis lan-
ceolatis, feffilibus; umbellâ faftigiatâ.
Moly latifolium luteum; odore allii. *Bauh. pin.* 75.
Habitat in Hungaria, Baldo, Monfpelii, Pyrenæis. ♃

35. ALLIUM *fiftulofum.* A. fcapo nudo, adæquante folia
teretia, ventricofa.
Cepa oblonga. *Bauh. pin.* 71. *Dod. pempt.* 687.
Habitat in . . . .

36. ALLIUM *Schœnoprafum.* A. fcapo nudo, adæquante folia
teretia, fubulato-floriformia.
Porrùm fectivum, juncifolium. *Bauh. pin.* 72.
Schœnoprafum. *Dod. pempt.* 689.
Habitat in alpeftribus Sibiriæ, Oelandiæ, *locis rupeftribus. Delph.*

443.

1. LILIUM *candidum.* L. foliis fparfis, corollis campanulatis, intus glabris. *Blackw.* t. 11.

L. album, flore erecto, vulgare. *Bauh. pin.* 76.
Habitat in Palæftina, Syria, Gades, Helvetia. ♃

2. LILIUM *bulbiferum.* L. foliis fparfis; corollis campanulatis;
erectis, intus fcabris. *Jacq. auftr.* t. 226.
L. purpureo-croceum majus *Bauh. pin.* 76.
Habitat in Italia, Auftria, Sibiria, Helvetia, Carniolia, Francofurti ad Mœnum. ♃ *Carn. delph.*

3. LILIUM *Pomponium.* L. foliis fparfis, fubulatis; floribus
reflexis; corollis revolutis.
L. rubrum, anguftifolium. *Bauh. pin.* 78.
Habitat in Pyrenæis, Sibiria. ♃

3. LILIUM *Chalcedonicum*. L. foliis sparsis, lanceolatis; floribus reflexis; corollis revolutis. Cer.
L. Byzantinum, miniatum. *Bauh. pin.* 78.
Habitat in Persia, Platina; *Carniolæ.* ♃

6. LILIUM *Martagon*. L. foliis verticillatis; floribus reflexis, corollis revolutis. *Jacq. austr.* t. 351.
L. floribus reflexis, montanum. *Bauh. pin.* 77.
Habitat in Hungaria, Helvetia, Sibiria, Germania. Julio. ♃
Pal. burg. delph. lugd. lith.

3. FRITILLARIA *imperialis*. F. racemo comoso, infernè nudo; foliis integerrimis. 444.

Lilium s. Corona imperialis: genus. *Bauh. pin.* 79.
Habitat in Persia. *Constantinopoli venit in Europam.* ♃

4. FRITILLARIA *Persica*. F. racemo nudiusculo; foliis obliquis.
Lilium persicum. *Bauh. pin.* 79.
Habitat in Persia? è *Susis venit in Europam* 1573. *in* Russia.

5. FRITILLARIA *Pyrenaica.* F. foliis infimis oppositis; floribus nonnullis, folio interjecto.
F. flore minore. *Bauh. pin.* 64.
Habitat in Pyrenæis, Russia. ♃

6. FRITILLARIA *Meleagris*. F. foliis omnibus alternis; caule unifloro.
F. præcox, purpurea, variegata. *Bauh. pin.* 64.
Habitat in Gallia, Italia, Austria, Sibiria, Helvetia, Carniolia; Upsaliæ. ♃ *Suec. carn. delph. burg. lugd.*

UVULARIA *amplexifolia*. U. foliis amplexicaulibus. 448.

Smilax perfoliata ramosa; flore albo. *Barr. rar.* 58. t. 720.
& t. 719.
Polygonatum latifolium, ramosum. *Bauh. pin.* 303.
Habitat in Bohemiæ, Silesiæ, Saxoniæ, Helvetiæ, Delphinatûs montibus. ♃ *Sil. delph. lugd.*

2. ERYTHRONIUM *dens canis.* 447.

E. foliis ovatis. *Mill. dict.*
Dens canis, latiore rotundioreque folio. *Bauh. pin.* 87.
Dens caninus. *Dod. pempt.* 203.
Habitat in Liguria, Allobrogibus, *Augustæ* Taurinorum, Sibiria, Virginia, Monspelii. ♃ *Delph. lugd.*

3. TULIPA *sylvestris*. T. flore subnutante; foliis lanceolatis. *Oed. dan.* t. 375.

T. minor lutea Gallica. *Bauh. pin.* 63.
Habitat Monspelii, *inque* Apenninis, Germania, Sibiria, Helvetia, Londini. ♃ *Suec. herb. delph. burg.*

Gen.

2. TULIPA *Gefneriana.* T. flore erecto , foliis ovato-lanceolatis.
T. (genus fere totum.) *Bauh. pin.* 57.
Habitat in Cappadocia , *unde in Europam.* 1559. Gefnero authore , *in* Ruffia. ♃

ORNITHOGALUM.

* *STAMINIBUS OMNIBUS SUBULATIS.*

451.

2. ORNITHOGALUM *luteum.* O. fcapo angulofo , diphyllo ; pedunculis umbellatis , fimplicibus. *Fl. dan.* t. 378.

O. luteum. *Bauh. pin.* 71.
Habitat in Europæ *cultis , macellis.* Martio. ♃ *Suec. pal. burg. delph. lugd. lith.*

3. ORNITHOGALUM *minimum.* O. fcapo angulato, diphyllo ; pedunc. umbell. ramofis. *Oed. dan.* t. 612.
O. luteum minus. *Bauh. pin.* 71.
Habitat in Europæ *cultis oleraceis.* Martio. *Suec. monfp. burg. delph. lugd.*

4. ORNITHOGALUM *Pyrenaïcum.* O. racemo longiffimo ; filamentis lanceolatis ; pedunculis floriferis, patentibus , æqualibus ; fructiferis fcapo approximatis. *Jacq. auftr.* t. 103.
Habitat in alpibus Helveticis, Genevenfibus, Pyrenaicis ; Carniolæ ; *in* Germania , Auftria , Sibiria. ♃ *Ged. monfp. herborn. fil. delph. burg. lugd.*

5. ORNITHOGALUM *Narbonenfe.* O. racemo oblongo ; filamentis lanceolatis , membranaceis ; pedunculis floribufque patentibus.
O. majus fpicatum ; flore albo. *Bauh. pin.* 70.
Habitat in Galliæ *auftralis &* Italiæ , Sibiriæ, Germaniæ *agris.* ♃ *Delph. lugd.*

8. ORNITHOGALUM *pyramydale.* O. racemo conico ; floribus numerofis , afcendentibus.
☉. anguftifolium , fpicatum , maximum. *Bauh. pin.* 70.
Habitat in collibus Lufitaniæ. ♃

* * *STAMINIBUS ALTERNIS EMARGINATIS.*

10. ORNITHOGALUM *umbellatum.* O. floribus corymbofis ; pedunculis fcapo altioribus ; filamentis bafi dilatatis.
O. umbellatum medium , anguftifolium. *Bauh. pin.* 70.
Habitat in Germania , Gallia , Oriente. Aprili. ♃ *Pal. burg. delph. burg.*

11. ORNITHOGALUM *nutens.* O. floribus fecundis , pendulis ; nectario ftamineo , campaniformi. *Jacq. auftr.* t. 301.

O.

O. exoticum , magno flore minori innato. *Bauh. pin.* 70.
Habitat in Italia , *Neapoli. Innotuit circa* 1570. in Helvetia ,
Germania. ℔ *Delph. helv. lugd.*

1. SCILLA *maritima.* S. nudiflora ; bracteis refractis. 452.
     Blackw. t. 591.

S. vulgaris, radice rubrâ. *Bauh. pin.* 73.
Habitat ad Hispaniæ , Siciliæ , Styriæ *littora arenosa.* ℔

3. SCILLA *Itàlica.* S. racemo conico , oblongo.
Hyacinthus stellaris spicatus cinereus. *Bauh. pin.* 46.
Habitat in . . . . . ℔

4. SCILLA *Peruviana.* S. corymbo conferto , conico.
Hyacinthus Indicus, bulbofus , stellatus. *Bauh. pin.* 47.
Habitat in Lusitania. ℔

5. SCILLA *amœna.* S. floribus lateralibus alternis , subnutan-
    tibus ; scapo angulato. *Austr.* t. 218.
Hyacinthus stellaris , cæruleus amœnus. *Bauh. pin.* 46.
Habitat fortè Bizantii , *unde venit in Europam* 1590 ; *in* Austria ,
    Ruffia , Germania. ℔

6. SCILLA *bifolia.* S. radice solidâ ; floribus erectiusculis ,
    paucioribus. *Oed. dan.* t. 568.
Hyacinthus stellaris , bifolius, Germanicus. *Bauh. pin.* 45.
Habitat in Gallia , Germania. ℔ *Monsp. burg. delph. lugd.*

8. SCILLA *hyacinthoïdes.* S. racemo longiffimo ; floribus pedun-
    culato colorato brevioribus.
Bulbus eriophorus orientalis. *Bauh. pin.* 47. *& antiquorum.*

9. SCILLA *autumnalis.* S. foliis filiformibus , linearibus ; flo-
    ribus corymbofis ; pedunculis nudis , afcendentibus , longi-
    tudine floris.
Hyacinthus stellaris, autumnalis minor. *Bauh. pin.* 47.
Habitat in Hispania, Gallia , Veronæ , *folo glareofo.* ℔ *Burg.*
    delph. lugd. monsp. parif.

1. ASPHODELUS *luteus.* A. caule foliofo ; foliis 454.
     triquetris , striatis. *Blackw.* t. 233. *Jacq. hort.* t. 77.

A. luteus flore & radice. *Bauh. pin.* 28.
Habitat in Sicilia. ♂

2. ASPHODELUS *ramofus.* A. caule nudo ; foliis ensiformibus ,
    carinatis, lævibus.
A. albus , ramofus, mas. *Bauh. pin.* 28.
Habitat in Narbona , Lusitania , Hispania , Italia , Austria ,
    Carniolia. ℔ *Delph.*

3. ASPHODELUS *fistulofus.* A. caule nudo ; foliis strictis , subu-
    latis , striatis , subfistulofis.
A. foliis fistulofis. *Bauh. pin.* 29.
Habitat in Galloprovincia, Hispania, Creta. ℔ *Monsp. burg.*
    Tome I.   T

Gen.

ANTHERICUM.

* *PHALANGIUM FOLIIS CANALICULATIS. FILAMENTIS*
SÆPIUS GLABRIS.

455. **1.** ANTHERICUM *serotinum.* A. foliis planiusculis;
scapo unifloro.

Pseudo-Narcissus, gramineo folio. *Bauh. pin.* 51.
Habitat in alpibus Angliæ , Helvetiæ , Taureri *rastadiensis* ,
Wallæsiæ , Sibiriæ. ♃ *Delph.*

5. ANTHERICUM *ramosum.* A. foliis planis ; scapo ramoso ;
corollis planis ; pistillo recto. *Jacq. austr.* t. 161.
Phalangium, parvo flore, ramosum. *Bauh. pin.* 29. *Lob. ic.* 47.
Habitat in Europæ *australioris rupibus calcareis.* Junio. ♃ *Pal.*
fil. burg. delph. lith. lugd.

6. ANTHERICUM *Liliago.* A. foliis planis; scapo simplicissimo ;
corollis planis ; pistillo declinato. *Fl. dan.* t. 616.
Phalangium parvo flore, non ramosum. *Bauh. pin.* 29. *Moris.*
hist. 2. p. 333. f. 4. t. 1. f. 10.
Habitat in Helvetia , Germania , Gallia. Maio. ♃ *Succ. pal.*
burg. delph. lugd. lith.

7. ANTHERICUM *Liliastrum.* A. foliis planis ; scapo simplicissimo ;
corollis campanulatis ; staminibus declinatis.
Phalangium magno flore. *Bauh. pin.* 29.
Habitat in alpibus Helveticis, Allobrogicis. ♃ *Delph. lugd.*

* * *NARTHECIUM FOLIIS ENSIFORMIBUS.*

14. ANTHERICUM *ossifragum.* A. foliis ensiformibus; filamentis
lanatis. *Oed. dan.* t. 42.
Pseudo-Asphodelus palustris Anglicus. *Bauh. pin.* 29.
Asphodelus luteus palustris. *Dod. pempt.* 208.
Habitat in Europæ *borealis uliginosis.* ♃

15. ANTHERICUM *calyculatum.* A. foliis ensiformibus; perian-
thiis trilobis; filamentis glabris ; floribus trigynis. *Fl. Suec.*
Oed. dan. t. 31.
Pseudo-Asphodelus alpinus. *Bauh. pin.* 29.
Habitat in alpibus Helvetiæ, Lapponiæ, Sibiriæ. ♃ *Delph. lith.*

457. **1.** ASPARAGUS *officinalis.* A. caule herbaceo, tereti ,
erecto ; foliis setaceis; stipulis paribus.

Habitat in Europæ *arenosis.* Junio. *Pal. delph. lugd. lith.*

8. ASPARAGUS *acutifolius.* A. caule inermi, angulato, fruticoso ; foliis aciformibus rigidulis, perennantibus, mucronatis , æqualibus.
A. foliis acutis. *Bauh. pin.* 490.
Habitat in Lusitania, Hispania, Oriente. ♄ *Delph.*

1. CONVALLARIA *maïalis.* C. scapo nudo. *Black.* Gen. 459.
t. 70.

Lilium convallium album. *Bauh. pin.* 304.
Lilium convallium alpinum. *Bauh. pin.* 304.
Habitat in Europa *septentrionali.* Maio. ♃ *Suec. pal. burg. delph. lugd. lith.*

2. CONVALLARIA *verticillata.* C. foliis verticillatis. *Oed. dan.*
t. 86.
Polygonatum angustifolium non ramosum. *Bauh. pin.* 503.
Polygonatum alterum. *Dod. pempt.* 345.
Habitat in Europæ *septentrionalis saltibus, præcipitiis.* Maio. ♃
Suec. pal. burg. delph. lugd.

3. CONVALLARIA *Polygonatum.* C. foliis alternis, amplexicaulibus; caule ancipiti; pedunculis axillaribus, subunifloris.
Fl. dan. t. 377.
Polygonatum latifolium; flore majore odoro. *Bauh. pin.* 303.
Barrel. ic. 711. *Kniph. cent.* 3. n. 32.
Habitat in Europæ *septentrionalis præcipitiis, rupibus.* Maio. ♃
Scc. pal. burg. delph. lugd. lith.

4. CONVALLARIA *multiflora.* C. foliis alternis, amplexicaulibus; caule tereti; pedunculis axillaribus, multifloris. *Fl. dan.* t. 152.
Polygonatum latifolium maximum. *Bauh. pin.* 303.
Habitat in Europæ *septentrionalis præcipitiis, rupibus.* Maio. ♃
Suec. pal. burg. lugd. lith.

8. CONVALLARIA *bifolia.* C. foliis cordatis; floribus tetrandris.
Oed. dan. t. 291.
Lilium convallium minus. *Bauh. pin.* 304. *Barrel. ic.* 1212.
Habitat in Europæ *borealis pratis depressis, asperis.* ♃ *Suec. pal. burg. delph. lugd. lith.*

1. POLIANTHES *tuberosa.* P. floribus alternis. *Knorr. del.* 1. t. T. 12. 460.

Hyacinthus Indicus tuberosus, flore narcissi. *Bauh. pin.* 47.
Habitat in Java, Zeylana. ♃

1. HYACINTHUS *non scriptus.* H. corollis campanulatis sex-partitis, apice revolutis. *Blackw.* t. 61. 461.

H. oblongo flore, cæruleus major. *Bauh. pin.* 43.
Habitat in Angliæ, Galliæ, Hispaniæ, Italiæ *nemoribus, in* Helvetia, Persia. ♃ *Monsp.*

6. HYACINTHUS *Orientalis.* H. corollis infundibuliformibus, semisexfidis, basi ventricosis. *Kniph. cent.* 1. n. 43.
H. orientalis (spec. 1-15) & plenus (1-3) *Bauh. pin.* 44.
H. orientalis major & minor. *Dod. pempt.* 216.
Habitat in Asia, Africa. ♃

T ij

Gen.

9. HYACINTHUS *Muſcari.* H. corollis ovatis, omnibus æqua-
libus. *Kniph. cent.* 10. n. 52.
H. racemoſus moſchatus. *Bauh. pin.* 43.
Habitat in Aſia, *ultra Boſphorum, inde in Europam ante* 1554. ♃

10. HYACINTHUS *monſtroſus.* H. corollis ſubovatis.
H. paniculâ cæruleâ. *Bauh. pin.* 42.
Habitat ..... *primùm inventa in agro Papienſi, & juxta Boran*
Galliæ. ♃

11. HYACINTHUS *comoſus.* H. corollis angulato-cylindricis;
ſummis ſterilibus, longiùs pedicellatis. *Jacq. auſtr.* t. 126.
H. comoſus, major, purpureus. *Bauh. pin.* 42.
Habitat in Galliæ & Europæ *auſtralis agris, in* Helvetia, Germania, Perſia, Maio. ♃ *Pal. burg. delph. lugd.*

12. HYACINTHUS *botryoides.* H. corollis globoſis, uniformibus; foliis canaliculato-cylindricis, ſtrictis.
H. racemoſus, cærulæus, major. *Bauh. pin.* 42.
Habitat in Italia, Helvetia, Carniolia, Perſia, Aprili. *Burg.*
lugd.

13. HYACINTHUS *racemoſus.* H. corollis ovatis, ſummis ſteri-
libus; foliis laxis. *Jacq. auſtr.* t. 187.
H. racemoſus cæruleus, minor, juncifolius. *Bauh. pin.* 43.
Habitat in Europa *auſtrali.* Maio. ♃ *Monſp. burg. delph. lugd.*

463.

1. YUCCA *glorioſa.* Y. foliis integerrimis. *Kniph.*
cent. 1. n. 100.

Y. foliis aloes. *Bauh. pin.* 91.
Y. Indica, foliis aloes. *Barr. rar.* 70. t. 1194.
Habitat in Canada, Peru. ♃

2. YUCCA *draconis.* Y. foliis crenatis, nutantibus.
Y. Draconi arbori affinis Americana. *Bauh. pin.* 506.
Habitat in America. ♄

464.

1. ALOE *perfoliata.* A. floribus corymboſis, cernuis,
ſubcylindricis.

Habitat in Indiis, Africa. ♄

2. ALOE *variegata.* A. floribus racemoſis, cernuis, ſubcylindricis; ore patulo æquali. *Knorr. del.* 1. t. A. 7. *Kniph.*
cent. 3. n. 10.
Habitat in Æthiopiæ *argilloſis.* ♃

3. ALOE *diſticha.* A. floribus racemoſis; pedunculis ovato-
cylindricis, curvis. *Knorr. del.* 1. tab. A. 12. & A. 14.
Habitat in Africæ *rupibus.* ♄

4. ALOE *ſpiralis.* A. floribus ſpicatis, ovatis, muricatis, crenatis; ſegmentis interioribus conniventibus. *Knorr. del.*
1. tab. A. 6.
Habitat in Africæ *campeſtribus.* ♄

5. ALOE *retufa*. A. floribus fpicatis, triquetris, bilabiatis; labio inferiore revoluto. *Kniph. cent.* 3. n. 9. *Knorr. del.* 1. tab. *A.* 10.

Habitat in Africæ argillofis. ♃

6. ALOE *vifcofa*. A. floribus fpicatis, infundibuliformibus, bilabiatis; laciniis quinque revolutis fummâ erectâ. *Kniph. cent.* 4. n. 4. *Knorr. del.* 1. t. *A.* 10.

Habitat in Æthiopiæ campeftribus. ♃

7. ALOE *pumila*. A. floribus fpicatis, bilabiatis; labio fuperiore erectiore, inferiore recurvato.

α. *A. margaritifera*.

A. foliis ovato-fubulatis, acuminatis; tuberculis cartilagineis, undique adfperfis. *Hort. cliff. Kniph. cent.* 4. n. 3.

δ. *Aloe arachnoïdes.*

A. africana humilis arachnoïdea. *Comm. præl.* 78. t. 27. *Knorr. del.* 1. t. *A.* 11.

Habitat in Æthiopiæ campeftribus. ♃

1. AGAVE *Americana*. A. foliis dentato-fpinofis, fcapo ramofo. 465.

Habitat in America calidiore. *Cortufus plantam, primus in Europa habuit* 1561. (*Cam. hort.* 11.) *hodie ab ea fepes in Lufitania & in* Gallia meridionali.

1. HEMEROCALLIS *flava*. H. corollis flavis. *Jacq. hort.* t. 139. *Knorr. del.* 1. t. *L.* 5. *Kniph. cent.* 10. n. 52. 467.

Lilium luteum; afphodeli radice. *Bauh. pin.* 80.

Habitat in Helvetiæ, Sibiriæ, Hungariæ campis. ♃

2. HEMEROCALLIS *fulva*. H. corollis fulvis. *Kniph. cent.* 7. n. 31.

Lilio-Afphodelus puniceus. *Cluf. hift.* 1. p. 137.

Habitat in China, Helvetia. ♃

1. ACORUS *calamus*. 468.

A. verus f. Calamus aromaticus officinarum. *Bauh. pin.* 34. *Blackw.* t. 466.

Habitat in Europæ foffis paludofis in Alfatia. Junio. *Seuc. pal. lith. lugd.*

JUNCUS.

* CULMIS NUDIS.

1. JUNCUS *acutus*. J. culmo fubnudo, tereti, mucronato; paniculâ terminali; involucro diphyllo, fpinofo. 471.

Habitat in Angliæ, Galliæ, Italiæ, Carnioliæ maritimis paludofis. ♃ *Delph.*

Gen.

T iij

2. JUNCUS *conglomeratus* J. culmo nudo, ſtricto; capitulo laterali. *Fl. herb.* t. 13. f. 1.
J. lævis, paniculâ non ſparſâ. *Bauh. pin.* 12.
Habitat in Europæ *borealis uliginoſis.* Junio. ♃ *Ged. pal. delph. burg. lugd. lith.*

3. JUNCUS *effuſus* J. culmo nudo, ſtricto; paniculâ laterali. *Fl. herb.* t. 13. f. 2.
J. lævis, paniculâ ſparſâ, major. *Bauh. pin.* 12.
Habitat in Europæ *uliginoſis, in alpibus.* Junio. ♃ *Ged. pal. herb. ſil. delph. burg. lith. lugd.*

4. JUNCUS *inflexus.* J. culmo nudo, apice membranaceo, incurvo; paniculâ laterali. *Fl. Herb.* t. 13. f. 3.
J. acumine reflexo, major. *Bauh. pin.* 12.
Habitat in Europa *auſtrali.* ♃ *Carn. delph. burg. lugd.*

5. JUNCUS *filiformis.* J. culmo nudo, filiformi, nutante; paniculâ laterali. *Leers. herb.* n. 264. t. 13. f. 4.
J. lævis, paniculâ ſparſâ, minor. *Bauh. pin.* 12.
Habitat in Europæ *uliginoſo-paludoſis, turfoſis.* ♃ *Succ. ged. delph. lith.*

7. JUNCUS *ſquarroſus.* J. culmo nudo; foliis ſetaceis; capitulis glomeratis, aphyllis. *Oed. dan.* t. 430.
Gramen junceum; foliis & ſpicâ junci. *Bauh. pin.* 5.
Habitat in Europæ *borealis ceſpitoſis.* Maio. ♃ *Ged. pal. burg. lith. lugd.*

* * CULMIS FOLIOSIS.

9. JUNCUS *articulatus.* J. foliis nodoſo-articulatis; petalis obtuſis. *Leers. herb.* n. 265. t. 13. f. 6.
α. Juncus *aquaticus.*
ϛ Juncus *ſylvaticus.*
Gramen Junceum; folio articuloſo, cum utriculis. *Bauh. prodr.* 12.
Habitat in Europæ *aquoſis.* Julio. ♃ *Succ. ged. delph. burg. lith. lugd.*

10. JUNCUS *bulboſus.* J. foliis linearibus, canaliculatis; capſulis obtuſis. *Oed. dan.* 431. *Leers. herb.* n. 266. t. 13. f. 7.
J. repens apocarpos minor. *Barr. ic.* 114.
Habitat in Europæ *paſcuis ſterilibus & ad viás.* Junio. ♃ *Succ. ſil. delph. lith. lugd.*

11. JUNCUS *bufonius.* J. culmo dichotomo; foliis angulatis; floribus ſolitariis, ſeſſilibus. *Leers. herb.* n. 267. t. 13. f. 8.
Gramen nemoroſum; calyculis paleaceis. *Bauh. pin.* 7.
Gramen erectum latifolium. *Barrel. ic.* 263.
Habitat in Europæ *inundatis.* Junio. ☉ *Pal. ged. carn. ſil. delph. burg. lith. lugd.*

16. JUNCUS *piloſus.* J. foliis planis, piloſis; corymbo racemoſo. *Leers. herb.* n. 268. t. 13. f. 10.

Gramen nemorosum , hirsutum , latifolium, majus. *Bauh. pin.* 7.

β. Gramen hirsutum , angustifolium, perenne , lini utriculis. *Barr. ic.* 740.

δ. Gramen nemorosum , hirsutum , latifolium, majus. *Scheuch. gram.* 317.

J. foliis gramineis, hirsutis ; floribus paniculatis, fasciculatis. *Hall. helv. n.* 1324. *Oed. dan.* t. 441.

Habitat in Europæ *sylvis,* γ *in* Alpibus. Maio. ♃ *Suec. pal. delph. burg. lugd. lith.*

17. JUNCUS *niveus.* J. foliis planis, subpilosis ; corymbis folio brevioribus; floribus fasciculatis. *Leers herb.* n. 269, t. 13. f. 6.

Gramen hirsutum, angustifolium, minus ; paniculis albis. *Bauh. pin.* 7.

Habitat in alpibus Bohemicis , Helveticis , Rhæticis , Monspelii. ♃ *Carn. sil. delph. burg. lith. lugd.*

18. JUNCUS *campestris.* J. foliis planis , subpilosis ; spicis sessilibus, pedunculatisque. *Leers. herb.* n. 270. t. 13. f. 5.

Gramen hirsutum, capitulis psylii. *Bauh. pin.* 7.

Habitat in Europæ *pascuis siccioribus.* Junio. ♃ *Suec. pal. sil. delph. burg. lith. lugd.*

19. JUNCUS *spicatus.* J. foliis planis; spicâ racemosâ nutante. *Fl. lapp.* 125. t. 10. f. 4. *Oed. dan.* t. 270.

Habitat in Lapponiæ *Alpibus.* ♃ *Lugd.*

🟊. BERBERIS *vulgaris.* B. pedunculis racemosis. *Blackw.* t. 163.   476a

B. dumetorum. *Bauh. pin.* 454.

Habitat in Europæ *sylvis, Oriente, Libano.* Maio. ♄ *Pal. burg. delph. lugd. lith.*

🟊. PEPLIS *Portula.* P. floribus apetalis. *Fl. suec. Oed. dan.* t. 64.   482ı

Glaux altera subrotundo folio. *Vaill. paris.* 80. t. 15. f. 5.

Alsine Palustris minor serpillifolia. *Bauh. pin.* 251.

Habitat in Europæ *inundatis.* Julio. ☉ *Delph. burg. lugd. lith. paris.*

D I G Y N I A.

🟊. ORYZA *sativa.* Oryza. *Bauh. pin.* 24. *Dod. pempt.* 509.   482ı

Habitat fortè in Æthiopia, *colitur in* Indiæ *paludosis.* ☉

T iv

Gen.

TRIGYNIA.

RUMEX.

* HERMAPHRODITI ; VALVULIS GRANULO NOTATIS.

485.

1. RUMEX *Patientia.* R. floribus hermaphroditis ; valvulis integerrimis; unicâ graniferâ; foliis ovato-lanceolatis. *Black.* t. 489.

Lapathum hortense ; folio oblongo. *Bauh. pin.* 114.
Lapathum sativum. *Dod. pempt.* 648.
Habitat in Italia, *in* M. Meissner *Hassiæ, & alibi in* Germania. ♃

2. RUMEX *sanguineus.* R. floribus hermaphroditis ; valvulis integerrimis ; unicâ graniferâ ; foliis cordato-lanceolatis. *Blackw.* t. 492.

Lapathum folio acuto, rubente. *Bauh. pin.* 115.
Lapathum rubens. *Dod. pempt.* 650. *Cam. epit.* 229.
Habitat in Virginia, *in* Germania *quasi sponte. Leers. herb.* n. 274.

5. RUMEX *crispus.* R. floribus hermaphroditis; valvulis integris, graniferis; foliis lanceolatis, undulatis, acutis.
Lapathum folio acuto, crispo. *Bauh. pin.* 115.
Habitat in Europæ *humosis.* Junio. ♃ *Pal. burg. lith. lugd.*

9. RUMEX *maritimus.* R. floribus hermaphroditis ; valvulis dentatis, graniferis; foliis linearibus. *Fl. suec.*
Lapathum minimum. *Bauh. pin.* 115.
Habitat in Europæ *littoribus maritimis. Burg. lith.*

11. RUMEX *acutus.* R. floribus hermaphroditis ; valvulis dentatis, graniferis ; foliis cordato-oblongis, acuminatis.
Lapathum folio acuto. *Bauh. pin.* 1153. *Blackw.* t. 491.
Habitat in Europæ *succulentis.* Julio. ♃ *Pal. sil. burg. delph. lith. lugd.*

12. RUMEX *obtusifolius.* R. floribus hermaphroditis ; valvulis dentatis, graniferis; foliis cordato-oblongis, obtusiusculis, crenulatis.
Lapathum folio minus acuto. *Bauh. pin.* 111. *Lob. ic.* 284.
Habitat in Germania, Sudermania, Helvetia, Gallia, Anglia. Junio. ♃ *Herb. sil. pal. delph. burg. lith. lugd.*

13. RUMEX *pulcher.* R. floribus hermaphroditis ; valvulis dentatis ; subunicâ graniferâ ; foliis radicalibus panduri-formibus.
Habitat in Anglia, Gallia, Italia, Helvetia. ♃ *Delph. burg. lugd. stamp.*

** HERMAPHRODITI ; VALVULIS GRANULO DESTI-TUTIS, S. NUDIS.

15. RUMEX *aquaticus.* R. floribus hermaphroditis ; valvulis

integerrimis, nudis; foliis cordatis, glabris, acutis. *Blackw.*
t. 490.
Lapathum aquaticum, folio cubitali. *Bauh. pin.* 116.
Habitat in Europa *ad ripas fluviorum & paludum.* Julio. ♃ *Suec.*
pal. fil. delph. burg. lith. lugd.

20. RUMEX *scutatus.* R. floribus hermaphroditis; foliis cor-
dato-hastatis; caule tereti.
Acetosa romana. *Blackw.* t. 306.
Acetosa rotundifolia hortensis. *Bauh. pin.* 114.
Oxalis rotundifolia. *Dod. pempt.* 649.
Habitat in Helvetia, Galloprovincia, *inter acervos lapidum &*
ad muros Germaniæ. Maio. ♃ *Pal. delph. burg. lugd.*

21. RUMEX *digynus.* R. floribus hermaphroditis, digynis. *Oed.*
dan. t. 14.
Acetosa rotundifolia alpina. *Bauh. pin* 55. *prodr.* 114.
Habitat in alpibus Lapponicis, Helveticis, Sibiricis, Wallicis.
♃ *Suec. norv. delph. burg.*

* * * *FLORIBUS DECLINIS.*

22. RUMEX *alpinus.* R. floribus hermaphroditis, sterilibus,
femineisque; valvulis integerrimis, nudis; foliis cordatis,
obtusis, rugosis. *Blackw.* t. 262.
Lapathum hortense, rotundifolium s. montanum. *Bauh. pin.* 115.
Habitat in Helvetia, Gallia *australi.* ♂ *Delph.*

24. RUMEX *tuberosus.* R. floribus dioicis; floribus lanceolato-
sagittatis; hamis patentibus.
Acetosa tuberosa radice. *Bauh. pin.* 114.
Oxalis tuberosa. *Dod. pempt.* 649.
Habitat in Italia. ♃

26. RUMEX *Acetosa.* R. floribus dioicis; foliis oblongis,
sagittatis. *Blackw.* t. 230.
Acetosa pratensis. *Bauh. pin.* 14.
Habitat in Europæ *pascuis,* ♂ ♀. *in aldinis.* Maio. ♃ *Suec. pal.*
delph. burg. lith. lugd.

27. RUMEX *Acetosella.* R. floribus dioicis; foliis lanceolato-
hastatis. *Blackw.* t. 307.
Acetosa arvensis lanceolata. *Bauh. pin.* 114.
β. Acetosa lanceolata, angustifolia, repens. *Bauh. pin.* 14.
γ. Acetosa arvensis minima, non lanceolata. *Bauh. pin.* 114.
δ. Acetosa minor erecta, lobis multifoliis. *Bocc. mus.* 164. t. 26.
Habitat in Europæ *pascuis, & arvis arenosis.* Aprili. ♃ *Suec.*
pal. burg. delph. lith. lugd.

28. RUMEX *aculeatus.* R. floribus dioicis; foliis lanceolatis,
petiolatis; fructibus reflexis; valvulis ciliatis.
Acetosa cretica, semine aculeato. *Bauh. pin.* 114.
Habitat in Creta, Hispania. ♃

Gen. 488. 1. SCHEUCHZERIA *paluſtris. Fl. dan.* t. 79.

Juncus floridus minor. *Bauh. pin.* 12.
Gramen junceum aquaticum, ſemine racemoſo. *Lœſ. pruſſ.* 114. t. 28.
Habitat in Lapponiæ, Helvetiæ, Germaniæ, Sueciæ, *palu-doſis.* Junio. ♃ *Pal. delph.*

488. 1. TRIGLOCHIN *paluſtre.* T. capſulis trilocularibus ſublinearibus. *Leers. herb.* n. 272. t. 12. f. 5. *Fl. dan.* t. 490.

Gramen junceum ſpicatum ſ. Triglochin. *Bauh. pin.* 6.
Habitat in Europæ inundatis uliginoſis. Maio. ♂ *Ged. pal. delph. lith. lugd.*

3. TRIGLOCHIN *maritimum.* T. capſulis ſexlocularibus, ovatis. *Oed. dan.* t. 305.
Gramen ſpicatum alterum. *Bauh. pin.* 6. *theatr.* 82.
Habitat in Europæ maritimis. *Pal.*

492. 1. COLCHICUM *autumnale.* C. foliis planis, lanceo-latis, erectis.

C. commune. *Bauh. pin.* 67.
Habitat in Europæ ſucculentis. Octobri. ♃ *Monſp. lipſ. pal. delph. burg. lugd.*

P O L Y G Y N I A.

495. 1. ALISMA *Plantago.* A. foliis ovatis, acutis; fructibus obtuſe trigonis. *Oed. dan.* t. 561.

Plantago aquatica latifolia. *Bauh. pin.* 190.
Habitat in Europæ aquoſis & ad ripas fluviorum, lacuum. Julio. ♃ *Ged. pal. burg. delph. lugd. lith.*

3. ALISMA *Damaſonium.* A. foliis cordato-oblongis; floribus hexagynis; capſulis ſubulatis.
Plantago aquatica ſtellata. *Bauh. pin.* 190.
Habitat in Angliæ, Galliæ aquoſis. *Burg. lugd.*

5. ALISMA *natans.* A. foliis ovatis, obtuſis; pedunculis ſolitariis.
Damaſonium repens; potamogetonis rotundifolii folio. *Veill. Act.* 1719. p. 29. t. 4. f. 8.
Habitat in Galliæ, Sueciæ, Germaniæ foſſis. *Lugd. par.*

6. ALISMA *ranunculoïdes.* A. foliis lineari-lanceolatis; fructibus globoſo ſquarroſis. *Fl. dan.* t. 122.
Habitat in Gotlandiæ, Belgii, Angliæ, Galliæ, Germaniæ, foſſis. *Burg. lugd. lith. ſucc. monſp.*

8. ALISMA *parnaſſifolia.* A. foliis cordatis, acutis, petiolis articulatis. *Baſſi. act. bonon.* 1768.
λ. peltata, foliis patulo-cordatis. *La Tourrette, Pilat.* 140.
Habitat in Appenninorum paludibus. *Delph. lugd.*

CLASSIS VII.

HEPTANDRIA

MONOGYNIA.

496. TRIENTALIS.   *Cal.* 7-phyllus. *Cor.* 7-partita, plana. *Bacca* 1-locularis ficca.

498. ÆSCULUS.   *Cal.* 5-dentatus. *Cor.* 5-petala, inæqualis. *Capf.* 3-locularis, 2-fperma.

* *Gerania africana.*

HEPTANDRIA

MONOGYNIA.

Gen. 496. 1. TRIENTALIS *Europæa.* T. foliis lanceolatis, integerrimis. *Oed. dan.* 86. *Kniph. cent.* 4. n. 94.

Pyrola, alfines flore europæa. *Bauh. pin.* 191.
Habitat in Europæ borealis *fylvis & juniperetis.* ♃ *Ged. fil. lith.*
fucc.

498. 1. ÆSCULUS *Hippo-Caftanum.* Æ. floribus heptandris.
Kniph. cent. 3. n. 3.

Caftanea folio multifido. *Bauh. pin.* 419.
Habitat in Afia *feptentrionaliore* unde *in* Europam. 1550. ♄
Lugd. burg. lith.

CLASSIS VIII.

OCTANDRIA

MONOGYNIA.

* *Flores completi.*

502. TROPÆOLUM. *Cor.* 5-petala. *Cal.* 5-fidus, inferus, calcaratus. *Baccæ* 3. 1-fpermæ.

507. EPILOBIUM. *Cor.* 4-petala. *Cal.* 4-phyllus, fuperus. *Capf.* 4-locularis. *Sem.* pappofa.

505. OENOTHERA. *Cor.* 4-petala. *Cal.* 4-fidus, fuperus. *Capf.* 4-locularis. *Anther.* lineares.

519. CHLORA. *Cor.* 8-fida. *Cal.* 8-phyllus, inferus. *Capf.* 1-locularis. 2-valvis, polyfperma.

523. VACCINIUM. *Cor.* 1-petala. *Cal.* 4-dentatus, fuperus. *Filam.* receptaculi. *Bacca.*

524. ERICA. *Cor.* 1-petala. *Cal.* 4-phyllus, inferus. *Filam.* receptaculi. *Capfula.*

Æfculus. Pavia.

Monotropa Hypopithys.

Ruta graveolens.

* * *Flores incompleti.*

526. DAPHNE. *Cal.* 4-fidus, corollinus, æqualis. *Stam.* inclufa. *Bacca* pulpofa.

530. PASSERINA.   *Cal.* 4-fidus, corollinus, æqualis. *Stam.* supra corollam.

529. STELLERA.   *Cal.* 4-fidus, corollinus, æqualis. *Stam.* inclusa. *Sem.* unicum.

DIGYNIA.

536. MOEHRINGIA.   *Cor.* 4-petala. *Cal.* 4-phyllus. *Capf.* 1·locularis.

* *Chryfofplenium.*

TRIGYNIA.

537. POLYGONUM.   *Cor.* o. *Cal.* 5-partitus. *Sem.* 1. nudum.

540. CARDIOSPERMUM. *Cal.* 4-phyllus. *Pet.* 4. *Nectar.* 4·phyllum inæquale. *Capf.* 3, connatæ, inflatæ.

TETRAGYNIA.

542. ADOXA.   *Cor.* 4-f. 5-fida, fupera. *Cal.* 2-phyllus. *Bacca* 4-f. 5-fperma.

543. ELATINE.   *Cor.* 4-petala. *Cal.* 4-phyllus. *Capf.* 4-locularis.

541. PARIS.   *Cor.* 4-petala, fubulata. *Cal.* 4-phyllus. *Bacca* 4-locularis.

Myriophyllum verticillatum.

OCTANDRIA

MONOGYNIA.

1. TROPÆOLUM *minus.* T. foliis integris ; petalis Gen. 502
acuminato-fetaceis.

Cardamindum minus & vulgare T. *Fewil. peru.* 3. p. 14. t. 8.
Nafturtium Indicum majus. *Bauh. pin.* 306.
Habitat in Peru, Limæ *innotuit* 1580. *per Dodonæum.* ☉ ♃.

2. TROPEOLUM *majus.* T. foliis peltatis, fubquinquelobis,
petalis obtufis. *Knorr. del.* 1. tab. R. 18. *Regn. bot.*
Cardamindum ampliori folio, & majori flore. T. *Few. perur.*
3. p. 14. t. 8.
Habitat in Peru, *unde in Europam venit* 1684 *curâ Bewerningii.*
☉ ♃.

1. OENOTHERA *biennis.* O. foliis ovato-lanceolatis, 505
planis; caule muricato-villofo. *Oed. dan.* 446.

Lyfimachia lutea corniculata. *Bauh. pin.* 245. 516.
Habitat in Virginia, *unde* 1614. *nunc vulgaris Europæ.* Julio. ♂
Ged. pal. delph. burg. lith. lugd.

E P I L O B I U M.

* *STAMINIBUS DECLINATIS.*

1. EPILOBIUM *anguftifolium.* E. foliis fparfis, lineari- 507
lanceolatis; floribus inæqualibus. *Oed. dan.* 289.

Lyfimachia Chamænerion dicta anguftifolia. *Bauh. pin.* 245.
β. Lyfimachia Chamænerion dicta latifolia. *Bauh. pin.* 245.
γ. Lyfimachia Chamænerion dicta alpina. *Bauh. pin.* 245. *prodr.*
116.
Habitat in Europa boreali. Julio. *Ged. pal. delph. burg. lugd.*
lith.

* * *STAMINIBUS, ERECTIS, REGULARIBUS: PETALIS*
BIFIDIS.

3. EPILOBIUM *hirfutum.* E. foliis oppofitis, lanceolatis,
ferratis, decurrenti-amplexicaulibus. *Oed. dan.* 326.
Lyfimachia filiquofa, hirfuta; magno flore. *Bauh. pin.* 245.
β. Lyfimachia filiquofa, hirfuta; parvo flore. *Bauh. pin.* 245.
Oed. Fl. dan. t. 347.

Gen.

Chamænerion (*parviflorum*) foliis oppofitis, lanceolatis *s* ferratis, feffilibus, cauleque villofis. *Schreb. fpicil.* p. 149.
Habitat in Europæ *humidiufculis.* Julio. ℔ *Ged. pal. delph. burg. lugd. lith.*

4. EPILOBIUM *montanum.* E. foliis oppofitis, ovatis, dentatis. *Fl. fuec.*
Lyfimachia filiquofa, glabra, major. *Bauh. pin.* 24.
Pfeudo-Lyfimachium, purpureum primum. *Dod. pempt.* 85.
Habitat in Europæ *montofis.* Julio. *Pal. delph. burg. lugd. lith.*

5. EPILOBIUM *tetragonum.* E. foliis lanceolatis, denticulatis, imis oppofitis; caule tetragono. *Kniph. cent.* 11. n. 43.
Lyfimachia filiquofa, glabra, minor. *Bauh. pin.* 303.
Habitat in Europa. Julio. ℔ *Monfp. pal. delph. burg. lith. lugd.*

6. EPILOBIUM *paluftre.* E. foliis oppofitis, lanceolatis, integerrimis; petalis emarginatis; caule erecto. *Oed. dan.* 347.
Lyfimachia filiquofa, glabra, anguftifolia. *Bauh. pin.* 245.
Habitat in Europæ *humidiufculis.* Julio. *Suec. pal. delph. lugd. lith.*

7. EPILOBIUM *alpinum.* E. foliis oppofitis, ovato-lanceolatis, integerrimis; filiquis feffilibus; caule repente. *Fl. dan.* t. 322.
Habitat in alpibus Helveticis, Lapponicis, *in* Dania. ℔ *Delph. lugd.*

519.

1. CHLORA *perfoliata.* C. foliis perfoliatis.

Gentiana (perfoliata) corollis octofidis; foliis perfoliatis. *Sp. pl. Sabbati hort.* 1. t. 100.
Centaurium luteum, perfoliatum. *Bauh. pin.* 278.
β. Centaurium pufillum, luteum. *Bauh. pin.* 278.
Habitat in Helvetia, Anglia, Gallia, Hifpania, Germania, Oriente. Julio. ☉ *Pal. burg. delph. lugd. parif. monfp.*

VACCINIUM.

* FOLIIS ANNOTINIS S. DECIDUIS.

523.

1. VACCINIUM *Myrtillus.* V. pedunculis unifloris; foliis ferratis, ovatis, deciduis; caule angulato. *Blackw.* t. 493.

Vitis idæa foliis oblongis, crenatis, fructu nigricante. *Bauh. pin.* 470.
Vaccinia nigra. *Dod. pempt.* 768.
Habitat in Europæ *fylvis umbrofis.* Maio. ♄ *Suec. ged. pal. delph. lugd. burg. lith.*

3. VACCINIUM *uliginofum.* V. pedunculis unifloris; foliis integerrimis, obovatis, obtufis, lævibus. *Jacq. vind. Oed. dan.* 231. *Kniph. cent.* 9. n. 96.
Vitis idæa foliis fubrotundis, exalbidis. *Bauh. pin.* 470.

Habitat

Habitat in Suecia *borealis* & *alpinis uliginosis.* ♄ *Pal. sil. delph. lith. suec.*

Gen.

* * *FOLIIS SEMPERVIRENTIBUS.*

10. VACCINIUM *Vitis Idæa.* V. racemis terminalibus, nutantibus; foliis obovatis, revolutis, integerrimis, subtus punctatis. *Oed. dan.* 40.

Vitis Idæa, foliis subrotundis non crenatis, baccis rubris. *Bauh. pin.* 470. *Du Hamel arb.* 7.

Vaccinia rubra. *Dodon. p.* 770.

Habitat in Europæ *frigidioris sylvis macris.* Maio. ♄ *Suec. ged. pal. delph. lith. lugd.*

11. VACCINIUM *Oxycoccus.* V. foliis integerrimis, revolutis, ovatis; caulibus repentibus, filiformibus, nudis. *Oed. dan.* 80.

Vitis Idæa palustris. *Bauh. pin.* 471.

Vaccinia palustria. *Dod. pempt.* 770. *Lob. ic.* 109.

Habitat in Europæ *paludibus, spagno repletis.* Maio. ♃ *Ged. delph. lith. lugd. suec.*

E R I C A.

* *ANTHERIS ARISTATIS, FOLIIS OPPOSITIS.*

524

1. ERICA *vulgaris.* E. antheris aristatis; corollis campanulatis, subæqualibus; calycibus duplicatis; foliis oppositis, sagittatis. *Fl. dan.* t. 677.

E. vulgaris glabra. *Bauh. pin.* 485.

β. Erica myricæ folio hirsuto. *Bauh. pin.* 485.

Habitat in Europæ *campestribus sterilibus, frequens.* Augusto. ♄ *Suec. ged. gallob. pal. delph. burg. lugd. lith.*

* * *FOLIIS TERNIS.*

14. ERICA *scoparia.* E. antheris aristatis; corollis campanulatis; stigmate exserto, peltato; foliis ternis.

E. major scoparia; foliis deciduis. *Bauh. pin.* 485.

Habitat Monspelii, *in* Hispania, Europa australi. ♄ *Delph.*

* * * *FOLIIS QUATERNIS.*

18. ERICA *Tetralix.* E. antheris aristatis; corollis ovatis; stylo incluso; foliis quaternis, ciliatis; floribus capitatis. *Oed. dan.* 81.

E. ex rubro nigricans scoparia. *Bauh. pin.* 486.

Habitat in Europæ *borealis paludibus cespitosis.* ♄

* * * * *ANTHERIS CRISTATIS, FOLIIS TERNIS.*

29. ERICA *cinerea.* E. antheris cristatis; corollis ovatis; stylo subexserto; foliis ternis; stigmate capitato. *Oed. dan.* t. 38.

Tome I. V.

Gen.

E. humilis cortice cinereo, arbuti flore. *Bauh. pin.* 486.
Habitat in Europa media, Oriente. ♄ *Burg. lugd. gallob. ſtamp.*

DAPHNE.

* *FLORIBUS LATERALIBUS.*

526. 1. DAPHNE *Mezereum.* D. floribus feſſilibus, ternis, caulinis; foliis lanceolatis, deciduis. *Oed. dan.* t. 268.

Laureola folio deciduo, flore purpureo; officinis Laureolæ femina. *Bauh. pin.* 462.
Habitat in Europæ *borealis ſylvis.* Martio. ♄ *Suec. pal. delph. burg. lith. lugd.*

7. DAPHNE *Laureola.* D. racemis axillaribus quinquefloris; foliis lanceolatis, glabris. *Jacq. auſtr.* t. 183.
Laureola ſempervirens, flore viridi, quibuſdam Laureola mas. *Bauh. pin.* 662.
Laureola. *Dod. pempt.* 365. *Blackw.* t. 62.
Habitat in Anglia, Helvetia, Gallia, Baldo. ♄ *Delph. lugd. burg. carn. monſp.*

* * *FLORIBUS TERMINALIBUS.*

10. DAPHNE *Cneorum.* D. floribus faſciculatis, terminalibus, feſſilibus; foliis lanceolatis, nudis, mucronatis. *Pal.* t. 1. f. 4.
Thymelæa affinis, facie externâ. *Bauh. pin.* 463.
Habitat in Helvetia, Hungaria, Pyrenæis, Baldo, Germania, Gallia. Aprili. ♄ *Delph. lugd. helv. carn. monſp.*

11. DAPHNE *Gnidium.* D. paniculâ terminali; foliis lineari-lanceolatis, acuminatis.
Thymelæa foliis lini. *Bauh. pin.* 463.
Habitat in Hiſpania, Italia, G. Narbonenſi. ♄ *Monſp. ſtamp. lugd.*

529. 1. STELLERA *Paſſerina.* S. foliis linearibus; floribus quadrifidis.

Lithoſpermum, lineariæ folio, germanicum. *Bauh. pin.* 259.
Habitat in Germaniæ, Helvetiæ, Italiæ, Galliæ *campis aridis apricis.* Julio. *Monſp. delph. burg. lugd. lith. pariſ. pal.*

530. 2. PASSERINA *hirſuta.* P. foliis carnoſis, extus glabris; caulibus tomentoſis.

Thymelæa tomentoſa; foliis fedi minoris. *Bauh. pin.* 461.
Habitat in Galloprovincia, Italia, Oriente. ♄

DIGYNIA.

1. MOEHRINGIA *muscosa*. 536.

Alsine octostemon ; foliis linearibus , connatis. *Hall. helv.*
n. 860.
Alsine montana , capillaceo folio. *Bauh. pin.* 251. *Pluk. alm.*
23. t. 75. f. 1.
β. Alsine tenuifolia muscosa. *Bauh. pin.* 251. *Seguier.* t. 5. f. 1.
Habitat in alpibus Helvetiæ , Italiæ , Austriæ , Monspelii , ad
fontes & scaturigines. Delph. burg. helv. carn. lugd.

TRIGYNIA.

POLYGONUM.

* BISTORTÆ SPICA UNICA.

2. POLYGONUM *Bistorta*. P. caule simplicissimo , 537.
monostachyo ; foliis ovatis in petiolum decurrentibus. *Oed. dan.* 421.

Bistorta major , radice magis intortâ. *Bauh. pin.* 192.
Habitat in montibus Helvetiæ , Austriæ , Germaniæ , Galliæ.
Maio. ♃ *Pal. delph. burg. lugd. lith.*

3. POLYGONUM *viviparum*. P. caule simplicissimo , monosta-
chyo ; foliis lanceolatis. *Oed.* t. 13.
Bistorta alpina media. *Bauh. pin.* 192. *Pluk.* t. 151. f. 2.
Bistorta alpina minor. *Bauh. pin.* 192.
Habitat in Europæ *subalpinis pascuis duris.* ♃ *Delph.*

* * PERSICARIÆ PISTILLO BIFIDO , AUT STAMINA MINUS. 8.

6. POLYGONUM *amphybium*. P. floribus pentandris , semidi-
gynis , spicâ ovatâ. *Oed. dan.* t. 282.
Potamogeton salicis folio. *Bauh. pin.* 193.
Fontinalis s. Potamogeton. *Dodon. cereal.* 227.
Habitat in Europa. Julio. ♃ *Pal. ged. delph. burg. lugd. lith.*

8. POLYGONUM *Hydropiper*. P. floribus hexandris , semidi-
gynis ; foliis lanceolatis; stipulis submuticis. *Blackw.* t. 119.
Persicaria urens s. Hydropiper. *Bauh. pin.* 101.
Hydropiper. *Dod. pempt.* 607. *Fuchs.* 842.
Habitat in Europæ *subhumidis.* Julio. ☉ *Delph. burg. lugd.*
lith.

9. POLYGONUM *Persicaria*. P. floribus hexandris , digynis ;
spicis ovato-oblongis ; foliis lanceolatis ; stipulis ciliatis.
Flor. dan. t. 702.

Gen.

Perficaria mitis maculofa & non maculofa. *Bauh. pin.* 101.
ε. Perficaria anguſtifolia. *Bauh. pin.* 101. *prodr.* 43.
Polygonum foliis ovato-lanceolatis, glabris, ſpicis ſtrigofis;
    vaginis ciliatis. *Hall. helv.* n. 1555.
    γ. Polygonum foliis ovato - lanceolatis, ſubtus tomentofis;
    ſpicis ovatis; vaginis ciliatis. *Hall. helv.* n. 1556. *Gutt.*
    28. *ſed Hallero diſtincta ſpecies.*
Perficaria folio ſubtus incano. *Ray ſyn.* 3. p. 145. *ex Hall.* R.
    δ. Polygonum floribus hexandris, digynis; foliis lanceolatis;
    ſtipulis lanceolatis; caule divaricato, patulo. *Hudſ. angl.* 148.
Perficaria puſilla repens. *Ray angl.* 3. p. 145.
Perficaria minor. *Bauh. pin.* 101. *Moriſ. hiſt.* 2. ſ. 5. t. 29.
Habitat in Europæ humidis, & ad rias. Auguſto. ☉ *Suec. pal.*
    rcd. delph. burg. lugd. lith.

⁂ POLYGONA *FOLIIS INDIVISIS*, *FLORIBUS OCTANDRIS*.

14. POLYGONUM *aviculare.* P. floribus octandris, trigynis,
    axillaribus; foliis lanceolatis; caule procumbente, herbaceo.
    Blackw. t. 315.
P. latifolium. *Bauh. pin.* 281.
β. P. brevi anguſtoque folio. *Bauh. pin.* 281.
γ P. oblongo anguſto folio. *Bauh. pin.* 281.
Habitat in Europæ *cultis ruderatis.* Julio. ☉ *Suec. ged. pal.*
    delph. burg. lugd. lith.

⁂⁂ HELXINE *FOLIIS SUBCORDATIS*.

23. POLYGONUM *Tartaricum.* P. foliis cordato-ſagittatis; caule
    inermi, erecto; feminibus ſubdentatis.
P. floribus octandris, trigynis; feminibus triangulis, angulis
    ſinuatis. *Gmel. ſib.* 3. p. 64. t. 13. f. 1.
Habitat in Tartaria. ☉ *Lith.*

24. POLYGONUM *Fagopyrum.* P. foliis cordato - ſagittatis;
    caule erectiuſculo, inermi, feminum angulis æqualibus.
Eryſimum cereale, folio hederaceo. *Bauh. pin.* 27.
Fagopyrum. *Dodon. cer.* p. 80.
Habitat in Aſia, *inter ſegetes* Europæ quaſi ſpontè. Auguſto. ☉
    lugd. lith. burg. delph.

25. POLYGONUM *Convolvulus.* P. foliis cordatis; caule volu-
    bili, angulato; floribus obtuſatis. *Fl. dan.* t. 744.
Convolvulus minor, femine triangulo. *Bauh. pin.* 295.
Convolvulum nigrum. *Dod. pempt.* 396.
Habitat in Europæ agris. Julio. ☉ *Ged. pal. burg. lith. lugd.*

26. POLYGONUM *dumetorum.* P. foliis cordatis; caule volubili,
    lævi, floribus carinato-alatis. *Fl. dan.* t. 756.
Fagopyrum majus ſcandens. *Vaill. pariſ.* 52.
Habitat in Europæ auſtralioris, *ſylvis umbroſis.* Julio. ♃ *Pal.*
    herb. haſſ. naſſ. delph. lugd.

1. CARDIOSPERMUM *Halicacabum foliis lævibus*   Gen. 540.

Pifum veficarium, fructu nigro, albâ maculâ notato. *Bauh. pin.* 743.
Halicacabus peregrinus. *Dod. pempt.* 455.
Corindum ampliore folio, fructu maximo. *Tourn.*

TETRAGYNIA.

1. PARIS *quadrifolia.* P. foliis quaternis. *Flor. dan.*   542.
t. 139.

Solanum quadrifolium bacciferum. *Bauh. pin.* 167.
Herba Paris. *Matth.* 1193. *Bauh. hift.* 3. p. 613. R.
Habitat in Europæ *nemoribus.* Maio. ♃ *Succ. pal. delph. burg. lith. lugd.*

1. ADOXA *Mofchatellina.* Adoxa. *Oed. dan.* t. 9.   543.

Ranunculus nemorofus Mofchatellina dictus. *Bauh. pin.* 178.
Minimus Ranunculus feptentrionalium, herbido mufcofo flore. *Lob.* 674.
Habitat in Europæ *nemoribus.* Maio. ♃ *Succ. ged. pal. delph. burg. lith. Lugd.*

3. ELATINE *Hydropiper.* E. foliis oppofitis. *Fl. dan.*   544.
t. 256.

Alfinaftrum ferpillifolium; flore albo, tetrapetalo. *Vaill. parif.* 5. t. 2. f. 2.
Alfinaftrum ferpillifolium; flore rofeo, tripetalo. *Vaill. parif.* 5. t. 2. f. 1.
Habitat in Europæ *inundatis.* ☉ *Delph. burg. lugd. fuec.*

2. ELATINE *Alfinaftrum.* E. foliis verticillatis.
Alfinaftrum Galii folio. *Vaill. parif.* 6. t. 1. f. 6.
Habitat Aboæ, Lipfiæ, Parifiis, Monfpelii, *in* Helvetia *in foffis.* Burg. lugd. fuec.

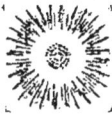

CLASSIS IX.

ENNEANDRIA.

MONOGYNIA.

845. LAURUS.   *Cal.* o. *Cor.* 6-petala, calycina. *Bacca* 1-sperma. *Nectarii* glandulæ biseræ.

TRIGYNIA.

849. RHEUM.   *Cal.* o. *Cor.* 6-fida. *Sem.* 1. triquetrum.

HEXAGYNIA.

550. BUTOMUS.   *Cal.* o. *Cor.* 6-petala. *Caps.* 6. polyspermæ.

ENNEANDRIA.

MONOGYNIA.

6. LAURUS *nobilis*. L. foliis lanceolatis, venosis, Gen. 545.
perennantibus; floribus quadrifidis, dioicis. *Blackw.*
t. 175. *femina.*

L. vulgaris. *Bauh. pin.* 460.
Laurus. *Dod. pempt.* 849.
Habitat in Italia, Græcia. ♄

TRYGYNIA.

1. RHEUM *Rhaponticum*. R. foliis glabris; petiolis 549.
subsulcatis. *Knorr. del.* 2. t. R. *Sabb. hort.* 1.
t. 34.

Rhaponticum folio lapathi majoris glabro. *Bauh. pin.* 116.
Habitat in Thracia, Scythia, monte Aureo. ♃

2. RHEUM *Rhabarbarum*. R. foliis subvillosis, petiolis æqua-
libus. *Regn. bot.*
R. (*undulatum*) foliis subvillosis, undulatis; petiolis æqualibus.
Sp. pl. Kniph. cent. 2. n. 68.
Habitat in China, Sibiria. ♃

3. RHEUM *Palmatum*. R. foliis palmatis, acuminatis. *Kniph.*
cent. 12. n. 84.
Habitat in China ad murum. ♄

HEXAGYNIA.

1. BUTOMUS *umbellatus*. *Fl. dan.* t. 604. 330.

Juncus floridus major. *Bauh. pin.* 112.
Gladiolus aquatilis. *Dod. pempt.* 600.
Habitat in Europæ aquosis. Junio. ♃ *Suec. pal. delph. burg.
lith. lugd.*

Y iv

CLASSIS X.

DECANDRIA.

MONOGYNIA.

* Flores polypetali irregulares.

552. ANAGYRIS. — *Cor.* papilion. Vexillo brevi recto. *Carina* alis longiore.

553. CERCIS. — *Cor.* papilion. alis vexilliformibus. *Nect.* gland. styliformis, sub germine.

557. CASSIA. — *Cor.* inæqualis. *Anth.* rostratæ. *Legum.* isthmis interceptum.

564. DICTAMNUS. — *Cor.* patula. *Filam.* pulveracea. *Caps.* 5 connexæ. *Sem.* arillata.

* * Flores polypetali æquales.

576. MELIA. — *Nect.* tubulosum, 10-dentatum. *Drupa.* Nucleo 5-loculari.

565. RUTA. — *Germen* punctis 10 melliferis. *Caps.* 5-fida, 5-locularis, polysperma.

580. TRIBULUS. — *Pistilli* stylus nullus. *Caps.* 5 connexæ, polyspermæ.

579. FAGONIA. — *Cor.* ungues calyci insertæ. *Caps.* 5-locularis, 10-valvis, 1-sperma.

577. ZYGOPHYLLUM. — *Nectar.* squamæ 10 baseos stamin. *Caps.* 5-locularis, polysperma.

583. MONOTROPA. *Cal.* corollinus, baſi gibbus. *Capſ.* 5-locul. polyſperma.

598. PYROLA. *Antheræ* ſurſum bicornes. *Capſ.* 5-locul. polyſperma.

591. LEDUM. *Cor.* plana, 5-partita. *Capſ.* 5-locul. polyſperma.

* * * *Flores monopetali æquales.*

593. ANDROMEDA. *Cor.* campanulata, rotunda. *Capſ.* 5-locularis.

592. RHODODENDRON. *Cor.* infundibulif. *Stam.* de- clinata. *Capſ.* 5-locularis.

596. ARBUTUS. *Cor.* ovata, baſi diaphana. *Bacca* 5-locularis.

† *Vaccinia nonnulla.*

D I G Y N I A.

611. SCLERANTHUS. *Cor.* o. *Cal.* 5-fidus, ſuperus. *Sem.* 2.

607. CHRYSOSPLENIUM. *Cor.* o. *Cal.* ſuperus. *Capſ.* 2-locularis, 2-roſtris.

608. SAXIFRAGA. *Cor.* 5-partitus. *Capſ.* 1-locu- laris, 2-roſtris.

612. GYPSOPHILA. *Cor.* 5-petala. *Cal.* 5-part. campanulatus. *Capſ.* 1-lo- cul. globoſa.

613. SAPONARIA. *Cor.* 5-petala. *Cal.* tubulo- ſus, baſi nudus. *Capſ.* 1- locul. oblonga.

614. DIANTHUS. *Cor.* 5-petala. *Cal.* tubulo- ſus, baſi ſquamoſus. *Capſ.* 1-locul. oblonga.

T R I G Y N I A.

618. ARENARIA. *Capſ.* 1-locul. *Pet.* integra, patentia.

617. STELLARIA. *Capſ.* 1-locul. *Pet.* 2-par- tita, patentia.

615. CUCUBALUS.   *Capf.* 3-locul. *Pet.* bifida ,
                    fauce nudâ.
616. SILENE.   *Capf.* 3-locul. *Pet.* bifida,
                    fauce coronatâ.
619. CHERLERIA.   *Capf.* 3-locul. *Nectar.* peta-
                    loidea calyce minora.
620. GARIDELLA.   *Capf.* 3. diftinctæ. *Pet.* caly-
                    cina. *Nectar.* 5-bilabiata.
621. MALPIGHIA.   *Bac.* 3-fperma. *Pet.* 5-ungui-
                    culata. *Cal.* glandulofus.

† *Tamarix Germanica.*

TETRAGYNIA.

* *Lychnis alpina , quadridentata.*

PENTAGYNIA.

628. COTYLEDON.   *Capf.* 5. ad nectaria. *Cor.*
                    1-petala.
629. SEDUM.   *Capf.* 5. ad nectaria. *Cor.*
                    5-petala.
638. SPERGULA.   *Capf.* 1-locul. *Pet.* integra.
                    Cal. 5-phyllus.
637. CERASTIUM.   *Capf.* 1-locul. *Pet.* 2-fida.
                    Cal. 5-phyllus.
635. AGROSTEMMA.   *Capf.* 1-locul. oblonga. *Cal.*
                    tubulofus, coriaceus.
636. LYCHNIS.   *Capf.* 3-locul. oblonga. *Cal.*
                    tubulofus, membranaceus.
634. OXALIS.   *Capf.* 5-locularis, angulata.
                    Cor. bafi fubcohærens.

† *Adoxa.*   *Gerania.*
  Coriaria.   *Drofera lufitanica.*

DECAGYNIA.

641. PHYTOLACCA.   *Cal.* 5-phyllus , corollinus.
                    Cor. nulla, *Bac.* 10-cocca.

DECANDRIA.

MONOGYNIA.

1. ANAGYRIS *fœtida. Cluf. hift.* 1. p. 93.   Gen. 552.
     A. foliis ovatis ; floribus lateralibus.
     A. fœtida. *Bauh. pin.* 391.
     Habitat in Italiæ , Siciliæ , Hispaniæ *montibus.*

1. CERCIS *Siliquaftrum.* C. foliis cordato-orbiculatis ,   553.
     glabris.
     Siliqua fylveftris rotundifolia. *Bauh. pin.* 402.
     Arbor Judæ. *Dod. pempt.* 786.
     Habitat in Italia, Hifpania , Narbona , Oriente. ♄ *Delph. lugd.*

15. CASSIA *Senna.* C. foliis fejugis, fubovatis ; petiolis   597.
     eglandulatis.
     Senna Alexandrina f. foliis acutis. *Bauh. pin.* 397.
     β. Senna Italica f. foliis obtufis. *Bauh. pin.* 397.
     Senna. *Dod. pempt.* 361.
     Habitat in Ægypto. ☉

1. DICTAMNUS *albus. Blackw.* t. 75.   564.
     D. albus , vulgò Fraxinella. *Bauh. pin.* 222.
     Habitat in Germania, Gallia, Italia. Maio. ♃ *Monfp. carn. pal. delph. helv.*

1. RUTA *graveolens.* R. foliis decompofitis ; floribus   565.
     lateralibus, quadrifidis. *Blackw.* t. 7.
     R. fylveftris major. *Bauh. pin.* 336.
     β. Ruta hortenfis latifolia. *Bauh. pin.* 336.
     R. graveolens hortenfis. *Dod. pempt.* 119.
     Habitat in Europæ *auftralis*, Alexandriæ, Mauritaniæ, Helvetiæ *fterilibus.* ♃ *Carn. delph. burg. helv.*

1. MELIA *Azedarach.* M. foliis bipinnatis. *Kniph.*   576.
     cent. 2. n. 44.
     Azerarach. *Dod. pempt.* 848.
     Arbor fraxini folio ; flore cæruleo. *Bauh. pin.* 415.
     Habitat in Syria. β. in Zeylana. ♄

2. ZYGOPHYLLUM *Fabago.* Z. conjugatis petio-   577.
     latis ; foliolis obovatis ; caule herbaceo. *Knorr. del.*
     2. t. C

Gen.

Capparis portulaccæ folio. *Bauh. pin.* 480.
Capparis Fabago. *Dod. Pempt.* 781.
Habitat in Syria, Mauritania, Sibiria. ♃.

580.

3. TRIBULUS *terrestris.* T. foliis sexjugatis, subæqualibus; seminibus quadricornibus. *Kniph. cent.* 6.
n. 95.

T. terrestris., ciceris folio, fructu aculeato. *Bauh. pin.* 250.
T. terrestris. *Lob. ic.* 2. 84. *Dod. cer.* 223.
T. terrestris minor, incanus, hispanicus. *Barr. rar.* 54. t. 558.
Habitat in Europa *australi ad semitas.* ☉ *Monsp. delph. burg.*
helv.

583.

1. MONOTROPA *Hypopithys.* M. floribus lateralibus
octandris, terminali decandro. *Fl. dan.* 232.

Orobanche quæ Hypopithys dici potest. *Bauh. pin.* 88. *prodr.* 31.
Orobanche Verbasculi odore. *Pluk. alm.* 273. t. 209. f. 5.
Habitat in Sueciæ, Germaniæ, Angliæ, Canadæ *sylvis; Parasi-*
tica radicum. Junio. *Succ. ged. pal. delph. lith. lugd.*

591.

1. LEDUM *palustre.*

Cistus Ledon, foliis rosmarini ferrugineis. *Bauh. pin.* 467.
Rosmarinum sylvestre. *Cam. epit.* 546.
Habitat in Europæ *septentrionalis paludibus uliginosis.* ♄ *Succ.*
ged. sil. lith.

592.

1. RHODODENDRON *ferrugineum.* R. foliis glabris,
subtus leprosis; corollis infundibuliformibus. *Jacq.*
obs. 1. p. 26. t. 16. *austr.* t. 255.

Ledum alpinum, foliis ferreâ rubigine nigricantibus. *Bauh.*
pin. 468.
Evonymus Theophrasti. *Dalech. hist.* 27.
Habitat in Alpibus Helveticis, Allobrogicis, Pyrenæis, Sibiricis. ♃ *Carn. helv. monsp. delph.*

593.

5. ANDROMEDA *polifolia.* A. pedunculis aggregatis;
corollis ovatis; foliis alternis, lanceolatis, revolutis.
Fl. dan. t. 54.

Vitis ideæ affinis, polifolia montana. *Bauh. hist.* 1. p. 1. p. 525.
Erica humilis, rosmarini foliis, unedonis flore; capsulâ cistoïde.
Pluck. alm. 136. t. 175. f. 3.
Habitat in Europæ *frigidioris paludibus turfosis.* Maio. ♄ *Helv.*
sil. lith. pal.

596.

1. ARBUTUS *Unedo.* A. caule arboreo; foliis glabris,
obtusè serratis; paniculâ terminali; baccis polyspermis. *Knorr. del.* 1. t. F, 1. a.

DECANDRIA MONOGYNIA. 141

A. folio serrato. *Bauh. pin.* 460.
Arbutus. *Cam. epit.* 168.
Habitat in Europæ *australis*, Hiberniæ *occidentalis*, Orientis, *sylvis. Monsp. delph.*

4. ARBUTUS *alpina.* A. caulibus procumbentibus; foliis rugosis, serratis. *Fl. dan.* t. 83.
Vitis Idæa, foliis oblongis, albicantibus. *Bauh. pin.* 470.
Vitis Idæa. *Cluf. hist.* 1. p. 61.
Habitat in alpibus Lapponiæ, Helvetiæ, Sibiriæ, Angliæ. ♄ *Delph. lugd.*

5. ARBUTUS *Uvæ ursi.* A. caulibus procumbentibus; foliis integerrimis. *Fl. dan.* t. 33.
Uva ursi. *Cluf. hist.* 1. p. 63.
Radix Idæa putata & Uva ursi. *Bauh. hist.* 1. p. 524.
Habitat in Europa *frigida*, Canada. ♄ *Delph. lith.*

1. PYROLA *rotundifolia.* P. staminibus ascendentibus, pistillo declinato. *Fl. dan.* t. 110.
P. rotundifolia major. *Bauh. pin.* 191.
Habitat in Europa *septentrionaliore*, Virginia, Brasilia. Junio. ♃ *Succ. delph. lugd. burg. ged. pal. sil. helv.*

2. PYROLA *minor.* P. floribus racemosis, dispersis; staminibus pistillisque rectis. *Fl. suec. Fl. dan.* t. 55.
Habitat in Europa *frigidiore*. Junio. ♃ *Ged. pal. delph. lith. lugd.*

3. PYROLA *secunda.* P. racemo unilaterali. *Fl. dan.* t. 402.
P. folio mucronato, serrato. *Bauh. pin.* 181.
Habitat in Europæ *borealis sylvis.* Junio. ♃ *Succ. pal. delph. lith. lugd.*

4. PYROLA *umbellata.* P. pedunculis subumbellatis. *Fl. suec.*
P. frutescens, arbuti flore. *Bauh. pin.* 191.
P. 3. fruticans. *Cluf. pan.* 507.
Habitat in Europæ, Asiæ & Americæ *septentrionalis sylvis.* Julio. ♄ *Ged. pal. sil. lith.*

6. PYROLA *uniflora.* P. scapo unifloro. *Fl. suec. Fl. dan.* t. 8.
P. rotundifolia minor. *Bauh. pin.* 191.
Pyrola IV. *Cluf. pan.* 508. 509.
Habitat in Europæ *borealis sylvis.* Junio. ♃ *Carn. pal. lith. delph.*

DIGYNIA.

1. CHRYSOSPLENIUM *alternifolium.* C. foliis alternis. *Oed. dan.* t. 366
Sedum palustre, luteum, majus; foliis pediculis longis, insidentibus. *Morif. hist.* 3. p. 477. f. 12. t. 8. f. 8.
Habitat in Sueciæ, Germaniæ, Angliæ, *opacis humentibus*, Martio. ♃ *Succ. pal. hass. delph. lith. lugd.*

Gen.

2. CHRYSOSPLENIUM *oppositifolium.* C. foliis oppositis, *Œd.*
dan. t. 365.
Saxifraga aurea. *Dod. pempt.* 316. *Lob. hift.* 336. *ic.* 312.
Saxifraga rotundifolia aurea. *Bauh. pin.* 309.
Habitat in Belgio, Anglia, Canada, *&c. locis umbrofis humen-*
tibus. Aprili. *Monfp. pal. delph. lugd.*

508.

1. SAXIFRAGA *Cotyledon.* S. foliis radicatis aggregatis, lingulatis, cartilagineo-ferratis; caule paniculato. *Kniph. cent.* n. 79.

Sanicula montana, crenata; folio longiore; pediculo foliofo.
Pluck. alm. 331. t. 222. f. 1.
Cotyledon media, foliis oblongis, ferratis. *Bauh. pin.* 285.
Habitat in alpibus *Europeis.* ♃ *Carn. fil. delph. helv.*

4. SAXIFRAGA *Androfacea.* S. foliis lanceolatis, obtufis;
pilofis; caule nudo, bifloro. *Pluck. alm.* 331. t. 222. f. 2.
Jacq. auftr. t. 389.
Habitat in Sibiria, Helvetia, Auftria, Carniolia. *Delph.*

5. SAXIFRAGA *Cæfia.* S. foliis linearibus, perforato-punctatis;
aggregatis, recurvatis; caule multifloro. *Jacq. auftr.* t. 374.
Scop. carn. t. 15.
Sedum alpinum album, foliis compactis. *Bauh. pin.* 284.
Habitat in alpibus Helveticis, Auftriacis, Pyrenaïcis, Baldo.
Delph.

8. SAXIFRAGA *Bryoïdes.* S. foliis ciliatis, inflexis, imbricatis;
caule nudiufculo, paucifloro. *Scop. carn.* t. 15.
S. pyrenaica minima lutea, mufco fimilis. *Tournef. inft.* 253.
Habitat in alpibus Helveticis, Pyrenaïcis. *Delph.*

10. SAXIFRAGA *ftellaris.* S. foliis ferratis; caule nudo;
ramofo; petalis acuminatis. *Oed. dan.* t. 23. *Scop. carn.*
t. 13.
Habitat in alpibus Spitzbergenfibus, Lapponicis, Helveticis,
Styriacis, Weftmorlandicis. ♃ *Delph. lugd.*

14. SAXIFRAGA *umbrofa.* S. foliis obovatis, fubretufis, cartilagineo-crenatis; caule nudo, paniculato.
Geum folio fubrotundo, minori, piftillo floris rubro. *Magn.*
hort. 88. t. 8. *Mill. ic.* 141. f. 2.
Habitat in montibus *apud* Cantabros. ♃ *Delph.*

15. SAXIFRAGA *hirfuta.* S. foliis cordato-ovalibus, retufis;
cartilagineo-crenatis; caule nudo, paniculato.
Habitat in Pyrenæis. ♃

17. SAXIFRAGA *Geum.* S. foliis reniformibus, dentatis; caule
nudo, paniculato.
Sanicula montana, rotundifolia minor. *Bauh. pin.* 243.
Habitat in alpibus Europæ. ♃ Calyx *reflexus. Carn.*

19. SAXIFRAGA *afpera.* S. foliis caulinis, lanceolatis, alternis;
ciliatis; caulibus procumbentibus.

Sedum alpinum , foliis crenatis, afperis. *Bauh. pin.* 284. *prodr.*
132. *Gefn. fafc.* 2. t. 6. f. 27.
Habitat in alpibus Helveticis. *Prov. delph.*

20. SAXIFRAGA *Hirculus.* S. foliis caulinis , lanceolatis, alternis,
nudis , inermibus; caule erecto. *Fl. fuec. Oed. dan.* t. 200.
Chamæ Ciftus frificus ; foliis nardi celticæ. *Bauh. pin.* 466.
Habitat in Suecia , Helvetia , Lapponia , Sibiria , Germania.
Lith. helv.

21. SAXIFRAGA *aizoïdes.* S. foliis caulinis , lineari - fubulatis
fparfis, nudis , inermibus ; caulibus decumbentibus. *Fl.
dan.* t. 72.
Sedum alpinum , flore pallido. *Bauh. pin.* 284. *Morif. hift.*
3. p. 477. f. 12. t. 6. f. 3.
Habitat in alpibus Lapponicis , Styriacis , Weftmorlandicis ,
Baldo. *Norv. delph.*

22. SAXIFRAGA *autumnalis.* S. foliis caulinis linearibus, alternis,
ciliatis, radicalibus aggregatis. *Scop. carn.* 2. n. 493. t. 14.
Sedum alpinum , floribus luteis , maculofis. *Bauh pin.* 284.
Habitat in humentibus Boruffiæ, Angliæ, Helvetiæ. *Delph.*

23. SAXIFRAGA *rotundifolia.* S. foliis caulinis , reniformibus,
dentatis , petiolatis ; caule paniculato. *Mill. dict.* 5. & *ic.*
t. 141.
Sanicula montana, rotundifolia major. *Bauh. pin.* 243.
Sanicula alpina. *Cam. epit.* 764. *Gefn. fafc.* 19. t. 10. f. 25.
Habitat in alpibus Helveticis , Auftriacis. ♃ *Carn. delph. burg.
helv. lugd.*

24. SAXIFRAGA *granulata.* S. foliis caulinis , reniformibus ,
lobatis; caule ramofo ; radice granulatâ. *Fl. dan.* t. 514.
S. rotundifolia alba. *Bauh. pin.* 309.
S. alba. *Dod. pempt.* 316.
Habitat in Europæ apricis. Aprili. ♃ *Suec. delph. burg. lith.
lugd.*

31. SAXIFRAGA *tridactylides.* S. foliis caulinis , cuneiformibus,
trifidis , alternis ; caule erecto, ramofo.
Sedum tridactylides tectorum. *Bauh. pin.* 285.
Paronychia altera. *Dod. pempt.* 113.
Habitat in Europæ arenofis , & *alpibus.* Aprili. ⊙ *Suec. pal.
burg. delph. lith. lugd. monfp.*

32. SAXIFRAGA *petræa.* S. foliis caulinis , palmato-tripartitis,
laciniis fubtrifidis ; caule ramofiffimo , laxo.
S. aizoïdes alpina , trifido folio , major , alba. *Pluck. alm.* 331.
t. 222. f. 3.
Habitat in alpibus Norvegicis, Pyrenæis, Baldi. ♃ *Delph.*

33. SAXIFRAGA *afcendens.* S. foliis caulinis , cuneiformibus,
apice dentatis; caule afcendente , fubvillofo.
Sedum tridactylites alpinum , caule foliofo. *Bauh. pin.* 284.
Habitat in Pyrenæis , Baldo , Taurero Raftadienfi. ♃ *Delph.*

Gen.

34. SAXIFRAGA *cefpitofa*. S. foliis radicalibus , aggregatis ; linearibus , integris trifidifque ; caule erecto , fubnudo , fubbifloro. *Fl. fuec. Oed. dan.* t. 71.
Sedum tridactylites alpinum minus. *Bauh. pin.* 284. *prodr.* 131.
Habitat in alpibus Lapponicis, Helveticis, Tridentinis, Monfpelii. ♃ *Delph.*

38. SAXIFRAGA *hypnoïdes*. S. foliis caulinis, linearibus; integris, trifidifve ; ftolonibus procumbentibus ; caule erecto , nudiufculo. *Oed. dan.* t. 348.
Sedum alpinum , trifido folio. *Bauh. pin.* 284. *Morif. hift.* 3. p. 479. f. 12. t. 9. f. 26.
Habitat in alpibus Helveticis , Auftriacis , Pyrenaicis. ♃ *Delph. monfp.*

611.   1. SCLERANTHUS *annuus*. S. calycibus fructûs patulis. *Oed. dan.* t. 504.

Polygonum gramineo folio , majus , erectum. *Bauh. pin.* 281.
Habitat in Europæ *arvis arenofis.* Junio. ☉ *Suec. pal. delph. burg. lugd. lith. carn.*

2. SCLERANTHUS *perennis*. S. calycibus fructûs claufis. *Fl. dan.* t. 563.
Alchimilla gramineo folio, majori flore. *Vaill. parif.* 4. t. 1. f. 5.
Habitat in Europæ *campis apricis , arenofis.* ♃ *Suec. pal. delph. lith. lugd.*

3. SCLERANTHUS *polycarpos*. S. calycibus fructûs patentiffimis, fpinofis ; caule fubvillofo.
Polycarpus. *Daleth. hift.* 444.
Polygonum montanum , *Vermiculatæ* foliis. *Bauh. pin.* 281.
Habitat Monfpelii & *in* Italia. ☉ *Delph. lugd.*

612.   1. GYPSOPHILA *repens*. G. foliis lanceolatis; ftaminibus corollâ emarginatâ brevioribus. *Ger. prov.* 409. t. 15. f. 2.

Caryophyllus faxatilis foliis gramineis, minor. *Bauh. pin.* 211.
Habitat in Sibiriæ , Auftriæ , Helvetiæ , Pyrenæorum *montibus.* ♃ *Delph. lugd.*

6. GYPSOPHILA *faftigiata*. G. foliis lanceolato - linearibus , obfoletè triquetris, lævibus, obtufis, fecundis.
Saponaria petalis ovatis , foliis glaucis , pulpofis , linearibus. *Hall. ien.* 117. t. 2. f. 1.
Caryophyllus faxatilis, floribus gramineis, umbellatis corymbis. *Bauh. pin.* 211.
Habitat in Gotlandiæ , Boruffiæ , Helvetiæ , Harcyniæ *rupibus.* ♃ *Sil. lith. monfp. helv. fuec.*

8. GYPSOPHILA *muralis*. G. foliis linearibus, planis ; calycibus aphyllis ; caule dichotomo ; petalis crenatis.
Caryophyllus minimus muralis. *Bauh. pin.* 211.

Habitat

Habitat in Germania, Suecia, Helvetia *ad vias & inter ftipulas.*
Julio. ☉ *Pal. fil. delph. burg. lith. lugd. fuec.*

Gen.

10. GYPSOPHILA *faxifraga.* G. foliis linearibus ; calycibus
angulatis, fquamis quatuor ; corollis emarginatis.
Dianthus faxifragus. *Spec. plantar.*
Caryophyllus faxifragus ftrigofior f. Caryophyllus fylveftris ;
flore minimo. *Bauh. pin.* 211.
Lychnis pumila caryophyllata, flore rubello, Italis Hæmor-
rhoidalis Aldrovando. *Barr. icon.* 64. t. 998.
Habitat in Auftria, Helvetia, Gallia. ♃ *Delph. lugd.*

1. SAPONARIA *officinalis.* S. calycibus cylindricis,
foliis ovato-lanceolatis. *Fl. dan.* t. 543.

613.

S. major lævis. *Bauh. pin.* 206.
S. vulgaris. *Cam. epit.* 152. *Blackw.* t. 113.
Habitat in Europa media. Julio. ♃ *Ged. pal. delph. burg. lugd.*
lith.

2. SAPONARIA *Vaccaria.* S. calycibus pyramidatis, quinquan-
gularibus ; foliis ovatis, acuminatis, feffilibus.
Lychnis fegetum rubra, foliis perfoliatis. *Bauh. pin.* 204.
Vaccaria. *Dod. pempt.* 104.
Habitat inter fegetes Galliæ, Germaniæ, Helvetiæ, Orientis.
Julio. ☉ *Monfp. pal. delph. burg. lugd. pol.*

6. SAPONARIA *Ocymoïdes.* S. calycibus cylindricis, villofis ;
caulibus dichotomis, procumbentibus. *Fl. auftr. app.* t. 23.
Lychnis vel Ocymoïdes repens montanum. *Bauh. pin.* 206.
Ocymoïdes repens, polygoni folio. *Lob. ic.* p. 341.
Habitat in Helvetiæ, Italiæ, Monfpelii *petrofis umbrofis.* ♃
Delph. lugd.

DIANTHUS.

* FLORES AGGREGATI.

1. DIANTHUS *barbatus.* D. floribus aggregatis, fafciculatis ; fquamis calycinis ovato-fubulatis, tubum
æquantibus ; foliis lanceolatis.

614.

Caryophyllus hortenfis, barbatus, latifolius. *Bauh. pin.* 208.
β. Caryophyllus barbatus, hortenfis, anguftifolius. *Bauh. pin.*
209.
Armerius flos alter. *Dod. pempt.* 176.
Habitat in Carniolia. ♃ *Monfp. delph. burg.*

2. DIANTHUS *carthufianorum.* D. floribus fubaggregatis ; fquamis
calycinis, ovatis, ariftatis, tubum fubæquantibus ; foliis
trinerviis.
Caryophyllus fylveftris, vulgaris, latifolius. *Bauh. pin.* 209.
Caryophyllus arvenfis ; calyculo florum numerofo. *Læf. pruff.*
37. f. 7.
Tome I.   X

Gen.

β. Caryophyllus fylveſtris, flore rubro, plurimo de ſummo caule prodeunte. *Segu. ver.* 434. t. 8. f. 2.
Habitat in Germaniæ, Italiæ, Sibiriæ, Helvetiæ, Carnioliæ, Siciliæ *ſterilibus apricis.* Junio. ♃ *Pal. delph. burg. lugd. lith. carn. ſtamp.*

4. DIANTHUS *Armeria.* D. floribus aggregatis, faſciculatis; ſquamis calycinis, lanceolatis, villoſis, tubùm æquantibus. *Fl. dan.* t. 230.
Caryophyllus barbatus, fylveſtris. *Bauh. pin.* 208.
Armeria fylveſtris altera. *Lob. ic.* 448.
Habitat in ſterilibus Gotlandiæ, Germaniæ, Galliæ, Italiæ, Helvetiæ, Daniæ. Julio. ⊙ *Suec. monſp. pal. delph. burg. lugd. lith.*

5. DIANTHUS *prolifer.* D. floribus aggregatis, capitatis; ſquamis calycinis, ovatis, obtuſis, muticis, tubum ſuperantibus. *Oed. dan.* t. 221.
Caryophyllus fylveſtris prolifer. *Bauh. pin.* 209. *Segu. veron.* 26. t. 7. f. 1.
Habitat in Germaniæ & *auſtralioris* Europæ *paſcuis ſterilibus.* Julio. ⊙ *Pal. delph. burg. lugd. carn. monſp.*

* * *FLORES SOLITARII, PLURES IN EODEM CAULE.*

6. DIANTHUS *diminutus.* D. floribus folitariis; ſquamis calycinis, octonis, florem fuperantibus.
Caryophyllo prolifero affinis, unico ex quolibet capitulo flore. *Bauh. pin.* 219.
Habitat in Germania, Helvetia. ⊙ *Herb. lugd. ged.*

7. DIANTHUS *Caryophyllus.* D. floribus folitariis; ſquamis calycinis, fubovatis, breviſſimis; corollis crenatis.
α. Dianthus *coronarius.*
Caryophyllus hortenſis ſimplex, flore majore. *Bauh. pin.* 208. *Blackw.* t. 85.
β. Caryophyllus altilis major. *Bauh. pin.* 207.
γ. Caryophyllus maximus ruber & variegatus. *Bauh. pin.* 209.
δ. Dianthus *imbricatus.*
ε. Dianthus *inodorus.*
Caryophyllus fylveſtris biflorus. *Bauh. pin.* 209. *prodr.* 104.
Habitat in Italia, *Rayus; in Alpibus* Helveticis *fed angustior.* ♃ *Monſp. delph. Coronarius* α. *cum reliquis* γ. β. δ. *forte ex* ε. *inodoro prognatus eſt.*

9. DIANTHUS *deltoïdes.* D. floribus folitariis; ſquamis calycinis, lanceolatis, binis; corollis crenatis. *Fl. dan.* t. 577.
Caryophyllus ſimplex, ſupinus, latifolius. *Bauh. pin.* 209.
Habitat in Europæ *pratis.* Julio. ♃ *Monſp. pal. delph. lugd. lith.*

13. DIANTHUS *plumarius.* D. floribus folitariis; ſquamis calycinis, fubovatis, breviſſimis; corollis multifidis, fauce pubeſcentibus.

Caryophyllus fylveftris, flore laciniato fine corniculis odoro.
  Bauh. pin. 210.
Caryophyllus barbatus, anguftifolius. Seguier. ver. t. 8.
Habitat in Europæ & Canadæ pafcuis nemorofis. Delph. lith.
  fuec. monfp. helv.

14. DIANTHUS fuperbus. D. floribus paniculatis; fquamis calycinis, brevibus, acuminatis; corollis multifido-capillaribus;
  caule erecto. Oed. dan. t. 578.
Caryophyllus fimplex alter ; flore laciniato, odoratiffimo.
  Bauh. pin. 210.
Habitat in Gallia, Germania, Dania. ♂ Flores fragrantiffimi ;
  imprimis nocte. Pal. burg. lith. delph. fuec.

* * * CAULE UNIFLORO HERBACEO.

15. DIANTHUS arenarius. D. caulibus fubunifloris; fquamis
  calycinis, ovatis, obtufis; corollis multifidis; foliis linearibus.
Caryophyllus fylveftris, humilis; flore unico. Bauh. pin. 209.
Habitat in Europæ frigidioris arenâ mobili. ♃ Delph. lugd.
  monfp. fuec.

16. DIANTHUS Alpinus. D. caule unifloro, corollis crenatis;
  fquamis calycinis, exterioribus, tubum æquantibus; foliis
  linearibus, obtufis. Jacq. auftr. t. 52.
Caryophyllus pumilus, latifolius. Bauh. pin. 209.
Habitat in Stiria, Auftria, Sibiria. ♃ Delph.

17. DIANTHUS virgineus. D. caule fubunifloro; corollis crenatis; fquamis calycinis breviffimis; foliis fubulatis. Jacq.
  auftr. v. 5. app. t. 15.
Caryophyllus fylveftris, repens, multiflorus. Bauh. pin. 209.
Habitat Monfpelii; in Carniolia, Sibiria. ♃ Delph. lugd. carn.

TRIGYNIA.

1. CUCUBALUS bacciferus. C. calycibus campanu-   625 ?
  latis; petalis diftantibus; pericarpiis coloratis; ramis
  divaricatis.

Lychnanthus volubilis. Gmel. act. petr. 1759. vol. 14. p. 525.
  t. 17. f. 1.
Alfine fcandens, baccifera. Bauh. pin. 250.
Alfine repens. Dod. pempt. 403.
Habitat in Tartariæ, Germaniæ, Galliæ, Helvetiæ, Italiæ
  nemoribus, fepibus. Julio. ♃ Pal. fil. delph. burg. lith. lugd.
  monfp.

2. CUCUBALUS Behen. C. calycibus fubglobofis, glabris,
  reticulato-venofis; capfulis trilocularibus; corollis fubnudis.
  Fl. dan. t. 857.

X ij

Lychnis fylveſtris, quæ Behen album vulgò. *Bauh. pin.* 205.
Blackw. t. 268.
Habitat in Europæ *feptentrionalis pratis ficcis.* Maio. ♃ *Suec.*
ged. pal. burg. lugd. lith.

4. CUCUBALUS *viſcoſus.* C. floribus lateralibus undique decumbentibus; caule indiviſo; foliis baſi reflexis.
Lychnis orientalis maxima, bugloſſi folio undulato. *Tourn.*
cor. 24. *itin.* 2. *p.* 361. t. 361.
Habitat in Succia, Italia, Anglia, Ararat, Carniolia. ♂ *Carn.*
lith. fuec.

12. CUCUBALUS *Otites.* C. floribus dioïcis; petalis linearibus,
indiviſis. *Oed. dan.* t. 518.
Lychnis viſcoſa, flore muſcoſo. *Bauh. pin.* 206.
Habitat in Germania, Valleſia, Anglia, Helvetia, Gallia,
Sibiria. Maio. ♃ *Delph. burg. lugd. lith. carn.*

SILENE.

* *FLORIBUS SOLITARIIS LATERALIBUS.*

1. SILENE *anglica.* S. hirſuta; petalis integerrimis;
floribus erectis; fructibus reflexis, pedunculatis,
alternis.

Lychnis fylveſtris, hirſuta, annua; flore minore albo. *Vaill.*
pariſ. 121. t. 16. f. 12.
Habitat in Anglia, Gallia. ⊙

3. SILENE *quinquevulnera.* S. petalis integerrimis, fubrotundis;
fructibus erectis, alternis.
Lychnis fylveſtris, lanuginoſa minor. *Bauh. pin.* 206.
Habitat in Hiſpania, Luſatia, Italia, Gallia, Sibiria, Carniolia.
⊙ *Monſp.*

4. SILENE *nocturna.* S. floribus fpicatis, alternis, fecundis;
feſſilibus; petalis bifidis.
Lychnis fylveſtris, hirſuta, elatior, fpicata, lini colore. *Barr. ic.*
10. t. 27. f. 1.
Habitat in Hiſpania, Monſpelii, Penſylvania. ⊙ *Delph.*

5. SILENE *gallica.* S. floribus fubſpicatis, alternis, fecundis;
petalis indiviſis; fructibus erectis.
Lychnis fylveſtris, hirſuta, annua; flore minore, carneo. *Vaill.*
pariſ. 121. t. 16. f. 12.
Habitat in Helvetia, Gallia. ⊙ *Delph.*

* * *FLORIBUS LATERALIBUS CONFERTIS.*

8. SILENE *nutans.* S. petalis bifidis; floribus lateralibus fecundis,
cernuis; paniculâ nutante. *Oed. dan.* t. 242.
Lychnis montana, viſcoſa alba, latifolia. *Bauh. pin.* 205.
Habitat in Europæ *pratis aridis.* Maio. ♃ *Pal. ged. fuec. carn.*
delph. burg. lugd. lith.

* * * *FLORIBUS EX DICHOTOMIA CAULIS.*

16. SILENE *conoidea.* S. calycibus fructûs globosis, acuminatis; striis triginta; foliis glabris; petalis integris.
Lychnis sylvestris, latifolia; calycibus turgidis, striatis. *Bauh.*
pin. 205.
Habitat inter segetes Hispaniæ. ⊙ *Monsp.*

17. SILENE *conica.* S. calycibus fructûs conicis; striis triginta;
foliis mollibus; petalis bifidis. *Jacq. austr.* t. 253.
Lychnis sylvestris, angustifolia; calycibus turgidis, striatis.
Bauh. pin. 205.
Habitat in Germania, Hispania, Galloprovincia, Oriente.
Maio. ⊙ *Pal. burg.*

21. SILENE *noctiflora.* S. calycibus decem angularibus, dentibus
tubum æquantibus; caule dichotomo; petalis bifidis.
Lychnis noctiflora. *Bauh. pin.* 205.
Ocymoïdes noctiflorum. *Cam.* 109. t. 34.
Habitat in Suecia, Germania. Julio. ⊙ *Pai. sil. delph. monsp. helv.*

30. SILENE *Armeria.* S. floribus fasciculatis, fastigiatis; foliis
superioribus cordatis, glabris; petalis integris. *Oed. dan.*
t. 559.
Lychnis viscosa, purpurea, latifolia, lævis. *Bauh. pin.* 205.
Armerius flos, quartus. *Dod. pempt.* 176.
Habitat in Anglia, Gallia, Helvetia. ⊙ *Delph. lith. lugd.*
monsp.

32. SILENE *saxifraga.* S. caulibus subunifloris; pedunculis
longitudine caulis; foliis glabris; floribus hermaphroditis
femineisque; petalis bifidis.
Caryophyllus saxifragus. *Bauh. pin.* 211.
Lychnis minor, saxifraga. *Seg. ver.* 431. t. 6. f. 1.
Habitat in montibus Cretaceis Galliæ, Italiæ, Carnioliæ. ♃
Delph.

34. SILENE *acaulis.* S. acaulis, depressa; petalis emarginatis.
Fl. succ. Oed. dan. t. 21.
Lychnis alpina, pumila; folio gramineo. *Bauh. pin.* 206. *Dill.*
elth. 206. t. 167. f. 206.
Habitat in alpibus Lapponicis, Austriacis, Helveticis, Pyrenæis.
♃ *Delph. carn. helv.*

Herba *Bryo similis.*

1. STELLARIA *nemorum.* S. foliis cordatis, petiolatis; 617.
panicula pedunculis ramosis. *Fl. dan.* t. 271.
Alsine altissima nemorum. *Bauh. pin.* 250.
Habitat in Europæ nemoribus. Ged. delph. burg. lugd. lith. succ.

2. STELLARIA *dichotoma.* S. foliis ovatis, sessilibus; caule
dichotomo; floribus solitariis; pedunculis fructiferis, reflexis.

X iij

Gen.

Habitat in alpibus Helveticis, Sibiricis. ⊙ *Lugd.*

4. STELLARIA *Holostea.* S. foliis lanceolatis , serrulatis ,
petalis bifidis. *Fl. dan.* t. 698.
Caryophyllus holosteus arvensis; flore majore. *Bauh. pin.* 210.
Habitat in Europæ *nemoribus.* Aprili. *Pal. delph. burg. lugd.*
lith. succ.

5. STELLARIA *graminea.* S. foliis linearibus , integerrimis ;
floribus paniculatis. *Fl. dan.* t. 414 & 415.
Caryophyllus arvensis glaber, flore minore. *Bauh. pin.* 210.
β. Alsine, folio gramineo, angustiore, palustris. *Dill.-app.* 69.
Habitat in siccis juniperetis sepibus tectis Europæ. Junio. ♃ *Pal.*
delph. burg. lugd. lith. succ.

618.

5. ARENARIA *trinervia.* A. foliis ovatis , acutis ,
petiolatis, nervosis. *Fl. suec. Oed. dan.* t. 329.

Alsine Plantaginis folio. *Bauh. hist.* 3. p. 364.
Habitat in Europæ *sylvis.* Aprili. ⊙ *Pal. delph. burg. lugd. lith.*

9. ARENARIA *serpillifolia.* A. foliis subovatis, acutis, sessilibus ; corollis calyce brevioribus.
Alsine minor multicaulis. *Bauh. pin.* 251.
Habitat in Europæ *sylvis glareosis.* Maio. ⊙ *Suec. ged. pal. burg.*
delph. lith. lugd. carn.

12. ARENARIA *rubra.* A. foliis filiformibus ; stipulis membranaceis, vaginantibus.
α. Alsine *rubra, campestris.*
Alsine, spergulæ facie minor s. Spergula minor , subcæruleo
flore. *Bauh. pin.* 251. *prodr.* 119.
Polygonum foliis gramineis ; spergulæ capitulis. *Læs. pruss.*
203. t. 63.
β. Arenaria *rubra, marina. Flor. dan.* t. 740.
Alsine spergulæ facie, media. *Bauh. pin.* 251.
Habitat α. *in* Europæ *arenosis collibus,* β *in littoribus marinis.*
Maio. ⊙ *Suec. pal. delph. burg. lith. lugd.*

13. ARENARIA *media.* A. foliis linearibus , carnosis ; stipulis
membranaceis ; caulibus pubescentibus.
Alsine Spergulæ facie , minima ; seminibus marginatis. *Tourn.*
Vaill. paris. 8.
Habitat in Germania, Gallia. Aprili. *Pal. delph. lugd.*

16. ARENARIA *saxatilis.* A. foliis subulatis ; caulibus paniculatis ; calycis foliolis ovatis, obtusis.
Alsine saxatilis & multiflora ; capillaceo folio. *Vaill. paris.*
7. t. 2. f. 3.
Habitat in Germania , Helvetia, Gallia, Sibiria. ♃ *Delph. burg.*
lugd. carn. monsp.

20. ARENARIA *tenuifolia.* A. foliis subulatis ; caule paniculato ;
capsulis erectis ; petalis calyce brevioribus , lanceolatis.
Fl. dan. t. 389.
Alsine tenuifolia. *Bauh. hist.* 3. p. 364. *Vaill. paris.* 7. t. 5. f. 1.

Habitat in Germania, Helvetia? Gallia , Anglia, Italia. ♃ *Pal. delph. burg. lugd.*

21. ARENARIA *laricifolia.* A. foliis fetaceis ; caule fupernè nudiufculo ; calycibus fubhirfutis. *Jacq. auftr.* t. 272.
Alfine alpina , junceo folio. *Bauh. pin.* 251. *prodr.* 118.
Lychnoïdes , juniperi folio , perennis. *Vaill. parif.* 121.
Habitat in montofis Helvetiæ , Genevæ , Rariñorum , Monfp. *Delph. carn. helv.*

22. ARENARIA *ftriata.* A. foliis linearibus , erectis , appreffis ; calycibus oblongis , ftriatis.
Auricula muris pulchro flore ; folio tenuiffimo. *Bauh. pin.* 3. p. 361. *ad præcedentem refert. Haller.* R.
Habitat in alpibus Auftriæ & Vallis Auguftæ. ♃ *Delph. lugd.*

23. ARENARIA *fafciculata.* A. foliis fubulatis; caule erecto, ftricto ; floribus fafciculatis ; petalis breviffimis. *Jacq. auftr.* 2. t. 182.
Stellaria rubra. *Scop. carn. ed.* 2. n. 538. t. 17. fec. *Jacq.* R.
Habitat Monfpelii. *D. Gouan. in* Auftria, Carniolia. ☉ *Delph.*

3. CHERLERIA *fedoïdes. Hall. helv.* n. 859. t. 29.

Lychnis alpina, mufcofis foliis , denfius ftipatis ; floribus parvis ; calice duriore. *Pluck. alm.* 233. t. 42. f. 8.
Habitat in alpibus Helvetiæ , Valefiæ , Gotthardo , Auftria , Carniolia.

4. GARIDELLA *Nigellaftrum. Kniph. cent.* 10. n. 45.

G. foliis tenuiffimè divifis. *Garid. prov.* 203. t. 39.
Nigella Cretica, folio fœniculi. *C. B.*
Habitat in Galloprovincia. ☉

PENTAGYNIA.

5. COTYLEDON *Umbilicus.* C. foliis cucullato peltatis, ferrato-dentatis ; caule ramofo ; floribus erectis. *Blackw.* 623.

Umbilicus repens. *Cam. epit.* 858.
Habitat in Lufitania , Hifpania, Anglia , Judæa. ♃ *Delph. burg. lugd.*

SEDUM.

* PLANIFOLIA.

1. SEDUM *verticillatum.* S. foliis quaternis. *Amœn. acad.* 2. p. 252. t. 4. f. 14.

Habitat in Europa *maximè auftrali,* & Sibiria. ♃ *Lugd.*

2. SEDUM *Telephium.* S. foliis planiufculis , ferratis ; corymbo foliofo ; caule erecto. *Fl. dan.* t. 686.

X iv

Gen.

Telephium vulgare. *Bauh. pin.* 287.
Habitat in Europæ *ficciffimis.* Augufto. ♄ *Pal. delph. burg.*
lugd. lith. fuec.

3. SEDUM *Anacampféros.* S. foliis cuneiformibus, integérri-
mis ; caulibus decumbentibus; floribus corymbofis.
Telephium repens, folio deciduo. *Bauh. pin.* 287.
Habitat in Gallo-provinciæ *rupibus,* alpibus Aquileienfibus. ♃
Delph.

7. SEDUM *Cepæa.* S. foliis planis ; caule ramofo ; floribus
paniculatis.
Cepæa. *Bauh. pin.* 288. *Matth.* 733.
Habitat Monfpelii , Genevæ , Halæ *ad lacum falfum.* ☉ *Monfp.*
delph. burg. lugd. helv.

* * TERETIFOLIA.

9. SEDUM *dafyphyllum.* S. foliis oppofitis , ovatis , obtufis ;
carnofis ; caule infirmo; floribus fparfis. *Jacq. hort.* t. 153.
S. minus, folio circinato. *Bauh. pin.* 283. *Morif. hift.* 3. p. 473.
f. 12. t. 7. f. 35.
Habitat in Helvetia, Lufitania, Hifpania, Italia. ☉ *Carn. delph.*
lugd. monfp.

10. SEDUM *reflexum.* S. foliis fubulatis , fparfis , bafi folutis ,
inferioribus, recurvatis. *Oed. dan.* 113.
S. minus luteum , folio acuto. *Bauh. pin.* 283.
Habitat in Europa *ad montium radices.* Julio. ♃ *Suec. pal. delph.*
burg. lugd.

11. SEDUM *rupeftre.* S. foliis fubulatis , quinquefariam confertis , bafi folutis ; floribus cymofis. *Fl. dan.* t. 59.
S. rupeftre repens, foliis compreffis. *Dill. elth.* 343. t. 256.
f. 333.
Habitat ad radices montium Europæ. ♃ *Delph. lugd. fuec.*

13. SEDUM *album.* S. foliis oblongis , obtufis , teretiufculis ,
feffilibus , patentibus ; cymâ ramofâ. *Fl. dan.* t. 66.
S. minus teretifolium album. *Bauh. pin.* 283.
Habitat in Europæ *petris.* Julio. *Suec. pal. delph. burg. carn.*
lugd.

15. SEDUM *acre.* S. foliis fubovatis, adnato-feffilibus , gibbis,
erectiufculis , alternis ; cymâ trifidâ.
Sempervivum minus , vermiculatum , acre. *Bauh. pin.* 283.
Illecebra f. Sempervivum tertium. *Dod. pempt.* 129.
Habitat in Europæ *campis ficciffimis , fteriliffimis.* Junio. ♃ *Suec.*
pal. delph. burg. lith. lugd.

16. SEDUM *fexangulare.* S. foliis fubovatis, adnato-feffilibus ,
gibbis, erectiufculis , fexfariam imbricatis. *Fl. fuec.*
Sempervivum minus , vermiculatum , infipidum. *Bauh. pin.* 284.
Habitat in Europæ *borealis campis, apricis, ficcis.* Junio. ♃ *Pal.*
delph. burg. lugd. lith. carn.

17. SEDUM *annuum*. S. caule erecto, solitario, annuo; foliis
ovatis, seffilibus, gibbis, alternis; cymâ recurvâ.
S. minimum non acre; flore albo. *Rai. angl.* 3. p. 270. t. 12.
f. 2. *figurâ tenùs.*
Habitat in Europa boreali. ⊙ *Delph. lugd.*

18. SEDUM *villosum*. S. caule erecto; foliis planiusculis; pedunculisque subpilosis. *Fl. dan.* t. 24.
S. paluftre, fubhirfutum, purpureum. *Bauh. pin.* 283.
Habitat in pratis paludosis Germaniæ, Angliæ, Galliæ, Pyrenæis. Junio. *Pal. delph. lugd.*

19. SEDUM *atratum*. S. caule erecto; floribus corymbosis,
faftigiatis. *Jacq. auft.* 1. t. 8.
S. faxatile, atrorubentibus floribus. *Bauh. pin.* 238. *Scheuchz.*
iter 1. p. 48. t. 6. f. 34.
Habitat in Helvetiæ, Italiæ *alpibus, Allioni* ⊙ *Delph. lugd.*

OXALIS.

* *SCAPO RADICALI.*

2. OXALIS *Acetofella*. O. fcapo unifloro; foliis ternatis, obcordatis; radice dentatâ.   631

Trifolium acetofum vulgare. *Bauh. pin.* 330.
Trifolium acetofum. *Dod. pempt.* 578.
Habitat in Europæ borealis fylvis. Aprili. ♃ *Delph. burg. lith.*
lugd. fucc. ged. pal.

* * *FOLIIS CAULINIS ALTERNIS.*

13. OXALIS *corniculata*. O. pedunculis umbelliferis; caule
ramofo, diffufo.
Trifolium acetofum, corniculatum. *Bauh. pin.* 330.
Habitat in Italia, Sicilia, Germania, Helvetia, Carniolia.
Julio. ♃ *Monfp. pal. delph. lugd.*

1. AGROSTEMMA *Githago*. A. hirfuta; calycibus corollam æquantibus; petalis integris, nudis. *Fl. dan.*
t. 576.   635

Lychnis fegetum major. *Bauh. pin.* 204. *Knorr. del.* 2. t. L. 10.
Habitat inter Europæ *fegetes.* ⊙ *Pal. fucc. delph. burg. lugd.*
lith.

2. AGROSTEMMA *Coronaria*. A. tomentofa, foliis ovato-
lanceolatis; petalis emarginatis, coronatis, ferratis. *Kniph.*
cent. 12. n. 3. *Knorr. del.* 1. t. R. 20.
Lychnis coronaria Diofcoridis fativa. *Bauh. pin.* 203.
Habitat in Italia, Helvetia. ♂ *Delph.*

3. AGROSTEMMA *Flos Jovis*. A. tomentofa; petalis emarginatis.

Gen.

Lychnis coronaria, alpina; flore purpureo. *Barrel. ic.* 1005.
Lychnis coronaria sylvestris. *Bauh. pin.* 204.
Habitat in Helvetia, Palatinatu. *Pal. delph.*

636.   1. LYCHNIS *chalcedonica.* L. floribus fasciculatis, fastigiatis.

Lychnis hirsuta, flore coccineo, major. *Bauh. pin.* 203.
Habitat in omni Russia. ♃

2. LYCHNIS *Flos Cuculi.* L. petalis quadrifidis, fructu subrotundo. *Oed. dan.* t. 590.
Caryophyllus pratensis, flore laciniato simplici s. Flosculi. *Bauh. pin.* 210.
Habitat in pratis Europæ *humidiusculis.* Junio. ♃ *Succ. pal. delph. burg. lugd. lith.*

4. LYCHNIS *Viscaria.* L. petalis subintegris.
Lychnis sylvestris, viscosa, rubra, angustifolia. *Bauh. pin.* 205.
Habitat in Europæ *septentrionalis pratis siccis.* Maio. ♃ *Pal. delph. lith. lugd. succ.*

5. LYCHNIS *alpina.* L. petalis bifidis, floribus tetragynis. *Oed. dan.* t. 65.
Silene floribus in capitulum congestis. *Hall. helv.* n. 1. 376. t. 7.
Habitat in alpibus Lapponicis, Helveticis, Sibiricis, Pyrenaïcis. ♃ ♂ *Delph. succ. helv.*

7. LYCHNIS *dioica.* L. floribus dioïcis. *Fl. dan.* t. 792.
Lychnis sylvestris s. aquatica, purpurea, simplex. *Bauh. pin.* 204.
Lychnis sylvestris, alba, simplex. *Bauh. pin.* 204.
Habitat in Europæ *frigidæ pratis succulentis.* Maio. ♃ *Succ. ged. pal. delph. burg. lugd. lith.*

CERASTIUM.

* CAPSULIS OBLONGIS.

637.   2. CERASTIUM *vulgatum.* C. foliis ovatis; petalis calyci æqualibus; caulibus diffusis.

Myosotis arvensis hirsuta, parvo flore albo. *T. Vaill. paris.* 142. t. 30. f. 1.
Alsine hirsuta, magno flore. *Bauh. pin.* 251.
Habitat in Scaniæ & Europæ *australioris pratis, areis.* Aprili. *Succ. pal. monsp. delph. burg. lugd. lith.*

3. CERASTIUM *viscosum.* C. erecto villoso-viscosum.
Myosotis hirsuta altera viscosa. *Vaill. paris.* 142. t. 30. f. 1. 3.
Alsine hirsuta altera viscosa. *Bauh. pin.* 251.
Habitat in Europæ *pratis macilentis.* Maio. ⊙ *Succ. ged. pal. delph. burg. lugd. lith.*

4. CERASTIUM *semidecandrum.* C. floribus pentandris; petalis emarginatis.

Myofotis arvenfis, hirfuta, minor. *Vaill. parif.* 142. t. 30. f. 2.
Habitat in campis apricis fteriliffimis Europæ *borealis.* Aprili. ☉
  Suec. ged. pal. delph. burg. lith. lugd.

6. CERASTIUM *arvenfe.* C. foliis lineari-lanceolatis, obtufis,
  glabris; corollis calyce majoribus. *Fl. dan.* t. 626.
Myofotis arvenfis hirfuta; flore majore. *Vaill. parif.* 141. t. 30.
  f. 4.
Caryophyllus arvenfis hirfutus, flore majore. *Bauh. pin.* 210.
Habitat in Scania *&* auftraliori Europa. Aprili. ♃ *Suec. ged. pal.*
  delph. burg. lugd. lith.

8. CERASTIUM *Alpinum.* C. foliis ovato - lanceolatis; caule
  divifo; capfulis oblongis. *Fl. dan.* t. 6.
Alfine myofotis facie Lychnis alpina, flore amplo niveo, repens.
  Rai. Angl. 3. p. 349. t. 15. f. 2.
Habitat in alpibus Europæ. *Delph. carn. helv.*

* * C A P S U L I S   S U B R O T U N D I S.

9. CERASTIUM *repens.* C. foliis lanceolatis; pedunculis
  ramofis; capfulis fubrotundis. *Kniph. cent.* 12. n. 25.
Myofotis arvenfis, polygoni folio. *Vaill. parif.* 141. t. 30. f. 5.
Ocymoïdes lychnitis, reptante radice. *Col. phytob.* 115. t. 31.
Habitat in Gallia, Italia, Carniolia. ♃

13. CERASTIUM *aquaticum.* C. foliis cordatis, feffilibus; floribus folitariis; fructibus pendulis.
Alfine major. *Bauh. pin.* 250. *Camer. epit.* 851. *Tabern.* 713.
Habitat ad littòra lacuum. Europæ. Julio. ♃ *Suec. ged. pal.*
  delph. burg. lith. lugd. carn.

1. SPERGULA *arvenfis.* S. foliis verticillatis; floribus   635.
  decandris.

Spergula. *Dod. pempt.* 527.
Alfine Spergula dicta, major. *Bauh. pin.* 251.
Habitat in Europæ *agris.* Julio. ☉ *Suec. ged. pal. delph. burg.*
  lugd. lith.

2. SPERGULA *pentandra.* S. foliis verticillatis; floribus pentandris.
Habitat in Germania, Gallia, Anglia, Hifpania. ☉ *Delph.*
  burg. lugd.
Simillima *omnino præcedenti, fed magis glabra, floribus pentandris;*
  mera varietas.

3. SPERGULA *nodofa.* S. foliis oppofitis, fubulatis, lævibus;
  caulibus fimplicibus. *Flor. dan.* t. 96.
Alfine nodofa Germanica. *Bauh. pin.* 251.
Alfine paluftris, ericæ folio, polygonoïdes; articulis crebrioribus; flore albo, pulchello. *Pluck. alm.* 23. t. 7. f. 4.
Habitat in Europæ *frigidioris campis fubhumidis.* Julio. ♃ *Ged.*
  pal. burg. lith. lugd. fuec.

Gen.   5. SPERGULA *faginoïdes*. S. foliis oppofitis, linearibus, lævi-
       bus; pedunculis folitariis, longiffimis; caule repente. *Oed.*
       dan. t. 12.
       Alfine tenuifolia; pedunculis florum longiffimis. *Vaill. par.* 8.
       Habitat in Helvetia, Gallia, Sibiria. *Delph. monfp.*

DECAGYNIA.

541.   2. PHYTOLACCA *decandra*. P. floribus decandris
       decagynis. *Blackw.* t. 515.

       P. fructu petiolato decemfido. *Hall. helv.* n. 1007.
       Solanum racemofum americanum. *Pluck. alm.* 353. t. 225. f. 3.
       Habitat in Virginia, *in* Helvetia. ♃

CLASSIS XI.

DODECANDRIA.

MONOGYNIA.

642. AZARUM. *Cor.* o. *Cal.* 3-fidus, fuperus. *Capf.* 6-locularis.

656. PEGANUM. *Cor.* 5-petala. *Cal.* 5-phyllus, inferus. *Capf.* 3-locul. *Stam.* 15.

658. PORTULACA. *Cor.* 5-petala. *Cal.* 2-fidus, inferus. *Capf.* 1-locul. circumfciffa.

660. LYTHRUM. *Cor.* 6-petala. *Cal.* 12-fidus, inferus. *Capf.* 2-locularis.

DIGYNIA.

663. AGRIMONIA. *Cor.* 5-petala. *Cal.* 5-fidus, *Sem.* 1. f. 2.

TRIGYNIA.

664. RESEDA. *Cor.* petalis multifidis. *Cal.* partitus. *Cápf.* 3-locularis, hians.

665. EUPHORBIA. *Cor.* petal. peltatis. *Cal.* ventricof. *Capf.* 3-cocca.

TETRAGYNIA.

* *Tormentilla erecta.*
Refedæ aliquot.

DODECAGYNIA.

667. SEMPERVIVUM. *Cor.* 12-petala. *Cal.* 12-partitus. *Capf.* 12.

DODECANDRIA.

MONOGYNIA.

Gen. 642. 1. ASARUM *Europæum*. A. foliis reniformibus, obtufis, binis. *Fl. dan.* t. 633.

Afarum. *Bauh. pin.* 197. *Cam. epit.* 19.
Habitat in Europæ *nemoribus*. Maio. ♃ *Suec. pal. delph. lith.*

656. 1. PEGANUM *Harmala*. P. foliis multifidis. *Blackw.* t. 310.

Ruta fylveftris; flore magno, albo. *Bauh. pin.* 336.
Harmala. *Dod. pempt.* 121.
Habitat in arena Madriti, Alexandriæ, Cappadociæ, Galatiæ, Sibiriæ. ♃

659. 1. PORTULACCA *oleracea*. P. foliis cuneiformibus; floribus feffilibus. *Blackw.* t. 287.

P. anguftifolia fylveftris. *Bauh. pin.* 288.
β. P. latifolia fativa. *Bauh. pin.* 288.
Habitat in Europa, India, *Inf.* Afcenfionis, America. Julio. ☉
Par. monfp. pal. delph. lugd. lith. burg.

660. 1. LYTHRUM *Salicaria*. L. foliis oppofitis, cordato-lanceolatis; floribus fpicatis, dodecandris. *Fl. dan.* t. 671.

Lyfimachia fpicata, purpurea. *Bauh. pin.* 246.
Habitat in Euiopa *ad ripas aquarum.* Augufto. ♃ *Suec. pal. delph. lugd. burg. lith.*

9. LYTHRUM *Hyffopifolia*. L. foliis alternis, linearibus; floribus hexandris. *Jacq. auftr.* t. 133.
Salicaria hyffopi folio latiore. *Hall. Rupp. icn.* 147. t. 6. f. 3.
Hyffopifolia. *Bauh. pin.* 218.
Habitat in Germaniæ, Helvetiæ, Angliæ, Galliæ *inundatis.* Augufto. ☉ *Carn. pal. delph. burg. lugd. monfp.*

10. LYTHRUM *Thymifolia*. L. foliis alternis, linearibus; floribus tetrapetalis.
Poligonum aquaticum, minus. *Barr. ic.* 773. f. 2.
Habitat in Italiæ & G. Narbonenfis *uliginofis, in* Hircania ☉ *Delph.*

DIGYNIA.

1. AGRIMONIA *Eupatoria*. A. foliis caulinis, pinnatis; impari petiolato; fructibus hispidis. *Oed. dan.*
588.

663.

Eupatorium veterum f. Agrimonia. *Bauh. pin.* 351.
Habitat in Europæ pratis, *viis.* Julio. ♃ *Suec. parif. ged. pal.
delph. burg. lugd. lith.*

TRIGYNIA.

1. RESEDA *Luteola*. R. foliis lanceolatis, integris,
bafi utrinque unidentatis; calycibus quadrifidis. *Fl.
dan.* t. 864.

664.

Luteola herba, falicis folio. *Bauh. pin.* 100.
Lutum herba. *Dod. pemp.* 80.
Habitat in Europa ad *vias & pagos.* Junio. ☉ *Pal. delph. burg.
lugd. fuec. parif.*

9. RESEDA *lutea*. R. foliis omnibus trifidis; inferioribus
pinnatis. *Jacq. auftr.* t. 352. *Haff.* n. 393.
R. vulgaris. *Bauh. pin.* 100. *Rai. hift.* 1053.
Habitat in Europæ *auftralioris montibus cretaceis.* Junio. ☉ *Par.
carn. pal. tub. fil. delph. lugd.*

10. RESEDA *Phytheuma*. R. foliis integris, trilobifque; caly-
cibus fexpartitis, maximis. *Dalib. parif. Jacq. auftr.* t. 132.
Refedæ affinis Phytheuma. *Bauh. pin.* 100. *prodr.* 42. t. 42.
Bauh. hift. 3. p. 306. *quoad iconem.*
Habitat in Gallia, Italia, Oriente, Auftria, Helvetia. ☉ *Cam.
delph. lugd. helv.*

12. RESEDA *odorata*. R. foliis integris, trilobifque; calycibus florem æquantibus. *Kniph. cent.* 10. n. 73.
Habitat in Ægypto. ♂

EUPHORBIA.

* FRUTICOSÆ ACULEATÆ.

1. EUPHORBIA *antiquorum*. E. aculeata, fubnuda,
triangularis, articulata; ramis patentibus. *Blackw.*
t. 339.

665.

Habitat in India. ♄

6. EUPHORBIA *officinarum*. E. aculeata, nuda, multangularis;
aculeis geminatis. *Blackw.* t. 340. f. 2.
Euphorbium. *Bauh. pin.* 387.
Habitat in Æthiopia & Africa *calidiore.* ♄

Gen. * * *FRUTICOSÆ, INERMES. CAULIS NEC DICHOTOMUS,*
NEC UMBELLIFERUS.

8. EUPHORBIA *Caput medusæ.* E. inermis, imbricata; tuberculis foliolo lineari inftructis.
Habitat in Æthiopia. ♄

* * * *DICHOTOMÆ* (*UMBELLA BIFIDA AUT NULLA.*)

24. EUPHORBIA *Chamæfyce.* E. dichotoma, foliis crenulatis,
fubrotundis, glabris; floribus folitariis, axillaribus; caulibus
procumbentibus.
Chamæfyce. *Bauh. pin.* 293. *Cluf. hift.* 2. p. 187.
Habitat in Europæ *auftralis,* Sibiriæ, Mefopotamiæ *aridis.* ☉
delph. burg.

* * * * *UMBELLA TRIFIDA.*

31. EUPHORBIA *Peplus.* E. umbellâ trifidâ; dichotoma, involucellis ovatis; foliis integerrimis, obovatis, petiolatis.
Peplus f. Efula rotunda. *Bauh. pin.* 292. *Lob. ic.* 362.
β. Peplus minor. *Bauh. hift.* 3. p. 670.
Habitat in Europæ *cultis oleraceis.* Junio. ☉ *Suec. parif. pal.*
delph. burg. lugd.

32. EUPHORBIA *falcata.* E. umbellâ trifidâ : dichotoma,
involucellis fubcordatis, mucronatis; foliis lanceolatis,
obtufiufculis. *Jacq. auftr.* t. 121.
Pithyufa minor fubrotundis & acutis foliis. *Barrel. ic.* 751.
Habitat in Europa *auftrali.* Seprembti. ☉ *Delph.*

33. EUPHORBIA *exigua.* E. umbellâ trifidâ : dichotoma, invo-
lucellis lanceolatis; foliis linearibus. *Fl. dan.* t. 591.
α. Euphorbia *exigua, acuta.*
Tithymalus f. Efula exigua. *Bauh. pin.* 291.
β. Euphorbia *exigua, retufa.*
Tithymalus f. Efula exigua, foliis obtufis. *Bauh. pin.* 291.
Habitat in Lufatia, Gallia, Helvetia, Hifpania *inter fegetes.*
Junio. *Pal. delph. burg. lugd.*

* * * * * *UMBELLA QUADRIFIDA.*

35. EUPHORBIA *Lathyris.* E. umbellâ quadrifidâ : dicho-
toma, foliis oppofitis, integerrimis.
Lathyris major. *Bauh. pin.* 293.
Lathyris. *Mathiol.* p. 1259. *Blackw.* t. 123.
Habitat in Gallia, Italia, Helvetia, Germania, Carniolia *ad*
agrorum margines. ♂ *Ged. fil. delph. burg. lugd. parif.*

* * * * * * *UMBELLA QUINQUEFIDA.*

41. EUPHORBIA *dulcis.* E. umbellâ quinquefidâ : bifidâ;
involucellis fubovatis; foliis lanceolatis, obtufis, integerrimis. *Jacq. auftr.* t. 213.

Tithymalus

Tithymalus montanus non acris. *Bauh. pin.* 292.
Tithymalus nemorosus alter, foliis latioribus & firmioribus.
  Barrel. rar. ic. 846.
Habitat in Germaniæ, Helvetiæ, Galliæ, Italiæ *umbrosis. Delph.*
  burg. lugd.

42. EUPHORBIA *Pithyusa.* E. umbellâ quinquefidâ, bifidâ;
  involucellis ovatis, mucronatis; foliis lanceolatis, infimis
  involutis, retrorsum imbricatis.
Tithymalus foliis brevibus aculeatis. *Bauh. pin.* 292.
Tithymalus maritimus, Juniperi folio. *Bocc. sic.* 9. t. 5. *Moris.*
  hist. 3. p. 337. f. 10. t. 1. f. 25.
Habitat in arenosis Belgii, Hispaniæ, Italiæ, Massiliæ. ♃ *Delph.*

44. EUPHORBIA *Paralias.* E. umbellâ subquinquefidâ, bifidâ;
  involucellis cordato-reniformibus; foliis sursum imbricatis.
  Jacq. hort. t. 188.
Tithymalus maritimus. *Bauh. pin.* 291. *Dod. pempt.* 370.
  f. 1. 2.
Habitat in Europæ *arena maritima.* ♃

47. EUPHORBIA *segetalis.* E. umbellâ quinquefidâ, dicho-
  toma; involucellis cordatis, acutis; foliis lineari-lanceo-
  latis, superioribus latioribus.
Tithymalus annuus, lunato flore, linariæ folio longiore.
  Moris. hist. 3. p. 339. f. 10. t. 2. f. 3.
Habitat in Mauritania, Russia. ☉ *Prov. delph. burg. monsp.*

48. EUPHORBIA *helioscopia.* E. umbellâ quinquefidâ, trifidâ,
  dichotoma; involucellis obovatis; foliis cuneiformibus,
  serratis. *Fl. dan.* t. 725.
Tithymalus helioscopius. *Bauh. pin.* 291. *Dod. purg.* 145.
Habitat in Europæ *cultis.* Junio. ☉ *Pal. suec. paris. delph.*
  burg. lith. lugd.

50. EUPHORBIA *verrucosa.* E. umbellâ quinquefidâ, subtrifidâ, bifidâ; involucellis ovatis, foliis lanceolatis, serrulatis, villosis; capsulis verrucosis.
Tithymalus myrsinites, fructu verrucæ simili. *Bauh. pin.* 291.
  Moris. hist. sect. 10. t. 3. f. 3.
Habitat in Gallia, Helvetia, Italia, Oriente. ♂ *Delph. burg.*
  lugd. carn. paris.

55. EUPHORBIA *platyphyllos.* E. umbellâ quinquefidâ, trifidâ,
  dichotoma; involucris carinâ pilosis; foliis serratis, lanceolatis; capsulis verrucosis. *Jacq. austr.* t. 376.
Tithymalus arvensis, latifolius germanicus. *Bauh. pin.* 291.
Habitat in agris Galliæ, Angliæ, Germaniæ. Augusto. ☉ *Pal.*
  delph. lugd. paris.

* * * * * * * *UMBELLA MULTIFIDA.*

56. EUPHORBIA *Esula.* E. umbellâ multifidâ, bifidâ; involucellis subcordatis; petalis subbicornibus; ramis sterilibus;
  foliis uniformibus.

Tome I.   X

Gen.
Tithymalus foliis Pini, fortè Dioscoridis Pithyusa. *Bauh. pin.* 292.

Esula minor. *Dod. pempt.* 374. *Blackw.* t. 163. f. 1. 2.

Habitat in Germania, Belgio, Gallia, Helvetia, Carniolia. Junio. ♃ *Pal. ged. delph. burg. lugd. varsavi. monsp.*

57. EUPHORBIA *Cyparissias.* E. umbellâ multifidâ, dichotoma; involucellis subcordatis; ramis sterilibus; foliis setaceis, caulinis lanceolatis. *Blackw.* t. 163. f. 3.

Tithymalus cyparissius. *Bauh. pin.* 291.

β. Tithymalus cyparissias, foliis punctis croceis notatis. *C. B. pin.* 291. R.

Habitat in Germaniæ, Bohemiæ, Helvetiæ, Galliæ Narbonensis *collibus, viis siccis.* Maio. ♃ *Pal. delph. burg. lugd. parif.*

59. EUPHORBIA *palustris.* E. umbellâ multifidâ, subtrifidâ, bifida; involucellis ovatis; foliis lanceolatis; ramis sterilibus.

Tithymalus palustris fruticosus. *Bauh. pin.* 292.

Esula major. *Dalech. hist.* 1653. *Dodon. purg.* p. 158.

Habitat in Suecia *austrarali*, Germania, Belgio. Maio. ♂ *Pal. delph. burg. lith. lugd. suec. parif.*

62. EUPHORBIA *amygdaloïdes.* E. umbellâ multifidâ, dichotoma; involucellis perfoliatis, orbiculatis; foliis obtusis.

Tithymalus Characias amygdaloïdes. *Bauh. pin.* 290.

Habitat in Gallia, Germania. *Lugd.*

63. EUPHORBIA *sylvatica.* E. umbellâ quinquefidâ, bifida; involucellis perfoliatis, subcordatis, acutiusculis; foliis lanceolatis, integerrimis. *Jacq. austr.* t. 375.

Tithymalus sylvaticus, lunato flore. *Bauh. pin.* 290.

Habitat in Europa *australiori.* Aprili. ♄ *Pal. delph. burg. lugd.*

64. EUPHORBIA *Characias.* E. umbellâ multifidâ, bifida; involucellis perfoliatis, emarginatis; foliis lanceolatis, integerrimis; caule frutescente. *Kniph. cent.* 1. n. 29.

Tithymalus Characias, rubens, peregrinus. *Bauh. pin.* 290.

Habitat in Gallia, Hispania, Italia, Germania. ♄ *Ged. delph.*

DODECAGYNIA.

567.
3. SEMPERVIVUM *tectorum.* S. foliis ciliatis, propaginibus patentibus. *Fl. dan.* t. 601.

Sedum majus-vulgare. *Bauh. pin.* 283.

Habitat in Europæ *tectis & collibus.* ♃ *Pal. delph. lith. lugd. burg. suec.*

4. SEMPERVIVUM *globiferum.* S. foliis ciliatis, propaginibus globosis. *Jacq. austr.* t. 12.

Sedum vulgari magno simile. *Bauh. hist.* 3. p. 788.

Habitat in Rutheno. *D. Gmelin*; Austria, Germania. ♃ *Delph.*

5. SEMPERVIVUM *arachnoïdeum*. S. foliis pilis intertextis , Gen.
  propaginibus globofis. *Knorr. del.* 2. t. S. 8.
Sedum montanum tomentofum. *Bauh. pin.* 294.
Habitat in alpibus Italiæ , Helvetiæ , Pyrenæis. ♃ *Delph.*

7. SEMPERVIVUM *montanum*. S. foliis integerrimis , propa¬
  ginibus patulis.
Sedum Alpinum , rubro magno flore. *Bauh. pin.* 284.
Habitat in rupibus Helvetiæ , Silefiæ. ♄ *Sil. delph.*

CLASSIS XII.

ICOSANDRIA

MONOGYNIA.

668. CACTUS. *Cal.* fuperus, 1-phyllus. *Cor.* multifida. *Bacca* 1-locularis, polyfperma.

669. PHILADELPHUS. *Cal.* fuperus. 5-f. 4-partitus *Cor.* 5-f. 4-petala. *Capf.* 5-f.4-locularis polyfperma.

672. MYRTUS. *Cal.* fuperus, 5-fidus. *Cor.* fub 5-petala. *Bacca* 3-locularis, 1-fperma.

673. PUNICA. *Cal.* fuperus. 5-fidus. *Cor.* 5-petala. *Pomum* 10-loculare, polyfpermum.

674. AMYGDALUS. *Cal.* inferus, 5-fidus. *Cor.* 5-petala. *Drupa* nucleo foraminofo.

675. PRUNUS. *Cal.* inferus, 5-fidus. *Cor.* 5-petala. *Drupa* nucleo integro.

DIGYNIA.

678. CRATÆGUS. *Cal.* fuperus, 5-fidus. *Cor.* 5-petala. *Bacca* 2-fperma.

TRIGYNIA.

679. SORBUS. *Cal.* fuperus, 5-fidus. *Cor.* 5-petala. *Bacca* 3-fperma.

681. MESPILUS. *Cal.* fuperus, 5-fidus. *Cor.* 5-petala. *Bacca* 5-fperma.

682. PYRUS.   *Cal.* fuperus, 5 -fidus. *Cor.* 5-petala. *Pomum* 5-locu- lare, polyfpermum.

684. MESEMBRYANTHE-MUM.   *Cal.* fuperus, 5 -fidus. *Cor.* multifida. *Capf.* carnofa, locularis, polyfperma.

686. SPIRÆA.   *Cal.* inferus, 5-fidus. *Cor.* 5-petala. *Capf.* plures con- geftæ.

P O L Y G Y N I A.

687. ROSA.   *Cal.* 5-fidus. *Cor.* 5-petala. *Calyx* baccatus, polyfper- mus.

688. RUBUS.   *Cal.* 5-fidus. *Cor.* 5-petala. *Bacca* compofita.

691. TORMENTILLA.   *Cal.* 8-fidus. *Cor.* 4-petala. *Sem.* 8. mutica.

693. DRYAS.   *Cal.* 8-fidus. *Cor.* 8-petala. *Sem.* plurima, arifta lanata.

689. FRAGARIA.   *Cal.* 10-fidus. *Cor.* 5-petala. *Sem.* plurima fupra recep- taculum baccatum, deci- dua.

690. POTENTILLA.   *Cal.* 10-fidus. *Cor.* 5-petala. *Sem.* plurima, mutica.

692. GEUM.   *Cal.* 10-fidus. *Cor.* 5-petala. *Sem.* plurima, arifta geni- culata.

694. COMARUM.   *Cal.* 10-fidus. *Cor.* 5-petala. *Sem.* plurima fupra recep- taculum carnofum per- fiftens.

⁎ *Spiræa Filipendula, Ulmaria.*
    Phytolacca icofandra.
    Mefembryanthema aliquot.

ICOSANDRIA.

MONOGYNIA.

CACTUS.

* *ECHINOMELOCACTI SUBROTUNDI.*

Gen. 668. 1. CACTUS *mammillaris.* C. fubrotundus tectus, tuberculis ovatis, barbatis.

    Ficoïdes f. Melocactus mammillaris , glabra , fulcis carens ,
    fructum fuum undique fundens. *Pluck alm.* 148. t. 29. f. 1.
Habitat in Americæ *calidioris rupibus.* ♄

    2. CACTUS *Melocactus.* C. fubrotundus , quatuordecim-
    angularis.
    Melocactus Indiæ occidentalis. *Bauh. pin.* 384.
Habitat in Jamaïca, America *calidiore.* ♄

* * CEREI ERECTI STANTES PER SE.

    11. CACTUS *Peruvianus.* C. erectus, longus, fuboctangularis,
    angulis obtufis.
Habitat in Jamaïcæ , Peru *apricis aridis maritimis.* ♄

* * * CEREI REPENTES RADICULIS LATERALIBUS.

    14. CACTUS *flagelliformis.* C. repens decemangularis. *Kniph.*
    cent. 1. t. 12. *Knorr. del.* 1. t. F. 8.
    Ficoïdes americanum f. Cereus minima ferpens Americana.
    Pluck. alm. 148. t. 158. f. 6.
Habitat in America *calidiore.* ♄

* * * * *OPUNTIÆ COMPRESSÆ, ARTICULIS PROLIFERIS.*

    18. CACTUS *Opuntia.* C. articulato-prolifer, laxus; articulis
    ovatis; fpinis fetaceis. *Kniph. cent.* 8. n. 19. *Knorr. del.* 1.
    Tab. F. *a.*
    Ficus Indica, folio fpinofo, fructu majore. *Bauh. pin.* 458.
Habitat in America , Peru, Virginia , *nunc in* Hifpania, Italia ,
    Lufitania, Helvetia, Minorca. ♄ ♃.

    19. CACTUS *Ficus indica.* C. articulato - prolifer, articulis
    ovato-oblongis; fpinis fetaceis.
Habitat in America *calidiore.* ♄

1. PHILADELPHUS *coronarius*. P. foliis subdentatis. Gen. 669.
 Kniph. cent. 5. n. 65.

Syringa alba f. Philadelphus Athenæi. *Bauh. pin,* 399.
Habitat Veronæ, *in* Germania, Helvetia. ♄ *Delph.*

1. MYRTUS *communis*. 1. M. floribus folitariis, invo- 672.
 lucro diphyllo.

α. Myrtus communis, *Romana.*
M. latifolia Romana. *Bauh. pin.* 468.
β. M. communis, *Tarentina.*
M. minor vulgaris. *Bauh. pin.* 469.
γ. M. communis, *Italica.*
M. communis Italica. *Bauh. pin.* 468.
δ. M. communis, *Boetica.*
M. latifolia Bœtica 2. *Bauh. pin.* 469. *Cluf. hift.* 1. p. 65.
 Blackw. t. 114.
ε. M. communis, *Lufitanica.*
M. fylveftris, foliis acutiffimis. *Bauh. pin.* 469. *Cluf. hift.* 1. p. 66. f. 1.
ζ. M. communis, *Belgica.*
M. latifolia Belgica. *Bauh. pin.* 469.
Habitat in Europa *auftrali,* Afia, Africa. ♄ *Carn.*

1. PUNICA *Granatum.* P. foliis lanceolatis, caule 673.
 arboreo. *Blackw.* t. 97 & 145.

Malus punica fylveftris. *Bauh. pin.* 438.
Malus punica fativa. *Bauh. pin.* 438.
Habitat in Hifpania, Italia, Mauritania, Perfia, Helvetia,
 Carniolia *folo cretaceo.* ♄ *Delph.*

1. AMYGDALUS *Perfica.* A. foliorum ferraturis om- 674.
 nibus acutis; floribus feffilibus, folitariis.

Perfica molli carne & vulgaris. *Bauh. pin.* 440.
Perfica rubra. *Cam. epit.* 145. *Blackw.* t. 101.
Habitat . . . . . Aprili. ♄

2. AMYGDALUS *communis.* A. foliorum ferraturis infimis ;
 glandulofis; floribus feffilibus geminis.
Amygdalus fyveftris. *Bauh. pin.* 442.
β. Amygdalus fativa. *Bauh. pin.* 441.
Amygdalus. *Dod. pempt.* 768.
γ. A. amara. *Tournef. inft.* 627. *Blackw.* t. 105.
Habitat in Mauritaniæ *fepibus.* Helvetia. Aprili. ♄

1. PRUNUS *Padus.* P. floribus racemofis; foliis deci- 675.
 duis, bafi fubtus biglandulofis. *Fl. dan.* t. 205.

Cerafus racemofa fylveftris, fructu non eduli. *Bauh. pin.* 451.
Habitat in Europa, Maio. ♄ *Pal. delph. lugd,*

Gen.

5. PRUNUS *Lauro-Cerasus*. P. floribus racemosis; foliis sem-
pervirentibus, dorso biglandulosis. *Blackw.* t. 512.
Cerasus folio laurino. *Bauh. pin.* 450.
Habitat in Trapezunte, *unde in* Europam *venit.* 1576. ♄

6. PRUNUS *Mahaleb*. P. floribus corymbosis terminalibus ;
foliis ovatis. *Jacq. austr.* t. 227.
Ceraso affinis. *Bauh. pin.* 451.
Habitat in Helvetia, Germania. Maio. ♄ *Carn. pal. delph.
burg. lugd.*

7. PRUNUS *Armeniaca*. P. floribus sessilibus ; foliis subcor-
datis.
Mala Armeniaca majora. *Bauh. pin.* 442. *Knorr. del.* 1. t.
A. 2.
Habitat .... Aprili.

10. PRUNUS *Cerasus*. P. umbellis subpedunculatis; foliis ovato-
lanceolatis, glabris, conduplicatis. *Blackw.* t. 449.
α. Cerasus *caproniana*, sativa, rotunda, rubra & acida. *Bauh.
pin.* 449.
β. Cerasus *rosea*, hortensis; flore roseo. *Bauh. pin.* 450.
γ. Cerasus *plena*, hortensis; flore pleno. *Bauh. pin.* 450. *Mill.
ic.* 89. *f.* 1.
δ. Cerasa *dulcia*, alba dulcia. *Bauh. pin.* 450.
ε. Cerasa *juliana*, carne tenerâ & aquosâ. *Bauh. pin.* 450.
ζ. Cerasus *austera*, acidissimâ, sanguineo succo. *Bauh. pin.* 450.
θ. Cerasus pumila. *Bauh. pin.* 450.
ι. Cerasus *avium*, racemosa, hortensis. *Bauh. pin.* 450.
κ. Cerasus hortensis, flore pleno. *Bauh. pin.* 450. *Mill. dict.*
n. 3.
Habitat in Europa. Maio. ♄

11. PRUNUS *avium*. P. umbellis sessilibus ; foliis ovato-lan-
ceolatis, subtus pubescentibus, conduplicatis. *Fl. suec.
Blackw.* t. 425.
Cerasus major f. sylvestris, fructu subdulci, nigro colore infi-
ciente. *Bauh. pin.* 1539.
β. Prunus *duracina*.
Cerasus crassa carne durâ. *Bauh. pin.* 450.
γ. Prunus *Bigarella*.
Cerasus sativa, major. *Bauh. pin.* 450.
Habitat in Europa borealiore. Aprili. ♄ *Pal. delp. burg.*

12. PRUNUS *domestica*. P. pedunculis subsolitariis ; foliis
lanceolato-ovatis, convolutis; ramis muticis.
β. Prunus *Damascena*.
Pruna majora dulcia & parva atro-cærulea. *Bauh. pin.* 443. n. 23.
Blackw. t. 305. *Knorr. del.* 1. t. P. 2.
γ. Prunus *Hungarica*.
Pruna magna, crassa, subacida. *Bauh. pin.* 443.
δ. Prunus *juliana*.
Pruna oblonga, cærulea. *Bauh. pin.* 443.

ε. Prunus *pertigona*.
Pruna nigra, carne durâ. *Bauh. pin.* 443.

ζ. Prunus *cerea*.
Pruna coloris ceræ ex candido in luteum pallefcente. *Bauh.*
  pin. 443.

η. Prunus *acinaria*.
Pruna magna, rubra, rotunda. *Bauh. pin.* 443.

θ. Prunus *maliformis*.
Pruna rotunda, flava, dulcia, mali amplitudine. *Bauh. pin.* 443.

ι. Prunus *Auguftana*.
Pruna anguſto - maturefcentia, minora & aufteriora. *Bauh.*
  pin. 443.

κ. Prunus *præcox*.
Pruna parva præcocia. *Bauh. pin.* 443.

λ. Prunus *cereola*.
Pruna parva ex viridi flavefcentia. *Bauh. pin.* 443.

μ. Prunus *amygdalina*.
Pruna amygdalina. *Bauh. pin.* 443.

ν. Prunus *galatenfis*.
Pruneoli albi, oblongiufculi, acidi. *Bauh. pin.* 443.

ο. Prunus *Brignola*.
Pruna ex flavo rufefcentia, mixti faporis gratiffima. *Bauh.*
  pin. 443.

ξ. Prunus *myrobolan*.
Prunus fructu rotundo, nigro, purpureo, dulci. *Bauh. pin.* 444.
Habitat in Europæ *auftralioris, locis elevatis.* Maio. ♄ *Delph.*

13. PRUNUS *infiticia*. P. pedunculis geminis; foliis ovatis,
  fubtus villofis, convolutis; ramis fpinefcentibus. *Blackw.*
  t. 305.
Pruna fylveftria præcocia. *Bauh. pin.* 444.
Habitat in Germania, Helvetia, Anglia. Aprili. ♄ *Delph.*

14. PRUNUS *fpinofa*. P. pedunculis folitariis; foliis lanceolatis,
  glabris; ramis fpinofis. *Blackw.* t. 494.
P. fylveftris. *Bauh. pin.* 444. *Tabern. ic.* 992.
Habitat in Europæ *collibus apricis.* Aprili. ♄ *Succ. pal. fil.*
  burg. lugd.

DIGYNIA.

1. CRATÆGUS *Aria*. C. foliis ovatis, incifis, ferratis,   678.
  fubtus tomentofis. *Oed. dan.* 302.

Alni effigie, lanato folio, major. *Bauh. pin.* 452.
Habitat in Europæ, Helvetiæ *frigidis.* Maio. ♄ *Monfp. pal.*
  delph. lugd. burg. lugd. fuec.

2. CRATÆGUS *torminalis*. C. foliis cordatis, feptangulis;
  lobis infimis, divaricatis.
Mefpilus Apii folio, fylveftris non fpinofa, feu Sorbus
  torminalis. *Bauh. pin.* 454.

Gen. *Habitat in* Anglia, Germania, Helvetia, Burgundia. Maio. ♄
· *Pal. delph. burg. lugd. monsp.*

8. CRATÆGUS *Oxyacantha.* C. foliis obtufis, fubtrifidis, ferratis. *Fl. dan. t.* 634.
Mefpilus Apii folio, fylveftris fpinofa f. Oxyacantha. *Bauh. pin.* 454.
Oxyacantha f. Spina acuta. *Dod. pempt.* 751.
Habitat in Europæ *pratis apricis, duris.* Maio. ♄ *Suec. pal. delph. burg. lugd. lith.*

9. CRATÆGUS *Azarolus.* C. foliis obtufis, fubtrifidis, fubdentatis.
Mefpilus Apii folio laciniato. *Bauh. pin.* 453.
Habitat Florentiæ, Monfpelii, *in* Carniolia. ♄ *Delph. burg.*

T R I G Y N I A.

679. 1. SORBUS *aucuparia.* S. foliis pinnatis, utrinque glabris. *Blackw. t.* 73.
S. fylveftris, foliis domefticæ fimilis. *Bauh. pin.* 415.
Habitat in Europæ *frigidioribus,* Libano. Maio. ♄ *Pal. fucc. fil. delph. burg. lith. lugd.*

3. SORBUS *domeftica.* S. foliis pinnatis, fubtus villofis.
S. fativa. *Bauh. pin.* 415. *Blackw. t.* 174.
Habitat in Europæ *calidioribus.* ♄ *Delph. lugd.*

P E N T A G Y N I A.

681. 1. MESPILUS *Germanica.* M. inermis, foliis lanceolatis, fubtus tomentofis; floribus feffilibus, folitariis. *Blackw. t.* 154.
M. Germanica, folio laurino non ferrato. *Bauh. pin.* 453.
Mefpilus. *Dod. pempt.* 801.
Habitat in Europa *auftrali.* Maio. ♄ *Pal. delph.*

2. MESPILUS *Pyracantha.* M. fpinofa, foliis lanceolatoovatis, crenatis; calycibus fructûs obtufis.
Oxyacantha Diofcoridis f. Spina acuta, pyri folio. *Bauh. pin.* 454.
Habitat in Galloprovinciæ, Italiæ *fepibus.* ♄ *Carn. delph.*

4. MESPILUS *Amelanchier.* M. inermis, foliis ovalibus, ferratis, fubtus hirfutis. *Jacq. auftr. t.* 300.
Alni effigie, lanato folio, minor. *Bauh. pin.* 452.
Habitat in Helvetia, Auftria, Galloprovincia, Germania. Maio. ♄ *Pal. delph. burg. lugd.*

5. MESPILUS *Chamæ-Mefpilus.* M. inermis, foliis ovalibus, acutè ferratis, glabris; floribus corymbofo-capitatis.

Cotoneaster folio oblongo, serrato. *Bauh. pin.* 452.
Habitat in alpibus Austriacis, Pyrenaicis. ♄ *Delph.*

7. MESPILUS *Cotoneaster.* M. inermis, foliis ovatis, integerrimis, subtus tomentosis. *Oed. dan.* t. 212.
Cotoneaster folio rotundo, non serrato. *Bauh. pin.* 452.
Habitat in Europæ *frigidioris collibus apricis, inque* Pyrenæis, Ararat. Maio. ♄ *Pal. delph. burg. lugd.*

2. PYRUS *communis.* P. foliis serratis, lævibus; floribus corymbosis. *Blackw.* t. 453.

682?

P. sylvestris. *Bauh. pin.* 439. *Dod. pempt.* 351.
β. Pyrus *Falerna.*
P. Bergamotta gallis. *Bauh. hist.* 1. p. 44.
γ. Pyrus *purpeiana.*
P. boni christiani. *Bauh. hist.* 1. p. 44.
δ. Pyrus *favonia.*
P. jesu s. moschatellina rubra. *Bauh. hist.* 1. p. 44.
ε. Pyrus *Volema.*
Pyra dorsalia eademque liberalia dicta. *Bauh. hist.* 1. p. 53.
Habitat in Europa. Maio. ♄ *Pal.*

3. PYRUS *Malus.* P. foliis serratis; umbellis sessilibus.
Pyrus *sylvestris.*
Malus sylvestris. *Bauh. pin.* 443. *Dod. pempt.* 790. *Blackw.* t. 178.
β. Pyrus Malus, *paradisiaca.*
Malus pumila, quæ potiùs frutex quàm arbor. *Bauh. pin.* 433.
γ. P. Malus, *Prasomila.*
Malus prasomila. *Bauh. pin.* 433.
δ. P. Malus, *rubelliana.*
Malus sativa, fructu sanguinei coloris ex austero subdulci. *Tourn. inst.* 635. *Blackw.* t. 141.
ε. P. Malus, *castiana.*
Mala curtipendula dicta. *Bauh. hist.* 1. p. 21.
ζ. P. Malus, *cavillea.*
Mala sativa, fructu magno intensè rubente, violæ odore. *Tourn. inst.* 635.
ε. P. Malus, *epirotica.*
Poma orbiculata. *Ruell. stirp.*
Habitat in Europa. Maio. ♄

6. PYRUS *Cydonia.* P. foliis integerrimis; floribus solitariis. *Jacq. austr.* t. 342.
Malus cotonea sylvestris. *Bauh. pin.* 435.
β. Malus cotonea, major. *Bauh. pin.* 434.
Malus cotonea, minor. *Bauh. pin.* 434.
Habitat ad ripas petrosas Danubii, *ad sepes* Germaniæ *quasi sponte.* ♄

Gen.

MESEMBRYANTHEMUM.

* ALBIS COROLLIS.

684. 2. MESEMBRYANTHEMUM *cryftallinum*. M. foliis alternis, ovatis, papulofis, undulatis. *Kniph. cent.* 4. n. 50.

M. cryftallinum, Plantaginis folio undulato. *Dill. elth.* 231. t. 180. f. 221.
Habitat in Africa. ☉

** RUBICUNDIS COROLLIS.

12. MESEMBRYANTHEMUM *deltoïdes*. M. foliis triquetris, deltoïdibus, dentatis, impunctatis, diftinctis.
M. deltoïdes & dorfo & lateribus muricatis. *Dill. elth.* 255. t. 195. f. 246.
Habitat in Cap. b. Spei. ♄

13. MESEMBRYANTHEMUM *barbatum*. M. foliis fubovatis, papulofis, diftinctis, apice barbatis.
M. radiatum, ramulis prolixis, recumbentibus. *Dill. elth.* 245. t. 190. f. 234.
Habitat ad Cap. b. Spei ♄

24. MESEMBRYANTHEMUM *falcatum*. M. foliis fubacinaciformibus, incurvis, punctatis, diftinctis; ramis teretibus.
M. falcatum minimum; flore purpureo, parvo. *Dill. elth.* 288. t. 213. f. 276.
Habitat ad Cap. b. Spei. ♄

*** LUTEIS COROLLIS.

44. MESEMBRYANTHEMUM *linguiforme*. M. acaule; foliis linguiformibus altero margine craffioribus, impunctatis.
M. folio fcalparato. *Dill. elth.* 235. t. 183. f. 224.
Habitat ad Cap. b. Spei. ♃

SPIRÆA.

* FRUTICOSÆ.

686. 2. SPIRÆA *falicifolia*. S. foliis lanceolatis, obtufis, ferratis, nudis; floribus duplicato-racemofis. *Kniph. cent.* 3. n. 91.
Frutex fpicatus; foliis ferratis, falignis. *Bauh. pin.* 475.
Habitat in Haffia, Siberia. ♄

6. SPIRÆA *crenata*. S. foliis oblongiufculis, apice ferratis, corymbis lateralibus. *Kniph. cent.* 11. n. 94.

S. hifpanica, hyperici folio crenato. *Barr. rar.* 1376. t. 564.
Habitat in Sibiria , Hifpania , *in montibus gebennicis* Galliæ. ♄

* * HERBACEÆ.

10. SPIRÆA *Aruncus.* S. foliis fupradecompofitis ; fpicis
paniculatis ; floribus dioicis. *Kniph. cent.* 3. n. 89.
Barba capræ, floribus oblongis. *Bauh. pin.* 163.
Habitat in Auftriæ , Alverniæ , Germaniæ *montanis ,* in
Pyrenæis. Junio. ♃ *Pal. fil. delph. lugd.*

11. SPIRÆA *Filipendula.* S. foliis pinnatis ; foliolis uniformibus, ferratis; caule herbaceo ; floribus corymbofis. *Fl. dan.*
t. 635.
Filipendula vulgaris. *Bauh. pin.* 163.
Habitat in Europæ pafcuis. Junio. ♃ *Pal. delph. burg. lith.*
lugd. fuec.

12. SPIRÆA *Ulmaria,* S. foliis pinnatis , impari majore lobato ;
floribus cymofis. *Oed. dan.* t. 547.
Barba capræ, floribus compactis. *Bauh. pin.* 164.
Regina prati. *Dod. pempt.* 57.
Habitat in Europæ pratis uliginofis umbrofis. Junio. ♃ *Suec.*
ged. pal. delph. burg. lith. lugd.

POLYGYNIA.

ROSA.

* GERMINIBUS SUBGLOBOSIS.

1. ROSA *Eglanteria.* R. germinibus globofis , pedunculifque glabris , caule aculeis fparfis , rectis ;
petiolis fcabris ; foliolis acutis.

R. lutea fimplex. *Bauh. pin.* 483. *Du Ham. arb.* 36. R.
Habitat in Germania , Helvetia, Anglia. ♄ *Burg.*

2. ROSA *rubiginofa.* R. germinibus globofis , aculeatifque ;
aculeis recurvis ; foliis fubtus rubiginofis. *Jacq. auftr.* 1.
t. 50.
R. fylveftris , foliis odoratis. *Bauh. pin.* 483. R.
R. fylveftris odorata. *Dod. pempt.* 187.
Habitat in Germania , Helvetia. Junio. ♄ *Pal. delph.*

3. ROSA *Cinnamomea.* R. germinibus globofis , pedunculifque
glabris , caule aculeis ftipularibus ; petiolis fubinermibus.
R. odore Cinnamomi , fimplex. *Bauh. pin.* 483. *Du Ham.*
arb. 33.
Habitat in Europa auftrali. ♄

4. ROSA *arvenfis.* R. germinibus globofis , pedunculifque
glabris , caule petiolifque aculeatis ; floribus cimofis.

Gen.

R. fpinofiffima. *Oed. dan.* t. 398.
R. arvenfis candida. *Bauh. pin.* 484.
Habitat in Anglia, Suecia, Germania, Dania. ♄ *Lugd.*

5. ROSA *pimpinellifolia.* R. germinibus globofis, peduncu̅lifque glabris, caule aculeis fparfis, rectis; petiolis fcabris; foliolis obtufis.
Habitat fortè in Europa. ♄ *Delph.*

6. ROSA *fpinofiffima.* R. germinibus globofis, glabris; pedunculis hifpidis; caule petiolifque aculeatiffimis.
R. campeftris fpinofiffima; flore albo, odorato. *Bauh. pin.* 483δ
Habitat in Europa. Maio. ♄ *Pal. herb. carn. delph. burg. lugd.*

8. ROSA *villofa.* R. germinibus globofis, pedunculifque hifpidis, caule aculeis fparfis; petiolis aculeatis; foliis tomentofis.
R. fylveftris pomifera, major. *Bauh. pin.* 484. *Du Ham.* arb. 42.
Habitat in Europa. Junio. ♄ *Pal. delph.*

** *GERMINIBUS OVATIS.*

11. ROSA *centifolia.* R. germinibus ovatis, pedunculifque hifpidis; caule hifpido, aculeato; petiolis inermibus. *Kniph. cent.* 1. n. 75. *Knorr. del.* 1. t. R.
R. multiplex media. *Bauh. pin.* 482. *Du Ham. arb.* 15.
Habitat . . . . . ♄

12. ROSA *Gallica.* R. germinibus ovatis, pedunculifque hifpidis; caule petiolifque hifpido-aculeatis. *Blackw.* t. 82.
R. rubra multiplex. *Bauh. pin.* 481. *Du Ham. arb.* 2. t. 53.
β. Rofa *Gallica*, *verficolor.*
R. verficolor. *Bauh. pin.* 481.
Habitat in Europa. ♄ *Burg.*

13. ROSA *Alpina.* R. germinibus ovatis, glabris; pedunculis petiolifque hifpidis; caule inermi. *Jacq. auftr.* t. 279.
R. campeftris, fpinis carens, biflora. *Bauh. pin.* 484.
Habitat in alpibus Helvetiæ. ♄ *Lugd.*

14. ROSA *canina.* R. germinibus ovatis, pedunculifque glabris; caule petiolifque aculeatis. *Fl. dan.* t. 555.
R. fylveftris vulgaris; flore odorato, incarnato. *Bauh. pin.* 483.
Habitat in Europa. Junio. ♄ *Pal. delph. burg.*

17. ROSA *alba.* R. germinibus ovatis, glabris; pedunculis hifpidis; caule petiolifque aculeatis. *Knorr. del.* 1. t. R 6.
R. alba vulgaris, major. *Bauh. pin.* 482. *Du Ham. arb.* 166.
Habitat in Europa, Auftria. ♄ *Burg.*

RUBUS.

* *FRUTESCENTES.*

5. RUBUS *Idæus.* R. foliis quinato - pinnatis ; ternatifque ; caule aculeato; petiolis canaliculatis. *Fl. fuec.*

R. Idæus fpinofus. *Bauh. pin.* 479. *Du Ham. arb.* 9.
ε. R. Idæus fructu albo. *Bauh. pin.* 479. *Du Ham. arb.* 10.
γ. R. Idæus lævis. *Bauh. pin.* 479. *Leers l. c.*
Habitat in Europæ *lapidofis.* Junio. ♃ ♂ *Pal. delph. lugd.
burg. lith.*

6. RUBUS *cæfius.* R. foliis ternatis , fubnudis , lateralibus
bilobis ; caule aculeato , tereti.
R. repens , fructu cæfio. *Bauh. pin.* 479.
R. minor. *Dod. pempt.* 742.
Habitat in Europæ *dumetis.* Junio. ♄ *Suec. pal. delph. burg.
lith. lugd.*

7. RUBUS *fruticofus.* R. foliis quinato-digitatis , ternatifque ;
caule petiolifque aculeatis.
R. vulgaris f. Rubus fructu nigro. *Bauh. pin.* 479. *Blackw.*
t. 45.
β. R. vulgaris major , fructu albo. *Rai. angl.* 3. p. 467.
γ. R. flore albo , pleno. *Magn. hort.* 175.
Habitat in fepibus præfertim maritimis Europæ. Junio. ♄ *Suec.
pal. delph. burg. lith.*

* * *HERBACEI.*

12. RUBUS *faxatilis.* R. foliis ternatis , nudis ; flagellis rep-
tantibus herbaceis. *Oed. dan. t.* 134.
Chamæmorus faxatilis. *Bauh. pin. Rai.*
Habitat in Europæ *collibus lapidofis.* ♃ *Suec. lith. lugd.*

14. RUBUS *Chamæmorus.* R. foliis fimplicibus , lobatis ; caule
inermi , unifloro.
Habitat in Sueciæ , Sibiriæ , Daniæ *paludibus uliginofis , turfofis ,
frequens.* ♃ *Lith.*

1. FRAGARIA *vefca.* F. flagellis reptantibus.

F. vulgaris. *Bauh. pin.* 326.
F. fructu albo. *Bauh. pin.* 326.
β. F. fructu parvi pruni magnitudine. *Bauh. pin.* 327.
Habitat in Europæ *fterilibus duris , apricis.* Aprili. ♃ *Suec. carn.
herb. pal. delph. lish. burg. lugd.*

3. FRAGARIA *fterilis.* F. caule decumbente ; ramis floriferis ,
laxis.
F. fterilis. *Bauh. pin.* 327.
Habitat in Anglia , Helvetia , Germania. Junio. ♃ *Pal. delph.
burg. lugd. parif.*

POTENTILLA.

* *FOLIIS PINNATIS.*

§90. 2. POTENTILLA *Anferina.* P. foliis pinnatis, ferratis; caule repente; pedunculis unifloris. *Fl. dan.* t. 544.

Argentina. *Blackw.* t. 6. *Dod. pempt.* 600. *R.*
Potentilla. *Bauh. pin.* 321. *Cam. epit.* 708.
Habitat in Europæ *pafcuis argillofis.* Maio. ♄ *Succ. ged. pal. delph. lugd. burg. lith.*

6. POTENTILLA *rupeftris.* P. foliis pinnatis, alternis; foliolis quinis, ovatis, crenatis; caule erecto. *Jacq. auftr.* t. 114.
Quinquefolium fragiferum. *Bauh. pin.* 326. *Cluf. hift.* 2. p. 107. n. 5.
Habitat ad latera montium Weftrogothiæ, Sibiriæ, Germaniæ. Junio. ♃ *Succ. delph. burg. lugd.*

10. POTENTILLA *fupina.* P. foliis pinnatis; caule dichotomo, decumbente.
Pentaphyllum alpinum, minus fupinum. *Pluck. alm.* 285. t. 106. f. 7.
Quinquefolio fragifero affinis. *Bauh. pin.* 326.
Habitat in Sibiria, Germania, Auftria. Junio. ⊙ *Ged. pal. burg.*

* * *FOLIIS DIGITATIS.*

11. POTENTILLA *recta.* P. foliis feptenatis, lanceolatis, ferratis, utrinque fubpilofis; caule erecto. *Jacq. auftr.* 383.
Quinquefolium rectum luteum. *Bauh. pin.* 325.
Quinquefolium alterum vulgare. *Dod. pempt.* 116.
Habitat in Italia, Narbona, Helvetia, Auftria, Germania, *ad muros & ad agrorum margines.* ♃ *Delph. burg. lugd. lith.*

12. POTENTILLA *argentea.* P. foliis quinatis, cuneiformibus, incifis, fubtus tomentofis; caule erecto.
Quinquefolium, folio argenteo. *Bauh. pin.* 325.
Pentaphyllum minus. *Cam. epit.* 760.
Habitat in Europæ *ruderatis.* Junio. ♃ *Ged. pal. lugd. burg. lith.*

14. POTENTILLA *hirta.* P. foliis feptenatis, quinatifque, cuneiformibus, incifis, pilofis; caule erecto, hirto. *Kniph. cent.* 4. n. 65.
Habitat Monfpelii *inque* Pyrenæis & Silefia. ♃ *Sil. delph.*

16. POTENTILLA *opaca.* P. foliis radicalibus quinatis, cuneiformibus, ferratis; caulinis fuboppofitis; ramis filiformibus, decumbentibus.
Quinquefolium minus repens, lanuginofum, luteum. *Bauh. pin.* 325.
Quinquefolio fimilis enneaphyllos hirfuta. *Bauh. pin.* 325.
Habitat in Auftria, Helvetia, Baldo, Germania. Junio. ♃ *Pal. delph.*

17. POTENTILLA *vernæ.* P. foliis radicalibus , quinatis , acutè ferratis , retufis ; caulinis ternatis ; caule declinato.
Quinquefolium minus repens luteum. *Bauh. pin.* 325.
Habitat in Europæ *pafcuis ficcis , frigidioribus.* Aprili. ♃ *Suec. ged. pal. delph. lugd. burg.*

18. POTENTILLA *aurea.* P. foliis radicalibus quinatis , ferratis , acuminatis ; caulinis ternatis ; caule declinato. *Oed. dan.* t. 114.
Quinquefolium minus, repens, alpinum, aureum. *Bauh. pin.* 325.
Habitat in alpibus Helvetiæ, Auſtriæ , Daniæ , Silefiæ. ♃ *Delph. lith. lugd. vind.*

20. POTENTILLA *alba.* P. foliis quinatis , apice conniventi-ferratis; caulibus filiformibus procumbentibus ; receptaculis hirfutis. *Jacq. auſtr.* t. 115.
Quinquefolium album , majus alterum. *Bauh. pin.* 325.
Habitat in alpibus Stiriæ , Auſtriæ , Pannoniæ, *in fylvis* Germaniæ. ♃ *Sil. delph. lith.*

21. POTENTILLA *caulefcens.* P. foliis quinatis , apice conniventi-ferratis; caulibus multifloris, decumbentibus; receptaculis hirfutis. *Jacq. auſtr.* t. 220.
Quinquefolium album , minus alterum. *Bauh. pin.* 325.
Habitat in alpinis Helvetiæ ; Auſtriæ ; Stiriæ; Horto Dei. ♃ *Delph.*

22. POTENTILLA *nitïda.* P. foliis fubternatis , tomentofis , conniventi - tridentatis ; caulibus unifloris ; receptaculis lanatis.
Trifolium alpinum , argentea perfici flore. *Bauh. pin.* 328.
Habitat in Baldo. ♃ *Delph.*

24. POTENTILLA *reptans.* P. foliis quinatis ; caule repente ; pedunculis unifloris. *Blackw.* t. 454.
Quinquefolium majus repens. *Bauh. pin.* 325.
Habitat in Europæ *apricis argillofis.* Junio. ♃ *Pal. delph. burg. lugd. lith.*

* * *FOLIIS TERNATIS.*

28. POTENTILLA *grandiflora.* P. foliis ternatis , dentatis , utrinque fubpilofis; caule decumbente, foliis longiore.
Fragaria fterilis, ampliſſimo folio & flore , petalis cordatis. *Vaill. parif.* 55. t. 10. f. 1.
Habitat in Helvetia, Sibiria, Pyrenæis. ☉ *Delph.*

29. POTENTILLA *fubacaulis.* P. foliis ternatis , dentatis , utrinque tomentofis ; fcapo decumbente.
Fragaria affinis, fericea incana. *Bauh. pin.* 327. *prodr.* 139.
Habitat in Gallia auſtrali. ♃

t. TORMENTILLA *erecta.* T. caule erectiuſculo ; foliis feſſilibus. *Fl. dan.* t. 589.

Tome I. Z

Gen. Tormentilla fylveſtris. *Bauh. pin.* 326.
Habitat in Europæ *paſcuis ſiccis.* Junio. ♃ *Ged. pal. delph. lugd. burg. lith.*

692. 2. GEUM *urbanum.* G. floribus erectis; fructibus globoſis, villoſis; ariſtis uncinatis, nudis; foliis lyratis. *Fl. dan. t.* 672.
Caryophyllata vulgaris. *Bauh. pin.* 321.
Caryophyllata. *Dod. pempt.* 137.
Habitat in Europæ *umbroſis.* Junio. ♃ *Suec. ged. pal. delph. lugd. burg. lith.*

3. GEUM *rivale.* G. floribus nutantibus, fructu oblongo; ariſtis plumoſis, tortis. *Fl. dan. t.* 722.
Caryophyllata aquatica, nutante flore. *Bauh. pin.* 321.
Habitat in Europæ *pratis ſubhumidis.* Junio. *Suec. ged. delph. lith. lugd.*

4. GEUM *montanum.* G. flore inclinato, ſolitario; fructu oblongo; ariſtis villoſis, rectis. *Jacq. auſtr. t.* 373.
Caryophyllata alpina lutea. *Bauh. pin.* 322.
Caryophyllata alpina minima; flore aureo. *Barr. rar.* 588. t. 399.
Habitat in alpibus Helvetiæ, Auſtriæ, Sileſiæ, Delphinatûs. ♄ *Sil. delph. lugd.*

5. GEUM *reptans.* G. foliolis uniformibus inciſis, alternis minoribus; flagellis reptantibus.
Caryophyllata alpina, Apii folio. *Bauh. pin.* 322.
Caryophyllata alpina, tenuifolia, incana; flore luteo, longiùs radicatâ. *Barr. rar.* 589. t. 400.
Habitat in Helvetia & *Valle* Barſilionenſi. *Delph.*

693. 2. DRYAS *octopetala.* D. floribus octopetalis; foliis ſimplicibus.
Leucas; Chamædrys alpina. *Oed. dan. t.* 31.
Habitat in alpibus Lapponicis, Helveticis, Auſtriacis, Sabaudicis, Hibernicis, Sibiricis, Germanicis. ♃ *Suec. ver. carn. delph.*

694. 1. COMARUM *paluſtre.* Comarum. *Fl. dan. t.* 636.
Quinquefolium paluſtre rubrum. *Bauh. pin.* 325.
Habitat in Europæ *uliginoſis.* Maio. ♃ *Suec. pal. delph. lugd. burg. lugd. lith.*

CLASSIS XIII.

POLYANDRIA.

MONOGYNIA.

* Tetrapetali.

704, PAPAVER.   *Cal.* 2-phyllus. *Capf.* 2-locul. coronata.

703. CHELIDONIUM.   *Cal.* 2-phyllus. *Siliqua.*

699. CAPPARIS.   *Cal.* 4-phyllus. *Bacca* pedicellata, corticofa.

700. ACTÆA.   *Cal.* 4-phyllus. *Bacca* 1-locularis. *Sem.* gemino ordine.

* Pentapetali.

728. CISTUS.   *Capf.* fubrotunda. *Cal.* 5-phylli foliola 2. minora.

730. CORCHORUS.   *Capf.* fub 5-locularis. *Cal.* 5-phyllus, longitudine corollæ, deciduus.

717. TILIA.   *Capf.* 5-locul. coriacea, 1-fperma. *Cal.* deciduus.

* Delphinium Confolida, Ajacis, Aconiti.

* Hexapetali.

705. ARGEMONE.   *Cal.* 3-phyllus. *Capf.* 1-locularis, femivalvis.

* Polypetali.

709. NYMPHÆA.   *Bacca* multilocul. corticofa. *Cal.* magnus.

732. PŒONIA.   *Cal.* 5-phyllus. *Cor.* 5-petala. *Capf.* polyfperma. *Sem.* colorata.

Z ij

T R I G Y N I A.

736. DELPHINIUM. *Cal.* nullus. *Cor.* 5-petala :
supremo petalo cornuto ,
Nectar. 2-fidum, seffile.

737. ACONITUM. *Cal.* nullus. *Cor.* 5-petala ;
supremo galeato. *Nectar.*
2. pedicellata.

* Reseda luteola.

P E N T A G Y N I A.

741. AQUILEGIA. *Cal.* nullus. *Cor.* 5-petala.
Nect. 5. infernè cornuta.

742. NIGELLA. *Cal.* nullus. *Cor.* 5-petala
Nectaria 8. supernè 2-
labiata.

* Aconita nonnulla.

H E X A G Y N I A.

744. STRATIOTES. *Cal.* 3-partitus. *Cor.* 3-pe-
tala. *Bacca* 6-locularis
intra spatham.

P O L Y G Y N I A.

753. ATRAGENE. *Cal.* nullus. *Cor.* 4 - petala
major, interior polypetala.
Sem. plurima , cristata.

754. CLEMATIS. *Cal.* nullus. *Cor.* 4 - petala.
Sem. plurima, aristata.

755. THALICTRUM. *Cal.* nullus. *Cor.* 4-5-petala.
Sem. plurima, submutica,
nuda.

759. ISOPYRUM. *Cal.* nullus. *Cor.* 5-petala ,
decidua. *Nectaria* 5. *Capf.*
polyspermæ.

760. HELLEBORUS. *Cal.* nullus. *Cor.* 5-petala ,
persistens. *Nectaria* plura.
Capf. polyspermæ.

761. CALTHA.   *Cal.* nullus. *Cor.* 5-petala.
                    Capf. plurimæ. *Nectaria*
                    nulla.

751. ANEMONE.   *Cal.* nullus. *Cor.* 6-petala.
                    Sem. plurima.

758. TROLLIUS.   *Cal.* nullus. *Cor.* 14-petala.
                    Nectaria linearia. *Capf.*
                    polyfpermæ.

756. RANUNCULUS.   *Cal.* 5-phyllus. *Cor.* 5-petala.
                    Sem. plurima. *Petala* un-
                    gue nectarifero.

755. ADONIS.   *Cal.* 5-phyllus. *Cor.* 5. f.
                    10-petala. *Sem.* plurima,
                    angulata, corticata.

* *Nigellæ nonnullæ.*

POLYANDRIA.

MONOGYNIA.

Gen. 699. 1. CAPPARIS *spinosa.* C. pedunculis unifloris, solitariis; stipulis spinosis; foliis annuis; capsulis ovalibus. *Blackw.* t. 417.

C. spinosa, fructu minore; folio rotundo. *Bauh. pin.* 480.
Habitat in Europæ australis & Orientis *ruderatis, muris.* ♄

700. 1. ACTÆA *spicata.* A. *nigra.* A racemo ovato; fructibus baccatis. *Fl. dan.* t. 489.

Aconitum bacciferum. *Bauh. pin.* 183.
Habitat in nemoribus Europæ. Maio. ♃ *Suec. parif. ged. pal. delph. lith. burg.*

703. 1. CHELIDONIUM *majus.* C. pedunculis umbellatis. *Fl. dan.* t. 676.

C. majus vulgare. *Bauh. pin.* 144.
Habitat in Europæ *ruderatis.* Aprili. ♃ *Pal. delph. lugd. burg. lith. parif.*

2. CHELIDONIUM *Glaucium.* C. pedunculis unifloris; foliis amplexicaulibus sinuatis; caule glabro. *Oed. dan.* t. 585.
Papaver corniculatum luteum. *Bauh. pin.* 171.
Habitat in Angliæ, Helvetiæ, Galliæ, Italiæ, Virginiæ *arenosis.* Maio. ☉ *Delph. burg. parif.*

3. CHELIDONIUM *corniculatum.* C. pedunculis unifloris; foliis sessilibus, pinnatifidis; caule hispido.
Papaver corniculatum, phœniceum, hirsutum. *Bauh. pin.* 171.
Habitat in Hungaria, Bohemia, Austria, Monspelii. ☉ *Delph. Monsp.*

PAPAVER.

* CAPSULIS HISPIDIS.

704. 1. PAPAVER *hybridum.* P. capsulis subglobosis, torosis, hispidis; caule folioso, multifloro.

Argemone capitulo breviore. *Bauh. pin.* 172.
Habitat in Europa *australiore.* ☉ *Delph. burg.*

2. PAPAVER *Argemone.* P. capsulis clavatis, hispidis; caule folioso, multifloro.

Argemone capitulo longiore. *Bauh. pin.* 172. *Lob. ic.* 276.
. *Habitat in* Europæ *campis arenosis.* Junio. ⊙ *Ged. pal. delph.
burg. lith. lugd.*

3. PAPAVER *alpinum.* P. capsulâ hispidâ; scapo unifloro, nudo,
hispido; foliis bipinnatis. *Jacq. austr.* t. 83.
Argemone Alpina , Coriandri folio. *Bauh. pin.* 172.
Habitat in Helvetia , *Schneeberg* Austriæ , Pyrenæis. ♃ *Delph.*

* * CAPSULIS GLABRIS.

5. PAPAVER *Rhoeas.* P. capsulis glabris , globosis ; caule
piloso , multifloro ; foliis pinnatifidis , incisis.
P. erraticum majus. *Bauh. pin.* 171.
β. P. erraticum , pleno flore. *Bauh. pin.* 171.
Habitat in Europæ *arvis , agris.* Junio. ⊙ *Pal. delph. lugd. lith.
burg. suec. paris.*

6. PAPAVER *dubium.* P. capsulis oblongis , glabris ; caule
multifloro , setis adpressis ; foliis pinnatifidis , incisis. *Jacq.
austr.* t. 25.
Habitat inter segetes Europæ *septentrionalioris.* Junio. ⊙ *Succ.
pal. lith. burg.*

7. PAPAVER *somniferum.* P. calycibus capsulisque glabris ;
foliis amplexicaulibus , incisis.
P. hortense , semine nigro. *Bauh. pin.* 170.
Habitat in Europæ *australioris rudcratis.* ⊙ *Delph. burg.*

9. PAPAVER *Orientale.* P. capsulis glabris; caulibus unifloris,
scabris , foliosis ; foliis pinnatis , serratis.
Habitat in Oriente.

1. ARGEMONE *Mexicana.* A capsulis sexvalvibus ;
foliis spinosis. *Kniph. cent.* 5. n. 16.   705.

Papaver spinosum. *Bauh. pin.* 171.
. *Habitat in* Mexico, Jamaïca , Caribæis , *nunc in* Europa *australi.* ♂

1. NYMPHÆA *lutea.* N. foliis cordatis , integerrimis ;   709.
calyce petalis majore, pentaphyllo. *Fl. dan.* t. 603.

Habitat ad Europæ *littora , sub dulci aqua.* Junio. ♃ *Suec.
paris. pal. delph. lugd. burg. lith.*

2. NYMPHÆA *alba.* N. foliis cordatis , integerrimis ; calyce
quadrifido. *Fl. dan.* t. 602.
N. alba major. *Bauh. pin.* 193.
Habitat in Europæ & Americæ *aquis dulcibus.* Junio. ♃ *Pal.
delph. lugd. lith. paris.*

1. TILIA *europæa.* T. floribus nectario destitutis. *Fl.   7...
dan.* t. 553.

Z iv

Gen.

ϒ. femina, folio majore. *Bauh. pin.* 426. *Blackw. t.* 969. *Habitat in* Europæ pratis. Julio. ♄ *Pal. delph. lugd. burg. lith.*

CISTUS.

* EXSTIPULATI FRUTICOSI.

748.

5. CISTUS *ladaniferus*. C. arborescens, exstipulatus ; foliis lanceolatis, suprà lævibus ; petiolis basi coalitis, vaginantibus.
C. ladanifera hispanica, incana. *Bauh. pin.* 467.
Habitat in Hispaniæ, Lusitaniæ *collibus.* ♄ *Monsp.*

6. CISTUS *Monspeliensis*. C. arborescens, exstipulatus ; foliis lineati-lanceolatis, sessilibus, utrinque villosis, trinerviis.
C. ladanifera Monspeliensium. *Bauh. pin.* 467.
Habitat in G. Narbonensi & Regno Valentino. ♄ *Monsp. delph.*

7. CISTUS *salvifolius*, C. arborescens, exstipulatus ; foliis ovatis, petiolatis, utrinque hirsutis.
C. femina, folio Salviæ. *Bauh. pin.* 464.
Habitat in Italia, Sicilia, Narbona, Helvetia, Carniolia. ♄ *Scop. carn. delph.*

10. CISTUS *albidus*. C. arborescens, exstipulatus ; foliis ovato-lanceolatis, tomentosis, incanis, sessilibus, subtrinerviis.
C. mas, folio oblongo, incano. *Bauh. pin.* 464.
Habitat in G. Narbonensi, Hispania. ♄ *Monsp. delph.*

11. CISTUS *crispus*. C. arborescens, exstipulatus ; foliis lanceolatis, pubescentibus, trinerviis, undulatis.
C. mas, foliis chamædryos. *Bauh. pin.* 464.
C. ladanifera. *Blackw. t.* 197.
Habitat in Lusitania. ♄ *Monsp.*

* * EXSTIPULATI SUFFRUTICOSI.

14. CISTUS *umbellatus*. C. suffruticosus procumbens, exstipulatus ; foliis oppositis, linearibus ; floribus umbellatis.
C. Ledon, foliis Thymi. *Bauh. pin.* 467.
Habitat in Gallia, Hispania. ♄ *Burg. paris.*

15. CISTUS *lævipes*. C. suffruticosus ascendens, exstipulatus ; foliis alternis, fasciculatis, filiformibus, glabris ; pedunculis racemosis. *Jacq. hort. t.* 158.
C. humilis massiliotica, Camphoratæ tenuissimis foliis glabris. *Pluck. alm.* 107. t. 84. f. 6.
Habitat Monspelii. ♄ *Delph.*

17. CISTUS *Fumana*. C. suffruticosus, procumbens, exstipulatus ; foliis alternis, linearibus, margine scabris ; pedunculis unifloris. *Jacq. austr. t.* 252.
C. minor, brevi vermiculatoque folio, Hispanicus. *Barr. ic.* 285.

Habitat in Gallia, Gotlandia, Helvetia. Julio. ♄ *Carn, auſtr. delph. burg. lugd. monſp.*

18. CISTUS *canus*. C. ſuffruticoſus, procumbens, exſtipu-latus; foliis oppoſitis, obovatis, villoſis, ſubtus tomentoſis; floribus ſubumbellatis. *Jacq. auſtr.* t. 277.
Chamæ Ciſtus; foliis Myrti minoris, incanis. *Bauh. pin.* 466.
Habitat in G. Narbonenſi, Hiſpania. ♄ *Carn. delph.*

19. CISTUS *Italicus*. C. ſuffruticoſus, exſtipulatus; foliis oppoſitis, hiſpidis; inferioribus ovatis, ſuperioribus lan-ceolatis; ramis patentibus.
Helianthemum, Serpilli folio villoſo, flore pallido, Italicum. *Barr. rar.* 510. t. 366.
Habitat in Italia. ♄ *Delph.*

20. CISTUS *mariſolius*. C. ſuffruticoſus, exſtipulatus; foliis oppoſitis, oblongis, petiolatis, planis, ſubtus incanis.
Helianthemum luteum, Thymi durioris folio. *Barr. rar.* 521. t. 441.
Habitat Maſſiliæ, Veronæ, *in* Helvetia. ♄ *Delph.*

22. CISTUS *Œlandicus*. C. ſuffruticoſus, procumbens, exſtipu-latus; foliis oppoſitis, oblongis, utrinque glabris; petio-lis ciliatis; petalis emarginatis. *Jacq. auſtr.* t. 399.
Habitat in rupibus Galliæ, Œlandiæ, Helvetiæ, Auſtriæ. ♄ *Delph.*

* * * *EXSTIPULATI HERBACEI.*

24. CISTUS *guttatus*. C. herbaceus, exſtipulatus; foliis oppo-ſitis, lanceolatis, trinerviis; racemis ebracteatis.
C. flore pallido, punicante maculâ inſignito. *Bauh. pin.* 465.
Habitat in G. Narbonenſi, Italia, Anglia. Junio. ☉ *Delph. lugd. monſp. pariſ.*

* * * * *STIPULATI HERBACEI.*

26. CISTUS *ledifolius*. C. herbaceus, erectus, glaber, ſtipu-latus; floribus ſolitariis, ſubſeſſilibus, folio ternato oppo-ſitis.
C. Ledi folio. *Bauh. pin.* 465.
Habitat Monſpelii. ☉ *Monſp.*

* * * * * *STIPULATI SUFFRUTICOSI.*

37. CISTUS *piloſus*. C. ſuffruticoſus, ſtipulatus, erectiuſcu-lus; foliis linearibus, ſubtus biſulcatis, incanis; calycibus lævibus.
Chamæ Ciſtus, foliis Thymi incanis. *Bauh. pin.* 466.
Habitat in Gallia. Junio. ♄ *Monſp. lugd. burg.*

39. CISTUS *Helianthemum*. C. ſuffruticoſus procumbens; ſtipulis lanceolatis; foliis oblongis, revolutis, ſubpiloſis. *Fl. dan.* t. 101.

Gen.

Chamæ Ciſtus vulgaris ; flore luteo. *Bauh. pin.* 465. *Læſ. pruſſ.* 43. t. 8.
Habitat in Europæ *paſcuis ſiccis.* Julio. ♄ *Ged. pal. delph. lugd. burg. lith.*

40. Cistus *hirtus.* C. ſuffruticoſus , ſtipulatus ; foliis ovatis ; calycibus hiſpidis. *Kniph. cent.* 12. n. 28.
Helianthemum , anguſto Serpilli folio , villoſum , flore aureo , Italicum. *Barr. rar.* 511. t. 488.
Habitat in Hiſpania , Narbona. ♄ *Delph. monſp.*

41. Cistus *Apenninus.* C. ſuffruticoſus , ſtipulatus , patulus ; foliis lanceolatis , hirtis.
Helianthemum ſaxatile ; foliis & caulibus incanis , oblongis ; floribus albis. *Mentz. pug.* 8. f. 3. *Dill. eith.* 170.
Habitat in Apenninis , Italiæ *montibus.* ♄ *Delph. burg.*

730. 1. CORCHORUS *olitarius.* C. capſulis oblongis , ventricoſis , foliorum ſerraturis infimis , ſetaceis.
Habitat in Aſia , Africa , America. ☉

D I G Y N I A.

732. 1. PÆONIA *officinalis.* P. foliolis oblongis. *Regn. bot.*

α. Pæonia *officinalis feminea.*
P. radice glanduloſa ; foliis duplicato-pinnatis ; pinnis ellipticis & trilobis. *Hall. helv.* n. 1187.
P. communis ſ. femina. *Bauh. pin.* 323. *Blackw.* t. 65.
β. Pæonia *offic. maſcula.*
P. foliis lobatis ex ovato-lanceolatis. *Hall. helv. prim.* 311.
Habitat in nemoribus montium Idæ , Helvetiæ. ♃ *Monſp.*

T R I G Y N I A.

D E L P H I N I U M.

* U N I C A P S U L A R E S.

736. 1. DELPHINIUM *Conſolida.* D. nectariis monophyllis ; caule ſubdiviſo. *Fl. dan.* 683.
Conſolida regalis arvenſis. *Bauh. pin.* 142. *Tabernæm.* 62.
Habitat in agris Europæ *reſtibilibus.* Junio. ☉ *Suec. pariſ. pal. delph. burg. lugd. lith*

2. Delphinium *Ajacis.* D. nectariis monophyllis ; caule ſimplici.
Conſolida regalis flore majore & multiplici. *Bauh. pin.* 142.
Habitat in Helvetia *ad maceries , circa* Herborn *in* Germania , *quaſi ſponte.* Leers *herb.* n. 411. ☉

** *TRICAPSULARES.*

7. DELPHINIUM *elatum.* D. nectariis diphyllis, labellis, bifidis, apice barbatis; foliis incifis; caule erecto. *Kniph. cent.* 6. n. 35.

Habitat in Sibiria, Helvetia, Silefia. ♃ *Delph.*

8. DELPHINIUM *Staphifagria.* D. nectariis tetraphyllis petalo brevioribus; foliis palmatis, lobis obtufis. *Regn. bot.*

Staphifagria. *Bauh. pin.* 324. *Dod. pempt.* 366. *Blackw.* t. 265.

Habitat in Iftria, Dalmatia, Calabria, Apulia, Creta, Gallo-provincia.

ACONITUM.

* *TRICAPSULARES.*

1. ACONITUM *Lycoctonum.* A. foliis palmatis, mul-   737.
tifidis, villofis. *Jacq. auftr.* t. 380.

A. lycoctonum luteum. *Bauh. pin.* 183.

Habitat in alpibus Lapponiæ, Helvetiæ, Auftriæ, Italiæ. Julio. ♃ *Carn. delph. burg.*

2. ACONITUM *Napellus.* A. foliorum laciniis linearibus, fupernè latioribus, lineâ exaratis. *Jacq.* t. 381.

Habitat in Helvetia, Bavaria, Gallia, Germania. Julio. ♃ *Succ. delph. burg. lugd.*

** *QUINQUECAPSULARES.*

4. ACONITUM *Anthora.* A. floribus pentagynis; foliorum laciniis, linearibus. *Jacq. auftr.* t. 382.

A. falutiferum f. Anthora. *Bauh. pin.* 184.

Habitat in alpibus Pyrenæis, Helveticis, Taurinis, Allobrogicis. ♃ *Delph.*

5. ACONITUM *variegatum.* A. floribus pentagynis; foliorum laciniis, femipartitis, fupernè latioribus.

A. cæruleum minus f. Napellus minor. *Bauh. pin.* 183.

Habitat in Italiæ, Bohemiæ *montibus.* ♃ *Delph.*

6. ACONITUM *Cammarum.* A. floribus fubpentagynis; foliorum laciniis, cuneiformibus, incifis, acutis.

A. violaceum f. Napellus. 2. *Bauh. pin.* 183.

Habitat in Stiria, Taurero. ♃ *Delph.*

PENTAGYNIA.

2. AQUILEGIA *vulgaris.* A. nectariis incurvis. *Fl.*   745.
dan. t. 695.

A. fylveftris. *Bauh. pin.* 144.

β. A. hortenfis fimplex. *Bauh. pin.* 144.

γ. A. hortenfis multiplex, flore magno. *C. B.* 144.

Gen.

♂. A. hortenſis multiplex, flore inverſo. *C. B.* 144.
♀. A. flore roſeo multiplici. *C. B.* 144.
☿. A. degener vireſcens. *Bauh. pin.* 144.
Habitat in Europæ *nemoribus ſaxoſis.* Maio. ♃ *Suec. pal. delph. lugd. burg. lith.*

3. AQUILEGIA *Alpina.* A. nectariis rectis, petalo lanceolato brevioribus.

A. montana, magno flore. *Bauh. pin.* 144.
Habitat in Helvetia. ♂ *Delph.*

NIGELLA.

* PENTAGYNÆ.

742.

1. NIGELLA *Damaſcena.* N. floribus involucro folioſo cinctis. *Blackw.* t. 558.

N. anguſtifolia, flore majore, ſimplici, cæruleo. *Bauh. pin.* 145.
Habitat inter ſegetes Europæ *auſtralis.* ⊙

2. NIGELLA *ſativa.* N. piſtillis quinis; capſulis muricatis; ſubrotundis; foliis ſubpiloſis.
N. flore minore, ſimplici, candido. *Bauh. pin.* 145.
N. flore minore, pleno & albo. *Bauh. pin.* 146.
Habitat in Germania, Ægypto, Creta. ⊙

3. NIGELLA *arvenſis.* N. piſtillis quinis; petalis integris; capſulis turbinatis.
N. arvenſis cornuta. *Bauh. pin.* 145.
Habitat in Germaniæ, Galliæ, Italiæ *agris.* Junio. ⊙ *Pal. delph. lugd. burg. lith. pariſ.*

* * DECAGYNÆ.

4. NIGELLA *Hiſpanica.* N. piſtillis denis corollam æquantibus.
N. latifolia, flore majore, ſimplici, cæruleo. *Bauh. pin.* 145.
prodr. 75. *Moriſ. hiſt.* 3. p. 516. ſ. 12. t. 18. f. 8.
Habitat in Hiſpania, Monſpelii. ⊙ *Monſp.*

HEXAGYNIA.

744.

1. STRATIOTES *Aloïdes.* S. foliis enſiformi-triangulis, ciliato-acuieatis. *Fl. dan.* t. 337.

Stratiotes militaris aizoïdes. *Lob. hiſt.* 904.
Aloe paluſtris. *Bauh. pin.* 236.
Habitat in Europæ *ſeptentrionalis aquis pigris, puris.* ♃ *lith. burg.*

Gen.

POLYGYNIA.

ANEMONE.

* *HEPATICÆ FLORE SUBCALYCULATO.*

ANEMONE *Hepatica.* A. foliis trilobis, integer- 734
rimis. *Fl. dan.* t. 610.

Trifolium hepaticum, flore fimplici & pleno. *Bauh. pin.* 330.
Habitat in Europæ *nemoribus lapidofis.* Aprili. ♃ *Pal. delph.
lugd. burg. lith.*

** PULSATILLÆ *PEDUNCULO INVOLUCRATO, SEMI-
NIBUS CAUDATIS.*

2. ANEMONE *patens.* A. pedunculo involucrato; foliis digi-
tatis, multifidis.
Pulfatilla folio Anemones fecundæ f. fubrotundo. *Bauh. pin.*
94. *prodr.* 94.
Habitat in Tobolsko Sibiriæ, Lufatia *inferiore*, Gedani,
Silefia, *fylvis arenofis.* Aprili. ♃ *Ged. fil. lith.*

3. ANEMONE *vernalis.* A. pedunculo involucrato; foliis pin-
natis; flore erecto. *Oed. dan.* t. 29.
Pulfatilla Apii folio, vernalis; flore majore. *Bauh. pin.* 177.
Helw. pulf. 63 t. 9.
Habitat in Sueciæ, Helvetiæ, Germaniæ *fylvis fteriliffimis.*
Aprili. ♃ *Pal. ged. delph. lith.*

6. ANEMONE *Pulfatilla.* A. pedunculo involucrato; petalis
rectis; foliis bipinnatis. *Fl. dan.* t. 153.
Pulfatilla folio craffiore & majore & flore. *Bauh. pin.* 177.
Helw. pulf. 62. t. 8.
Habitat in campis fylveftribus exaridis collibufque apricis Europæ
borealis. Aprili. *Pal. delph. burg. lugd. lith. parif.*

7. ANEMONE *pratenfis.* A. pedunculo involucrato; petiolis
apice reflexis; foliis bipinnatis. *Fl. dan.* t. 611.
Pulfatilla flore minore nigricante. *Bauh. pin.* 177. *Helw. pulf.*
66. t. 12.
Habitat in Scaniæ, Germaniæ *campis pratenfibus apricis,
aridis.* Aprili. ♃ *Ged. lith. fuec.*

*** ANEMONES *CAULE FOLIOSO, SEMINIBUS CAU-
DATIS.*

8. ANEMONE *alpina.* A. foliis caulinis ternis, connatis,
fupradecompofitis, multifidis; feminibus hirfutis, caudatis. *Jacq. auftr.* t. 85.
Pulfatilla flore albo. *Bauh. pin.* 177. *Lob. ic.* 182.

Gen.

Habitat in alpibus Styriacis, Helveticis, Austriacis, Silesiacis, Hyrcinicis. ♃ *Sil. delph. burg.*

9. ANEMONE *coronaria.* A. foliis radicalibus ternato-decompofitis; involucro foliofo.
A. tenuifolia, fimplici flore. *Bauh. pin.* 174. n. 2. 3. 4. 5. 6. 7. 8. 9. 10. 11. 12.
Habitat in Oriente, Conftantinopoli *allata.* ♃

10. ANEMONE *hortenfis.* A. foliis digitatis; feminibus lanatis.
A. hortenfis latifolia. *Bauh. pin.* 176.
Habitat in Italia, Helvetia. ♃

* * * * ANEMONOIDEÆ *FLORE NUDO, SEMINIBUS ECAUDATIS.*

23. ANEMONE *fylveftris.* A. pedunculo nudo; feminibus fubrotundis, hirfutis, muticis.
A. fylveftris alba, major. *Bauh. pin.* 176.
Habitat in Germania, Helvetia, &c. Maio. ♃ *Pal. delph. lith.*

18. ANEMONE *trifolia.* A. foliis ternatis, ovatis, integris; ferratis; caule unifloro.
A. trifolia. *Dod. pempt.* 436.
Habitat in Gallia. ♃ *Parif. carn.*

20. ANEMONE *nemorofa.* A. feminibus acutis; foliolis incifis; caule unifloro. *Oed. dan.* t. 549.
A. nemorofa, flore majore. *Bauh. pin.* 176.
Habitat in Europæ *afperis, duris nemoribus.* Aprili. ♃ *Suec. parif. pal. delph. burg. lith. lugd.*

22. ANEMONE *ranunculoides.* A. feminibus acutis; foliolis incifis; petalis fubrotundis; caule fubbifloro. *Fl. dan.* t. 140.
Ranunculus nemorofus, luteus. *Bauh. pin.* 178.
Habitat in Europæ *borealis pratis nemorofis.* Aprili. ♃ *Suec. parif. pal. delph. lugd. lith. burg.*

753.

1. ATRAGENE *alpina.* A. foliis duplicato-ternatis; ferratis; petalis exterioribùs quaternis. *Jacq. auftr.* t. 241.

Clematis alpina geranifolia. *Bauh. pin.* 300. *Pluck. alm.* 109. t. 84. f. 7.
Habitat in Baldi, Auftriæ, Sibiriæ, alpibus. ♄ ♃ *Delph.*

CLEMATIS.

* *SCANDENTES.*

754.

2. CLEMATIS *Viticella.* C. foliis compofitis decompofitifque; tifoliolis ovatis, fublobatis, integerrimis. *Kniph. cent.* 11. n. 30.

Gen.

.C. cærulea, flore pleno. *Bauh. pin.* 300.
Habitat in Italiæ, Hispaniæ *sepibus. Carn.*

8. CLEMATIS *Vitalba.* C. foliis pinnatis; foliolis cordatis,
scandentibus. *Jacq. austr.* t. 308.
Vitalba. *Dod. pempt.* 404.
Habitat in sepibus Europæ *australis.* Julio. ♃ *Monsp. pal. delph.*
lugd. burg.

9. CLEMATIS *Flammula.* C. foliis inferioribus, pinnatis,
laciniatis; summis simplicibus integerrimis, lanceolatis.
C. Flammula repens. *Bauh. pin.* 300.
Flammula. *Dod. pempt.* 404.
Habitat in Monspelii, Ienæ, *inque* Rhetiæ *sepibus. Monsp.*
delph.

** E R E C T Æ.

11. CLEMATIS *erecta.* C. foliis pinnatis; foliolis ovato-
lanceolatis, integerrimis; caule erecto; floribus pentape-
talis tetrapetalisque. *Jacq. austr.* t. 201.
Flammula recta. *Bauh. pin.* 300.
Habitat in collibus Austriæ, Pannoniæ, Tartariæ, Monspelii,
Helvetiæ. ♃ *Monsp. delph.*

2. THALICTRUM *fœtidum.* T. caule panniculato filiformi, ramosissimo, folioso.

755.

T. minimum fœtidissimum. *Bauh. pin.* 337. *Pluck. alm.* 367.
t. 65. f. 4.
Habitat Monspelii *inque* Vallesia, Helvetia. ♃ Odor *hircosus.*
Delph.

6. THALICTRUM *minus.* T. foliis sexpartitis; floribus cernuis.
Fl. dan. t. 244. & t. 732.
T. minus. *Bauh. pin.* 335. *Dod. pempt.* 358.
Habitat in Europæ *pratis.* Maio. ♃ *Ged. pal. delph. lugd. lith. paris.*

9. THALICTRUM *angustifolium.* T. foliolis lanceolato - linearibus, integerrimis.
T. pratense, angustissimo folio. *Bauh. pin.* 337. *prodr.* 146.
t. 146. *Pluck. alm.* 364. t. 65. f. 6.
Habitat in Germania *rarius.* Junio. ♄ *Monsp. ged. pal. delph.*

10. THALICTRUM *flavum.* T. caule folioso, sulcato; panicula
multiplici, erecta.
T. majus siliqua angulosa s. striata. *Bauh. pin.* 336.
T. magnum. *Dod. pempt.* 58.
Habitat in Europæ *septentrionalioris subhumidis,* β. *in* Hispania.
Julio. ♃ *Suec. paris. ged. pal. delph. lugd. burg.*

12. THALICTRUM *lucidum.* T. caule folioso, sulcato; foliis
linearibus, carnosis.
T. minus lucidum, libanotidis coronariæ foliis. *Pluck. alm.*
363. t. 65. f. 5.
Habitat Parisiis & in Hispania. *Paris. burg.*

Gen.

13. THALICTRUM *aquilegifolium.* T. fructibus pendulis, triangularibus , rectis ; caule tereti. *Jacq. auftr. t. 318.*
     T. majus ; florum ftaminibus purpurafcentibus. *Bauh. pin.* 337.
     Habitat in Scania, Helvetia, Auftria, Gedani ; Ingria. ♃
     Delph. lith. fuec.

756.

1. ADONIS *æftivalis.* A. floribus pentapetalis ; fructibus ovatis.

     A. fylveftris ; flore phœniceo , ejufque foliis longioribus. *Bauh. pin.* 178.
     Habitat inter fegetes Europæ auftralis. Maio. ☉ *Pal. fil. lugd. burg.*

     2. ADONIS *autumnalis.* A. floribus octopetalis ; fructibus fubcylindricis.
     A. hortenfis, flore minore atro-rubente. *Bauh. pin.* 178.
     Habitat inter fegetes Europæ auftralis. ☉ *Carn. parif. monfp.*

     3. ADONIS *vernalis.* A. flore dodecapetalo ; fructu ovato. *Blackw. t.* 504.
     Habitat in Œlandiæ, Boruffiæ, Bohemiæ, Germaniæ, Helvetiæ, *collibus apricis.* Aprili. ♃ *Carn. fil. delph. fuec.*

     4. ADONIS *Apennina.* A. floribus pentadecapetalis , fructu ovato. *Kniph. cent.* 3. n. 2.
     Habitat in Sibiria, Appenninis, Pyreneis. Julio. ♃

RANUNCULUS.

* FOLIIS SIMPLICIBUS.

757.

1. RANUNCULUS *Flammula.* R. foliis ovato - lanceolatis petiolatis ; caule declinato. *Fl. dan. t.* 575.
     R. longifolius paluftris , minor. *Bauh. pin.* 180.
     Flammula Ranunculus. *Dod. pempt.* 432.
     Habitat in Europæ *pafcuis udis.* Julio. ♃ *Suec. parif. pal. ged. delph. burg. lugd. lith.*

     2. RANUNCULUS *reptans.* R. foliis linearibus ; caule repente. *Fl. Lapp.* 236. t. 3. f. 5.
     Habitat in Suecia , Ruffia , Helvetia , Germania ad ripas lacuum, antecedenti valde affinis ; & forte varietas. Junio. *Suec. delph. lith.*

     3. RANUNCULUS *Lingua.* R. foliis lanceolatis ; caule erecto. *Fl. dan. t.* 755.
     R. longifolius paluftris , major. *Bauh. pin.* 34.
     Habitat in Europæ borealis foffis, aquis limofis. Junio. ♃ *Suec. parif. ged. pal. auftr. delph. lugd. lith. burg.*

     4. RANUNCULUS *nodiflorus.* R. foliis ovatis , petiolatis ; floribus feffilibus.

R.

R. parisiensis pumilus, Plantaginellæ folio. *Vaill. act.* 1719.　Gen.
　p. 52. t. 4. f. 4.
Habitat Parisiis & *in Siciliæ locis paludosis.*

5. RANUNCULUS *gramineus.* R. foliis ovato-linearibus, indi
　visis; caule erecto, lævissimo, paucifloro.
R. gramineo folio, bulbosus. *Bauh. pin.* 181.
Habitat in Galliæ *pratis nudis.* ♃ *Delph. burg. parif.*

6. RANUNCULUS *pyrenæus.* R. foliis linearibus indivisis;
　caule erecto, striato, subbifloro. *Jacq. miscel. austr.* 1. p. 154.
　t. 18. f. 1.
R. alpinus pumilus; gramineo folio; flore albo. *Tournef.*
　inst. 292.
Habitat in Pyrenæis. *Gouan.* ♃ *Delph. helv. prov.*

7. RANUNCULUS *parnassifolius.* R. foliis subovatis, nervosis,
　lineatis, integerrimis, petiolatis; floribus umbellatis.
R. montanus, graminis parnassifolio. *Tourn. inst.* 286.
Habitat in Europa *australi*, Pyrenæis, Helvetia. *Delph.*

8. RANUNCULUS *amplexicaulis.* R. foliis ovatis, acuminatis,
　amplexicaulibus; caule multifloro; radice fasciculatâ. *Kniph.*
　cent. 2. n. 66.
R. montanus; folio Plantaginis. *Bauh. pin.* 180. *Morif. hist.*
　2. p. 444. f. 4. t. 30. f. 36.
Habitat in Helvetia, Pyrenæis, Appenninis. ♃ *Monsp.*

10. RANUNCULUS *Ficaria.* R. foliis cordatis, angulatis, petio
　latis; caule unifloro. *Oed. dan.* t. 499.
Chelidonia rotundifolia, minor. *Bauh. pin.* 309.
Habitat in Europæ *ruderatis, umbrosis, spongiosis.* Mattio. ♃
　Suec. parif. pal. delph. burg. lugd. lith.

11. RANUNCULUS *Thora.* R. foliis reniformibus, subtrilobis,
　crenatis; caulino sessili; floribus lanceolatis; caule subbi
　floro. *Jacq. Fl. austr.* t. 442.
Aconitum pardalianches 1, f. Thora major. *Bauh. pin.* 184.
Habitat in alpibus Helveticis, Pyrenaicis. ♃ *Carn. delph. burg.*

* * *FOLIIS DISSECTIS ET DIVISIS.*

13. RANUNCULUS *cassubicus.* R. foliis radicalibus, subrotundo
　cordatis, crenatis; caulinis digitatis, dentatis; caule multi
　floro.
Habitat in Cassubia, Sibiria, Gedani. ♃ *Lith.*

14. RANUNCULUS *auricomus.* R. foliis radicalibus, renifor
　mibus, crenatis, incisis; caulinis digitatis, linearibus; caule
　multifloro. *Fl. dan.* t. 665.
Habitat in Europæ *pascuis humidiusculis.* Aprili. ♃ *Suec. parif.*
　pal. lith. burg.

16. RANUNCULUS *sceleratus.* R. foliis inferioribus palmatis;
　summis digitatis; fructibus oblongis. *Fl. dan.* t. 571.

R. paluftris, Apii folio, lævis. *Bauh. pin.* 180.

R. fylveftris 1. *Dod. pempt.* 426.

Habitat ad Europæ *foffas & paludes.* Maio. ⊙ *Suec. parif. ged. pal. delph. burg. lugd. lith.*

17. RANUNCULUS *aconitifolius.* R. foliis omnibus quinatis, lanceolatis, incifo-ferratis.

R. montanus, aconiti folio, albus; flore minore. *Bauh. pin.* 182.

Habitat in Alpibus *helveticis, auftriacis,* Pyrenæis, *Horto Dei.* Maio. ♃ *Suec. carn. auftr. pal. delph. burg. lugd.*

18. RANUNCULUS *platanifolius.* R. foliis palmatis, lævibus, incifis; caule erecto; bracteis linearibus. *Oed. dan.* t. 111.

R. montanus, Aconiti folio; flore majore. *Bauh. pin.* 182.

Habitat in Germaniæ, Italiæ *Alpinis,* & Pirenæis. ♃ *Delph. lugd.* flos albus.

19. RANUNCULUS *Illiricus.* R. foliis ternatis, integerrimis, lanceolatis. *Jacq. auftr.* t. 222.

R. lanuginofus anguftifolius; grumofâ radice, major & minor. *Bauh. pin.* 181.

Habitat in Œlandia, Hungaria, Narbona, Italia, Auftria. ♃

20. RANUNCULUS *Afiaticus.* R. foliis ternatis, biternatifque; foliolis trifidis, incifis; caule infernè ramofo.

R. grumofâ radice, ramofus. *Bauh. pin.* 181. Plur. varietates.

Habitat in Afia & Mauritania. ♃

21. RANUNCULUS *rutæfolius.* R. foliis fupradecompofitis; caule fimpliciffimo, unifolio, unifloro; radice tuberofâ.

R. rutaceo folio; flore fuave rubente. *Bauh. pin.* 181. *Morif. hift.* 2. p. 448. f. 4. t. 31. f. 54.

Habitat in Alpibus Auftriæ, Delphinatûs, Helvetiæ. ♃ Flos albus.

22. RANUNCULUS *glacialis.* R. calycibus hirfutis; caule bifloro; foliis multifidis. *Oed.* t. 19.

Habitat in Alpibus Lapponiæ, Helvetiæ, Delphinatûs. ♃

23. RANUNCULUS *nivalis.* R. calyce hirfuto; caule unifloro, foliis radicalibus palmatis; caulinis multipartitis, feffilibus. *Fl. lapp.* 232. t. 3. f. 2. *Jacq. auftr.* t. 325. 326.

Habitat in Alpibus Lapponiæ, Helvetiæ. ♃ *Carn. delph.*

24. RANUNCULUS *alpeftris.* R. foliis radicalibus fubcordatis, obtufis, tripartitis; lobis trilobatis; caulino lanceolato, integerrimo; caule fubunifloro. *Jacq. auftr.* t. 110.

R. Alpinus humilis, rotundifolius; flore majore & minore. *Bauh. pin.* 181.

R. Alpinus humilis, albus; folio fubrotundo. *Segu. ver.* 1. p. 489. t. 12. f. 1.

Habitat in alpibus Auftriacis, Helveticis. ♃ *Burg.*

26. RANUNCULUS *Monfpeliacus.* R. foliis tripartitis, crenatis; caule fimplici, villofo, fubnudo, unifloro.

R. faxatilis, magno flore. *Bauh. pin.* 182. *prodr.* 96.

Habitat Monfpelii. *Delph.*

27. RANUNCULUS *bulbosus*. R. calycibus retroflexis; pedun-culis fulcatis; caule erecto, multifloro; foliis compositis. *Fl. dan.* t. 551.
Habitat in Europæ *pratis pascuis.* Maio. ♃ *Suec. parif. ged. pal. lith. burg. lugd.*

28. RANUNCULUS *repens*. R. calycibus patulis; pedunculis fulcatis; farmentis repentibus; foliis compositis. *Blackw.* t. 31. *Fl. dan.* t. 795.
R. pratensis repens, hirsutus. *Bauh. pin.* 179. *Fl. lapp.* 230.
Habitat in Europæ *cultis.* Aprili. ♃ *Suec. ged. pal. delph. lugd. burg. lith.* An varietas prioris?

29. RANUNCULUS *polyanthemos*. R. calycibus patulis; pedun-culis fulcatis; caule erecto; foliis multipartitis.
R. polyanthemos simplex. *Loc. ic.* 666.
Habitat in Europæ *borealis graminosis.* Maio. ♃ *Suec. pal. fil. lith.*

30. RANUNCULUS *acris*. R. calycibus patulis; pedunculis tere-tibus; foliis tripartito-multifidis; summis linearibus.
R. pratensis erectus, acris. *Bauh. pin.* 178.
R. hortensis. *Dod. pempt.* 426.
Habitat in Europæ *pratis pascuis.* Maio. ♃ *Suec. parif. pal. delph. burg. lugd. lith.*

31. RANUNCULUS *lanuginosus*. R. calycibus patulis; pedun-culis teretibus; caule petiolisque hirsutis; foliis trifidis, lobatis, crenatis, holosericeis. *Oed. dan.* t. 397.
R. montanus, lanuginosus; foliis Ranunculi pratensis, repens. *Bauh. pin.* 182. *prodr.* 96.
R. nemorosus, hirsutus; foliis Caryophyllatæ. *Læs. pruss.* 220. t. 71.
Habitat Monspelii, *in* Helvetia, Germania, Austria, Carniolia, Lusatia. ♃ *Ged. herb. fil. delph. lith. lugd.*

32. RANUNCULUS *chærophyllus*. R. calycibus retroflexis; pedunculis fulcatis; caule erecto, unifloro; foliis compositis, lineari-multifidis.
R. grumosâ radice; folio Ranunculi bulbosi. *Bauh. pin.* 181. *prodr.* 96.
R. chærophyllos, Asphodeli radice. *Bauh. pin.* 181. *Barr. ic.* 581.
Habitat in Gallia, Italia. Maio. ♃ *Parif. lugd.*

33. RANUNCULUS *parvulus*. R. hirtus; foliis trilobis, incisis; caule erecto, subunifloro.
R. saxatilis minimus, hirsutus. *Bauh. pin.* 182. *prodr.* 96.
Habitat Monspelii, *in* Italia, Russia.

34. RANUNCULUS *arvensis*. R. feminibus aculeatis; foliis supe-rioribus, decompositis, linearibus. *Oed. dan.* 219.
R. arvensis echinatus. *Bauh. pin.* 179.
Habitat in Europæ *australioris agris.* Maio. ☉ *Suec. parif. delph. lith. burg. lugd.*

A a ij

Gen.

35. RANUNCULUS *muricatus.* R. feminibus aculeatis ; foliis
simplicibus, lobatis, obtufis, glabris ; caule diffufo.
R. paluftris echinatus. *Bauh. pin.* 180. *prodr.* 95.
Habitat in Europæ auftralis foffis & humentibus. ☉ *Monfp. delph.*

36. RANUNCULUS *parviflorus.* R. feminibus muricatis ; foliis
simplicibus laciniatis, acutis, hirfutis ; caule diffufo.
R. hirfutus, annuus ; flore minimo. *Plnck. alm.* 311. t. 55. f. 1.
Habitat in Europa auftrali. ☉ *Angl.*

39. RANUNCULUS *falcatus.* R. foliis filiformi-ramofis ; feminibus falcatis ; fcapo nudo, unifloro. *Jacq. auftr.* t. 48.
Melampyrum luteum, minimum. *Bauh. pin.* 234.
Ranunculus ceratocephalus ; feminibus falcatis, in fpicam
adactis. *Morif. hift.* 2. p. 440. f. 4. t. 28. f. 22.
Habitat inter fegetes Europæ auftralis & Orientis. ☉ *Monfp.
delph.*

40. RANUNCULUS *hederaceus.* R. foliis fubrotundis, trilobis,
integerrimis ; caule repente. *Fl. dan.* t. 321.
R. aquaticus, hederaceus, luteus. *Bauh. pin.* 180. *Morif. hift.*
2. p. 441. f. 4. t. 29. f. 29.
Habitat in aquis vadofis Angliæ, Belgii, Germaniæ, Sibiriæ.
Aprili. *Parif. pal. burg. lugd.*

41. RANUNCULUS *aquatilis.* R. foliis fubmerfis, capillaceis,
emerfis, peltatis.
R. aquaticus, folio rotundo & capillaceo. *Bauh. pin.* 180.
β. R. foliis omnibus capillaceis, circumfcriptione rotundis. *Hort.
Cliff.*
R. aquaticus, albus, circinatis, tenuiffime divifis foliis. *Pluck.
alm.* 311. t. 52. f. 2.
Millefolium aquaticum, cornutum, majus. *Bauh. pin.* 141.
γ. R. fluitans, petiolis unifloris ; foliis capillaribus ; laciniis
divergentibus. *Hall. helv.* 1162.
R. aquaticus, capillaceus. *Bauh. pin.* 180.
Millefolium aquaticum, foliis Abrotani, Ranunculi flore &
capitulo. *Bauh. pin.* 141.
δ. R. fluitans, petiolis unifloris ; foliis capillaceis, longiffimis ;
laciniis parallelis. *Hall. helv.* n. 1161. *Oed. dan.* t. 376.
Millefolium aquaticum ; foliis Fœniculi, Ranunculi flore &
capitulo. *Bauh. pin.* 141.
Habitat in Europæ aquis undofis, foffis, rivulis. Junio. *Suec.
auftr. pal. delph. lith. burg. lugd.*

758. I. TROLLIUS *Europæus.* T. corollis conniventibus,
nectariis longitudine ftaminum. *Fl. dan.* 133.

Ranunculus montanus, Aconiti folio ; flore globofo. *Bauh.
pin.* 182.
Ranunculus flore globofo. *Dod. pempt.* 430.
Habitat in Alpibus & Subalpinis Sueciæ, Germaniæ, Angliæ. ♃
Ged. fil. delph. lith. fuec. lugd.

2. ISOPYRUM *thalictroïdes*. I. ſtipulis ovatis; petalis   Gen. 759.
obtuſis. *Jacq. auſtr. t.* 105.

Ranunculus nemoroſus, Thalictri folio. *Bauh. pin.* 178. *Moriſ.*
hiſt. 2. p. 437. ſ. 4. t. 28. f. 12.
Habitat in alpibus Italicis, Gratianopoli, *inque agro Viennenſi*
Carniolæ, *locis umbroſis*; *vernalis. Carn. ſil. delph.*

3. ISOPYRUM *aquilegioïdes*. I. ſtipulis obſoletis.
Aquilegia montana, flore parvo, Thalictri folio. *Bauh. pin.* 144.
prodr. 75. *Mor. hiſt.* 3. p. 458. ſ. 12. t. 11. f. 5.
Habitat in Alpibus Helveticis, Tridentinis, Apenninis.

1. HELLEBORUS *hyemalis*. H. flore folio inſidente.   760.
Blackw. t. 576.

Aconitum unifolium, bulboſum. *Bauh. pin.* 183.
Habitat in Lombardia, Helvetia, Italia, Apenninis, Auſtria. ♃

2. HELLEBORUS *niger*. H. ſcapo ſubbifloro, ſubnudo; foliis
pedatis. *Jacq. auſtr. t.* 201. *Blackw.* t. 506. 507.
H. niger, flore roſeo. *Bauh. pin.* 186.
Habitat in Auſtriæ, Hetruriæ, Apennini *aſperis.* ♃

3. HELLEBORUS *viridis*. H. caule bifido; ramis folioſis ;
bifloris; foliis digitatis. *Jacq. auſtr. t.* 106. *Blackw.*
t. 509. 510.
H. niger hortenſis; flore viridi. *Bauh. pin.* 185.
Habitat in montibus Vignenſibus, Euganeis, rel. ♃ *Sil.*

4. HELLEBORUS *fœtidus*. H. caule multifloro, folioſo; foliis
pedatis. *Blackw.* t. 37.
H. niger fœtidus. *Bauh. pin.* 185.
Habitat. in Germania, Helvetia, Gallia. Aprili. ♂ ♃ *Pariſ.*
monſp. pal. burg. lugd.

1. CALTHA *paluſtris*. *Fl. dan.* t. 668.   761.

C. paluſtris; flore ſimplici. *Bauh. pin.* 276.
γ. Caltha paluſtris; flore pleno. *Bauh. pin.* 276. *Tabernam.*
751.
Habitat in humidiuſculis Europæ. Aprili. ♃ *Suec. pariſ. pal.*
lugd. lith. burg.

CLASSIS XIV.

DIDYNAMIA,

GYMNOSPERMIA.

* *Calyces fubquinquefidi.*

780. LEONURUS.   *Antheræ.* punctis offeis adfperfæ.

773. GLECOMA.   *Antherarum* paria cruciata.

767. HYSSOPUS,   *Filam.* diftantia, recta. *Cor.* ringens.

771. MENTHA.   *Filam.* diftantia, recta. *Cor.* fubæqualis.

770. SIDERITIS.   *Stigma* alterum vaginans alterum.

769. LAVENDULA.   *Corolla* refupinata.

764. TEUCRIUM.   *Cor.* labium fuperiùs nullum, fed bipartitum.

763. AJUGA.   *Cor.* lab. fuperiùs ftaminibus brevius.

781. PHLOMIS.   *Cor.* lab. fuperiùs hirtum.

776. BETONICA.   *Cor.* lab. fuperiùs planum, afcendens, tubo cylindrico. *Stam.* longitudine faucis.

774. LAMIUM.   *Cor.* lab. inferiùs utrinque dente fetaceo.

775. GALEOPSIS,   *Cor.* lab. inferiùs fupra bidentatum.

777. STACHYS.   *Cor.* lab. inferiùs lateribus reflexum. *Stam.* deflorata ad latera deflexa.

768. NEPETA.   *Cor.* lab. inferiùs crenatum, *Faux* margine reflexo.

DIDYNAMIA. 199

765. SATUREIA. *Corolla* laciniis fubæqualibus. *Stam.* remota.

778. BALLOTA. *Cal.* 10-ftriatus. *Cor.* labium
fuperiùs fornicatum.

779. MARRUBIUM. *Cal.* 10-ftriatus. *Cor.* lab. fu-
perius rectum.

782. MOLUCELLA. *Cal.* campanulatus, corolla
amplior, dentibus fpinofis.

* *Verbenæ fpecies aliquot. Monarda didyma.*

** *Calyces bilabiati.*

762. SCUTELLARIA. *Cal.* fructiferus operculatus.
785. THYMUS. *Cal.* fauce villis claufus.
790. OCYMUM. *Cor.* refupinata. *Filamenta*
bina bafi proceffu.

793. PRUNELLA. *Filamenta* omnia apice bifurca.
787. DRACOCEPHALUM.*Corollæ* faux inflato-dilatata.
784. ORIGANUM. *Strobilus* calyces colligens.
783. CLINOPODIUM. *Involucrum* calyces colligens.
766. THYMBRA. *Calix* utrinque lineâ ciliatâ
carinatus. *Stylus* femibi-
fidus. *Cor.* labia plana.

789. MELITTIS. *Cal.* tubo corolla amplior.
Corollæ lab. fuperiùs pla-
num, integrum. *Antheræ*
cruciatæ.

786. MELISSA. *Cal.* angulatus, fcariofus,
labio fuperiore afcendente.
788. HORMINUM. *Cor.* quatuor laciniæ fubæ-
quales : quinta majore
emarginata.
795. PRASIUM. *Semina* baccata.

ANGIOSPERMIA.

* *Calyces bifidi.*

841. OROBANCHE. *Capf.* 1-locularis. *Cor.* fubæqualis, 4-fida. *Glandula*
fub bafi germinis.
A a iv

857. A C A N T H U S.   *Capf.* 2-locularis. *Cor.* 1-labiata, 3-fida. *Antheræ* villofæ.

* * * *Calyces quadrifidi.*

801. L A T H R Æ A.   *Capf.* 1-locularis. *Cor.* perfonata. *Glandula* fub germine.

797. B A R T S I A.   *Capf.* 2-locularis. *Cor.* perfonata. *Cal.* coloratior.

799. E U P H R A S I A.   *Capf.* 2-locularis. *Cor.* perfonata. *Antheræ* inferiores hinc fpinofæ.

798. R H I N A N T H U S.   *Capf.* 2-locularis. *Cor.* perfonata. *Capf.* compreffa.

800. MELAMPYRUM.   *Capf.* 2-locularis. *Cor.* perfonata. *Sem.* bina gibbofa.

824. L A N T A N A.   *Drupa* nucleo 2-locul. *Cor.* hypocraterif. *Stigma* uncinatum.

* * * * *Calyces quinquefidi.*

803. T O Z Z I A.   *Capf.* 1-locul. *Cor.* hypocraterif. *Sem.* unicum.

837. L I M O S E L L A.   *Capf.* 1-locul. *Cor.* campanul. regular. *Sem.* plurima.

834. B R O V A L L I A.   *Capf.* 1-locul. *Cor.* hypocrat. *Sem.* numerofa.

828. L I N D E R N I A.   *Capf.* 1-locular. *Cor.* ringens. *Stam.* inferiora dente terminali.

814. S C R O P H U L A R I A.   *Capf.* 2-locul. *Cor.* refupinata. *Lab.* fegmento intermedio interno.

815. C E L S I A.   *Capf.* 2-locul. *Cor.* rotata. *Filamenta* lanata.

827. C A P R A R I A.   *Capf.* 2-locul. *Cor.* campanulata. *Stigm.* cordatum bivalve.

816. D I G I T A L I S.   *Capf.* 2-locularis. *Cor.* campanulata fubtùs ventricofa. *Stam.* declinata.

817. BIGNONIA.   *Capf.* 2-locul. *Cor.* campanulata. *Sem.* alata, imbri-
cata.

832. ERINUS.   *Capf.* 2-locul. *Cor.* bilabiata;
labio fuperiore breviffimo
reflexo.

808. ANTIRRHINUM.   *Capf.* 2-locul. *Cor.* perfonata, fubtùs Nectario pro-
minente.

804. PEDICULARIS.   *Capf.* 2-locul. *Cor.* perfonata.
Sem. tunicata.

811. MARTYNIA.   *Çapf.* 5-locul. *Cor.* campan.
Rudim. filamenti 5.

835. LINNÆA.   *Bacca* 3-locularis, ficca. *Cor.*
campan. *Cal.* fuperus.

853. VITEX.   *Bacca.* 4-fperma. *Cor.* ringens: lab. fuper 3-fido.

DIDYNAMIA.

GYMNOSPERMIA.

Gen. 763. 2. AJUGA *pyramidalis.* A. tetragono - pyramidalis villosa; foliis radicalibus maximis. *Oed. dan.* 185.

Consolida media pratensis, cærulea. *Bauh. pin.* 260.
Habitat in Suecia, Helvetia, Germania. Maio. ♂ *Suec. parif. lith. burg. lugd.*

3. AJUGA *Alpina.* A caule simplici; foliis caulinis radicalia æquantibus.
Bugula Alpina maxima. *Tournef. inst.* 209.
Habitat in alpibus Helveticis, Austriacis. *Jacq. Tubinga.* ♃ *Lugd.*

4. AJUGA *Genevensis.* A. foliis tomentosis, lineatis; calycibus hirsutis.
Consolida media Genevensis. *Bauh. hist.* 3. p. 432. *R.*
Habitat in Europæ pratis editioribus, collibus. Junio. ♃ *Lugd. lith. burg.*

5. AJUGA *reptans.* A. stolonibus reptantibus.
Consolida media pratensis, cærulea. *Bauh. pin.* 260.
Bugula. *Dod. pempt.* 135. *Riu.* t. 75.
Habitat in Europa *australiori.* Aprili. ♃ *Pal. lith. lugd. burg. parif.*

764. 3. TEUCRIUM *Botrys.* T. foliis multifidis; floribus axillaribus ternis, pedunculatis.

Botrys chamædryoïdes. *Bauh. pin.* 138.
Habitat in Germaniæ, Galliæ, Helvetiæ, Italiæ, *apricis cultis.* Julio. ☉ *Pal. burg. lugd. parif.*

4. TEUCRIUM *Chamæpithys.* T. foliis trifidis, linearibus, integerrimis; floribus sessilibus, lateralibus, solitariis; caule diffuso. *Fl. dan.* t. 733.
Chamæpithys lutea vulgaris f. folio trifido. *Bauh. pin.* 249.
Habitat in Italiæ, Galliæ, Angliæ, Hungariæ, Helvetiæ, Germaniæ *arvis.* Julio. ☉ *Pal. burg. lugd. parif.*

7. TEUCRIUM *Iva.* T. foliis subtricuspidatis linearibus; floribus sessilibus, lateralibus, solitariis.
Chamæpithys moschata, foliis ferratis. *Bauh. pin.* 429.
Chamæpithys spuria prior. *Dod. pempt.* 47.
Habitat in Lusitania, G. Narbonensi, Monspelii. ☉

12. TEUCRIUM *Marum.* T. foliis integerrimis, ovatis, acutis, petiolatis, subtus tomentosis; floribus racemosis, secundis. *Blackw.* t. 47.
Habitat in regno Valentino. ♄

23. TEUCRIUM *Scorodonia*. T. foliis cordatis, ferratis, petiolatis; racemis lateralibus, fecundis; caule erecto. *Fl. dan. t. 485.*

Habitat in arenofis editis Germaniæ, Helvetiæ, Galliæ, Angliæ, Belgii. Julio. ♃ *Pal. burg. lugd.*

25. TEUCRIUM *Scordium*. T. foliis oblongis, feffilibus, dentatoferratis; floribus geminis, axillaribus, pedunculatis; caule diffufo. *Fl. dan. t. 593.*

Scordium. *Bauh. pin. 247. Dod. pcmpt. 126.*

Habitat in Europæ *paludofis.* Augufto. ♃ *Ged. lugd. burg.*

26. TEUCRIUM *Chamædrys.* T. foliis cuneiformi-ovatis, incifis, crenatis, petiolatis; floribus ternis; caulibus procumbentibus, fubpilofis.

Chamædris major repens. *Bauh. pin. 248.*

Habitat in Germania, Helvetia, Gallia. Julio. ♃ *Ged. pal. lugd. burg. pol.*

28. TEUCRIUM *flavum*. T. foliis cordatis, obtufè ferratis; bracteis integerrimis, concavis; caule fruticofo; floribus racemofis, ternis.

Teucrium. *Bauh. pin. 247. hift. 2. p. 290. Riu. mon. t. 10.*

Habitat in Italia, Sicilia, Melita, Hifpania, Monfpelii. ♄ *Burg. lugd.*

29. TEUCRIUM *montanum*. T. corymbo terminali; foliis lanceolatis, integerrimis, fubtùs tomentofis.

Polium lavendulæ folio. *Bauh. pin. 220.*

Habitat in ficcis Germaniæ, Monfpelii, Genevæ, Helvetiæ, Parifiis. ♃ *Burg. lugd.*

30. TEUCRIUM *fupinum*. T. corymbo terminali; foliis linearibus, margine revolutis.

Polium montanum repens. *Bauh. pin. 220.*

Polium montanum, fupinum, minimum. *Lob. ic. 488.*

Habitat in agro Viennenfi.

32. TEUCRIUM *Polium*. T. capitulis fubrotundis; foliis oblongis, obtufis, crenatis, tomentofis, feffilibus; caule proftrato.

α. Polium montanum, luteum. *Bauh. pin. 220. Barrel. obf. 320. ic. 1082.*

Habitat in Italia, Hifpania, Lufitania, Narbona, Libano. ♃ *Monfp. delph. lugd.*

33. TEUCRIUM *capitatum*. T. capitulis pedunculatis; foliis lanceolatis, crenatis, tomentofis; caule erecto.

Habitat in Hifpania, Gallia, Sibiria. ♃

§. SATUREIA *juliana.* S. verticillis faftigiatis; foliis lineari-lanceolatis.

S. fpicata. *Bauh. pin. 218.*

S. perennis, verticillis fpicatim & denfiùs difpofitis. *Morif. hift. 3. p. 412. f. 11. t. 17. f. 4.*

Habitat in Hetruria *in Thyrrheni maris afperis,* Florentiæ. ♃

Gen.

2. SATUREIA *Thymbra.* S. verticillis fubrotundis , hifpidis ;
foliis oblongis, acutis. *Blackw.* t. 318.
S. Cretica. *Bauh. pin.* 218.
Thymum Creticum , ponè verticillatum. *Barr. rar.* 279. t. 898.
Habitat in Creta , Tripoli.

4. SATUREIA *montana.* S. pedunculis lateralibus , folitariis ;
floribus fafciculatis , faftigiatis ; foliis mucronatis , lineari-
lanceolatis.
S. montana. *Bauh. pin.* 218.
Habitat in Hetruria, Narbona. ♃ *Delph.*

5. SATUREIA *hortenfis.* S. pedunculis bifloris.
S. hortenfis. *Bauh. pin.* 218. *Blackw.* t. 419.
Habitat in G. Narbonenfi & Italia , *circa* Herborn *quafi indi-
gena.* ☉ *Monfp.*

756. 1. THYMBRA *verticillata.* T. floribus verticillatis.

Hyffopus anguftifolia, montana , afpera. *Bauh. pin.* 218.
Hyffopus montana. *Dalech. hift.* 394.
Habitat in Europa *auftrali.* ♄

757. 1. HYSSOPUS *officinalis.* H. fpicis fecundis ; foliis
lanceolatis.

H. officinarum cærulea f. fpicata. *Bauh. pin.* 217.
H. vulgaris. *Dod. pempt.* 287.
Habitat in Valle angufta, Auftria , Sibiria. ♃

758. 1. NEPETA *Cataria.* N. floribus fpicatis ; verticillis
fubpedicellatis; foliis petiolatis, cordatis, dentato-
ferratis. *Fl. dan.* t. 580.

Mentha Cataria , vulgaris & major. *Bauh. pin.* 228.
Cataria herba. *Dod. pempt.* 99.
β. Mentha Cataria , minor. *Bauh. pin.* 228.
Nepeta (*minor*) floribus fpicatis ; fpicis interruptis, verticillis ,
pedicellatis ; foliis fubcordatis , ferratis , petiolatis. *Mill. dict.*
Habitat in Europa. Julio. ♃ *Ged. pal. lith. lugd. burg. parif.*

3. NEPETA *violacea.* N. verticillis pedunculatis , corymbofis ;
foliis petiolatis, cordato-oblongis , dentatis.
N. montana purpurea , major , fparfa fpica. *Barr. ic.* 601.
Cataria Hifpanica; Betonicæ folio anguftiore ; flore cæruleo.
Tournef. inft. 202.
Habitat in Hifpania , Sibiria , Carniolia. ♄ *Delph.*

6. NEPETA *nuda.* N. florum racemis verticillatis, nudis ; foliis
cordato-oblongis , feffilibus , ferratis. *Jacq. auftr.* t. 24.
Mentha montana , purpurea , major , fpica fparfa. *Barr. ic.*
601. *fed folia paulò breviora.*
Habitat in Helvetia, Hifpania. ♃ *Delph.*

1. LAVANDULA *Spica.* L. foliis lanceolatis, integerrimis; spicis nudis. *Gen. 759.*

α. L. angustifolia. *Bauh. pin.* 216.
L. altera. *Dod. pempt.* 273. *Blackw. t.* 294.
β. L. latifolia. *Bauh. pin.* 116. *Blackw. t.* 296.
Habitat in Europa australi. ♄ *Monsp. delph.*

2. LAVANDULA *multifida.* L. foliis duplicato-pinnatifidis.
L. folio dissecto. *Bauh. pin.* 216.
L. multifido folio. *Cluf. hist.* 1. p. 345.
Habitat in regione Bœtica. ♂

4. LAVANDULA *Stœchas.* L. foliis lanceolato-linearibus, inte-
gerrimis; spicis comosis. *Blackw. t.* 241.
Stœchas purpurea. *Bauh. pin.* 216.
Habitat in Europa australi. ♄ *Monsp.*

SIDERITIS.

* EBRACTEATÆ.

5. SIDERITIS *montana.* S. herbacea, ebracteata; calycibus corollâ majoribus spinosis; labio superiore
trifido. *Kniph. cent.* 7. n. 87. *770.*

Sideritis montana, parvo varioque flore. *Bauh. pin.* 233.
Habitat in Italia. ☉

* * BRACTEATÆ : BRACTEIS DENTATIS.

8. SIDERITIS *hyssopifolia.* S. foliis lanceolatis, glabris, integerrimis; bracteis cordatis, dentato-spinosis; calycibus æqualibus.
S. Alpina hyssopifolia. *Bauh. pin.* 233.
Habitat in Hetruria, Pyrenæis, Thuiri. ♃ *Delph.*

9. SIDERITIS *Scordioïdes.* S. foliis lanceolatis, subdentatis,
supra glabris; bracteis ovatis, dentato-spinosis; calycibus
æqualibus.
S. montana, Scordioïdes tomentosa. *Barrel. ic.* 343. *Hall. R.*
S. foliis hirsutis, profundè crenatis. *Bauh. pin.* 233.
Habitat Monspelii. *D. Sauvages, in* Helvetia. ♃ *Lugd.*

10. SIDERITIS *hirsuta.* S. foliis lanceolatis, obtusis, dentatis,
pilosis; bracteis dentato-spinosis; caulibus hirsutis, decum-
bentibus.
S. hirsuta procumbens. *Bauh. pin.* 432.
S. III. *Cluf. hist.* 2. p. 40.
Habitat in G. Narbonensi, Hispania, Italia. *Burg. Lugd.*

MENTHA.

* SPICATÆ.

771. 2. MENTHA *sylvestris*. M. spicis oblongis; foliis oblongis, tomentosis, serratis; sessilibus; staminibus corollâ longioribus. *Oed. dan.* t. 484.

M. sylvestris, folio longiore. *Bauh. pin.* 227.
Habitat in Dania, Germania, Anglia, Gallia, Sibiria. Augusto. ♃
Paris. pal. lugd. delph. lith. burg.

3. MENTHA *viridis*. M. spicis oblongis; foliis lanceolatis, nudis, serratis, sessilibus; staminibus corollâ longioribus.
M. angustifolia spicata. *Bauh. pin.* 227.
Mentha III, IV. *Dod. pempt.* 95.
Habitat in Germania, Anglia, Gallia, Helvetia. ♃ *Burg. lugd.*

4. MENTHA *rotundifolia*. M. spicis oblongis; foliis subrotundis, rugosis, crenatis, sessilibus.
M. sylvestris, rotundiore folio. *Bauh. pin.* 227.
Habitat in Angliæ *aquosis.* Augusto. ♃ *Oed. pal. burg. lugd.*

* * CAPITATÆ.

5. MENTHA *crispa*. M. spicis capitatis; foliis cordatis, dentatis, undulatis, sessilibus; staminibus corollam æquantibus.
M. crispa rotundifolia, spicata. *Bauh. hist.* p. 217. R.
Habitat in Sibiria, Helvetia, Harcynia. ♃ *Delph.*

6. MENTHA *hirsuta*. M. floribus capitatis; foliis ovatis, serratis, subsessilibus, pubescentibus; staminibus corollâ longioribus.
M. aquatica hirsuta s. Sisymbrium hirsutius. *Bauh. hist.* 3. p. 224. *Moris. hist.* 3. p. 370.
C. M. Sisymbrium hirsuta, glomerulis & foliis rotundioribus. *Rai angl.* 3. p. 233. t. 10. f. 1.
Habitat in aquosis Angliæ, *in* Hollandia, Germania.

7. MENTHA *aquatica*. M. floribus capitatis; foliis ovatis, serratis, petiolatis; staminibus corollâ longioribus. *Fl. dan.* t. 673.
M. rotundifolia palustris s. aquatica major. *Bauh. pin.* 227.
Habitat in Europa *ad aquas.* Julio. ♃ *Paris. pal. lith. burg. lugd.*

8. MENTHA *piperita*. M. spicis capitatis; foliis ovatis, serratis, petiolatis; staminibus corollâ brevioribus. *Regn. bot.*
M. spicis brevioribus & habitioribus; foliis Menthæ fuscæ, sapore fervido Piperis. *Rai angl.* 3. p. 234. t. 10. f. 2.
Habitat in Anglia. ♃

*** *VERTICILLATÆ.*

9. MENTHA *fativa*. M. floribus verticillatis ; foliis ovatis, acuti uſculis, ſerratis; ſtaminibus corollâ longioribus.
M. criſpa verticillata. *Bauh. pin.* 227.
Habitat in Europa auſtrali. ♃

10. MENTHA *gentilis*. M. floribus verticillatis ; foliis ovatis, acutis, ſerratis; ſtaminibus corollâ brevioribus. *Fl. dan.* t. 736.
M. hortenſis verticillata, Ocymi odore. *Bauh. pin.* 227.
Habitat in Europa auſtraliore. ♃ *Auſtr. lugd.*

11. MENTHA *arvenſis*. Mentha floribus verticillatis ; foliis ovatis, acutis, ſerratis ; ſtaminibus corollam æquantibus. *Fl. dan.* t. 512.
Calamintha arvenſis verticillata. *Bauh. pin.* 229.
Habitat in Europæ agris , frequens poſt meſſem. Julio. ♃ *Suec. pariſ. pal. lugd. lith. burg.*

12. MENTHA *exigua*. M. floribus verticillatis ; foliis lanceolato-ovatis, glabris, acutis , integerrimis.
Balamintha aquatica Belgárum & Matthioli. *Lob. ic.* 505.
Habitat in Anglia. ♃ *Burg.*

14. MENTHA *Pulegium*. M. floribus verticillatis; foliis ovatis obtuſis , ſubcrenatis ; caulibus ſubteretibus, repentibus ; ſtaminibus corollâ longioribus.
Pulegium latifolium. *Bauh. pin.* 222.
Pulegium. *Blackw.* t. 302. *Fuchs hiſt.* 199.
Habitat in Germaniæ , Galliæ, Angliæ, Helvetiæ, inundatis. Auguſto. ♃ *Pariſ. ſil. burg. lugd.*

15. MENTHA *cervina*. M. floribus verticillatis ; bracteis palmatis ; foliis linearibus ; ſtaminibus corollâ longioribus.
Pulegium anguſtifolium. *Bauh. pin.* 222. *Blackw.* t. 304.
Habitat Monſpelii & ad Rhodanum. ♃ *Monſp.*

1. GLECOMA *hederacea*. G. foliis reniformibus, crenatis.
Hedera terreſtris, vulgaris. *Bauh. pin.* 306. *Blackw.* t. 225.
Habitat in Europæ ſeptentrionalioris ſepibus. Aprili. ♃ *Suec. pal. ſil. delph. lugd. burg. lith.*

2. LAMIUM *maculatum*. L. foliis cordatis, acuminatis; verticillis decemfloris.
L. albâ lineâ notatum. *Bauh. pin.* 231.
Habitat in Italia , Germania, Sileſia. ♃ *Herb. ſil.*

5. LAMIUM *album*. L. foliis cordatis , acuminatis, ſerratis, petiolatis; verticillis vigintifloris. *Oed. dan.* 594.
L. album non fœtens; folio oblongo. *Bauh. pin.* 231.
Habitat in Europæ cultis. Aprili. ♃ *Suec. pariſ. pal. ſil. lith. burg. lugd.*

6. LAMIUM *purpureum*. L. foliis cordatis, obtuſis , petiolatis. *Oed. dan.* 532.

Gen.

L. purpureum fœtidum; folio fubrotundo. *Bauh. pin.* 236;
Habitat in Europæ *cultis.* Aprili. ☉ *Suec. parif. pal. lith. burg.*
lugd.

7. LAMIUM *amplexicaule.* L. foliis floralibus feffilibus, am=
plexicaulibus, obtufis. *Fl. dan.* t. 752.
L. folio caulem ambiente, minus. *Bauh. pin.* 231. *Riu.* t. 63;
Habitat in Europæ *cultis.* Aprili. ☉ *Suec. parif. pal. burgd. lith.*
lugd.

775; 1. GALEOPSIS *Ladanum.* G; internodiis caulinis ;
æqualibus ; verticillis omnibus remotis ; calycibus
inertibus. *Kniph. cent.* 12.

Sideritis arvenfis, anguftifolia, rubra. *Bauh. pin.* 233;
β. Ladanum fegetum, folio latiore. *Riu. mon.* t. 24;
G. dubia. *Leers fl. herborn.*
G. foliis rhomboideis, ferratis, fericeis, verticillis, diffitis;
Hall. helv. n; 267. *diftincta fpecies. Hall.* R.
Habitat in Europæ *fterilibus, arvis, agris.* Julio. ☉ *Pal.-ged.*
fil. lith. burg. lugd. parif. fuec.

2. GALEOPSIS *Tetrahit.* G. internodiis caulinis fuperne incraf=
fatis; verticillis fummis, fubcontiguis; calycibus pungen=
tibus. L.

Urtica aculeata; foliis ferratis. *Bauh. pin.* 232.
ε. G. corollâ flavâ; labio inferiore maculato. *Fl. lapp.*
G. caule hirto; foliis ovato-lanceolatis, ferratis; flore calyce
quadruplo majore. *Hall. helv.* n. 269.
G. cannabina. *Pollich.*
Lamium (*Tetrahit*) internodiis caulinis & ramis primis in=
craffatis; foliis & caule hifpidis ; flore calyce quadruplo
longiore. *Crantz auftr. lith.*
Lamium cannabinum; aculeatum; flore fpeciofo luteo; labiis
purpureis. *Pluck. alm.* 204. t. 41. f. 4;
Habitat inter Europæ *fegetes & olera.* Julio. *Pal. ged. lith. lugd.*
burg. fuec. parif.

3. GALEOPSIS *Galeobdolon.* G. verticillis fexfloris ; involucro
tetraphyllo.
Lamium folio oblongo, luteum. *Bauh. pin.* 231;
Habitat in Europæ *nemoribus.* Aprili. ♃ *Ged. pal. delph. parif.*
lith. lugd.

776. 1. BETONICA *officinalis.* R. fpicâ interruptâ; corol=
larum labii laciniâ intermediâ emarginatâ. *Fl.*
dan. t. 726.

Betonica. *Dod. pempt.* 40. *Riu.* t. 28;
B. purpurea. *Bauh. pin.* 234.
β. B. alba. *Bouh. pin.* 235.
Habitat in Europa. Junio. ♃ *Suec. ged. pal. lith. burg. lugd.*

3d

3. BETONICA *alopecuros.* B. spicâ basi foliosâ; corollis galeâ
bifidâ. *Jacq. austr.* t. 78.
B. montana lutea. *Barr. ic.* 339.
Betonicæ folio; capitulo alopecuri. *Bauh. pin.* 235.
Habitat in montibus Sabaudicis, Silesiæ, Austriæ *superioris*,
Lessanensibus, Italicis, Galloprovinciæ. ♃ *Sil. delph.*

4. BETONICA *hirsuta.* B. spicâ basi foliosâ; corollis galeâ
integrâ.
B. alpina, incana, purpurea. *Barr. ic.* 340. *bene* G.
Habitat in Apenninis, in Pyrenæis. *Delph.*

1. STACHYS *sylvatica.* S. verticillis sexfloris; foliis
cordatis, petiolatis.

Lamium maximum, sylvaticum, fœtidum. *Bauh. pin.* 231.
Galeopsis legitima. *Cluf. hist.* 2. p. 35. *Blackw.* t. 84.
Habitat in Europæ *nemoribus umbrosis.* Junio. ☉ *Succ. paris.*
ged. pal. burg. lith. delph. lugd.

2. STACHYS *palustris.* S. verticillis subsexfloris; foliis lineari-
lanceolatis, semi-amplexicaulibus, sessilibus. *Læsel prusf. ic.*
41. *Blackw.* t. 273.
S. palustris fœtida. *Bauh. pin.* 236. *Riu.* t. 26.
Habitat in Europa ad ripas, *inque cultis humidiusculis.* Julio. ♃
Succ. paris. ged. pal. delph. lith. burg. lugd.

3. STACHYS *Alpina.* S. verticillis multifloris; foliorum serraturis apice cartilagineis; corollis labio plano.
S. latifolia major, foliis obscurè virentibus; flore galeato,
ferrugineo. *Pluck. alm.* 356. t. 317. f. 4.
Pseudo-stachys Alpina. *Bauh. pin.* 236. *prodr.* 113.
Habitat in Germania, Helvetia, Carniolia, &c. ♃ *Succ. herb.*
burg. delph. parif.

4. STACHYS *Germanica.* S. verticillis multifloris; foliorum
serraturis, imbricatis; caule lanato. *Fl. dan.* t. 684.
S. major Germanica. *Bauh. pin.* 236.
Habitat in Germania, Anglia, Gallia, Sibiria. &c. Julio. ♃
Ged. pal. delph. burg. lugd. parif.

13. STACHYS *recta.* S. verticillis subspicatis; foliis cordato-
ellipticis, crenatis, scabris; caulibus ascendentibus. *Fl.*
austr. t. 359.
Stachys vulgaris, hirsuta, erecta. *Bauh. pin.* 233.
Habitat in Europa *australi ad vias, in sterilibus.* Julio. ♃ *Pal.*
lugd. burg. lith. delph.

14. STACHYS *annua.* S. verticillis sexfloris; foliis ovato-
lanceolatis, trinerviis, lævibus, petiolatis; caule erecto.
Jacq. austr. t. 360.
Sideritis arvensis, latifolia, glabra. *Bauh. pin.* 233.
Habitat in Germania, Helvetia, Gallia, *ad agrorum margines.*
Julio. ☉ *Pal. burg. lugd. lith.*

Tom. I.   B b

Gen.

15. STACHYS *arvenfis.* S. verticillis fexfloris; foliis obtufis nudiufculis; corollis longitudine calycis; caule debili. *Oed. dan.* t. 887.

Sideritis alfines, trixagynis folio. *Bauh. pin.* 233. *prodr.* 111.
Habitat in Europæ *arvis.* Julio. *Pal. delph. lugd.*

778. 1. BALLOTA *nigra.* B. foliis cordatis, indivifis, ferratis; calycibus acuminatis.

Marrubium nigrum, fœtidum. *Bauh. pin.* 230. *Blackw.* t. 136.
Habitat in Europæ *ruderatis.* Junio. ♃ *Suec. ged. pal. lugd. burg. lith.*
2. BALLOTA *alba.* B. foliis cordatis, indivifis, ferratis; calycibus fubtruncatis.
Ballote flore albo. *Tournef. inft.* 185. *Vaill. parif.* 20.
Ballote. *Cam. epit.* 572.
Habitat in Europa. ♃ *Lugd. fuec.*

MARRUBIUM.

* CALYCIBUS 5-DENTATIS.

779. 2. MARRUBIUM *peregrinum.* M. foliis ovato-lanceolatis, ferratis; calycum denticulis fetaceis. *Jacq. auftr.* t. 160.

M. album, latifolium, peregrinum. *Bauh. pin.* 230.
Habitat in Siciliæ, Cretæ, Auftriæ *ficcis.* ♃
4. MARRUBIUM *fupinum.* M. dentibus calycinis, fetaceis, rectis, villofis.
M. album hifpanicum majus. *Barr. ic.* 686.
Habitat in Hifpania, G. Narbonenfi, Carniolia. ♃ *Monfp. carn.*

** CALYCIBUS 10-DENTATIS.

5. MARRUBIUM *vulgare.* M. dentibus calycinis, fetaceis, uncinatis.
M. album vulgare. *Bauh. pin.* 230. *Blackw.* t. 479.
Habitat in Europæ borealioris *ruderatis.* Junio. ♃ *Suec. parif. ged. pal. lith. burg. lugd.*

9. MARRUBIUM *Pfeudo-Dictamnus.* M. calycum limbis planis, villofis; foliis cordatis, concavis; caule fruticofo. *Kniph. cent.* 8. n. 65. *Sabb. hort. rom.* 3. t. 47.
Pfeudo-Dictamnus, verticillatus, inodorus. *Bauh. pin.* 222.
Pfeudo-Dictamnum. *Dod. pempt.* 281.
Habitat in Creta. ♄

780. 1. LEONURUS *Cardiaca.* L. foliis caulinis, lanceolatis, trilobis. *Fl. dan.* t. 727.

Marrubium Cardiaca dictum. *Bauh. pin.* 230.
Habitat in Europæ *ruderatis.* Julio. ♃ *Suec. parif. pal. lugd. burg. lith.*

Gen.

2. LEONURUS *Marrubiaſtrum*. L. foliis ovatis , lanceolatiſque
ſerratis ; calycibus ſeſſilibus ſpinoſis. *Kniph. cent.* 8. n. 57.
Marrubiaſtrum foliis Cardiacæ. *Bocc. muſ.* 2. p. 120. t. 98.
Habitat in Bohemia , Verania , Germania , *etiam* Java. *Carn.*

6. PHLOMIS *Lychnitis*. P. foliis lanceolatis , tomen-   781.
toſis ; floralibus ovatis ; involucris ſetaceis , lanatis.
Mill. dict. n. 6. & ic. t. 203.

Verbaſcum anguſtis Salviæ foliis. *Bauh. pin.* 240.
Habitat in Europa auſtrali D. *Sauvages.*

7. PHLOMIS *herba venti*. P. involucris ſetaceis , hiſpidis ; foliis
ovato-oblongis , ſcabris ; caule herbaceo. *Sabb. hort.* 3. t. 17.
Marrubium nigrum , longifolium. *Bauh. pin.* 230.
Habitat in Perſia , Tartaria , Narbona *ad aggeres.* ♃

8. PHLOMIS *tuberoſa*. P. involucris hiſpidis , ſubulatis ;   e
foliis cordatis , ſcabris ; caule herbaceo. *Kniph. cent.* 4. n. 61.
Habitat in Sibiriæ campeſtribus. ♃

12. PHLOMIS *Leonurus*. P. foliis lanceolatis , ſerratis ; calyci-
bus decagonis ; decemdentatis ; muticis ; caule fruticoſo.
Knorr del. 2. t. L. *Sabb. hort.* 3. t. 44.
Habitat ad Cap. b. Spei. ♄

1. MOLUCELLA *lævis*. M. calycibus campanulatis ,   782.
ſubquinquedentatis , denticulis æqualibus.

Molucca lævis. *Dod. pempt.* 92.
Meliſſa Moluccana odorata. *Bauh. pin.* 229.
Habitat in Syria. ☉

2. MOLUCELLA *ſpinoſa*. M. calycibus ringentibus ; octo-
dentatis. *Sabb. hort.* 3. t. 46.
Molucca ſpinoſa. *Dod. pempt.* 92.
Meliſſa Moluccana ; fœtida. *Bauh. pin.* 229.
Habitat in Moluccis. ☉

1. CLINOPODIUM *vulgare*. C. capitulis ſubrotundis ,   783.
hiſpidis ; bracteis ſetaceis.

C. Origano ſimile. *Bauh. pin.* 224.
Habitat in rupeſtribus Europæ , Canadæ , Ægypti. Julio. ♃ *Ged.*
pal. burg. lugd. lith. ſuec.

2. ORIGANUM *Dictamnus*. O. foliis inferioribus   784.
tomentoſis ; ſpicis nutantibus. *Blackw.* t. 462.

Dictamnus Creticus. *Bauh. pin.* 222.
Habitat in Cretæ monte Ida. ♄

4. ORIGANUM *Creticum*. O. ſpicis aggregatis , longis , priſ-
maticis , rectis ; bracteis membranaceis , calyce duplo longioribus.

B b ij

Gen.

β. O. folio fubrotundo. *Bauh. pin.* 223.
O. Monfpelienfe pulchrum. *Cam. epit.* 468.
Habitat in Europa *auftrali*, Palæftina , Bafileæ. ♃ *Lugd.*

7. ORIGANUM *vulgare.* O. fpicis fubrotundis , paniculatis ,
conglomeratis; bracteis calyce longioribus , ovatis. *Flor.
dan.* t. 638.
O. fylveftre. *Bauh. pin.* 243. *Blackw.* t. 280.
Habitat in Europæ, Canadæ *rupeftribus.* Julio. *Ged. pal. lith.
burg. lugd. fuec.*

11. ORIGANUM *Majorana.* O. foliis ovalibus , obtufis ; fpicis
fubrotundis, compactis, pubefcentibus. *Blackw.* t. 319.
Majorana vulgaris. *Bauh. pin.* 224.
Habitat in Lufitania , Palæftina. ☉

785.

1. THYMUS *Serpyllum.* T. floribus cápitatis; caulibus
repentibus ; foliis planis , obtufis , bafi ciliatis.

Serpyllum vulgare. *Dod. pempt.* 277. *Blackw.* t. 418.
β. Serpillum vulgare majus. *Bauh. pin.* 220. *Sabb. hort.* 3.
t. 69.
γ. Serpillum vulgare minus , capitulis lanuginofis. *Tournef. inft.*
197.
δ. Serpillum anguftifolium , hirfutum. *Bauh. pin.* 220. *Kniph.
cent.* 6. n. 92.
ε. Serpillum foliis , Citri odore. *Bauh. pin.* 220.
ζ. Serpillum anguftifolium , glabrum. *Bauh. pin.* 220.
Habitat in Europæ *aridis* , *apricis.* Julio. ♄ *Suec. pal. lith. burg.
lugd.*

2. THYMUS *vulgaris.* T. erectus ; foliis revolutis , ovatis ;
floribus verticillato-fpicatis. *Blackw.* t. 211.
T. vulgaris , folio tenuiore. *Bauh. pin.* 219.
Habitat in Hifpaniæ *montofis faxofis, in* Gallia Narbonenfi ,
nulla alia planta frequentior; in Sibiria. ♄ ♃ *Monfp. delph.*

3. THYMUS *Acynos.* T. floribus verticillatis ; pedunculis unifloris ; caulibus erectis, fubramofis; foliis acutis, ferratis.
Clinopodium arvenfe, Ocymi facie. *Bauh. pin.* 225.
Habitat in Europæ *glareofis* , *cretaceis , ficcis.* Julio. ☉ *Succ.
pal. ged. lugd. lith. burg.*

5. THYMUS *Alpinus.* T. verticillis fexfloris ; foliis obtufiufculis, concavis, fubferratis. *Jacq. auftr.* t. 97.
Clinopodium montanum. *Bauh. pin.* 225. *Bocc. muf.* 2. p. 50.
t. 45.
Habitat in Alpibus Helveticis , Auftriacis, Monfpelii. ☉ *Carn.
delph. lugd.*

9. THYMUS *Maftichina.* T. floribus verticillatis ; calycibus
lanuginofis; dentibus calycinis, fetaceis, villofis.
Sampfucus f. Marum Maftichen redolens. *Bauh. pin.* 224.
Marum vulgare f. Clinopodium, *Dod. pempt.* 271. *Blackw.*
t. 134.
Habitat in Hifpaniæ *petrofis.* ♄

1. MELISSA *officinalis*. M. racemis axillaribus, verticillatis; pedicellis fimplicibus. *Blackw.* t. 27.

M. hortenfis. *Bauh. pin.* 229. *Riu.* t. 45.
Habitat in montibus Genevenfibus, Allobrogicis, Italicis. ♃

2. MELISSA *grandiflora*. M. pedunculis axillaribus, dichotomis, longitudine florum. *Kniph. cent.* 7. n. 56.
Calamintha magno flore. *Bauh. pin.* 229. *Riu. mon.* 43.
Habitat in Hetruriæ *montofis.* ♃ *Delph. lugd.*

3. MELISSA *Calamintha*. M. pedunculis axillaribus, dichotomis, longitudine foliorum.
Calamintha vulgaris & officinarum Germaniæ. *Bauh. pin.* 228.
Calamintha montana. *Dod. pempt.* 98. *Blackw.* t. 166.
Habitat in Italiæ, Hifpaniæ, Galliæ, Helvetiæ, Auftriæ *clivis, faxofis.* ♃ *Auftr. delph. lugd. burg.*

4. MELISSA *Nepeta*. M. pedunculis axillaribus, dichotomis, folio longioribus; caule afcendente, hirfuto. *Blackw.* t. 167.
Calamintha Pulegii odore f. Nepeta. *Bauh. pin.* 228.
Habitat in Italiæ, Galliæ, Angliæ, Helvetiæ *aggeribus glareofis. Delph. lugd.*

DRACOCEPHALUM.

* S P I C A T A.

1. DRACOCEPHALUM *Virginianum*. D. floribus fpicatis; foliis lanceolatis, ferratis. *Kniph. cent.* 2. n. 22.
Lyfimachia galericulata, fpicata, purpurea, Canadenfis. *Barr. ic.* 1152.
Habitat in America *feptentrionali.* ♃

2. DRACOCEPHALUM *Canarienfe*. D. floribus fpicatis; foliis compofitis. *Kniph. cent.* 6. n. 38.
Dracocephalo affinis, Americana, trifoliata, Terebenthinæ odore. *Volk. norib.* 145. t. 145.
Habitat in Canariis? Americana. ♄

5. DRACOCEPHALUM *Auftriacum*. D. floribus fpicatis; foliis bracteifque linearibus, partitis, fpinofis.
Chamæpithys cærulea, Auftriaca. *Bauh. pin.* 250.
Habitat in Auftria. ♃ *Delph.*

6. DRACOCEPHALUM *Ruyfchiana*. D. floribus fpicatis; foliis bracteifque lanceolatis, indivifis, muticis. *Fl. dan.* t. 121.
Habitat in Sibiria, Suecia, Helvetia, Dania. ♃ *Delph. lith.*

** VERTICILLATA.

9. DRACOCEPHALUM *Moldavica.* D. floribus verticillatis, bracteis lanceolatis; ferraturis capillaceis. *Blackw.* t. 554. Meliffa peregrina; folio oblongo. *Bauh. pin.* 229. *Habitat in* Moldavia, Sibiria. ☉ *Lith.*

789. 1. MELITIS *Meliffophyllum. Jacq. auftr.* t. 26.

Lamium montanum, Meliffæ folio. *Bauh. pin.* 231. *Habitat in dumetis, fubalpinis* Germaniæ, Helvetiæ, Auftriæ, Angliæ, Monfpelii. Maio. ♃ *Monfp. ged. lith. delph. burg. lugd.*

790. 2. OCYMUM *monachorum.* O. ftaminibus edentulis, alternis bafi barbatis.

O. Caryophyllatum monachorum, *Bauh. hift.* 3. p. 260. *Habitat* . . . . . ☉

5. OCYMUM *bafilicum.* O. foliis ovatis, glabris; calycibus ciliatis. O. Caryophyllatum majus. *Bauh. pin.* 226. *Habitat in* India, Perfia. ☉

6. OCYMUM *minimum.* O. foliis ovatis, integerrimis. O. minimum. *Bauh. pin.* 226. *Habitat in* Zeylona. ☉

792. 3. SCUTELLARIA *Alpina.* S. foliis cordatis, incifo-ferratis, crenatis; fpicis imbricatis, rotundato-tetra-gonis. *Kniph. cent.* 9. n. 87.

Teucrium Alpinum inodorum, magno flore. *Bauh. pin.* 472. *Habitat in Alpibus* Helvetiæ, Vallis anguftæ. ♄ *Delph.*

6. SCUTELLARIA *galericulata.* S. foliis cordato-lanceolatis, crenatis; floribus axillaribus. *Fl. dan.* t. 637. *Habitat in* Europæ *littoribus.* Junio. ♃ *Pal. delph. lugd. parif. lith.*

7. SCUTELLARIA *haftifolia.* S. foliis integerrimis, inferio-ribus haftatis, fuperioribus fagittatis. *Habitat ad littora* Sueciæ *rarius;* in Auftria, Germania. Julio. ♃ *Lith. lugd. fuec.*

8. SCUTELLARIA *minor.* S. foliis cordato-ovatis, fubinte-gerrimis; floribus axillaribus. *Habitat in* Angliæ *paludibus.* Julio. ♃ *Angl. lugd. burg. delph. lith.*

12. SCUTELLARIA *peregrina.* S. foliis fubcordatis, ferratis; fpicis elongatis, fecundis. *Kniph. cent.* 5. n. 83. Lamium peregrinum f. Scutellaria. *Bauh. pin.* 231. *Habitat in nemoribus* Florentiæ, Liburni, *in* Sibiria.

793. 4. PRUNELLA *vulgaris.* P. foliis omnibus ovato-oblongis, ferratis; petiolatis.

Brunella major ; folio non diffecto. *Bauh. pin.* 280.

β. Prunella. *vulgaris grandiflora. Jacq. austr. tab.* 377.

P. (*grandiflora*) foliis subintegris , ex subrotundo ovatis ; calycibus supernè profundiùs tridentatis. *Pollich. pal.*

Brunella cœrulea , magno flore. *Bauh. pin.* 261. *It. gotl.* 219. 228.

Habitat in Europæ *pascuis.* Junio. ♃ *Pal. lugd. lith. burg. pal.*

2. PRUNELLA *laciniata.* P. foliis ovato-oblongis , petiolatis ; supremis quatuor lanceolatis , dentatis. *Jacq. austr. t.* 378.

Brunella folio laciniato. *Bauh. pin.* 261. *Riu.* t. 30.

Habitat in Europæ *pascuis. rariùs.* ♃ *Delph. lugd.*

3. PRUNELLA *Hyssopifolia.* P. foliis lanceolatis , integerrimis , sessilibus ; caule erecto.

Brunella Hyssopifolia. *Bauh. pin.* 261.

Habitat Monspelii. ♃ *Burg.*

1. PRASIUM *majus.* P. foliis ovato-oblongis , serratis. *Kniph. cent.* 4. n. 66. *Sabb. hort.* 3. t. 37.

795

Teucrium fruticans , amplo & albo flore , Italicum. *Barr. ic.* 895.

Habitat in Sicilia , Romæ *& in agro* Tingitano. ♄

ANGIOSPERMIA.

3. BARTSIA *viscosa.* B. foliis superioribus alternis , serratis ; floribus distantibus , lateralibus.

797

Euphrasia lutea, palustris. *Pluck. alm.* 142. t. 27. f. 5.

Alectorolophos italica , luteo-pallida. *Barr. rar.* 209. t. 665.

Habitat in Angliæ , Galliæ , Italiæ *paludibus ad rivulos.* ☉

4. BARTSIA *Alpina.* B. foliis oppositis , cordatis , obtusè serratis. *Oed. dan.* t. 43.

Clinopodium Alpinum , hirsutum. *Bauh. pin.* 225. *Pluck. alm.* 110. t. 163. f. 5.

Habitat in Alpibus Lapponicis , Helveticis , Allobrogicis , Baldo , Vallicis. ♃ *Suec. carn. delph.*

3. RHINANTHUS *Crista galli.* R. corollarum labio superiore compresso , breviore.

798

Pedicularis pratensis lutea s. Crista galli. *Bauh. pin.* 163.

β. Crista galli angustifolia , montana. *Bauh. pin.* 163. *prodr.* 86.

γ. Crista galli mas. *Bauh. hist.* 3. p. 436. *Dill. giss.* p. 80.

Rhinanthus (*alectorolophus*) corollarum labio superiore compresso , breviore; calycibus villosis. *Pollich. pal.*

Habitat in Europæ *pratis.* Maio. ☉ *Suec. pal. lugd. lith. burg. delph.*

1. EUPHRASIA *latifolia.* E. foliis dentato-palmatis , floribus subcapitatis. *Sabb. hort.* 3. t. 7.

799

Bb iv

Gen.

E. purpurea minor. *Bauh. pin.* 111. *Magn. monsp.* 95. t. 94.
Habitat in Apulia, Italia, Monspelii. ⊙ *Delph. burg.*

2. EUPHRASIA *officinalis*. E. foliis ovatis, lineatis, argute
    dentatis. *Blackw.* t. 427.
E. officinarum. *Bauh. pin.* 233.
Habitat in Europæ *pascuis aridis*. Julio. ⊙ *Suec. ged. pal. lith.
    burg. lugd.*

4. EUPHRASIA *Odontites*. E. foliis linearibus, omnibus serratis.
    Fl. dan. t. 625.
Euphrasia pratensis rubra. *Bauh. pin.* 234.
Habitat in Europæ *arvis pascuisque sterilibus*. Junio. ⊙ *Suec.
    ged. pal. lith. lugd. burg.*

5. EUPHRASIA *lutea*. E. foliis linearibus, serratis, superio-
    ribus integerrimis. *Jacq. austr.* t. 498.
E. pratensis lutea. *Bauh. pin.* 244. *Morif. hist.* 3. p. 432. f. 11.
    t. 24. f. 16.
Habitat in Europæ *australis montofis, aridis*. Julio. ⊙ *Pal.
    lugd. burg. delph.*

6. EUPHRASIA *Linifolia*. E. foliis linearibus, omnibus inte-
    gerrimis; calycibus glabris.
E. foliis Lini angustioribus. *Bauh. pin.* 234.
E. linifolia. *Col. ecphr.* 2. p. 68. t. 69.
Habitat in Italia, Gallia. ⊙ *Ger. prov.*

7. EUPHRASIA *viscosa*. E. foliis linearibus; calycibus gluti-
    noso-hispidis.
Pedicularis annua, lutea, tenuifolia, viscosa, pomum redolens.
    Garid. aix. 351. t. 78.
Habitat in Galloprovinciæ *glareosis, sterilibus*, Helvetia. ⊙ *Ger.
    prov. delph.*

830.

1. MELAMPYRUM *cristatum*. M. spicis quadrangu-
        laribus; bracteis cordatis, compactis, denticulatis,
        imbricatis. *Rivin.* t. 80.

M. luteum, angustifolium. *Bauh. pin.* 234.
Habitat in Europæ *borealis pratis asperis*. Junio. ⊙ *Suec. pal.
    delph. burg. lith. lugd.*

2. MELAMPYRUM *arvense*. M. spicis conicis, laxis; bracteis
    dentato-setaceis, coloratis.
M. purpurascente comâ. *Bauh. pin.* 234.
Triticum vaccinum. *Dod. pempt.* 541.
Habitat in Europæ *agris*. Junio. ⊙ *Suec. ged. pal. burg. lith.
    lugd.*

3. MELAMPYRUM *nemorosum*. M. floribus secundis, latera-
    libus; bracteis dentatis, cordato-lanceolatis; summis colo-
    ratis, sterilibus; calycibus lanatis. *Oed. Fl. dan.* t. 305.
M. coma cærulea. *Bauh. pin.* 234.
Habitat in Europæ *borealis nemoribus*. Julio. ⊙ *Suec. ged. austr.
    lith. delph. lugd.*

4. MELAMPYRUM *pratenfe*. M. floribus fecundis, lateralibus, conjugationibus remotis; corollis claufis.

M. luteum latifolium. *Bauh.* 243.

Habitat in Europæ borealis ficcis. Maio. ⊙ *Suec. pal. burg. lith. lugd.*

Gen.

5. MELAMPYRUM *fylvaticum.* M. floribus fecundis, lateralibus, conjugationibus remotis ; corollis hiantibus. *Fl. dan.* t. 145.

Habitat in Europæ borealis fylvis. Julio. ⊙ *Suec. delph. lith.*

1. LATHRÆA *clandeftina*. L. caule ramofo, fubterreftri; floribus erectis, folitariis.

801.

Orobanche f. Dentaria aphyllos purpurea, cefpite denfo. *Morif. hift.* 3. p. 503. f. 12. t. 16. f. 15.

Habitat in umbrofis Galliæ, Pyrenæorum, Italiæ. ♃ *Par. delph.*

4. LATHRÆA *Squamaria.* L. caule fimpliciffimo ; corollis pendulis, labio inferiore trifido. *Fl. dan.* t. 136. -

Orobanche, radice dentatâ, major. *Bauh. pin.* 88.

Orobanche radice dentatâ, altius radicatâ; foliis & floribus albo-purpureis. *Mentz. pug.* t. 3. f. 3. *Morif. hift.* 3. p. 503. f. 12. t. 16. f. 14.

Habitat in Europæ frigidioris umbrofiffimis. Aprili. ♃ *Suec. parif. fil. burg. lith.*

1. TOZZIA *Alpina*. Jacq. *auftr.* t. 165.

803.

T. Alpina lutea, Alfines folio; radice fquammatâ. *Mich. gen.* 20. t. 16.

Habitat in Alpibus Helveticis, Auftriacis, Italicis, Pyrenæis, locis afperis, humidis. ♃

PEDICULARIS.

* CAULE RAMOSO.

1. PEDICULARIS *paluftris*. P. caule ramofo ; calycibus oblongis, criftatis, callofo-punctatis; corollis labio obliquis. *Oed. dan.* 255.

804.

Habitat in Europæ feptentrionalis paludibus. Maio. ⊙ *Pal. lugd. burg. lith. delph.*

2. PEDICULARIS *fylvatica.* P. caule ramofo ; calycibus oblongis, angulatis, lævibus ; corollis labio cordato. *Fl. dan.* t. 255.

P. pratenfis purpurea. *Bauh. pin.* 163.

Habitat in Europæ fylvis paludofis. Aprili. *Ged. pal. burg. lith. delph. lugd.*

3. PEDICULARIS *roftrata.* P. caule declinato, fubramofo ; corollis galeâ roftrato-acuminatis; calycibus criftatis, fubhirfutis. *Jacq. auftr.* t. 205.

Gen.

P. Alpina , Filicis folio , minor. *Bauh. pin.* 163.
Habitat in Alpibus Helveticis, Auftriacis. *Delph.*

** *CAULE SIMPLICISSIMO.*

4. PEDICULARIS *Sceptrum Carolinum.* P. caule fimplici ; floribus terno-verticillatis ; corollis claufis ; calycibus criftatis ;
capfulis regularibus. *Oed. dan.* t. 26.
Habitat in Sueciæ , Boruffiæ , Rutheni *fpongiofis* , *fylvaticis* ,
riguis. Junio. ♃ *Lith.*

5. PEDICULARIS *verticillata.* P. caule fimplici , foliis qua-
ternis. *Jacq. auftr.* t. 206.
Filipendula montana altera. *Bauh. pin.* 163.
Habitat in Sibiria , Helvetia, Auftria. ♃ *Delph.*

9. PEDICULARIS *flammea.* P. caule fimplici ; foliis pinnatis ,
retro-imbricatis. *Oed.* t. 30.
Pedicularis Alpina , folio Ceterach. *Bauh. pin.* 163.
Habitat in Alpibus Lapponiæ , Helvetiæ. ♃

10. PEDICULARIS *hirfuta.* P. caule fimplici ; foliis dentato-
pinnatis, linearibus ; calycibus hirfutis. *Oed. dan.* t. 30.
Habitat in Lapponiæ *Alpibus.* ♃ *Delph.*

11. PEDICULARIS *incarnata.* P. caule fimplici ; foliis pinnatis ,
ferratis ; calycibus rotundatis , glabris ; corollis galeâ unci-
natâ , acutâ. *Jacq. auftr.* 140.
Habitat in Sibiria , Auftria , Helvetia. *Delph.*

13. PEDICULARIS *comofa.* P. caule fimplici , fpicâ foliofâ ;
corollis galeâ acutâ , emarginatâ ; calycibus quinquedentatis.
Habitat in Alpibus Italicis , Pyreneis. ♃ *Delph.*

14. PEDICULARIS *foliofa.* P. caule fimplici , fpicâ foliofâ ;
corollis galeâ obtufiffimâ , integrâ ; calycibus quinquedentatis. *Jacq. auftr.* 2. t. 139.
P. Alpina , Filicis folio , major. *Bauh. pin.* 163.
Habitat in Alpibus Helvetiæ , Auftriæ. ♃ *Delph.*

16. PEDICULARIS *tuberofa.* P. caule fimplici ; calycibus crif-
tatis ; corollis galeâ roftrato-aduncâ.
Filipendula montana , flore Pediculariæ. *Bauh. pin.* 163.
Alectorolophus montana , flore luteo. *Barr. ic.* 466. *Bocc.
mufc.* 315. t. 8.
Habitat in Alpibus Helveticis , Italicis , Sibiricis. ♃ *Delph.*

ANTIRRHINUM.

* *FOLIIS ANGULATIS.*

808.

1. ANTIRRHINUM *Cymbalaria.* A. foliis cordatis ,
quinquelobis , alternis ; caulibus procumbentibus.
Cymbalaria. *Bauh. pin.* 306.

Habitat in rupibus & muris antiquis Germaniæ, Helvetiæ, Galliæ, Harlemi, &c. Junio. ☉ *Pal. delph. parif. lugd.*

3. ANTIRRHINUM *Elatine.* A. foliis haſtatis, alternis ; caulibus procumbentibus. *Oed. Fl. dan.* 4. t. 6.
Elatine folio acuminato, in baſi auriculato; flore luteo. *Bauh. pin.* 253.
Habitat in Germaniæ, Angliæ, Galliæ, Italiæ arvis. Julio. ☉ *Pal. delph. burg. lugd.*

4. ANTIRRHINUM *ſpurium.* A. foliis ovatis, alternis ; caulibus procumbentibus.
Elatine folio ſubrotundo. *Bauh. pin.* 253.
Habitat in Germaniæ, Angliæ, Galliæ, Italiæ arvis. Julio. ☉ *Delph. burg. lugd.*

** FOLIIS OPPOSITIS.

9. ANTIRRHINUM *purpureum.* A. foliis quaternis, linearibus ; caule florifero, erecto, ſpicato.
Linaria purpurea, major, odorata. *Bauh. pin.* 213.
Linaria altera purpurea. *Dod. pempt.* 183.
Habitat ad radices Veſuvii.

10. ANTIRRHINUM *repens.* A. foliis linearibus confertis; inferne quaternis; calycibus capſulæ æqualibus.
Linaria anguſtifolia; flore cinereo, ſtriato. *Dill. elth.* 198. t. 163. f. 197.
Habitat in Anglia, Gallia, Italia. ☉ *Delph. lugd. burg.*

11. ANTIRRHINUM *Monſpeſſulanum.* A. foliis linearibus, confertis ; caule nitido, paniculato; pedunculis ſpicatis, nudis.
Linaria, capillaceo folio, odora. *Bauh. pin.* 213. prodr. 106. n. 4. *Dill. elth.* 199.
Habitat in Gallia, ♃ *Delph.* Fortè varietas repentis.

15. ANTIRRHINUM *ſupinum.* A. foliis ſubquaternis, linearibus ; caule diffuſo ; floribus racemoſis ; calcari recto.
Linaria pumila, ſupina, lutea, *Bauh. pin.* 213.
Habitat in Galliæ, Hiſpaniæ arenoſis. *Delph. burg. lugd. parif. nionſp.*

16. ANTIRRHINUM *arvenſe.* A. foliis ſublinearibus; inferioribus quaternis; calycibus piloſo viſcidis; floribus ſpicatis ; caule erecto.
Linaria arvenſis cærulea. *Bauh. pin.* 213. prodr. 107. *Dill. elth.* 199. t. 163. f. 198.
β. Linaria pumila; foliolis carnoſis; floſculis minimis flavis. *Bauh. pin.* 213. *Dill. elth.* 200.
γ. Linaria quadrifolia, lutea. *Bauh. pin.* 213.
Linaria tetraphilla, lutea. *Col. ecphr.* 1. p. 299. t. 300. f. 1.
Habitat in Angliæ, Galliæ, Italiæ, Germaniæ arvis. Julio. ☉ *Pal. delph. lugd. burg.*

17. ANTIRRHINUM *Peliſſerianum.* A. foliis caulinis, linearibus, alternis ; radicalibus lanceolatis, ternis ; floribus corymboſis.

Gen.

Linaria annua, purpureo-violacea; calcaribus longis, foliis
imis rotundioribus. *Vaill. parif.* 118. *Barrel. ic.* 1162.
Habitat in Gallia, Italia. ⊙ *Parif. burg. lugd. monfp.*

22. ANTIRRHINUM *Alpinum.* A. foliis quaternis, lineari-
lanceolatis, glaucis; caule diffuso; floribus racemosis;
calcari recto. *Jacq. auftr. t.* 58.
Linaria quadrifolia, supina. *Bauh. pin.* 213.
Habitat in Helvetia, Auftria, Baldo, Styria, Pyrenæis.
Monfp. delph. burg.

25. ANTIRRHINUM *Origanifolium.* A. foliis plerifque oppofitis,
oblongis; floribus alternis.
A. faxatile, Alfines folio unctuofo & villofo. *Barr. ic.* 1102,
1103.
Habitat in Pyrenæis, Monte aureo, Maffiliæ. ⊙ *Delph.*

26. ANTIRRHINUM *minus.* A. foliis plerifque, alternis, lanceolatis, obtufis; caule ramofiffimo, diffufo. *Fl. dan. t.* 502.
A. arvenfe minus. *Bauh. pin.* 212.
Habitat in Europæ cultis, ruderatis, glareofis. Junio. ⊙ *Succ.
pal. burg. iith. lugd.*

* * * FOLIIS ALTERNIS.

29. ANTIRRHINUM *Geniftifolium.* A. foliis lanceolatis, acuminatis; paniculâ virgatâ, flexuofâ. *Jacq. auftr. t.* 244.
Linaria flore pallido, rictu aureo. *Bauh. pin.* 213.
Habitat in Sibiria, Auftria inferiore, Helvetia; circa Dref-
dam. ♃ *Delph.*

31. ANTIRRHINUM *Linaria.* A. foliis lanceolato-linearibus,
confertis; caule erecto; fpicis terminalibus, feffilibus;
floribus imbricatis.
Linaria vulgaris lutea; flore majore. *Bauh. pin.* 212.
Habitat in Europæ ruderatis. Junio. ♃ *Suec. pal. lith. burg.
lugd.* Hujus monftrum Peloria.

* * * * COROLLIS HIANTIBUS AUT ECAUDATIS.

36. ANTIRRHINUM *majus.* A. corollis ecaudatis; floribus
fpicatis; calycibus rotundatis.
A. majus rotundiore folio. *Bauh. pin.* 211.
Habitat in Europæ auftralis maceriis, fepibus. ♂ *Ged. delph.
burg. lugd.*

36. ANTIRRHINUM *Orontium.* A. corollis ecaudatis; floribus
fubfpicatis; calycibus digitatis, corollâ longioribus.
A. arvenfe majus. *Riu. t.* 82. *Bauh. pin.* 212.
Habitat in Europæ agris & arvis. Julio. ⊙ *Pal. delph. lugd.
burg. lith. fucc.*

* * * * * COROLLIS HIANTIBUS.

41. ANTIRRHINUM *Bellidifolium.* A. foliis radicalibus, lingulatis, dentatis, lineatis; caulinis partitis, integerrimis.

Linaria Bellidis folio. *Bauh. pin.* 212. *prodr.* 106. t. 106.   Gen.
Linaria odorata. *Dod. pempt.* 184.
Habitat Monspelii : in agris inter Lugdunum & Viennam, inter-
que Lugdunum & Gratianopolim. ♂ *Delph. burg. lith.*

2. MARTYNIA *annua.* M. caule ramoso ; foliis inte-   811.
gerrimis , angulatis. *Kniph. cent.* 8. n. 66.
Habitat in Americes *Vera Cruce.* ☉

2. SCROPHULARIA *nodosa.* S. foliis cordatis , tri-   814.
nervatis ; caule obtusangulo.

S. nodosa fœtida. *Bauh. pin.* 235.
Habitat in Europæ *succulentis.* Maio. ♃ *Pal. lugd. burg. lith.*
suec. paris.

3. SCROPHULARIA *aquatica.* S. foliis cordatis , petiolatis ,
decurrentibus, obtusis ; caule membranis angulato , racemis
terminalibus. *Fl. dan.* t. 507.
S. aquatica major. *Bauh. pin.* 235. caule fimbriato. *Læs. pruss.*
248. t. 75.
Habitat in Angliæ , Helvetiæ , Galliæ *humidis.* Junio. ♂ *Pal.*
lugd. burg. lith.

5. SCROPHULARIA *Scorodonia.* S. foliis cordatis , duplicato-
serratis ; racemo composito , foliis interstincto.
S. Melissæ folio. *Tournef. inst.* 166.
S. Scorodoniæ folio. *Pluck. alm.* 338. t. 59. f. 5.
Habitat in Lusitania & Jersea *insula* Angliæ ; *in* Sibiria.

7. SCROPHULARIA *Orientalis.* S. foliis lanceolatis , serratis ,
petiolatis ; caulinis ternis, rameis, oppositis. *Kniph. cent.* 5.
n. 80.
S. orientalis ; foliis cannabinis. *Tournef. cor.* 9.
Habitat in Oriente. ♃

9. SCROPHULARIA *vernalis.* S. foliis cordatis; caulinis ternis ;
pedunculis axillaribus , solitariis , bifidis. *Oed. dan.* 411.
S. flore luteo. *Bauh. pin.* 236. *prodr.* 112. t. 112.
S. montana maxima , latifolia. *Barrel.* 273. *bene.*
Habitat in Italia , Helvetia , Austria. ♂ *Delph.*

12. SCROPHULARIA *canina.* S. foliis pinnatis ; racemo ter-
minali nudo; pedunculis bifidis.
Scrophularia Ruta, Canina dicta. *Bauh. pin.* 236.
Ruta Canina. *Clus. hist.* 2. p. 209. *Lob. ic.* 2. p. 55.
Habitat in Helvetia , Narbona , Italia. Maio. ☉ *Monsp. delph.*
lugd. burg.

16. SCROPHULARIA *peregrina.* S. foliis cordatis , lineatis ,
lucidis ; pedunculis axillaribus , bifloris ; caule sexangulari.
S. Urticæ folio. *Bauh. pin.* 236.
Habitat in Italia. ☉

Gen. 815. 1. CELSIA *Orientalis*. C. foliis bipinnatis.

Verbafcum Orientale, Sophiæ folio. *Tournef. cor.* 8. *Buxt. cent.* 5. p. 17.
Habitat in Cappadocia, Armenia. ☉

2. CELSIA *Arcturus*. C. foliis radicalibus, lyrato-pinnatis; pedunculis flore longioribus.
Verbafcum humile, Creticum, laciniatum. *Bauh. pin.* 240.
Verbafcum Brafficæ folio. *Colum. ecphr.* 2. p. 81. t. 82.
Habitat in Creta.

816. 1. DIGITALIS *purpurea*. D. calycinis foliolis ovatis, acutis; corollis obtufis; labio fuperiore integro. *Fl. dan.* t. 74.

D. purpurea, folio afpero. *Bauh. pin.* 243.
Habitat in Europa auftraliore. Junio. ♂ *Pal. lugd. delph. burg. parif.*

4. DIGITALIS *lutea*. D. calycinis foliolis lanceolatis; corollis acutis; labio fuperiore bifido. *Jacq. hort.* t. 105.
D. flore minore fubluteo, anguftiore folio. *Bauh. hift.* 2. p. 814.
Habitat in Galliæ, Italiæ fabulofis. Junio. ♃.*Burg. lugd. parif.*

5. DIGITALIS *ambigua*. D. corollarum labio emarginato; foliis fubtus pubefcentibus.
D. Ochroleuca. *Jacq. auftr.* t. 57.
D. lutea magno flore. *Bauh. pin.* 224.
Habitat in Auftria, Helvetia, Germania. Junio. ♃ *Delph. burg. lith. lugd.*

817. 1. BIGNONIA *Catalpa*. B. foliis fimplicibus cordatis, ternis; caule erecto; floribus diandris. *Jacq. amer.* 15.

B. Americana, arbor Syringæ cæruleæ folio; flore purpureo. *Duham. arb.* 1. p. 104. t. 41.
Habitat in Japona, Carolina. ♄

13. BIGNONIA *radicans*. B. foliis pinnatis; foliolis incifis; caule geniculis radicatis. *Sabb. hort.* 2. t. 84.
Pfeudo-Apocinum hederaceum, Americanum; tubulofo flore phœniceo, Fraxini folio. *Morif. hift.* 3. p. 612. f. 15. t. 3. f. 1.
Habitat in America. ♄

824. 7. LANTANA *aculeata*. L. foliis oppofitis; caule aculeato, ramofo; fpicis hemifphæricis.

Viburnum Americanum, odoratum; Urticæ foliis latioribus, fpinofum; floribus miniatis. *Pluck. alm.* 385. t. 233. f. 5.
Habitat in America *calidiore*. ♄

827. 1. CAPRARIA *biflora*. C. foliis alternis; floribus geminis. *Jacq. amer.* 182. t. 115.

Lysimachiæ Peruvianæ affinis, Americana, procumbens; Ono-
nidis vernæ frutescentis folio singulari glabro. *Pluck. alm.*
237. t. 98. f. 4.
Habitat in Curassao *in* Græcia. ♄

Geñ.

1. LINDERNIA *Pyxidaria.* L. foliis sessilibus, integerrimis; pedunculis solitariis.

828.

Lindernia. *Allion. stirp. aliq.* 178. t. 5.
Pyxidaria repens annua; flosculis monopetalis, unilabiatis.
Lindern. alsat. 1. p. 152. t. 1. & 2. p. 267.
Habitat in Virginiæ, Alsatiæ, Pedemontii *paludibus spongiosis,*
inundatis. ☉ *Burg. lugd.*

2. ERINUS *Alpinus.* E. floribus racemosis; foliis spatulatis.

832.

Ageratum serratum, Alpinum. *Bauh. pin.* 221.
β. Ageratum minus saxatile, flore albo. *Barr. rar.* 23. t. 1192.
Habitat in Alpibus Helveticis, Pyrenaïcis, Monspelii. ♃ *Delph.*
monsp. lugd.

1. LINNÆA *borealis.* L. floribus geminatis. *Fl. suec.*
t. 1. *Oed. dan.* t. 3.

835.

Campanula Serpillifolia. *Bauh. pin.* 93. prodr. 35.
Habitat in Sueciæ, Sibiriæ, Helvetiæ, Russiæ, Canadæ *sylvis*
antiquis, muscosis, acerosis, sterilibus, umbrosis. ♄ *Monsp.*
helv.

1. LIMOSELLA *aquatica.* L. foliis lanceolatis. *Fl. dan.*
t. 69.

837.

L. foliis longè petiolatis, sine spatulatis. *Crantz austr.*
Plantaginella. *Hall. jen.* 23. t. 6. f. 2.
Plantaginella palustris. *Bauh. pin.* 190.
Spergula perpusilla, lanceolatis foliis. *Læs. pruss.* 261. t. 81.
Alsine palustris repens; foliis lanceolatis. *Pluck. alm.* 20.
t. 74. f. 4.
Habitat in Europæ *septentrionalis inundatis.* ☉ ♃ *Suec. paris.*
burg. lugd.

1. OROBANCHE *lævis.* O. caule simplicissimo lævi;
staminibus exsertis.

841.

O. majore flore. *Bauh. pin.* 88. *Moris. hist.* 3. s. 12. t. 16. f. 2.
Habitat Monspelii, in Helvetia, Germania, Austria. *Lugd. delph.*

2. OROBANCHE *major.* O. caule simplicissimo, pubescente;
staminibus subexsertis.
O. major Caryophyllum olens. *Bauh. pin.* 87.
Habitat in Europæ agris, pratis siccis, parasitica imprimis radicum Diadelphiæ. *Michel monograph. De Orobanche. Maio. Pol.*
lith. burg. suec. paris. lugd.

Gen.

5. OROBANCHE *ramofa.* O. caule ramofo; corollis quinquê fidis.

O. ramofa. *Bauh. pin.* 88.

Habitat in Europæ *ficcis. Pal. delph. bûrg. parif. lugd.*

853. 1. VITEX *Agnus caftus.* V. foliis digitatis, ferratis ; fpicis verticillatis.

V. foliis anguftioribus ; Cannabis modo difpofitis. *Bauh. pin.* 475. *Blackw.* t. 139.

Habitat in Siciliæ & Neapolis *paludofis.* ♄

857. 1. ACANTHUS *mollis.* A. foliis finuatis, inermibus.

A. fativus f. mollis Virgilii. *Bauh. pin.* 383.

Carduus Acanthus f. Branca urfi. *Bauh. hift.* 3. p. 75. *Blackw.* t. 89.

Habitat in Italiæ, Siciliæ *humentibus duris.* ♃ *Monfp.*

2. ACANTHUS *fpinofus.* A. foliis pinnatis ; fpinofis;

A. aculeatus. *Bauh. pin.* 383.

A. fylveftris. *Dod. pempt.* 719.

Habitat in Italiæ *humentibus.* ♃

* *FLORES POLIPETALI.*

859. 1. MELIANTHUS *major.* M. ftipulis folitariis, petiolo adnatis. *Kniph. cent.* 12. n. 70.

M. Africanus. *Herm. lugdb.* 414. t. 415.

Habitat in Æthiopiæ *fucculentis.* ♃

2. MELIANTHUS *minor.* M. ftipulis geminis, diftinctis. *Kniph. cent.* 8. n. 68.

M. Africanus minor, fœtidus. *Comm. rar.* 4. t. 4.

Habitat in Æthiopia. ♃

OBSERVATIO Melianthi. *Calix* 5-phyllus ; foliolo inferiore gibbo: *Petala* 4 ; nectario infra infima. *Capfula* 4-locularis.

Herba M. majoris *fuccuffa ftillat pluviam nectariferam florens.*

CLASSIS XV.

CLASSIS XV.

TETRADYNAMIA.

SILICULOSÆ.

* *Silicula integra, nec apice emarginata.*

864. DRABA.	*Silic.* valvulis planiufculis. *Stylus* nullus.
873. LUNARIA.	*Silic.* valvulis planis pedicellata. *Stylus* exfertus.
863. SUBULARIA.	*Silic.* valvulis femi-ovatis. *Stylus* brevior filiculâ.
266. MYAGRUM.	*Silic.* valvulis concavis. *Stylus* perfiftens.
861. VELLA.	*Silic.* valvulis diffepimento dimidio brevioribus.

* * *Silicula emarginata. apice.*

868. IBERIS.	*Petala* duo exteriora majora.
869. ALYSSUM.	*Filamenta* quædam latere interiore dente notata. *Silicula* bilocularis.
870. CLYPEOLA.	*Silic.* orbiculata : valvulis planis, decidua.
871. PELTARIA.	*Silic.* orbiculata, compreffo-plana ; non dehifcens.
867. COCHLEARIA.	*Silic.* cordata : valvulis obtufis, gibbis.
865. LEPIDIUM.	*Silic.* cordata : valvulis acutè carinatis.
866. THLASPI.	*Silic.* obcordata : valvulis marginato-carinatis.
872. BISCUTELLA.	*Silic.* biloba fupra infraque, margine carinato.
865. ANASTATICA.	*Silic.* retufa : valvulis diffepimento mucronato longioribus.

Tome I.   C c

SILIQUOSÆ.

* *Calyx clausus, foliolis longitudinaliter conniventibus.*

886. RAPHANUS.   *Siliq.* articulata.
878. ERYSIMUM.   *Siliq.* tetragona.
879. CHEIRANTHUS.   *Siliq.* germine utrinque glandula notato.
881. HESPERIS.   *Glandulæ* intra stamina breviora. *Petala* obliqua.
882. ARABIS.   *Glandulæ* 4 intra foliola calycina. *Stygma* simplex.
882. BRASSICA.   *Glandulæ* 2 intra stamina breviora; 2 extra stamina longiora.
883. TURRITIS.   *Petala* erecta.
875. DENTARIA.   *Siliq.* valvis revoluto-dehiscentibus.
874. RICOTIA.   *Siliq.* unilocularis.

* * *Calix hians, foliolis supernè distantibus.*

889. CRAMBE.   *Siliq.* decidua, globosa, sicco-baccata. *Filamenta* 4 apice bifurcâ.
888. ISATIS.   *Siliq.* decidua, lanceolata, monosperma.
887. BUNIAS.   *Siliq.* decidua, subrotunda, muricata.
890. CLEOME.   *Siliq.* dehiscens, unilocularis.
876. CARDAMINE.   *Siliq.* dehiscens; valvulis revolutis.
885. SINAPIS.   *Siliq.* dehiscens. *Cal.* horizontaliter patens.
877. SISYMBRIUM.   *Siliq.* dehiscens: valvis rectiusculis. *Cal.* patulus.

TETRADYNAMIA.

SILICULOSÆ.

1. MYAGRUM *perenne*. M. filiculis biarticulatis, mo-   Gen. 860.
nofpermis; foliis extrorfum finuatis, denticulatis.

Rapiftrum monofpermum. *Bauh. pin.* 95. *prodr.* 37. t. 37. *Mapp.*
alfat. 266. t. 266.
Habitat in Germania. ♃ *Delph. lugd.*

5. MYAGRUM *perfoliatum.* M. filiculis obcordatis fubfeffilibus;
foliis amplexicaulibus; filiculis obcordatis.
M. monofpermum latifolium. *Bauh. pin.* 109. *prodr.* 52. t. 51.
Morif. hift. 2. p. 267. f. 3. t. 21. f. *antepenult.*
Habitat inter Helvetiæ, Galliæ *fegetes.* ⊙ *Monfp. burg. delph.*
lugd.

6. MYAGRUM *fativum.* M. filiculis obovatis, pedunculatis,
polyfpermis.
M. fylveftre. *Bauh. pin.* 109. *Dill. giff.* p. 134.
Camelina f. Myagrion. *Dod. pempt.* 532.
Habitat in Europa *inter linum.* Maio. ⊙ *Parif. ged. pal. lugd.*
burg. fuec.

7. MYAGRUM *paniculatum.* M. filiculis lentiformibus, orbiculatis, punctato-rugofis. *Fl. dan.* t. 204.
M. monofpermum hirfutum, filiquis rotundis. *Læf. pruff.*
174. t. 56.
Myagro fimilis, filiqua rotunda. *Bauh. pin.* 109. *prodr.* 52.
t. 52.
Habitat in Europa *juxta agros.* Junio. ⊙ *Parif. pal. burg. lith.*
delph. lugd. fuec.

8. MYAGRUM *faxatile.* M. filiculis lentiformibus, obovatis,
glabris; foliis petiolatis, oblongis, ferratis, fcabris; caule
paniculato. *Fl. auftr.* t. 128.
Thlafpi faxatile rotundifolium. *Bauh. pin.* 106. *prodr.* 48.
Habitat in Alpibus Helvetiæ, Baldi, Carniolæ, Monfpelii. ♃
Delph. lugd.

1. ANASTATICA *Hierochuntica.* A. foliis obtufis;   862.
fpicis axillaribus, breviffimis; filiculis ungulatis,
fpinofis. *Jacq. hort.* t. 58.

Rofa hierochuntea vulgò dicta. *Bauh. pin.* 484.
Habitat in littoribus Maris rubri *arenofis,* Palæftinæ, Cairi. ⊙

Gen. 2. ANASTATICA *Syriaca.*. A. foliis acutis ; fpicis folio lon-
gioribus ; filiculis ovatis, roftratis. *Jacq. auftr. tab.* 6.
Rofa Hierichuntis fylveftris. *Bauh. pin.* 484.
Habitat in Auftria, Syria, Sumatra. ⊙

863.   1. SUBULARIA *aquatica.* S. *Fl. fuec. Fl. dan.* t. 35.
Graminifolia aquatica, thlafpeos capitulis rotundis ; fepimento
filiculam dirimente. *Pluck. alm.* 180. t. 188. f. 5. *Fl. dan.*
t. 35.
Habitat in Europæ borealis inundatis, *lacuftribus fluviis.* ⊙

D R A B A.

* *C A U L E   N U D O.*

864.   1. DRABA *Aizoïdes.* D. fcapo nudo fimplici ; foliis
enfiformibus, carinatis, ciliatis. *Jacq. auftr.* 2. t. 192.
Sedum Alpinum, hirfutum, luteum. *Bauh. pin.* 284.
Habitat in Alpibus Europæ. ♃ *Delph.*

3. DRABA *Alpina.* D. fcapo nudo fimplici ; foliis lanceolatis,
integerrimis. *Oed. dan.* t.
Habitat in Alpibus Europæ. ♃ *Lugd. fuec.*

4. DRABA *verna.* D. fcapis nudis ; foliis fubferratis.
Burfa paftoris minor, loculo oblongo. *Bauh. pin.* 108.
Alyffon vulgare, Polygoni folio ; caule nudo. T. *Segu. veron.*
1. p. 575. t. 4. f. 3.
Habitat in Europæ *aridis* & America *feptentrionali.* Martio. ⊙
Suec. ged. pal. lith. lugd. burg.

3. DRABA *Pyrenaïca.* D. fcapo nudo ; foliis cuneiformibus palmatis trilobis. *Jacq. auftr.* t. 228.
Alyffon Pyrenaïcum, perenne, minimum ; foliis trifidis. *Tournef. inft.* 217. *Allion. pedem.* t. 6. f. 1.
Habitat in Pyrenæis. ♃ *Delph.*

* * *C A U L E   F O L I O S O.*

6. DRABA *muralis.* D. caule ramofo ; foliis ovatis, feffilibus²
dentatis.
Myagroïdes, fubrotundis ferratifque foliis ; flore albo. *Barrel.
ic.* 816. *Hall.* R.
Burfa paftoris major, loculo oblongo. *Bauh. pin.* 108. *prodr.*
50. t. 50.
Habitat in Europæ *nemoribus.* Maio. ⊙ *Lith. delph. burg. lugd.
fuec.*

7. DRABA *hirta.* D. fcapo unifolio ; foliis fubhirfutis ; filiculis
obliquis, pedicellatis. *Fl. dan.* t. 142.
Burfa paftoris, Alpina, hirfuta. *Bauh. pin.* 108. *prodr.* 51. t. 51.
Habitat in Alpibus Helveticis, Lapponicis. *Delph.*

1. LEPIDIUM *perfoliatum.* L. foliis caulinis pinnato-   Gen. 865.
   multifidis ; ramiferis , cordatis , amplexicaulibus
   integris. *Jacq. Auftr.* t. 346.

Thlafpi Alexandrinum. *Bauh. pin.* 108. *prodr.* 50. *Bauh. hift.* 2.
   p. 933. *Rai hift.* 834.
Habitat in Perfia , Syria. ⊙

4. LEPIDIUM *procumbens.* L. foliis finuato-pinnatifidis ; impari
   majore ; fcapo nudo ; caulibus proftratis , racemiferis.
Nafturtium pumilum, fupinum,vernum. *Magn. monfp.* 185. t. 184.
Habitat Monfpelii. ⊙ *Burg. delph. monfp. parif. lugd.*

5. LEPIDIUM *Alpinum.* L. foliis pinnatis , integerrimis ; fcapo
   fubradicato; filiculis lanceolatis , mucronatis. *Fl. dan.* t. 569.
Nafturtium Alpinum, tenuiffimè divifum. *Bauh. pin.* 105.
Habitat in Alpibus Schneeberg , Saltzburgenfibus , Tyrolen-,
   fibus , Helveticis, Baldo. *Delph.*

6. LEPIDIUM *petræum.* L. foliis pinnatis , integerrimis; petalis
   emarginatis , calyce minoribus. *Jacq. auftr.* t. 131.
Nafturtium pumilum vernum. *Bauh. pin.* 105.
Habitat in lapidofis Œlandiæ , Angliæ , Auftriæ. ⊙ *Succ. delph.*

9. LEPIDIUM *fativum.* L. floribus tetradynamis; foliis oblongis,
   multifidis.
Nafturtium hortenfe vulgatum. *Bauh. pin.* 103.
Nafturtium hortenfe. *Dod. pempt.* 771. *Blackw.* t. 23.
Habitat . . . . ⊙

11. LEPIDIUM *latifolium.* L. foliis ovato-lanceolatis , integris ,
   ferratis. *Fl. dan.* t. 557.
L. latifolium. *Bauh. pin.* 97.
L. Plinii. *Dod. pempt.* 716.
Habitat in Galliæ, Angliæ *umbrofis , fucculentis.* ♃ *Succ. parif.*
   burg. delph. lugd.

13. LEPIDIUM *graminifolium.* L. foliis linearibus, fuperioribus ,
   integerrimis; caule paniculato , virgato; floribus hexandris.
Thlafpi Lufitanicum umbellatum ; gramineo folio; flore albo.
   Tournef. inft. 213.
Habitat in Europa auftrali. ♃ *Delph.*

16. Lepidium *ruderale.* L. floribus diandris , apetalis ; foliis
   radicalibus , dentato-pinnatis ; ramiferis linearibus , integerrimis. *Fl. dan.* t. 184.
Nafturtium fylveftre , Ofyridis folio. *Bauh. pin.* 105.
Habitat in Europæ *ruderatis & ad vias.* Junio. ⊙ *Succ. ged. pal.*
   delph. lith. lugd.

18. LEPIDIUM *Iberis.* L. floribus diandris , tetrapetalis; foliis
   inferioribus lanceolatis , ferratis; fuperioribus linearibus ,
   integerrimis.
Iberis latiore folio. *Bauh. pin.* 97.
Iberis. *Dod. pempt.* 714.
Habitat in Germania , Gallia , Italia , Sicilia *fecus vias.* Junio. ⊙
   Lugd.   C c iij

Gen. 866.   2. THLASPI *arvense*. T. filiculis orbiculatis ; foliis oblongis, dentatis, glabris.

T. arvense, filiquis latis. *Bauh. pin.* 105.
T. latius. *Dod. pempt.* 712. *Blackw. t.* 68.
Habitat in Europæ *agris.* Aprili. ⊙ *Ged. pal. burg. lith. lugd. fuec.*

3. THLASPI *alliaceum*. D. filiculis fubovatis, ventricofis; foliis oblongis, obtufis, dentatis, glabris.
T. Allium redolens. *Morif. hist.* 2. p. 297. f. 3. t. 18. f. 28.
Habitat in Europa *australi. Austr. burg. lugd.*

4. THLASPI *faxatile*. T. filiculis fubrotundis; foliis lanceolato-linearibus, obtufis, carnofis. *Jacq. austr. t.* 236.
T. montanum, pingui folio, carneo flore, planâ & cordatâ filiquâ. *Barr. ic.* 845.
T. parvum faxatile, flore rubente. *Bauh. pin.* 107.
Habitat in Italiæ, Narbonenfis Provinciæ, Auftriæ *faxofis.*

6. THLASPI *campestre*. T. filiculis fubrotundis; foliis fagittatis, dentatis, incanis.
T. arvenfe, Vaccariæ incano folio, majus. *Bauh. pin.* 106.
Habitat in Europæ *arvis, viis argillofis, apricis.* Maio. ♂ *Succ. parif. pal. burg. lugd. delph.*

7. THLASPI *montanum*. T. filiculis obcordatis: foliis glabris; radicalibus fubcarnofis, obovatis, integerrimis; caulinis amplexicaulibus; corollis calyce majoribus. *Jacq. austr. t.* 237.
T. montanum, Glafti folio, minus. *Bauh. pin.* 106.
Habitat in Helvetiæ, Auftriæ, Italiæ, Monfpelii *petrofis, fylva-ticis.* Aprili. *Pal. burg. delph. lugd.*

8. THLASPI *perfoliatum*. T. filiculis obcordatis; foliis caulinis cordatis, glabris, fubdentatis ; petalis longitudine calycis; caule ramofo. *Jacq. austr* t. 337.
T. arvenfe perfoliatum, majus. *Bauh. pin.* 106. *Barr. ic.* 815.
Habitat in Helvetiæ, Germaniæ, Galliæ *agris apricis.* Aprili. ♂
Pal. burg. parif. lugd.

9. THLASPI *alpestre*. T. filiculis obcordatis; foliis fubdentatis; caulinis amplexicaulibus; petalis longitudine calycis; caule fimplici.
T. Vaccariæ folio, Burfæ paftoris filiquis. *Bauh. pin.* 105. *prodr.* 47.
Habitat in Auftria, Helvetia. ♃ *Delph. lugd.*

10. THLASPI *Burfa paftoris*. T. filiculis obcordatis; foliis radicalibus pinnatifidis. *Fl. dan. t.* 729.
Burfa paftoris major, folio finuato. *Bauh. pin.* 108.
β. Burfa paftoris media. *Bauh. pin.* 108.
γ. Burfa paftoris major ; folio non finuato. *Bauh. pin.* 108.
Habitat in Europæ *cultis ruderatis.* Martio. ⊙ *Suec. parif. ged. pal. lith. lugd. burg.*

867.   1. COCHLEARIA *officinalis*. C. foliis radicalibus, cor-

dato-subrotundis; caulinis oblongis, subsinuatis. *Fl. dan.* t. 133.

C. folio subrotundo. *Bauh. pin.* 110.

Cochlearia. *Dod. pempt.* 594.

Habitat in Europæ borealis littoribus marinis. ⊙ ♂ *Suec.*

COCHLEARIA *Coronopus.* C. foliis pinnatifidis; caule depresso. *Fl. dan.* t. 202.

Ambrosia campestris repens. *Bauh. pin.* 138.

Habitat in Europæ apricis, nudis. Julio. ⊙ *Suec. paris. monspl pal. lugd. burg.*

6. COCHLEARIA *Armoriaca.* C. foliis radicalibus lanceolatis, crenatis; caulinis incisis. *Blackw.* t. 415.

Raphanus rusticanus. *Bauh. pin.* 96.

Raphanus magna. *Dod. pempt.* 678.

Habitat in Europæ fossis & ad rivulos. ♃ *Suec. austr. lith. burg. delph. lugd.*

8. COCHLEARIA *Draba.* C. foliis lanceolatis, amplexicaulibus, dentatis. *Jacq. austr.* t. 315.

Draba umbellata s. major, capitulis donata. *Bauh. pin.* 109. *Moris. hist.* 2. p. 313. s. 3. t. 21. f. 1.

Habitat in Austria, Gallia, Italia *ad versuras.* ♃ *Delph.*

1. IBERIS *semperflorens.* I. frutescens, foliis cuneiformibus, integerrimis, obtusis. *Kniph. cent.* 12. n. 59.

Habitat in Sicilia, Persia. ♄

2. IBERIS *sempervirens.* I. frutescens; foliis linearibus, acutis, integerrimis.

Thlaspi montanum sempervirens. *Bauh. pin.* 106.

Thlaspi Creticum perenne, flore albo. *Barr. ic.* 214. & 734.

Habitat in Cretæ *rupestribus.* ♄

4. IBERIS *saxatilis.* I. suffruticosa; foliis lanceolato-linearibus, carnosis, acutis, integerrimis, ciliatis.

Thaspi fruticosum, Thymbræ folio, hirsutum. *Bauh. pin.* 107.

Habitat in Italia, Galliæ *australis aridis sabulosis.* ♄ *Prov. delph.*

5. Iberis rotundifolia. L. herbacea, foliis ovatis; caulinis amplexicaulibus, lævibus, succosis.

Thlaspi montanum, serrato Cepeæ folio; flore purpurascente, umbellato. *Barr. ic.* 848.

Habitat in Helvetia. ♃ *Delph.*

6. IBERIS *umbellata.* I. herbacea; foliis lanceolatis, acuminatis; inferioribus serratis; superioribus integerrimis.

Thlaspi umbellatum, Creticum, Iberidis folio. *Bauh. pin.* 106.

Draba s. Arabis s. Thlaspi Candiæ. *Dod. pempt.* 713.

Habitat in Hetruria, Hispania, Creta. ⊙

7. IBERIS *amara.* I. herbacea; foliis lanceolatis, acutis, subdentatis; floribus racemosis. *Kniph. cent.* 9. n. 52.

Gen.

Thlaspi umbellatum, arvense, Iberidis folio. *Bauh. pin.* 106.
Habitat in Helvetia, Germania. Augusto. ☉ *Pal. delph.
lugd.*

8. IBERIS *Linifolia.* I. herbacea, foliis linearibus, integerrimis; caulinis serratis; caule paniculato; corymbis hemisphæricis.
Thlaspi Lusitanicum umbellatum, gramineo folio; flore purpurascente. *Tournef. inst.* 213. *Garid. aix.* 459. *t.* 105.
Habitat in Hispania, Lusitania, Monspelii. *Delph. burg.*

9. IBERIS *odorata.* I. herbacea; foliis linearibus, superne dila-
tatis, serratis.
Thlaspi umbellatum Creticum, flore albo, odorato, minus.
Bauh. pin. 106.
Habitat in Alpibus Allobrogicis. ☉ *Delph.*

11. IBERIS *nudicaulis.* I. herbacea, foliis sinuatis; caule nudo,
simplici. *Fl. dan.* 323.
Bursa pastoris minor; foliis incisis. *Bauh. pin.* 108.
Bursa pastoris minor. *Dod. pempt.* 103.
Habitat in Europæ arenosis, sylvaticis, nudis, sterilissimis. Aprili.
Suec. ged. pal. sil. lugd.

12. IBERIS *pinnata.* I. herbacea, foliis pinnatifidis.
Thlaspi umbellatum, Nasturtii folio, Monspeliacum. *Bauh.
pin.* 106.
Habitat in Europæ australi maritimis. ☉ *Delph. lugd.*

ALYSSUM.

* SUFFRUTICOSA.

863.

1. ALYSSUM *spinosum.* A. racemis senilibus, spini-
formibus, nudis.

Thlaspi fruticosum, spinosum. *Bauh. pin.* 108.
Thlaspi spinosum, Hispanicum. *Barr. ic.* 808.
Habitat in Hispaniæ, Galliæ cautibus. ♃ *Paris.*

4. ALYSSUM *alpestre.* A. caulibus suffruticosis, diffusis; foliis
subrotundis, incanis; calycibus coloratis. *Ger. prov.* 352.
t. 13. f. 2.

Habitat in Alpibus Galloprovinciæ versus Italiam. ♃ *Delph.*

** HERBACEA.

6. ALYSSUM *incanum.* A. caule erecto; foliis lanceolatis,
incanis, integerrimis; floribus corymbosis, petalis bifidis.
Thlaspi fruticosum, incanum. *Bauh. pin.* 108.
Habitat in Europæ septentrionalioris arenosis, apricis. Junio. ♃ ♂
Suec. ged. austr. pal. burg. lith.

8. ALYSSUM *calycinum.* A. caulibus herbaceis; staminibus omnibus dentatis; calycibus persistentibus. *Jacq. austr. t.* 338.
Thlaspi Alysson dictum, campestre, majus. *Bauh. pin.* 107.

Habitat in Auſtria, Gallia, Germania. Maio. ⊙ *Pal. delph.*
burg. lugd.

9. ALYSSUM *montanum.* A. caulibus herbaceis, diffuſis; foliis
ſublanceolatis, punĉtato-echinatis. *Jacq. auſtr.* t. 37.
Thlaſpi Thymi folio, utriculo ſubrotundo, mucronato, Hiſpa-
nicum. *Barrel. ic.* 807.
Thlaſpi Alpinum repens. *Bauh. pin.* 107.
Habitat in Helvetiæ, Germaniæ *apricis ſiccis.* ♃ *Delph. burg.*
lugd.

10. ALYSSUM *campeſtre.* A. caule herbaceo; ſtaminibus ſtipatis
pari ſetarum; calycibus deciduis.
Thlaſpi montanum incanum, luteum, Serpilli folio, majus.
Bauh. pin. 107. *prodr.* 49.
Habitat in Gallia, Germania, Helvetia. Maio. ⊙ *Pal. delph.*
lugd. monſp.

1. CLYPEOLA *Jonthlaſpi.* C. ſiliculis orbiculatis,
unilocularibus, monoſpermis.

Thlaſpi clypeatum, Serpilli folio. *Bauh. pin.* 107.
Habitat in Italiæ, Narbonæ *ſabuloſis.* ⊙ *Burg. lugd. delph.*

870.

1. PELTARIA *alliacea.* *Jacq. auſtr.* t. 123.

Habitat in Alpibus, Iſtriam *inter & Croatiam, ad arcem Sti-*
chenſtein verſus Schneeberg Auſtria. ♃

871.

1. BISCUTELLA *auriculata.* B. calycibus nectario
utrinque gibbis; ſiliculis in ſtylum coeuntibus.

Thlaſpidium biſcutatum, villoſum; flore calcari donato. *Bauh.*
pin. 107. *prodr.* 49.
Ion Draba alyſſoides, lutea, anguſtifolia. *Barr. ic.* 230.
Habitat in Italia, Galloprovincia. ⊙ *Delph.*

5. BISCUTELLA *lævigata.* B. ſiliculis glabris; foliis lanceolatis,
ſerratis. *Jacq. auſtr.* 4. t. 339.
Habitat in Italia, *&c.* ⊙ *Delph. burg.*

872.

1. LUNARIA *rediviva.* L. foliis alternis. *Kniph. cent.*
7. n. 46.
Viola Lunaria major, ſiliquâ oblongâ. *Bauh. pin.* 203.

Habitat in Europa *ſeptentrionaliore, in* Germania. *Weber ſpicil.*
18. ♃ *Ged. lith. lugd.*

2. LUNARIA *annua.* L. foliis oppoſitis.
Viola latifolia. *Dod. pempt.* 161.
Habitat in Germania. *Weber ſpicil.* p. 18.

873.

S I L I Q U O S A.

1. DENTARIA *enneaphylla.* D. foliis ternis, ternatis.
Jacq. auſtr. t. 316.

875.

Gen.

Gen.

D. triphyllos. *Bauh. pin.* 322. *Cluf. hift.* 2. p. 121. n. 5.
Habitat in Auftriæ , Italiæ *montanis umbrofis ,* fterilibus. ♃ *Sil.*
carn.

2. DENTARIA *bulbifera.* D. foliis inferioribus , pinnatis, fummis
fimplicibus. *Fl. dan.* t. 361.
D. heptaphyllos baccifera. *Bauh. pin.* 322.
Habitat in Europa *auftrali ad radices montium umbrofas.* ♃ *Suec.*

3. DENTARIA *pentaphyllos.* D. foliis fummis digitatis.
D. heptaphyllos. *Bauh. pin.* 322.
D. 8. heptaphyllos. *Cluf. hift.* 2. p. 123.
β D. pentaphyllos. *Bauh. pin.* 322.
Habitat in Alpibus Helveticis , Allobrogis , aliisque. ♃ *Sil. delph.*
burg. lugd.

CARDAMINE.

* FOLIIS SIMPLICIBUS.

876.

1. CARDAMINE *Bellidifolia.* C. foliis fimplicibus ,
ovatis, integerrimis; petiolis longis. *Fl. dan.* t. 20.
Nafturtium Alpinum , Bellidis folio, minus. *Bauh. pin.* 105.
Habitat in Alpibus Lapponiæ , Helvetiæ , Britanniæ. ♃

4. CARDAMINE *petræa.* C. foliis fimplicibus , oblongis , dentatis. *Fl. dan.* t. 386.
Nafturtium petræum. *Pluck. alm.* 261. t. 101. f. 3. *Pet. herb.* 50.
f. 3.
Habitet in Angliæ , Arvoniæ , Merviniæ , Daniæ , Sueciæ
rupibus excelfis. ♃

* * FOLIIS TERNATIS.

5. CARDAMINE *Refedifolia.* C. foliis inferioribus, indivifis ;
fuperioribus trilobis, pinnatifque.
Nafturtium Alpinum minus , Refedæ folio. *Bauh. pin.* 104.
Prodr. 45. t. 45.
Habitat in Alpibus Helveticis , Pyrenæis , *in* Germania. *Delph.*

6. CARDAMINE *trifolia.* C. foliis ternatis, obtufis ; caule fubnudo. *Jacq. auftr.* t. 27.
Nafturtium Alpinum , trifolium. *Bauh. pin.* 104.
Habitat in Alpibus Helveticis, Lapponicis , &c. *locis umbrofis*
fylvaticis. Carn.

* * * FOLIIS PINNATIS.

8. CARDAMINE *Chelidonia.* C. foliis pinnatis ; foliolis quinis ,
incifis.
C. glabra , Chelidonii folio. *T. Barr. ic.* 156.
Habitat in Sibiria , Italia.

9. CARDAMINE *impatiens.* Cardamine foliis pinnatis, incisis, stipulatis; floribus apetalis. *Fl. dan.* t. 735.

Sifymbrii Cardamines fpecies quædam infipida. *Bauh. hift.* 2. p. 886. *Barr. ic.* 155.

Habitat in Europæ *nemoribus ad radices montium.* Aprili. ♂ *Carn. pal. delph. lith. lugd.*

10. CARDAMINE *parviflora.* C. foliis pinnatis, exftipulatis; foliolis lanceolatis, obtufis; floribus corollatis.

Nafturtium pratenfe, parvo flore. *Bauh. prodr.* 44.

Habitat in Europa. ☉ *Burg. lugd.*

12. CARDAMINE *hirfuta.* C. foliis pinnatis; floribus tetrandris. *Fl. dan.* t. 148.

Nafturtium aquaticum, minus. *Bauh. pin.* 104.

Habitat in Europæ *areis, hortis, arvis.* Aprili. *Suec. pal. delph. lith. lugd.*

13. CARDAMINE *pratenfis.* C. foliis pinnatis; foliolis radicalibus, fubrotundis; caulinis lanceolatis.

Nafturtium pratenfe, magno flore. *Bauh. pin.* 104.

Flos Cuculi. *Dod. pempt.* 592.

β. Nafturtium pratenfe; folio rotundiore; flore majore. *Bauh. pin.* 104.

Habitat in Europæ *pafcuis aquofis.* Aprili. ♃ *Suec. parif. pal. lith. lugd. burg.*

14. CARDAMINE *amara.* C. foliis pinnatis, axillis ftoloniferis.

Nafturtium aquaticum, majus & amarum. *Bauh. pin.* 204.

Habitat in Europæ *feptentrionalioris nemoribus.* Aprili. ♃ *Pal. lith. delph. lugd. fuec. parif.*

SISYMBRIUM.

* *SILIQUIS DECLINATIS, BREVIBUS.*

1. SISYMBRIUM *Nafturtium.* S. filiquis declinatis; foliis pinnatis; foliolis fubcordatis. *Fl. dan.* t. 660.

Nafturtium aquaticum, fupinum. *Bauh. pin.* 104.

Habitat in Europa & America *feptentrionali ad fontes, inque* Oriente. Junio. *Suec. parif. pal. delph. lugd. lith. burg.*

2. SISYMBRIUM *fylveftre.* S. filiquis declinatis, oblongoovatis; foliolis lanceolatis, ferratis. *Oed. dan.* t. 409.

Eruca paluftris, Nafturtii folio; filiquâ oblongâ. *Bauh. pin.* 98.

Habitat in Helvetiæ, Germaniæ, Galliæ *ruderatis.* Julio. ♃ *Pal. burg. lith. lugd. fuec. parif.*

3. SISYMBRIUM *amphibium.* S. filiquis declinatis, oblongoovatis; foliis pinnatifidis, ferratis.

Radicula, foliis integris & pinnatifidis; petalis calyce longioribus. *Hall. helv.* n. 486.

Raphanus aquaticus, foliis in profundas lacinias divifis. *Bauh. pin.* 97. *prodr.* 38. t. 38.

Gen.

β. Sifymbrium *aquaticum.*
S. foliis fimplicibus, dentatis, ferratis. *Fl. fuec.*
γ. Sifymbrium *terreftre.*
S. aquaticum, foliis variis. *Vaill. parif.* 185.
Habitat in Europæ *feptentrionalioris aquofis.* Junio. *Lith. fuec. parif. lugd.*

4. SISYMBRIUM *Pyrenaïcum.* S. filiquis fubovatis; foliis inferioribus lyratis; fuperioribus bipinnatifidis, amplexicaulibus;
ftylis filiformibus.
Alyffum foliis pinnatis, multiformibus; floribus racemofis,
luteis. *Allion. pedem.* 40. t. 7.
Habitat in Pyrenæis, Helveticis *alpibus.* ♃ *lugd.*

5. SISYMBRIUM *Tanacetifolium.* S. foliis pinnatis; foliolis lan-
ceolatis, incifo-ferratis; extimis confluentibus.
Eruca Tanaceti foliis. *Morif. hift.* 2. p. 231. f. 2. t. 6. f. 19.
Habitat in Sabaudia, Helvetia. *Delph.*

6. SISYMBRIUM *tenuifolium.* S. foliis integerrimis, infimis,
tripinnatifidis; fupremis integris.
Sinapi Erucæ folio. *Bauh. pin.* 99.
Sinapi fylveftre. *Dodon.* 707.
Habitat in Germania, Gallia, Helvetia. Junio. ♃ *Parif. pal. burg. lugd. delph.*

* * SILIQUIS SESSILIBUS, AXILLARIBUS.

7. SISYMBRIUM *fupinum.* S. filiquis axillaribus, fubfeffilibus,
folitariis; foliis dentato-finuatis.
Eruca fupina alba, filiquâ fingulari è foliorum alis erumpente.
Ifnard. act. 1724. p. 295. t. 18.
Habitat Parifiis *ad agrorum margines, inque* Hifpania, Gothlandia,
Lugduni *ad* Rhodanum. ⊙ *Delph.*

9. SISYMBRIUM *Burfifolium.* S. racemo flexuofo; foliis lyratis;
caule erecto, foliofo.
Habitat in Sicilia, Italia, Helvetia, Pyrenæis. ⊙ *Delph.*

* * * CAULE NUDO.

10. SISYMBRIUM *murale.* S. fubacaule; foliis lanceolatis,
finuato-ferratis, læviufculis; fcapis fubfcabris, afcendentibus.
Eruca viminea, Iberidis folio; flore luteo. *Barr. rar.* 421.
t. 131.
Habitat in Gallia, Italia. ⊙ *Delph. parif.*

11. SISYMBRIUM *Monenfe.* S. acaule; foliis pinnato-dentatis,
fubpilofis; fcapis lævibus.
Eruca Monenfis laciniata; flore luteo majore. *Dill. elth.* 135.
t. 111. f. 135.
Habitat in infula Mona *Angliæ,* rupe Victoriæ *Galloprovinciæ.* ♃
Delph. lugd.

13. SISYMBRIUM *Barrelierii*. S. caule subnudo , ramoso ; foliis   Gen/
   radicalibus , runcinatis, dentatis , hispidis.
Habitat in Hispania , Italia. ☉

14. SISYMBRIUM *arenosum*. S. caule subfolioso , ramoso ;
   foliis lyratis , rectangulo-dentatis, hispidis ; pilis ramosis.
Eruca cærulea in arenosis proveniens. *Bauh. pin.* 99. *prodr.* 40.
   f. *mala Barr. ic.* 196.
Habitat in Germania, Helvetia. ☉ *Sil. delph. lith. lugd. suec.*

* * * * FOLIIS PINNATIS.

17. SISYMBRIUM *asperum*. S. siliquis scabris ; foliis pinnatifidis ; pinnis lineari-lanceolatis , subdentatis ; corollis calyce
   longioribus.
Sinapi parvum , siliquâ asperâ. *Bauh. pin.* 499. *prodr.* 41.
Habitat in Monspelii *palustribus.* ☉ *Burg. delph.*

18. SISYMBRIUM *Sophia*. S. petalis calyce minoribus ; foliis
   decomposito-pinnatis. *Fl. dan.* t. 5. 8.
Nasturtium sylvestre , tenuissimè divisum. *Bauh. pin.* 105.
Habitat in Europæ *maceriis , muris , tectis.* Junio. ☉ *Suec. parif.*
   pal. burg. lith. lugd.

20. SISYMBRIUM *Irio*. S. foliis runcinatis , dentatis , nudis ;
   caule lævi ; siliquis erectis. *Jacq. austr.* t. 322.
Erysimum latifolium , majus, glabrum. *Bauh. pin.* 101.
Habitat in Europæ *cultis.* ☉ *Burg. lugd. delph. parif.*

21. SISYMBRIUM *Læselii*. S. foliis runcinatis, acutis , hirtis ;
   caule retrorsum hispido. *Jacq. austr.* t. 324.
Erysimum angustifolium majus. *Bauh. pin.* 107.
Erysimum hirsutum , siliquâ crucæ. *Læs. pruss.* 69. t. 14.
Habitat in Borussia, Gallia, Germania , &c. Junio. ☉ *Pal.*
   delph. lith.

* * * * * FOLIIS LANCEOLATIS , INTEGRIS.

25. SISYMBRIUM *strictissimum*. S. foliis lanceolatis , dentato-
   serratis , caulinis. *Jacq. austr.* t. 194.
Draba lutea , siliquis strictissimis. *Bauh. pin.* 110.
Habitat in Helvetiæ, Italiæ *montibus asperis , apricis ; in* Germania, Austria. ♃ *Delph.*

1. ERYSIMUM *officinale*. E. siliquis spicæ adpressis ;   878.
   foliis runcinatis. *Fl. dan.* t. 560.

Erysimum vulgare. *Bauh. pin.* 100.
Habitat in Europæ *ruderatis.* Junio. ☉ *Suec. pal. lith. burg.*
   lugd.

2. ERYSIMUM *Barbarea*. E. foliis lyratis , extimo subro-
   tundo.
Eruca lutea latifolia f. Barbarea. *Bauh. pin.* 98.
Habitat in Europa, Maio. ♃ *Suec. pal. burg. lugd. parif. lith.*

Gen.

3. ERYSIMUM *Alliaria*. E. foliis cordatis.
Alliaria. *Bauh. pin.* 110. *Fuchs hist.* 104. *Cam. epit.* 589.
Habitat in Europæ *sepibus, cultis, umbrosis.* Aprili. ♂ f. ♃ *Suec.*
paris. pal. lith. burg. lugd.

5. ERYSIMUM *Cheiranthoïdes*. E. foliis lanceolatis, integerrimis; siliquis patulis. *Fl. dan.* 731.
Myagrum siliquâ longâ. *Bauh. pin.* 109.
Habitat ubique in Europæ *arvis.* Maio. ⊙ *Suec. paris. ged. pal.*
lugd. lith. burg.

6. ERYSIMUM *Hieracifolium*. E. foliis lanceolatis, serratis.
Jacq. austr. t. 73.
Leucoium luteum sylvestre, Hieracifolium. *Bauh. pin.* 201.
prodr. 102.
Habitat in Gallia, Germania, Austria. Maio. ♂ ♃ *Paris. suec.*
pal. burg. lith. lugd.

879. 1. CHEIRANTHUS *Erysimoïdes*. C. foliis lanceolatis,
dentatis, nudis; caule recto simplicissimo; siliquis
tetragonis. *Allion pedem.* t. 8. f. 2.

Leucoium luteum sylvestre, angustifolium. *Bauh. pin.* 202.
Eruca angustifolia. *Bauh. pin.* 99.
Habitat in Germania, Helvetia, Hungaria, Gallia. ⊙ *Suec.*
delph.

3. CHEIRANTHUS *Cheiri*. C. foliis lanceolatis, acutis, glabris;
ramis angulatis; caule fruticoso.
Leucoium luteum vulgare. *Bauh. pin.* 202.
Habitat in Angliæ, Helvetiæ, Galliæ, Hispaniæ *muris, tectis.*
♂ ♃ ♄ *Paris. delph. lugd.*

8. CHEIRANTHUS *incanus*. C. foliis lanceolatis, integerrimis,
obtusis, incanis; siliquis apice truncatis, compressis; caule
suffruticoso.
Leucoium, incano folio, hortense. *Bauh. pin.* 200. n. 1. 2.
4. 5. 6. 7.
Habitat in Hispaniæ *maritimis.* ♃ ♄

9. CHEIRANTHUS *fenestralis*. C. foliis conferto - capitatis,
recurvatis, undatis; caule indiviso. *Jacq. hort.* t. 179.
Habitat . . . . . ♂

12. CHEIRANTHUS *tristis*. C. foliis linearibus, subsinuatis;
floribus sessilibus; petalis undatis; caule fruticoso.
Leucoium minus, breviori folio, obsoleto flore. *Barr. ic.*
999. n. 2.
Habitat in Hispania, Italia, Monspelii. ♄

881. 1. HESPERIS *tristis*. H. caule hispido, ramoso patente. *Austr.* t. 202.

H. montana, pallida, odoratissima. *Bauh. pin.* 202.
Habitat in Hungariæ, Austriæ *arvis.* ♂

Gen.

2. HESPERIS *matronalis*. H. caule fimplici erecto ; foliis ovato-
lanceolatis , denticulatis ; petalis mucrone emarginatis. *Kniph.*
cent, 7. n. 32.
H. hortenfis. *Bauh. pin.* 202.
Viola matronalis. *Dod. pempt.* 161.
Habitat in Germania , Helvetia , Sibiria. ♂ *Parif. delph.*

3. HESPERIS *inodora*. H. caule fimplici , erecto ; foliis fubhaf-
tatis , dentatis ; petalis obtufis. *Jacq. auftr.* t. 347.
H. fylveftris , inodora. *Bauh. pin.* 202. *Rupp. icn. ed. Hall.*
p. 78. t. 1.
Habitat Viennæ , Monfpelii. ♂

1. ARABIS *Alpina*. A. foliis amplexicaulibus , dentatis.   882.
Oed. dan. t. 62.

Draba alba , filiquofa , repens. *Bauh. pin.* 109.
Habitat in Alpibus Helveticis , Auftriacis , Lapponicis. *Delph.*
lugd.

3. ARABIS *thaliana*. A. foliis petiolatis , lanceolatis , integerrimis.
Burfæ paftoris fimilis filiquofa major. *Bauh. pin.* 108.
Habitat in Europæ feptentrionalioris fabulofis. Aprili. ☉ *Suec.*
parif. pal. delph. burg. lugd.

4. ARABIS *Bellidifolia*. A. foliis fubdentatis : radicalibus ,
obovatis ; caulinis lanceolatis. *Jacq. auftr.* 3. t. 280.
Nafturtium Alpinum , Bellidis folio , majus. *Bauh. pin.* 105.
prodr. 46. *Bauh. hift.* 2. p. 870.
Habitat in Alpibus Auftriacis , Helveticis. ♃ *Delph.*

10. ARABIS *Turrita*. A. foliis amplexicaulibus ; filiquis decurvis ,
planis , linearibus ; calycibus fubrugofis. *Jacq. auftr.* t. 11.
Braffica fylveftris , albido flore , nutante filiquâ. *Barr. ic.* 353.
Habitat in Helvetiæ , Hungariæ , Galliæ , Siciliæ *fepibus*
montofis. ☉ *Delph. burg. lugd. parif.*

1. TURRITIS *glabra*. T. foliis radicalibus , dentatis ,   883.
hifpidis ; caulinis integerrimis , amplexicaulibus ,
glabris.

Braffica fylveftris ; foliis circa radicem cichoraceis. *Bauh.*
pin. 112.
Habitat in Europæ pafcuis ficcis , apricis. Maio. ♂ *Suec. parif.*
pal. delph. burg. lith. lugd.

2. TURRITIS *hirfuta*. T. foliis omnibus hifpidis ; caulinis am-
plexicaulibus.
Eryfimo fimilis hirfuta , non laciniata , alba. *Bauh. pin.* 101.
prodr. 42. t. 42.
Habitat in Sueciæ , Germaniæ , Angliæ *pafcuis fylvaticis.* Maio.
Parif. pal. delph. burg. lith. lugd.

Gen.

BRASSICA.

* *STYLO OBTUSIUSCULO.*

884.
1. BRASSICA *Orientalis*. B. foliis cordatis, amplexicaulibus, glabris; radicalibus fcabris, integerrimis;
filiquis tetragonis. *Jacq. auftr.* t. 282.

B. campeftris perfoliata; flore albo. *Bauh. pin.* 112.
Habitat in Oriente, Monfpelii, Germania, &c. Junio. ⊙ *Delph.*
pal.

2. BRASSICA *campeftris*. B. radice cauleque tenui; foliis caulinis, uniformibus, cordatis, feffilibus. *Fl. dan.* t. 550.
B. campeftris perfoliata, flore luteo. *Læf. pruff.* 29. *Fl.*
lapp. 265.
Habitat in agris, non argillofis, Europæ. ⊙ *Lith. burg. lugd.*

3. BRASSICA *arvenfis*. B. foliis amplexicaulibus, fpatulatis,
repandis; fummis cordatis, integerrimis.
B. campeftris, purpureo flore. *Bauh. pin.* 112. *Cluf. hift.* 2.
p. 127.
Habitat in Europæ auftralis arvis humentibus. ♃

4. BRASSICA *Alpina*. B. foliis caulinis, cordato - fagittatis,
amplexicaulibus, radicalibus ovatis; petalis erectis.
Habitat in Germania, Helvetia. Maio. ♃ *Pal. delph.*

5. BRASSICA *Napus*. B. radice caulefcente, fufiformi.
Napus fylveftris. *Bauh. pin.* 95.
Napus. *Dod. pempt.* 674.
Habitat in arenofis maritimis Gothlandiæ, Belgii, Angliæ. ♂
Suec. parif. ged.

6. BRASSICA *Rapa*. B. radice caulefcente, orbiculari, depreffa,
carnofa. *Gallob. Blackw.* t. 226.
Rapa fativa rotunda. *Bauh. pin.* 89.
β. Rapa fativa oblonga f. femina. *Bauh. pin.* 89.
Habitat in arvis Angliæ, Belgii. ⊙

7. BRASSICA *oleracea*. B. radice caulefcente, tereti, carnofa.
B. (oleracea *fylveftris*) maritima arborea f. procerior ramofa.
Morif. hift. 2. p. 208.
β. B. (oleracea *viridis*) alba vel viridis. *Bauh. pin.* 111.
γ. B. (oleracea *rubra*) capitata rubra. *Bauh. pin.* 111.
δ. B. (oleracea *capitata*) capitata alba. *Bauh. pin.* 111.
Regn. bot.
ε. B. (oleracea *fabauda*) alba crifpa. *Bauh. pin.* 111.
ζ. B. (oleracea *laciniata*) laciniata rubra. *Bauh. hift.* 2. p. 832.
ν. B. (oleracea *felenifia*) angufto Apii folio. *Bauh. pin.* 112.
ϑ. B. (oleracea *fabellica*) fimbriata. *Bauh. pin.* 112.
ε. B. (oleracea *botrytis*) cauliflora. *Bauh. pin.* 111.

π. B.

Gen.

ϰ. B. (*oleracea Napobraffica*) radice napiformi. *Tournef. inft.* 219.
Mill. dict. n. 2.

ϛ. B. (*oleracea gongylodes*) gongylodes. *Bauh. pin.* 111.
Habitat in maritimis Angliæ. ☉

** ERUCÆ *SILIQUIS STYLO ENSIFORMI.*

10. BRASSICA *Erucaftrum.* B. foliis runcinatis ; caule hifpido ;
filiquis lævibus.

Eruca fylveftris major lutea ; caule afpero. *Bauh. pin.* 98.
Habitat in Europæ *auftralioris ruderatis.* Junio. ☉ *Pal. lith.*
delph. burg. lugd.

11. BRASSICA *Eruca.* B. foliis lyratis ; caule hirfuto ; filiquis
glabris. *Blackw.* t. 242.

Eruca latifolia alba. *Bauh. pin.* 98.
Habitat in Helvetia, Auftria. ☉ *Lugd.*

1. SINAPIS *arvenfis.* S. filiquis multangulis , torofo-
turgidis, roftro ancipite longioribus. *Fl. dan.* t. 678
& t. 753.

Rapiftrum flore luteo. *Bauh. pin.* 95.
Habitat in agris Europæ. Junio. ☉ *Parif. ged. pal. burg. lugd. lith.*

4. SINAPIS *alba.* S. filiquis hifpidis ; roftro obliquo , longiffimo , enfiformi. *Blackw.* t. 29.

Sinapis Apii folio. *Bauh. pin.* 99.
Habitat in agris Belgii, Angliæ , Galliæ. ♃ *Parif. burg.*

5. SINAPIS *nigra.* S. filiquis glabris , racemo appreffis.
Sinapis Rapi folio. *Bauh. pin.* 99.
Habitat in aggeribus ruderatis Europæ *feptentrionalioris.* ♃ *Parif.*
lugd. fuec. burg. pal.

885.

1. RAPHANUS *fativus.* R. filiquis teretibus , torofis ,
bilocularibus.

R. minor oblongus. *Bauh. pin.* 96. *Blackw.* t. 81.
Habitat in China. ☉ ♂

3. RAPHANUS *Raphaniftrum.* R. filiquis teretibus , articulatis ,
lævibus, unilocularibus.

Rapiftrum flore albo , lineis nigris , depicto. *Bauh. pin.* 95.
Habitat inter fegetes Europæ. Maio. *Suec. parif. monfp. ged. pal.*
lugd. burg. lith.

886.

2. BUNIAS *Erucago.* B. filiculis tetragonis , angulis
bicriftatis. *Jacq. auftr.* t. 340.

Eruca Monfpeliaca , filiquâ quadrangulâ , echinatâ. *Bauh. pin.*
99. prodr. 41. t. 41.

Habitat Monfpelii in agris humidiufculis. ☉ *Delph. lugd.*

5. BUNIAS *Cakile.* B. filiculis ovatis , lævibus , ancipitibus;
Kniph. cent. 8. n. 18.

887.

Tom. I. D d

Gen.   Eruca maritima, Italica; filiquâ haftæ cufpidi fimili. *Bauh. pin.* 99.
   Habitat in Europæ, Africæ, Americæ *maritimis.* ☉ *Monfp. fuec. norv.*

888. 1. ISATIS *tinctoria.* I. foliis radicalibus crenatis; caulinis fagittatis; filiculis oblongis.

   I. fylveftris f. anguftifolia. *Bauh. pin.* 113.
   Habitat ad littora maris Baltici & Oceani Europæ, *ad vias* Helvetiæ, &c. Maio. ♂ *Suec. parif. auftr. pal. delph. burg.*

889. 1. CRAMBE *maritima.* C. foliis cauleque glabris. *Fl. dan.* 316.

   Braffica maritima monofpermos. *Bauh. pin.* 112.
   Habitat ad littora Oceani *feptentrionalis.* ♃

CLASSIS XVI.
MONADELPHIA.
DECANDRIA.

897. GERANIUM.　Monogyna. *Caps.* 5-coccaro- ſtrata.

POLYANDRIA.

902. SIDA.　Submonogyna. *Cal.* ſimplex angulatus. *Capſ.* locularis, 1-ſperma.

910. GOSSYPIUM.　Monogyna. *Cal.* exter. 3-fidus. *Capſ.* locularis, polyſperma, coadunata.

907. LAVATERA.　Polygyna. *Cal.* exter. 3-fidus. *Arilli* 1-ſpermi, verticillati.

906. MALVA.　Polygyna. *Cal.* exter. 3-phyllus. *Arilli* 1-ſpermi, verticillati, plures.

908. MALOPE.　Polygyna. *Cal.* exter. 3-phyllus. *Arilli* 1-ſpermi, conglomerati.

905. ALCEA.　Polygyna. *Cal.* exter. 6-fidus. *Arilli* 1-ſpermi, plures.

911. HIBISCUS.　Monogyna. *Cal.* exter. 8-fidus. *Capſ.* loculis polyſpermis, coadunatis.

904. ALTHÆA.　Polygyna. *Cal.* exter. 9-fidus. *Arilli* 1-ſpermi, verticillati.

✳

MONADELPHIA.

DECANDRIA.

GERANIUM.

* AFRICANA. *STAMINIBUS 7 ANTHERIFERIS; FOLIIS ALTERNIS; PEDUNCULIS MULTIFLORIS; FRUTICOSA.*

Gen. 897. 2. GERANIUM *inquinans.* G. calycibus monophyllis, foliis orbiculato-reniformibus, tomentofis, crenatis, integriufculis; caule fruticofo.

G. Africanum arborefcens; Malvæ folio pingui; flore coccineo. *Dill. elth.* 151. t. 125. f. 151. 152.
Habitat in Africa. ♃

14. GERANIUM *Zonale.* G. calycibus monophyllis; foliis cordato-orbiculatis, incifis, zonâ notatis; caule fruticofo.
Habitat in Africa. ♄

15. GERANIUM *vitifolium.* G. calycibus monophyllis; foliis afcendentibus, lobatis, pubefcentibus; floribus capitatis; caule fruticofo.
G. Africanum arborefcens; Vitis folio; odore Meliffæ. *Dill. elth.* 152. t. 126. f. 153.
Habitat in Africa. ♄

* * STAMINIBUS *7 ANTHERIFERIS.* FOLIIS *OPPOSITIS.* HERBACEA.

21. GERANIUM *odoratiffimum.* G. calycibus monophyllis; caule carnofo, breviffimo; ramis herbaceis, longis; foliis cordatis, molliffimis.
G. Africanum humile; folio fragrantiffimo, molli. *Dill. elth.* 157. t. 131. f. 138.
Habitat in Africa. ♃

30. GERANIUM *trifte.* G. calycibus monophyllis, feffilibus; fcapis bifidis, monophyllis.
Habitat ad Cap. b. Spei. ♃

* * * MYRRHINA. *STAMINIBUS 5-ANTHERIFERIS.* CAL. *5-PHYLLIS.* FRUCTUS *DECLINATI.*

32. GERANIUM *cicutarium.* G. pedunculis multifloris; floribus pentandris; foliis pinnatis, incifis, obtufis; caule ramofo.

G. Cicutæ folio, minus & fupinum. *Bauh. pin.* 319.

G. fupinum. *Dod. pempt.* 63.

Habitat in Europæ *fterilibus, cultis.* Maio. ⊙ *Suec, parif. pal. lugd. burg. lith.*

41. GERANIUM *Pyrenaïcum.* G. pedunculis bifloris; floribus pentandris; petalis bilobis; calycibus apice glandulofis; antheris exterioribus, fterilibus.

G. pedunculis bifloris; foliis multifidis; laciniis obtufis, inæqualibus; petalis bifidis. *Burm. ger.* 27. *Gerard. prov.* 434. t. 16. f. 2.

Habitat in Pyrenæis, Anglia. ♃ *Delph. lugd.*

* * * * BATRACHIA *STAMINIBUS DECEM ANTHERI-FERIS.*

44. GERANIUM *phœum.* G. pedunculis folitariis, oppofiti-foliis; calycibus fubariftatis; caule erecto; petalis undu-latis.

β. G. batrachioïdes hirfutum; flore atro-rubente. *Bauh. pin.* 318.

G. 1. pullo flore. *Cluf. hift.* 2. p. 99.

Habitat in Alpibus Pannonicis, Helveticis, Styriacis. ♃ *Delph. lugd.*

45. GERANIUM *fufcum.* G. pedunculis bifloris, oppofitifoliis, geminis; caule patulo; petalis integerrimis.

G. montanum fufcum. *Bauh. pin.* 318.

Habitat in Europa *auftrali.* ♃ *Lugd.*

47. GERANIUM *nodofum.* G. pedunculis bifloris; petalis emar-ginatis; foliis caulinis, trilobis, integris, ferratis, fubtus lucidis.

G. nodofum. *Bauh. pin.* 318.

Habitat in Delphinatu. ♃ *Delph. lugd.*

49. GERANIUM *fylvaticum.* G. pedunculis bifloris; foliis fubpel-tatis, quinquelobis, incifo-ferratis; caule erecto; petalis emarginatis. *Fl. dan.* t. 124.

G. batrachioïdes; folio Aconiti. *Bauh. pin.* 317.

Habitat in Europæ *borealis fylvis.* ♃ *Succ. lith.*

50. GERANIUM *paluftre.* G. pedunculis bifloris, longiffimis, declinatis; foliis quinquelobis, incifis; petalis integris. *Fl. dan.* n. 596.

G. batrachioïdes paluftre; flore fanguineo. *Dill. app.* 55. *Helth.* 160. t. 134. f. 161.

Habitat in Ruffia, Germania. Julio. ♃ *Ged. pal.*

51. GERANIUM *pratenfe.* G. pedunculis bifloris; foliis fub-peltatis, multipartitis, rugofis, acutis; petalis integris.

G. batrachioïdes, gratià Dei, Germanorum. *Bauh. pin.* 318.

G. 3. batrachioïdes, majus. *Cluf. hift.* 2. p. 100.

Habitat in Europæ *borealis pratis.* Julio. ♃ *Delph. lith. fucc. lugd.*

D d iij

Gen. * * * * * *STAMINIBUS 10-ANTHERIFERIS.* PEDUNCU-
LIS *BIFLORIS.* ⊙

55. GERANIUM *robertianum.* G. pedunculis bifloris ; calycibus
pilofis, decemangulatis. *Fl. dan.* 694.
G. robertianum primum. *Bauh. pin.* 319.
Habitat in Europæ *borealis rupibus,* etiam in Arabia *felici.* Junio.
♂ *Ged. pal. lith. burg. lugd. fuec. parif.*

56. GERANIUM *lucidum.* G. pedunculis bifloris ; calycibus
pyramidatis, angulatis, elevato-rugofis ; foliis quinquelobis, rotundatis. *Fl. dan. t.* 218.
G. lucidum faxatile. *Bauh. pin.* 318.
Habitat in Europæ *rupibus umbrofis.* Junio. ⊙ *Suec. parif. monfp.*
pal. delph. lugd.

57. GERANIUM *molle.* G. pedunculis bifloris, foliifque floralibus alternis ; petalis bifidis ; calycibus muticis, caule
erectiufculo. *Fl. dan. t.* 679.
G. columbinum villofum ; petalis bifidis, purpureis. *Vaill.*
parif. 79. t. 15. f. 3.
Habitat in Europa *ad plateas.* Junio. ⊙ *Burg. delph. parif. lugd.*

59. GERANIUM *columbinum.* G. pedunculis bifloris, folio
longioribus ; foliis quinquepartito-multifidis ; arillis glabris ;
calycibus ariftatis.
G. columbinum ; foliis diffectis, pediculis florum longiffimis.
Vaill. parif. 79. t. 15. f. 4.
Habitat in Gallia, Helvetia, Germania. Junio. *Suec. parif. ged.*
pal. burg. lith. lugd. delph.

61. GERANIUM *diffectum.* G. pedunculis bifloris ; foliis quin-
quepartito-trifidis ; petalis emarginatis, longitudine calycis ;
arillis villofis.
G. majus ; foliis imis, longis, ad ufque pèdiculum divifis.
Vaill. parif. t. 15. f. 2.
Habitat in Europa *auftraliore.* Junio. ⊙ *Suec. pal. delph. lugd.*

62. GERANIUM *rotundifolium.* G. pedunculis bifloris ; petalis
fubintegris, longitudine calycis ; caule proftrato ; foliis
reniformibus, incifis.
G. folio Malvæ rotundo. *Bauh. pin.* 328.
G. columbinum majus, flore minore cæruleo. *Vaill. parif.*
79. t. 15. f. 1.
Habitat in Europæ *cultis.* Junio. ⊙ *Burg. lith. delph. fuec. parif.*
lugd.

63. GERANIUM *pufillum.* G. pedunculis bifloris ; petalis
emarginatis ; caule depreffo ; foliis reniformibus, palmatis,
linearibus, acutis.
G. columbinum, tenuiùs laciniatum. *Bauh. pin.* 318. *prodr.*
138.
Habitat in Anglia, Gallia, Germania, Helvetia. ⊙ *Delph.*
lugd.

* * * * * * *STAMINIBUS 10-ANTHERIFERIS.* PEDUN-
CULIS 1-*FLORIS.*

65. GERANIUM *fanguineum.* G. pedunculis unifloris; foliis
quinquepartitis, trifidis, orbiculatis.
G. fanguineum, maximo flore. *Bauh. pin.* 318.
G. columbinum erectum, tenuiùs laciniatum; flore magno.
Lœf. pruff. 103. n. 18. *R.*
ß. G. hæmathodes Lancaftrienfe; flore eleganter ftriato. *Dill.
elth.* 163. t. 136. f. 163. *Barrel. ic.* 67.
Habitat in Europæ *pratis ficcis, umbrofis.* Maio. ♃ *Ged. pal.
burg. lith. lugd. delph. parif.*

P O L Y A N D R I A.

17. SIDA *Abutilon.* S. foliis fubrotundo-cordatis, indi-   902;
vifis; pedunculis folio brevioribus; capfulis multi-
locularibus; corniculis bifidis. *Kniph. cent.* 4. n. 79.

Althæa Theophrafti, flore luteo. *Bauh. pin.* 316.
Habitat in Indiis, Helvetia, Sibiria. ☉

1. ALTHÆA *officinalis.* A. foliis fimplicibus, tomen-   904.
tofis. *Fl. dan.* t. 530.

A. Diofcoridis & Plinii. *Bauh. pin.* 315.
Habitat in Hollandiæ, Angliæ, Galliæ, Sibiriæ, &c. *fubhumidis.*
Julio. ♃ *Parif. burg. lugd.*

2. ALTHÆA *cannabina.* A. foliis inferioribus, palmatis; fuperioribus digitatis. *Jacq. auftr.* t. 101.
A. cannabina. *Bauh. pin.* 316.
Habitat in Hungaria, Italia, G. Narbonenfi, *ad fylvarum margines.* ♃ *Monfp. burg.*

3. ALTHÆA *hirfuta.* A. foliis trifidis, pilofo-hifpidis, fupra
glabris; pedunculis folitariis, unifloris. *Jacq. auftr.* t. 170.
A. hirfuta. *Bauh. pin.* 317.
Habitat in Galliæ, Italiæ, Hifpaniæ, Auftriæ *fepibus.* Julio.
Parif. monfp. pal. delph. lugd. burg.

1. ALCEA *rofea.* A. foliis finuato-angulofis.   905.

Malva rofea, folio fubrotundo. *Bauh. pin.* 315.
Malva hortenfis. *Dod. pempt.* 652.
Habitat in Oriente. ♂

M A L V A.

* FOLIIS INDIVISIS.

4. MALVA *Coromandeliana.* M. foliis ovato-oblongis,   906.
acutis; floribus glomeratis; arillis denis, tricufpidatis.

D d iv

Gen.

Althæa Coromandelina , angulis prælongis , foliis semine bicorni. *Pluck. mant.* 10.
Habitat in America. ☉

* * *FOLIIS ANGULATIS.*

11. MALVA *parviflora.* M. caule patulo ; foliis angulatis ; floribus axillaribus , feffilibus, glomeratis ; calycibus glabris ,
patentibus. *Jacq. hort.* t. 39.
M. Tingitana , flore cæruleo , parva. *Pluck. phyt.* 44. f. 2.
Habitat in Barbaria. ☉

12. MALVA *rotundifolia.* M. caule proftrato ; foliis cordato-
orbiculatis , obfoletè quinquelobis ; pedunculis fructiferis ,
declinatis. *Fl. dan.* t. 721.
Malva fylveftris , folio fubrotundo. *Bauh. pin.* 314.
Habitat in Europæ *ruderatis , viis, plateis.* Junio. ☉ *Suec. parif.
lugd. lith.*

14. MALVA *fylveftris.* M. caule erecto , herbaceo ; foliis fep-
temlobatis , acutis ; pedunculis petiolifque pilofis.
M. fylveftris ; folio finuato. *Bauh. pin.* 314.
Habitat in Europæ *campeftribus.* Junio. *Ged. pal. burg. lugd. lith.
fuec. parif.*

18. MALVA *crifpa.* M. caule erecto ; foliis angulatis , crifpis ;
floribus axillaribus , glomeratis.
M. foliis crifpis. *Bauh. pin.* 315.
Habitat in Syria , *in* Germania *quafi fpontè.* ☉ *Lith.*

19. MALVA *Alcea.* M. caule erecto ; foliis multipartitis , fca-
briufculis.
Alcea vulgaris major. *Bauh. pin.* 316.
Habitat in Germania , Anglia , Gallia. Junio. ♃ *Suec. parif. ged.
pal. lith. burg. lugd.*

20. MALVA *mofchata.* M. caule erecto ; foliis radicalibus ,
reniformibus , incifis ; caulinis quinquepartitis , pinnato-multifidis.
Alcea folio rotundo , laciniato. *Bauh. pin.* 316.
Habitat in India , Gallia , Germania , *&c.* Junio. ♃ *Suec. pal.
burg. lugd. lith.*

LAVATERA.

* *CAULE FRUTICOSO.*

907. 1. LAVATERA *arborea.* L. caule arboreo ; foliis fep-
temangularibus , tomentofis , plicatis ; pedunculis
confertis , unifloris , axillaribus.

Malva arborea , Veneta dicta, parvo flore. *Bauh. pin.* 315.
Malva arborefcens. *Dod. pempt.* 653. *Camer. hort.* 95.
Habitat inter Pifas & Liburnum. ♂

3. LAVATERA *olbia*. L. caule fruticoso; foliis quinquelobo-
hastatis ; floribus solitariis. *Jacq. hort.* t. 73.
Althæa frutescens, folio acuto ; parvo flore. *Bauh. pin.* 316.
Althæa frutescens, folio acuto, virente, molli; flore specioso.
Pluck. phyt. 8. f. 1.
Habitat in Olbia *insulâ* Galloprovinciæ. ♄

4. LAVATERA *triloba*. L. caule fruticoso; foliis subcordatis,
subtrilobis, rotundatis, crenatis; stipulis cordatis; pedunculis aggregatis, unifloris. *Jacq. hort.* t. 74.
Althæa frutescens, folio rotundiore, incano. *Bauh. pin.* 316.
Althæa fruticans Hispanica ; aceris Monspessulani incanis
foliis, grandiflora, Saponem spirans. *Pluck. alm.* 24. t. 8.
f. 3.
Habitat in Hispania, Gallia. ♄

* * CAULE HERBACEO.

7. LAVATERA *Thuringiaca*. L. caule herbaceo ; fructibus denu-
datis; calycibus incisis. *Jacq. austr.* t. 311.
Althæa Thuringiaca. *Cam. hort.* 1. t. 6.
Althæa Thuringiaca, grandiflora. *Dill. elth.* 9. t. 8 f. 8.
Althæa flore majore. *Bauh. pin.* 316.
Habitat in Pannonia, Tartaria, Suecia, Germania, *&c. ad
sepes.* ♄

9. LAVATERA *trimestris*. L. caule scabro, herbaceo; foliis lan-
ceolatis ; pedunculis unifloris ; fructibus orbiculo tectis.
Jacq. hort. t. 72. *Kniph. cent.* 8. n. 56.
Malva folio vario. *Bauh. pin.* 315. *prodr.* 137. t. 137.
Habitat in Syria, Hispania, G. Narbonensi.

1. MALOPE *malacoïdes*. M. foliis ovatis, crenatis, 908.
supra glabris. *Sabb. hort.* 1. t. 50.
Alcea Betonicæ folio ; flore purpureo, violaceo. *Barr. ic.*
1189.
Habitat in Hetruriæ *pratis &* Mauritania.

1. GOSSYPIUM *herbaceum*. G. foliis quinquelobis, 910.
subtus eglandulosis; caule herbaceo, lævi. *Blackw.*
t. 354. *Kniph. cent.* 8. n. 47.
G. frutescens, femine albo. *Bauh. pin.* 430.
Habitat in America. ☉

10. HIBISCUS *Malvaviscus*. H. foliis cordatis, cre- 911.
natis ; angulis lateralibus, extimis, parvis ; caule
arboreo. *Sabb. hort.* 1. t. 54. *Kniph. cent.* 1. n. 31.
Malvaviscus arborescens ; flore miniato, clauso. *Dill. elth.*
210. t. 170. f. 208.
Habitat in Mexico. ♄

Gen.

12. HIBISCUS *Syriacus*. H. foliis cuneiformi-ovatis, fupernè incifo-ferratis; caule arboreo. *Kniph. cent.* 2. n. 32. *Knorr. del.* 1. t. *K.* 2. *a & tab. K.* 2. *b.*
Alcea arborefcens, Syriaca. *Bauh. pin.* 316.
Habitat in Syria , Carniolia. ♄

15. HIBISCUS *cannabinus*. H. foliis ferratis, fuperioribus palmatis , quinquepartitis , fubtus uniglandulofis ; caule aculeato ; floribus feffilibus.
Ketmia Indica , Vitis folio , magno flore. *Tournef. infl.* 100.
Habitat in India. ☉

26. HIBISCUS *Trionum*. H. foliis tripartitis , incifis; calycibus inflatis. *Sabb. hort.* 1. t. 55.
Alcea veficaria. *Bauh. pin.* 317.
Habitat in Italia , Africa , Carniolia. ☉

CLASSIS XVII.
DIADELPHIA.

HEXANDRIA.

920. FUMARIA.   *Cal.* 2-phyllus. *Cor.* ringens, bafi gibbofâ nectariferâ. *Filamenta* antheris 3.

OCTANDRIA.

921. POLYGALA.   *Cal.* 2. laciniæ alæformes. *Cor.* vexillum cylindricum. *Stam.* connexa. *Capf.* obcordata, 2-locularis.

DECANDRIA.

* *Stamina omnia connexa.*

929. SPARTIUM.   *Filam.* adhærentia germini. *Stigma* adnatum, villofum.

930. GENISTA.   *Piftillum* deprimens carinam. *Stigm.* involutum.

939. LUPINUS.   *Antheræ* alternæ rotundæ : alternæ oblongæ. *Legum.* coriaceum.

936. ANTHYLLIS.   *Cal.* turgidus, includens filiquam.

932. ULEX.   *Cal.* diphyllus. *Legum.* vix calyce longiùs.

935. ONONIS.   *Legum.* rhombeum, feffile. *Vexillum* ftriatum.

* * *Stigma pubefcens.* (Nec priorum notæ.)

954. COLUTEA.   *Legum.* inflatum, fupra bafin dehifcens.

940. PHASEOLUS.   *Carina Stylusque* spirales.

945. OROBUS.   *Stylus* linearis, teretiusculus, supra villosus.

944. PISUM.   *Stylus* supra carinatus villosusque.

946. LATHYRUS.   *Stylus* supra planus villosusque.

947. VICIA.   *Stylus* sub stigmate barbatus.

* * * *Legumen subbiloculare* (nec priorum.)

965. ASTRAGALUS.   *Legum.* 2-loculare, rotundatum.

966. BISSERRULA.   *Legum.* 2-loculare, planum, dentatum.

964. PHACA.   *Legum.* semiloculare.

* * * * *Legumina submonosperma* (nec priorum.)

967. PSORALEA.   *Cal.* punctis glandulosis.

968. TRIFOLIUM.   *Legum.* vix calyce longius, 1-f. 2-spermum. *Flores* capitati.

955. GLYCYRRHIZA.   *Cal.* 2-labiatus, superiore 3-fido.

* * * * * *Legumen subarticulatum* (*)

661. HEDYSARUM.   *Legum.* articulis subrotundis, compressis. *Carina* obtusissima.

956. CORONILLA.   *Legum.* isthmis interceptum, rectum.

957. ORNITHOPUS.   *Legum.* articulatum, arcuatum.

959. SCORPIURUS.   *Legum.* isthmis interceptum, teretiusculum, involutum.

958. HIPPOCREPIS.   *Legum.* compresso-membranaceum; altera sutura emarginaturis ad medium excisa.

(*) Umbellatæ: *Lotus, Coronilla, Ornithopus, Hippocrepis, Scorpiurus.*

971. MEDICAGO. *Legum.* spirale , membranaceo - compreſſum. *Piſtillum* carinam deflectens.

* * * * * * *Legumen uniloculare polyſpermum*
(nec priorum.)

970. TRIGONELLA. *Vexillum Alæque* patentes quaſi tripetalæ. *Carina* minuta.

953. ROBINIA. *Vexillum* reflexo - patens, ſubrotundum.

949. CICER. *Calycis* 4. laciniæ ſuperiores vexillo incumbentes.

948. ERVUM. *Cal.* 5-partitus , ſubæqualis , longitudine ferè corollæ.

951. CYTISUS. *Legum.* pedicellatum. *Calix* bilabiatus.

963. GALEGA. *Legum.* lineare ſtriis oblique tranſverſis.

969. LOTUS. *Legum.* teres , farctum ſeminibus cylindricis.

DIADELPHIA.

HEXANDRIA.

FUMARIA.

* *COROLLIS UNICALCARATIS.*

Gen. 920. 4. FUMARIA *bulbofa.* F. caule fimplici; bracteis longi=
tudine florum.

α. Fumaria *bulbofa, cava.*

F. radice bulbofâ, cavâ; caule fimplici bifolio; bracteis
ovato-lanceolatis. *Hall. helv.* n. 348.

F. bulbofa, radice cavâ, major. *Bauh. pin.* 543.

β. F. *bulbofa, intermedia.*

F. radice bulbofâ, folidâ; caule fimplici, multifolio; bracteis
digitatis. *Hall. helv.* n. 349.

F. bulbofa, radice non cavâ, minor. *Bauh. pin.* 144.

γ. F. bulbofa, radice non cavâ, major. *Bauh. pin.* 144ª
Knorr. del. 1. t. H. 9.

Habitat in Europæ *nemoribus & umbrofis.* Aprili. ♃ *Ged. lith.
delph. burg. fuec. lugd.*

7. FUMARIA *capnoïdes.* F. filiquis linearibus, tetragonis;
caulibus diffufis, acutangulis.

F. fempervirens & florens; flore albo. *Herm. bat.*

Habitat in Helvetia, Gallia, Italia, Carniolia, *in muris* Gœt-
tingæ. *Weber. fpicil.* p. 20. ☉

9. FUMARIA *officinalis.* F. pericarpiis monofpermis, racemofis;
caule diffufo.

F. officinarum & Diofcoridis. *Bauh. pin.* 143.

Habitat in Europæ *agris cultis.* Maio. ☉ *Lith. burg. lugd. pal.
fuec. lugd.*

10. FUMARIA *capreolata.* F. pericarpiis monofpermis, racemofis; foliis fcandentibus, fubcirrhofis. *Fl. dan.* t. 340.

F. viticulis & capreolis, plantis vicinis adhærens. *Bauh. pin.* 143.

Habitat in G. Narbonenfi, Anglia, Dania. ☉ *Delph.*

11. FUMARIA *fpicata.* F. pericarpiis monofpermis, fpicatis;
caule erecto; foliolis filiformibus.

F. minor, tenuifolia; caulibus procumbentibus & caducis.
Bauh. pin. 194.

F. tenuifolia, erecta, Hifpanica, purpurea. *Barr. ic.* 41.

Habitat in Hifpania, G. Narbonenfi, Veronæ *ad agros, vias.
Monfp. delph.*

FUMARIA *claviculata.* F. filiquis linearibus; foliis cirrhiferis. *Fl.
dan.* t. 340.

F. claviculis donata. *Bauh. pin.* 143. *Morif. hift.* 2. p. 266. f. 3.   **Ctre**
t. 12. f. 3.
Habitat in Angliæ *locis uliginofis , faxofis , in* Dania & *in*
Gallia.

OCTANDRIA.
POLYGALA.

* CRISTATÆ (*FLORIBUS APPENDICE PENICILLIFORMI.*)

5. POLYGALA *amara.* P. floribus cristatis , race-   921.
mofis ; caulibus erectiufculis ; foliis radicalibus oba
vatis, majoribus.
P. vulgaris; foliis circa radicem rotundioribus; flore cæruleo ,
fapore admodum amaro. *Bauh. pin.* 215.
P. Buxi minoris folio. *Vaill. parif.* 161. t. 32. f. 2.
Habitat in Galliæ , Auftriæ *Subalpinis montofis.* Junio. *Vind. delph.*
lith. lugd.

6. POLYGALA *vulgaris.* P. floribus cristatis , racemofis ; caulibus herbaceis , fimplicibus , procumbentibus ; foliis lineari-
lanceolatis. *Fl. dan.* t. 516.
P. major. *Bauh. pin.* 215.
P. vulgaris major. *Cluf. hift.* 1. p. 324. *Vaill. parif.* 161. t. 32. f. 1.
β. P. vulgaris. *Bauh. pin.* 215.
Habitat in Europæ *pratis, & pafcuis ficcis.* Maio. ♃ *Ged. pal.*
burg. lith. lugd.

7. POLYGALA *Monfpeliaca.* P. floribus cristatis , racemofis ;
caule erecto ; foliis lanceolato-linearibus , acutis.
P. acutioribus foliis, Monfpeliaca. *Bauh. pin.* 207.
Habitat Monfpelii *in collibus fterilibus.* ☉ *Monfp. delph.*

* * IMBERBES (*FLORES ABSQUE PENICILLO CARINALI*)
FRUTESCENTES.

20. POLYGALA *Chamæbuxus.* P. floribus imberbibus , fparfis ;
carinâ apice fubrotundo ; caule fruticofo ; foliis lanceolatis.
Jacq. auftr. t. 233.
Chamæbuxus, flore Coluteæ. *Bauh. pin.* 471.
Anonymos flore Coluteæ. *Cluf. hift.* 1. p. 105. *bona.*
Habitat in Auftriæ , Helvetiæ , Alfatiæ , *montanis. Etiam in*
Germania. *Delph.*

DECANDRIA.
SPARTIUM.

* FOLIIS SIMPLICIBUS.

2. SPARTIUM *junceum.* S. ramis oppofitis , teretibus ,   929.
apice floriferis ; foliis lanceolatis.

Gen.

S. arborescens, seminibus lenti similibus. *Bauh. pin.* 396.
Habitat in G. Narbonensi, Italia, Sicilia, Turcia, Carniola. ♄
Monsp. burg. lugd.

6. SPARTIUM *purgans.* S. ramis teretibus, striatis; foliis lan-
ceolatis, subsessilibus, pubescentibus.
Genista *purgans. Spec. plant.*
Genista s. spartium purgium. *Bauh. hist.* 1. p. 404.
Habitat Monspelii. ♄ *Monsp. lugd.*

* * FOLIIS TERNATIS.

11. SPARTIUM *Scoparium.* S. foliis ternatis, solitariisque
ramis inermibus, angulatis. *Oed. dan.* t. 313.
Genista angulosa & scoparia. *Bauh. pin.* 395.
Habitat in Europæ *australioris arenosis.* Maio. ♄ *Suec. ged. pal.
burg. lugd.*

GENISTA.

* INERMES.

930.

3. GENISTA *linifolia.* G. foliis ternatis, sessilibus,
linearibus, subtus sericeis.
Cytisus argenteus, linifolius insularum Stœchadum. *Tournef.
inst.* 648.
Habitat in Oriente, Hispania. ♄ *Delph.*

4. GENISTA *sagittalis.* G. ramis ancipitibus, membranaceis,
articulatis; foliis ovato-lanceolatis. *Jacq. austr.* t. 209.
Chamæ-Genista sagittalis. *Bauh. pin.* 395.
Habitat in Germaniæ, Galliæ *arenosis sterilibus.* Junio. ♃ *Pal.
lugd. burg. delph.*

6. GENISTA *tinctoria.* G. foliis lanceolatis, glabris; ramis
striatis, teretibus, erectis. *Oed. fl. dan.* t. 526.
G. tinctoria, Germanica. *Bauh. pin.* 395.
Habitat in Germania, Anglia. Junio. ♄ *Suec. pal. barg. lith.
lugd.*

8. GENISTA *florida.* G. foliis lanceolatis, sericeis; ramis
striatis, teretibus; racemis secundis.
G. tinctoria, frutescens; foliis incanis. *Bauh. pin.* 395.
Habitat in Hispania. ♄

9. GENISTA *pilosa.* G. foliis lanceolatis, obtusis; caule tuber-
culato, decumbente. *Jacq. austr.* t. 208.
G. ramosa; foliis Hyperici. *Bauh. pin.* 395.
Habitat in Pannonia, G. Narbonensi, Germania, Maio. ♄
Suec. pal. burg. lugd. delph.

* * SPINOSÆ.

* * *SPINOSÆ.*

11. GENISTA *Anglica.* G. fpinis fimplicibus; ramis floriferis, inermibus; foliis lanceolatis. *Fl. dan. t.* 619.

G. minor afphaltoïdes. *Bauh. pin.* 595. *prodr.* 157.

Geniftella. *Dod. pempt.* 670.

Habitat in Angliæ ericetis humidiufculis. ♄ *Delph. lugd.*

12. GENISTA *Germanica.* G. fpinis compofitis; ramis floriferis, inermibus; foliis lanceolatis.

G. fpinofa major, Germanica. *Bauh. pin.* 395.

Habitat in Germania. Maio. ♄ *Pal. burg. delph. lugd.*

13. GENISTA *Hifpanica.* G. fpinis decompofitis; ramis floriferis, inermibus; foliis linearibus, pilofis.

G. fpinofa minor, Hifpanica, villofiffima. *Bauh. pin.* 395.

Habitat in Hifpania, G. Narbonenfi. ♄ *Monfp. delph.*

1. ULEX *Europæus.* U. foliis villofis, acutis; fpinis fparfis. *Fl. dan. t.* 608.   932.

Genifta fpinofa major, longioribus aculeis. *Bauh. pin.* 394.

Genifta fpinofa. *Dod. pempt.* 659.

Habitat in Anglia, Gallia, Dania, Brabantia. ♄ *Gallob. lugd. burg.*

1. AMORPHA *fruticofa. Duham. arb.* 1. *t.* 46.   933.

Barba Jovis Americana, Pfeudo-Acaciæ flofculis purpureis, minimis. *Anglic. hort.* 11. *t.* 4.

Habitat in Carolina. ♄

ONONIS.

* *FLORIBUS SUBSESSILIBUS.*

1. ONONIS *antiquorum.* O. floribus folitariis foliolo majoribus; foliis inferioribus ternatis; ramis læviufculis, fpinofis.   935.

Anonis legitima antiquorum. *Tournef. cor.* 28.

Habitat in Europa auftrali. ♃ *Delph. lugd.*

2. ONONIS *arvenfis.* O. floribus racemofis, geminatis; foliis ternatis: fuperioribus folitariis; ramis inermibus, fubvillofis. *Blackw. t.* 301. *f.* 1. 2.

α. O. (*mitis*) floribus fubfeffilibus, folitariis, lateralibus; ramis inermibus.

Anonis fpinis carens, purpurea. *Bauh. pin.* 389.

β. O. (*fpinofa*) floribus fubfeffilibus, lateralibus; caule fpinofo. *Oed. dan. t.* 787.

Anonis fpinofa; flore purpureo. *Bauh. pin.* 389.

Habitat in aridis Europæ. Maio. ♃ *Ged. pal. burg. lugd. lith.*

Tome I.   E e

Gen.

3. ONONIS *repens.* O. caulibus diffusis; ramis erectis; foliis superioribus, solitariis; stipulis ovatis.
Anonis maritima procumbens; foliis hirsutis, pubescentibus. *Pluck. alm.* 33. *Dill. elth.* 29. t. 25. f. 28.
Habitat in Angliæ *littoribus maris*, Oriente. ♃ *Lugd.*

4. ONONIS *minutissima.* O. floribus subsessilibus, lateralibus; foliis ternatis, glabris; stipulis ensiformibus; calycibus scariosis corollâ longioribus. *Jacq. austr.* t. 240.
O. lutea sylvestris minima. *Col. ecphr.* 1. p. 304. t. 301.
Anonis spinosa lutea, minor. *Bauh. pin.* 389.
A. lutea montana, non spinosa, minima. *Barr. ic.* 1107.
Habitat in Italia, Monspelii, Helvetia, Austria. *Burg. lugd.*

* * FLORIBUS PEDUNCULATIS, PEDUNCULO MUTICO.

14. ONONIS *reclinata.* O. pedunculis muticis, unifloris; foliis ternatis, subrotundis, crenatis; leguminibus cernuis.
Anonis purpurea, non spinosa, minor. *Barr. ic.* 354.
A. annua pumila; flore purpurascente. *Tournef. inst.* 408.
Habitat in Delphinatu, Hispania, Italia. ☉

15. ONONIS *Cenisia.* O. pedunculis muticis, unifloris; foliis ternis, cuneatis; stipulis serratis; caulibus prostratis.
Anonis luteo-purpurea minima, angustifolia. *Barr. ic.* 833. t. 1104.
Habitat ad pedem montis Cenisii. *Latourette.* ♃ *Delph.*

* * * PEDUNCULIS ARISTATIS.

17. ONONIS *viscosa.* O. pedunculis unifloris, aristatis; foliis simplicibus, infimis ternatis.
Anonis lutea viscosa, latifolia, minor; flore pallido. *Barr. ic.* 840. t. 1239.
Habitat Monspelii & *in* Hispania. ☉ *Prov. delph.*

19. ONONIS *pinguis.* O. pedunculis unifloris, aristatis; foliis ternatis, lanceolatis; stipulis integerrimis.
Anonis non spinosa; flore luteo, variegato. *Bauh. pin.* 389.
A. lutea, non spinosa; Natrix Plinii. *Dalech. hist.* 449.
β. A. lutea mitis oxytriphylla, ad foliorum petiolos capreolata. *Pluck. alm.* 33. t. 135. f. 5.
Habitat in Europa australi. ♄ *Lugd.*

20. ONONIS *Natrix.* O. pedunculis unifloris, aristatis; foliis ternatis, viscosis; stipulis integerrimis; caule fruticoso.
Anonis viscosa, spinis carens, lutea, major. *Bauh. pin.* 389.
Ononis lutea. *Cam. epit.* 445.
Natrix. *Riv. tetr.* 68. *Lob. ic.* 2. p. 28.
Habitat in G. Narbonensi, Hispania, *inter segetes.* Junio. ♄ *Monsp. burg. lugd.*

**** *FRUTICOSÆ.*

22. ONONIS *crispa.* O. fruticosa ; foliis ternatis , subrotundis , undulatis , dentatis , viscoso-pubescentibus ; pedunculis uni-floris , muticis.
Habitat in Hispaniæ *monte* Mariola *prope Valentiam.* ♄ *Delph.*

23. ONONIS *fruticosa.* O. fruticosa ; foliis sessilibus , ternatis , lanceolatis , serratis ; stipulis vaginalibus ; pedunculis subtrifloris.
Habitat in montibus Delphinatûs. ♄ *Prov.*

24. ONONIS *rotundifolia.* O. fruticosa ; foliis ternatis , ovatis , dentatis ; calycibus triphyllo-bracteatis ; pedunculis subtrifloris.
Cicer sylvestre , latifolium , triphyllum. *Bauh. pin.* 347.
Habitat in Alpibus Helveticis. ♄ *Prov. delph.*

ANTHYLLIS.

* *HERBACEÆ.*

1. ANTHYLLIS *tetraphylla.* A. herbacea ; foliis quaterno-pinnatis ; floribus lateralibus.
Lotus pentaphyllos vesicaria. *Bauh. pin.* 332.
Habitat in Italia, Sicilia. ☉ *Monsp.*

936.

2. ANTHYLLIS *Vulneraria.* A. herbacea ; foliis pinnatis , inæqualibus ; capitulo duplicato.
Loto affinis , Vulneraria pratensis. *Bauh. pin.* 332.
β. Vulneraria supina ; flore coccineo. *Dill. elth.* 431. t. 320. f. 413.
Loto affinis , hirsuta ; flore rubente. *Bauh. pin.* 332.
γ. Vulneraria rustica ; flore albo. *Tournef. inst.* 391.
Habitat in pratis Europæ *borealioris.* Maio. ♃ *Ged. pal. lugd. lith. burg.*

3. ANTHYLLIS *montana.* A. herbacea ; foliis pinnatis , æqualibus ; capitulo terminali , secundo ; floribus obliquatis. *Jacq. austr.* t. 334.
Astragalus incanus , tomentosus , pallido globoso flore , Italicus. *Barr. rar.* 1391. t. 722.
Astragalus villosus ; floribus globosis. *Bauh. pin.* 351.
Habitat in Helvetia ; G. Narbonensi, Galloprovinciæ *rupe* Victoriæ , Austria , *in monte* Nanas, Carnioliæ. ♃ *Burg.*

** *FRUTICOSÆ.*

4. ANTHYLLIS *Barba Jovis.* A. fruticosa ; foliis pinnatis , æqualibus , tomentosis ; floribus capitatis.
Barba Jovis. *Bauh. pin.* 397.
Habitat in Italiæ , Hispaniæ , Orientis *rupibus.* ♄ *Monsp.*
E e ij

Gen. 939. 2. LUPINUS *albus*. L. calycibus alternis , inappen-
diculatis ; labio superiore integro ; inferiore tri-
dentato. *Blackw.* t. 282.

L. sativus, flore albo. *Bauh. pin.* 347. *Cluf. hist.* 2. p. 228.
Habitat . . . . ☉

3. LUPINUS *varius*. L. calycibus semiverticillatis , appendi-
culatis ; labio superiore bifido ; inferiore subtridentato.
L. sylvestris , flore cæruleo. *Bauh. pin.* 348.
Habitat Messanæ , Monspelii *inter segetes.* ☉

6. LUPINUS *angustifolius*. L. calycibus alternis , appendiculatis ; labio superiore bipartito ; inferiore integro.
Habitat in Hispania , Messanæ *inter segetes.* ☉

PHASEOLUS.

940. 1. PHASEOLUS *vulgaris*. P. caule volubili ; floribus
racemosis , geminis ; bracteis calyce minoribus ;
leguminibus pendulis.

Smilax hortensis s. Phaseolus major. *Bauh. pin.* 339.
β. Phaseolus (*coccineus*) volubilis ; floribus racemosis , geminis ;
bracteis calyce brevioribus ; leguminibus pendulis. *Kniph.*
cent. 12. n. 75.
P. puniceo flore. *Cornut. canad.* 184.
P. Indicus ; flore coccineo s. puniceo. *Morif. hist.* 2. p. 69.
Habitat in Indiis. ☉

10. PHASEOLUS *nanus*. P. caule erecto , lævi ; bracteis calyce
majoribus ; leguminibus pendulis , compressis , rugosis.
Smilax siliquâ sursum rigente s. Phaseolus parvus , Italicus.
Bauh. pin. 339.
Habitat in India.

943. 1. DOLICHOS *Lablab*. D. volubilis ; leguminibus ovato-
acinaciformibus ; seminibus ovatis ; hilo arcuato
versus alteram extremitatem. *Kniph. cent.* 6.
n. 37.
Habitat in Ægypto. ☉

9. DOLICHOS *pruriens*. D. volubilis ; leguminibus racemosis ;
valvulis subcarinatis, hirtis ; pedunculis ternis. *Jacq. amer.*
201. t. 122.
Phaseolus Americanus ; folio molli lanugine obsito ; siliquis
pungentibus ; semine fusco , punctato. *Pluck. phyt.* 214.
f. 1.
Habitat in Indiis.

944. 1. PISUM *sativum*. P. petiolis teretibus ; stipulis infernè
rotundatis , crenatis ; pedunculis multifloris.

Pisum. *Cam. epit.* 213. *Blackw.* t. 83.

ϛ. P. hortense majus. *Bauh. pin.* 342.

γ. P. sine cortice duriore. *Bauh. pin.* 343.

δ. P. umbellatum. *Bauh. pin.* 344.

P. (*umbellatum*) stipulis quadrifidis, acutis; pedunculis multifloris, terminalibus. *Mill. dict.* n. 3.

ε. P. (*quadratum*) majus quadratum. *Bauh. pin.* 342.

Habitat in Europæ *agris.* ☉

· 2. PISUM *arvense.* P. petiolis tetraphyllis; stipulis crenatis;
pedunculis unifloris.

P. pulchrum; folio anguloso. *Bauh. hist.* 2. p. 297. *Morif. hist.*
2. p. 47. f. 2. t. 1. f. 4.

Habitat inter Europæ *segetes.* ☉ *Suec. delph.*

3. PISUM *maritimum.* P. petiolis supra planiusculis; caule anguloso; stipulis sagittatis; pedunculis multifloris. *Fl. dan.* t. 338.

Habitat in Europæ, Canadæ *borealis littoribus, maris arenosis.* ♃

4. PISUM *Ochrus.* P. petiolis decurrentibus membranaceis,
diphyllis; pedunculis unifloris. *Kniph. cent.* 10. n. 71.

Ochrus folio integro, capreolos emittente. *Bauh. pin.* 343.

Ervilia sylvestris. *Dod. pempt.* 522.

Habitat inter segetes Cretæ, Italiæ. ☉

3. OROBUS *luteus.* O. foliis pinnatis, ovato-oblongis;
stipulis rotundato-lunatis, dentatis; caule simplici.   945.

O. Alpinus, latifolius. *Bauh. pin.* 351. *prodr.* 149.

Habitat in Sibiriæ, Helvetiæ, Veronæ, Pyrenæorum *alpinis.*
♃ *Delph.*

4. OROBUS *vernus.* O. foliis pinnatis, ovatis; stipulis semisagittatis; caule simplici.

O. sylvaticus purpureus, vernus. *Bauh. pin.* 351. *Blackw.*
t. 208. f. 1. 2.

Habitat in Europæ *borealis nemoribus.* Aprili. ♃ *Ged. pal. delph.*
lith. burg. lugd.

5. OROBUS *tuberosus.* O. foliis pinnatis, lanceolatis; stipulis
semisagittatis, integerrimis; caule simplici.

Astragalus sylvaticus; foliis oblongis, glabris. *Bauh. pin.* 351.

Lathyrus angustifolius; radice tuberosâ. *Læs. pruss.* 138. t. 37.

Habitat in Europæ *borealis pratis & sylvis.* Maio. ♃ *Pal. burg.*
delph. suec. lugd.

7. OROBUS *niger.* O. caule ramoso; foliis sexjugis, ovato-
oblongis.

O. sylvaticus, Viciæ foliis. *Bauh. pin.* 352. *Riv.* t. 60.

Habitat in Europæ *borealis montosis.* Maio. ♃ *Suec. ged. pal.*
delph. lith. burg. lugd.

9. OROBUS *sylvaticus.* O. caulibus decumbentibus, hirsutis,
ramosis.

Habitat in Anglia, Gallia. ♃ *Lugd.*

LATHYRUS.

* PEDUNCULIS UNIFLORIS.

246.

1. LATHYRUS *Aphaca.* L. pedunculis unifloris;
cirrhis aphyllis; stipulis sagittato-cordatis.

Vicia lutea, foliis Convolvuli minoris. *Bauh. pin.* 345.
Habitat in Italia, Gallia, Anglia, Helvetia, Germania, *inter.*
segetes. Junio. ⊙ *Carn. pal. lugd burg. delph.*

2. LATHYRUS *Nissolia* L. pedunculis unifloris; foliis simplicibus; stipulis subulatis.
L. sylvestris minor. *Bauh. pin.* 344.
Habitat in Gallia, Anglia, Germania, &c. Junio. ⊙ *Galloh. carn.*
pal. delph. helv. lugd.

5. LATHYRUS *sativus.* L. pedunculis unifloris; cirrhis
diphyllis, tetraphyllisque; leguminibus ovatis, compressis,
dorso bimarginatis.
Habitat in Hispania, Gallia, Helvetia, &c. ⊙ *Paris. carn.*
gallob. lugd.

8. LATHYRUS *angulatus.* L. pedunculis unifloris, aristatis;
cirrhis diphyllis, simplicissimis; foliolis linearibus.
Habitat in Gallia, Hispania, Oriente, &c. ⊙ *Prov. carn. paris.*
monsp. lugd.

* * PEDUNCULIS BIFLORIS.

10. LATHYRUS *odoratus.* L. pedunculis bifloris; cirrhis diphyllis; foliolis ovato-oblongis; leguminibus hirsutis.
2. Lathyrus *siculus.*
L. siculus. *Rupp. ien.* 210.
L. distoplatyphyllos hirsutus mollis, magno & peramoeno
flore odoro. *Comm. hort.* 2. p. 219. t. 80.
Habitat in Sicilia.

13. LATHYRUS *Clymenum.* L. pedunculis bifloris; cirrhis
polyphyllis; stipulis dentatis.
L. vicioides; vexillo rubro; labialibus petalis rostrum am-
bientibus, caeruleis. *Morif. hist.* 2. p. 46. *Pluck. phyt.* 114.
f. 6.
Clymenum Hispanicum; flore vario; siliqua plana. *Tournef.*
inst. 396.
Habitat in Mauritania, Oriente. ⊙

* * * PEDUNCULIS MULTIFLORIS.

14. LATHYRUS *hirsutus.* L. pedunculis subtrifloris; cirrhis
diphyllis; foliolis lanceolatis; leguminibus hirsutis; seminibus
scabris.
L. angustifolius; siliqua hirsuta. *Bauh. pin.* 344.

Gen.

Habitat inter Angliæ, Galliæ, Germaniæ &c. *segetes.* Julio. ⊙
Pal. burg. delph. lugd. parif. monfp.

15. LATHYRUS *tuberosus.* L. pedunculis multifloris ; cirrhis
diphyllis; foliolis ovalibus; internodiis nudis.
L. arvensis repens tuberosus. *Bauh. pin.* 344.
Habitat inter Belgii, Genevæ, Germaniæ, Tartariæ *segetes.*
Julio. ♃ *Parif. pal. burg. delph. lugd.*

16. LATHYRUS *pratensis.* L. pedunculis multifloris ; cirrhis
diphyllis, fimpliciffimis; foliolis lanceolatis. *Fl. dan.* 527.
L. fylveftris luteus, foliis Viciæ. *Bauh. pin.* 344.
Habitat in Europæ *pratis.* Junio. ♃ *Suec. parif. ged. pal. burg.
lith. delph. lugd.*

17. LATHYRUS *fylveftris.* L. pedunculis multifloris ; cirrhis
diphyllis; foliolis enfiformibus; internodiis membranaceis.
Oed. fl. dan. t. 325.
L. fylveftris major. *Bauh. pin.* 433.
Habitat in Europæ *pratis montofis.* Julio. ♃ *Suec. parif. pal.
burg. lith. delph. lugd.*

18. LATHYRUS *latifolius.* L. pedunculis multifloris ; cirrhis
diphyllis; foliolis lanceolatis; internodiis membranaceis.
L. latifolius. *Bauh. pin.* 344. *Garid. prov.* 271. t. 271.
Habitat in Europæ *fepibus.* ♃ *Suec. burg. delph. lith. lugd.*

19. LATHYRUS *heterophyllus.* L. pedunculis multifloris; cirrhis
diphyllis tetraphyllifque ; foliolis lanceolatis; internodiis
membranaceis.
L. major Narbonenfis, anguftifolius. *Bauh. hift.* 2. p. 304.
Habitat ad radices montium Europæ. ♃ *Suec. ged. lugd.*

20. LATHYRUS *paluftris.* L. pedunculis multifloris ; cirrhis
polyphyllis ; ftipulis lanceolatis. *Fl. dan.* 399.
L. peregrinus , foliis Viciæ ; flore fubcæruleo , pallidève
purpurafcente flore. *Bauh. pin.* 344.
Vicia lathyroïdes f. Lathyrus viciæformis. *Pluck. alm.* 387.
t. 71. f. 2.
Habitat in Europæ *borealis pafcuis paludofis.* Augufto. ♃ *Suec.
parif. ged. pal. burg. lith.*

21. LATHYRUS *pififormis.* L. pedunculis multifloris ; cirrhis
polyphyllis ; ftipulis ovatis, folio latioribus.
Habitat in Sibiria , Germania. ♃

VICIA.

* PEDUNCULIS ELONGATIS.

1. VICIA *pififormis.* V. pedunculis multifloris ; petiolis
polyphyllis ; foliolis ovatis ; infimis feffilibus. *Jacq.
auftr.* t. 364.

947.

Gen.

Pifum fylveftre, perenne. *Bauh. pin.* 343.
Habitat in Pannoniæ, Auftriæ, Germaniæ *fylvis.* ♃ *Sil. burg.*

2. VICIA *dumetorum.* V. pedunculis multifloris ; foliolis reflexis,
ovatis, mucronatis ; ftipulis fubdentatis.
V. maxima dumetorum. *Bauh. pin.* 345.
Habitat in Gallia, Germania, &c. ♃ *Ged. burg. delph. parif.*
fuec. monfp. lugd. lith.

3. VICIA *fylvatica.* V. pedunculis multifloris ; foliolis ovalibus ; ftipulis denticulatis. *Fl. dan.* t. 277.
V. multiflora, maxima, perennis, tetro odore ; floribus alben-
tibus, lineis cæruleis notatis. *Pluck. alm.* 387. t. 71. f. 1.
Habitat in Sueciæ, Germaniæ, Galliæ, &c. *fylvis.* ♃ *Ged.*
delph. lith. fuec. monfp.

4. VICIA *caffubica.* V. pedunculis fubfexfloris ; foliolis denis,
ovatis ; ftipulis integris. *Ocd. dan.* 98.
V. multiflora, caffubica, frutefcens ; filiquâ Lentis. *Pluck. alm.*
387. t. 72. f. 2.
Habitat in Germania, Dania. *Suec. lith.*

5. VICIA *Cracca.* V. pedunculis multifloris ; floribus imbricatis ; foliolis lanceolatis, pubefcentibus ; ftipulis integris.
V. fylveftris fpicata. *Bauh. pin.* 345.
Habitat in Europæ *pratis, agris.* Junio. ♃ *Pal. burg. delph.*
lugd. lith. fuec. parif. monfp.

* * FLORIBUS AXILLARIBUS, SUBSESSILIBUS.

10. VICIA *fativa.* V. leguminibus feffilibus, fubbinatis, erectis ;
foliis retufis ; ftipulis notatis. *Fl. dan.* t. 522.
V. fativa vulgaris, femine nigro. *Bauh. pin.* 344.
V. fativa alba. *Bauh. pin.* 344.
β. V. (*nigra*) femine rotundo nigro. *Bauh. pin.* 345.
V. foliis imis, ovatis ; fuperioribus linearibus ; fcapis breviffimis, bifloris. *Hall. helv.* n. 430.
V. vulgaris ; acutiore folio, femine parvo, nigro. *Bauh.*
pin. 345.
Habitat inter Europæ *fegetes hodie.* Junio. ☉ *Ged. fuec. parif.*
burg. delph. lith. lugd.

11. VICIA *lathyroïdes.* V. leguminibus feffilibus, folitariis,
erectis, glabris ; foliolis fenis ; inferioribus obcordatis. *Fl.*
dan. t. 58.
Habitat in Scotia, Lufatia, Norvegia, &c. Maio. ♃ *Ged. pal.*
lugd. lith.

12. VICIA *lutea.* V. leguminibus feffilibus, reflexis, pilofis,
folitariis, pentafpermis ; corollæ vexillis glabris.
V. fylveftris lutea, filiqua hirfuta. *Bauh. pin.* 345.
Habitat in Gallia, Germania, Hifpania, Italia, Oriente.
Junio. ☉ *Pal. lugd. delph. parif.*

13. VICIA *hybrida*. V. leguminibus feffilibus, reflexis, pilofis, pentafpermis; corollæ vexillis villofis. *Jacq. auftr.* t. 146.
Habitat Monfpelii, Maffiliæ. ⊙ *Lugd.*

14. VICIA *peregrina*. V. leguminibus fubfeffilibus, pendulis, glabris, tetrafpermis; foliolis linearibus, emarginatis.
V. peregrina, anguftiffimis foliis; filiquâ latâ, glabrâ. *Pluck. alm.* 386. t. 233. f. 6.
Habitat in Gallia. ⊙ *Burg. lugd. monfp.*

15. VICIA *fepium*. V. leguminibus pedicellatis, fubquaternis, erectis; foliolis ovatis, integerrimis, exterioribus decref-centibus. *Fl. dan.* t. 699.
V. fepium; folio rotundiore, acuto. *Bauh. pin.* 345.
Habitat in Europæ *fepibus.* Aprili. ♃ *Pal. delph. lith. parif. lugd.*

17. VICIA *Narbonenfis.* V. leguminibus fubfeffilibus, fubter-natis, erectis; foliolis fenis, fubovatis; ftipulis denticu-latis. *Kniph. cent.* 4. n. 98. *Knorr. dell.* 2. t. L. 1.
Faba fylveftris; fructu rotundo, atro. *Bauh. pin.* 338.
Habitat in Gallia, Anglia, Sibiria. ⊙

18. VICIA *Faba.* V. caule erecto; petiolis abfque cirrhis.
Faba. *Bauh. pin.* 338. *Blackw.* t. 19.
Habitat non procul à mari Cafpio *in confiniis* Perfiæ. ⊙

1. ERVUM *Lens.* E. pedunculis fubbifloris; feminibus compreffis, convexis. *Ludw. ect.* t. 141.

Lens vulgaris. *Bauh. pin.* 346.
Habitat inter Galliæ *fegetes, in pratis* Carnioliæ. ⊙ *Carn. herb.*

2. ERVUM *tetrafpermum.* E. pedunculis fubbifloris; feminibus globofis, quaternis.
Vicia foliis linearibus; filiquis gemellis, glabris. *Hall. helv.* n 423.
Vicia fegetum; fingularibus filiquis glabris. *Bauh. pin.* 345.
Vicia minor fegetum, cum filiquis paucis, glabris. *Morif. hift.* 2. p. 64. f. 2. t. 4. f. 16.
Habitat inter Europæ *fegetes.* Junio. ⊙ *Succ. parif. pal. herb. lith. delph. lugd.*

3. ERVUM *hirfutum.* E. pedunculis multifloris; feminibus glo-bofis, binis. *Fl. dan.* t. 639.
Vicia fegetum, cum filiquis plurimis, hirfutis. *Bauh. pin.* 345.
Habitat in Europæ *agris,* Oriente. Junio. ⊙ *Pal. ged. burg. lith. delph. lugd. parif.*

4. ERVUM *Solonienfe.* E. pedunculis fubbifloris, ariftatis; petiolis acuminatis; foliolis obtufis.
Vicia minima, præcox Parifienfium. *Tournef. inft.* 397.
Habitat in Anglia, Parifiis, Monfpelii. *Burg.*

5. ERVUM *monanthos.* E. pedunculis unifloris.
Habitat in Afia Ruthenica, *circa* Herborn *quafi fponte.* ⊙

Gen. 6. ERVUM *Ervilia.* E. germinibus undato-plicatis ; foliis impari-
pinnatis.
Ervum. *Cam. epit.* 215. *Blackw.* t. 208. f. 3.
Orobus filiquis articulatis ; flore majore. *Bauh. pin.* 346.
Habitat in Gallia , Italia, Oriente. ⊙ *Monſp. herb.*

949. 1. CICER *arietinum.* C. foliolis ferratis. *Blackw.* t. 557.
C. ſativum. *Bauh. pin.* 347. *Cam. epit.* p. 204.
C. arietinum. *Dod. pempt.* 525. *Riu.* t. 19.
Habitat inter Hiſpaniæ , Italiæ , Orientis *ſegetes.* ⊙

951. 1. CYTISUS *Laburnum.* C. racemis ſimplicibus , pen-
dulis ; foliolis ovato-oblongis. *Jacq. auſtr.* t. 306.
Anagyris non fœtida , major , Alpina. *Bauh. pin.* 391.
Habitat in Helvetia , Sabaudia. ♄ *Carn. delph. lugd.*

2. CYTISUS *nigricans.* C. racemis ſimplicibus , erectis ; foliolis
ovato-oblongis. *Jacq. auſtr.* t. 387.
C. glaber nigricans. *Bauh. pin.* 390. *Tournef. inſt.* 648.
Habitat in Auſtria , Pannonia , Bohemia , Italia , Germania ,
&c. ♄ *Monſp. carn. lith.*

3. CYTISUS *ſeſſilifolius.* D. racemis erectis ; calycibus bracteâ
triplici ; foliis floralibus ſeſſilibus.
C. glabris , foliis ſubrotundis ; pediculis breviſſimis. *Bauh. pin.*
390.
Habitat in Italia , Galloprovincia. ♄ *Delph.*

6. CYTISUS *hirſutus.* C. pedunculis ſimplicibus , lateralibus ;
calycibus hirſutis , trifidis , obtuſis , ventricoſo - oblongis.
Jacq. obſ. 4. t. 96.
C. incanus , ſiliquâ longiore. *Bauh. pin.* 390.
Habitat in Hiſpania , Sibiria , Auſtria , Italia. ♄ *Lugd.*

7. CYTISUS *ſupinus.* C. floribus umbellatis , terminalibus ;
ramis decumbentibus ; foliolis ovatis.
C. ſupinus ; foliis infrâ & ſiliquis molli lanugine pubeſcen-
tibus. *Bauh. pin.* 390.
Habitat in Auſtria , Sibiria, Italia , Sicilia , Galloprovincia. ♄
Sil. delph. Rarò rami erecti.

9. CYTISUS *argenteus.* C. floribus ſubſeſſilibus , ſubbinatis ;
foliis tomentoſis ; caulibus decumbentibus ; ſtipulis minutis.
Lotus fruticoſus , incanus , ſiliquoſus. *Bauh. pin.* 332.
Habitat in G. Narbonenſi , Carniolia. ♄ *Prov. carn. delph.*

953. 1. ROBINIA *Pſeudacacia.* R. racemis pedicellis uni-
floris ; foliis impari-pinnatis ; ſtipulis ſpinoſis. *Kniph.
cent.* 3. n. 76.
Acaciæ affinis , Virginiana, ſpinoſa ; ſiliquâ membranaceâ, planâ.
Pluck. alm. 9. p. 73. t. 4.
Habitat in Virginia. ♄ *Lugd.*

5. ROBINIA *Caragana.* R. pedunculis fimplicibus; foliis abruptè pinnatis; petiolis inermibus. *Kniph. cent.* 5. n. 76.

Habitat in Sibiria. ♄

1. COLUTEA *arborefcens.* C. arborea; foliolis obcor- datis. *Kniph. cent.* 5. n. 24.

C. veficaria. *Bauh. pin.* 396.

Colutea. *Dod. pempt.* 784. *Riu.* t. 20.

Habitat in Anglia, G. Narbonenfi, Italia, *&c. copiofè ad* Vefuvium. ♄ *Delph. lugd.*

2. COLUTEA *frutefcens.* C. fruticofa; foliolis ovato-oblongis. *Kniph. cent.* 5. n. 25.

C. æthiopica; flore purpureo. *Breyn. cent.* 70. t. 29. *Mill. ic.* 99.

Habitat in Æthiopia, Sibiria. ♂ ♄.

1. GLYCYRRHIZA *echinata.* G. leguminibus echi- natis; foliis ftipulatis; foliolo impari, feffili. *Jacq. hort.* t. 95.

G. capite echinato. *Bauh. pin.* 352.

Habitat in Gargano Apuliæ, *in deferto Nagico* Tartariæ. ♃

2. GLYCYRRHIZA *glabra.* G. leguminibus glabris; ftipulis nullis; foliolo impari petiolato.

G. filiquofa & Germanica. *Bauh. pin.* 352.

G. vulgaris. *Dod. pempt.* 341.

Habitat in Franconia, Gallia, Hifpania, Italia. ♄ *Monfp. delph.*

1. CORONILLA *Emerus.* C. fruticofa; pedunculis fub- trifloris; corollarum unguibus, calyce triplo lon- gioribus; caule angulato. *Carn. auftr.*

Colutea filiquofa f. fcorpioides major. *Bauh. pin.* 397.

Habitat Genevæ, Monfpelii, Salerni, Viennæ. ♄ *Suec. carn. lugd. delph.*

3. CORONILLA *Valentina.* C. fruticofa; foliis fubnovenis; ftipulis fuborbiculatis.

Polygala altera. *Bauh. pin.* 349. *Riv. tetr.* 206.

Habitat in Hifpania, Italia. ♄ *Stamp. monfp. prov. burg. delph.*

5. CORONILLA *coronata.* C. fruticofa; foliolis novenis, obovatis: internis cauli approximatis; ftipulâ oppofitifoliâ, bipartitâ. *Jacq. auftr.* t. 95.

Colutea fcorpioides, minor, coronata. *Bauh. pin.* 397.

Habitat in Europa auftrali. ♄ *Delph.*

6. CORONILLA *minima.* C. fuffruticofa, procumbens; foliolis novenis, ovatis; ftipulâ oppofitifoliâ, emarginatâ; legu- minibus angulatis, nodofis. *Jacq. auftr.* t. 271.

Ferrum equinum; filiquis in fummitate. *Bauh. pin.* 349.

Habitat in Gallia auftrali, Helvetia, Italia, Hifpania, ♃ *Burg. delph. lugd.*

Gen.

8. CORONILLA *Securidaca*. C. herbacea; leguminibus falcato-gladiatis; foliolis plurimis.
Securidaca lutea major. *Bauh. pin.* 398.
Hedyfarum primum. *Dod. pempt.* 546.
Habitat inter Hifpaniæ *fegetes.* ⊙ *Monfp.*

9. CORONILLA *varia*. C. herbacea, leguminibus erectis, teretibus, torofis, numerofis; foliolis plurimis, glabris. *Auftr. t.* 432.
Securidaca dumetorum major; flore vario; filiquis articulatis. *Bauh. pin.* 349.
Habitat in Lufatia, Bohemia, Dania, Gallia, Germania, &c. Junio. ⊙ *Parif. monfp. ged. pal. burg. delph. lith. lugd.*

557.

1. ORNITHOPUS *perpufillus*. O. foliis pinnatis; leguminibus incurvatis. *Fl. dan.* 730.

Ornithopodium minus. *Bauh. pin.* 350.
β. Ornithopodium majus. *Bauh. pin.* 350.
γ. Ornithopodium radice tuberculis nodofâ. *Bauh. pin.* 250. *Kniph. ccnt.* 7. n. 66.
Habitat in Angliæ, Belgii, Galliæ, Hifpaniæ, &c. *arenofis.* Junio. ⊙ *Monfp. ged. pal. lugd. burg. delph. parif.*

2. ORNITHOPUS *compreffus*. O. foliis pinnatis; leguminibus recurvatis, compreffis, rugofis; bracteâ pinnatâ.
Ornithopodio affinis, hirfuta, Scorpioïdes. *Bauh. pin.* 350.
Habitat in Italia, Sicilia. ⊙ *Monfp.*

3. ORNITHOPUS *fcorpioïdes*. O. foliis ternatis, fubfeffilibus; impari maximo.
Telephium Diofcoridis f. Scorpioïdes. *Bauh. pin.* 287.
Scorpioïdes Matthioli. *Dod. pempt.* 71. *Riu. tetr.* 210.
Habitat in G. Narbonenfi, Hifpania, Italia *inter fegetes.* ⊙ *Carn. delph.*

558.

1. HIPPOCREPIS *unifiliquofa*. H. leguminibus feffilibus, folitariis, erectis.

Ferrum equinum, filiquâ fingulari. *Bauh. pin.* 349. *Garid.* t. 114.
Habitat in Italia, Helvetia. ⊙ *Monfp.*

2. HIPPOCREPIS *multifiliquofa*. H. leguminibus pedunculatis, confertis, circularibus; margine altero lobatis.
Ferrum equinum, filiquâ multiplici. *Bauh. pin.* 346.
Ferrum equinum alterum, polyceraton. *Col. ecphr.* 1. t. 300.
Habitat in G. Narbonenfi, Hifpaniæ, Italiæ *cretaceis. Monfp. lugd.*

3. HIPPOCREPIS *comofa*. H. leguminibus pedunculatis, confertis, arcuatis; margine exteriore repandis.
Ferrum equinum, Germanicum; filiquis in fummitate. *Bauh. pin.* 346.
Habitat in Germania, Italia, Gallia, Angliæ *cretaceis.* Maio. ⊙ *Parif. auftr. pal. delph. burg.*

1. SCORPIURUS *vermiculata*. S. pedunculis unifloris; Gen. 913.
leguminibus tectis undique, squammis obtusis.

Scorpioïdes Bupleuri folio; corniculis crassioribus & magis
spongiosis, instar litui contortis & in se convolutis. *Morif.*
hift. 2. p. 127. f. 2. t. 11. f. III.
Habitat in Europa *auftrali.* ⊙ *Carn. delph.*

2. SCORPIURUS *muricata*. S. pedunculis bifloris; leguminibus
extrorsum obtuse aculeatis. *Kniph. cent.* 8. n. 82.
Scorpioïdes Bupleuri folio, corniculis asperis & rugosis f.
rigidis, striatis f. sulcatis litui instar contortis & in se
convolutis. *Morif. hift.* 2. p. 127. f. 2. t. 11. f. IV.
Habitat in Europa *auftrali.* ⊙ *Carn.*

3. SCORPIURUS *fulcata*. S. pedunculis subtrifloris; legumi-
nibus extrorsum spinis distinctis, acutis.
Scorpioïdes Bupleuri folio. *Bauh. pin.* 287.
Scorpioïdes prius. *Dod. pempt.* 71.
Habitat in Europa *auftrali.* ⊙

4. SCORPIURUS *fubvillofa*. S. pedunculis subquadrifloris; leguminibus extrorsum spinis confertis, acutis. *Kniph. cent.*
n. 96.
Scorpioïdes Bupleuri folio; corniculis asperis, magis in se
contortis & convolutis. *Morif. hift.* 2. p. 127. f. 2. t. 11.
f. II.
Habitat in Europa *auftrali.* ⊙

40. HEDYSARUM *Alpinum*. H. foliis pinnatis; legu- 913.
minibus articulatis, glabris, pendulis; caule erecto.
Onobrychis semine clypeato lævi. *Bauh. pin.* 350.
Habitat in Helvetia. ♃ *Delph.*

42. HEDYSARUM *coronarium*. H. foliis pinnatis; leguminibus
articulatis, aculeatis, nudis, rectis; caule diffuso. *Kniph.*
cent. 3. n. 45.
Onobrychis, semine clypeato, aspero, major. *Bauh. pin.* 350.
Onobrychis altera. *Dod. pempt.* 549.
Habitat in Italiæ *pratis.* ♃

44. HEDYSARUM *humile*. H. foliis pinnatis; leguminibus articulatis, asperis; corollæ alis obsoletis; spicis hirsutis; caulibus depressis.
Onobrychis semine clypeato, aspero, minor. *Bauh. pin.* 350.
Habitat in G. Narbonensi, Hispania. ♃

48. HEDYSARUM *Onobrychis*. H. foliis pinnatis; leguminibus
monospermis, aculeatis; corollarum alis calycem æquantibus; caule elongato. *Jacq. auftr.* t. 352. t. 38.
Onobrychis folio Viciæ, fructu echinato, major. *Bauh. pin.*
350.
β. Onobrychis incana, foliis longioribus. *C. B.*

Gen.
γ. Onobrychis foliis Viciæ; fructu echinato, minimo. *Bauh.*
pin. 350. *ex Gouan.* R.
Habitat in Sibiriæ, Galliæ, Angliæ, Bohemiæ *apricis, cretaceis.*
Junio. ♃ *Pal. lugd. delph.*

49. HEDYSARUM *saxatile.* H. foliis pinnatis; leguminibus
monospermis, fulcatis, muticis; corollarum alis' brevissimis; scapis subradicatis.
Habitat in Galloprovincia *& in agro* Nicæensi, Sibiria. ♃ *Delph.*
lugd.

963.
1. GALEGA *officinalis.* G. leguminibus strictis,
erectis; foliolis lanceolatis, striatis, nudis.

G. vulgaris. *Bauh. pin.* 352. *Morif. hist.* 2. p. 91. f. 2. t. 7. f. 9.
Blackw. t. 92.
Habitat in Hispania, Italia, Africa ad versuras. ♃

964.
2. PHACA *Alpina.* P. caulescens, erecta, glabra; leguminibus oblongis, inflatis, subpilosis.

P. leguminibus pendulis, semiovatis. *Gmel. sib.* 5. p. 35. t. 14.
Astragalus caule erecto, ramosissimo; foliis ellipticis, hirsutis,
siliquis veficariis. *Hall. helv.* n. 401.
Habitat in Alpibus Sibiriæ, Lapponiæ, Helvetiæ *umbrosis.* ♃
Delph.

3. PHACA *australis.* P. caule ramoso, prostrato; foliolis lanceolatis; florum alis semibifidis.
Astragaloïdes Alpina supina, glabra; foliis acutioribus. *Til. pis.*
19. t. 14. f. 1.
Habitat in Alpibus Helvetiæ, Italiæ, Galloprovinciæ. ♃

A S T R A G A L U S.

* *CAULIBUS FOLIOSIS, ERECTIS, NEC PROSTRATIS.*

963.
4. ASTRAGALUS *pilosus.* A. caulescens, erectus,
pilosus; floribus spicatis; leguminibus subulatis,
pilosis. *Jacq. austr.* t. 51.

Cicer montanum, lanuginofum, erectum. *Bauh. pin.* 347.
prodr. 148.
Habitat in Sibiria, Thuringia, &c. *Delph. lith. lugd.*

5. ASTRAGALUS *Austriacus.* A. caulescens, erectus; caule
pentagono, glabro; racemis erectis; leguminibus utrinque
acutis, nudis; foliolis sublinearibus. *Jacq. austr.* t. 195.
Onobrychis floribus Viciæ, dilutè cæruleis *Bauh. pin.* 351.
Habitat in Sibiria, Austria, Moravia. ♃ *Ged. delph.*

8. ASTRAGALUS *Onobrychis.* A. caulescens, erectus, pubefcens; floribus spicatis; vexillis duplo longioribus; stipulis
folitariis. *Jacq. austr.* t. 38.

Onobrychis fpicata; flore purpureo. *Bauh. pin.* 350.
Habitat in Auftria, Sibiria, Helvetia. Maio. *Delph. lith.*

Gen.

* * CAULIBUS FOLIOSIS, DIFFUSIS.

12. ASTRAGALUS *Cicer.* A. caulefcens, proftratus; leguminibus fubglobofis, inflatis, mucronatis, pilofis. *Jacq. auftr.* t. 251.
Habitat in Auftria, Helvetia, Italia, Germania. ♃ *Delph.*

14. ASTRAGALUS *Glycyphyllos.* A. caulefcens, proftratus; leguminibus fubtriquetris, arcuatis; foliolis ovalibus, pedunculo longioribus.
Glycyrrhiza fylveftris, floribus luteo-pallefcentibus. *Bauh. pin.* 352.
Habitat in Europæ *nemoribus.* Junio. ♃ *Ged. pal. delph. burg. lith. lugd.*

15. ASTRAGALUS *hamofus.* A. caulefcens, procumbens; leguminibus fubulatis, recurvatis, glabris; foliolis obcordatis, fubtus villofis. *Kniph. cent.* 11. n. 15.
Securidaca lutea minor; corniculis recurvis. *Bauh. pin.* 349.
Habitat Meffanæ, Monfpelii. ☉ *Burg.*

19. ASTRAGALUS *fefameus.* A. caulefcens, diffufus; capitulis fubfeffilibus, lateralibus; leguminibus erectis, fubulatis, acumine reflexis.
A. annuus, foliis & filiquis hirfutis; plurimis in foliorum alis feffilibus. *Pluck. alm.* 60. t. 79. f. 3.
Ornithopodio affinis hirfuta; fructu ftellato. *Bauh. pin.* 350.
Habitat in G. Narbonenfi, Italia. ☉

24. ASTRAGALUS *arenarius.* A. fubcaulefcens, procumbens; floribus fubracemofis, erectis; foliolis tomentofis. *Fl. dan.* t. 614.
A. incanus, parvus noftras. *Pluck. alm.* 59. *Rai. angl.* 3. p. 326. t. 12. f. 3. *mala.*
Habitat in Angliæ, Scaniæ *arena mobili.* ♃ *Lith. delph.*

25. ASTRAGALUS *Glaux.* A. caulefcens, diffufus; capitulis pedunculatis, imbricatis, ovatis; floribus erectis; leguminibus ovatis, callofis, inflatis.
Ciceri fylveftri minori affinis. *Bauh. pin.* 347.
Habitat in Hifpania, Sibiria. ♃ *Delph.*

27. ASTRAGALUS *Alpinus.* A. caulefcens, procumbens; floribus pendulis, racemofis; leguminibus utrinque acutis, pilofis. *Fl. dan.* t. 51.
A. Alpinus minimus. *Fl. lapp.* 267. t. 9. f. 1.
Habitat in Alpibus Lapponicis, Helveticis. ♃ *Delph.*

* * * SCAPO NUDO, ABSQUE CAULE FOLIOSO.

30. ASTRAGALUS *montanus.* A. fubcaulis; fcapis folio longioribus; floribus laxe fpicatis, erectis; leguminibus ovatis, acumine inflexo. *Jacq. auftr.* t. 167.

Gen.

Onobrychis floribus Viciæ majoribus, cæruleo-purpurascen-
tibus f. foliis Tragacanthæ. *Bauh. pin.* 351.
Habitat in Helvetia, Vallesia, Sibiria, Austria. ♃ *Delph.*

31. ASTRAGALUS *veficarius.* A. acaulis; fcapis folio longio-
ribus; floribus laxè fpicatis; calycibus leguminibusque
inflatis, hirfutis.
A. alpinus, Tragacanthæ folio, veficarius. *Tournef. inft.* 427.
Magn. hoit. 27. *Rai fuppl.* 454.
Habitat in Delphinatu, Sibiria. ♃ *Delph. lugd.*

34. ASTRAGALUS *uralensis.* A. acaulis; fcapo erecto, foliis
longiore; leguminibus fubulatis, inflatis, villofis; erectis.
Jacq. mifcell. auftr. t. 1. p. 250.
Habitat in Sibiria, Pyrenæis, Helvetia, Carinthia. ♃ *Delph.*

35. ASTRAGALUS *Monfpeffulanus.* A. acaulis; fcapis declinatis, longitudine foliorum; leguminibus fubulatis, teretibus, fubarcuatis, glabris.
Habitat Monfpelii, *in* Helvetia. *Delph. helv.*

36. ASTRAGALUS *incanus.* A. acaulis; fcapis declinatis;
foliolis tomentofis; leguminibus fubulatis, fubarcuatis,
incanis, apice incurvis.
Habitat in Galloprovincia. ♃ *Delph. lugd.*

37. ASTRAGALUS *campeftris.* A. acaulis; calycibus legumi-
nibufque villofis; foliolis lanceolatis, acutis; fcapo decum-
bente. *Hall. helv.* ed. 2. n. 406. t. 13.
A. perennis, fupinus; foliis & filiquis hifpidis; flore luteo.
Bux. hall. 32.
Habitat in Oelandia, Germania, Helvetia. ♃ *Corollæ flavæ.*
Carina acuminata bafi purpurafcente. Suec. delph.

38. ASTRAGALUS *depreffus.* A. acaulis; fcapis folio brevioribus; leguminibus cernuis; foliolis fubemarginatis, nudis.
Habitat in Alpibus Europæ, *ad mare* Cafpium. ♃ *Delph.*

* * * * *CAULE LIGNOSO.*

41. ASTRAGALUS *tragacanthoïdes.* A. fubacaulis; floribus
radicalibus, numerofis, fubfeffilibus. *Kniph.* cent. 3. n. 19.
Habitat in Sibiria, Armenia, Helvetia. ♃

42. ASTRAGALUS *Tragacantha.* A. caudice arborefcente;
petiolis fpinefcentibus. *Ludw. ect.* t. 74. *Regn. bot.*
A. aculeatus, fruticofus, Maffilienfis. *Pluck. alm.* 60.
Tragacantha. *Bauh. pin.* 388. *Cam. epit.* 446.
Habitat in littore Maffilienfi, Ætna, Olymbo, Helvetia. ♄ *Delph.*

966.

1. BISSERULA *Pelecinus.* B. *Gifeck. icon. fafc.* 16.
t. 17.

Securidaca, filiquis planis, utrinque dentatis. *Bauh. pin.* 349.
Habitat in Sicilia, Hifpania, Galloprovincia. ☉

9.

9. PSORALEA *bituminosa*. P. foliis omnibus ternatis ;
foliolis lanceolatis; petiolis lævibus ; floribus capitatis. *Kniph. cent. 2. n. 63.*

Trifolium bitumen redolens. *Bauh. pin. 327.*
Trifolium bituminosum. *Dod. pempt. 566.*
Habitat in Siciliæ, Italiæ, Narbonæ *collibus maritimis.* ♄ *Delph.*

T R I F O L I U M.

α. *MELILOTI LEGUMINIBUS NUDIS POLYSPERMIS.*

1. TRIFOLIUM M. *cærulea.* T. racemis ovatis; leguminibus seminudis, mucronatis ; caule erecto ; spicis
oblongis. *Blackw. t. 284.*

Lotus hortensis, odorata. *Bauh. 331.*
Habitat in Bohemia , Libya.

4. TRIFOLIUM M. *officinalis.* T. leguminibus racemosis , nudis ,
dispermis , rugosis, acutis ; caule erecto.
Melilotus officinarum Germaniæ. *Bauh. pin. 331.*
β. Melilotus officinarum Germaniæ ; flore albo. *Tournef. inst.*
407.
γ. Melilotus vulgaris , altissima, frutescens ; flore albo s. luteo.
Ray suppl. 407.
Habitat in Europæ *campestribus.* Junio. ☉ ♂ *Suec. parif. fib.*
pal. burg. lith. lugd.

5. TRIFOLIUM M. *Italica.* T. leguminibus racemosis, nudis,
dispermis , rugosis , obtusis ; caule erecto ; foliolis integris.
Melilotus Italica; folliculis rotundis. *Bauh. pin. 331.*
Melilotus Italica. *Cam. hort. 99. t. 29.*
Habitat in Italia. ☉

β * LOTOIDEA *LEGUMINIBUS TECTIS , POLYSPERMIS.*

11. TRIFOLIUM *hybridum.* T. capitulis umbellaribus; leguminibus tetraspermis ; caule ascendente.
Trifoliastrum pratense corymbiferum. *Mich. gen. 28. t. 25.*
f. 2. 6.
T. orientale altissimum ; caule fistuloso ; flore albo. *Vaill.*
parif. 195. t. 22. f. 5.
Habitat in Europæ *cultis.* Julio. *Suec. pal. burg.*

12. TRIFOLIUM *repens.* T. capitulis umbellaribus; leguminibus tetraspermis ; caule repente.
T. pratense album. *Bauh. pin. 327.*
Habitat in Europæ *pascuis.* Maio. ♃ *Suec. ged. austr. pal. burg.*
delph. lugd. lith. parif.

14. TRIFOLIUM *Alpinum.* T. capitulis umbellaribus; scapo nudo ;
leguminibus dispersis , pendulis ; foliis lineari-lanceolatis.

Gen.

T. Alpinum ; flore magno ; radice dulci. *Bauh. pin.* 328. *prodr.* 143.

Habitat in Alpibus Italicis , Helveticis , Pyrenæis , Baldo. ♃ *Delph. lugd. monfp.*

Variat *albo flore.*

*** LAGOPODA *CALYCIBUS VILLOSIS.*

15. TRIFOLIUM *fubterraneum.* T. capitulis villofis , quinque-floris ; comâ centrali reflexâ , tigidâ , fructum obvolvente.

T. album tricoccum ; fubterraneum, gaftonium ; reticulatum. *Morif. hiſt.* 2. p. 132. f. 2. t. 14. f. 5.

T. pratenfe fupinum cathobleps. *Barr. ic.* 881.

Habitat in Gallia , Italia. ☉ *Parif. burg. lugd.*

Fructus *capitula globofa , tèrram penetrantia.*

18. TRIFOLIUM *lappaceum.* T. fpicis fuhovatis ; calycinis dentibus fetaceis , hifpidis; caule patulo ; foliis ovatis.

T. globofum f. capitulo Lagopi rotundiore. *Bauh. pin.* 329. *prodr.* 143.

Habitat Monfpelii. *Delph.*

19. TRIFOLIUM *rubens.* T. fpicis villofis , longis ; corollis monopetalis ; caule erecto ; foliis ferrulatis. *Jacq. auſtr.* t. 385.

T. montanum , fpicâ longiffimâ , rubente. *Bauh. pin.* 328.

β. T. fpicâ oblongâ , rubrâ. *Bauh. pin.* 328.

Habitat in Italia , G. Narbonenfi , Helvetia , &c. Junio. ☉ *Monfp. pal. burg: lith. lugd. delph.*

20. TRIFOLIUM *pratenfe.* T. fpicis globofis , fubvillofis ; cinctis ftipulis oppofitis , membranaceis ; corollis mono-petalis.

T. pratenfe ; flore monopetalo.

T. pratenfe purpureum. *Bauh. pin.* 327.

Habitat in Europæ *graminofis.* Maio. ♃ *Pal. burg. lith, lugd. parif.*

21. TRIFOLIUM *alpeſtre.* T. fpicis fubglobofis , villofis , termi-nalibus ; caule erecto ; foliis lanceolatis , ferrulatis. *Fl. dan.* t. 662.

T. montanum purpureum, majus. *Bauh. pin.* 328.

Habitat in Europa , *etiam in* Suecia. Junio. ♃ *Pal. burg. lith. delph. lugd.*

24. TRIFOLIUM *incarnatum.* T. fpicis villofis , oblongis , obtufis , aphyllis ; foliolis fubrotundis, crenatis.

T. fpicâ rotundâ , rubrâ. *Bauh. pin.* 328.

T. alopecurum latifolium , fpicâ longâ. *Barr. ic.* 697.

Habitat in Italia , Helvetia , Gallia. ☉ *Parif. lith. lugd.*

25. TRIFOLIUM *ochroleucum.* T. fpicis villofis ; caule erecto , pubefcente ; foliolis infimis, obcordatis. *Jacq. auſtr.* 1. t. 40.

Habitat in Anglia , Helvetia , Auftria , Monfpelii. *Delph. lugd.*

26. TRIFOLIUM *angustifolium*. T. spicis villosis, conico-ob-
longis; dentibus calycinis, setaceis, subæqualibus; foliolis
linearibus.

T. montanum, angustifolium, spicatum. *Bauh. pin.* 328.

T. alopecurum, angustifolium, elatius. *Barr. ic.* 698.

Habitat in G. Narbonensi, Italia, Germania, Carniolia. ☉ *Herb.
carn. delph.*

27. TRIFOLIUM *arvense*. T. spicis villosis, ovalibus; dentibus
calycinis, setaceis, villosis, æqualibus. *Fl. dan.* t. 724.

T. arvense humile spicatum f. Lagopus. *Bauh. pin.* 328.

Habitat in Europa, America *septentrionali*. Junio. ☉ *Suec. paris.
ged. pal. burg. lith. lugd.*

28. TRIFOLIUM *stellatum*. T. spicis pilosis, ovatis; calycibus
patentibus; caule diffuso; foliolis obcordatis.

T. stellatum. *Bauh. pin.* 329.

Lagopus minor, erectus; capite globoso, stellato. *Barr. ic.* 860
& 755.

Habitat in Sicilia, Italia, G. Narbonensi, Carniolia. ☉ *Delph.
Spicæ ovatæ. Calyx æqualis extùs pilosus.*

30. TRIFOLIUM *scabrum*. T. capitulis sessilibus, lateralibus
ovatis; calycibus inæqualibus, rigidis, recurvis.

T. capitulo oblongo, aspero. *Bauh. pin.* 329. *prodr.* 140.

T. minus, capite subrotundo, parvo, albo, echinato. *Barr.
ic.* 870.

T. flosculis albis in glomerulis asperis, cauliculis adnatis.
Vaill. paris. 196. t. 33. f. 1.

Habitat in Anglia, Gallia, Italia, Germania, &c. Julio. ☉
Pal. delph. paris. monsp.

31. TRIFOLIUM *glomeratum*. T. capitulis sessilibus, hemisphæricis, rigidis; calycibus striatis, patulis, æqualibus.

T. cum glomerulis ad caulium nodos rotundis. *Ray angl.* 3.
p. 329. *Pluck. phyt.* 113. f. 5.

T. arvense supinum, verticillatum. *Barr. ic.* 882.

Habitat in Anglia, Hispania. *Lugd.*

32. TRIFOLIUM *striatum*. T. capitulis sessilibus, sublateralibus,
ovatis; calycibus striatis, rotundatis.

T. saxatile hirsutissimum. *Bauh. pin.* 328. *prodr.* 143.

T. parvum hirsutum; flore parvo dilutè purpureo, in glomerulis mollioribus, oblongis; semine magno. *Vaill. paris.*
196. t. 33. f. 2.

Habitat in Germania, Gallia, Hispania. *Paris. suec.*

* * * * VESICARIA *CALYCIBUS INFLATIS, VENTRI-
COSIS.*

35. TRIFOLIUM *spumosum*. T. spicis ovatis; calycibus inflatis,
glabris, quinquedentatis; involucris universalibus, pentaphyllis.

Gen.

T. capitulo spumoso, lævi. *Bauh. pin.* 329. *prodr.* 140.
Habitat in Gallia, Italia, Apulia. *Lugd.*

38. TRIFOLIUM *fragiferum.* T. capitulis subrotundis; calyci-
bus inflatis, bidentatis, reflexis; caulibus repentibus.
T. fragiferum friscum. *Bauh. pin.* 329.
T. capitulo spumoso, aspero, minus. *Bauh. pin.* 329. *prodr.* 140.
T. fragiferum. *Vaill. parif.* 195. t. 22. f. 2.
Habitat in Suecia, Gallia, Anglia, &c. Junio. ♃ *Succ. parif.*
pal. burg. delph. lugd.

* * * * * LUPULINA *VEXILLIS COROLLÆ INFLEXIS.*

39. TRIFOLIUM *montanum.* T. spicis subimbricatis, subtribus;
vexillis subulatis, emarcescentibus; calycibus nudis; caule
erecto.
T. montanum, album. *Bauh. pin.* 328.
Habitat in Europæ *pratis siccis.* Maio. ♃ *Pal. fil. burg. delph.*
lith. parif. lugd.

40. TRIFOLIUM *agrarium.* T. spicis ovalibus, imbricatis; vexillis
deflexis, persistentibus; calycibus nudis; caule erecto. *Fl.*
dan. 558.
T. pratense luteum; capitulo Lupuli f. agrarium. *Bauh. pin.*
328. *Vaill. parif.* 196. t. 22. f. 3.
Habitat in Europæ *pratis.* Maio. ☉ *Succ. parif. burg. lugd.*
lith. pal.

41. TRIFOLIUM *spadiceum.* T. spicis ovalibus, imbricatis;
vexillis deflexis, persistentibus; calycibus pilosis; caule
erecto.
T. montanum, lupulinum. *Bauh. pin.* 328. *prodr.* 140.
Lotus montanus, aureus; amplo Lupuli capitulo, annuus.
Barr. ic. 1024.
Habitat in Europæ *pratis siccis.* ☉ *Succ. lith. lugd. delph. parif.*

42. TRIFOLIUM *procumbens.* T. spicis ovalibus, imbricatis;
vexillis deflexis, persistentibus; caulibus procumbentibus.
T. pratense luteo-croceum. *Vaill. parif.* 196.
Habitat in Europæ *campestribus.* Maio. ♃ *Succ. herb. pal. delph.*

43. TRIFOLIUM *filiforme.* T. spicis subimbricatis; vexillis
deflexis, persistentibus; calycibus pedicellatis; caulibus
procumbentibus.
Habitat in Anglia, Germania, &c. ☉ *Succ. fil. delph.*

LOTUS.

* LEGUMINIBUS *RARIORIBUS, NEC CAPITULUM CONSTI-*
TUENTIBUS.

969.

1. LOTUS *maritimus.* L. leguminibus solitariis, mem-
branaceo-quadrangulis; foliis glabris; bracteis lanceolatis. *Kniph. cent.* 7. n. 45.

Habitat in Europæ maritimis. ⊙ *Suec. monsp. hal.*

2. LOTUS *filiquosus*. L. leguminibus solitariis, membranaceoquadrangulis; caulibus procumbentibus; foliis subtùs pubescentibus. *Jacq. austr. t.* 361.

Lotus pratensis, filiquosus, luteus. *Bauh. pin.* 332.

Habitat in Europæ australioris pratis subhumidis. Maio. ♃ *Pal. deiph. burg. lugd.*

8. LOTUS *angustissimus*. L. leguminibus subbinatis, linearibus, strictis, erectis; caule erecto; pedunculis alternis.

L. pentaphyllos minor, hirsutus; filiquâ angustissimâ. *Bauh. pin.* 332.

Habitat in G. Narbonensi. *Lugd.*

* * PEDUNCULIS *MULTIFLORIS IN CAPITULUM.*

13. LOTUS *hirsutus.* L. capitulis subrotundis; caule erecto, hirto; leguminibus ovatis.

L. pentaphyllos filiquosus, villosus. *Bauh. pin.* 372.

Habitat in G. Narbonensi, Italia, Oriente. ♃ *Monsp. delph.*

16. LOTUS *corniculatus.* L. capitulis depressis; caulibus decumbentibus; leguminibus cylindricis, patentibus.

Lotus s. Melilotus, pentaphyllos minor, glabra. *Bauh. pin.* 332. *Riv. t.* 76.

Habitat in Europa. Junio. ♃ *Pal. delph. burg. lugd. lith. parif.*

18. LOTUS *Dorycnium.* L. capitulis aphyllis; foliis seffilibus, quinatis.

Trifolium album, angustifolium; floribus veluti in capitulum congestis. *Bauh. pin.* 329.

Habitat in Hispania, G. Narbonensi, Austria, Carniolia. ♃ *Austr. delph.*

3. TRIGONELLA *polycerata*. T. leguminibus subseffilibus, congestis, erectis, subrectis, longis, linearibus; pedunculis muticis.

970.

Fœnum græcum sylvestre, alterum polyceration. *Bauh. pin.* 348.

Fœnum græcum sylvestre, alterum. *Dod. pempt.* 547.

Habitat in Hispania, Italia, Monspelii. ⊙

6. TRIGONELLA *corniculata.* T. leguminibus pedunculatis, congestis, declinatis, subfalcatis; pedunculis longis, subspinofis; caule erecto.

Melilotus, corniculis reflexis, major. *Bauh. pin.* 331.

Melilotus lutea major; corniculis reflexis, ex eodem centro ortis. *Morif. hist.* 2, p. 162. s. 2. t. 16. f. 11.

Trifolium corniculatum 2. *Dod. pempt.* 573.

Habitat in Europa australi. ⊙ *Delph.*

7. TRIGONELLA *Monspeliaca.* T. leguminibus seffilibus, congestis, arcuatis, divaricatis, inclinatis, brevibus; pedunculo mucronato, inermi.

Gen.

Fœnum græcum , polyceraton. *Rin. tetr.*
Hedyfarum minimum. *Daleth. hift.* 446.
Habitat Monfpelii. ⊙ *Delph. burg. parif. monfp.*

9. TRIGONELLA *Fœnum græcum.* T. leguminibus feſſilibus;
ſtrictis , erectiuſculis , fubfalcatis , acuminatis ; caule erecto.
Blackw. t. 38.
Fœnum græcum, ſativum. *Bauh. pin.* 348.
β. Fœnum græcum ſylveſtre. *Bauh. pin.* 348.
Habitat Monſpelii. ⊙ *Parif.*

MED.

1. MEDICAGO *arborea.* M. leguminibus lunatis , margine integerrimis ; caule arboreo. *Kniph. cent.* 5.
n. 55.

Cytiſus incanus ; ſiliquis falcatis. *Bauh. pin.* 389.
Habitat in Rhodo , Neapoli. ♄

4. MEDICAGO *circinnata.* M. leguminibus reniformibus;
margine dentatis ; foliis pinnatis.
Loto aſſinis , ſiliquis hirſutis , circinnatis. *Bauh. piu.* 333.
Habitat in Hiſpania , Italia. ⊙

5. MEDICAGO *ſativa.* M. pedunculis racemoſis ; leguminibus
contortis ; caule erecto , glabro.
Medica ſativa. *Morif. hift.* 2. p. 150. ſ. 2. t. 16.
Habitat in Hiſpaniæ , Galliæ, &c. apricis. ♃ *Pal. lugd. delph. burg.*

6. MEDICAGO *falcata.* M. pedunculis racemoſis ; leguminibus lunatis ; caule proſtrato. *Fl. dan.* t. 233.
Trifolium ſylveſtre , luteum; ſiliquâ cornutâ. *Bauh. pin.* 330.
Habitat in Europæ pratis apricis , ſiccis. Junio. ♃ *Parif. pal.
delph. lugd. burg.*

7. MEDICAGO *Lupulina.* M. ſpicis ovalibus; leguminibus reniformibus, monoſpermis ; caulibus procumbentibus.
Trifolium pratenſe , luteum ; capitulo breviore. *Bauh. pin.* 328.
Habitat in Europæ pratis. Maio. ♂ *Succ. parif. pal. lugd. delph.
lith. burg.*

9. MEDICAGO *polymorpha.* M. leguminibus cochleatis ; ſtipulis
dentatis ; caule diffuſo.
Trifolium cochleatum ; fructu nigro , hiſpido. *Bauh. pin.* 329.
α. M. (*orbicularis*), leguminibus ſolitariis , cochleatis , depreſſis ,
planis ; ſtipulis ciliatis; caule diffuſo. *Sauv. monfp.*
Medica orbiculata. *Bauh. hift.* 2. p. 384. *Ray hift.* 961.
Trifolium cochleatum ſ. ſcutellatum ; folio latiore ; fructu
minuto , obtuſo. *Bauh. pin.* 329. *prodr.* 140.
β. M. (*ſcutellata*) cochleata major dicarpos ; capſula rotundâ ,
globoſâ , ſcutellatâ. *Morif.* 2. p. 152. ſ. 2. t. 15. ſ. 4.
Trifolium cochleatum; fructu latiore. *Bauh. pin.* 329.
γ. M. (*tornata*), leguminibus cochleatis , nudis , cylindricis ,
apice baſique planiuſculis. *Ger. prov.*
Medica tornata major & minor lænis. *Park. theatr.* 1116.
Morif. hift. 2. ſ. 2. t. 15. ſ. 11.

δ. M. (*turbinata*), leguminibus cochleatis , inermibus , fubcylindricis; extremitatibus complanatis. *Gouan. monfp.* 517.

Trifolium cochleatum , turbinatum ; fructu compreffo , oblongo. *Bauh. pin.* 329.

ε. M. (*intertexta*), pedunculis unifloris ; leguminibus cochleatis , fphæricis; fpinis lóngioribus , divaricatis, recurvis. *Ger. prov.*

ζ. M. (*arabica*), pedunculis fubtrifloris ; leguminibus echinatis ; foliolis obcordatis. *Gouan. monfp.*

Trifolium cochleatum; folio maculato, cordato. *Bauh. pin.* 329.

η. M. (*coronata*), pedunculis fubbifloris ; leguminibus compreffis, fubfpinofis; ftipulis fubulatis, integerrimis. *Gouan.*

Trifolium, foliö obtufo ; folliculis cordatis. *Bauh. pin.* 329, *prodr.* 141. n. 13.

θ. M. (*ciliaris*), pedunculis multifloris ; leguminibus congeftis , globofis, hifpidis; ftipulis ciliatis. *Gouan.*

ι. M. (*hirfuta*), pedunculis multifloris ; leguminibus cochleatis , fpinulis hamatis; ftipulis integris. *Ger. prov.*

Trifolium echinatum arvenfe. *Bauh. pin.* 329.

κ. M. (*rigidula*), pedunculis multifloris ; leguminibus cochleatis , intenfè aculeatis. *Ger. prov.*

Trifolium fructu compreffo, fpinis horrido. *Bauh. pin.* 329.

λ. M. (*minima*) , leguminibus cochleatis , fubternatis ; fpinulis uncinatis ; ftipulis integris. *Gouan. monfp. Oed. dan.* 211.

Trifolium echinatum , fructu minore. *Bauh. pin.* 330.

μ. M. (*muricata*),pedunculis multifloris; leguminibus cochleatis, fubrotundis , fpinofis, incanis ; foliis villofis. *Ger. prov.*

Medica cochleata dicarpos; capfulâ fpinofâ, rotundâ minore. *Morif. hift.* 2. p. 153. f. 2. t. 15. f. 11.

Habitat in Europa *auftrali.* Maio. ☉ *Monfp. carn. prov. lugd. helv. pal. auftr. delph. burg. parif.*

OBSERVATIO. Polymorphæ hæc fpecies canis inftar produxit numerofas varietates, quamvis non in eadem regione proveniunt.

CLASSIS XVIII.

POLYADELPHIA.

ICOSANDRIA.

974. CITRUS. *Cal.* 5-dentatus. *Cor.* 5-petala. *Stam.* 20. in cylindrum paffim connata. *Pift.* 1. *Bacca* locularis pulpâ veficulari.

POLYANDRIA.

981. HYPERICUM. *Cal.* 5-partitus, inferus. *Cor.* 5-petala. *Styl.* 1. 3. f. 5. *Capf.* locularis.

POLYADELPHIA.

ICOSANDRIA.

1. CITRUS *medica.* C. petiolis linearibus.
Malus Medica. *Bauh. pin.* 435. *Blackw. t.* 361.
β. Citrus. *Limon.*
Limon vulgaris. *Blackw.* t. 362.
Malus Limonia, acida. *Bauh. pin.* 436.
Habitat in Asia, Media, Assyria, Persia. ♄

2. CITRUS *Aurantium.* C. petiolis alatis; foliis acuminatis.
Aurantium. *Blackw.* t. 349. *Kniph. cent.* 9. n. 23. *Knorr. del.*
t. 1. p. 4.
Malus Aurantia major. *Bauh. pin.* 436.
β. Citrus *Sinensis.*
Malus Aurantia, cortice Eduli. *Bauh. pin.* 436.
Habitat in India. ♄

POLYANDRIA.

HYPERICUM.

* PENTAGYNA.

1. HYPERICUM *Balearicum.* H. floribus pentagynis;   981.
caule fruticoso; foliis ramisque cicatrisatis. *Mill.*
dict. ic. t. 54. *Kniph. cent.* 2. n. 35.
Habitat in Majorca. ♄

* * TRIGYNA.

8. HYPERICUM *Androsæmum.* H. floribus trigynis; fructibus
baccatis; caule fruticoso, ancipiti. *Regn. bot.*
Androsæmum maximum frutescens. *Bauh. pin.* 280.
Androsæmum. *Dod. pempt.* 78. *Blackw.* t. 94.
Habitat in Angliæ, G. Narbonensis, Italiæ *humentibus.* ♄ *Delph.*
lugd.

21. HYPERICUM *quadrangulare.* H. floribus trigynis; caule
quadrato, herbaceo. *Fl. dan.* 640.
H. vulgare minus; caule quadrangulo; foliis non perfoliatis.
Bauh. pin. 279.
Habitat in Europæ *pratis.* Junio. ♃ *Succ. paris. delph. lith. burg.*
lugd.

22. HYPERICUM *perforatum.* H. floribus trigynis; caule ancipiti; foliis obtusis, pellucido-punctatis. *Blackw.* t. 15.
H. vulgare. *Bauh. pin.* 279.
Hypericum. *Dod. pempt.* 76.
Habitat in Europæ *pratis.* Junio. ♃ *Suec. parif. pal. lugd. lith. burg.*

23. HYPERICUM *humifusum.* H. floribus trigynis, axillaribus, solitariis; caulibus ancipitibus, prostratis, filiformibus; foliis glabris. *Fl. dan.* t. 141.
H. minus supinum f. supinum glabrum. *Bauh. pin.* 279.
Habitat in Europa *australiore.* Junio. ♃ *Suec. pal. delph. lugd. burg. lith. parif.*

26. HYPERICUM *elodes.* H. floribus trigynis; caule tereti, repente, foliisque villosis, subrotundis.
Ascyrum supinum elodes.
Habitat in Sibiriæ, Angliæ, Galliæ *paludosis.* ♃ *Gallob.*

* * *β. TRIGYNA; CALYCIBUS BRACTEISQUE SERRATO-GLANDULOSIS.*

28. HYPERICUM *montanum.* H. floribus trigynis; calycibus serrato-glandulosis; caule tereti, erecto; foliis ovatis, glabris. *Fl. dan.* t. 173.
Afigrum f. Hypericum bifolium, glabrum, non perforatum. *Bauh. pin.* 280.
Habitat in Europæ *montibus.* Julio. ♃ *Suec. pal. herb. sil. lith. lugd. delph.*

29. HYPERICUM *hirsutum.* H. floribus trigynis; calycibus serrato-glandulosis; caule tereti, erecto; foliis ovatis, subpubescentibus. *Kniph. cent.* 8. n. 52.
Habitat in Europæ *collibus & montibus.* Junio. ♃ *Herb. pal. delph. burg. lugd. parif. succ.*

32. HYPERICUM *pulchrum.* H. floribus trigynis; calycibus serrato-glandulosis; caule tereti; foliis amplexicaulibus, cordatis, glabris. *Oed. dan.* t. 75.
H. minus erectum. *Bauh. pin.* 279.
Habitat in Europa *australiore.* Junio. ♃ *Pal. delph. burg. lugd.*

33. HYPERICUM *nummularium.* H. floribus trigynis; calycibus serrato-glandulosis; foliis cordato-orbiculatis, glabris.
H. Nummulariæ folio. *Bauh. pin.* 279. *prodr.* 130.
H. feré orbiculato folio; floribus amplis, pallidé luteis; petalis in ambitu crenatis. *Pluck. alm.* 188. t. 93. f. 4.
Habitat in Pyrenæis. Julio. ♃ *Delph. in mont. Carth. maj.*

34. HYPERICUM *Coris.* H. floribus trigynis; calycibus serrato-glandulosis; foliis subverticillatis.
H. f. Coris legitima, Ericæ similis. *Morif. hist.* 2. p. 468. f. 5. t. 6. f. 4.
Coris lutea. *Bauh. pin.* 280.
Habitat in Europæ *australis collibus siccis, & in* Oriente. *Lugd.*

CLASSIS XIX.

SYNGENESIA.

POLYGAMIA ÆQUALIS.

* *Semiflosculosi Tournef. corollis ligulatis omnibus.*

1001. SCOLYMUS.	*Recept.* paleaceum. *Pappus* nullus. *Cal.* imbricatus, spinosus.
1000. CICHORIUM.	*Recept.* subpaleaceum. *Pappus* sub 5-dentatus. *Cal.* calyculatus.
999. CATANANCHE.	*Recept.* paleaceum. *Pappus* 5-aristatus, sessilis. *Cal.* imbricatus, scariosus.
996. SERIOLA.	*Recept.* paleaceum. *Pappus* subpilosus. *Cal.* simplex.
997. HYPOCHÆRIS.	*Recept.* paleaceum. *Pappus* subplumosus. *Cal.* imbricatus.
983. GEROPOGON.	*Recept.* paleaceum. *Papp.* plumosus disci. 5-aristatus radii. *Cal. simplex.*
994. ANDRYALA.	*Recept.* villosum. *Pappus* pilosus, sessilis. *Cal.* subæqualis, rotundatus.
984. TRAGOPOGON.	*Recept.* nudum. *Pappus* plumosus, stipitatus. *Cal.* simplex.
986. PICRIS.	*Recept.* nudum. *Pappus* plumosus, stipitatus. *Cal.* calyculatus.
291. LEONTODON.	*Recept.* nudum. *Pappus* plumosus, stipitatus. *Cal.* imbricatus squamis laxis.

985. SCORZONERA.   *Recept.* nudum. *Pappus* plumosus, stipitatus. *Cal.* imbricatus, margine scarioso.

993. CREPIS.   *Recept.* nudum. *Pappus* pilosus. *Cal.* calyculatus squamis difformibus.

989. CHONDRILLA.   *Recept.* nudum. *Pappus* pilosus, stipitatus. *Cal.* calycul. multiflorus.

990. PRENANTHES.   *Recept.* nudum. *Pappus* pilosus. *Cal.* calycul. sub 5-florus.

988. LACTUCA.   *Recept.* nudum. *Pappus* pilosus, stipitatus. *Cal.* imbricat. margine scarioso.

992. HIERACIUM.   *Recept.* nudum. *Pappus* pilosus, sessilis. *Cal.* imbric. ovatus.

987. SONCHUS.   *Recept.* nudum. *Pappus* pilosus, sessilis. *Cal.* imbric. gibbus.

998. LAPSANA.   *Recept.* nudum. *Pappus* nullus. *Cal.* calyculatus.

995. HYOSERIS.   *Recept.* nudum. *Pappus* calyculo coronatus. *Cal.* subæqualis.

* *   *Capitati.*

1009. ATRACTYLIS.   *Cor.* radiata.
1008. CARLINA.   *Cal.* radiatus : radiis coloratis.
1005. CNICUS.   *Cal.* bracteis obvallatus.
1002. ARCTIUM.   *Cal.* squamis apice incurvato-hamosis.
1010. CARTHAMUS.   *Cal.* squamis squarrosus, foliaceis.
1007. CYNARA.   *Cal.* squamis squarrosus canaliculatis, spinosis.
1004. CARDUUS.   *Cal.* squamis spinosis, ventricosus. *Recept.* pilosum.

1000. ONOPORDON.   *Cal.* fquamis ventricofis, fpi-
             nofis. *Recept.* favofum.

1003. SERRATULA.   *Cal.* fquamis acutiufculis ,
             muticis imbricatus, fubcy-
             lindricus.

* * * *Difcoïdei.*

1013. CACALIA.   *Recept.* nudum. *Pappus* pi-
             lofus. *Cal.* calyculatus.

1019. CHRYSOCOMA.   *Recept.* nudum. *Pappus* pi-
             lofus. *Cal.* imbricatus.
             Piftil. breviffima.

1015. EUPATORIUM.   *Recept.* nudum. *Pappus*
             plumofus. *Cal.* imbricatus.
             Piftil. longiffima.

1012. BIDENS.   *Recept.* paleaceum. *Pappus*
             ariftatus. *Cal.* imbricatus.

1018. STÆHELINA.   *Recept.* paleaceum. *Pappus*
             plumofus , ramofus. *An-
             theræ* caudatæ.

* *Tanacetum.*

P O L Y G A M I A   S U P E R F L U A.

* *Difcoïdei.*

1025. ARTEMISIA.   *Recept.* fubnudum. *Pappus*
             nullus. *Cor.* radii nulli.

1028. CARPESIUM.   *Recept.* nudum. *Pappus*
             nullus. *Cor.* radii 5-fidæ.

1024. TANACETUM.   *Recept.* nudum. *Pappus* fub-
             margin. *Cor.* radii 3-fidæ.

1050. COTULA.   *Recept.* fubnudum. *Pappus*
             marginatus. *Cor.* difci 4-fidæ.

1029. BACCHARIS.   *Recept.* nudum. *Pappus*
             pilofus. *Cor.* femineæ her-
             maphroditis mixtæ.

1030. CONYZA.   *Recept.* nudum. *Pappus*
             pilofus. *Cor.* radii 3-fidæ.

1026. GNAPHALIUM.   *Recept.* nudum. *Pappus*
             plumofus. *Cal.* fcariofus ;
             fquam. concavis.

1027. XERANTHEMUM. *Recept.* paleaceum. *Pappus* subsetaceus. *Cal.* scariosus radio explanato.

1051. ANACYCLUS. *Recept.* paleaceum. *Pappus* nullus. *Sem.* marginata-, emarginata.

* * *Radiati.*

1042. BELLIS. *Recept.* nudum. *Pappus* nullus. *Cal.* squamis æqualibus simplex.

1049. MATRICARIA. *Recept.* nudum. *Pappus* nullus. *Cal.* squamis imbricatus acutis.

1048. CHRYSANTHE-MUM. *Recept.* nudum. *Pappus* nullus. *Cal.* squamis intimis scariosis.

1039. DORONICUM. *Recept.* nudum. *Pappus* pilosus. *Pappus* radii nullus.

1038. ARNICA. *Recept.* nudum. *Pappus* pilosus. *Stamina* radii castrata.

1037. INULA. *Recept.* nudum. *Pappus* pilosus. *Antheræ* basi bisetæ.

1031. ERIGERON. *Recept.* nudum. *Pappus* pilosus. *Cor.* radii capillares.

1035. SOLIDAGO. *Recept.* nudum. *Pappus* pilosus. *Cor.* radii subseni, remoti.

1036. CINERARIA. *Recept.* nudum. *Pappus* pilosus. *Cal.* æqualis simplex.

1033. SENECIO. *Recept.* nudum. *Pappus* pilosus. *Cal.* squamis apice sphacelatis.

1032. TUSSILAGO. *Recept.* nudum. *Pappus* pilosus. *Cal.* squamis submembranaceis.

1034. ASTER.   *Recept.* nudum. *Pappus* pilofus. *Cal.* fubfquarrofus.

1044. TAGETES.   *Recept.* nudum. *Pappus* ariftatus. *Cal.* 1-phyllus. *Radius* 5-florus.

1041. HELENIUM.   *Recept.* feminudum. *Pappus* 5-ariftatus. *Cal.* multipartitus. *Cor.* radiis 3-fidis.

1057. SIEGESBECKIA.   *Recept.* paleaceum. *Pappus* nullus. *Radius* dimidiatus.

1052. ANTHEMIS.   *Recept.* paleaceum. *Pappus* nullus. *Cal.* hemifphæricus.

1053. ACHILLEA.   *Recept.* paleaceum *Pappus* nullus. *Radius* 5-florus. *Cal.* oblongus.

1059. BUPHTHALMEUM.   *Recept.* paleaceum. *Pappus* marginat. *Stigma* hermaphroditi fimplex.

1058. VERBESINA.   *Recept.* paleaceum. *Pappus* ariftatus. *Fafciculi* radii circiter 5.

1046. ZINNIA.   *Recept.* paleaceum. *Pappus* ariftatus. *Rad.* 5-flor. perfiftens. *Cal.* imbricatus.

POLYGAMIA FRUSTRANEA.

1066. CENTAUREA.   *Recept.* fetofum. *Pappus* pilofus. *Radius* coroll. tubulofus.

1061. RUDBECKIA.   *Recept.* paleaceum. *Pappus* marginatus. *Cal.* ferie duplici.

1062. COREOPSIS.   *Recept.* paleaceum. *Pappus* ariftatus. *Cal.* calyculatus.

1060. HELIANTHUS.   *Recept.* paleaceum. *Pappus* ariftatus. *Cal.* fquarrofus.

POLYGAMIA NECESSARIA.

1079. FILAGO.   *Recept.* nudum. *Pappus* nullus. *Flofc. femin.* inter fquamnis calycis.

1080. MICROPUS. *Recept.* nudum. *Pappus* nullus. *Flosc. femin.* squamis calycis vaginati.

1076. OTHONNA. *Recept.* nudum. *Pappus* pilosus. *Cal.* monophyllus.

1073. CALENDULA. *Recept.* nudum. *Pappus* nullus. *Sem.* membranacea.

1074. ARCTOTIS. *Recept.* subpilosum. *Pappus* 5-phyllus. *Sem.* tomentosa.

POLYGAMIA SEGREGATA.

1084. ECHINOPS. *Perianthium* 1 - florum. *Pappus* pubescens. *Polyg.* æqualis.

MONOGAMIA.

1090. JASIONE. *Cal.* communis. *Cor.* 5-petala regul. *Capf.* infera, 2-locularis.

1091. LOBELIA. *Cal.* 5-dentatus. *Cor.* 1-petala irregul. *Capf.* infera, 2-locularis.

1092. VIOLA. *Cal.* 5-phyllus. *Cor.* 5-petala irregularis. *Capf.* supera, 3-valvis.

1893. IMPATIENS. *Cal.* 2-phyllus. *Cor.* 5-petala irregularis. *Capf.* supera, 3-valvis.

SYNGENESIA.

POLYGAMIA ÆQUALIS.

TRAGOPOGON.

CAULESCENTIA.

1. TRAGOPOGON *pratense*. T. calycibus corollæ Gen. 984. radium æquantibus; foliis integris, strictis.

T. pratense luteum, majus. *Bauh. pin.* 274.
Habitat in Europæ pratis apricis. Maio. ♂ *Pal. lugd. delph. burg. lith. parif. fuec.*

3. TRAGOPOGON *Porrifolium*. T. calycibus corollæ radio longioribus; foliis integris, strictis; pedunculis superne incrassatis. *Kniph. cent.* 7. n. 93.

T. purpureo cæruleum; Porrifolio, quod Artesi vulgo. *Bauh. pin.* 274. *Morif. hist.* 3. p. 8. f. 7. t. 9. f. 5.
Habitat in Helvetia. ♂ *Delph. burg. lugd.*

4. TRAGOPOGON *Crocifolium*. T. calycibus corollæ radio longioribus; foliis integris; radicalibus pedunculisque basi villosis.

T. purpureo-cæruleum; Crocifolium. *Bauh. pin.* 275.
Habitat in Italia, Monspelii. ♂ *Delph.*

6. TRAGOPOGON *Dalechampii*. T. calycibus monophyllis corollâ brevioribus, inermibus; foliis runcinatis.

Hieracium asperum, flore magno Dentis leonis. *Bauh. pin.* 127.
Hieracium sulphureum; incisis foliis, montanum. *Barr. rar.* 1043. t. 209.
Habitat in Hispania, G. Narbonensi. ♃ *Monsp. delph.*

7. TRAGOPOGON *Picroïdes*. T. calycibus monophyllis corollâ brevioribus, aculeatis; foliis runcinatis, denticulatis.

Hieracium majus, folio Sonchi; semine incurvo, *Bauh. pin.* 127.
Habitat in Creta, Monspelii. ⊙ *Delph.*

8. SCORZONERA *humilis*. S. caule subnudo, unifloro; 985. foliis lato-lanceolatis, nervosis, planis. *Jacq. austr.* t. 36.

S. humilis, latifolia, nervosa. *Bauh. pin.* 275.
Habitat in Europæ septentrionalioris pratis apricis. Maio. ♃ *Suec. pal. delph. lith. burg. lugd.*

Tom. I. G g

Gen.

3. SCORZONERA *Hispanica.* S. caule ramoso ; foliis amplexi-
caulibus , integris , serrulatis. *Blackw.* t. 406.
S. latifolia , sinuata. *Bauh. pin.* 275.
Habitat in Hispania , Sibiria. ♃ *Delph.*

4. SCORZONERA *Graminifolia.* S. foliis lineari-ensiformibus ,
integris , carinatis. *Jacq. obs.* 4. p. 13. t. 100.
Habitat in Lusitania , Sibiria. *Delph.*

6. SCORZONERA *angustifolia.* S. foliis subulatis , integris ;
pedunculo incrassato ; caule basi villoso.
S. angustifolia prima. *Bauh. pin.* 275.
Tragopogon Pinifolium , Hispanicum. *Barr. ic.* 496.
Habitat in Hispaniæ , Monspelii, Austriæ *collibus saxosis. Monsp.
burg.*

9. SCORZONERA *laciniata.* S. foliis linearibus , dentatis , acutis;
caule erecto ; calycum squamis patulo mucronatis. *Jacq.
austr.* t. 356.
Tragopogon laciniatum , luteum. *Bauh. pin.* 274.
Habitat in Germania , Gallia. ♂ *Paris. monsp. pal. delph. burg.
lugd.*

12. SCORZONERA *Picroïdes.* S. foliis superioribus, amplexi-
caulibus , integerrimis , inferioribus runcinatis ; pedunculis
squamosis.
Sonchus subrotundo folio nostras. *Pluck. phyt.* 61. f. 5.
Sonchus lævis , angustifolius. *Bauh. pin.* 124.
Habitat Monspelii. ☉ *Delph.*

986. **1.** PICRIS *Echioïdes.* P. perianthiis exterioribus pentaphyllis interiore aristato majoribus.

Hieracium Echioïdes, capitulis Cardui benedicti. *Bauh. pin.* 128.
Buglossum Echioïdes luteum, Hieracio cognatum. *Lob. ic.* 577.
Habitat in Angliæ , Galliæ , Italiæ *sylvis cæduis , aggeribus.* ☉
Burg. paris. lugd. monsp.

2. PICRIS *Hieracioïdes.* P. perianthiis laxis ; foliis integris ;
pedunculis squamatis in calycem.
Cichorium pratense , luteum, hirsutie asperum. *Bauh. pin.* 126.
Hieracium asperum , majore flore , in agrorum limitibus.
Bauh. hist. 2. p. 1029.
Habitat in Germaniæ , Angliæ , Belgii , Galliæ *versuris agrorum.*
♃ *Succ. paris. monsp. pal. delph. lugd. burg.*

587. **1.** SONCHUS *maritimus.* S. pedunculo nudo ; foliis
lanceolatis, amplexicaulibus , indivisis , retrorsum
argute dentatis.

S. angustifolius , maritimus. *Bauh. pin.* 124. prodr. 61. *Pluck.
alm.* 354. t. 62. f. 5.
Habitat in Europa australi. ♃

2. SONCHUS *palustris.* S. pedunculis calycibusque hispidis ,
subumbellatis ; foliis runcinatis , basi sagittatis.

Gen.

S. afper arborefcens. *Bauh. pin.* 124.

Habitat in Belgii, Angliæ, Germaniæ, Galliæ, Hungariæ *pratis paludofis.* ♃ *Delph. lith. burg. parif. lugd.*

3. SONCHUS *arvenfis.* S. pedunculis calycibufque hifpidis, fubumbellatis; foliis runcinatis, bafi cordatis. *Fl. dan.* t. 606.

Hieracium majus, folio Sonchi; f. Hieracium fonchites. *Bauh. pin.* 126.

Habitat in Europæ agris argillofis. Junio. ♃ *Suec. pal. lith. burg. lugd. parif.*

4. SONCHUS *oleraceus.* S. pedunculis tomentofis; calycibus glabris. *Fl. dan.* t. 682.

a. Sonchus *lævis.*

S. foliis amplexicaulibus, dentatis, integris, femipinnatis; calycibus lævibus. *Hall. helv.* h. 21. *Blackw.* t. 130.

S. lævis, laciniatus, latifolius. *Bauh. pin.* 124. *Gmel. fib.* 2. p. 9.

β. S. lævis minor, paucioribus laciniis. *Bauh. pin.* 124.

S. lævis latifolius & anguftifolius. *Taber. ic.* 190. 189.

γ. Sonchus *afper.*

S. foliis amplexicaulibus, rigidis, integris & femipinnatis, dentatis; calycibus lævibus. *Hall. helv.* n. 22.

S. afper. *Blackw.* t. 30.

S. afper laciniatus & non laciniatus. *Bauh. pin.* 134.

S. afper laciniatus, latifolius & anguftifolius. *Læf. pruff.* 157. t. 77. 78.

δ. S. afper non laciniatus. *Tournef. inft.* 474.

S. afpera. *Fuchf. hift.* 674. *Dodon.* 643.

Habitat in Europæ cultis. Junio. ☉ *Suec. parif. ged. pal. lugd. lith. burg.*

5. SONCHUS *tenerrimus.* S. pedunculis tomentofis; calycibus pilofis.

S. lævis in plurimas & tenuiffimas lacinias divifus. *Bauh. pin.* 124. *prodr.* 61.

Hieracium foliis in tenues lacinias profundè fectis; flore luteo. *Pluck. phyt.* 93. f.

Habitat Monfpelii, Florentiæ. ☉

6. SONCHUS *Plumierii.* S. pedunculis nudis; floribus paniculatis; foliis runcinatis.

Lactuca Alpina, glabra, Acanthi folio; flore magno, cæruleo. *Vaill. act.* 1721. p. 200. *Monnier obf.* 157.

Habitat in Pyrenæis, Monte Aureo, prope Carthufiam majorem. ♄ *Lugd.*

7. SONCHUS *Alpinus.* S. pedunculis fquamofis; floribus racemofis; foliis runcinatis. *Oed. dan.* t. 182.

S. lævis, laciniatus, cæruleus f. Sonchus Alpinus, cæruleus. *Bauh. pin.* 124.

Habitat ad latera Alpium, Lapponiæ, Helvetiæ, Auftriæ. ☉ *Suec. monfp. norv. fil. delph. lugd.*

G g ij

Gen. 988. 1. LACTUCA *quercina*. L. foliis runcinatis , denticulatis , acutis, fubtus lævibus; caule glabro.

2. LACTUCA *fativa*. L. foliis rotundatis , caulinis cordatis ;
caule corymbofo.
L. fativa. *Bauh. pin.* 122. 242. *Blackw.* t. 88.
β. Lactuca capitata. *Bauh. pin.* 123. *Morif. hift.* 3. p. 57. f. 7.
t. 2. f. 2.
γ. L. crifpa. *Bauh. pin.* 123. *Dod. pempt.* 644.
Habitat .... ⊙

3. LACTUCA *Scariola*. L. foliis verticalibus, carinâ aculeatis.
L. fylveftris, coftâ fpinofâ. *Bauh. pin.* 123.
Endivia major lactucina fpinofa. *Barr. ic.* 135.
Habitat in Europa auftrali. Julio. ⊙ *Pal. delph. lith. burg.*

4. LACTUCA *virofa*. L. foliis horizontalibus, carinâ aculeatis ,
dentatis.
L. fylveftris , odore virofo. *Bauh. pin.* 123. *Morif. hift.* 3.
p. 58. f. 7. t. 2. f. 16.
Habitat in Europæ auftralioris aggeribus , fepibus. *Monfp. carn.
delph. lugd. parif.*

5. LACTUCA *faligna*. L. foliis haftato-linearibus, feffilibus ,
carinâ aculeatis. *Jacq. auftr.* t. 250.
Chondrilla vifcofa , humilis. *Bauh. pin.* 130. *prodr.* 68.
Habitat in Gallia, Lipfiæ. Julio. *Monfp. carn. pal. delph. burg.
parif. lugd.*

8. LACTUCA *perennis*. L. foliis linearibus, dentato-pinnatis,
laciniis furfum dentatis.
Chondrilla cærulea altera , Cichorii fylveftris folio. *Bauh.
pin.* 130.
Habitat in Germania , Helvetia , Gallia. Junio. ♃ *Parif. monfp.
ged. carn. pal. delph. burg. lugd.*

989. 1. CHONDRILLA *juncea*. C. foliis radicalibus runcinatis ; caulinis linearibus , integris. *Jacq. auftr.*
t. 427.

C. juncea vifcofa, arvenfis. *Bauh. pin.* 130.
Habitat in Germania , Helvetia , Gallia *ad agrorum margines ,
inque locis glareofis.* Julio. *Monfp. pal. ged. delph. burg. lugd.
lith.*

990. 1. PRENANTHES *tenuifolia*. P. foliis linearibus , integerrimis.

Habitat in Alpibus Europæ auftralis. *Delph.*

2. PRENANTHES *viminea*. P. foliorum ramentis , cauli adnatis.
Jacq. auftr. t. 9.
Chondrilla viminea , vifcofa, Monfpeliaca. *Bauh. pin.* 131.
prodr. 68.
Habitat in Auftria , Gallia , Lufitania. *Delph. burg. lugd.*

3. PRENANTHES *purpurea.* P. flosculis quinis; foliis lanceo-
latis, denticulatis. *Jacq. auftr.* t. 317.
Lactuca montana, purpuro-cærulea, minor. *Bauh. pin.* 123.
Habitat in Germaniæ, Helvetiæ, Italiæ *nemoribus montanis.*
Julio. *Monfp. carn. pal. delph. lugd.*

4. PRENANTHES *muralis.* P. flosculis quinis; foliis runcinatis.
Fl. dan. t. 509.
Sonchus lævis laciniatus, muralis; parvis floribus. *Bauh.
pin.* 124.
Habitat in Europæ *nemoribus umbrofis.* Junio. *Suec. parif. ged.
pal. delph. lugd. lith. burg.*

6. PRENANTHES *chondrilloïdes.* P. flosculis denis; calycibus
octofidis; foliis lanceolatis; radicalibus indivifis, fubdentatis.
Ard. fpecim. 2. p. 36. t. 17.
Habitat in Europa *auftrali.* ♃ *Lugd.*

1. **LEONTODON** *Taraxacum.* L. calyce inferne re-
fiexo; foliis runcinatis, denticulatis, lævibus. *Fl.
dan.* t. 574.

Dens leonis, latiore folio. *Bauh. pin.* 126.
β. Dens leonis, anguftiore folio. *Bauh. pin.* 126.
γ. Dens leonis, latiore & rotundiore folio. *Tournef. inft.* 410.
δ. Dens leonis, folio tenuiffimo. *Bauh. prodr.* 62.
Habitat in Europæ *pafcuis.* Aprili. ♃ *Suec. lugd. burg. lith.
parif. pal.*

3. LEONTODON *aureum.* L. foliis runcinatis; caule fubuni-
folio; calyce hifpido. *Jacq. auftr.* t. 297.
Taraxacum calycibus hirfutis; fquamis rectis. *Hall. helv. ed.* 2.
n. 57. tab. 1.
Habitat in Alpibus Helvetiæ, Baldi, Italiæ. ♃ *Delph.*

4. LEONTODON *haftile.* L. fcapo calyceque lævi; foliis lanceolatis, dentatis, integerrimis, glabris. *Jacq. auftr.* t. 164.
Habitat in Europa *auftrali.* ⊙ *Delph.*

6. LEONTODON *autumnale.* L. caule ramofo; pedunculis
fquamofis; foliis lanceolatis, dentatis, integerrimis, glabris.
Fl. dan. t. 501.
Hieracium foliis Coronopi. *Bauh. pin.* 128.
Habitat in Europæ *pratis, pafcuis.* Autumno. ♃ *Suec. carn.
pal. lugd. lith. delph. burg.*

7. LEONTODON *hifpidum.* L. calyce toto erecto; foliis dentatis, integerrimis, hifpidis; pilis furcatis.
Hieracium montanum, anguftifolium, nonnihil incanum. *Bauh.
pin.* 129.
Habitat in Europæ *borealioris pratis.* Julio. ♃ *Suec. vind. pal.
lith. delph. lugd. burg.*

8. LEONTODON *hirtum.* L. calyce toto erecto; foliis dentatis, hirtis; fetis fimpliciffimis.

Gen.
Hieracium, Dentis leonis folio ; hirfutè afperum magis laci-
niatum. *Bauh. pin.* 127.
Habitat in Germania, Helvetia, Gallia, Hifpania, &c. ♃
Carn. gallob. herb. delph.

HIERACIUM.

* SCAPO NUDO UNIFLORO.

892.
1. HIERACIUM *incanum*. H. foliis integerrimis, fub-
denticulatis, lanceolatis, fcabris ; fcapo unifloro.
Jacq. auftr. t. 287.
Habitat in Auftria, Helvetia, Palatinatu. Junio. *Delph.*

2. HIERACIUM *pumilum*. H. foliis ovatis ; petiolis dilatatis ;
fcapis fubunifloris. *Jacq. auftr.* 2. t. 189.
Habitat in Alpibus Helvetiæ, Sabaudiæ. ♃ *Delph. lugd.*

3. HIERACIUM *Alpinum*. H. foliis oblongis, integris, dentatis; fcapo fubnudo, unifloro ; calyce ' pilofo. *Fl. dan.*
t. 27.
H. Alpinum, pumilum ; folio lanuginofo. *Bauh. pin.* 129. .
Habitat in Alpibus Lapponicis, Britannicis, Auftriacis. ♃ *Monfp.*
delph. burg.

6. HIERACIUM *Pilofella*. H. foliis integerrimis, ovatis, fubtus
tomentofis ; ftolonibus repentibus ; fcapo unifloro.
Pilofella major, repens, hirfuta. *Bauh. pin.* 262.
Habitat in Europæ pafcuis aridis. Maio. ♃ *Suec. parif. pal.*
ged. lugd. lith. burg.

* * SCAPO NUDO MULTIFLORO.

7. HIERACIUM *dubium*. H. foliis integris , ovato-oblongis ;
ftolonibus repentibus ; fcapo nudo , multifloro.
Pilofella major, repens, minus hirfuta. *Bauh. pin.* 262.
Habitat in Suecia, &c. Junio. ♃ *Parif. monfp. pal. lith. delph.*
burg. lugd.

8. HIERACIUM *Auricula*. H. foliis integerrimis , lanceolatis ;
ftolonibus repentibus ; fcapo nudo , multifloro.
Pilofella major, erecta altera. *Bauh. pin.* 262.
Habitat in Europæ pratis aridis , juxta agros. Junio. ♃ *Suec.*
ged. lith. delph. burg. pal. fil. lugd.

9. HIERACIUM *cymofum*. H. foliis lanceolatis , integris , pi-
lofis ; fcapo fubnudo , bafi pilofo ; floribus fubumbellatis.
H. murorum anguftifolium non finuatum. *Bauh. pin.* 129.
prodr. 67. t. 67.
Habitat in Ruffia , Dania , Germania , Helvetia. Junio. ♃
Herb. pal. lith. delph.

10. HIERACIUM *præmorfum*. H. foliis ovatis , fubdentatis ;
fcapo nudo , racemofo ; floribus fuperioribus , primoribus.

Ger.

H. pratenfe latifolium non finuatum, majus & minus. *Bauh. pin.* 129.
Habitat in Helvetia, Germania, Uplandia. Maio. ♃ *Pal. lith. fuec. delph.*

11. HIERACIUM *aurantiacum.* H. foliis integris ; caule fub-nudo, fimpliciffimo, pilofo, corymbifero. *Jacq. auftr.* t. 410.
H. hortenfe, floribus atro-purpurafcentibus. *Bauh. pin.* 128. *prodr.* 65.
Habitat in Syriæ, Helvetiæ, Auftriæ *fylvis.* ♃ *Delph. lugd.*

* * * *C A U L E   F O L I O S O.*

18. HIERACIUM *Porrifolium.* H. caule ramofo, foliofo ; foliis lanceolato - linearibus, fubintegerrimis. *Jacq. vind. auftr.* t. 286.
Habitat in Alpibus Auftriæ, Italiæ, Valefiæ. ♃ *Lith. delph. lugd.*

19. HIERACIUM *murorum.* H. caule ramofo ; foliis radica-libus ovatis, dentatis ; caulino minori.
α. H. (*pilofiffimum*) murorum ; folio pilofiffimo. *Bauh. pin.* 129.
β. H. (*fylvaticum*) murorum, laciniatum, minus pilofum. *Bauh. pin.* 129.
γ. H. macrocaulon hirfutum ; folio longiore. *Ray angl.* 3. p. 169.
δ. Pulmonaria Gallica, rotundifolia. *Barrel. ic.* 342.
Habitat in Europæ apricis duris. Maio. *Suec. parif. pal. herb. lith. burg. lugd.*

20. HIERACIUM *paludofum.* H. caule paniculato ; foliis am-plexicaulibus, dentatis, glabris ; calycibus hifpidis.
H. montanum, latifolium, glabrum minus. *Bauh. pin.* 129. *Morif. hift.* 3. p. 69. f. 7. t. 5. f. 47.
Habitat in Europæ borealioris nemoribus paludofis. Junio. *Suec. ged. pal. delph. lith. lugd.*

22. HIERACIUM *Cerinthoïdes.* H. foliis radicalibus, obovatis, denticulatis ; caulinis oblongis, femiamplexicaulibus.
Habitat in Pyrenæis. ♃ *Delph. lugd.*

23. HIERACIUM *amplexicaule.* H. foliis amplexicaulibus, cordatis, fubdentatis ; pedunculis unifloris, hirfutis ; caule ramofo. *Kniph. cent.* 12. n. 56.
Habitat in Pyrenæis. *Delph. lugd.*

25. HIERACIUM *villofum.* H. caule ramofo, foliofo ; foliis hirtis ; radicalibus lanceolato-ovatis, dentatis ; caulinis am-plexicaulibus, cordatis. *Jacq. auftr.* t. 87.
H. Alpinum, latiore folio, pilofum ; flore majore. *Pluck. alm.* 184. t. 194. f. 2.
Habitat in Alpibus Bohemicis, Helveticis ; Monfpelii. ♃ *Delph.*

Gen.

29. HIERACIUM *Sabaudum.* H. caule erecto, multifloro ; foliis ovato-lanceolatis, dentatis, femiamplexicaulibus.
Habitat in Germania, &c. Julio. ♃ *Suec. gallob. pal. sil. lith. lugd. burg.*

30. HIERACIUM *umbellatum.* H. foliis linearibus, subdentatis, sparsis ; floribus subumbellatis. *Fl. dan.* t. 680.
H. fruticosum, angustifolium majus. *Bauh. pin.* 129. *Dill. Ephem. Nat. Cur. cent.* 5. & 6. *app.* t. 13. f. 2.
Habitat in Europæ *pascuis siccis.* Julio. ♃ *Suec. parif. ged. pal. lith. lugd. burg.*

993.

1. CREPIS *barbata.* C. involucris calyce longioribus ; squamis setaceis, sparsis. *Kniph. cent.* 11. n. 35.
Hieracium proliferum, falcatum. *Bauh. pin.* 128.
Habitat in Monspelii, Vesuvii, Siciliæ, Messanæ *arenosis maritimis.* ☉

5. CREPIS *Alpina.* C. involucris scariosis, longitudine calycis ; floribus solitariis.
Hieracium Alpinum, Scorzoneræ folio. *Tournef. inst.* 472.
Habitat in Alpibus Italiæ, &c. ☉

7. CREPIS *fœtida.* C. foliis runcinato-pinnatis, hirtis ; petiolis dentatis.
Hieracium luteum, Cichorii sylvestris folio, amygdalas amaras olens. *Morif. hist.* 3. p. 63. f. 7. t. 4. f. 4.
Hieracium Orientale altissimum, folio Cichorii sylvestris, odore Castorii ; flore magno. *Tournef. cor.* 35.
Senecio hirsutus. *Bauh. pin.* 131.
Chondrilla purpurascens, fœtida. *Bauh. pin.* 130. *prodr.* 68. t. 68.
Habitat in Germaniæ, Galliæ, Helvetiæ, Austriæ *versuris.* Julio. ☉ *Pal. delph. burg. lugd.*

11. CREPIS *tectorum.* C. foliis lanceolato-runcinatis, sessilibus, lævibus ; inferioribus dentatis. *Oed. dan.* 501.
Hieracium, Chondrillæ folio, glabrum. *Bauh. pin.* 127.
Habitat in Europæ *aridis tectis.* Julio. ☉ *Suec. parif. ged. pal. lith. lugd. burg.*

12. CREPIS *biennis.* C. foliis runcinato-pinnatifidis, scabris, basi superne dentatis ; calycibus muricatis.
Hieracium maximum, Chondrillæ folio, asperum. *Bauh. pin.* 127. *prodr.* 64.
Hieracium Erucæ folio, hirsutum. *Bauh. hist.* 2. p. 1025. *bene.*
Habitat in Scaniæ & Europæ *australioris pratis.* Maio. ♂ *Suec. ged. pal. lith. delph. burg. lugd.*

13. CREPIS *virens.* C. foliis runcinatis, glabris, amplexicaulibus ; calycibus subtomentosis.
Hieracium Dentis leonis folio, hirsutum ; flore luteo, extus purpurascente. *Tournef. parif.* 99.
Habitat in Helvetiæ, Italiæ *agris.* *Delph. lugd.*

14. CREPIS *Dioscoridis*. C. foliis radicalibus runcinatis ; caulinis haftatis ; calycibus fubtomentofis.
Hieracium majus, erectum, anguftifolium ; caule lævi. *Bauh. pin.* 127.
Habitat in Gallia, Sibiria, Palatinatu. ☉ *Lugd.*

35. CREPIS *pulchra*. C. foliis fagittatis , denticulatis ; caule paniculato; calycibus pyramidatis, glabris.
Hieracium annuum , montanum ; caule canaliculato. *Morif. hift.* 3. p. 68. f. 7. t. 5. f. 37.
Habitat in Gallia , Italia. ☉ *Monfp. delph. parif.*

2. ANDRYALA *integrifolia*. A. foliis inferioribus runcinatis ; fuperioribus ovato-oblongis , tomentofis.
Sonchus villofus, luteus , major. *Bauh. pin.* 124.
Sonchus lanatus. *Dalech. hift.* 1116.
β. Andryala (*finuata*), foliis runcinatis. *Spec. ed.* 2. p. 1137. *Mill. dict.* n. 3.
Sonchus villofus , luteus , minor. *Bauh. pin.* 124. *prodr.* 61.
Habitat Monfpelii, *inque* Sicilia. ☉ *Monfp. delph. lugd.*

3. ANDRYALA *lanata*. A. foliis oblongo-ovatis, fubdentatis , lanatis; pedunculis ramofis.
Hieracium montanum , tomentofum. *Dill. elth.* 181. t. 150. f. 180. *Mill. ic.* 97. t. 146. f. 1.
Habitat in Europa *auftrali.* ♃ *Delph.*

HYOSERIS.

* CAULE NUDO.

1. HYOSERIS *fœtida*. H. fcapis fimpliciffimis , unifloris; foliis pinnatifidis ; feminibus nudis.
Leontodontoïdes Alpinus glaber, Eryfimi folio ; radice craffâ, fœtidâ. *Mich. gen.* 31. t. 28.
Dens leonis , tenuiffimo folio. *Bauh. pin.* 126. *prodr.* 62.
Habitat in Alpibus Italiæ, Auftriæ *fuperioris.* ♃ *Monfp. delph. burg.*

2. HYOSERIS *radiata*. H. fcapis unifloris, nudis ; foliis glabris, runcinatis , angulis dentatis, apice laciniatis.
Dens leonis minor ; foliis radiatis. *Bauh. pin.* 129. *Pluck. alm.* 130. t. 37. f. 2.
Habitat in Hifpania , G. Narbonenfi , *circa* Tubingam. ♃

6. HYOSERIS *minima*. H. caule divifo , nudo ; pedunculis incraffatis. *Fl. dan.* t. 201.
Hieracium minus, folio fubrotundo. *Bauh. pin.* 127.
Habitat in Europæ arvis *apricis.* Julio. *Suec. monfp. ged. pal. delph. lith. lugd. burg.*

Gen.

994.

995.

Gen.

** *CAULE FOLIOSO.*

7. HYOSERIS *Hedypnoïs.* H. fructibus ovatis, glabris; caule ramoso.

Hieracium capitulum inclinans; semine adunco. *Bauh. pin.* 128.

Hieracium facie Hedypnoïs. *Lob. ic.* 239.

Habitat in Europa *australi.* ☉ *Delph.*

8. HYOSERIS *Rhagadioloïdes.* H. fructibus ovatis, pilosis; caule ramoso. *Kniph. cent.* 5. n. 44.

Habitat in Europa *australi.* ☉ *Delph.*

996.

2. SERIOLA *æthnensis.* S. hispida; foliis obovatis, subdentatis. *Jacq. obs.* 4. p. 3. t. 79.

Habitat in Italia. ♃

997.

1. HYPOCHÆRIS *montana.* H. caule simplici, folioso, unifloro; foliis lanceolatis, dentatis.

Hieracium montanum. *Jacq. austr. t.* 190.

Habitat in Sabaudiæ *montibus. Delph.*

2. HYPOCHÆRIS *maculata.* H. caule subnudo; ramo solitario, foliis ovato-oblongis, integris, dentatis. *Fl. dan. t.* 149.

Hieracium Alpinum, latifolium, hirsutie incanum; flore magno. *Bauh. pin.* 128.

β. Hieracium Alpinum, foliis dentatis; flore magno. *Bauh. pin.* 128. *prodr.* 65. *Hall. helv.* 1. p. 760. t. 24.

Habitat in Europæ *frigidioris pratis asperis.* Junio. ♃ *Suec. paris. pal. lith. delph.*

3. HYPOCHÆRIS *glabra.* H. glabra, calycibus oblongis, imbricatis; caule ramoso, nudo; foliis dentato-sinuatis. *Fl. dan. t.* 424.

Hieracium minus, Dentis leonis folio oblongo, glabro. *Bauh. pin.* 127.

Habitat in Dania, Germania, Belgio, Helvetia. Julio. ☉ *Paris. monsp. sil. ged. pal. burg. lith.*

4. HYPOCHÆRIS *radicata.* H. foliis runcinatis, obtusis, scabris; caule ramoso, nudo, lævi; pedunculis squamosis. *Fl. dan.* t. 150.

Hieracium Dentis leonis, folio obtuso, majus. *Bauh. pin.* 127. *Morif. hist.* 3. p. 66. s. 7. t. 4. f. 27.

Habitat in Europæ *cultioris pascuis.* Junio. ♃ *Suec. monsp. ged. pal. delph. lith. burg.*

998.

1. LAPSANA *communis.* L. calycibus fructûs angulatis; pedunculis tenuibus, ramosissimis. *Fl. dan.* t. 500.

Lampsana. *Dod. pempt.* 675.

Soncho affinis , Lapsana domestica. *Bauh. pin.* 124.
Habitat in Europæ *cultis,* Junio. *Succ. parif. ged. pal. lugd. lith. burg.*

2. LAPSANA *Zacintha.* L. calycibus fruĉtûs torulofis, depreffis, obtufis , feffilibus.
Chondrilla verrucaria; foliis Cichorei viridibus. *Bauh. pin.* 130.
Cichorium verrucatum Zacintha. *Cluf. hift.* 2. p. 144.
Habitat in Italia , Oriente. Junio. ☉ *Monfp.*

3. LAPSANA *ftellata.* L. calycibus fruĉtûs undique patentibus ; radiis fubulatis ; foliis caulinis , lanceolatis , indivifis.
Hieracium filiquâ falcatâ. *Bauh. pin.* 128.
Habitat Monfpelii , Bononiæ. ☉ *Delph. lugd.*

4. LAPSANA *Rhagadiolus.* L. calycibus fruĉtûs undique patentibus ; radiis fubulatis ; foliis lyratis.
Rhagadiolus Lapfanæ foliis. *Tournef. cor.* 36.
Rhagadiolus edulis, Hieraciis affinis. *Bauh. hift.* 2. p. 1014.
Habitat in Oriente , Carniolia. *Delph.*
Varietas *antecedentis, fed forte conftans.*

IX. CATANANCHE *cærulea.* C. fquamis calycinis inferioribus , ovatis.
Chondrilla cærulea , Cyani capitulo. *Bauh. pin.* 430.
Chondrillæ fpecies tertia. *Dod. pempt.* 638.
Habitat in G. Narbonenfis *collibus faxofis.* ♃ *Lugd. monfp. delph.*

2. CATANANCHE *lutea.* C. fquamis calycinis inferioribus , lanceolatis.
Chondrilla cyanoïdes lutea, Coronopi folio , non divifo. *Barr. ic.* 1135.
Habitat in Creta. ☉ *Monfp.*

X. CICHORIUM *Intybus.* C. floribus geminis , feffilibus ; foliis runcinatis.
C. fylveftre f. officinarum. *Bauh. pin.* 126. *Blackw.* t. 183.
Habitat in Europa *ad margines agrorum , viarumque.* Julio. ♃ *Suec. parif. pal. lith. lugd. burg.*

2. CICHORIUM *Endivia.* C. floribus folitariis , pedunculatis ; foliis integris , crenatis. *Regn. bot.*
C. latifolium f. Endivia vulgaris. *Bauh. pin.* 125.
Habitat .... ♃

3. CICHORIUM *fpinofum.* C. caule dichotomo , fpinofo ; floribus axillaribus , feffilibus. *Kniph. cent.* 6. n. 29.
C. fpinofum. *Bauh. pin.* 126. *prodr.* 62. t. 62.
Chondrillæ genus elegans , cæruleo flore. *Cluf. hift.* 2. p. 145.
Habitat in Cretæ , Siciliæ *collibus arenofis , maritimis.* ♂

Gen. 1001. 1. SCOLYMUS *maculatus*. S. floribus folitariis.

S. Theophrafti Narbonenfis. *Cluf. hift.* 2. p. 153.
Habitat in G. Narbonenfi, Italia. ⊙ *Delph.*

2. SCOLYMUS *Hifpanicus*. S. floribus congeftis. *Mill. dict.*
n. 2. & ic. t. 229.
S. Chryfanthemos. *Bauh. pin.* 384.
S. Theophrafti Hifpanicus. *Cluf. hift.* 2. p. 153.
Carduus Chryfanthemos. *Dod. pempt.* 725.
Habitat in Italia, Sicilia, G. Narbonenfi. ♉ *Delph.*

1002. 1. ARCTIUM *Lappa*. A. foliis cordatis, inermibus, petiolatis. *Fl. dan.* t. 642.

Lappa major f. Arctium Diofcoridis. *Bauh. pin.* 198.
Bardana f. Lappa major. *Dod. pempt.* 58. *Blackw.* t. 117.
Habitat in Europæ *cultis ruderatis.* Julio. ♂ *Pal. lugd. lith. burg. fuec. parif.*

2. ARCTIUM *Perfonata*. A. foliis decurrentibus, ciliato-fpi-
nofis; radicalibus pinnatis; caulinis oblongo-ovatis.
Carduus Perfonata. *Jacq. auftr.* t. 348.
Carduus mollis, latifolius, Lappæ capitulis. *Bauh. pin.* 377.
Habitat in Alpibus Helvetiæ, Genevæ, Taurero, Auftriæ. ♂
Delph.

1003. 1. SERRATULA *tinctoria*. S. foliis lyrato-pinnatifidis,
pinnâ terminali maximâ; flofculis conformibus. *Fl.
dan.* t. 281.

Serratula. *Bauh. pin.* 235. *Dod. pempt.* 24.
Habitat in Europæ *borealioris pratis.* Julio. ♉ *Suec. parif. pal.
lith. delph. lugd. burg.*

3. SERRATULA *Alpina*. S. calycibus fubhirfutis, ovatis; foliis
indivifis.
Carduo-Cirfium, minus, Britannicum, floribus congeftis. *Pluck.
alm.* 83. t. 154. f. 3.
β. Serratula *Cynogloffifolia*.
γ. Serratula *Lapathifolia*.
Cirfium polyanthemum; molli haftato folio. *Morif. hift.* 3.
p. 148. f. 7. t. 29. f. 1. t. 22.
Carduus mollis, Lapathi foliis. *Bauh. pin.* 377.
δ. Serratula *anguftifolia*.
Cirfium inerme; foliis linearibus, utrinque viridibus; calycibus hirfutis. *Gmel. fib.* 2. p. 78. t. 33.
Habitat in Alpibus Lapponiæ, Auftriæ, Helvetiæ, Arvoniæ,
Sibiriæ. ♉ *Norv. delph. fuec.*

14. SERRATULA *arvenfis*. S. foliis dentatis, fpinofis. *Fl. dan.*
t. 644.
Carduus vinearum repens, Sonchi folio. *Bauh. pin.* 387.

Carduus in avena proveniens. *Bauh. pin.* 377.
Habitat in Europæ *cultis agris.* Julio. ♃ *Suec. parif. pal. lugd.
lith. burg.*

CARDUUS.

* *FOLIIS DECURRENTIBUS.*

2. CARDUUS *lanceolatus.* C. foliis decurrentibus ,
pinnatifidis, hifpidis; laciniis divaricatis; calycibus
ovatis, fpinofis, villofis; caule pilofo.

C. lanceolatus, latifolius. *Bauh. pin.* 385.
Habitat in Europæ *cultis ruderatis.* Julio. ♂ *Herb. pal. fil. lith.
lugd. delph. burg. parif.*

   3. CARDUUS *nutans.* C. foliis femi-decurrentibus , fpinofis ;
floribus cernuis; fquamis calycinis fupernè patentibus.
Fl. dan. 675.
C. nutans. *Bauh. hift.* 3. p. 56.
C. fpinofiffimus latifolius, Sphærocephalus vulgaris. *Bauh.
pin.* 385.
Habitat in Europa *ad pagos.* Julio. ♂ *Suec. parif. pal. lugd.
delph. lith. lugd.*

   4. CARDUUS *Acanthoïdes.* C. foliis decurrentibus, finuatis ,
margine fpinofis; calycibus pedunculatis, folitariis, erectis ,
villofis. *Jacq. auftr.* t. 249.
C. Acanthoïdes. *Bauh. hift.* 3. p. 59.
Habitat in Europæ *ruderatis.* Julio. ☉ *Suec. pal. fil. lugd.
delph. burg. parif.*

   5. CARDUUS *crifpus.* C. foliis decurrentibus, finuatis, margine fpinofis; floribus aggregatis , terminalibus ; fquamis
calycinis inermibus, fubariftatis, patulis. *Fl. dan.* t. 621.
C. fpinofiffimus, anguftifolius, vulgaris. *Læf. pruff.* 34. t. 5.
Habitat in Europæ *feptentrionalioris agris cultis.* Julio. ☉ *Suec.
parif. pal. lith. lugd. burg.*

   6. CARDUUS *polyanthemus.* C. foliis decurrentibus , finuatis ,
ciliatis , fubtus nudis; floribus pedunculatis, congeftis.
Habitat Romæ. ♂ *Lugd.*

   7. CARDUUS *paluftris.* C. foliis decurrentibus, dentatis, margine fpinofis; floribus racemofis, erectis ; pedunculis inermibus. *Kniph. cent.* 6. n. 21.
C. paluftris. *Bauh. pin.* 377. *prodr.* 156.
C. fpinofiffimus, erectus, anguftifolius, paluftris. *Morif. hift.* 3.
p. 153. f. 7. t. 32. f. 13.
Habitat in Europæ *pratis fubpaludofis.* Junio. ♃ *Pal. herb. lith.
delph. lugd. burg. parif.*

   10. CARDUUS *diffectus.* C. foliis decurrentibus , lanceolatis ,
denticulatis, inermibus; calycibus fpinofis.

Gen.

Cirfium majus, fingulari capitulo magno , f. incanum varié diffectum. *Bauh. pin.* 377.
Habitat in Anglia , Galliâ, Galliâ. ♃ *Parif. lugd.*

16. CARDUUS *tuberofus.* C. foliis petiolatis , fubdecurrentibus , fubpinnatifidis, fpinofis; caule inermi ; floribus foliáriis.
C. pratenfis, Afphodeli radice , latifolius. *Bauh. pin.* 377. *Morif. hift.* 3. f. 7. t. 29. f. 27. 28.
Habitat Monfpelii, Lipfiæ; *inque* Bohemiæ, Auftriæ, Helvetiæ *inundatis.* Julio. *Pal. fil. delph. burg. lugd.*

* * FOLIIS SESSILIBUS.

20. CARDUUS *marianus.* C. foliis amplexicaulibus , haftato-pinnatifidis , fpinofis ; calycibus aphyllis ; fpinis canaliculatis , duplicato-fpinofis. *Blackw.* t. 79.
Carduus albis maculis notatus , vulgaris. *Bauh. pin.* 281.
Habitat in Angliæ, Galliæ , Italiæ , Germaniæ, &c. *aggeribus ruderatis.* Julio. ⊙ *Monfp. herb. fil. lugd. burg.*

22. CARDUUS *eriophorus.* C. foliis feffilibus , bifariam pinnatifidis; laciniis alternis , erectis; calycibus globofis, villofis. *Jacq. auftr.* t. 171.
C. capite rotundo , tomentofo. *Bauh. pin.* 382.
Habitat in Anglia , Gallia , Hifpania, Lufitania , &c. Augufto. ♂ *Monfp. pal. delph. lugd. burg. parif.*

25. CARDUUS *heterophyllus.* C. foliis amplexicaulibus , lanceolatis , ciliatis , integris , laciniatifque ; caule fubunifloro; calyce inermi. *Fl. dan.* t. 109.
Cirfium maximum , Afphodeli radice. *Bauh.* 377.
Habitat in Europæ *frigidioris pratis depreffis.* ♃ *Succ. delph.*

17. CARDUUS *ferratuloïdes.* C. foliis fubamplexicaulibus lanceolatis integris ; ferraturis fpinofo-fetaceis; pedunculis unifloris. *Jacq. auftr.* t. 127.
Cirfium anguftifolium non laciniatum. *Bauh. pin.* 377.
Habitat in Sibiria , Helvetia, Monfpelii. ♃ *Monfp.*

30. CARDUUS *mollis.* C. foliis pinnatifidis , linearibus, fubtus tomentofis; caule inermi, unifloro. *Jacq. auftr.* t. 18.
Habitat in Alpibus Auftriæ , *in* Germania, Monfpelii. Julio.

31. CARDUUS *acaulis.* C. acaulis; calyce glabro.
Carlina montana , minor, acaulos. *Barrel. ic.* 493. R.
Carlina acaulis, minore purpureo flore. *Bauh. pin.* 380.
Habitat in Europæ *pafcuis apreffis, depreffis.* Julio. ♃ *Succ. parif. pal. lugd. delph. burg.*

1005. 1. CNICUS *oleraceus.* C. foliis pinnatifidis , carinatis, nudis ; bracteis concavis , integris , fubcoloratis.
Habitat in Europæ *feptentrionalioris pratis fubnemorofis,* Julio. ♃ *Succ. ged. pal. delph. lith. lugd. burg.*

2. CNICUS *Erefithales.* C. foliis amplexicaulibus , pinnatifidis ;   Gen.
ariftato-ferratis ; pedunculis cernuis ; calycibus glutinofis.
Jacq. auftr. t. 310.
Carduo-Cirfium, maximum, profundè laciniatum, in foliorum
ambitu fpinis mollibus hirtum. *Pluck. phyt.* 154. f. 2. (*fed
flore purpureo.*)
Habitat in Auftriæ , Galliæ *pratis fubalpinis.* ⅞ *Delph.*

3. CNICUS *ferox.* C. foliis decurrentibus , ligulatis , dentato-
fpinofis ; caule ramofo , erecto.
Habitat in Europæ auftralis *montofis fterilibus.* ♂ *Prov. delph.*

5. CNICUS *Acarna.* C. foliis decurrentibus , lanceolatis , indi-
vifis ; calycibus pinnato-fpinofis.
Acarna major ; caule foliofo. *Bauh. pin.* 379.
Habitat in. Hifpaniæ *arvis. Monfp. delph.*

6. CNICUS *fpinofiffimus.* C. foliis amplexicaulibus , finuato-
pinnatifidis , fpinofis ; caule fimplici ; floribus feffilibus.
Carlina polycephalos alba. *Bauh. pin.* 380.
Habitat in Alpibus Helvetiæ, Auftriæ, Tartariæ. *Delph.*

1. ONOPORDUM *Acanthium.* O. calycibus fquarrofis ;   1006.
fquamis patentibus; foliis ovato-oblongis , finuatis.

Spina alba, tomentofa , latifolia , fylveftris. *Bauh. pin.* 382.
Læf. pruff. 261. t. 82.
Habitat in Europæ *ruderatis , cultis. Julio.* ♂ *Pal. lugd. delph.
burg. parif.*

2. ONOPORDUM *Illyricum.* O. calycibus fquarrofis ; fquamis
inferioribus , uncinatis ; foliis lanceolatis , pinnatifidis. *Jacq.
hort.* t. 148.
Spina tomentofa, alterâ fpinofior. *Bauh. pin.* 382.
Habitat in Europa *auftrali. Delph. burg.*

3. ONOPORDUM *Arabicum.* O. calycibus imbricatis. *Jacq. hort.*
t. 149.
Carduus tomentofus , Acanthium dictus , Arabicus. *Pluck.
alm.* 85. t. 154. f. 5.
Carduus tomentofus, Acanthi folio , altiffimus , Lufitanicus.
Barr. ic. 591.
Habitat in Lufitania , G. Narbonenfi. ♂

1. CYNARA *Scolymus.* C. foliis fubfpinofis, pinnatis ,   1007.
indivififque ; calycinis fquamis , ovatis. *Blackw.*
t. 458.

Cinara fylveftris latifolia. *Bauh. pin.* 384.
β. Cinara hortenfis aculeata. *Bauh. pin.* 383.
γ. C. hortenfis ; foliis non aculeatis. *Bauh. pin.* 383.
Habitat in G. Narbonenfis , Italiæ, Siciliæ *agris. Junio.* ⅞

2. CYNARA *Cardunculus.* C. foliis fpinofis ; omnibus pinnati-
fidis ; calycinis fquamis , ovatis.
C. fpinofa , cujus pediculi efitantur. *Bauh. pin.* 383.
Habitat in Creta. ⅞

Gen. 1067. 1. CARLINA *acaulis*. C. caule unifloro , flore breviore.
Blackw. t. 532.

Carlina acaulos ; magno flore albo. *Bauh. pin.* 380.
Habitat in Italiæ , Germaniæ *montibus apricis.* Julio. ♃ *Monfp.*
lugd. lith. burg.

3. CARLINA *corymbofa*. C. caule multifloro , fubdivifo ; flori-
bus feffilibus; calycibus radio flavo.
Acarna capitulis parvis , luteis in umbella. *Bauh. pin.* 379.
Habitat in Italiæ *verfuris , à mari non remotis.* ♃ *Carn. delph.*

4. CARLINA *vulgaris*. C. caule multifloro , corymbofo ; floribus terminalibus; calycibus radio albo.
Habitat in Europæ *montofis , aridis , fabulofis.* Augufto. ♂ *Succ.*
pal. lith. lugd. burg.

1008. 2. ATRACTYLIS *humilis*. A. foliis dentato - finuatis ;
flore radiato , obvallato , involucro patente ; caule
herbaceo.

β. Carlina minima , caulodes , Hifpanica. *Barr. rar.* 1127.
t. 592.
Habitat Madriti *in collibus* ; β *circa* Narbonam. ♂

1009. 1. CARTHAMUS *tinctorius*. C. foliis ovatis , integris ,
ferrato-aculeatis.

Cnicus fativus f. Carthamus officinarum. *Bauh. pin.* 378.
Cnicus vulgaris. *Cluf. hift.* 2. p. 152.
Habitat in Ægypto. ☉

2. CARTHAMUS *lanatus*. C. caule pilofo , fuperne lanato ;
foliis inferioribus pinnatifidis ; fummis amplexicaulibus , den-
tatis. *Blackw.* t. 468.
Atractylis lutea. *Bauh. pin.* 379.
Habitat in Gallia , Italia , Creta , Helvetia , Carniolia. Julio.
☉ *Monfp. delph. lugd. burg. parif.*

6. CARTHAMUS *mitiffimus*. C. foliis inermibus , radicalibus
dentatis , caulinis pinnatis.
Habitat circa Parifios , Monfpelium. *Burg.*

7. CARTHAMUS *Carduncellus*. C. foliis caulinis , linearibus ,
pinnatis , longitudine plantæ.
Eryngium montanum , minimum ; capitulo magno. *Bauh.*
pin. 386.
Habitat Monfpelii. *Delph.*

1012. 1. BIDENS *tripartita*. B. foliis trifidis; calycibus fubfo-
liofis; feminibus erectis. *Blackw.* t. 519.

Cannabina aquatica , folio tripartitim divifo. *Bauh. pin.* 321.
Hepatorium aquatile. *Dod. pempt.* 595.
Habitat in Europæ *inundatis.* Augufto. ☉ *Pal. delph. lith. lugd.*
burg. fucc.

2.

2. BIDENS *minima.* B. foliis lanceolatis, seffilibus; floribus feminibufque erectis. *Fl. dan.* t. 312.

Verbefina minima. *Dill. giff.* 167. *app.* 66. *Ray angl.* 3. p. 188. t. 7. f. 2.

Habitat in Europæ *feptentrionalis paludofis.* Augufto. ☉ *Pal. delph. lith. lugd.*

5. BIDENS *cernua.* B. foliis lanceolatis, amplexicaulibus; floribus cernuis; feminibus erectis. *Fl. dan.* t. 841.

Cannabina aquatica, folio non divifo. *Bauh. pin.* 321.

Habitat in Europa *ad fontes & foffas.* Julio. ☉ *Succ. carn. pal. delph. lith. lugd. burg.*

15. CACALIA *Alpina.* C. foliis reniformi - cordatis, acutis, denticulatis; calycibus fubtrifloris.

α. Cacalia foliis craffis, hirfutis. *Bauh. pin.* 197. *Morif. hift.* 3. p. 94. f. 7. t. 12. f. 1.

C. tomentofa. *Jacq. auftr.* t. 235.

β. Cacalia foliis cutaneis, acutioribus & glabris. *Bauh. pin.* 198. *Morif. hift.* 3. p. 94. f. 7. t. 12. f. 6.

C. Alpina. *Jacq. auftr.* t. 234.

Habitat in Alpibus Helvetiæ, Auftriæ. Augufto. ♃ *Delph. lugd.*

13. EUPATORIUM *cannabinum.* E. foliis digitatis. *Fl. dan.* t. 745.

E. cannabinum. *Bauh. pin.* 320.

Habitat in Europa *ad aquas.* Julio. ♃ *Succ. ged. pal. lugd. lith. burg.*

2. STÆHELINA *dubia.* S. foliis linearibus denticulatis; fquamis calycinis, lanceolatis; pappo calycibus duplo longiore. *Ger. prov.* t. 6.

Elychryfum, fylveftre, flore oblongo. *Bauh. pin.* 265.

Chamæ-Chryfocome prælongis, purpureifque Jaceæ capitulis. *Barr. ic.* 406.

Habitat in Hifpania, Gallia Narbonenfi. ♄

8. CHRYSOCOMA *Linofyris.* C. herbacea; foliis linearibus, glabris; calycibus laxis.

Linaria foliofo capitulo luteo, major & minor. *Bauh. pin.* 213.

Habitat in Europa *temperatiore.* Augufto. ♃ *Succ. monfp. pal. delph. burg.*

1. SANTOLINA *Chamæ - Cypariffus.* S. pedunculis unifloris; foliis quadrifariam dentatis. *Blackw.* t. 346.

Abrotanum femina, foliis teretibus. *Bauh. pin.* 136.

Habitat in Europa *auftrali.* ♄

Tome I.

H h

Gen.

1013.

1015.

1018.

1019.

1022.

Gen.

2. SANTOLINA *Rofmarinifolia.* S. pedunculis unifloris ; foliis linearibus, margine tuberculatis.
Abrotanum femina , foliis Rofmarini , majus. *Bauh. pin.* 137.
Morif. hift. 3. p. 12. f. 6. t. 3. f. 22.
β. Abrotanum femina, foliis Rofmarini, minus. *Bauh. pin.* 137.
Kniph. cent. 7. n. 80.
γ. Abrotanum femina viridis. *Bauh. pin.* 137.
δ. Abrotanum femina , flore majore; foliis villofis & incanis.
Bauh. pin. 137.
Habitat in Hifpania.

1023.

4. ATHANASIA *maritima.* A. pedunculis bifloris ; foliis lanceolatis, crenatis, obtufis, tomentofis.
Gnaphalium maritimum. *Bauh. pin.* 263.
Chryfanthemum perenne , gnaphaloïdes, maritimum. *Morif.* 3. p. 81. f. 6. t. 4. f. 47.
Habitat in Europæ auftralis marifque Mediterranei *maritimis.* ♃

POLYGAMIA SUPERFLUA.

1024.

6. TANACETUM *vulgare.* T. foliis bipinnatis, incifis, ferratis. *Blackw.* t. 464. *Fl. dan.* t. 871.
T. vulgare luteum. *Bauh. pin.* 132.
Habitat in Europæ aggeribus. Julio. ♃ *Suec. ged. pal. lith. lugd. burg.*

7. TANACETUM *Balfamita.* T. foliis ovatis, integris, ferratis.
Blackw. t. 98.
Mentha hortenfis corymbifera. *Bauh. pin.* 226.
Balfamita major. *Dodon. cor.* 299.
Habitat in Hetruria , Narbona , Helvetia. Julio. ♃

ARTEMISIA.

* FRUTICOSÆ, ERECTÆ.

3025.

2. ARTEMISIA *Judaïca.* A. fruticofa; foliis obovatis , obtufis, lobatis, parvis; floribus paniculatis, pedicellatis.
Abfinthium halepenfe tenuifolium , grati odoris ; comâ delicatiore. *Pluck. alm.* 4. t. 73. f. 2.
Abfinthium Santonicum , Judaïcum & Alexandrinum. *Bauh. pin.* 139.
Habitat in Judæa , Arabia , Numidia. ♄

5. ARTEMISIA *Abrotanum.* A. fruticofa ; foliis fetaceis, ramofiffimis.
Abrotanum mas , anguftifolium , majus. *Bauh. pin.* 136.
Habitat in Syriæ , Galatiæ , Cappadociæ , Italiæ , Carnioliæ , Monfpelii *montibus apricis.* Julio. ♄

** *PROCUMBENTES ANTE FLORESCENTIAM.*

8. ARTEMISIA *campeftris*. A. foliis multifidis, linearibus; caulibus procumbentibus, virgatis.
Abrotanum campeftre. *Bauh. pin.* 136.
Habitat in Europæ campis apricis, aridis. Augufto. ♃ *Suec. pal. lugd. lith. burg.*

11. ARTEMISIA *maritima*. A. foliis multipartitis, tomentofis; racemis cernuis; flofculis femineis, ternis.
Abfinthium feriphium, Belgicum. *Bauh. pin.* 139. *Bauh. hift.* 3. p. 178.
Habitat in Europæ feptentrionalioris *littoribus maris.* ♃ *Ged. gallob. vind.*

12. ARTEMISIA *glacialis*. A. foliis palmatis, multifidis, feri-ceis; caulibus afcendentibus; floribus glomeratis, fafti-giatis.
Habitat in Helvetia, Valefia, ♃ *Delph.*

13. ARTEMISIA *rupeftris*. A. foliis pinnatis; caulibus afcen-dentibus, hirfutis; floribus globofis, cernuis; receptaculo pappofo. *Fl. dan. t.* 80.
Abfinthium ponticum, repens & fupinum. *C. B.* 139. *Pluck. alm.* 3. t. 73. f. 1.
β. Abfinthium pumilum, palmatum, minus; argenteo feri-ceoque folio. *Bocc. muf.* 2. p. 81. t. 71. *Barr. rar.* 106. t. 462.
Abfinthium Alpinum, incanum. *Bauh. pin.* 139. *prodr.* 71.
Habitat in Sibiriæ, Œlandiæ *rupibus calcareis. Suec. carn. delph.*

*** *ERECTÆ HERBACEÆ, FOLIIS COMPOSITIS.*

14. ARTEMISIA *pontica*. A. foliis multipartitis, fubtus tomen-tofis; floribus fubrotundis, nutantibus; receptaculo nudo. *Jacq. auftr. t.* 99.
Abfinthium ponticum, tenuifolium, incanum. *Bauh. pin.* 138.
Habitat in Hungaria *interiore*, Pannonia, Thracia, Myfia; *locis apricis, aridis.* Augufto. ♃

17. ARTEMISIA *Abfinthium*. A. foliis compofitis, multifidis; floribus fubglobofis, pendulis; receptaculo villofo.
Abfinthium ponticum f. romanum, officinarum f. Diofcoridis. *Bauh. pin.* 138.
Abfinthium. *Cam. epit.* 452. *Blackw. t.* 17. *Knorr. del.* 2. t. Δ. 17.
Habitat in Europæ ruderatis, aridis. Julio. ♃ *Suec. lith. delph. lugd. burg.*

18. ARTEMISIA *vulgaris*. A. foliis pinnatifidis, planis, incifis; fubtus tomentofis; racemis fimplicibus, recurvatis; florum radio quinquefloro. *Blackw. t.* 431.

H h ij

Gen.

A. vulgaris major. *Bauh. pin.* 137.
Habitat in Europæ *cultis, ruderatis.* Augusto. ♃ *Pal. lugd. lith. burg. suec.*

* * * * *FOLIIS SIMPLICIBUS.*

21. ARTEMISIA *Dracunculus.* A. foliis lanceolatis, glabris, integerrimis.
Dracunculus hortensis. *Bauh. pin.* 98. *Blackw.* t. 116.
Draco herba. *Dod. pempt.* 709.
Habitat in Sibiria, Tartaria. Augusto. ♃

GNAPHALIUM.

* *FRUTICOSA : CHRYSOCOMA.*

1026.

11. GNAPHALIUM *Stæchas.* G. fruticosum ; foliis linearibus; corymbo composito ; ramis virgatis. *Blackw.* t. 438.
Elichrysum f. Stœchas citrina angustifolia. *Bauh. pin.* 264.
Chrysocome f. Stœchas citrina minor. *Barr. ic.* 510. 409. 278.
Stœchas citrina. *Dod. pempt.* 268. *Tournef. inst.* 452.
Habitat in Germania, Gallia, Hispania, Oriente ; *in collibus aridis.* ♃ *Monsp. carn. lugd.*

* * *HERBACEA : CHRYSOCOMA.*

22. GNAPHALIUM *arenarium.* G. herbaceum; foliis lanceolatis, inferioribus obtusis ; corymbo composito ; caule simplicissimo. *Fl. dan.* 641.
Elichrysum f. Stœchas citrina latifolia. *Bauh. pin.* 264.
Habitat in Europæ *campis arenosis.* Julio. ☉ *Suec. ged. pal. delph. lith.*

27. GNAPHALIUM *luteo-album.* G. herbaceum ; foliis semi-amplexicaulibus, ensiformibus, repandis, obtusis, utrinque pubescentibus; floribus conglomeratis. *Kniph. cent.* 1. n. 37.
Chrysocome citrina, supina, latifolia, Italica. *Barrel. ic.* 367.
Gnaphalium majus; lato oblongo folio. *Bauh. pin.* 263. *Pluck. alm.* 171. t. 31. f. 16.
Habitat in Helvetia, G. Narbonensi, Hispania, Lusitania. Julio. ☉ *Monsp. pal. delph. burg. lugd.*

* * * *HERBACEA : ARGYROCOMA.*

40. GNAPHALIUM *dioicum.* G. sarmentis procumbentibus ; caule simplicissimo; corymbo simplici, terminali ; floribus dioicis.
G. (*mas*) montanum; flore rotundiore. *Bauh. pin.* 263.

Pilofella minor. *Dod. pempt.* 68. *f. exterior.*
G. (*femina*) montanum; longiore & folio, &c. *Bauh. pin.*
263.
Pilofella minor. *Dod. pempt.* 68. *f. interior.*
Habitat in Europæ *apricis aridis.* Aprili. ♃ *Suec. ged. pal. lugd.*
lith. delph. burg.

41. GNAPHALIUM *Alpinum.* G. farmentis procumbentibus;
caule fimpliciffimo; capitulo terminali aphyllo; floribus
oblongis. *Fl. dan.* t. 332.
G. Alpinum minus. *Bauh. pin.* 264.
Habitat in Alpibus Lapponiæ, Helvetiæ. ♃ *Suec. carn. delph.*

* * * * *F I L A G I N O I D E A.*

44. GNAPHALIUM *fylvaticum.* G. caule herbaceo, fimpliciffimo;
floribus fparfis. *Fl. dan.* 254.
G. majus, angufto oblongo folio, alterum. *Bauh. pin.* 263.
Habitat in Europæ *fylvis arenofis.* Julio. ♂ *Suec. ged. pal. lugd.*
delph. lith. burg.

45. GNAPHALIUM *fupinum.* G. caule herbaceo, fimplici, pro-
cumbente; floribus fparfis.
G. fupinum, Lavandulæ folio. *Boce. muf.* 107. t. 85.
Habitat in Alpibus Helveticis, Italicis. *Delph.*

46. GNAPHALIUM *uliginofum.* G. caule herbaceo, ramofo,
diffufo; floribus confertis, terminalibus.
G. annuum ferotinum; capitulis nigricantibus, in humidis
gaudens. *Morif. hift.* 3. p. 92.
Habitat in Europæ *paludibus, ubi aquæ ftagnant.* Julio. ☉ *Suec.*
carn. herb. pal. fil. lith. delph. burg. lugd.

X E R A N T H E M U M.

* *RECEPTACULO PALEACEO. PAPPO QUINQUESETO.*

1. XERANTHEMUM *annuum.* X. herbaceum; foliis 1027.
lanceolatis, patentibus. *Jacq. auftr.* t. 388.
X. Oleæ folio; capitulis fimplicibus, incanis, non fœtens;
flore majore violacEo. *Morif. hift.* 3. p. 43. f. 6. t. 21. f. 2.
Jacea Oleæ folio; capitulis fimplicibus. *Bauh. pin.* 272.
β. X. (*inapertum.*), Oleæ folio; capitulis fimplicibus, incanum,
fœtens; flore purpurafcente minore. *Morif. hift.* 3. p. 43.
f. 6. t. 12. f. 1.
Jacea Oleæ folio; minore flore. *Bauh. pin.* 272.
Habitat α. *in* Auftria, β. *in* Italia, Helvetia, G. Narbonenfi.
☉ *Monfp. delph. burg.*

1. CARPESIUM *cernuum.* C. floribus terminalibus. 1028.
Jacq. auftr. t. 204. *Barrel. ic.* 1142.

Gen. After Atticus ; foliis circa florem mollibus. *Bauh. pin.* 266. *Habitat in* Italia , Helvetia, &c. ♃ *Carn. delph.*

1029. 4. BACCHARIS *Halimifolia.* B. foliis obovatis, supernè emarginato-crenatis. *Du Ham. arb.* 1. t. 35.

Elichryso affinis , Virginiana , frutescens ; foliis Chenopodii glaucis. *Pluck. alm.* 134. t. 27. f. 2.
Habitat in Virginia. ♄

1030. 1. CONYZA *squarrosa.* C. foliis lanceolatis, acutis ; caule herbaceo , corymboso ; calycibus squarrosis. *Fl. dan.* t. 622.

C. major vulgaris. *Bauh. pin.* 265.
Baccharis Monspeliensium. *Blackw.* t. 102.
Habitat in Germaniæ , Belgii, Angliæ , Galliæ *siccis.* Augusto. ♂ *Monsp. pal. lith. lugd. delph. burg.*

3. CONYZA *sordida.* C. foliis linearibus, integerrimis ; pedunculis longis , trifloris ; caule suffruticoso.
Stœchas citrina, spuria ; longioribus foliis. *Barr. ic.* 368. 277.
Habitat in G. Narbonensi, Italia , *ad rupes , muros.* ♄

4. CONYZA *saxatilis.* C. foliis linearibus , subdentatis ; pedunculis longissimis , unifloris ; caule suffruticoso.
Elichryso sylvestri , flore oblongo , similis. *Bauh. pin.* 165. *prodr.* 123. t. 123.
Habitat in Italia , Istria, Carinthia, Vallesia, Palæstina , Cap. b. Spei. ♄

1031. 1. ERIGERON *viscosum.* E. pedunculis unifloris, lateralibus ; foliis lanceolatis, denticulatis, basi reflexis ; calycibus squarrosis ; corollis radiatis. *Jacq. hort.* t. 165.

Conyza mas Theophrasti , major Dioscoridis. *Bauh. pin.* 265.
Conyza major. *Dod. pempt.* 51. *Clus. hist.* 2. p. 20.
Habitat in G. Narbonensi , Hispania , Italia. ♃ *Monsp. delph. burg.*

2. ERIGERON *graveolens.* E. foliis sublinearibus , integerrimis ; ramis lateralibus , multifloris.
Conyza femina Theophrasti , minor Dioscoridis. *Bauh. pin.* 261.
Conyza minor vera. *Lob. ic.* 346. *Barr. ic.* 370.
Habitat Monspelii , *in* Oriente. ☉ *Delph. burg.*

6. ERIGERON *Canadense.* E. caule floribusque paniculatis, hirtis ; foliis lanceolatis, ciliatis.
Conyza annua , acris, alba, elatior, Linariæ foliis. *Morif. hist.* 3. p. 115. f. 7. t. 20. f. 29. *Bocc. sic.* 85. t. 46.
Virga aurea , Virginiana , hirsuta ; flore pallido. *Zanon. hist.* 1. p. 204. t. 78.
Habitat in Canada , Virginia, *nunc in* Europa *austrati.* Julio. ☉ *Delph. lugd. lith. burg. pal.*

12. ERIGERON *acre*. E. pedunculis alternis, unifloris.   Ge*n*f
Conyza cærulea, acris. *Bauh. pin.* 265.
Amellus montanus, æquicolorum. *Col. ecphr.* 2. p. 25. t. 26.
Habitat in Europæ *apricis, ficcis.* Junio. ♃ *Suec. ged. pal. lugd.
lith. burg.*

13. ERIGERON *Alpinum*. E. caule fubbifloro; calyce fubhir-
futo; foliis obtufis, fubtus villofis. *Fl. dan.* t. 292.
Conyza cærulea, Alpina, major & minor. *Bauh. pin.* 265.
prodr. 124.
Afteri montano purpureo fimilis f. Globulariæ. *Bauh. hift.* 2.
p. 107.
Habitat in Alpibus Helvetiæ, Carnioliæ. ♃ *Carn. delph.*

14. ERIGERON *uniflorum*. E. caule unifloro; calyce pilofo.
Conyza cærulea, Alpina, major. *Bauh. pin.* 265. *prodr.* 124.
Habitat in Alpibus Lapponiæ, Helvetiæ. ♃ *Suec. delph.*

4. TUSSILAGO *Alpina*. T. fcapo fubnudo, unifloro;   1032.
foliis cordato - orbiculatis, crenatis. *Jacq. auftr.*
t. 246.

Tuffilago Alpina, rotundifolia, glabra. *Bauh. pin.* 197.
Habitat in Alpibus Helvetiæ, Auftriæ, Bohemiæ, Sibiriæ. ♃
Monfp. fil. delph.

5. TUSSILAGO *Farfara*. T. fcapo imbricato, unifloro; foliis
fubcordatis, angulatis, denticulatis. *Fl. dan.* 595.
Habitat in Europæ *argillofis, fubtus humidis.* Martio. ♃ *Suec.
parif. ged. pal. lugd.*

7. TUSSILAGO *frigida*. T. thyrfo faftigiato; floribus radiatis
Oed. dan. t. 61.
Cacalia tomentofa. *Bauh. pin.* 198. *prodr.* 102. *Scheuchz. alp.*
130. t. 18. f. 1.
Habitat in Alpium Lapponiæ, Helvetiæ, Sibiriæ *convallibus.* ♃
Suec. delph. lugd.

8. TUSSILAGO *alba*. T. thyrfo faftigiato; flofculis femineis
nudis, paucis. *Fl. dan.* t. 524.
Petafites minor. *Bauh. pin.* 197.
Habitat in Europa. Aprili. ♃ *Suec. ged. delph. lith. burg.*

9. TUSSILAGO *hybrida*. T. thyrfo oblongo; flofculis femineis
nudis, plurimis.
Petafites major; floribus pedunculis longis infidentibus.
Dill. elth. 309. t. 230. f. 297.
Habitat in Germania, Hollandia. ♃ *Delph. lugd. lith.*

10. TUSSILAGO *Petafites*. T. thyrfo ovato; flofculis femineis,
nudis, paucis.
Petafites. *Dodon.* 597. *Blackw.* t. 222. major & vulgaris. *Bauh.
pin.* 197.
Habitat in Europa *temperatiore.* Martio. ♃ *Lith. lugd. burg.
parif. fuec.*

H h iv.

Gen.

SENECIO.

* FLORIBUS FLOSCULOSIS.

1033.

7. SENECIO *vulgaris*. S. corollis nudis; foliis pinnato-sinuatis, amplexicaulibus; floribus sparsis. *Fl. dan.* t. 513.

S. minor vulgaris. *Bauh. pin.* 131. *Fl. lapp.* 296.
Habitat in Europæ *cultis ruderatis, fucculentis.* Martio. ☉ *Suec. parif. pal. ged. lith. lugd. burg.*

* * FLORIBUS RADIATIS; RADIO REVOLUTO.

13. SENECIO *vifcofus*. S. corollis revolutis; foliis pinnatifidis, vifcidis; fquamis calycinis laxis, longitudine perianthii.
S. hirfutus, vifcidus, graveolens. *Dill. elth.* 347. t. 258. f. 336.
S. incanus, pinguis. *Bauh. pin.* 131.
Habitat in Europæ *pagis, urbibus.* Maio. ☉ *Suec. pal. fil. delph. lith. lugd. burg.*

14. SENECIO *fylvaticus*. S. corollis revolutis; foliis pinnatifidis, denticulatis; caule corymbofo, erecto. *Fl. dan.* t. 869.
S. minor, latiore folio, f. montanus. *Bauh. pin.* 131. *Dill. elth.* 258. t. 258. f. 337.
Habitat in Europæ *borealis fylvis cæduis.* Julio. ☉ *Ged. pal. fil. delph. burg. lith. parif. fuec.*

* * * FLORIBUS RADIATIS, RADIO PATENTE. FOLIIS PINNATIFIDIS.

20. SENECIO *elegans*. S. corollis radiantibus; foliis pinnatifidis, æqualibus; patentiffimis; margine incraffato, recurvato. *Kniph. cent.* 7. n. 85.
Habitat in Æthiopia. *Flos purpureus.*

22. SENECIO *Erucifolius*. S. corollis radiantibus; foliis pinnatifidis, dentatis, fubhirtis; caule erecto.
Jacobæa incana, altera. *Bauh. pin.* 131.
Habitat in aggeribus Europæ *temperatæ.* Julio. *Suec. pal. delph. lith. burg.*

23. SENECIO *incanus*. S. corollis radiantibus; foliis utrinque tomentofis, fubpinnatis, obtufis; corymbo fubrotundo.
Jacobæa pumila, Abfinthii melliferi foliis incanis; floribus velut in umbellam pofitis. *Pluck.* 194. t. 39. f. 6.
Habitat in Alpibus Helvetiæ, Auftriæ, Pyrenæorum, Monfpelii. *Monfp. carn. fil. delph.*

24. SENECIO *Abrotanifolius*. S. corollis radiantibus; foliis pinnato-multifidis, linearibus, nudis, acutis; pedunculis fubbifloris.

Jacobæa Alpina ; foliis multifidis Etſcheriana ; flore luteo ,
plerumque gemello. *Pluck. alm.* 194.

Chryſanthemum Alpinum ; foliis Abrotani multifidis. *Bauh.
pin.* 134.

Habitat in Alpibus Stiriacis , Pyrenaïcis, Carinthiæ , Horto Dei.
♃ *Lugd. burg.*

26. SENECIO *Jacobæa.* S. corollis radiantibus ; foliis pinnato-
lyratis; laciniis lacinulatis; caule erecto.

Jacobæa vulgaris , laciniata. *Bauh. pin.* 131.

Habitat in Europæ paſcuis humentibus. Junio. ♃ *Suec. pariſ. pal.
lugd. lith. burg.*

* * * * *FLORIBUS RADIATIS , RADIO PATENTE. FOLIIS*
INDIVISIS.

30. SENECIO *paludoſus.* S. corollis radiantibus ; foliis enſi-
formibus , acute ſerratis , ſubtus ſubvilloſis ; caule ſtricto.
Fl. dan. t. 385.

Conyza paluſtris , Serratifolia. *Bauh. pin.* 266.

Habitat in Europæ paludibus maritimis. Junio. ♃ *Suec. ged. pal.
delph. lith. lugd. burg.*

31. SENECIO *nemorenſis.* S. corollis radiantibus , octonis ;
foliis lanceolatis , biſerratis , ſubtus villoſis ; caule ramoſo.
Jacq. obſ. 3. p. 15. t. 65. 66. & *auſtr.* t. 184.

Virgaurea ſ. Solidago Saracenica , latifolia, ſerrata. *Bauh. hiſt.*
2. p. 1063. *Pluck.* 390. t. 235. f. 1. *Hall.* R.

Habitat in Germaniæ, Sibiriæ *nemoribus.* Maio. ♃ *Monſp. pal.
delph.*

32. SENECIO *Saracenicus.* S. corollis radiantibus; floribus corymboſis ; foliis lanceolatis , ſerratis , glabriuſculis. *Jacq.
auſtr.* t. 186.

Virga aurea , anguſtifolia, ſerrata. *Bauh. pin.* 268.

Habitat in Helvetiæ , Monſpelii , &c. *montanis , nemoroſis.*
Julio. ♃ *Monſp. ged. pal. lith. lugd.*

33. SENECIO *Doria.* S. corollis radiantibus; floribus corymboſis ; foliis ſubdecurrentibus, nudis, lanceolatis, denticulatis; ſuperioribus ſenſim minoribus. *Jacq. auſtr.* t. 185.

Virga aurea major ſ. Doria. *Bauh. pin.* 268.

Habitat in Oriente , Auſtriæ, Germaniæ *ſylvis*, Monſpelii. ♃
Delph.

34. SENECIO *Doronicum.* S. corollis radiantibus ; caule indiviſo , ſubunifloro ; foliis indiviſis , ſerratis ; radicalibus
ovatis, ſubtus villoſis. *Jacq. auſtr. V. app.* t. 45.

Doronicum longifolium hirſutie aſperum. *Bauh. pin.* 185.

Habitat in Alpibus Pyrenæis, Monſpeliacis, Helveticis , Auſtria-
çis , Italicis. ♃ *Prov. carn. delph.*

ASTER.

* *HERBACEI INTEGRIFOLII; PEDUNCULIS NUDIS.*

1034. 6. ASTER *Alpinus.* A. foliis spatulatis, hirtis; radicalibus obtusis; caule simplicissimo, unifloro. *Jacq. austr. t.* 88.

Habitat in Austria, Vallesia, Helvetia, Pyrenæis, Monspelii. ♃ *Delph.*

8. ASTER *Tripolium.* A. foliis lanceolatis, integerrimis, carnosis, glabris; ramis inæquatis; floribus corymbosis. *Fl. dan. t.* 615.

Tripolium majus cæruleum. *Banh. pin.* 267.

Habitat in Europæ *littoribus maritimis &* ad Sibiriæ, Germaniæ *lacus salsos.* ♃ *Suec. carn.*

9. ASTER *Amellus.* A. foliis lanceolatis, obtusis, scabris, trinerviis, integris; pedunculis nudiusculis, corymbosis; squamis calycinis, obtusis. *Jacq. austr. t.* 435.

A. Atticus cæruleus, vulgaris. *Bauh. pin.* 267.

A. Atticus. *Dod. pempt.* 266. *Blackw. t.* 109.

Habitat in Europæ *australis, asperis collibus.* Augusto. ♃ *Monsp. pal. delph. lugd. lith.*

17. ASTER *acris.* A. foliis lanceolato-linearibus, strictis, integerrimis, planis; floribus corymbosis, fastigiatis; pedunculis foliosis.

A. Tripolii flore. *Bauh. pin.* 267.

A. angustifolius, Tripolii flore. *Barr. ie.* 606. *bene.*

Habitat in Hungaria *intcramni,* Hispania, Monspelii. *Delph. monsp.*

* * *HERBACEI SERRATIFOLII; PEDUNCULIS LÆVIBUS.*

25. ASTER *annuus.* A. foliis ovatis, inferioribus crenatis; caule corymboso; pedunculis nudis; calycibus hemisphæricis. *Fl. dan. t.* 486.

Habitat in Canada, Dania. ☉

* * * *HERBACEI SERRATIFOLII; PEDUNCULIS SQUAMOSIS.*

35. ASTER *Chinensis.* A. foliis ovatis, angulatis, dentatis, petiolatis; calycibus terminalibus, patentibus, foliosis. *Knorr. del.* 1. t. *S.* 3. 4. 5.

A. Chenopodii folio, annuus; flore ingenti speciofo. *Dill. elth.* 38. t. 34. f. 38.

Habitat in China. ☉

1035. 2. SOLIDAGO *Canadensis.* S. paniculato-corymbosa; racemis recurvis; floribus ascendentibus; foliis trinerviis, subserratis, scabris. *Kniph. cent.* 3. n. 87.

Virga aurea, anguſtifolia, panicula ſpecioſa, Canadenſis. *Pluck.*   Gen.
alm. 389. t. 263. f. 1.
Habitat in Virginia, Canada. ♃

11. SOLIDAGO *Virgaurea.* S. caule ſubflexuoſo, angulato;
racemis paniculatis, erectis, confertis. *Fl. dan.* t. 663.
Virga aurea, latifolia, ſerrata. *Bauh. pin.* 268.
Habitat in Europæ *paſcuis ſiccis.* Auguſto. ♃ *Pal. delph. lugd.
burg. pariſ. ſuec. lith.*

12. SOLIDAGO *minuta.* S. caule ſimpliciſſimo; foliis caulinis
integerrimis; pedunculis axillaribus, unifloris.
Virga aurea, montana, biuncialis, pumila. *Pluck. alm.* t. 390.
235. f. 7. 8.
Virga aurea, montana, minor. *Barrel. ic.* 783.
Habitat in Pyrenæis. ♃ *Delph.*

6. CINERARIA *paluſtris.* C. floribus corymboſis; foliis   1036.
lato-lanceolatis, dentato-ſinuatis; caule villoſo. *Fl.
dan.* t. 573.

Jacobæa aquatica, elatior; foliis magis diſſectis. *Moriſ. hiſt.* 3.
p. 110. ſ. 7. t. 19. f. 24.
Conyza aquatica, laciniata. *Bauh. pin.* 266.
Habitat in Europæ *ceſpitoſis, aquoſis.* Julio. ♃ *Lith. ſucc.*

7. CINERARIA *Alpina.* C. umbellâ involucratâ; pedunculo   —
communi nudiuſculo; foliis oblongis, villoſis.
Jacobæa montana, integro rotundo folio. *Barr. ic.* 146.
Jacobæa Alpina; foliis ſubrotundis, ſerratis. *Bauh. pin.* 131.
prodr. 70. t. 71.
Habitat in Alpibus Pyrenæis, Helveticis, Auſtriacis, Sibiricis;
Monſpelii. ♃ *Delph. burg.*

9. CINERARIA *maritima.* C. floribus paniculatis; foliis pinna-
tifidis, tomentoſis; laciniis ſinuatis; caule fruteſcente.
Kniph. cent. 6. n. 68.
Jacobæa maritima. *Bauh. pin.* 131.
Cineraria. *Dod. pempt.* 642.
Habitat ad maris inferi *littora.* ♄ *Delph.*

1. INULA *Helenium.* I. foliis amplexicaulibus, ovatis,   1037.
rugoſis, ſubtus tomentoſis; calycum ſquamis ovatis.
Fl. dan. t. 728.

Helenium vulgare. *Bauh. pin.* 267.
Helenium. *Cam. epit.* 35. *Fuchſ. hiſt.* 242. *Blackw.* t. 473.
Habitat in Anglia, Belgio, &c. Julio. ♃ *Herb. ged. lith. delph.
pariſ. lugd.*

2. INULA *odora.* I. foliis amplexicaulibus, dentatis, hirſu-
tiſſimis; radicalibus ovatis; caulinis lanceolatis; caule paucifloro.
Aſter luteus, radice odorâ. *Bauh. pin.* 266.

Conyza altera, apula. *Morif. hift.* 3. p. 113. f. 7. t. 21. f. 6.
Habitat in Italia, Galloprovincia, Narbona; Tubingæ.

3. INULA *Oculus Chrifti.* I. foliis amplexicaulibus, oblongis, integris, hirfutis; caule pilofo, corymbofo. *Jacq. auftr.* t. 223.
Conyza pannonica, lanuginofa. *Bauh. pin.* 265. *Morif. hift.* 3. p. 113. f. 7. t. 19. f. 1.
Habitat in Auftria, Tubingæ. 24 *Delph.*

4. INULA *Britannica.* I. foliis amplexicaulibus, lanceolatis, diftinctis, ferratis, fubtus villofis; caule ramofo, erecto, villofo. *Fl. dan.* t. 413.
α. Conyzis affinis. *Bauh. pin.* 265.
Conyza paluftris repens, Britannica dicta. *Morif. hift.* 3. p. 113. f. 7. t. 19. f. 8.
β. Conyza aquatica, Afteris flore aureo. *Bauh. pin.* 266.
Habitat in Lufatia, Bavaria, Scania, Sibiria. *Suec. delph. lugd. burg.*

5. INULA *dyfenterica.* 1. foliis amplexicaulibus, cordato-oblongis, fubtomentofis; caule villofo, paniculato; fquamis calycinis, fetaceis. *Fl. dan.* t. 410.
Conyza media, Afteris flore luteo, f. tertia Diofcoridis. *Bauh. pin.* 265.
Habitat in Europæ *foffis fubhumidis.* Julio. 24 *Monfp. pal. delph. lugd. burg. parif. fuec.*

8. INULA *Pulicaria.* I. foliis amplexicaulibus, undulatis; caule proftrato; floribus fubglobofis; radio breviffimo. *Fl. dan.* t. 613.
Conyza major, flore globofo. *Bauh. pin.* 266.
β. Helenium paluftre annuum, Hyffopi foliis crifpis. *Vaill. act.* 575.
After paluftris, fruticofus minimus. *Barr. ic.* 369.
Conyza minor exotica. *Bauh. pin.* 265.
Habitat ad vias & plateas Europæ *temperatæ.* Augufto. ☉ *Ged. pal. lith. delph. lugd. burg.*

11. INULA *fquarrofa.* I. foliis feffilibus, ovalibus, lævibus, reticulato-venofis, fubcrenatis; calyce fquarrofo.
After luteus, latifolius, glaber; foliis rigidis & minutiffimis, crenatis. *Pluck. alm.* 37. t. 16. f. 1.
Habitat in Italia, Monfpelii. 24 *Delph.*

12. INULA *falicina.* I. foliis lanceolatis, recurvis, ferrato-fcabris; ramis angulatis; floribus inferioribus altioribus.
After luteus, latifolius, glaber; foliis rigidis & minutiffimè crenatis. *Pluck.* 57. t. 16. f. 1.
After montanus, luteus, Salicis glabro folio. *Bauh. pin.* 266.
Habitat in Europæ *borealis pratis uliginofis, afperis.* Julio. 24 *Delph. lith. lugd. burg. parif. fuec.*

13. INULA *hirta.* I. foliis feffilibus, lanceolatis, recurvis, fubferrato-fcabris; caule teretiufculo, fubpilofo; floribus inferioribus altioribus. *Jacq. auftr.* t. 358.

After luteus, hirfuto Salicis folio. *Bauh. pin.* 266.
Habitat in Gallia, Sibiria, Germania; Genevæ. Julio. ♃ *Ged.*
pal. lith. parif.

35. INULA *Germanica.* I. foliis feffilibus, lanceolatis, recurvis,
fcabris; floribus fubfafciculatis. *Jacq. auftr.* t. 134.
Conyzæ affinis Germanica. *Bauh. pin.* 266. *Morif. hift.* 3. f. 7.
t. 19. f. 26.
Habitat in Mifnia, Pannonia, Sibiria, &c. Julio. ♃ *Pal.*
delph. lith.

19. INULA *montana.* I. foliis lanceolatis, hirfutis, integerrimis; caule unifloro; calyce brevi imbricato.
After Atticus, luteus, montanus, villofus; magno flore. *Bauh.*
pin. 267.
Habitat Viennæ, Monfpelii; *in* Hifpania, &c. Maio. ♃ *Pal.*
lugd. lith. delph. burg.

21. INULA *bifrons.* I. foliis decurrentibus, oblongis, denticulatis; floribus congeftis, terminalibus, fubfeffilibus.
Conyza latifolia, vifcofa, fuaveolens; flore aureo è Galloprovincia. *T. Garid. Aix.* 125. t. 23.
Habitat in Italia, Galloprovincia, Pyrenæis. ♂ *Delph.*

1. ARNICA *montana.* A. foliis ovatis, integris; caulinis geminis, oppofitis. *Fl. dan.* t. 63.   1038.

Doronicum, Plantaginis folio, alterum. *Bauh. pin.* 185.
Habitat in Alpibus & pratis Europæ *frigidioris.* Junio. ♃ *Pal.*
lugd. lith. delph.

3. ARNICA *fcorpioïdes.* A. foliis alternis, ferratis. *Jacq. auftr.*
t. 349.
Habitat in Helvetia, Auftriæ *fubalpinis humidis.* ♃ *Monfp.*
delph.

1. DORONICUM *Pardalianches.* D. foliis cordatis,   1039.
obtufis, denticulatis; radicalibus petiolatis; caulinis
amplexicaulibus. *Jacq. auftr.* t. 350.

D. maximum; foliis caulem amplexantibus. *Bauh. pin.* 185.
Cam. epit. 823.
β. D. radice Scorpii. *Bauh. pin.* 184.
Aconitum Pardalianches. *Dod. purg.* 305.
Habitat in Alpibus Helvetiæ, Pannoniæ, Vallefiæ, Germaniæ.
♃ *Monfp. delph. burg.*

2. DORONICUM *plantagineum.* D. foliis ovatis, acutis, fub-
dentatis; ramis alternis.
D. Plantaginis folio. *Bauh. pin.* 184.
Habitat in Lufitania, Hifpania, Gallia, Germania. Julio. ♃
Parif. monfp. delph. burg. lugd.

3. DORONICUM *Bellidiaftrum.* D. fcapo nudo, fimpliciffimo,
unifloro. *Jacq. auftr.* t. 400.

Gen.

Bellidiaftrum Alpinum ; foliis brevioribus hirfutis ; caule palmari; flore albo. *Mich. gen.* 32. t. 29.
Bellis fylveftris media , caule carens. *Bauh. pin.* 261.
Habitat in Alpibus Helveticis , Italicis , Tyrolenfibus , *locis umbrofis , etiam* Tubingæ. ♃ *Delph. burg.*

1042.

1. BELLIS *perennis.* B. fcapo nudo. *Fl. dan.* t. 503.

B. fylveftris minor. *Bauh. pin.* 267.
β. Bellis *hortenfis.*
B. hortenfis , flore pleno. *Bauh. pin.* 261. *Mill. dict.* n. 3. *Kniph. cent.* 1. t. 10.
γ. B. hortenfis; flore albo , bullato. *Tournef. inft.* 491.
δ. B. hortenfis rubra; flore multiplici fiftulofo. *Tournef. inft.* 391. *Blackw.* t. 530.
ε. B. hortenfis prolifera.
Habitat in Europæ *apricis pafcuis.* Martio. ♃ *Pal. lugd. burg. parif.*

2. BELLIS *annua.* B. caule fubfoliofo.
B. maritima , foliis Agerati. *Bauh. pin.* 261. prodr. 121.
B. Leucanthemum annuum , Italicum. *Mich. gen.* 34.
Habitat in Sicilia , Hifpania , Monfpelii. ☉

1044.

1. TAGETES *patula.* T. caule fubdivifo , patulo.

Tanacetum Africanum f. Flos Africanus minor. *Bauh. pin.* 132.
Flos Africanus. *Dod. pempt.* 255.
Habitat in Mexico. ☉

2. TAGETES *erecta.* T. caule fimplici, erecto ; pedunculis nudis, unifloris.
Tanacetum Africanum majus , fimplici flore. *Bauh. pin.* 133.
Habitat in Mexico. ☉

1046.

1. ZINNIA *pauciflora.* Z. floribus feffilibus. *Kniph. cent.* 7. n. 100.

Habitat in Peru. ☉

2. ZINNIA *multiflora.* Z. floribus pedunculatis. *Linn. dec.* 23. t. 12. *Kniph. cent.* 12. n. 100.
Habitat in Louifania. ☉

CHRYSANTHEMUM.

* LEUCANTHEMA.

1048.

4. CHRYSANTHEMUM *Alpinum.* C. foliis cuneiformibus , pinnatifidis; laciniis integris, caulibus unifloris.

Chamæmelum Alpinum. *Bauh. pin.* 136.
Habitat in Alpibus Helvetiæ , *ad Thermas Piperinas ; etiam circa* Tubingam, *Prov, delph.*

5. CHRYSANTHEMUM *Leucanthemum*. C. floribus amplexicaulibus , oblongis , fupernè ferratis , inferne dentatis.
Blackw. 42.

Bellis fylveftris, caule foliofo , major. *Bauh. pin.* 261.

β. Bellis montana ; folio obtufo , crenato. *Bauh. pin.* 261.
prodr. 121. *Barr. ic.* 458. f. 2.

Habitat in pratis Europæ. Junio. ♃ *Succ. parif. ged. pal. lugd.
lith. burg.*

6. CHRYSANTHEMUM *montanum*. C. foliis imis , fpatulato-
lanceolatis , ferratis , fummis linearibus. *Jacq. obf.* 4. p. 9.
t. 91.

Bellis montana minor. *Bauh. hift.* 3. p. 115.

Habitat Monfpelii , Tubingæ, *in* Silefia. *Sil. delph. lith.*

10. CHRYSANTHEMUM *inodorum.* C. foliis pinnatis, multifidis ; caule ramofo, diffufo. *Fl. dan.* t. 696.

Chamæmelum inodorum f. Cotula non fœtida. *Bauh. hift.* 3.
p. 122.

Habitat in ruderatis Sueciæ & *præftantioris* Europæ. Junio. ☉
Ged. pal. lith.

12. CHRYSANTHEMUM *corymbofum.* C. foliis pinnatis , incifo-
ferratis ; caule multifloro. *Jacq. auftr.* t. 379.

Tanacetum montanum , inodorum ; minore flore. *Bauh. pin.*
132.

β. Tanacetum inodorum; flore majore. *Bauh. pin.* 132.

Tanacetum latifolium , inodorum , magno Bellidis flore. *Barr.
ic.* 781.

Habitat in Thuringiæ, Bohemiæ , Helvetiæ , Sibiriæ *fylvaticis
montofis.* Julio. ♃ *Monfp. herb. pal. delph. burg.*

* * CHRYSANTHEMA.

16. CHRYSANTHEMUM *fegetum.* C. foliis amplexicaulibus ,
fupernè laciniatis , inferne dentato-ferratis.

C. fegetum vulgare glaucum. *Morif. hift.* 3. p. 15. f. 6. t. 4. f. 1.

Bellis lutea , foliis profundè incifis , major. *Bauh. pin.* 262.

Habitat in Scaniæ, Germaniæ, Belgii, Angliæ, Galliæ *agris.*
Julio. ☉ *Suec. parif. pal. lugd. burg.*

21. CHRYSANTHEMUM *coronarium.* C. foliis pinnatis, incifis ,
extrorfum latioribus. *Kniph. cent.* 1. t. 14.

Chryfanthemum foliis Matricariæ. *Bauh. pin.* 134.

Habitat in Creta , Sicilia , Helvetia. ☉

1. MATRICARIA *Parthenium.* M. foliis compofitis ,
planis; foliolis ovatis , incifis; pedunculis ramofis.
Fl. dan. t. 674.

1049.

M. vulgaris f. fativa. *Bauh. pin.* 133.

Matricaria. *Dod. pempt.* 35. *Blackw.* t. 192.

Habitat in Europæ *cultis ruderatis.* Junio. ♃ ♂ *Delph. lugd. burg.*

3. MATRICARIA *suaveolens*. M. receptaculis conicis ; radiis deflexis; feminibus nudis ; fquamis calycinis , margine æqualibus.

Habitat in Europa. Julio. ⊙ *Suec. herb. delph. parif.*

4. MATRICARIA *Chamomilla*. M. receptaculis conicis ; radiis patentibus ; feminibus nudis ; fquamis calycinis , margine æqualibus. *Blackw.* t. 298.

Chamæmelum vulgare f. Leucanthemum Dioſcoridis. *Bauh. pin.* 235.

Habitat in Europæ *agris cultis.* Junio. ⊙ *Suec. parif. ged. pal. lugd. lith. burg.*

ANTHEMIS.

* RADIO DISCOLORE SEU ALBO.

1052.

8. ANTHEMIS *nobilis*. A. foliis pinnato-compofitis ; linearibus, acutis, fubvillofis. *Blackw.* t. 526.

Chamæmelum nobile f. Leucanthemum odoratius. *Bauh. pin.* 135.

Habitat in Europæ *pafcuis apricis.* Junio. ⊙ *Burg. parif.*

9. ANTHEMIS *arvenfis*. A. receptaculis conicis ; paleis fetaceis ; feminibus coronato-marginatis.

Chamæmelum inodorum. *Bauh. pin.* 135.

Habitat in Europæ , *præfertim* Sueciæ , *agris.* Junio. ♂ *Suec. parif. ged. pal. lugd. lith. burg.*

10. ANTHEMIS *Cotula*. A. receptaculis conicis ; paleis fetaceis ; feminibus nudis. *Blackw.* t. 67.

Chamæmelum fœtidum. *Bauh. pin.* 135.

Habitat in Europæ *ruderatis , præcipuè in* Uckrania. Junio. ⊙ *Suec. parif. pal. delph. lith. lugd. burg.*

12. ANTHEMIS *Pyrethrum*. A. caulibus fimplicibus unifloris ; decumbentibus; foliis pinnato-multifidis. *Blackw.* t. 390.

Pyrethrum flore Bellidis. *Bauh. pin.* 148.

Habitat in Arabia , Syria , Creta , Apulia , Germania , Bohemia , Monfpelii , Apennino. ♃

* * RADIO CONCOLORE f. LUTEO.

16. ANTHEMIS *tinctoria*. A. foliis bipinnatis , ferratis , fubtus fomentofis ; caule corymbofo. *Blackw.* t. 439. *Fl. dan.* t. 741.

Buphthalmum Tanaceti minoris foliis. *Bauh. pin.* 134.

Chryfanthemum foliis Tanaceti. *Læf. pruff.* 47. t: 9. flore aureo Italicum. *Barr. ic.* 465.

Habitat in Sueciæ , Germaniæ *apricis pratis ficcis.* Julio. ♃ *Ged. pal. lith. fuec.*

ACHILLEA.

* COROLLIS FLAVIS.

1. ACHILLEA *Ageratum.* A. foliis lanceolatis, obtusis, acutè serratis. *Blackw.* t. 300.

Ageratum foliis serratis. *Bauh. pin.* 221.
Balsamita minor. *Dod. pempt.* 295. *Moris. hist.* 3. p. 38. f. 6. t. 5. f. 2.
Habitat in G. Narbonensi, Hetruria. ℔ *Monsp.*

4. ACHILLEA *tomentosa.* A. foliis pinnatis, hirsutis; pinnis linearibus, dentatis,
Millefolium tomentosum, luteum. *Bauh. pin.* 140.
Habitat in G. Narbonensi, Vallesia, Tartaria. ℔ *Delph.*

** COROLLIS RADIO ALBIS.

9. ACHILLEA *macrophylla.* A. foliis pinnatis, pinnis incisò-serratis; extimis majoribus coadunatis.
Dracunculus Alpinus, foliis Scabiosæ. *Bauh. pin.* 98. *prodr.* 39.
Ptarmica Alpina, Matricariæ foliis. *Barr. rar.* 1119. t. 991.
Habitat in Alpibus Helvetiæ, Italiæ. *Delph.*

12. ACHILLEA *Ptarmica.* A. foliis lanceolatis, acuminatis, argutè serratis. *Fl. dan.* t. 643.
Dracunculus pratensis, serrato folio. *Bauh. pin.* 98.
Habitat in Europa *temperata.* Junio. ℔ *Pal. lugd. lith. burg. sueca paris.*

13. ACHILLEA *Alpina.* A. foliis lanceolatis, dentato-serratis; denticulis tenuissimè serratis.
Ptarmica Alpina, foliis profundè incisis. *Tournef. inst.* 497.
Habitat in Alpibus Sibiriæ, Helvetiæ. ℔ *An var. à loco.*

14. ACHILLEA *atrata.* A. foliorum pinnulis pectinatis, integriusculis; pedunculis villosis. *Jacq. austr.* t. 77.
Matricaria Alpina, Chamæmeli foliis. *Bauh. pin.* 134.
Parthenium Alpinum. *Clus. hist.* 1. p. 336.
Habitat in Alpibus Helvetiæ, Vallesiæ, Austriæ; *locis asperis, humidis.* ℔ *Carn. delph.*

15. ACHILLEA *nana.* A. foliis pinnatis, dentatis, hirsutissimis; floribus glomerato-umbellatis.
Millefolium Alpinum, incanum; flore specioso. *Bauh. hist.* 3. p. 138. *Moris. hist.* 3. p. 39. f. 6. t. 11. f. 11.
Habitat in Alpibus Helvetiæ, Vallesiæ. *Delph.*

17. ACHILLEA *Millefolium.* A. foliis bipinnatis, nudis; laciniis linearibus dentatis; caulibus superhè sulcatis. *Fl. dan.* t. 737.
Millefolium vulgare album. *Bauh. pin.* 140. *Blackw.* t. 18.
Habitat in Europæ *pascuis pratisque.* Junio. ℔ *Suec. paris. pal. lugd. lith. burg.*

Tome I.   I i

18. ACHILLEA *nobilis*. A. foliis bipinnatis; inferioribus nudis; planis; superioribus obtusis, tomentosis; corymbis convexis, confertissimis.

Tanacetum minus album, odore camphoræ. *Bauh. pin.* 132.
Habitat in Helvetia, Germania, Bohemia, G. Narbonensi, Tartaria. Junio. ♃ *Pal. lith. delph.*

19. ACHILLEA *odorata*. A. foliis bipinnatis, ovalibus, nudiusculis; corymbis fastigiatis, confertis.

Millefolium minimum, crispum, flore albo, Hispanicum, *Barr. rar.* 1116. t. 992.
Habitat in Helvetia, Narbona, Hispania. ♃ *Monsp.*

1059. 8. BUPHTHALMUM *grandiflorum*. B. foliis alternis, lanceolatis, subdenticulatis, glabris; calycibus nudis; caule herbaceo.

Asteroïdes Alpina, Salicis folio. *Tournef. cor.* 50. *Mich. flor.* 12. t. 5.
Aster luteus, angustifolius. *Bauh. pin.* 266.
Habitat in Alpibus Austriæ, Italiæ; Monspelii. ♃ *Delph.*

POLYGAMIA FRUSTRANEA.

1060. 1. HELIANTHUS *annuus*. H. foliis omnibus cordatis, trinervatis; pedunculis incrassatis; floribus cernuis.

Helenium Indicum, maximum. *Bauh. pin.* 276.
Habitat in Peru, Mexico. ☉

4. HELIANTHUS *tuberosus*. H. foliis ovato-cordatis, triplinerviis. *Jacq. hort.* t. 161.
Helenium Indicum, tuberosum. *Bauh. pin.* 277.
Chrysanthemum latifolium, Brasilianum. *Bauh. prodr.* 70.
Habitat in Brasilia. ♃

1061. 2. RUDBECKIA *laciniata*. R. foliis compositis, laciniatis. *Kniph. cent.* 4. n. 69.

Chrysanthemum Americanum perenne; foliis divisis dilutiùs virentibus, majus. *Morif. hift.* 3. p. 22. f. 6. t. 6. f. 53 & 54.
Doronicum Americanum, laciniato folio. *Bauh. pin.* 516.
Habitat in Virginia, Canada. ♃

1062. 10. COREOPSIS *Bidens*. C. foliis lanceolatis, serratis, oppositis, amplexicaulibus.

Eupatorium cannabinum, Chrysanthemum. *Barr. ic.* 1209.
Habitat ad fossas Europæ, Pensylvaniæ. ☉ *Suec. ged. delph. lith. lugd.*

CENTAUREA.

* JACEÆ, *CALYCIBUS LÆVIBUS INERMIBUS.*

1. CENTAUREA *Crupina.* C. calycibus inermibus ; squamis lanceolatis ; foliis pinnatis, serratis subciliatis. *Kniph. cent.* 7. n. 9.

1066.

Chondrilla foliis laciniatis, serratis, purpurascente flore. *Bauh. pin.* 130.

Habitat in Hetruriæ, G. Narbonensis, Orientis *collibus, in* Helvetia. ⊙ *Burg. delph.*

2. CENTAUREA *moschata.* C. calycibus inermibus, subrotundis, glabris ; squamis ovatis ; foliis lyrato - dentatis. *Kniph. cent.* n. 24. 12. *Knorr. del.* 2. t. C. 4. f. 2.

Habitat in Persia, Russia. ⊙

6. CENTAUREA *Centaurium.* C. calycibus inermibus ; squamis ovatis ; foliis pinnatis ; foliolis decurrentibus, serratis.

Centaurium majus ; foliolis in lacinias plures diviso. *Bauh. pin.* 117.

Centaurium majus 1. vulgare. *Cluf. hist.* 2. p. 10. *Blackw.* t. 93.

Habitat in Alpibus, Gargano, Baldo, Tartaria. ♃

* * CYANI, *CALYCINIS SQUAMIS SERRATO-CILIATIS.*

7. CENTAUREA *phrygia.* C. calycibus recurvato-plumosis ; foliis indivisis, oblongis, scabris. *Fl. dan.* t. 520.

Jacea latifolia & angustifolia, capite hirsuto. *Bauh. pin.* 271.

Habitat in Helvetia, Austria, Finlandia, Germania. Julio. ♃ *Suec. monsp. delph. burg. lugd. parif. lith.*

11. CENTAUREA *pectinata.* C. calycibus recurvato-plumosis ; foliis lyratis, denticulatis ; rameis lanceolatis, integerrimis.

Jacea montana, incana, aspera ; capitulis hispidis. *Bauh. pin.* 272. *prodr.* 128.

Habitat in Gallia Narbonensi, Galloprovincia.

12. CENTAUREA *nigra.* C. calycibus ciliatis ; squamulâ ovatâ ; ciliis capillaribus erectis ; foliis lyrato - angulatis ; floribus flosculosis.

Jacea nigra, laciniata. *Bauh. pin.* 271.

Habitat in Anglia, Helvetia, Austria, Germania ; Monspelii. Junio. ♂ *Ged. pal. delph. burg. lugd.*

13. CENTAUREA *pullata.* C. calycibus ciliatis, verticillato-foliosis ; foliis lyratis, dentatis, obtusis. *Mill. ic.* 152. f. 2.

Jacea humilis alba, Hieracii folio. *Bauh. pin.* 271. *Morif. hist.* 3. p. 140. f. 7. t. 28. f. 18.

Habitat in G. Narbonensi, Hispania, Oriente. ⊙ *Delph.*

14. CENTAUREA *montana.* C. calycibus serratis ; foliis lanceolatis, decurrentibus ; caule simplicissimo. *Jacq. austr.* t. 371.

I i ij

Gen.

Cyanus montanus, latifolius f. Verbafculum cyanoïdes. *Bauh. pin.* 273.

Cyanus major. *Lob. ic,* 548. *Blackw.* t. 66.

Habitat in Alpibus Helveticis, Auftriacis, Germanicis. Junio. ♃ *Monfp. carn. pal. delph. lugd. burg.*

15. CENTAUREA *Cyanus.* C. calycibus ferratis; foliis linearibus, integerrimis; infimis dentatis. *Ludw. ect. t.* 55.

Cyanus fegetum. *Bauh. pin.* 273.

Cyanus vulgaris. *Lob. ic.* 546. *Blackw.* t. 270.

β. Cyanus hortenfis, flore fimplici. *Bauh. pin.* 273.

γ. Cyanus hortenfis, flore pleno. *Bauh. pin.* 273.

Habitat inter Europæ *fegetes biennes.* Junio. ☉ *Suec. parif. pal. lugd. lith. burg.*

16. CENTAUREA *paniculata.* C. calycibus ciliatis; fquamis planis; foliis bipinnatifidis; rameis pinnatifidis, linearibus; caule paniculato. *Jacq. auftr.* t. 320.

Stœbe major, cauliculis non fplendentibus. *Bauh. pin.* 273.

Habitat in G. Narbonenfi, Auftria, Hifpania, Verona, Sibiria, Germania. Junio. ☉ *Monfp. ged. pal. lith. lugd. delph. burg.*

20. CENTAUREA *argentea.* C. calycibus ferratis; foliis tomentofis; radicalibus pinnatis; foliolis uniauritis.

Jacea Cretica, laciniata, argentea; flore parvo, flavefcente. *Tournef. cor.* 31. *Barr. ic.* 218.

Habitat in Creta. Julio. *Delph.*

23. CENTAUREA *Scabiofa.* C. calycibus ciliatis; foliis pinnatifidis; pinnis lanceolatis.

Scabiofa major, fquamatis capitulis. *Bauh. pin.* 269.

Scabiofa major altera, fquamatis capitulis. *Bauh. pin.* 269. *ex Hall.*

Habitat in Europæ *feptentrionalis pratis.* Junio. ♃ *Suec. parif. ged. pal. fil. lugd. lith. delph. burg.*

* * * RHAPONTICA, *CALYCINIS SQUAMIS ARIDIS SCARIOSIS.*

27. CENTAUREA *Behen.* C. calycibus fcariofis; foliis radicalibus lyratis; lobis oppofitis; caulinis amplexicaulibus.

Serratulæ affinis; capitulo fquamofo, luteo ut & flore. *Bauh. pin.* 235.

Habitat in Afia minore, Libano. ♃

29. CENTAUREA *Jacea.* C. calycibus fcariofis, laceris; foliis lanceolatis; radicalibus finuato-dentatis; ramis angulatis. *Oed. dan.* t. 519.

Jacea nigra pratenfis, latifolia. *Bauh. pin.* 271.

β. Jacea nigra, anguftifolia; Lithofpermi arvenfis foliis; caule afpero & lævi. *Bauh. pin.* 271. *prodr.* 127.

Habitat in Europa *feptentrionali.* Junio. ♃ *Suec. parif. ged. pal. lugd. lith. burg.*

30. CENTAUREA *amara*. C. calycibus fcariofis; caulibus de-
cumbentibus; foliis lanceolatis, integerrimis.
Cyanus repens, latifolius. *Bauh. pin.* 274.
Habitat in Italia, Monfpelii. ♃ *Delph.*

31. CENTAUREA *alba*. C. calycibus fcariofis, integris, mucronatis; foliis pinnato-dentatis; caulinis linearibus, bafi
dentatis.
Stœbe, calyculis argenteis, minor. *Bauh. pin.* 273.
Habitat in Hifpania, Helvetia. *Lugd.*

32. CENTAUREA *fplendens*. C. calycibus fcariofis, obtufis;
foliis radicalibus bipinnatifidis; caulinis pinnatis; dentibus
lanceolatis.
Stœbe calyculis argenteis. *Bauh. pin.* 273.
Habitat in Helvetia, Hifpania, Sibiria. ♂

33. CENTAUREA *Rhapontica*. C. calycibus fcariofis; foliis
ovato-oblongis, denticulatis, integris, petiolatis, fubtus
tomentofis.
Rhaponticum anguftifolium, incanum. *Bauh. pin.* 117. *Hall.*
Rhaponticum f. Rhei ut exiftimatur. *Dod. pempt.* 389.
Habitat in Alpibus Helveticis, Veronæ. *Delph.*

36. CENTAUREA *conifera*. C. calycibus fcariofis; foliis tomentofis; radicalibus lanceolatis; caulinis pinnatifidis; caule
fimplici.
Jacea montana, incana; capite Pini. *Bauh. pin.* 272.
Habitat Monfpelii *in faxofis glareofis.* ♃ *Delph.*

* * * * STŒBÆ; *CALYCINIS SPINIS PALMATIS.*

43. CENTAUREA *afpera*. C. calycibus palmato - trifpinofis;
foliis lanceolatis, dentatis.
Stœbe fquamis afperis. *Bauh. pin.* 273. *Ray hift.* 319.
Habitat Monfpelii, *inque* Hetruria, Lufitania. *Delph.*

* * * * * CALCITRAPÆ; *CALYCINIS SPINIS COM-
POSITIS.*

44. CENTAUREA *benedicta*. C. calycibus duplicato - fpinofis,
lanatis, involucratis; foliis femi-decurrentibus, denticulato-
fpinofis. *Blackw.* t. 476.
Carduus fylveftris, f. Carduus benedictus. *Bauh. pin.* 370.
Habitat in Chio, Lemno, Hifpania *ad verfuras.* Junio. ☉ *Delph.*

47. CENTAUREA *Calcitrapa*. C. calycibus fubduplicato-fpinofis,
feffilibus; foliis pinnatifidis, linearibus, dentatis; caule
pilofo.
Carduus ftellatus, foliis Papaveris erratici. *Bauh. pin.* 387.
Habitat in Helvetia, Anglia & Europa *auftraliori, fecus vias.*
Junio. *Pal. lugd. burg. delph.*

Gen.

48. CENTAUREA *Calcitrapoïdes.* C. calycibus subduplicato-spinosis; foliis amplexicaulibus, lanceolatis, indivisis, serratis. Carduus stellatus; foliis integris, serratis. *Magn. monsp.* 292. *Habitat* Monspelii & *in* Palæstina. *Lugd.*

49. CENTAUREA *solstitialis.* C. calycibus duplicato-spinosis, solitariis; foliis rameis decurrentibus, inermibus, lanceolatis; radicalibus lyrato-pinnatifidis.
Carduus stellatus, luteus, foliis Cyani. *Bauh. pin.* 387. *Habitat in* Gallia, Anglia, Italia, Germania, &c. ☉ *Parif. monsp. delph. burg.*

52. CENTAUREA *Centauroïdes.* C. calycibus ciliatis, spinosis; foliis lyrato-pinnatis, integerrimis; laciniâ impari majore. *Kniph. cent.* 6. *n.* 23.
Jacea lutea, spinosa, Centauroïdes. *Bauh. pin.* 272. *Habitat in* Italia, Hispania; Monspelii.

* * * * * * CROCODILOIDEA, *SPINIS SIMPLICIBUS.*

56. CENTAUREA *Salmantica.* C. calycibus setulâ subspinosâ exstante glabris; foliis lyrato-runcinatis, serratis. *Jacq. hort.* t. 64.
Jacea major, foliis cichoraceis, mollibus, lanuginosis. *Bauh. pin.* 273.
Habitat in Europa australi. ℔ *Burg.*

65. CENTAUREA *galactites.* C. calycibus setaceo spinosis; foliis decurrentibus, sinuatis, spinosis, subtus tomentosis.
Carduus tomentosus, capitulo minore. *Bauh. pin.* 382.
Habitat in Europa australi. ℔ *Monsp.*

POLYGAMIA NECESSARIA.

1075.

1. CALENDULA *arvensis.* C. seminibus cymbiformibus, muricatis, incurvatis; extimis erectis, protensis.
Caltha arvensis. *Bauh. pin.* 275.
Habitat in Europæ arvis. Junio. ☉ *Suec. pal. lugd. delph.*

2. CALENDULA *officinalis.* C. seminibus cymbiformibus, muricatis, incurvatis omnibus.
Caltha vulgaris. *Bauh. pin.* 275.
β. Caltha polyanthos major. *Bauh. pin.* 275.
γ. Caltha floribus reflexis. *Bauh. pin.* 275.
δ. Caltha prolifera, majoribus floribus. *Bauh. pin.* 275.
Habitat in Europæ australis arvis. Junio. ☉ *Sil. burg. lugd. parif.*

3. CALENDULA *pluvialis.* C. foliis lanceolatis, sinuato-denticulatis; caule folioso; pedunculis filiformibus.
Caltha Africana; flore intùs albo, extùs ferrugineo. *Morif. hist.* 3. p. 14. f. 6. t. 3. f. 8.
Habitat in Æthiopia. ☉

1. FILAGO *acaulis*. F. (*pygmæa*) floribus acaulibus, sessilibus; foliis floralibus majoribus. Gen. 1079;

Gnaphalium roseum hortense. *Bauh. pin.* 263. *prodr.* 122. *Barr. ic.* 127.
Habitat in Europæ *australis* & Orientis *stagnis exsiccatis.* ⊙ *Monsp.*

2. FILAGO *Germanica.* F. paniculâ dichotomâ; floribus rotundatis, axillaribus, hirsutis; foliis acutis.
Gnaphalium vulgare majus. *Bauh. pin.* 263.
Habitat in Europa. Junio. ⊙ *Pal. sil. delph. lith. burg. lugd.*

3. FILAGO *pyramidata.* F. caule dichotomo; floribus pyramidatis, pentagonis, axillaribus; flosculis femineis, serratis.
Gnaphalium medium. *Bauh. pin.* 263.
Habitat in Hispania. ⊙ *Delph.*

4. FILAGO *montana.* F. caule subdichotomo, erecto; floribus conicis, terminalibus axillaribusque.
Gnaphalium minus repens. *Bauh. pin.* 263.
Habitat in Europæ *sabulosis, montosis.* Julio. ⊙ *Suec. pal. herb. delph. lugd.*

5. FILAGO *Gallica.* F. caule dichotomo, erecto; floribus subulatis, axillaribus; foliis filiformibus.
Gnaphalium minimum, alterum nostras, Stœchadis citrinæ foliis tenuissimis. *Pluck. alm.* 172. t. 298. f. 2.
Habitat in Gallia, Helvetia, Anglia, Germania. Augusto. *Pal. delph. burg. lugd.*

6. FILAGO *arvensis.* F. caule paniculato; floribus conicis, lateralibus.
Gnaphalium majus, angusto, oblongo folio. *Bauh. pin.* 263.
Habitat in Europæ *campis sabulosis.* Julio. ⊙ *Suec. pal. delph. lugd. lith. burg.*

7. FILAGO *Leontopodium.* F. caule simplicissimo; capitulo terminali, bracteis hirsutissimis radiato. *Jacq. austr.* t. 86.
Gnaphalium Alpinum, magno flore, folio oblongo. *Bauh. pin.* 264.
Habitat in Alpibus Helvetiæ, Valleisæ, Austriæ, Sibiriæ, Germaniæ. ♃ *Delph.*

1. MICROPUS *supinus.* M. caule procumbente; foliis geminis. 1080.

Gnaphalium supinum, echinato semine. *Pluck. alm.* 171. t. 187. f. 6.
Habitat in Lusitaniæ, Italiæ, Orientis *maritimis.* ♃ *Delph.*

2. MICROPUS *erectus.* M. caule erecto; calycibus edentulis; foliis solitariis.
Gnaphalium minus, latioribus foliis. *Bauh. pin.* 263.
Habitat in Orientis, Galliæ, Hispaniæ *collibus.* ⊙ *Delph.*

Gen.

POLYGAMIA SEGREGATA.

1081.

1. ELEPHANTOPUS *scaber.* E. foliis oblongis, scabris.

E. Conyzæ folio. *Dill. elth.* 126. t. 106. f. 126.
Habitat in Indiis. ♃

1084.

1. ECHINOPS *sphærocephalus.* E. capitulis globosis ;
foliis pubescentibus.

Carduus sphærocephalus, latifolius vulgaris. *Bauh. pin.* 381.
Habitat in Italia, Austria, Germania. Julio. ♃ *Carn. delph. parif.*

3. ECHINOPS *Ritro.* E. capitulo globoso ; foliis pinnatifidis,
supra glabris.
Carduus sphærocephalus cæruleus, minor. *Bauh. pin.* 381.
Habitat in Sibiriæ, Galliæ, Italiæ *collibus aridis.* Julio. ♃
Delph.

MONOGAMIA.

1090.

1. JASIONE *montana.* J. *Fl. dan.* t. 319.

Rapunculus, Scabiofæ capitulo cæruleo. *Bauh. pin.* 92.
Habitat in Europæ *collibus ficciffimis.* Julio. ☉ *Ged. pal. lith.
lugd. delph. burg. parif. fuec.*

LOBELIA.

* FOLIIS INTEGERRIMIS.

1091.

3. LOBELIA *Dortmanna.* L. foliis linearibus, bilocularibus, integerrimis ; caule fubnudo. *Fl. dan.* t. 39.

Gladiolus ftagnalis Dortmanni. *Cluf. cur.* 40. *Ray hift.* 1911.
Habitat in Europæ *frigidiffimæ lacubus & ripis.* ♃ *Suec.*

13. LOBELIA *Cardinalis.* L. caule erecto ; foliis lato-lanceo-
latis, ferratis ; fpicâ terminali fecundâ. *Kniph. cent.* 4. n. 42.
Knorr. del. 2. t. L. 2.
Rapuntium galeatum, Virginianum ; coccineo flore, majore.
Morif. hift. 2. p. 466. f. 5. t. 5. f. 54.
Habitat in Virginia. ♃

14. LOBELIA *fiphilitica.* L. caule erecto ; foliis ovato-lanceo-
latis, fubferratis ; calycum finubus reflexis. *Kniph. cent.* 8.
n. 60.
Rapunculus galeatus, Virginianus ; flore violaceo majore.
Morif. hift. 2. p. 466. f. 5. t. 5. f. 55.
Habitat in Virginiæ *fylvis aridis, lutofis.* ♃

* * * CAULE PROSTRATO, FOLIIS INCISIS.

20. LOBELIA *Laurentia.* L. caule proftrato ; foliis lanceolato-
ovalibus, crenatis ; caule ramofo ; pedunculis folitariis
unifloris, longiffimis.

Laurentia annua, minima; flore cæruleo. *Mich. gen.* 18. t. 14.
Habitat in Italia, Creta. ☉

Ge&

VIOLA.

* *A C A U L E S.*

6. VIOLA *hirta.* V. acaulis ; foliis cordatis , piloſo-
hiſpidis. *Fl. dan.* t. 618.

1092

V. martia, hirſuta, inodora. *Moriſ. hiſt.* 2. p. 475. ſ. 5. t. 35. f. 4.
Habitat in Europæ *frigidioribus nemoribus.* ♃ *Suec. pariſ. delph.
burg. lugd.*

7. VIOLA *paluſtris.* V. acaulis ; foliis reniformibus. *Fl. dan.*
t. 83.

V. paluſtris rotundifolia , glabra. *Moriſ. hiſt.* 2. p. 475. ſ. 5.
t. 35. f. 5.
Habitat in Europæ *frigidioribus paludibus.* Aprili. ♃ *Suec. pariſ.
ged. lith. delph. lugd.*

8. VIOLA *odorata.* V. acaulis , foliis cordatis ; ſtolonibus
reptantibus. *Fl. dan.* t. 309.

V. martia , purpurea; flore ſimplici odoro. *Bauh. pin.* 119.
β. V. martia , alba. *Bauh. pin.* 199.
γ. V. martia , multiplici flore. *Bauh. pin.* 199.
Habitat in Europæ *nemoribus.* Martio. ♃ *Pal. lugd. lith. burg.
ſuec.*

* * *C A U L E S C E N T E S.*

9. VIOLA *canina.* V. caule adultiore , aſcendente ; foliis
oblongo-cordatis.

V. martia, inodora , ſylveſtris. *Bauh. pin.* 199.
Habitat in Europæ *apricis.* Aprili. ♃ *Pal. lugd. lith. burg. pariſ.
ſuec.*

10. VIOLA *montana.* V. caulibus erectis ; foliis cordatis ,
oblongis.

V. martia, arboreſcens, purpurea. *Bauh. pin.* 199.
V. erecta ; flore cæruleo & albo. *Moriſ. hiſt.* 2. p. 475. ſ. 5.
t. 7. f. 7.
Habitat in Alpibus Lapponiæ , Auſtriæ, Germaniæ, Baldo.
Aprili. ♃ *Suec. lugd. delph. lith. burg. pariſ.*

13. VIOLA *mirabilis.* V. caule triquetro ; foliis reniformi-
cordatis; floribus caulinis , apetalis. *Jacq. auſtr.* t. 19.

V. Montana latifolia ; flores è radice ; ſemina in cacumine
ferens. *Dill. elth.* 408. t. 303. ſ. 390.
Habitat in Germaniæ , Sueciæ *nemoribus.* ♃ *Suec. lith.*

14. VIOLA *biflora.* V. caule bifloro ; foliis reniformibus ,
ſerratis. *Fl. dan.* t. 46.

Habitat in Alpibus Lapponiæ , Auſtriæ , Helvetiæ , Angliæ.
Julio. ♃ *Sil. delph. ſuec.*

*** *STIPULIS PINNATIFIDIS; STIGMATE URCEOLATO.*

16. VIOLA *tricolor.* V. caule triquetro, diffuso ; foliis oblongis, incisis ; stipulis pinnatifidis.
V. bicolor arvensis. *Bauh. pin.* 200.
β. Viola tricolor hortensis, repens. *Bauh. pin.* 199.
V. (*tricolor.*) caule anguloso, diffuso; foliis ovatis, dentatis ;
flore calyce duplo, longiore. *Hall. helv. n.* 568. *Fl. dan.*
t. 623.
Habitat in Europæ *cultis.* Maio. ☉ *Lith. lugd. delph. burg. suec.*
paris. pal.

17. VIOLA *grandiflora.* V. caule triquetro simplici ; foliis ob-
longiusculis ; stipulis pinnatifidis.
V. montana, tricolor, odoratissima. *Bauh. pin.* 109.
V. montana, lutea, grandiflora. *Bauh. pin.* 200. *Barr. ic.*
691. 692.
Habitat in Alpibus Helveticis, Pyrenaïcis. ♃ *Delph.*

18. VIOLA *calcarata.* V. caule abbreviato ; foliis subovatis ;
stipulis pinnatifidis; nectariis calyce longioribus.
V. Alpina purpurea ; exiguis foliis. *Bauh. pin.* 199.
Habitat in Pyrenæis, Helveticis *Alpibus. Delph.*

IMPATIENS.

* *PEDUNCULIS UNIFLORIS.*

1093. 5. IMPATIENS *Balsamina.* I. pedunculis unifloris,
aggregatis; foliis lanceolatis, superioribus alternis;
nectariis flore brevioribus. *Blackw.* t. 583.

Balsamina femina. *Bauh. pin.* 306.
Balsamina. *Dod. pempt.* 671.
Habitat in India. Julio. ☉

* * *PEDUNCULIS MULTIFLORIS.*

7. IMPATIENS *Noli tangere.* I. pedunculis multifloris, solitariis ;
foliis ovatis ; geniculis caulinis tumentibus. *Fl. dan.* t. 588.
Balsamina lutea, Polonica. *Barr. ic.* 1297.
Balsamina lutea f. Noli me tangere. *Bauh. pin.* 306.
Habitat in Europæ, Canadæ *nemoribus.* Julio. ♃ *Suec. paris.*
ged. pal. delph. lith. lugd. burg.

CLASSIS XX.

GYNANDRIA.

DIANDRIA.

1094. ORCHIS.   *Nectarium* corniculatum.
1095. SATYRIUM.   *Nectarium* fcrotiforme.
1096. OPHRYS.   *Nectarium* fubcarinatum.
1097. SERAPIAS.   *Nectarium* ovatum, fubtus gibbum.
1100. CYPRIPEDIUM.   *Nectarium* inflato-ventrico- fum.

TRIANDRIA.

1103. SISYRINCHIUM.   1-gyna. *Cal.* o. *Cor.* 6-petala, plana. *Stigmata* 3. *Capf.* 3-locularis, infera.

PENTANDRIA.

1110. PASSIFLORA.   3-gyna. *Cal.* 5-partitus. *Cor.* 5-petala. *Bacca* pedicellata.

HEXANDRIA.

1111. ARISTOLOCHIA.   6-gyna. *Cal.* o. *Cor.* 1-petala. *Capf.* 6-locularis.

POLYANDRIA.

1121. CALLA.   Spatha. *Cal.* o. *Cor.* o. *Stam.* mixta piftillis.
1119. ARUM.   Spatha. *Cal.* o. *Cor.* o. *Stam.* fupra piftilla.
1123. ZOSTERA.   Folium. *Cal.* o. *Cor.* o. *Sem.* alterna nuda.

GYNANDRIA.

DIANDRIA.

ORCHIS.

* * BULBIS INDIVISIS.

Gen. 1094. 8. ORCHIS *bifolia*. O. bulbis indivifis; nectarii labio
lanceolato, integerrimo; cornu longiffimo; petalis
patentibus. *Fl. dan.* t. 235.

O. alba bifolia minor, calcari oblongo. *Bauh. pin.* 83. *Vaill.*
parif. 151. t. 30. f. 7. *Seg. ver.* t. 15. f. 10.
Habitat in Europæ *pafcuis afperis.* ♃ *Suec. parif. delph. lith. burg.*
lugd.

12. ORCHIS *pyramidalis*. O. bulbis indivifis; nectarii labio
bicorni, trifido, æquali, integerrimo; cornu longo; petalis fublanceolatis. *Jacq. auftr.* t. 266.

O. purpurea, fpicâ congeftâ, pyramidali. *Ray. angl.* 3. p. 377.
t. 18. *Seg. ver.* t. 15. f. 11.
Cynoforchis militaris montana; fpicâ rubente, conglomeratâ.
Bauh. pin. 81. *prodr.* 28.
Habitat in Helvetiæ, Belgii, Angliæ, Galliæ *arenofis, creta-*
ceis. ♃ *Suec. delph. burg. lugd. lith.*

13. ORCHIS *coriophora*. O. bulbis indivifis; nectarii labio trifido,
reflexo, crenato; cornu brevi; petalis conniventibus. *Jacq.*
auftr. t. 12. *Fl. dan.* t. 224.

O. odore hirci minor. *Bauh. pin.* 82. *Vaill. parif.* 149. t. 31.
f. 30. 31. 32.
Habitat in Europæ *auftralioris*, Orientis *pafcuis.* ♃ *Parif. pal.*
delph. lugd. burg.

15. ORCHIS *Morio*. O. bulbis indivifis; nectarii labio quadrifido, crenulato; cornu obtufo, afcendente; petalis obtufis,
conniventibus. *Fl. dan.* t. 243.

O. Morio femina. *Bauh. pin.* 82. *Vaill. parif.* t. 31. f. 13. 14.
Seg. ver. t. 15. f. 7.
Habitat in Europæ *fylvis afperis.* ♃ *Delph. lugd. burg. lith. fuec.*
parif. pal.

16. ORCHIS *mafcula*. O. bulbis indivifis; nectarii labio qua-
drilobo, crenulato; cornu obtufo; petalis dorfalibus reflexis.
Fl. dan. t. 457.

O. Morio mas, foliis (non) maculatis. *Bauh. pin.* 81. *Vaill.*
parif. 151. t. 31. f. 12.
Habitat in Europæ *locis.* ♃ *Suec. auftr. pal. delph. lugd. burg. lith.*

17. ORCHIS *uftulata*. O. bulbis indivifis; nectarii labio quadrifido, punctis fcabro; cornu obtufo; petalis diftinctis. *Fl.*
dan. t. 103.

O. militaris, pratenfis, humilior. T. *Vaill. parif.* 149. t. 31.
f. 35. 36. *Seg. vor.* t. 15. f. 4.

Cynoforchis militaris, pratenfis, humilior. *Bauh. pin.* 81.

Habitat in Europæ *temperatæ pratis.* ℔ *Suec. parif. pal. delph.*
burg.

18. ORCHIS *militaris*. O. bulbis indivifis; nectarii labio quin-
quefido, punctis fcabro; cornu obtufo, petalis confluentibus.

Cynoforchis latifolia, hiante cucullo, major. *Bauh. pin.* 80.

O. fufca. *Jacq. auftr.* t. 176.

γ. Orchis latifolia, hiante cucullo, minor. T. *Vaill. parif* t. 31.
f. 22. 23. 24.

Cynoforchis latifolia, hiante cucullo, minor. *Bauh. pin.* 81.

♂. O. militaris, major. *Tournef. inft.* 438. t. 247. *Vaill. parif.*
148. t. 31. f. 21. 27. 28. *Seg. ver.* 2. p. 122. t. 11. f. 2.

Habitat in Europæ temperatæ *pratis.* ℔ *Suec. parif. pal. delph.*
lith. burg. lugd.

* * BULBIS PALMATIS.

22. ORCHIS *latifolia*. O. bulbis fubpalmatis, rectis; nectarii
cornu conico; labio trilobo, lateribus reflexo; bracteis
flore longioribus. *Fl. dan.* t. 266.

O. palmata, pratenfis, latifolia; longis calcaribus. *Bauh. pin.* 85.
Vaill. parif. t. 31. f. 1. 2. 3. 4. 5.

Habitat in Europæ *pratis.* ℔ *Suec. parif. pal. lugd. lith. delph.*
burg.

24. ORCHIS *Sambucina*. O. bulbis fubpalmatis, rectis; nectarii
cornu conico; labio ovato, fubtrilobo; bracteis longitudine
florum. *Jacq. auftr.* t. 108.

O. palmata, lutea; labio floris maculato. *Seg. ver.* 249. t. 8. f. 5.

Habitat in Europa. ℔ *Suec. pal. fil. delph.*

25. ORCHIS *maculata*. O. bulbis palmatis, patentibus; nectarii cornu germinibus breviore; labio plano; petalis dorfalibus patulis.

O. palmata pratenfis maculata. *Bauh. pin.* 86. *Vaill. parif.*
t. 31. f. 9. 10.

Habitat in Europæ *pratis fucculentis.* ℔ *Suec. parif. delph. lith.*
burg. lugd.

26. ORCHIS *odoratiffima*. O. bulbis palmatis; nectarii cornu
recurvo, germine breviore; labio trilobo; foliis linearibus.
Jacq. auftr. t. 264.

O. palmata, anguftifolia, minor, odoratiffima. *Bauh. pin.* 86.
prodr. 30. t. 30. *Ray. hift.* 2225. *Seg. ver.* 3. p. 250. t. 8. f. 6.

Habitat in Italia, Gallia, Germania, *rariffima in* Suecia. *Herb.*

Gen.

27. ORCHIS *Conopfea.* O. bulbis palmatis ; nectarii cornu
setaceo, germinibus longiore; labio trifido; petalis duobus
patentiſsimis. *Fl. dan.* t. 224.
O. palmata, minor, calcaribus oblongis. *Bauh. pin.* 85. *Vaill.*
pariſ. t. 30. f. 88.
Habitat in Europæ *pratis montoſis.* ♃ *Suec. pariſ. lith. lugd.*
burg. delph.

* * * * *BULBIS FASCICULATIS.*

32. ORCHIS *abortiva.* O. bulbis faſciculatis, filiformibus ;
nectarii labio ovato, integerrimo ; caule aphyllo. *Jacq.*
auſtr. t. 193.
O. abortiva, violacea. *Bauh. pin.* 86.
Habitat in Galliæ, Helvetiæ, Angliæ, Italiæ, Germaniæ *ſylvis*
umbroſis. ♃ *Pariſ. delph. burg.*

1095. 1. SATYRIUM *hircinum.* S. bulbis indiviſis; foliis lanceolatis; nectarii labio trifido ; intermediâ lineari
elongatâ, obliquâ, præmorſâ. *Jacq. auſtr.* t. 367.

Orchis barbata, fœtida. *Bauh. hiſt* 2. p. 756. *Vaill. pariſ.*
t. 30. f. 6. *Seg. ver.* t. 15. f. 1. *Riu. hex.* t. 18.
Orchis barbata, odore hirci ; breviore latioreque folio. *Bauh.*
pin. 20. *Moriſ. hiſt.* 3. p. 491. f. 12. t. 12. f. 9.
Habitat in Galliæ, Cantii, Germaniæ, *&c. campeſtribus.* ♃ *Pariſ.*
monſp. pal. lugd. delph. burg.

2. SATYRIUM *viride.* S. bulbis palmatis ; foliis oblongis,
obtuſis ; nectarii labio lineari trifido ; intermediâ obſoletâ.
Fl. dan. t. 73.
Orchis palmata, flore viridi. *Bauh. pin.* 86. *prodr.* 30.
Orchis palmata; flore galericulato, dilutè viridi. *Læſ. pruſſ.*
192. t. 59.
β. Orchis palmata, batrachites. *Bauh. pin.* 86. *Vaill. pariſ.* 153.
t. 31. f. 6. 7. 8.
Habitat in Europæ *frigidioris aſperis.* ♃ *Suec. pariſ. pal. delph.*
burg. lith. lugd.

3. SATYRIUM *nigrum.* S. bulbis palmatis; foliis linearibus ;
nectarii labio reſupinnato, indiviſo.
Orchis palmata, anguſtifolia, Alpina; nigro flore. *Bauh. pin.*
Seguier ver. 133. t. 15. f. 17.
Habitat in Alpibus Helveticis, Lapponicis. ♃ *Delph.*

5. SATYRIUM *albidum.* S. bulbis faſciculatis ; foliis lanceolatis; nectarii labio trifido, acuto ; laciniâ intermediâ, ob-
tuſâ. *Fl. dan.* t. 115.
Pſeudo-Orchis Alpina; flore herbaceo. *Mich. gen.* 30. t. 26.
Habitat in Scaniæ, Germaniæ, Helvetiæ, Averniæ *pratis ſylva-*
ticis. ♃ *Suec. delph. lugd.*

5. SATYRIUM *Epipogium.* S. bulbis compreſſis, dentatis; caule
vaginato ; nectarii labio reſupinato, indiviſo. *Jacq. auſtr.*
f. 84.

Habitat in Sibiriæ, Auſtriæ, Helvetiæ, Germaniæ ſteriliſſimis
umbroſis. ♃ Delph.

7. SATYRIUM repens. S. bulbis fibroſis; foliis ovatis, radicalibus; floribus ſecundis. Jacq. auſtr. t. 369.
Pyrola anguſtifolia, polyanthos, radice geniculatâ. Læſ. pruſſ.
210. t. 68.
Habitat in Sueciæ, Angliæ, Sibiriæ, Helvetiæ ſylvis, in
pinnetis Germaniæ. ♃ Suec. pariſ. delph. burg.

OPHRYS.

* BULBIS RAMOSIS.

1. OPHRYS Nidus avis. O. bulbis fibroſo-faſciculatis; 1096.
caule vaginato, aphyllo; nectarii labio bifido. Fl.
dan. t. 181.
Orchis abortiva, fuſca. Bauh. pin. 86.
Habitat in Sueciæ, Germaniæ, Galliæ nemoribus. Pal. lith.
delph. burg. lugd. pariſ.

2. OPHRYS Corallorhiza. O. bulbis ramoſis, flexuoſis; caule
vaginato, aphyllo; nectarii labio trifido. Fl. dan. t. 451.
Orobanche radice coralloïde. Bauh. pin. 88.
Orobanche radice coralloïde, ruberrimâ. Mentz. pug. t. 9. f. 1.
Habitat in Europæ deſertis. ♃ Lith. delph.

3. OPHRYS ſpiralis. O. bulbis aggregatis, oblongis; caule
ſubfolioſo; floribus ſpirali-ſecundis; nectarii labio indiviſo,
crenulato. Oed. dan. 387. Seguier. ver. t. 8. f. 9.
Habitat in Sibiriæ, Germaniæ, Galliæ, Auſtriæ, Helvetiæ,
Italiæ graminoſis. Pariſ. pal. delph. lugd. burg.

5. OPHRYS ovata. O. bulbo fibroſo; caule bifolio; foliis
ovatis; nectarii labio bifido. Fl. dan. t. 137.
O. bifolia. Bauh. pin. 87.
Habitat in Europæ ſubhumidis pratis. ♃ Pal. delph. burg. lith.
lugd. pariſ.

6. OPHRYS cordata. O. bulbo fibroſo; caule bifolio; foliis
cordatis.
O. minima. Bauh. pin. 87. prodr. 31.
Habitat in Europæ frigidæ ſylvis humentibus. Carn. norv. delph.
ſuec. lugd.

** BULBIS ROTUNDIS.

8. OPHRYS Læſelii. O. bulbo ſubrotundo; ſcapo nudo, trigono;
nectarii labello ovato.
O. diphyllos bulboſa. Læſ. pruſſ. 180. t. 58.
Habitat in Sueciæ, Boruſſiæ paludibus. Lith.

9. OPHRYS paludoſa. O. bulbo ſubrotundo; ſcapo ſubnudo,
pentagono; foliis apice ſcabris; nectarii labio integro.

Gen.

Orchis bifolia, minor, paluſtris. *Pluck. alm.* 270. t. 247. f. 2.
Habitat in Sueciæ, Germaniæ, Ruſſiæ *paludibus turfoſis. Suec. pal. delph.*

10. OPHRYS *monophyllos.* O. bulbo rotundo; ſcapo nudo; folio ovato; nectarii labio integro.
O. monophyllos bulboſa. *Læſ. pruſſ.* 180. t. 57.
Habitat in Boruſſiæ, Medelpadiæ, Helvetiæ *paludibus ſylvaticis.* ♃ *Delph.*

11. OPHRYS *Monorchis.* O. bulbo globoſo; ſcapo nudo; nectarii labio trifido, cruciato. *Fl. dan.* t. 102.
Orchis odorata, moſchata ſ. Monorchis. *Bauh. pin.* 84.
Orchis coleo unico ſ. Monorchis floſculis pallidè viridibus. *Læſ. pruſſ.* 184. t. 61.
Monorchis. *Mich. gen.* 30. t. 26. *Rupp. gen.* 421. t. 2.
Habitat in Europæ *pratis uliginoſis. Pal. lith. lugd.*

12. OPHRYS *Alpina.* O. bulbis ovatis; ſcapo nudo; foliis ſubulatis; nectarii labio indiviſo, obtuſo, utrinque unidentato. *Fl. dan.* t. 452.
Chamæ Orchis Alpina, folio gramineo. *Bauh. pin.* 81. *prodr.* 29.
Habitat in Alpibus Lapponiæ, Helvetiæ, *&c.* ♃ *Suec. delph.*

14. OPHRYS *antropophora.* O. bulbis ſubrotundis; ſcapo folioſo; nectarii labio lineari, tripartito; medio elongato, bifido. *Oed. fl. dan.* t. 103.
Orchis, flore nudi hominis effigiem repræſentans, femina. *Bauh. pin.* 82. *Vaill. pariſ.* 147. t. 31. f. 19. 20.
Habitat in Italia, Luſitania, Gallia, Helvetia. *Lugd. delph. burg.*

15. OPHRYS *infectifera.* O. bulbis ſubrotundis; ſcapo folioſo; nectarii labio ſubquinquelobo.
α. Ophrys *infectifera, myodes. Gunn. norv.* tom. 2. t. 5. f. 1.
Orchis muſcæ corpus referens, minor; galeâ & alis herbidis. *Bauh. pin.* 83. *Vaill. pariſ.* 147. t. 31. f. 17. 18.
β. Orchis muſcam referens, major. *Bauh. pin.* 83.
γ. Orchis muſcam referens, lutea. *Bauh. pin.* 83.
η. Ophrys infectifera, *arachnites. Mill. dict.* n. 7.
Orchis araneam referens. *Bauh. pin.* 84. *Tournef. inſt.* 434. t. 247. ſ. *C. Vaill. pariſ.* t. 30. f. 10. 11. 12. 13.
δ. Orchis fucum referens; colore rubiginoſo. *Bauh. pin.* 83. *Vaill. pariſ.* 146. t. 31. f. 15. 16.
ι. Orchis fucum referens, major; foliolis ſuperioribus candidis & purpuraſcentibus. *Bauh. pin.* 83. *Vaill. pariſ.* 146. t. 30. f. 10. 11. 12. 13.
Habitat in Europa *temperatiori.* ♃ *Monſp. pal. lugd. delph. burg. lith. ſuec.*

1097. 1. SERAPIAS *latifolia* S. bulbis fibroſis; foliis ovatis, amplexicaulibus; floribus pendulis. *Norv.* t. 5. f. 3. 6.
Helleborine latifolia, montana. *Bauh. pin.* 186.

Helleborine

Helleborine altera, flore atro-rubente. *Bauh. pin.* 187.
Habitat in Europæ *sylvis.* ♃ *Pal. delph. burg. lith. paris. suec. lugd.*

2. SERAPIAS *longifolia.* S. bulbis fibrosis; foliis ensiformibus
sessilibus; floribus pendulis. *Oed. dan.* t. 267.
Helleborine angustifolia, palustris f. pratensis. *Bauh. pin.* 87.
Riu. hex. t. 3.
Habitat in Europæ *asperis sylvis.* ♃ *Pal. delph. burg. lugd.*

3. SERAPIAS *grandiflora.* S. bulbis fibrosis; foliis ensiformibus;
floribus erectis; nectarii labio obtuso, petalis breviore. *Oed.
dan.* 506.
Helleborine flore albo, Damasonium montanum, latifolium.
Bauh. pin 187.
β. Helleborine montana, angustifolia, spicata. *Bauh. pin.* 187.
Habitat in Europæ *sylvis.* ♃ *Pal. delph. burg. lugd.*

4. SERAPIAS *rubra.* S. bulbis fibrosis; foliis ensiformibus; floribus erectis; nectarii labio acuto. *Oed. dan.* t. 345.
Helleborine montana, angustifolia, purpurasc. *Bauh. pin.* 187.
Habitat in sylvis Europæ. *Pal. delph. burg. lugd.*

1. CYPRIPEDIUM *Calceolus.* C. radicibus fibrosis;
foliis ovato-lanceolatis, caulinis.

1109.

Helleborine flore rotundo f. Calceolus. *Bauh. pin.* 187.
Habitat in Europæ, Asiæ, Americæ *septentrionalibus.* ♃ *Suec.
ged. lith. delph.*

PENTANDRIA.
PASSIFLORA.
FOLIIS MULTIFIDIS.

24. PASSIFLORA *cærulea.* P. foliis palmatis, integerrimis. *Knorr. del.* 1. t. P. *Kniph. cent.* 2. n. 50.
Habitat in Brasilia. ♄

1110.

HEXANDRIA.

17. ARISTOLOCHIA *Pistolochia.* A. foliis cordatis,
crenulatis, subtus reticulatis, petiolatis; floribus
solitariis.

1111.

Aristolochia Pistolochia dicta. *Bauh. pin.* 307.
Pistolochia. *Cluf. hist.* 2. p. 72. *Dod. pempt.* 525.
Habitat in Hispania, G. Narbonensi, Helvetia. ♃ *Delph.*

18. ARISTOLOCHIA *rotunda.* A. foliis cordatis, subsessilibus,
obtusis; caule infirmo; floribus solitariis. *Blackw.* t. 256.
A. rotunda, flore ex purpura nigro. *Bauh. pin.* 307.
Habitat in Italia, Hispania, G. Narbonensi. ♃ *Carn. delph. monsp.*

Gen.

19. ARISTOLOCHIA *longa.* A. foliis cordatis, petiolatis, integerrimis, obtufiufculis; caule infirmo; floribus folitariis. *Blackw.* t. 257.
A. longa vera. *Bauh. pin.* 307.
Habitat in Hifpania, Italia, Gallia, Carniola. ♃ *Carn. delph. Monfp.*

21. ARISTOLOCHIA *Clematitis.* A. foliis cordatis; caule erecto; floribus axillaribus, confertis. *Blackw.* t. 255.
A. Clematitis recta. *Bauh. pin.* 307.
Habitat in Auftria, Gallia, Tartaria, &c. ♃ *Parif. pal. delph. lugd. burg. monfp.*

DODECANDRIA.

115. **1. CYTINUS** *Hypociftis.*

Afarum (*Hypociftis*) foliis feffilibus, imbricatis; floribus quadrifidis. *Spec. plant.*
Hypociftis. *Bauh. pin.* 465. *Cam. epit.* 96. 97. *Duham. arb.* 1. p. 170. t. 68.
Habitat in Hifpania, Lufitania, Mauritania, *parafitica Cifti. Monfp.*

POLYANDRIA.

ARUM.

* *ACAULIA, FOLIIS COMPOSITIS.*

119. **1. ARUM** *Dracunculus.* A. foliis pedatis; foliolis lanceolatis, integerrimis, æquantibus fpatham fpadice longiorem.

Dracunculus polyphillus. *Bauh. pin.* 195. *Morif. hift.* 3. p. 548. f. 13. t. 5. f. 46.
Dracontium. *Dod. pempt.* 329.
Habitat in Europa auftrali. ♃ *Delph.*

* * *ACAULIA, FOLIIS SIMPLICIBUS.*

12. ARUM *maculatum.* A. acaule; foliis haftatis, integerrimis; fpadice clavato. *Fl. dan.* t. 505.
A. vulgare non maculatum. *Bauh. pin.* 195.
A. venis albis. *Bauh. pin.* 195.
β. A. maculatum, maculis candidis f. nigris. *Bauh. pin.* 195.
Habitat in Europa auftraliore. ♃ *Parif. carn. pal. fil. lugd.*

121. **2. CALLA** *paluftris.* C. foliis cordatis; fpathâ planâ; fpadice undique hermaphrodito. *Fl. dan.* t. 422.

Dracunculus paluftris f. radice arundinaceâ. *Bauh. pin.* 195.　Gen.
Dracunculus aquatilis. *Dod. pempt.* 330.
Habitat in Europæ *borealis paludibus. Suec. ged. pal. fil. lith.*

1. ZOSTERA *marina.* Z. pericarpiis feffilibus, *Oed.*　1123.
  t. 15.
Habitat in mari Baltico, Oceano. *Carn.*

  2. ZOSTERA *Oceanica.* Z. pericarpiis pedicellatis, olivifor-
   mibus.
  Alga anguftifolia vitriariorum. *Bauh. pin.* 364.
  Habitat in Oceano. ♃

K ij

CLASSIS XXI.

MONOECIA.

MONANDRIA.

1127. CHARA. ♂ *Cal.* nullus. *Cor.* nulla.
♀ *Cal.* 4 - phyllus. *Cor.* o.
Stigm. 3-fidum. *Sem.* 1.

1124. ZANNICHELLIA. ♂ *Cal.* nullus. *Cor* nulla.
♀ *Cal.* 1-phyllus. *Cor.* o.
Pist. 4. *Sem.* 4.

1125. CERATOCARPUS. ♂ *Cal.* 2-partitus. *Cor.* o.
♀ *Cal.* 2-phyllus. *Cor.* o.
Styl. 2 *Sem.* 1. inferum.

1126. CYNOMORIUM. ♂ *Cal.* amenti. *Cor.* nulla.
♀ *Cal.* amenti. *Cor.* o. *Styl.*
1. *Sem.* 1. fubrotundum.

* *Callitriche verna.*

DIANDRIA.

1130. LEMNA. ♂ *Cal.* 1-phyllus. *Cor.* o.
♀ *Cal.* 1-phyllus. *Cor.* o.
Styl. 1. *Capf.* 1. locul.

TRIANDRIA.

1133. ZEA. ♂ *Gluma* 2 - flora. *Gluma*
2-valvis.
♀ *Gluma* 1-flora. *Gluma*
2 - valvis. *Styl.* 1. *Sem.*
1, nudum, fubrotundum.

1135. COIX. ♂ *Gluma* 2-flora. *Gluma*
2-valvis.
♀ *Gluma* 2-flora. *Gluma*
2-valvis. *Styl.* 2 - fidus.
Sem. 1, tectum nuce.

1137. CAREX. ♂ *Ament.* 1-florum. *Cor.* nulla.
♀ *Ament.* 1-florum. *Cor.* 1. *Styl.* 1. *Sem.* 1, tunicatum.

1132. SPARGANIUM. ♂ *Cal.* 3-phyllus. *Cor.* o.
♀ *Cal.* 3-phyllus. *Cor.* o. *Stygm.* 2. *Sem.* 1-spermum.

1131. TYPHA. ♂ *Cal.* 3-phyllus. *Cor.* o.
♀ *Cal.* capillaris. *Cor.* o. *Styl.* 1. *Sem.* 1, pappigerum.

* *Amaranthi varii.*

TETRANDRIA.

1149. URTICA, ♂ *Cal.* 4-phyllus. *Cor.* o. *Nectarium* cyathiforme.
♀ *Cal.* 2-valvis. *Cor.* o. *Stygm.* villosum. *Sem.* 1, ovatum.

1150. MORUS. ♂ *Cal.* 4-partitus. *Cor.* o.
♀ *Cal.* 4-phyllus. *Cor.* o. *Styl.* 2. *Sem.* 1, baccatum.

1148. BUXUS. ♂ *Cal.* 3-phyllus. *Cor.* 2-petala.
♀ *Cal.* 4-phyllus. *Cor.* 3-petala. *Stigm.* 3. *Capf.* 3-locularis.

1147. BETULA. ♂ *Ament.* 3-florum. *Cor.* 4-partita.
♀ *Ament.* 2-florum. *Cor.* o. *Styl.* 2. *Sem.* 1. ovatum.

1145. LITTORELLA. ♂ *Cal.* 4-phyllus. *Cor.* 4-fida. *Stam.* longissima.
♀ *Cal.* o. *Cor.* 4-fida. *Styl.* longissimus. *Sem.* nux.

PENTANDRIA.

1152. XANTHIUM.   ♂ *Cal.* comm. polyph. *Cor.* 5-fida. *Filam.* connexa.
♀ *Cal.* o. *Cor.* o. *Styl.* 2. *Drupa* 2-locul.

1157. AMARANTHUS.   ♂ *Cal.* propr. 5-phyll. *Cor.* o. *Stam.* 3. f. 5.
♀ *Cal.* idem. *Cor.* o. *Styl.* 3. *Capf.* circumfciffa.

HEXANDRIA.

* *Rumex fpinofus, Alpinus.*

POLYANDRIA. (plura quam 7.)

1164. SAGITTARIA.   ♂ *Cal.* 3-phyllus. *Cor.* 3. petala. *Stam.* 24. circiter.
♀ *Cal.* & *Cor.* maris *Pift.* 100. *Sem.* numerofa.

1163. MYRIOPHYLLUM.   ♂ *Cal.* 4-phyllus. *Cor.* o. *Stam.* 8.
♀ *Cal.* 4-phyllus. *Cor.* o. *Pift.* 4. *Sem.* 4.

1162. CERATOPHYL-LUM.   ♂ *Cal.* fub 7-partitus. *Cor.* o. *Stam.* 18. circiter.
♀ *Cal.* fub 7-partitus. *Cor.* o. *Pift.* 1. *Sem.* 1.

1167. POTERIUM.   ♂ *Cal.* 4-phyllus. *Cor.* 4-partita. *Stam.* 32. circiter.
♀ *Cal.* 4-phyllus. *Cor.* 4-pet. *Pift.* 2. *Sem.* 2. obducta.

1170. FAGUS.   ♂ *Cal.* 5-fidus. *Cor.* o. *Stam.* 12. circiter.
♀ *Cal.* 4-fidus. *Cor.* o. *Styl.* 3. *Capf.* 2-fperma.

1168. QUERCUS.   ♂ *Cal.* 5-fidus. *Cor.* o. *Stam.* 10. circiter.

♀ *Cal.* integer. *Cor.* o. *Styl.* 5. *Nux* coriācea.

1169. JUGLANS. ♂ *Ament.* imbricat. *Cor.* 6-partita. *Stam.* 18. circiter.

♀ *Cal.* 4-fidus. *Cor.* 4-pet. *Styli* 2. *Drupa* coriacea.

1172. CORYLUS. ♂ *Ament.* imbric. *Cor.* o. *Stam.* 8.

♀ *Cal.* 2-phyl. *Cor.* o. *Styl.* 2. *Nux* nuda.

1171. CARPINUS. ♂ *Ament.* imbricat. *Cor.* o. *Stamina* 10.

♀ *Cal.* 6-fidus. *Cor.* o. *Pist.* 2. *Nux* nuda.

1173. PLATANUS. ♂ *Ament.* globos. *Cor.* obsoleta. *Anth.* circumnata.

♀ *Ament.* globos. *Cor.* 5-pet. *Styl.* 1. *Sem.* 1, papposum.

MONADELPHIA.

1175. PINUS. ♂ *Cal.* 4-phyllus. *Cor.* o. *Stam.* plurima.

♀ *Ament.* strobilac. *Cor.* o. *Pist.* 2. *Nuces* 2, alatæ.

1177. CUPRESSUS. ♂ *Ament.* *Cor.* o. *Anth.* 4, sessiles.

♀ *Ament.* strobilac. *Cor.* o. *Stigm.* 2. *Nux* angulata.

1176. THUJA. ♂ *Amentum.* *Cor.* o. *Anth.* 4.

♀ *Ament.* strobilac. *Cor.* o. *Pist.* 2. *Nux* cincta alâ.

1181. CROTON. ♂ *Cal.* 5-phyllus. *Cor.* 5-pet. *Stam.* 15.

♀ *Cal.* 5-phyll. *Cor.* o. *Styl.* 3. *Caps.* 3-cocca.

1184. RICINUS. ♂ *Cal.* 5-part. *Cor.* o. *Stam.* multa.

♀ *Cal.* 3-part. *Cor.* o. *Styl.* 3. *Caps.* 3-cocca.

K k iv

S Y N G E N E S I A.

1191. MOMORDICA.   ♂ *Cal.* 5-fid. *Cor.* 5-fida.
                              Filam. 3.
                              ♀ *Cal.* 5-fidus. *Cor.* 5-fida.
                              Styl. 3-fid. *Pomum* elasti-
                              cum.

1193. CUCUMIS.   ♂ *Cal.* 5-dentat. *Cor.* 5-fida.
                              Filam. 3
                              ♀ *Cal.* 5-dent. *Cor.* 5-fida.
                              Styl. 3-fid. *Pomum. Sem.*
                              argutis.

1192. CUCURBITA.   ♂ *Cal.* 5-dent. *Cor.* 5-fida.
                              Filam. 3.
                              ♀ *Cal.* 5-dent. *Cor.* 5-fida.
                              Styl. 3-fidus. *Pomum. Sem.*
                              marginatis.

1194. BRYONIA.   ♂ *Cal.* 5-dent. *Cor.* 5-part.
                              Filam. 3.
                              ♀ *Cal.* 5-dent. *Cor.* 5-part.
                              Styl. 3-fidus. *Bacca.*

MONOECIA.

MONANDRIA.

1. ZANICHELLIA *paluſtris. Fl. dan.* t. 67.   Gen. 1124.

Z. paluſtris major ; foliis gramineis. *Mich. gen.* 71. t. 34. f. 1. 2.
Potamogeton Capillaceum ; capitulis ad alas trifidis. *Bauh. pin.*
193. *prodr.* 101.
Habitat in Europæ, Virginiæ *foſſis ,fluviis.* ⊙ *Pal. lith. delph.*
lugd.

2. CHARA *tomentoſa.* C. aculeis caulinis, ovatis.   1127.

Equiſetum ſ. Hippuris lacuſtris ; foliis manſu arenoſis. *Pluck.*
alm. 135. t. 29. f. 4.
Habitat in Europæ *ſtagnis , mari , lacubus. Delph. lugd.*

2. CHARA *vulgaris.* C. caulibus lævibus ; frondibus internè
dentatis. *Fl. dan.* t. 150.
C. vulgaris fœtida. *Vaill. act.* 1719. p. 23. t. 3. f. 1.
Equiſetum fœtidum ſub aqua repens. *Bauh. pin.* 16.
Habitat in Europæ *aquis pigris. Ged. pal. lith. lugd. delph. ſucc.*

3. CHARA *hiſpida.* C. aculeis caulinis , capillaribus , confertis.
Fl. dan. t. 154.
C. major , caulibus ſpinoſis. *Vaill. act.* 1719. p. 18. t. 3. f. 3.
Equiſetum ſ. Hippuris muſcoſus ſub aqua repens. *Pluck. alm.*
135. t. 193. f. 6.
Habitat in Europæ *maritimis. Suec. lugd. delph.*

4. CHARA *flexilis.* C. caulium articulis inermibus , diaphanis,
ſupernè latioribus.
C. tranſlucens major & minor flexilis. *Vaill. par.* 18. t. 3.
f. 8. 9.
Habitat in Europæ *maritimis. Succ. pal. delph. lugd.*

DIANDRIA.

1. LEMNA *triſulca.* L. foliis petiolatis , lanceolatis.   1130.

Lenticularia ramoſa, monorrhiza ; foliis oblongis , pediculis
longioribus donatis. *Mich. gen.* 16. t. 11. f. 5.
Lenticula aquatica , triſulca. *Bauh. pin.* 362.
Habitat in Europa *ſub aquis pigris , puris. Suec. ged. pal. delph.*
lith. burg. monſp. lugd.

2. LEMNA *minor.* L. foliis ſeſſilibus , utrinque planiuſculis ;
radicibus ſolitariis.

Lenticula minor monorrhiza; foliis fubrotûndis, utrinque virï-
dibus. *Mich. gen.* 16. t. 11. f. 3. *Toȝȝet. app.* 148.
Lenticula paluſtris. *Bauh. pin.* 362. *Vaill.* 14. t. 20. f. 3.
Habitat in Europæ *aquis quietis. Suec. ged. pal. lugd. lith. burg.*

2. LEMNA *gibba.* L. foliis feſſilibus , fubtus hemiſphæricis ;
radicibus folitariis.
Lenticula paluſtris major, infernè magis cónvexa; fructu po-
lyſpermo. *Mich. gen.* 15. t. 11. f. 2.
Habitat in Europæ *aquis fegnibus. Suec. ged. burg. lith. lugd.*

4. LEMNA *polyrrhiȝa.* L. foliis feſſilibus ; radicibus confertis.
Lenticularia major polyrrhiza, infernè atro-purpurea. *Mich. gen.*
16. t. 11. f. 1.
Lenticula paluſtris major. *Vaill. pariſ.* 114. t. 20. f. 2.
Habitat in Europæ *paludibus , foſſis. Suec. ged. pal. lith. burg. lugd.*

5. LEMNA *arrhiȝa.* L. foliis geminis , eradicatis.
Lenticula omnium minima , arrhiza. *Mich. gen.* 16. t. 11. f. 4.
Habitat in Italiæ , Galliæ *aquis.*

TRIANDRIA.

1131. 1. TYPHA *latifolia.* T. foliis fubenſiformibus , ſpicâ
maſculâ femineâque approximatis. *Fl. dan.* t. 645.

T. paluſtris major. *Bauh. pin.* 20. *Moriſ. hiſt.* 3. p. 246. ſ. 8.
t. 13. f. 1.
Habitat in paludibus Europæ. *Suec. ged. carn. pal. lugd. lith. burg.*

2. TYPHA *anguſtifolia.* T. foliis femicylindricis , ſpicâ maſculâ
femineâque remotis.
T. paluſtris , clavâ gracili. *Bauh. pin.* 20.
T. paluſtris media. *Moriſ. hiſt.* 3. p. 246. ſ. 8. t. 13. f. 2.
Bauh. hiſt. p. 540.
Habitat in Europæ *paludibus.* ♃ *Pal. lith. burg. lugd.*

1132. 1. SPARGANIUM *erectum.* S. foliis erectis , triquetris.

S. ramoſum. *Bauh. pin.* 15.
Platanaria ſ. Butomon. *Dod. pempt.* 601.
β. Sparganium non ramoſum. *Bauh. pin.* 15. *Oed. dan.* t. 260.
Habitat in Zonæ *frigidæ feptentrionalis æquoſis.* ♃ *Suec. pal. lith.
delph. lugd. burg. lugd.*

2. SPARGANIUM *natans.* S. foliis decumbentibus , planis.
Habitat in Europæ *borealis lacubus, paludibus.* ♃ *Pal. fuec. delph. burg.*

1133. 1. ZEA *Mays. Blackw.* t. 547. *a. b.*

Frumentum Indicum, Mays dictum. *Bauh. pin.* 25. *Dod. pempt.* 509.
Habitat in America. ☉ *Variet. plurimæ.*

1135. 1. COIX *Lachryma.* C. feminibus ovatis.

Lithoſpermum arundinaceum. *Bauh. pin.* 258.
Habitat in Indiis. ♃

CAREX.

* SPICA UNICA SIMPLICI.

1. CAREX *dioïca*. C. fpicâ fimplici dioïcâ. *Fl. dan.* 1137.
t. 369.
Cyperoïdes parvum, caulibus & foliis tenuiffimis triangularibus, fpicâ longiore, capfulis oblongis.*Mich. gen.* 56. t. 32. f. 1.
Habitat in Europæ *pratis humidis.* ♃ *Suec. delph. lugd.*

3. CAREX *pulicaris*. C. fpicâ fimplici androgynâ ; fupernè
mafculâ; capfulis divaricatis , retroflexis. *Leers herb.* t. 14.
f. 1.
C. minima ; caulibus & foliis capillaceis ; capitulo fingulari ,
tenuiori ; capfulis oblongis , utrinque acuminatis & deor-
fum flexis. *Mich. gen.* 66. t. 33. f. 1.
Habitat in Europæ *paludibus limofis.* ♃ *Delph. Parif. fuec. lugd.*

* * SPICIS ANDROGYNIS.

6. CAREX *baldenfis*. C. fpicis ternis , congeftis , feffilibus
ovatis, triquetris, androgynis; involucro diphyllo.
Gramen junceum, montanum; capite fquamofo. *Bauh. pin.* 6.
prodr. 13. t. 13.
Habitat in Baldo. *Seguier. Allioni.* ♃ *Delph.*

7. CAREX *arenaria*. C. fpicâ compofitâ ; fpiculis androgynis ,
inferioribus , foliolo longiori inftructis ; culmo triquetro.
Leers herb. n. 706. t. 14. f. 2.
Carex maritima humilis ; radice repente ; caule triquetro ;
fpicâ fpadiceâ. *Mich. gen.* 67. t. 33. f. 4.
Habitat in Europæ *arena præfertim mobili.* ♃ *Suec. delph. lugd.*

9. CAREX *leporina*. C. fpicâ compofitâ ; fpiculis ovatis , feffilibus , approximatis , alternis , androgynis , nudis. *Leers herb.*
n. 707. t. 14. f. 6. *Fl. dan.* t. 294.
Habitat in Europæ *pratis nudis.* ♃ *Suec. pal. delph. burg. lugd.*

10. CAREX *vulpina*. C. fpicâ fupra decompofitâ , infernè
laxiore ; fpiculis androgynis, ovatis , glomeratis , fupernè
mafculis. *Leers herb.* n. 708. t. 14. f. 5. *Fl. dan.* t. 308.
Gramen Cyperoïdes, paluftre, majus , fpicâ compactâ. *Bauh. pin.*
6. *Morif. hift.* 3. p. 244. f. 8. t. 12. f. 14.
Habitat in Europæ *paludibus. Suec. parif. pal. delph. burg. lugd.*

11. CAREX *brizoïdes*. C. fpicâ compofitâ , diftichâ , nudâ ;
fpiculis androgynis, oblongis, contiguis; culmo nudo.
C. fibratâ radice, anguftifolia ; caule exquifitè triangulari.
Mich. gen. 70. t. 33. f. 17.
Habitat in Europa. *Delph.*

12. CAREX *muricata*. C. fpiculis fubovatis , feffilibus , remotis,
androgynis; capfulis acutis, divergentibus , fpinofis. *Leers*
herb. n. 709. t. 14. f. 8. *Fl. dan.* t. 284.

C. nemorosa , fibrosâ radice , angustifolia minima ; caule
exquisitè triangulari ; spicâ brevi interruptâ. *Mich. gen.* 69.
t. 33. f. 11.
Gramen nemorosum ; spicis parvis, asperis. *Bauh. pin.* 7.
Morif. hist. 3. p. 244. f. 8. t. 12. f. 27.
Habitat in Europæ *nemoribus humentibus.* ♃ *Suec. ged. pal. delph.*

13. CAREX *loliacea.* C. spiculis subovatis , sessilibus , remotis ,
androgynis ; capsulis ovatis, teretiusculis , muticis,divaricatis.
C. nemorosa , fibrosâ radice ; caule triangulari ; spicâ divulsâ
f. interruptâ ; capitulis solitariis , præterquam ultimo. *Mich.
gen.* 69. t. 33. f. 10. *sec. Schreb.* R.
Habitat in Suecia, Saxonia. *Schreb. spicil.* p. 64, *Suec. delph. lugd.*

14. CAREX *remota.* C. spicis ovatis , subsessilibus , remotis ,
androgynis ; bracteis culmum æquantibus. *Leers herborn.*
n. 711. t. 15. f. 1. *Fl. dan.* t. 370.
C. angustifolia , caule triquetro ; capitulis pulchellis , strigo-
fioribus. *Mich. gen.* p. 70. n. 3. t. 33. f. 16.
Habitat in Europæ *umbrosis subhumidis.* ♃ *Delph. burg. lugd.*

15. CAREX *elongata.* C. spiculis oblongis, sessilibus , remotis,
androgynis ; capsulis ovatis, acutis. *Leers. herborn.* n. 711.
t. 14. f. 7.
Gramen Cyperoïdes, angustifolium ; spicis longis, erectis, *Bauh.
pin.* 6.
Habitat in Europa. ♃ *Suec. pal. lugd.*

16. CAREX *cancscens.* C. spiculis subrotundis, remotis, sessi-
libus , obtusis , androgynis ; capsulis ovatis, obtusiusculis,
Fl. dan. t. 285.
Gramen Cyperoïdes , spicis curtis, divulsis. *Læf. pruff.* 117.
t. 32.
Habitat in Europa *septentrionali.* ♃ *Suec. pal. delph. lugd.*

17. CAREX *paniculata.* C. racemo composito ; spiculis androgynis. *Leers herborn.* n. 713. t. 14. f. 4.

Cyperus longus, inodorus, sylvaticus. *Bauh. pin.* 14.
Habitat in Europæ *australioris , Alpinis, uliginosis.* ♃ *Ged. delph.
pal. lugd.*

* * * SPICIS SEXU DISTINCTIS; FEMINEIS SESSI-
LIBUS.

19. CAREX *flava.* C. spicis confertis , subsessilibus , subrotundis ; masculâ lineari ; capsulis acutis, recurvis. *Leers horb.*
n. 714. t. 15. f. 6.
Gramen Cyperoïdes aculeatum , Germanicum, f. minus. *Bauh.
pin.* 7. *Morif. hist.* 3. p. 243. f. 8. t. 12. f. 19.
Habitat in Europæ *paludibus.* ♃ *Suec. parif. pal. delph. burg. lugd.*

21. CAREX *digitata.* C. spicis linearibus , erectis ; masculâ
breviore inferioreque ; bracteis aphyllis ; capsulis distantibus. *Leers herborn.* n. 715. t. 16. f. 4.
Habitat in Europæ *nemoribus.* ♃ *Suec. parif. ged. pal. delph. lith.*

22. CAREX *montana.* C. fpicis femineis , feffilibus , fubfoli-
tariis , ovatis , mafculæ approximatis; culmo nudo; capfulis
pubefcentibus. *Leers herborn.* n. 716. t. 16. f. 6. *Fl. dan.*
t. 444.
Habitat in Europæ *montanis apricis.* ♃ *Suec. pal. delph. lith.*

25. CAREX *filiformis.* C. fpicâ mafculâ , oblongâ ; femineis
feffilibus , oblongis; inferiore foliolo , proprio , breviore.
Leers herborn. n. 718. t. 16. f. 5.
Habitat in Europæ *nemoribus. Suec. pal. delph.*

26. CAREX *pilulifera.* C. fpicis terminalibus , confertis , fubrotundis; mafculinâ oblongâ.
Gramen Cyperoïdes tenuifolium ; fpicis ad fummitatem caulis
feffilibus , globulorum æmulis. *Pluck. alm.* 178. t. 91. f. 8.
Habitat in Europa. *Delph.*

27. CAREX *faxatilis.* C. fpicis tribus ovatis , feffilibus , alternis ;
mafcula oblonga. *Fl. dan.* t. 159.
Habitat in Europæ *Alpibus. Suec. delph.*

* * * * *SPICIS SEXU DISTINCTIS ; FEMINEIS PEDUN-*
CULATIS.

28. CAREX *atrata.* C. fpicis androgynis , terminalibus , pedunculatis , florentibus , erectis ; fructiferis pendulis. *Fl. dan.*
t. 158.
Habitat in Alpibus *Europæ. Suec. delph.*

29. CAREX *limofa.* C. fpicis ovatis , pendulis; mafculâ lon-
giore erectiore ; radice repente. *Leers herb.* n. 719. t. 15. f. 3.
Fl. dan. t. 646.
Gramen Cyperoïdes , fpicâ pendulâ minus. *Bauh. pin.* 85.
Habitat in Europæ *frigidæ paludibus , falvaticis. Suec. pal.*

30. CAREX *capillaris.* C. fpicis pendulis ; mafculâ erectâ ;
femineis oblongis , diftichis ; capfulis nudis , acuminatis.
Fl. dan. t. 168. *Leers herborn.* n. 720. (*exceptâ varietate* β
cum icone , quæ eft C. patula Scopoli f. fylvatica Schreberi. R.)
Habitat in Sueciæ *pratis humidis. Suec.*

31. CAREX *pallefcens.* C. fpicis pendulis ; mafculâ erectâ ;
femineis ovatis , imbricatis ; capfulis confertis , obtufis.
Leers herb. n. 721. t. 15. f. 4.
Habitat in Europæ *paludibus.* ♃ *Suec. delph. lugd.*

32. CAREX *panicea.* C. fpicis pedunculatis , erectis , remotis;
femineis linearibus ; capfulis obtufiufculis , inflatis. *Leers*
herb. n. 722. t. 15. f. 5. *Fl. dan.* t. 261.
Cyperoïdes foliis caryophyllæis ; fpicis è rarioribus & tumidioribus veficis , compofitis. *Mich. gen.* 61. t. 32. f. 11.
Pluck. alm. 178. t. 91. f. 7.
Habitat in Europæ *uliginofis.* ♃ *Suec. pal. fil. delph. lith. lugd.*

34. CALEX *Pfeudo-cyperus.* C. fpicis pendulis ; pedunculis
geminatis.

Gen.

Cyperoïdes spicâ pendulâ, breviore. *Bauh. pin. 6. Morif. hift.* 3. p. 242. f. 8. t. 12. f. 5.
Habitat in Europæ *foffis.* ♃ *Ged. gallob. pal. delph. lugd. burg. lith. parif.*

35. CAREX *cæfpitofa.* C. fpicis erectis, cylindricis, ternis, fubfeffilibus; mafculâ terminali; culmo triquetro.
Cyperoïdes fylvaticum, anguftifolium; fpicis parvis, tenuibus, fpadiceo-viridibus. *Scheuchz. gram.* 425. t. 10. f. 11.
Habitat in Europæ *paludibus turfofis.* ♃ *Suec. fil. delph. burg. lugd. lith.*

36. CAREX *diftans.* C. fpicis remotiffimis, fubfeffilibus; bracteâ vaginali; capfulis angulatis, mucronatis.
Habitat in Europæ *auftralioris paludibus.* ♃ *Pal. delph. lugd.*

* * * * * SPICIS SEXU DISTINCTIS ; MASCULIS
PLURIBUS.

37. CAREX *acuta.* C. fpicis mafculis, pluribus; femineis fubfeffilibus; capfulis obtufiufculis. *Leers herb.* n. 723.
α. Carex *acuta, nigra. Leers,* l. c. t. 16. f. 1. †.
β. Carex *acuta, ruffa. Leers,* l. c. t. 16. f. 1.
Cyperoïdes foliis caryophyllæis; fpicis habitioribus; fquamis curtis. *Mich. gen.* 62. t. 32. f. 12.
Gramen Cyperoïdes, fpicâ ruffâ f. caule triangulo. *Bauh. pin. 6.*
Habitat in Europa *ubique, α in ficcioribus, β in aquofis.* ♃ *Suec. parif. pal. delph. burg. lugd. lith.*

38. CAREX *veficaria.* C. fpicis mafculis, pluribus; femineis pedunculatis; capfulis inflatis, acuminatis. *Leers herb.* n. 724. t. 16. f. 2. I. II. III. *Oed. fl. dan.* t. 647.
Gramen Cyperoïdes anguftifolium; fpicis longis, erectis. *Bauh. pin. 6.*
β. Carex culmo longiffimo; fpicis tenuibus, remotis. *Fl. lapp.*
Habitat in Europæ *udis fylvaticis. Suec. pal. fil. delph. burg. lugd. lith.*

39. CAREX *hirta.* C. fpicis remotis; mafculis pluribus; femineis fubpedunculatis, erectis; capfulis hirtis. *Leers herb.* n. 7. t. 16. f. 3. *Fl. dan.* t. 379.
Habitat in Europæ *fabulofis.* ♃ *Suec. ged. pal. delph. burg. lith. lugd.*

T E T R A N D R I A.

1145. 1. LITTORELLA *lacuftris. Oed. dan.* 170.

Plantago floribus femineis, feffilibus ad exortum fcapi uniflori-maris. *Juff. act.* 1742. p. 131. t. 7.
Gramen junceum; capitulis quatuor, longiffimis filamentis donatis. *Pluck. alm.* 180. t. 35. f. 2. *Morif. hift.* 3. f. 8. t. 9. f. 30.
Habitat ad Europæ *littora lacuum. Olimp. uniflor. Sp. pl.*

1. BETULA *alba*. B. foliis ovatis, acuminatis, serratis. Gen. 1147.

Betula. *Bauh. pin.* 427. *Cam. epit.* 69. *Blackw. t.* 240.
Habitat in Europa *frigidiore.* ♄ *Suec. pal. lugd. lith. burg.*

4. BETULA *nana*. B. foliis orbiculatis, crenatis. *Fl. dan.* 91.f. 4.
B. pumila, foliis subrotundis. *Amm. act.* 9. p. 314. t. 14.
ruth. 259.
Habitat in Alpibus Lapponicis, *paludibus* Sueciæ, Russiæ,
Helvetiæ, Harcyniæ. ♄

6. BETULA *Alnus*. B. pedunculis ramosis.
α. Betula *glutinosa*.
Alnus rotundifolia, glutinosa ,viridis. *Bauh. pin.* 428.
Alnus. *Cam. epit.* 68. *Læs. pruss.* 10. t. 1. *Math.* 140.
β. Betula *incana*, foliis incanis, ovatis, acutis, bisserratis ;
stipulis lanceolatis ; amentis spicatis. *Supl. pl.*
Alnus folio incano. *Bauh. pin.* 428.
Habitat in Europa; α Lapponia *in* Gades.♄ *Pal. lith .lugd. burg.suec.*

1. BUXUS *sempervirens*.   1148.

α. Buxus *arborescens*.
B. (*arborescens*) foliis ovatis. *Mill. dict. n.* 1. *Blackw. t.* 196.
B. arborescens. *Bauh. pin.* 471.
Buxus. *Dod. pempt.* 782.
β. Buxus *suffruticosa*.
B. foliis orbiculatis. *Mill. dict. n.* 3.
Habitat in Europa *australi.* ♄ *Lugd.*

URTICA.

* OPPOSITI FOLIÆ.

1. URTICA *pilulifera*. U. foliis oppositis, ovatis,   1149.
serratis ; amentis fructiferis, globosis.

U. urens pilulas ferens. *Bauh. pin.* 232.
Habitat in Europa *australi.* ⊙ *Monsp. burg.*

6. URTICA *urens*. U. foliis oppositis, ovalibus. *Fl. dan.* t. 739.
U. urens minor. *Bauh. pin.* 232.
U. urens minima. *Dod. pempt.* 152.
Habitat in Europæ *cultis.* ⊙ *Pal. lith. burg. lugd. suec. paris.*

7. URTICA *dioïca*. U. foliis oppositis, cordatis ; racemis
geminis. *Fl. dan.* t. 746.
U. urens maxima. *Bauh. pin.* 232.
Habitat in Europæ *ruderatis.* ♃ *Pal. lith. burg. lugd. paris. suec.*

1. MORUS *alba*. M. foliis oblique cordatis, lævibus.   1150.

M. fructu albo. *Bauh. pin.* 459.
M. candida. *Dod. pempt.* 810.
Habitat in China, Persia *sponte.* *Gmel.* ♄

Gen.

2. MORUS *nigra.* M. foliis cordatis, scabris.
M. fructu nigro. *Bauh. pin.* 459. *Blackw.* t. 126.
Morus. *Dod. pempt.* 810.
Habitat in Italiæ *maritimis, in* Persia *sponte.* ♄

PENTANDRIA.

1152.

1. XANTHIUM *strumarium.* X. caule inermi ; foliis
cordatis, trinervatis.

Xanthium. *Fuchs hist.* 579. *Blackw.* t. 455.
Lappa minor f. Xanthium Dioscoridis. *Bauh. pin.* 198.
Habitat in Europa. ⊙ *Suec. paris. pal. lugd. burg. lith.*

3. XANTHIUM *spinosum.* X. spinis ternatis; foliis trilobis.
X. Lusitanicum, spinosum. *Pluck. alm.* 206. t. 239. f. 1.
Habitat in Lusitania ; Monspelii. ⊙

AMARANTHUS.

* TRIANDRI.

1157.

4. AMARANTHUS *tricolor.* A. glomerulis triandris,
axillaribus, subrotundis, amplexicaulibus ; foliis
lanceolato-ovatis, coloratis. *Kniph. cent.* 9. n. 6.
Knorr. del. hort. 2. t. A. 3. 4. 5.

A. folio variegato. *Bauh. pin.* 121.
Habitat in India, Russia. ⊙

11. AMARANTHUS *Blitum.* A. glomerulis lateralibus ; floribus
trifidis ; foliis ovatis, retusis ; caule diffuso. *Kniph. cent.*
11. n. 3.
Blitum album, minus. *Cam. epit.* 236. *Pluck. phyt.* 212. f. 2.
Blitum rubrum, minus. *Bauh. pin.* 118.
Habitat in Europa *temperatiore.* ⊙ *Burg. paris. suec. lugd.*

12. AMARANTHUS *viridis.* A. glomerulis triandris ; floribus
masculis, trifidis ; foliis ovatis, emarginatis; caule erecto.
Blitum album, minus. *Bauh. pin.* 118. *Bauh. hist.* 2. p. 967.
Habitat in Europa, Brasilia. ⊙ *Pal. ged. lith. burg. lugd.*

* * PENTANDRI.

20. AMARANTHUS *hypochondriacus.* A. racemis pentandris,
compositis, confertis, erectis; foliis ovatis, mucronatis.
Habitat in Virginia. ⊙

22. AMARANTHUS *caudatus.* A. racemis pentandris, decom-
positis, cylindricis, pendulis, longissimis.
A. maximus. *Bauh pin.* 120.
Blitum majus, Peruvianum. *Cluf. hist.* 2. p. 81.
Habitat in Peru, Persia, Zeylona, Russia. ⊙

POLYANDRIA.

POLYANDRIA. Stamina ultra VII.

1. CERATOPHYLLUM *demerfum.* C. foliis dicho-   1162.
tomo-bigeminis, fructibus trifpinofis.

Hydroceratophyllum, folio afpero, quatuor cornibus armato.
Vaill. act. 1719. p. 21. t. 2. f. 1.
Equifetum fub aqua repens; foliis bifurcis. *Læf. pruff.* 67. t. 12.
*Habitat in Europæ foſſis majoribus fub aqua. Suec. parif. ged. pal.
lith. lugd.*

2. CERATOPHYLLUM *fubmerfum.* C. foliis dichotomo-trige-
minis; fructibus muticis. *Fl. dan.* t. 510.
Hydroceratophyllum folio octo cornibus armato. *Vaill.
act.* 1719. p. 21. t. 2. f. 2.
Habitat in Europæ aquis. Lugd.

2. MYRIOPHYLLUM *fpicatum.* M. floribus mafculis,   1163.
interruptè fpicatis. *Fl. dan.* t. 681.

Millefolium aquaticum, pennatum, fpicatum. *Bauh. pin.* 141.
prodr. 73. t. 73.
Habitat in Europæ aquis quietis. ♃ *Suec. parif. monfp. ged. pal.
lugd. lith. burg.*

2. MYRIOPHYLLUM *verticillatum.* M. floribus omnibus verticillatis, hermaphroditis.
Millefolium aquaticum; flofculis ad foliorum nodos. *Bauh.
pin.* 141.
Habitat in Europæ inundatis. ♃ *Suec. parif. monfp. pal. lugd.*

1. SAGITTARIA *fagittifolia.* S. foliis fagittatis, acutis.   1164.
Fl. dan. t. 172.

Sagitta aquatica minor, latifolia. *Bauh. pin.* 194.
β. Sagitta aquatica minor, anguftifolia. *Bauh. pin.* 194.
γ. Sagitta aquatica maior. *Bauh. pin.* 94.
δ. Sagitta aquatica, foliis variis. *Læf. pruff.* 234. t. 74.
Gramen bulbofum, aquaticum. *Bauh. prodr.* 4.
*Habitat in Europæ, Americæ fluviis, lacubus argillofis. Suec.
parif. pal. lith. burg. lugd.*

1. POTERIUM *fanguiforba.* P. inerme; caulibus fuban-   1168.
gulofis. *Blackw.* t. 413.

Pimpinella Sanguiforba minor, hirfuta. *Bauh. pin.* 160.
Habitat in Europæ auftralioris afperis. ♃ *Pal. lugd. burg. parif.*

3. QUERCUS *Ilex.* Q. foliis ovato-oblongis, indivifis,   1168.
ferratifque, fubtus incanis; cortice integro.

Ilex oblongo, ferrato folio. *Bauh. pin.* 424.
Habitat in Europâ auftrali. ♄ *Monfp. carn. lugd.*

Gen.

4. QUERCUS *Suber.* Q. foliis ovato-oblongis, indivisis, serratis, subtus tomentosis; cortice rimoso, fungoso.
Suber latifolium, sempervirens. *Bauh. pin.* 424. *Du Ham. arb.* 2. t. 80. *Blackw.* t. 193.
Habitat in Europa *australi.* ♄.

5. QUERCUS *cóccifera.* Q. foliis indivisis, spinoso-dentatis, utrinque glabris.
Ilex aculeata, cocciglandiflora. *Bauh. pin.* 425. *Garid. aix.* 245. t. 53.
Habitat in G. Narbonensi, Hispania, Italia, Sicilia, Istria, Oriente, Judæa. ♄ *Carn. monsp.*

10. QUERCUS *Esculus.* Q. foliis pinnatifidis; laciniis lanceolatis, remotis, acutis, posticè angulatis.
Q. parva s. Fagus Græcorum & Esculus. *Bauh. pin.* 420.
Habitat in Europa *australi.* ♄ *Burg.*

11. QUERCUS *robur.* Q. foliis deciduis, oblongis, supernè latioribus; sinubus acutioribus; angulis obtusis.
Q. latifolia mas, quæ brevi pediculo est. *Bauh. pin.* 420. *Du ham. arb.* 1.
β. Quercus (*femina*) foliis deciduis, oblongis, obtusis, pinnato-sinuatis; petiolis brevissimis; pedunculis glandularum longissimis. *Mill. dict. n.* 2.
Q. cum longo pediculo. *Bauh. pin.* 420. *Du Ham. arb.* 3. *Knorr del. hort.* 1. t. E. 2.
Habitat in Europa. ♄ *Suec. paris. pal. burg. lith. lugd.*

12. QUERCUS *Ægylops.* Q. foliis ovato-oblongis, glabris, serrato-dentatis.
Q. calyce echinato, glande majore. *Bauh. pin.* 420.
Habitat in Hispania. ♄ *Carn.*

13. QUERCUS *Cerris.* Q. foliis oblongis, lyrato-pinnatifidis; laciniis transversis, acutis, subtus subtomentosis.
Q. calyce hispido, glande minore. *Bauh. pin.* 420.
Habitat in Hispania, Austria. ♄ *Lugd.*

1169.

1. JUGLANS *regia.* J. foliolis ovalibus, glabris, subserratis, subæqualibus. *Blackw.* t. 247.
Nux juglans s. regia vulgaris. *Bauh. pin.* 417.
Nux juglans. *Dod. pempt.* 816.
β. Nux juglans, fructu maximo. *Bauh. pin.* 417.
γ. Nux juglans, fructu tenero & fragili putamine. *Bauh. pin.* 417.
δ. Nux juglans bifera. *Bauh. pin.* 417.
ε. Nux juglans serotino. *Bauh. pin.* 417.
Habitat in Persia. ♄ *Paris. lugd. burg.*

1170.

1. FAGUS *Castanea.* F. foliis lanceolatis, acuminato-serratis, subtus nudis.
Castanea sylvestris. *Bauh. pin.* 419.

β. Caſtanea ſativa. *Bauh. pin.* 418. *Blackw.* t. 330. *Mill. ic.* Gen.
t. 84.
Habitat in Italiæ & auſtralioris Europæ *montibus.* ♄ *Pariſ. lugd.*
burg.

3. FAGUS *ſylvatica.* F. foliis ovatis ; obſoletè ſerratis.
Fagus. *Bauh. pin.* 419. *Cam. epit.* 12.
Habitat in Europa. ♄ *Suec. pariſ. pal. lugd. burg. lith.*

1. CARPINUS *Betulus.* C. ſquamis ſtrobilorum planis. 1171.
Oſtria Ulmo ſimilis ; fructu in umbilicis foliaceis. *Bauh. pin.*
427.
Habitat in Europa , Canada. ♄ *Suec. pariſ. pal. burg. lugd. lith.*

2. CARPINUS *Oſtrya.* C. ſquamis ſtrobilorum inflatis.
Oſtrya Italica , Carpini folio ; fructu longiore ſ. breviore ,
habitiore. *Mich. gen.* 223. t. 204. f. 1. 2.
Habitat in Italia , Virginia. ♄

1. CORYLUS *Avellana.* C. ſtipulis ovatis ; obtuſis. 1172.
C. ſylveſtris. *Bauh. pin.* 418.
β. C. ſativa ; fructu albo majore ; ſ. vulgaris. *Bauh. pin.* 418.
Kniph. cent. 1. n. 20.
γ. C. ſativa ; fructu rotundo , maximo. *Bauh. pin.* 418. *Knorr*
del. hort. 2. t. C. 5.
δ. C. ſativa ; fructu oblongo , rubente. *Bauh. pin.* 418.
ε. C. nucibus in racemum congeſtis. *Bauh. pin.* 418.
Habitat in Europæ ſepibus. ♄ *Suec. pariſ. pal. lugd. lith. burg.*

1. PLATANUS *Orientalis.* P. foliis palmatus. 1173.
Platanus. *Bauh. pin.* 431. *Cluſ. hiſt.* 1. p. 9.
Habitat in Aſia , Tauro , Macedonia , Atho , Lemno , Creta
locis riguis. ♄

2. PLATANUS *occidentalis.* P. foliis lobatis.
Habitat in America ſeptentrionali. ♄

M O N A D E L P H I A.

P I N U S.

* *FOLIIS PLURIBUS EX EADEM BASI VAGINALI.*

1. PINUS *ſylveſtris.* P. foliis geminis ; primordialibus 1175.
ſolitariis , glabris.
P. ſylveſtris. *Bauh. pin.* 491. *Blackw.* t. 190.
β. Pinus (rubra) foliis geminis , brevioribus , glaucis ; conis
parvis , mucronatis. *Mill. dict.* n. 3. *Du Roi.* l. c. p. 29.
γ. P. maritima altera. *Bauh. pin.* 492.
δ. Pinaſter latifolius ; julis vireſcentibus ſ. palleſcentibus. *Bauh.*
pin. 492.

Ll ij

Gen.
Pinaster tenuifolius; julo purpurascente. *Bauh. pin.* 492.
Habitat in Europæ *borealis sylvis glareosis.* ♄ *Suec. parif. pal. lith. lugd.*

2. PINUS *Pinea.* P. foliis geminis; primordialibus folitariis, ciliatis.
P. sativa. *Bauh. pin.* 492. *Blackw.* t. 189. *Du Ham. arb.* 2. t. 27.
Habitat in Italia, Hispania, Gallia *auftrali.* ♄ *Monfp. carn.*

4. PINUS *Cembra.* P. foliis quinis, lævibus.
P. fylveftris montana, tertia. *Bauh. pin.* 491.
Habitat in Alpibus Sibiriæ, Tartariæ, Helvetiæ, Vallesiæ. ♄ *Carn.*

6. PINUS *Cedrus.* P. foliis fafciculatis, acutis.
Cedrus conifera; foliis Laricis. *Bauh. pin.* 490.
Cedrus Libani. *Barr. ic.* 499.
Habitat in Syriæ, Libani, Amani, Tauri *montibus.* ♄

7. PINUS *Larix.* P. foliis fafciculatis, obtufis.
Larix. *Bauh. pin.* 493. *Dod. pempt.* 668. *Cam. epit.* 45. 46.
Habitat in Alpibus Helveticis, Vallefiacis, Stiriacis, Corin-thiacis, Tridentinis, Sibiriæ, &c. ♄ *Lith.*

* *.*FOLIIS SOLITARIIS ET BASI DISTINCTIS.*

8. PINUS *Picea.* P. foliis folitariis, emarginatis.
Abies conis furfum fpectantibus f. mas. *Bauh. pin.* 505.
Habitat in Alpibus Helvetiæ, Sueciæ, Bavariæ, Scotiæ. ♄ *Carn.*

11. PINUS *Abies.* P. foliis folitariis, fubulatis, mucronatis, lævibus, bifariam verfis. *Fl. dan.* t. 193.
β. Picea major prima f. Abies rubra. *Bauh. pin.* 493.
γ. Abies alba f. femina. *Bauh. pin.* 505.
Habitat in Europæ, Afiæ borealibus humidiufculis. ♄ *Carn. lugd. lith.*

2276. 1. THUJA *Occidentalis.* T. ftrobilis lævibus; fquamis obtufis. *Blackw.* t. 210.

T. Theophrafti. *Bauh. pin.* 488.
Habitat in Canadæ, Sibiriæ *fubhumidis.* ♄ *Lith.*

2. THUJA *Orientalis.* T. ftrobilis fquarrofis; fquamis acutis.
Habitat in China. ♄

2177. 1. CUPRESSUS *fempervirens.* C. foliis imbricatis; frondibus quadrangulis.

Cupreffus. *Bauh. pin.* 488. *Cam. epit.* 52.
Habitat in Creta, Carinthia. ♄ *Monfp.*

7. CROTON *tinctorium*. C. foliis rhombeis, repan- Gen. 1178.
dis; capfulis pendulis; caule herbaceo.

Heliotropium tricoccum. *Bauh. pin.* 253.
Habitat Monfpelii & *in* Gallia Narbonenfi. ⊙

8. RICINUS *communis*. R. foliis peltatis, fubpalmatis, 1184.
ferratis.

R. vulgaris. *Bauh. pin.* 439. *Blackw.* t. 148.
Habitat in India *utraque*, Africa, Europa *auftrali*. ♂

S Y N G E N E S I A.

1. MOMORDICA *Balfamina*. M. pomis angulatis, 1191.
tuberculatis; foliis glabris, patentipalmatis. *Blackw.*
t. 539.

Balfamina rotundifolia, repens f. mas. *Bauh. pin.* 306.
Habitat in India. ⊙

8. MOMORDICA *Elaterium*. M. pomis hifpidis; cirrhis nullis.
Cucumis agreftis. *Blackw.* t. 108.
Cucumis fylveftris, Afininus dictus. *Bauh. pin.* 314.
Habitat in Europa *auftrali*. ⊙ *Lugd.*

1. CUCURBITA *lagenaria*. C. foliis fubangulatis, 1192.
tomentofis; pomis lignofis. *Blackw.* t. 522. *a. b.*

C. oblonga; flore albo; folio molli. *Bauh. pin.* 313.
Habitat in Americæ *riguis*. ⊙

3. CUCURBITA *Pepo*. C. foliis lobatis; pomis lævibus.
C. major rotunda; flore luteo; folio afpero. *Bauh. pin.* 213.
Habitat . . . . ⊙

4. CUCURBITA *verrucofa*. C. foliis lobatis; pomis nodofo
verrucofis.
C. verrucofa. *Bauh. pin.* 2. *p.* 222.
Habitat . . . . ⊙

5. CUCURBITA *Melopepo*. C. foliis lobatis; caule erecto;
pomis depreffo-nodofis.
Melopepo clypeiformis. *Bauh. pin.* 312.
Habitat . . . . ⊙

6. CUCURBITA *Citrullus*. C. foliis multipartitis.
Anguria Citrullus dicta. *Bauh. pin.* 312. *Blackw.* t. 157.
Habitat in Apulia, Calabria, Sicilia. ⊙

1. CUCUMIS *Colocynthis*. C. foliis multifidis; pomis 1193.
globofis, glabris. *Blackw.* t. 441.

Colocynthis, fructu rotundo, major. *Bauh. pin.* 313.
Habitat . . . ⊙

L l iij

Gen.

2. CUCUMIS *prophetarum.* C. foliis cordatis, quinquelobis, denticulatis, obtusis; pomis globosis, spinoso-muricatis, *Jacq. hort.* t. 9. *Blackw.* t. 589.
Habitat in Arabia.

5. CUCUMIS *Melo.* C. foliorum angulis, rotundatis; pomis torulosis. *Blackw.* t. 329.
Melo vulgaris. *Bauh. pin.* 310.
Habitat in Calmucchia. ☉

8. CUCUMIS *sativus.* C. foliorum angulis rectis; pomis oblongis, scabris. *Blackw.* t. t. 4.
C. sativus vulgaris. *Bauh. pin.* 310.
Habitat . . . . ☉

5194.

1. BRYONIA *alba.* B. foliis palmatis, utrinque calloso-scabris. *Blackw.* t. 533. *a. b.*

B. alba, baccis nigris. *Bauh. pin.* 297.
β. Bryonia aspera s. alba baccis rubris. *Bauh. pin.*
Habitat in Europa *ad pagos & sepes.* ♃ *Succ. paris. lugd. lith. burg.*

CLASSIS XXII.

DIOECIA.

MONANDRIA.

1198. NAJAS.
♂ *Cal.* 2-fidus. *Cor.* 4-fidæ *Filam.* 0.
♀ *Cal.* 0. *Cor.* 0. *Pift.* 3. *Capf.* 1-locularis.

* *Salix purpurea.*

DIANDRIA.

1199. VALLISNERIA.
♂ *Spath.* multiflora. *Cal.* bipart. *Cor.* 3-partita.
♀ *Spath.* 1-flora. *Cal.* 3-partitus. *Cor.* 3-petal. *Pift.* 1. *Capf.* 1-locular.

1201. SALIX.
♂ *Ament.* fquama. *Cor.* 0. *Stam.* 2. raro 5.
♀ *Ament.* fquama. *Cor.* 0. *Stigm.* 2. *Capf.* 2-valvis. *Sem.* pappofa.

TRIANDRIA.

1202. EMPETRUM.
♂ *Cal.* 3-part. *Cor.* 3-petala.
♀ *Cal.* 3-part. *Cor.* 3-petala. *Styl.* 9. *Bacca.* 9-fperma.

1203. OSYRIS.
♂ *Cal.* 3-fidus. *Cor.* 0.
♀ *Cal.* 3-fidus. *Cor.* 0. *Styl.* 0. *Drupa* uniloc.

* *Valeriana dioïca. Carex dioïca, Salix triandra.*

TETRANDRIA.

¶210. HIPPOPHAE. ♂ *Cal.* 2-partitus. *Cor.* o.
♀ *Cal.* 2-fidus. *Cor.* o. *Pift.*
1. *Bacca* 1-fperma arillo
truncato.

¶209. VISCUM. ♂ *Cal.* 4-partitus. *Cor.* o.
♀ *Cal.* 4-phyllus. *Cor.* o.
Stigm. obtufum. *Bacca* 1-
fperma, infera.

¶211. MYRICA. ♂ *Ament.* fquama. *Cor.* o.
♀ *Ament.* fquama. *Cor.* o.
Styli 2. *Bacca* 1-fperma.

* *Urticæ variæ. Morus nigra.*

PENTANDRIA.

¶220. CANNABIS. ♂ *Cal.* 5 - partit. *Cor.* o.
♀ *Cal.* 1-phyllus. *Cor.* o.
Styl. 2. *Nux.*

¶221. HUMULUS. ♂ *Cal.* 5-phyllus. *Cor.* nulla.
♀ *Cal.* 1-phyllus. *Cor.* o.
Styl. 2. *Sem.* calyce ala-
tum.

¶212. PISTACIA. ♂ *Cal.* 5-fidus. *Cor.* o.
♀ *Cal.* 3-fidus. *Cor.* o. *Styl.*
3. *Drupa* ficca.

¶218. SPINACIA. ♂ *Cal.* 5-part. *Cor.* o.
♀ *Cal.* 4-fidus. *Cor.* o. *Styl.*
4. *Sem.* 1. calycinum.

* *Rhamnus alaternus.*

* *Salix pentandra.*

HEXANDRIA.

¶225. SMILAX. ♂ *Cal.* 6-phyllus. *Cor.* o.
♀ *Cal.* 6-phyllus. *Cor.* o.
Styl. 3. *Bacca* fupera
3-locul.

1224. TAMUS. ♂ *Cal.* 6-phyllus. *Cor.* 0.
♀ *Cal.* & *Cor.* maris. *Styl.*
3-fid. *Bacca* inferta, 3-lo-
cul.

* *Rumex Acetofa, Acetofella, aculeata.*

O C T A N D R I A.

1228. POPULUS. ♂ *Ament.* lacerum. *Cor.* 0.
Nectar. ovatum. *Stam.* 8.
16.
♀ *Ament.* lacerum. *Cor.* 0.
Stigm. 4-fidum. *Capf.* 2-
valvis. *Sem.* pappofa.

1229. RHODIOLA. ♂ *Cal.* 4 - partit. *Cor.* 4.
petala.
♀ *Cal.* 4-partit. *Cor.* 0.
Pift. 4. *Capf.* 4-polyf-
permæ.

* *Laurus nobilis. Acer rubrum.*

E N N E A N D R I A.

1230. MERCURIALIS. ♂ *Cal.* 3-phyll. *Cor.* 0.
Stam. 9. 12.
♀ *Cal.* 3-phyllus. *Cor.* 0.
Styli 2. *Capf.* 2-cocca.

1231. HYDROCHARIS. ♂ *Cal.* 3-phyll. *Cor.* 3-pe-
tala.
♀ *Cal.* 3-phyllus. *Cor.* 3-pe-
tala. *Styl.* 6. *Capf.* infera,
6-locul.

* *Laurus, an omnis ?*

D E C A N D R I A.

1235. CORIARIA. *Cal.* 5-phyllus. *Cor.* 5-pe-
tala.
♀ *Cal.* & *Cor.* maris. *Styl.*
5. *Bacca.* 5-fperma ; pe-
talina.

* *Lychnis dioïca. Cucubalus Otites.*

Gypsophila paniculata.

I C O S A N D R I A.

* *Spiræa Aruncus. Rubus Chamæmorus.*

Myrtus dioïca.

P O L Y A N D R I A.

* *Thalictrum dioïcum.*

Stratioïtes.

M O N A D E L P H I A.

1240. JUNIPERUS.	♂ *Ament. Cor.* o. *Stam.* 3.
	♀ *Cal.* 3-partitus. *Cor.* 3-pet. *Styl.* 3. *Bacca* infera, 3-sperma, calycina.
1241. TAXUS.	♂ *Cal.* 4-phyllus. *Cor.* o.
	♀ *Cal.* 4-phyllus. *Cor.* o. *Stigm.* 1. *Bacca.* 1-sperm. recutita.
1242. EPHEDRA.	♂ *Ament.* 2-fidus. *Cor.* o. *Stam.* 7.
	♀ *Cal.* imbricatus. *Cor.* o. *Pist.* 1. *Bacca.* 2-sperma. calycina.

S Y N G E N E S I A.

1246. RUSCUS.	♂ *Cal.* 6-phyllus. *Cor.* o. *Stam.* 5.
	♀ *Cal.* 6-phyllus. *Cor.* o. *Pist.* 1. *Bacca.* 3-locul. 2-sperma.

* *Gnaphalium dioïcum. Bryonia dioïca.*

DIOECIA.

MONANDRIA.

1. NAJAS *marina.* Gen. 1198.

Fluvialis vulgaris , latifolia. *Vaill. act.* 1719. p. 17. t. 1. f. 2.
Habitat in Europæ *maribus;* Bafileæ. *Suec. monfp. lugd.*

DIANDRIA.

1. VALLISNERIA *Spiralis.* 1199.

♀ V. paluftris , Algæ folio, Italica ; foliis in fummitate denticulatis ; flore purpurafcente. *Mich. gen.* 12. t. 10. f. 1.
♂ Vallifnerioïdes paluftre , Algæ folio , Italicum ; foliis fummitate tenuiffimè denticulatis ; floribus albis, vix confpi-
cuis. *Mich. gen.* 3. t. 10. f. 2.
Habitat in Pifæ *aliifque* Italiæ *foffis , etiam vulgaris in* India
orientali & Norvegia. *Parif. lith. lugd.*

SALIX.

* FOLIIS GLABRIS SERRATIS.

2. SALIX *triandra.* S. foliis ferratis , glabris; floribus 1201.
triandris.

Habitat in Helvetia , Sibiria , Germania, &c. ♄ *Carn. gallob.
herb. pal. fil. lith. lugd.*

3. SALIX *pentandra.* S. foliis ferratis , glabris; floribus pen-
tandris.
S. vulgaris rubens. *Bauh. pin.* 473.
S. pentandra. *Fl. lapp.* 370. t. 8. f. 3.
Habitat in Europæ *paludibus montofis duris.* ♄ *Suec. fil. burg. lith.*

5. SALIX *vitellina.* S. foliis ferratis , ovatis , acutis, glabris ;
ferraturis cartilagineis ; petiolis callofo-punctatis.
S. fativa lutea , folio crenato. *Bauh. pin.* 473.
Habitat in Europa *temperatiore.* ♄ *Gallob. fil. burg. lugd.*

6. SALIX *amygdalina.* S. foliis ferratis , glabris, lanceolatis,
petiolatis ; ftipulis trapeziformibus.
S. folio amygdalino , utrinque virente , aurito. *Bauh. pin.*
473. (*Sec. Rajum.*)
Habitat in Europæ *fylvis.* ♄ *Suec. parif. pal. burg. lugd.*

7. SALIX *haftata.* S. foliis ferratis , glabris , fubovatis , acutis,
feffilibus ; ftipulis fubcordatis.

Gen.

S. foliis ferratis, glabris, fubovatis, feffilibus, appendiculatis.
Fl. lapp. 354. t. 8. f. *G.*
Habitat in Lapponia, Helvetia, Germania. ♄

9. SALIX *fragilis.* S. foliis ferratis, glabris, ovato-lanceo-
latis; petiolis dentato-glandulofis. *Fl. lapp.* 349. t. 8. f. *B.*
S. fragilis. *Bauh. pin.* 474. *prodr.* 159. (*Dill. giff.* 43.) *Du
Ham. arb.* 7.
Habitat in Europæ *borealibus.* ♄ *Herb. pal. fil. burg. lith. lugd.*

10. SALIX *Babylonica.* S. foliis ferratis, glabris, lineari-
lanceolatis; ramis pendulis. *Gouan illuftr.* p. 77. *Gmel. it.*
3. p. 309. t. 34. f. 2.
S. Arabica; foliis atriplicis. *Bauh. pin.* 475.
Habitat in Oriente. ♄

11. SALIX *purpurea.* S. foliis ferratis, glabris, lanceolatis;
inferioribus oppofitis.
S. vulgaris nigricans; folio non ferrato. *Bauh. pin.* 473.
Habitat in Europæ *auftralioribus.* ♄ *Suec. pal. burg. lith.*

12. SALIX *Helix.* S. foliis ferratis, glabris, lanceolato-linearibus; fuperioribus oppofitis, obliquis.
S. tenuior; folio minore, utrinque glabro, fragilis. *Bauh. hift.*
1. p. 213. f. 2.
Habitat in Europa *auftraliori ad fepes, locis aquofis.* ♄ *Parif.
herb. pal. burg.*

13. SALIX *myrfinites.* S. foliis ferratis, glabris, ovatis, venofis.
Fl. lapp. 353. t. 8. f. *F.* & t. 7. f. 6.
Habitat in Alpibus Lapponiæ, Helvetiæ, Italiæ, *in* Germania. ♄
Herb. helv.

15. SALIX *herbacea.* S. foliis ferratis, glabris, orbiculatis.
Fl. dan. t. 117.
S. faxatilis minima. *Bauh. pin.* 474. *prodr.* 159.
Habitat in Alpibus Lapponiæ, Helvetiæ. ♃

* * *FOLIIS GLABRIS, INTEGERRIMIS.*

17. SALIX *reticulata.* S. foliis integerrimis, glabris, ovatis,
obtufis. *Fl. dan.* t. 212.
S. foliis integris, glabris, ovatis, fubtus reticulatis. *Fl. lapp.*
359. t. 8. f. *L.* & t. 7. f. 1. 2.
S. pumila, folio rotundo. *Bauh. hift.* 1. p. 12.
Habitat in Alpibus Lapponiæ, Helvetiæ. ♃

* * * *FOLIIS INTEGERRIMIS, VILLOSIS.*

20. SALIX *aurita.* S. foliis integerrimis, utrinque villofis,
obovatis, appendiculatis. *Fl. lapp.* 369. t. 8. f. *Y.*
Habitat in Europæ *borealis fylvis.* ♄ *Gallob. pal. lith.*

21. SALIX *lanata.* S. foliis utrinque lanatis, fubrotundis,
acutis. *Fl. lapp.* 368. t. 8. f. *X.* & t. 7. f. 7.

S. humilis, latifolia, erecta. *Bauh. pin.* 474. *prodr.* 159.
Habitat in Alpibus Lapponicis. ♄

23. SALIX *arenaria*. S. foliis integris, ovatis , acutis , supra
subvillosis , subtus tomentosis. *Fl. dan.* t. 197.
S. pumila, foliis utrinque candicantibus & lanuginosis. *Bauh.
pin.* 474.
Habitat in Europæ *paludibus*. ♃ ♄ *Suec. gallob. pal. lith.*

24. SALIX *incubacea*. S. foliis integerrimis , lanceolatis, subtus
villosis, nitidis; stipulis ovatis, acutis.
Habitat in Europæ *pascuis duriusculis , uliginosis*. ♃ ♄ *Suec.
Parif.*

27. SALIX *rosmarinifolia*. S. foliis integerrimis , lanceolato-
linearibus , strictis, sessilibus, subtus tomentosis.
S. humilis angustifolia. *Bauh. pin.* 474.
Habitat in Europæ *campis depressis*. ♃ ♄ *Suec. lith. helv.*

* * * * *FOLIIS SUBSERRATIS , VILLOSIS.*

28. SALIX *caprea*. S. foliis ovatis , rugosis , subtus tomentosis ,
undatis , supernè denticulatis. *Fl. dan.* t. 245.
S. foliis subcrenatis , utrinque villosis , ovato - oblongis. *Fl.
lapp.* 365. t. 8. f. S.
S. latifolia , rotunda. *Bauh. pin.* 474.
Habitat in Europæ *siccis*. ♄ *Suec. parif. burg. lith. lugd.*

29. SALIX *viminalis*. S. foliis subintegerrimis , lanceolato-
linearibus , longissimis , acutis , subtus sericeis ; ramis vir-
gatis.
S. foliis angustis & longissimis , crispis , subtus albicantibus.
Bauh. hift. 1. p. 212.
Habitat in Europa *ad pagos*. ♄ *Suec. parif. pal. burg. lugd.*

30. SALIX *cinerea*. S. foliis subserratis , oblongo-ovatis , subtus
subvillosis ; stipulis dimidiato-cordatis.
Habitat in Europæ *nemoribus paludosis , subhumidis*. ♄ *Suec.*

31. SALIX *alba*. S. foliis lanceolatis , acuminatis , serratis ,
utrinque pubescentibus ; serraturis infimis glandulosis.
Blackw. t. 327.
S. vulgaris alba, arborescens. *Bauh. pin.* 473.
Habitat ad pagos & urbes Europæ. ♄ *Suec. parif. carn. pal. burg.
lith. lugd.*

T R I A N D R I A.

2. EMPETRUM *nigrum*. E. procumbens.

Erica baccifera, procumbens, nigra. *Bauh. pin.* 436.
Erica baccifera. *Cluf. pan.* 29. *Lob. ic.* 621. *Bauh. hift.* 1. p. 526.
Habitat in Europæ *frigidissima montosis , paludosis*. ♄ *Suec. ged.
norv. fil. lith. helv.*

Gen. 1203. 1. OSYRIS *alba*. O. foliis linearibus acutis. *Loef. it.*

O. frutescens baccifera. *Bauh. pin.* 212.
Casia poëtica, Monspeliensium. *Cam. epit.* 26. *Lob. ic.* 432.
Habitat in Italia, Hispania, Monspelii, Libano, Carniolia. ♄
Carn.

TETRANDRIA.

1209. 1. VISCUM *album*. V. foliis lanceolatis, obtusis; caule dichotomo; spicis axillaribus.

Viscum. *Du Ham. arb.* 356. *Blackw.* t. 184.
V. baccis albis. *Bauh. pin.* 423.
Habitat in Europæ arboribus *parasitica.* ♄ *Ged. pal. fil. lith. lugd. burg. parif. suec.*

1210. 1. HIPPOPHAE *Rhamnoïdes*. H. foliis lanceolatis. *Fl. dan.* t. 265.

Rhamnus Salicis folio angustiore; fructu flavescente. *Bauh. pin.* 477.
Habitat in Europæ arenosis. ♄ *Lugd. suec.*

1211. 1. MYRICA *Gale*. M. foliis lanceolatis, subserratis; caule suffruticoso. *Fl. dan.* t. 327.

Rhus Myrthifolia Belgica. *Bauh. pin.* 414.
Habitat in Europæ, Americæ *septentrionalis uliginosis.* ♄ *Suec. parif. lugd.*

PENTANDRIA.

1212. 2. PISTACIA *Narbonensis*. P. foliis pinnatis, ternatisque, suborbiculatis.

Terebinthus peregrina; fructu majore Pistacis, simili Eduli. *Bauh. pin.* 400.
Habitat Monspelii, *in* Persia, Mesopotamia, Armenia. ♄

3. PISTACIA *vera*. P. foliis impari-pinnatis: foliolis subovatis, recurvis. *Blackw.* t. 461.
P. peregrina, fructu racemoso f. Terebinthina Indica. *Bauh. pin.* 401.
Habitat in Persia, Arabia, Syria, India. ♄

4. PISTACIA *Terebinthus*. P. foliis impari-pinnatis: foliolis ovato-lanceolatis. *Blackw.* t. 478.
Terebinthus vulgaris. *Bauh. pin.* 400.
Habitat in Europa *austrati,* Africa *boreali,* India. ♄ *Monsp.*

5. PISTACIA *Lentiscus*. P. foliis abruptè pinnatis: foliolis lanceolatis. *Blackw.* t. 195.

Lentiscus vulgaris. *Bauh. pin.* 399.
Lentiscus. *Cluf. hift.* 1. p. 14. *Dod. pempt.* ,871.
Habitat in Hispania, Lusitania, Italia, Palæstina. ♄ *Monsp.*

Gen.

1. SPINACIA *oleracea.* S. fructibus sessilibus.   1218.

Spinacia mas. *Dalech. hift.* 543. ♀ *Blackw.* t. 49.
Lapathum hortense s. Spinacia semine spinoso. *Bauh. pin.* 114.
Habitat. . . . . ☉

2. CANNABIS *sativa.* C. foliis digitatis. *Blackw.*   1220.
t. 322. a. b.

C. sativa. *Bauh. pin.* 320. ♀
C. erratica. *Bauh. pin.* 320. ♂
Habitat in Persia. ☉

1. HUMULUS *Lupulus. Blackw.* t. 536. a & b.   1221.

Lupulus mas. *Bauh. pin.* 298. ♀
Lupulus femina. *Bauh. pin.* 298. *Cam. epit.* 954. ♂
Habitat in Europæ sepibus & ad radices montium. ♃ *Parif. Ged.*
pal. lugd. lith. burg.

HEXANDRIA.

1. TAMUS *communis.* T. foliis cordatis, indivisis.   1224.
Blackw. t. 457.

Bryonia lævis s. nigra racemosa, cujus baccæ rufescunt s.
nigrescunt. *Bauh. pin.* 297.
Bryonia sylvestris baccifera. *Bauh. prodr.* 135. ♀
Bryonia lævis s. nigra racemosa. *Bauh. pin.* 297. ♂
Bryonia lævis s. nigra baccifera. *Bauh. pin.* 297. ♀
Vitis sylvestris s. Tamus. *Dod. pempt.* 400.
Habitat in Europæ *auftralis*, Orientis *sepibus.* ♃ *Lugd. burg.*

SMILAX.

1. SMILAX *afpera.* S. caule aculeato, angulato; foliis   1225.
dentato-aculeatis, cordatis, novemnerviis.

S. afpera, fructu rubente. *Bauh. pin.* 296.
β. S. afpera, minus spinosa, fructu nigro. *Bauh. pin.* 236.
Habitat in Hifpaniæ, Italiæ, Palæftinæ, Carnioliæ *sepibus.* ♄
Monsp. carn.

OCTANDRIA.

1. POPULUS *alba.* P. foliis subrotundis, dentato-angu-   1228.
latis, subtus tomentosis. *Blackw.* t. 548.

Gen.

P. alba, majoribus foliis. *Bauh. pin.* 429.
P. alba. *Dod. pempt.* 835.
Habitat in Europa *temperatiori.* ♄ *Suec. parif. pal. lugd. bürg. lith.*

2. POPULUS *tremula.* P. foliis fubrotundis, dentato-angulatis, utrinque glabris. *Blackw. t.* 248.
P. tremula. *Bauh. pin.* 429.
P. Lybica. *Dod. pempt.* 836.
Habitat in Europæ *frigidioribus.* ♄ *Suec. parif. pal. lith. burg. lugd.*

3. POPULUS *nigra.* P. foliis deltoïdibus, acuminatis, ferratis. *Blackw. t.* 248.
P. nigra. *Bauh. pin.* 429. *Dod. pempt.* 836. *Math.* 137.
Habitat in Europa *temperatiore.* ♄ *Suec. parif. pal. lith. burg. lugd.*

1229. 1. RHODIOLA *rofea. Fl. dan. t.* 483.

Rhodia Radix. *Bauh. pin.* 286. *Cluf. hift.* 2. p. 65.
Habitat in Alpibus *Lapponiæ, Auftriæ, Silefiæ, Helvetiæ, Britanniæ.* ♃ *Suec. delph.*

ENNEANDRIA.

1230. 1. MERCURIALIS *perennis.* M. caule fimpliciffimo, foliis fcabris. *Fl. dan.* t. 400.

♀ M. montana tefticulata. *Bauh. pin.* 122.
♂ Mercurialis montana fpicata. *Bauh. pin.* 122.
Habitat in Europæ *nemoribus.* ♃ *Suec. parif. pal. lith. burg. lugd.*

3. MERCURIALIS *annua.* M. caule brachiato; foliis glabris, floribus fpicatis. *Blackw.* t. 162. *femina.*
M. tefticulata f. mas. *Bauh. pin.* 121. ♀
M. mas. *Dod. pempt.* 658. ♀
♂ M. fpicata f. femina. *Dod. pempt.* 658.
Habitat in Europæ *temperatæ umbrofis.* ☉ *Parif. ged. pal. lugd. burg.*

4. MERCURIALIS *tomentofa.* M. caule fuffruticofo; foliis tomentofis.
Phyllon tefticulatum. *Bauh. pin.* 122. ♀
Phyllon marificum. *Cluf. hift.* 2. p. 48.
♂ Phyllon fpicatum. *Bauh. pin.* 122.
Phyllon feminificum. *Cluf. hift.* 2. p. 48.
Habitat in G. Narbonenfi, Hifpania. ♄ *Monfp.*

1231. 1. HYDROCHARIS *Morfus Ranæ.*

Nymphæa alba minima. *Bauh. pin.* 193. *Fl. dan.* t. 878.
Ranæ morfus. *Dod. pempt.* 583. f. 2. ♂ 1. ♀
Habitat in Europæ *foffis limofis.* ☉ ♃ *Suec. parif. pal. lith. burg. lugd.*

DECANDRIA.

DECANDRIA.

1. CORIARIA *Myrtifolia*. C. foliis ovato-oblongis.   Gen. 1235.
Rhus Myrtifolia, Monſpeliaca. *Bauh. pin.* 414.
Rhus Plinii Myrtifolia, Monſpelienſium. *Lob. ic.* 2. p. 98.
Habitat Monſpelii. ♄

MONADELPHIA.

5. JUNIPERUS *Sabina*. J. foliis oppoſitis, erectis,   1240.
decurrentibus; oppoſitionibus pyxidatis.
Sabina folio Cupreſſi. *Bauh. pin.* 487. *Du ham. arb.* 2. t. 62.
Sabina. *Dod. pempt.* 854. *Blackw.* t. 214.
Habitat in Luſitania, Italia, Sibiria, Oriente, Olympo, Ararat. ♄ *Monſp. Carn.*

7. JUNIPERUS *communis*. J. foliis ternis, patentibus, mucronatis, baccâ longioribus. *Blackw.* 187.
J. vulgaris fruticoſa. *Bauh. pin.* 488.
Habitat in Europæ *frigidioris ſylvis frequentiſſima.* ♄ *Pal. lith. burg. lugd.*

1. TAXUS *baccata*. T. foliis approximatis. *Blackw.*   1241.
t. 572.
Taxus. *Bauh. pin.* 505. *Cam. epit.* 840. *Dod. pempt.* 859.
Habitat in Europa, Canada. ♄ *Lith. ſuec.*

2. EPHEDRA *diſtachya*. E. pedunculis oppoſitis;   1242.
amentis geminis.
Polygonum bacciferum, maritimum, minus. *Bauh. pin.* 15.
Habitat in G. Narbonenſis, Hiſpaniæ, Helvetiæ *ſaxoſis collibus marinis.* ♄ *Monſp.*

SYNGENESIA.

1. RUSCUS *aculeatus*. R. foliis ſupra floriferis, nudis.   1246.
Blackw. t. 155. *femina.*
Ruſcus. *Bauh. pin.* 470.
Ruſcum. *Dod. pempt.* 474.
Habitat in Galliæ, Italiæ, Helvetiæ *nemoroſis aſperis.* ♄ *Lugd.*

2. RUSCUS *Hypophyllum*. R. foliis ſubtus floriferis, nudis.
Laurus Alexandrina, fructu folio inſidente. *Bauh. pin.* 305. *Blackw.* t. 194.
Habitat in Italia *ad latera collium.* ♃

CLASSIS XXIII.

POLYGAMIA.

MONOECIA.

1252. HOLCUS. ♀ *Glum.* 1-flora. *Glum.* 2=
valv. *Stam.* 3. *Styl.* 2.
Sem. 1.
♂ *Glum.* 1-flora. *Glum.*
2-valv. *Stam.* 3.

1255. CENCHRUS. ♀ *Glum.* 2-flora. *Glum.*
2-valv. *Stam.* 3. *Styl.* 2-
fid. *Sem.* 1.
♂ *Involucr.* idem. *Glum.*
2-valv. *Stam.* 3.

1254. ISCHÆMUM. ♀ *Glum.* 2-flora. *Glum.*
2-valv. *Stam.* 3. *Styl.* 2.
Sem. 1.
♂ *Glum.* ead. *Glum.* bi-
valv. *Stam.* 3.

1256. ÆGILOPS. ♀ *Glum.* 3-flora. *Glum.*
3-arift. *Stam.* 3. *Styl.* 2.
Sem. 1.
♂ *Glum.* 3-flora. *Glum.*
3-arift. *Stam.* 3.

1251. ANDROPOGON. ♀ *Glum.* 1-flora. *Glum.*
bafi arift. *Stam.* 3. *Styl.*
2. *Sem.* 1.
♂ *Glum.* 1-flora. *Glum.*
bafi arift. *Stam.* 3.

1258. VALANTIA. ♀ *Cal.* 0. *Cor.* 4-partita.
Stam. 4. *Styl.* 2.-fid.
Sem. 1.
♂ *Cal.* 0. *Cor.* 3-f. 4-par=
tita. *Stam.* 3-f. 4.

1267. CELTIS. ☿ *Cal.* 5-part. *Cor.* o. *Stam.*
5. *Styl.* 2. *Drupa.*
♂ *Cal.* 6-part. *Cor.* o.
Stam. 6.

1249. VERATRUM. ☿ *Cal.* o. *Cor.* 6. pet. *Stam.*
6. *Pist.* 3. *Caps.* 3.
♂ *Cal.* o. *Cor.* 6-petal.
Stam. 6.

1266. ACER. ☿ *Cal.* 5-fidus. *Cor.* 5-pet.
Stam. 8. *Styl.* 2. *Caps.* 2-
cocca alata.
♂ *Cal.* 5-fidus. *Cor.* 5-pet.
Stam. 8.

1259. PARIETARIA. ☿ *Cal.* 4-fid. *Cor.* o. *Stam.*
4. *Styl.* 1. *Sem.* 1.
♀ *Cal.* 4-fid. *Cor.* o. *Styl.*
1. *Sem.* 1.

1260. ATRIPLEX. ☿ *Cal.* 5-phyll. *Cor.* o.
Stam. 5. *Styl.* 2-fid. *Sem.* 1.
♀ *Cal.* 2-phyllus. *Cor.* 2.
Styl. 1-fid. *Sem.* 1.

1271. MIMOSA. ☿ *Cal.* 5-dent. *Cor.* 5-fid.
Stam. 4-100. *Pist.* 1.
Legum.
♂ *Cal.* 5-dent. *Cor.* 5-fid.
Stam. 4-100.

* *Æsculus. Fraxinus excelsior.*

Euphorbia. Melothria. Ilex.

Silene saxifraga.

DIOECIA.

1273. FRAXINUS. ☿ *Cal.* o. f. 4-part. *Cor.* o.
f. 4-pet. *Stam.* 2. *Pist.* 1.
Sem. 1.
♀ *Cal.* o. f. 4-part. *Cor.* o.
f. 4-petala. *Pist.* 1. *Sem.* 1.

* *Ilex aquifolium.*
Rhamnus Alaternus.

Mm ij

T R I O E C I A.

1282. CERATONIA.
A ☿ *Cal.* 5-partit. *Cor.* 0.
Stam. 5. *Styl.* 1. *Le-*
gum. coriaceum , po-
lyſperm.

B ♂ *Cal.* 5-partit. *Cor.* 0.
Stam. 5.

♀ *Cal.* ſub 5-dent. *Cor.* 0.
Styl. 1. *Legumen* co-
riaceum , polyſpermum.

1283. FICUS.
Recept. commune turbinatum , conniventi clau-
ſum, carnoſum.

A ♀ *Cal.* 5-part. *Cor.* 0.
Piſt. 1. *Sem.* 1.

B ♂ *Cal.* 3 - part. *Cor.* 0.
Stam. 3.

C ♂ & ♀ intra idem Recep-
taculum commune, diſ-
tinctis fructificationibus
partialibus.

POLYGAMIA.

MONOECIA.

1. VERATRUM *album*. V. racemo supradecomposito; corollis erectis. *Jacq. austr.* t. 335.

Helleborum f. Veratrum album. *Dod. pempt.* 383. *Blackw.* t. 74.

Helleborus albus, flore subviridi. *Bauh. pin.* 186.

Habitat in Russiæ, Sibiriæ, Austriæ, Helvetiæ, Italiæ, Greciæ *montosis.* ♃ *Carn. lith. lugd.*

2. VERATRUM *nigrum*. V. racemo composito; corollis paten-tissimis. *Jacq. austr.* t. 336.

Helleborus albus, flore atro-rubente. *Bauh. pin.* 186. *Morif. hist.* 3. p. 485. f. 12. t. 4. f. 1.

Habitat in Hungariæ, Sibiriæ *apricis siccis.* ♃ *Carn.*

19. ANDROPOGON *Ischæmum*. A. spicis digitatis, plurimis; flosculis sessilibus aristato muticoque; pedicellis lanatis. *Jacq. austr.* t. 384.

Gramen Dactylon, spicis aristatis, geniculatis. *Barr. ic.* 753. f. 2.

Habitat in Europæ *australioris aridis*, collibus *saxosis. Monsp. gallob. pal. parisf. lugd.*

6. HOLCUS *mollis*. H. glumis bifloris, nudiusculis; flosculo hermaphrodito, mutico; masculo, aristâ geniculatâ.

Gramen caninum longiùs radicatum. *Bauh. pin.* 1.

Habitat in Europa. *Monsp. ged. gallob. herb. lugd.*

7. HOLCUS *lanatus*. H. glumis bifloris, villosis; hermaphto-dito mutico; masculo, aristâ recurvâ. *Herb.* 70. t. 7. f. 6.

Gramen pratense, paniculatum molle. *Bauh. pin.* 2. *Læf. pruff. ic.* 25.

Habitat in Europæ *pascuis arenosis.* ♃ *Ged. pal. lith. burg. lugd. Suec.*

10. HOLCUS *odoratus*. H. glumis trifloris, muticis, acumi-natis; flosculo hermaphrodito diandro.

Gramen paniculatum odoratum. *Bauh. pin.*

Gramen Mariæ Borufforum. *Læf. pruff.* 111. t. 26.

Habitat in Europæ *frigidioris pascuis humentibus.* ♃ *Ged. gallob. lith.*

Gen. 1249.

1251.

1252.

M m iij

Gen. 1255. 1. CENCHRUS *racemosus*. C. paniculâ spicatâ; glumis muricatis; setis ciliaribus.

Gramen caninum, maritimum; spicâ echinatâ. *Bauh. pin.* 2.
Gramen caninum, maritimum, spicatum; echinatis glumis. *Barr. ic.* 718.
Habitat in Europæ *australioris maritimis, & in* India *orientali. Paris. monsp. lugd.*

1256. 1. ÆGILOPS *ovata*. Æ. spicâ aristatâ; calycibus omnibus triaristatis.

Ægilops. *Dod. pempt.* 73. *Cam. epit.* 928. f. 2.
Festuca altera, capitulis duris. *Bauh. pin.* 10.
Habitat in Europa *australi.* ☉ *Carn. paris. monsp.*

1258. 4. VALANTIA *Aparine*. V. floribus masculis trifidis, pedicellatis, hermaphroditici pedunculo insidentibus.

Aparine femine lævi. *Vaill. paris.* 18. t. 4. f.
Habitat inter Germaniæ, Galliæ, Siciliæ *segetes.* ☉ *Paris. monsp. pal. lugd.*

6. VALANTIA *Cruciata*. V. floribus masculis quadrifidis; pedunculis diphyllis.
Cruciata hirsuta. *Bauh. pin.* 335.
Cruciata. *Dod. pempt.* 257.
Habitat in Germania, Helvetia, Gallia. ♃ *Monsp. paris. pal. lugd. lith.*

1259. 2. PARIETARIA *officinalis*. P. foliis lanceolato-ovatis; pedunculis dichotomis; calycibus diphyllis. *Fl. dan.* 521.

P. officinarum & Dioscoridis. *Bauh. pin.* 121.
Habitat in Europæ *temperatioris ruderatis.* ♃ *Lugd. burg. paris. ged. pal.*

1260. 7. ATRIPLEX *hortensis*. A. caule erecto, herbaceo; foliis triangularibus. *Blackw.* t. 99. & 552.

A. hortensis alba s. pallidè virens. *Bauh. pin.* 119.
A. hortensis. *Dod. pempt.* 615.
Habitat in Tartaria. ☉

9. ATRIPLEX *hastata*. A. caule herbaceo; calycinis valvulis, femineis magnis, deltoïdibus, sinuatis.
A. sylvestris annua; folio deltoïde, triangulari, sinuato & mucronato hastæ cuspidis simili. *Moris. hist.* 2. p. 607. f. 5. t. 32. f. 14.
Habitat in Europa *frigidiori.* ☉ *Suec. paris. pal. burg. lith. lugd.*

10. ATRIPLEX *patula.* A. caule herbaceo , patulo ; foliis
    fubdeltoïdeo-lanceolatis; calycibus feminum difco dentatis.
A. angufto , oblongo folio. *Bauh. pin.* 219.
Habitat in Europæ *cultis , ruderatis.* ⊙ *Pal. lith. burg. parif. lugd.*

2. ACER *Pfeudo - Platanus.* A. foliis quinquelobis ,
    inæqualiter ferratis ; floribus racemofis.

A. montanum candidum. *Bauh. pin.* 430.
A. majus. *Dod. pempt.* 840.
Habitat in Helvetiæ, Auftriæ *montanis.* ♄ *Ged. pal. burg. lith. lugd.*

6. ACER *platanoïdes.* A. foliis quinquelobis , acuminatis ;
    acutè dentatis , glabris ; floribus corymbofis.
A. montanum, tenuiffimis & acutiffimis foliis. *Bauh. pin.* 431.
A. montanum, orientalis Platani foliis atro-virentibus. *Pluck.
alm.* 7. t. 252. f. 1.
Habitat in Europa *boreali , ut in montibus* Stiriæ, Sabaudiæ. ♄
Suec. pal. burg. lugd.

8. ACER *campeftre.* A. foliis lobatis , obtufis , emarginatis.
A. campeftre & minus. *Bauh. pin.* 431.
A. minus. *Dod. pempt.* 840. *Tabern.* 973.
Habitat in Scania *& auftrāiori* Europa. *Suec. pal. burg. lith. lugd.*

1. CELTIS *auftralis.* C. foliis ovato-lanceolatis.

Lotus fructu Cerafi. *Bauh. pin.* 447.
Habitat in Europa *auftrali &* Africa *citeriore.* ♄ *Parif. carn.*

15. MIMOSA *pudica.* M. aculeata; foliis fubdigitatis ,
    pinnatis; caule hifpido.
Habitat in Brafilia. ♄

34. MIMOSA *farnefiana.* M. fpinis ftipularibus , diftinctis ;
    foliis bipinnatis ; partialibus octojugis ; fpicis globofis ,
    feffilibus.
Habitat in Domingo. ♄

D I O E C I A.

1. FRAXINUS *excelfior.* F. foliolis ferratis ; floribus
    apetalis. *Blackw.* t. 328.

F. excelfior. *Bauh. pin.* 416.
Fraxinus. *Dod. pempt.* 771.
Habitat in Europæ *fepibus.* ♄ *Ged. pal. lugd. lith. burg. parif.*

2. FRAXINUS *Ornus.* F. foliolis ferratis; floribus corollatis.
F. humilior f. altera Theophrafti , minore & tenuiore folio.
    Bauh. pin. 416.
Habitat in Europa *auftrali.* ♄

Gen.

TRIOECIA.

1282.

1. CERATONIA *siliqua*. C. *Blackw.* t. 209.

Siliqua edulis. *Bauh. pin.* 400.
Habitat in Apulia, Sicilia, Creta, Cypro, Syria, Palæstina, totoque Oriente. ♄

1283.

1. FICUS *Carica*. F. foliis palmatis. *Blackw.* t. 125.

F. communis. *Bauh. pin.* 457.
Ficus. *Dod. pempt.* 812.
Habitat in Europa australi, Asia. ♄ *Monsp.*

C L A S S I S   X X I V.

CRYPTOGAMIA.

F I L I C E S.

* *Fructificationes spicatæ.*

1284. EQUISETUM.	*Spica* sparsa. *Fructif.* peltatæ, basi valvulatæ.
1288. OPHIOGLOSSUM.	*Spica* articulata. *Fructif.* circumscissæ.
1289. OSMUNDA.	*Spica* racemosa. *Fructif.* 2-valves.

* * *Fructificationes frondosæ , in pagina inferiore.*

1290. ACROSTICHUM.	*Macula* discum totum occupans.
1296. POLYPODIUM.	*Puncta* disci distincta.
1293. HEMIONITIS.	*Lineæ* disci decussantes.
1295. ASPLENIUM.	*Lineæ* disci subparallelæ , variæ.
1294. LONCHITIS.	*Lineæ* marginis ad sinus.
1291. PTERIS.	*Lineæ* marginis ad peripheriam.
1297. ADIANTHUM.	*Maculæ* apicum margine reflexo obtectæ.
1298. TRICHOMANES.	*Fruct.* solitariæ margini ipsi insertæ.

* * * *Fructificationes radicales.*

1299. MARSILEA.	*Fructif.* 4-capsularis.
1300. PILULARIA.	*Fructif.* 4-locularis.
1301. ISOETES.	*Fructif.* 2-locularis.

M U S C I.

* *Acalyptrati.*

1302. LYCOPODIUM.   *Anth.* bivalvis , feffilis.
1304. SPHAGNUM.   *Anth.* ore lævi.
1305. PHASCUM.   *Anth.* ore ciliato.

* * *Calyptrati diclini.*

1308. SPLACHNUM.   *Anth.* cum apophyfi maxima.
1309. POLYTRICHUM.   *Anth.* cum apophyfi mini-
           ma , marginata.
1310. MNIUM.   *Anth.* fine apophyfi.

* * * *Calyptrati monoclini.*

1311. BRYUM.   *Anth.* pedunculo terminali
           è tuberculo.
1312. HYPNUM,   *Anth.* pedunculo laterali è
           perichætio.
1306. FONTINALIS.   *Anth.* feffilis , perichætio
           imbricato obvoluta.
1307. BUXBAUMIA.   *Anth.* pedunculata , altero
           latere membranacea.

A L G Æ.

* *Terreftres.*

1315. MARCHANTIA.   *Fl.* calyce communi peltato ,
           fubtus florido.
1313. JUNGERMANIA.   *Fl.* calyce fimplici , 4-valvi.
1314. TARGIONIA.   *Fl.* calyce 2-valvi.
1318. ANTHOCEROS.   *Fl.* calyce tubulofo. *Anth.*
           fubulata , 2-valvis.
1316. BLASIA.   *Fr.* cylindrica , tubulofa.
1315. RICCIA.   *Fr.* granulis frondi innatis.
1319. LICHEN.   *Fr.* receptaculo lævi nitido.
1324. BYSSUS.   Subftantia lanuginofa.

* * *Aquaticæ.*

1320. TREMELLA.   A. gelatinofa.

1322. ULVA.   A. membranacea.
1321. FUCUS.   A. coriacea.
1323. CONFERVA.   A. capillaris.

FUNGI.

Pileati.

1325. AGARICUS.   *Pileus* subtus lamellosus.
1326. BOLETUS.   *Pileus* subtus porosus.
1327. HYDNUM.   *Pileus* subtus echinatus.
1328. PHALLUS.   *Pileus* subtus lævis.

* * *Pileo destituti.*

1329. CLATHRUS.   *Fung.* cancellatus.
1330. HELVELLA.   *F.* turbinatus.
1331. PEZIZA: *F.* campanulatus.
1332. CLAVARIA.   *F.* oblongus.
1333. LYCOPERDON.   *F.* globosus.
1334. MUCOR.   *F.* vesicularis stipitatus.

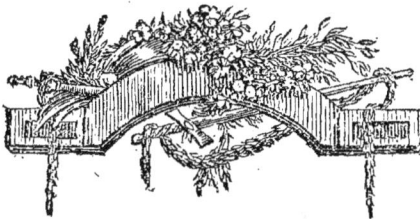

CRYPTOGAMIA.

FILICES.

Gen. 1284. 2. EQUISETUM *fylvaticum.* E. caule fpicato; frondibus compofitis.

E. fylvaticum, tenuiffimis fetis. *Bauh. pin.* 16.
Habitat in Europæ septentrionalis pratis fylvaticis. ♃ *Suec. ged. pal. burg. lith. lugd.*

2. EQUISETUM *arvenfe.* E. fcapo fructificante nudo; fterili frondofo.

E. arvenfe, longioribus fetis. *Bauh. pin.* 16.
Habitat in Europæ & Orientis agris, pratis. ♃ *Ged. pal. burg. lith. lugd. parif.*

3. EQUISETUM *paluftre.* E. caule angulato, frondibus fimplicibus.

E. paluftre, brevioribus fetis. *Bauh. pin.* 16.
Habitat in Europæ aquofis. ♃ *Ged. pal. burg. lith. lugd. parif.*

4. EQUISETUM *fluviatile.* E. caule ftriato; frondibus fubfimplicibus.

E. paluftre, longioribus fetis. *Bauh. pin.* 15.
Cauda equina. *Blackw. t.* 277. f. 2.
Habitat in Europa ad ripas lacuum, fluviorum. ♃ *Pal. lugd. lith. parif. burg.*

5. EQUISETUM *limofum.* E. caule fubnudo lævi.
Habitat in Europæ paludibus, turfofis, profundis. ♃ *Suec. parif. lugd.*

6. EQUISETUM *hyemale.* E. caule nudo, fcabro, bafi fubramofo.

E. foliis nudum, ramofum. *Bauh. pin.* 16.
E. nudum minus variegatum Bafilienfe. *Bauh. pin.* 16.
Habitat in Europæ fylvis, afperis, uliginofis. ♃ *Suec. parif. ged. pal. burg. lith. lugd.*

1288. 1. OPHIOGLOSSUM *vulgatum.* O. fronde ovata. *Fl. dan.* 147.

O. vulgatum. *Bauh. pin.* 354.
Ophiogloffum. *Bauh. pin.* 364. *Cam. epit.* 364.
β. O. minus, fubrotundo folio. *Bauh. pin.* 354.
Habitat in Europæ pratis fylvaticis. Suec. parif. pal. burg. lith. lugd.

OSMUNDA.

* *SCAPIS INSIDENTIBUS CAULI AD BASIN FRONDIS.*

2. OSMUNDA *Lunaria.* O. scapo caulino, solitario;   1289. fronde pinnatâ, solitariâ. *Fl. dan.* t. 18. f. 1.

Lunaria racemosa minor & vulgaris. *Bauh. pin.* 354.
β. Lunaria racemosa, ramosa, major. *Bauh. pin.* 355.
Habitat in Europa. ♃ *Suec. parif. pal. lugd. burg. lith.*

* * *FRONDE IPSA FRUCTIFICATIONES FERENTE.*

12. OSMUNDA *regalis.* O. frondibus bipinnatis; apice race-miferis. *Fl. dan.* t. 217.
Filix ramosa non dentata, florida. *Bauh. pin.* 357.
Habitat in Europa, Virginia *ad fluvios. Burg. parif.*

* * * *FRONDIBUS ALIIS FOLIACEIS, ALIIS FRUCTI-FICANTIBUS.*

16. OSMUNDA *Struthiopteris.* O. frondibus pinnatis, pinnati-fidis; scapo fructificante, disticho. *Fl. dan.* t. 169.
Filix palustris altera, fusco pulvere hirsuta. *Bauh. pin.* 358.
Habitat in Suecia, Helvetia, Russia, Norvegia, Ienæ. ♃ *Suec.*

17. OSMUNDA *Spicant.* O. frondibus lanceolatis, pinnatifidis; laciniis confluentibus integerrimis, parallelis. *Fl. dan.* t. 99.
Lonchitis minor. *Bauh. pin.* 359.
Habitat in Europa, Suecia, Misnia, Pyrenæis. ♃ *Lith. suec. parif. lugd.*

18. OSMUNDA *crispa.* O. frondibus supradecompositis; pinnis alternis, subrotundis, incisis. *Oed. dan.* t. 496.
Adianthum album, floridum s. Filicula petræa, crispa. *Pluck. alm.* 9. t. 3. f. 2.
Habitat in Jamaica, Anglia, Helvetia; Monspelii; Pyrenæis. ♃

ACROSTICHUM.

* *FRONDE SIMPLICI DIVISA.*

6. ACROSTICHUM *septentrionale.* A. frondibus nudis,   1290. linearibus, laciniatis. *Oed. dan.* t. 60.
Filicula faxatilis corniculata. *Bauh. pin.* 358.
Habitat in Europæ *fiffuris rupium.* ♃ *Suec. pal. lith. burg. lugd.*

15. PTERIS *aquilina.* P. frondibus supradecompositis;   1291. foliolis pinnatis; pinnis lanceolatis; infimis pinnati-fidis: superioribus minoribus.

Filix ramofa major, pinnulis obtufis, non dentata. *Bauh. pin.*
357.
Filix femina. *Fuchs hift.* 596. *Blackw.* t. 325.
Habitat in Europæ *fylvis, præfertim cæduis, Suec. parif. pal. lugd.
lith. burg.*

ASPLENIUM.

* FRONDE SIMPLICI.

1295.　3. ASPLENIUM *Scolopendrium.* A. frondibus fimplicibus, cordato-lingulatis, integerrimis ; ftipitibus
hirfutis.

Lingua Cervina officinarum. *Bauh. pin.* 353. *Blackw.* t. 138.
Habitat in Europæ *umbrofis, nemorofis, faxofis.* ♃ *Pal. burg.
lugd. fuec. parif. monfp.*

* * FRONDE PINNATIFIDA.

8. ASPLENIUM *Ceterach.* A. frondibus pinnatifidis ; lobis alternis, confluentibus, obtufis. *Blackw.* t. 216.
Afplenium f. Ceterach. *Barr. ic.* 1043. 1044. 1051. 1052.
604. *& forte* 605.
Ceterach officinarum. *Bauh. pin.* 354.
Habitat in Orientis, Monfpelii, Walliæ, Italiæ, Harcyniæ
fiffuris rupium humidis. Parif. monfp. burg. lugd.

* * * FRONDE PINNATA.

12. ASPLENIUM *trichomanoïdes.* A. frondibus pinnatis ; pinnis
fubrotundis, crenatis. *Fl. dan.* t. 119.
Trichomanes f. Polytrichum officinarum. *Bauh. pin.* 356.
Habitat in Europæ *fiffuris rupium, inque* Oriente. *Suec. parif. pal.
burg. lith. lugd.*

19. ASPLENIUM *Ruta muraria.* A. frondibus alternatim decom-
pofitis ; foliolis cuneiformibus, crenulatis. *Fl. dan.* t. 190.
Ruta muraria. *Bauh. pin.* 356.
Adianthum album. *Tabern.* 796. *Blackw.* t. 219.
Habitat in Europa *ex rupium fiffuris.* ♃ *Suec. parif. pal. lugd.*

20. ASPLENIUM *Adianthum nigrum.* A. frondibus fubtripin-
natis ; foliolis alternis, pinnis, lanceolatis, incifo ferratis.
Fl. dan. t. 250.
Adianthum foliis longioribus, pulverulentis ; pediculo ni gro.
Bauh. pin. 355.
Dryopteris nigra. *Dod. pempt.* 466.
Habitat in Italia, Gallia, Harcynia, Anglia. *Pal. parif. lugd.*

POLYPODIUM.

* *FRONDE PINNATIFIDA LOBIS COADUNATIS.*

14. POLYPODIUM *vulgare.* P. frondibus pinnatifidis: 1196.
pinnis oblongis, fubferratis, obtufis; radice fqua-
matâ. *Blackw.* t. 215.
P. vulgare. *Bauh. pin.* 359.
P. majus. *Dod. pempt.* 464.
Habitat in Europæ *rimis rupium. Pal. burg. lugd. parif.*

* * *FRONDE PINNATA.*

27. POLYPODIUM *Lonchitis.* P. frondibus pinnatis; pinnis
lunulatis ciliato ferratis, declinatis; ftipitibus ftrigofis. *Fl.*
dan. t. 497.
Lonchitis afpera. *Bauh. pin.* 359.
Habitat in Alpibus Helvetiæ, Baldi, Arvoniæ, Walliæ,
Monfpelii, Daliæ, Sueticæ, Virginiæ. *Burg. lugd.*

37. POLYPODIUM *fontanum.* P. frondibus pinnatis, lanceo-
latis; foliolis fubrotundis, argutè incifis, ftipite lævi.
Filicula fontana, minor. *Bauh. pin.* 258.
Habitat in Sibiria, Galloprovincia, Helvetia, &c. *Herb. lugd.*

* * * *FRONDE SUBBIPINNATA, CUJUS PINNÆ CON-*
FLUUNT BASI, UT SEMIPINNATA POTIUS,
QUAM PERFECTE DUPLICATO-PINNATA SIT.

43. POLYPODIUM *criftatum.* P. frondibus fubbipinnatis; foliolis
ovato-oblongis; pinnis obtufiufculis, apice acutè ferratis.
Habitat in Europa *feptentrionali. Carn. burg. lugd. lith. fuec.*

44. POLYPODIUM *Filix mas.* P. frondibus bipinnatis; pinnis
obtufis, crenulatis; ftipite paleaceo. *Blackw.* t. 323.
Filix mas pinnulis criftatis. *Vaill. parif.* t. 9. f. 2.
Filix mas non ramofa dentata. *Bauh. pin.* 358.
Habitat in Europæ *fylvis. Suec. parif. pal. burg. lith. lugd.*

45. POLYPODIUM *Filix femina.* P. frondibus bipinnatis;
pinnulis lanceolatis, pinnatifidis, acutis. *Blackw.* t. 325.
Filix mas non ramofa; pinnulis anguftis, rarioribus, profundè
dentatis. *Morif. hift.* 3. p. 579. f. 14. t. 3. f. 8. *Pluck. phyt.*
180. f. 4.
Habitat in Europæ *frigidioris fubhumidis. Suec. parif. pal. burg.*
lith. lugd.

48. POLYPODIUM *rhæticum.* P. frondibus bipinnatis; foliolis
pinnifque remotis, lanceolatis; ferraturis acuminatis.

Gen. Filicula fontana major f. Adianthum album, Filicis folio. *Bauh.*
pin. 358.
Habitat in Gallia, Helvetia, Anglia , Germania. *Monfp. angl.*
burg. lugd.

53. POLYPODIUM *fragile.* P. frondibus bipinnatis ; foliolis
remotis ; pinnis fubrotundis , incifis. *Fl. dan.* t. 401.
Filix faxatilis; cauliculo tenui fragili, *Pluck. alm.* 150. t. 180.
f. 5.
Habitat in collibus. Europæ *frigidioris. Suec. parif. lith. lugd.*

56. POLYPODIUM *regium.* P. frondibus bipinnatis ; foliolis
fuboppofitis ; pinnis alternis , laciniatis.
Filix regia , Fumariæ pinnulis. *Vaill. parif.* 53. t. 9. f. 1.
Habitat in Gallia. *Parif. carn. burg. lugd.*

* * * * *FRONDE SUPRADECOMPOSITA.*

67. POLYPODIUM *Dryopteris.* P. frondibus fupradecompo-
fitis ; foliolis ternis, bipinnatis. *Fl. dan.* t. 759.
Filix ramofa minor, pinnulis dentatis. *Bauh. pin.* 358.
Habitat in Europæ *nemoribus. Suec. parif. ged. pal. lugd.*

ADIANTHUM.

* *FRONDE DECOMPOSITA.*

1297. 12. ADIANTHUM *Capillus Veneris.* A. frondibus
decompofitis ; foliolis alternis ; pinnis cuneiformibus,
lobatis , pedicellatis.

A. foliis Coriandri. *Bauh. pin.* 356.
Habitat in Europa *auftrali , Oriente. Angl. carn. monfp. helv.*
lugd.

TRICHOMANES.

* * *FRONDE COMPOSITA.*

1298. 5. TRICHOMANES *Pyxidiferum.* T. frondibus fub
bipinnatis ; pinnis alternis, confertis, lobatis, linearibus.

Habitat in America, Anglia.

1299. 1. MARSILEA *natans.* M. foliis oppofitis , fimplicibus.
Guettard in Act. gall. 1762. p. 543. t. 29. f. 1.

Salvinia vulgaris , aquis innatans ; foliis fubrotundis , punctatis, lætè virentibus, *Mich. gen.* 107. t. 58. *Loef. it.* 281.
Lenticula

Lenticula paluftris, latifolia punctata. *Bauh. pin.* 362.

Gen.

Habitat in Italiæ *foffis paludofis, ftagnantibus, lente fluentibus;* in America *meridionali.*

2. MARSILEA *quadrifolia.* M. foliis quaternis, integerrimis.
Lenticula paluftris quadrifolia. *Bauh. pin.* 362. Mapp. *alfat.* 166. t. 166.
Habitat in Indiæ, Sibiriæ, Galliæ; Alfatiæ *foffis. Lugd.*

1. PILULARIA *globulifera.* P. *Fl. dan.* t. 223.

1300.

P. paluftris Juncifolia. *Vaill. parif.* 159. t. 15. f. 6. *Dill. mufc.* 538. t. 79. *Juff. act.* 1739. p. 240. t. 11.
Mufcus aureus capillaris, paluftris inter folia folliculis rotundis, quadripartitis. *Pluck. alm.* 246. t. 48. f. 1.
Habitat in Europæ *inundatis. Suec.*

2. ISOETES *lacuftris.* I. *Fl. dan.* t. 191.

1301.

Calamaria folio longiore & graciliore. *Dill. mufc.* 541. t. 80. f. 2.
Habitat in Europæ *frigidæ fundis lacuum.*

M U S C I.

4. LYCOPODIUM *clavatum.* L. foliis fparfis, filamentofis; fpicis teretibus, pedunculatis, geminis. *Fl. dan.* t. 126.

1302.

Mufcus terreftris clavatus. *Bauh. pin.* 360. *Pluk. phyt.* 47. f. 8.
Habitat in Europæ *fylvis mufcofis. Lith. lugd. burg. parif.* -

6. LYCOPODIUM *felaginoides.* L. foliis fparfis, ciliatis; lanceolatis; fpicis folitariis, terminalibus, foliofis. *Fl. dan.* t. 70.
L. fpicis feffilibus; foliis ovato-lanceolatis, ferratis; confertis. *Hall. helv.* n. 1717. t. 56. f. 1.
Habitat in Europæ *pafcuis mufcofis. fuec.*

8. LYCOPODIUM *inundatum.* L. foliis fparfis, integerrimis; fpicis terminalibus, foliofis. *Fl. dan.* t. 336.
L. paluftre repens, clava fingulari. *Vaill. parif.* 123. t. 16. f. 11. *Dill. mufc.* 452. t. 62. f. 7.
Habitat in Europæ *inundatis.*

9. LYCOPODIUM *Selago.* L. foliis fparfis, octifariis; caule dichotomo, erecto, faftigiato; floribus fparfis. *Fl. dan.* t. 104.
Selago vulgaris, Abietis rubræ facie. *Dill. mufc.* 435. t. 56. f. 1.
Mufcus erectus, ramofus, faturate viridis. *Bauh. pin.* 360.
Habitat in Europæ *borealis fylvis acerofis. Carn. pal. lith. lugd.*

11. LYCOPODIUM *annotinum.* L. foliis fparfis, quinquefariis; fubferratis; furculis annotino-articulatis; fpicis terminalibus, glabris, erectis. *Fl. dan.* t. 126.

Tome I.

N n

Gen.

L. elatius juniperinum ; clavis fingularibus , fine pediculis.
Dill. mufc. 455. t. 63. f. 6. *Giff.* t. 2.
Mufcus terreftris repens , clavis fingularibus erectis. *Pluk.*
alm. 248. t. 205. f. 5.
Habitat in Europæ nemoribus. Helv. fuec. lugd.

15. LYCOPODIUM *Alpinum.* L. foliis quadrifariam imbricatis,
acutis ; caulibus erectis, bifidis ; fpicis feffilibus, teretibus.
Fl. dan. t. 79.
L. caule repente , ramis tetragonis. *Fl. lapp.* 417. t. 11. f. 6.
Habitat in Alpibus Lapponiæ , Helvetiæ, Germaniæ.

16. LYCOPODIUM *complanatum.* L. foliis bifariis , connatis ;
fuperficialibus folitariis ; fpicis geminis , pedunculatis. *Fl.*
dan. t. 78.
Mufcus clavatus , foliis Cupreffi. *Bauh. pin.* 360.
Lycopodium digitatum, foliis arboris vitæ ; fpicis bigemellis ,
teretibus. *Dill. mufc.* 448. t. 59. f. 3.
Habitat in Europæ & Americæ septentrionalis fylvis aceroſis.
Carn. pal. lith. fuec.

18. LYCOPODIUM *Helveticum.* L. foliis bifariis , patulis ,
fuperficialibus diftichis ; fpicis geminis , pedunculatis. *Jacq-*
auftr. t. 196.
Mufcus denticulatus major. *Bauh. pin.* 360.
Mufcus repens ; foliis alternis , fubrotundis, per ficcitatem
falcatis. *Morif. hift.* 3. p. 626. f. 15. t. 6. f. 34.
Habitat in Alpibus Helvetiæ , Carnioliæ. *Carn. burg.*

19. LYCOPODIUM *denticulatum.* L. foliis bifariis : fuperficia-
libus imbricatis ; furculis repentibus ; floribus fparfis.
Lycopodioïdes imbricatum repens. *Dill. mufc.* 462. t. 66. f. 1.
Mufcus denticulatus minor. *Bauh. pin.* 360.
Habitat in Lufitania, Hifpania , Iberia.

1304. 1. SPHAGNUM *paluftre.* S. ramis deflexis. *Fl. dan.*
t. 474.

Sphagnum paluftre molle deflexum ; fquamis cymbiformibus.
Dill. mufc. 240. t. 32. f. 1.
Mufcus paluftris in ericetis nafcens. *Pluk. phyt.* 101. f. 1.
Vaill. parif. 139. t. 23. f. 3.
Habitat in Europæ *paludibus profundè fylvaticis. Suec. herb. pal.*
lith. lugd.

1305. 2. PHASCUM *acaulon.* P. acaule ; antherâ feffili ; foliis
ovatis, acutis, conniventibus. *Fl. dan.* t. 249. f. 3.
Mufcus trichodes acaulos minor, latifolius. *Vaill. parif.* 128.
t. 27. f. 2.
Sphagnum acaulon bulbiforme majus. *Dill. mufc.* 251. t. 32.
f. 11.
Habitat in Europæ *agris , hortis & ad foffas. Suec. ged. herb. pal.*
lith. lugd.

§. PHASCUM *fubulatum*. P. acaule , antherâ feffili ; foliis
fubulato-fetaceis, patulis. *Oed. fl. dan.* t. 249. f. 1. 2.
Sphagnum acaulon trichodes. *Dill. mufc.* 251. t. 32. f. 10.
Habitat in Europa. *Angl. pal. lith. lugd.*

Gen.

1. FONTINALIS *antipyretica*. F. foliis complicato-
carinatis, trifariis, acutis; antheris lateralibus.

1306.

Fontinalis triangularis, major, complicata, è foliorum alis cap-
fulifera. *Dill. mufc.* 254. t. 33. f. 1.
Mufcus fquamofus; foliis acutiffimis, in aquis nafcens. *Vaill.*
parif. 140. t. 33. f. 5. *Mich. gen.* t. 59. f. 9.
Habitat in Europæ *fluviis. Suec. ged. pal. burg. lith. lugd.*

3. FONTINALIS *fquamofa*. F. foliis imbricatis, fubulato-lan-
ceolatis; antheris lateralibus.
Fontinalis fquamofa, tenuis, fericea, atrovirens. *Dill. mufc.*
259. t. 33. f. 3.
Habitat in Britannia, Gallia, Helvetia. *Lugd.*

1. BUXBAUMIA *aphylla*. *Fl. dan.* t. 44.

1307.

Mufcus capillaceus, aphyllus; capitulo craffo, bivalvi. *Buxb.*
cent. 2. p. 8. t. 4. f. 2. *Dill. mufc.* 477. t. 68. f. 5.
Habitat in Suecia, Norvegia, Rutheno, Dania, Germania,
Italia. *Herb. pal.*

3. SPLACHNUM *ampullaceum*. S. umbraculo ampul-
laceo obconico. *Fl. dan.* t. 192.

1308.

Bryum ampullaceum; foliis Thymi pellucidis; collo ftrictiore.
Dill. mufc. 343. t. 44. f. 3.
Mufcus capillaceus minor ; capitulis geminatis. *Vaill. parif.*
130. t. 29. f. 4.
Habitat in Europæ *paludibus. Suec. carn.*

1. POLYTRICHUM *commune*. P. caule fimplici, antherâ
parallepipedâ. *Blackw.* t. 375.

1309.

P. quadrangulare vulgare, Yuccæ foliis ferratis. *Dill. mufc.*
420. t. 54. f. 1.
Mufcus juniperifolius; capitulo quadrangulo. *Vaill. parif.* 131.
t. 23. f. 8.
β. P. quadrangulare, Juniperi foliis brevioribus & rigidioribus.
Dill. mufc. 424. t. 54. f. 2. *Fl. dan.* t. 295.
Mufcus erectus, Juniperi folio glauco. *Vaill. parif.* 131.
t. 23. f. 6.
γ. Polytrichum quadrangulare minus, Juniperi foliis pilofis.
Dill. mufc. 426. t. 54. f. 3.
Mufcus capillaceus, ftellatus, prolifer. *Vaill. parif.* t. 23. f. 7.
Habitat in Europæ α. *uliginofis*, β. *pafcuis*, γ. *fteriliffimis.*
Suec. parif. ged. herb. pal. burg. lith. lugd.

2. POLYTRICHUM *Alpinum*. P. caule ramofiffimo ; pedunculis
terminalibus. *Fl. dan.* t. 296.

N n ij

Gen.

Bryum foliis ferratis ; capfulis ovatis , bafi turbinatis. *Hall. helv.* n. 1800. t. 46. f. 6.
Polytrichum Alpinum , ramofum ; capfulis è fummitate ellipticis. *Dill. mufc.* 427. t. 55. f. 4.
Habitat in Alpibus Helvetiæ , Germania. *Lugd.*

3. POLYTRICHUM *urnigerum.* P. furculo ramofiffimo ; fetis lateralibus ; capitulo erecto, acuminato. *Neck. meth.*
Polytrichum ramofum , fetis ex alis urnigeris. *Dill. mufc.* 427. t. 55. f. 5.
Mufcus ramofus , erectus ; calyptrâ villofâ. *Vaill. parif.* 131. t. 28. f. 13.
Habitat in Europa , Jamaïca.

5310.

1. MNIUM *pellucidum.* M. caule fimplici ; foliis ovatis. *Fl. dan.* t. 300.

Mnium Serpilli foliis tenuibus , pellucidis. *Dill. mufc.* 232. t. 31. f. 2.
Mufcus coronatus , minimus ; capillaceis foliis ; capitulis oblongis. *Vaill. parif.* 130. t. 24. f. 7.
Habitat in Europæ *pafcuis fucculentis , umbrofis. Pal. lith. burg.*

2. MNIUM *androgynum.* M. caule ramofo , androgynum. *Fl. dan.* t. 299.
Mnium peranguftis & brevibus foliis. *Dill. mufc.* 230. t. 31. f. 1.
Mufcoïdes , Mufcus capillaris minimus ; capitulo minimo , pulverulento. *Vaill. parif.* t. 29. f. 6.
Habitat in Europæ *fylvis. Suec. norv. pal. lith. lugd.*

3. MNIUM *ramofum.* M. caule ramofo , erecto ; pedunculis femineis , axillaribus.
M. majus , minus ramofum ; capitulis pulverulentis , crebrioribus. *Dill. mufc.* 235. t. 31. f. 4.
Habitat in Europæ *paludibus.*

4. MNIUM *fontanum.* M. caule fimplici , geniculis inflexo. *Fl. dan.* 298.
Bryum paluftre ; fcapis teretibus , ftellatis ; capfulis magnis , fubrotundis. *Dill. mufc.* 340. t. 44. f. 2.
Mufcus capillaceus , tenuiffimus ; pediculo longiffimo purpurafcente ; capitulo rotundiore. T. *Vaill. parif.* 134. t. 24. f. 10.
Habitat in Europa *ad fontes paludofos frigidos. Suec. pal. lith. burg. lugd.*

5. MNIUM *paluftre.* M. caule dichotomo ; foliis fubulatis.
M. majus , ramis longioribus , bifurcatis. *Dill. mufc.* 233. t. 31. f. 3.
Mufcus paluftris erectus , flavefcens ; capillaceo folio. *Vaill. parif.* 135. t. 24. f. 1.
Habitat in Europæ *paludibus. Suec. carn. gallob. pal.*

6. MNIUM *hygrometricum.* M. à caule , antherâ nutante ; calyptrâ reflexâ , tetragonâ. *Fl. dan.* t. 648. f. 2.

Bryum bulbiforme aureum ; calyptrâ quadrangulari ; capfulis
pyriformibus, nutantibus. *Dill. mufc.* 407. t. 52. f. 75.
Mufcus foliis fcutellatis ; capitulo pyriformi , nutante. *Vaill.*
parif. 135. t. 26. f. 16.
Habitat in Europæ *fylvis apricis fterilibus. Pal. lith. burg. lugd.*

7. MNIUM *purpureum.* M. caule dichotomo ; axillis pedunculiferis ; antherâ erectâ ; foliis carinatis.
Bryum tenue , ftellatum , fetis purpureis. *Dill. mufc.* 386. t. 49.
f. 51.
Habitat in Europæ *pafcuis. Ged. herb. pal. lith. fuec. parif. lugd.*

8. MNIUM *fetaceum.* M. antheris erectis ; operculis filiformibus ;
longitudine antherarum.
Bryum ftellare , nitidum , pallidum ; capfulis tenuiffimis. *Dill.*
mufc. 381. t. 48. f. 44.
Habitat in Europæ *muris, aggeribus , fepibus. Suec. pal. lugd.*

9. MNIUM *cirrhatum.* M. foliis arefactione revolutis. *Fl. dan.*
t. 538. f. 4.
Bryum cirrhatum & ftellatum , tenuioribus foliis. *Dill. mufc.*
379. t. 48. f. 42.
Mufcus muralis , minimus , rofeus , ftellaris. *Vaill. parif.* 130.
t. 24. f. 8.
Habitat in Europæ *fylvis & ad fepes. Suec. pal. icon. lugd.*

10. MNIUM *annotinum.* M. foliis ovatis , acuminatis , pellucidis , fubradicalibus ; antheris nutantibus.
Bryum annotinum, lanceolatum, pellucidum ; capfulis oblongis ,
pendulis. *Dill. mufc.* 399. t. 50. f. 68.
Habitat in Europæ *humidiufculis. Suec. herb. pal. lugd.*

11. MNIUM *hornum.* M. antheris pendulis ; pedunculo curvato ;
furculo fimplici ; foliolis margine fcabris.
Bryum ftellare hornum fylvarum , capfulis magnis , nutan-
tibus. *Dill. mufc.* 402. t. 51. f. 71.
Mufcus capillaceus major ftellatus. *Vaill. parif.* t. 24. f. 4. 5.
Mich. gen. 108. t. 59. f. 2.
Habitat in Europæ *fylvis aggeribus. Suec. pal. burg. lugd.*

12. MNIUM *capillare.* M. antheris pendulis ; foliis ovatis ;
fetiferis , carinatis ; pedunculis longiffimis.
Bryum foliis latiufculis, congeftis ; capfulis longis, nutantibus.
Dill. mufc. 398. t. 50. f. 67.
Mufcus capillaceus major ; capitulis craffioribus , cylindraceis,
nutantibus. *Vaill. parif.* 134. t. 24. f. 6.
Habitat in Europæ *ficcis, muris glareofis. Suec. lugd.*

14. MNIUM *pyriforme.* M. antheris pendulis, turbinatis ; ftipite
filiformi ; floribus femineis fetiferis. *Angl. fuec.*
Bryum foliis capillaceis ; capitulis pyriformibus , pendulis.
Hall. helv. n. 1813. t. 46. f. 7.
Bryum trichodes aureum ; capitulis pyriformibus , nutantibus.
Dill. mufc. 391. t. 50. f. 60.
Habitat in Europæ *rupibus. Angl. fuec.*

Gen.

15. MNIUM *polytrichoïdes*. M. calyptrâ villosâ.

Polytrichum nanum ; capfulis fubrotundis , galeritis , Aloes folio non ferrato. *Dill. mufc.* 428. t. 55. f. 6.

Mufcus capillaceus minor ; calyptrâ tomentofâ. *Vaill. parif.* 131. t. 26. f. 15.

β. Polytrichum parvum, Aloes folio ferrato ; capfulis oblongis. *Dill. mufc.* 429. t. 55. f. 7.

Adianthum aureum, medium , in ericetis proveniens. *Vaill. parif.* 131. t. 29. f. 11.

Habitat in Europæ *ericetis fubudis. Suec. pal. burg. lugd.*

16. MNIUM *Serpillifolium*. M. pedunculis aggregatis ; foliis patentibus, pellucidis.

α. Mnium *punctatum*.

M. foliis ovatis , integerrimis ; capfulis pendulis, ovatis, arif-tatis. *Hall. helv.* 1845.

Bryum pendulum ; Serpilli folio rotundiore , pellucido ; capfulis ovatis. *Dill. mufc.* 416. t. 53. f. 81.

Mufcus folio lato, fubtotundo ; capitulo fingulari nutante ; pediculo longo , fubrubenti , infidente. *Vaill. parif.* 136. t. 26. f. 5.

β. Mnium (*cufpidatum*), pedunculis aggregatis ; folio alternis acutis , ferratis

Bryum pendulum ; foliis variis pellucidis ; capfulis ovatis. *Dill. mufc.* 413. t. 53. f. 79.

Mufcus paluftris ; foliis fubrotundis. *Vaill. parif.* 26. f. 18.

γ. Mnium (*proliferum*), pedunculis aggregatis ; foliis rofaceo-congeftis , lanceolatis , acutis.

Bryum ftellare rofeum majus ; capfulis ovatis , pendulis. *Dill. mufc.* 411. t. 52. f. 77.

Mufcus ftellaris rofeus. *Bauh. pin.* 361. *prodr.* 151.

δ. Mnium (*undulatum*), pedunculis aggregatis ; foliis oblongis, undulatis. *Leers fl. herb.*

Bryum dendroïdes polycephalon ; phyllidis folio undulato , pellucido ; capfulis ovatis, pendulis. *Dill. mufc.* 410. t. 52. f. 76.

Mufcus rofeus , polycephalus ; linariæ foliis undulatis. *Vaill. parif.* 135. t. 24. f. 3. *Mich. gen.* 108. t. 59. f. 5.

Habitat in Europa *feré ubique. Pal. carn. burg. lith. parif. lugd.*

17. MNIUM *triquetrum*. M. caulibus prælongis , rubiginofis ; foliis ovato-lanceolatls ; capfulis ovatis , pendulis.

Bryum annotinum paluftre ; capfulis ventricofis , pendulis. *Dill. mufc.* 404. t. 51. f. 72.

Mufcus denticulatus, lucens , fluviatilis, maximus, ad ramorum apices , Adianthi capitulis ornatus. *Vajll. parif.* 135. t. 24. f. 2. 2.

Habitat in Europæ *udis , turfofis. Lugd.*

18. MNIUM *trichomanis*. M. foliis diftichis, integerrimis.

M. Trichomanis facie ; foliolis integris. *Dill. mufc.* 236. t. 31. f. 5.

Habitat in Sueciæ, Angliæ, Germaniæ *&c. udis. Suec. herb. pal. lith.*

20. MNIUM *Jungermannia.* M. foliis diftichis; pinnis fubtus auriculatis.

Lichenaftrum Alpinum, purpureum; foliis auritis & Cochleariformibus. *Dill. mufc.* 479. t. 69. f. 1.

Jungermannia Alpina, paluftris, purpurea, cambrica; foliis rotundioribus auritis, tenuiffimè denticulatis. *Mich. gen.* 6. t. 5. t. 16.

Habitat in Europæ *fubhumidis. Pal. lith. fuec. lugd.*

BRYUM.

* *ANTHERIS SESSILIBUS.*

1. BRYUM *Apocarpum.* B. antheris feffilibus, terminalibus; calyptrâ minimâ. *Fl. dan.* 480.

1317.

Sphagnum fubhirfutum obfcurè virens; capfulis rubellis. *Dill. mufc.* 245. t. 32. f. 4.

Mufcus apocarpos, hirfutus, faxis adnafcens; capitulis obfcurè rubris. *Vaill. parif.* 129. t. 21. f. 15.

Habitat in Europæ *faxis, arboribus. Pal. burg. lith. lugd.*

2. BRYUM *ftriatum.* B. antheris fubfeffilibus fparfis; calyptris ftriatis, furfumve pilofis. *Fl. dan.* t. 537. f. 3.

Polytrichum Bryi ruralis facie, capfulis feffilibus, majus. *Dill. mufc.* 430. t. 55. f. 8.

Mufcus apocarpos arboreus ramofus. *Vaill. parif.* 129. t. 25. f. 5. 6.

δ. Polytrichum capillaceum, crifpum; calyptris acutis, pilofiffimis. *Dill. mufc.* 433. t. 55. f. 11. *Fl. dan.* t. 648. f. 1.

Mufcus capillaceus, minimus; calyptrâ villofâ. *Vaill. parif.* 130. t. 26. f. 9.

Habitat in Europæ α.) *arboribus,* δ. *fylvis. Ged. pal. lith. lugd.*

* * *ANTHERIS PEDUNCULATIS ERECTIS.*

3. BRYUM *pomiforme.* B. antheris erectis, fphæricis.

B. capillaceum, capfulis fphæricis. *Dill. mufc.* 339. t. 44. f. 1.

Mufcus trichodes minimus, fericeus, capillaceus; capitulis fphæricis. *Vaill. parif.* 129. t. 24. f. 9. 12.

Habitat in Europæ *fcopulis humofis. Ged. pal. lith. lugd.*

4. BRYUM *pyriforme.* B. antheris erectis, obovatis; calyptrâ fubulatâ; furculis acaulibus; foliis ovatis, muticis. *Fl. dan.* t. 537. f. 1.

B. ferpillifolium pellucidum; capfulis pyriformibus. *Dill. mufc.* 345. t. 44. f. 6.

N n iv

Gen.

Muscus capillaceus, minimus; capitulis pyriformibus turgidis. *Vaill. parif.* 129. t. 29. f. 3.

Habitat in Europæ *pratis ad aggeres. Pal. lith. lugd.*

5. BRYUM *extinctorium.* B. antherâ erectâ, oblongâ, minori ; calyptris laxis, æqualibus.

B. calyptrâ extinctorii formâ, minus. *Dill. musc.* 349. t. 45. f. 8.

Muscus capillaceus, minimus; calyptrâ longâ conoïde nitidâ. T. *Vaill. parif.* 137. t. 26. f. 1.

Habitat in Europæ *arenosis. Suec. parif. pal. lith. lugd.*

6. BRYUM *subulatum.* B. antheris erectis, subulatis ; surculis acaulibus.

Muscus capillaris; cauliculis longissimis & acutissimis. *Morif. hist.* 3. p. 631. t. 7. f. 13.

Muscus capillaris; corniculis longissimis, incurvis. *Vaill. parif.* 133. t. 25. f. 8.

Habitat in Europæ *aggeribus humidiusculis. Suec. pal. lith. lugd.*

7. BRYUM *rurale.* B. antheris erectiusculis ; foliis piliferis, recurvis.

B. rurale unguiculatum, hirsutum, elatius & ramosius. *Dill. musc.* 352. t. 45. f. 12.

Muscus capillaris tectorum ; densis cæspitibus nascens; capitulis oblongis ; foliis in pilum oblongum definentibus. *Vaill. parif.* 133. t. 25. f. 3.

Habitat in Europæ *muris, rusticorum tectis, arborum truncis.* ♃ *Suec. parif. pal. lith. lugd.*

8. BRYUM *murale.* B. antheris erectis ; foliis piliferis, rectiusculis; surculis simplicibus, cæspitosis.

B. regulare, humile, pilosum & incanum. *Dill. musc.* 355. t. 45. f. 1.

Muscus muralis, omnium vulgatissimus, villosus. *Vaill. parif.* 135. t. 24. f. 15.

β. Bryum capitulo brevissimo ; foliis ovatis, lanceolatis, patulis ; capsulis aristatis. *Hall. helv.* n. 1826.

B. humile, pilis carens, viride & pellucidum. *Dill. musc.* 356. t. 45. f. 15.

Muscus muralis, omnium vulgatissimus, non villosus. *Vaill. parif.* 133. t. 24. f. 14.

Muscus capillaris minor ; capitulis erectis, vulgatissimus, non villosus. *Vaill. l. c.* t. 25. f. 4.

Habitat in Europæ *saxis, muris, tectis, tegulis. Suec. pal. herb. burg. lith. lugd.*

9. BRYUM *scoparium.* B. antheris erectiusculis ; pedunculis aggregatis; foliis secundis recurvatis ; caule declinato.

B. reclinatum ; foliis falcatis, scoparum effigie. *Dill. musc.* 357. t. 46. f. 16.

Muscus capillaceus major ; pediculo & capitulo tenuioribus. *Vaill. parif.* 132. t. 28. f. 12.

Habitat in Europæ sylvis arenosis, in truncis putridis. ♃ *Suec.* Gen.
pal. ged. burg. lith. lugd.

10. BRYUM *undulatum.* B. antheris erectiusculis; pedunculis
subsolitariis; foliis lanceolatis, carinatis, undulatis, patentibus, serratis. *Fl. dan.* t. 477.
B. Phyllidis folio rugoso, acuto; capsulis incurvis. *Dill. musc.*
360. t. 46. f. 18.
Muscus erectus, Linariæ folio, major. *Vaill. paris.* 132. n. 1.
Muscus capillaceus minor; capitulo longiore, falcato. *Vaill.*
l. c. t. 26. f. 17.
Habitat in Europæ sylvis, aggeribus, pratis umbrosis. Suec. ged.
pal. burg. lith. lugd.

11. BRYUM *glaucum.* B. antheris erectiusculis; operculo
arcuato; foliis erectis, imbricatis; surculis ramosis.
B. albidum & glaucum fragile majus; foliis erectis, setis bre-
vibus. *Dill. musc.* 362. t. 46. f. 20.
Muscus erectus, capillaceus, densissimus; glauco folio. *Vaill.*
paris. 131. t. 26. f. 13.
Muscus saxatilis ericoïdes. *Bauh. pin.* 362. *prodr.* 151.
Habitat in Europæ ericetis apricis. Suec. pal. burg. lith. lugd.

13. BRYUM *pellucidum.* B. antheris erectiusculis; foliis acutis,
recurvis; caule hirsuto.
B. palustre pellucidum; capsulis & foliis brevibus, recurvis.
Dill. musc. 364. t. 46. f. 23.
Habitat in Europæ paludibus. Suec. herb. pal. lugd.

18. BRYUM *heteromallum.* B. antheris erectis; foliis setaceis,
secundis. *Fl. dan.* t. 479.
B. heteromallum. *Dill. musc.* 375. t. 47. f. 37.
Muscus capillaceus; foliis unam partem spectantibus. *Vaill.*
paris. 132. t. 27. f. 7.
Habitat in Europæ ericetis, juniperetis. Ged. pal. burg. lith. lugd.

20. BRYUM *truncatulum.* B. antheris erectis, subrotundis;
operculo mucronato. *Fl. dan.* t. 537. f. 2.
B. exiguum; creberrimis capsulis rufis. *Dill. musc.* 347.
t. 45. f. 7.
Muscus capillaceus, omnium minimus. *Vaill. paris.* 130. t. 26.
f. 2.
Habitat in Europa ad agros, fossas, & sepes. Suec. paris. pal.
burg. lith.

21. BRYUM *viridulum.* B. antheris erectis, ovatis; foliis lan-
ceolatis, acuminatis, imbricato-patulis.
B. capillaceum breve, pallidè & lætè virens; capsulis ovatis.
Dill. musc. 380. t. 48. f. 43.
Muscus capillaceus, omnium minimus; foliolis longioribus &
angustioribus. *Vaill. paris.* 130. t. 29. f. 5.
Habitat in Europæ agris, aggeribus. Suec. pal. lith. lugd.

23. BRYUM *hypnoides.* B. antheris erectis; surculo erectius-
culo; ramis lateralibus, brevibus, fertilibus.

Gen. B. hypnoïdes polycephalon lanuginofum, montanum. *Dill. mufc.* 372. t. 47. f 32.

Mufcus Alpinus ramofior, erectus; flagellis brevioribus, lanu-ginofus. *Pluk. alm.* 255. t. 47. f. 5.

Habitat in Europæ *faxis*, *rupibus*, *fabulofis*. *Suec. herb. pal. burg. lugd.*

*** *ANTHERIS NUTANTIBUS.*

29. BRYUM *argenteum*. B. antheris pendulis; furculis cylin-dricis, imbricatis, lævibus.

B. pendulum julaceum, argenteum & fericeum. *Dill. mufc.* 392. t. 50. f. 62.

Mufcus fquamofus, argenteus, Ericæ folio. *Vaill. parif.* 134. t. 26. f. 3.

Habitat in Europæ *tectis*, *muris*, *rupibus*. *Suec. parif. herb. pal. burg. lith. lugd.*

30. BRYUM *pulvinatum*. B. antheris fubrotundis; pedunculis reflexis; foliis piliferis.

B. orbiculare pulvinatum hirfutiæ canefcens; capfulis immerfis. *Dill. mufc.* 395. t. 50. f. 65.

Mufcus capillaceus, lanuginofus, minimus. T. *Vaill. parif.* 133. t. 29. f. 2.

Habitat in Europæ *muris*, *rupibus*. *Suec. pal. lith. lugd.*

31. BRYUM *cæfpiticium*. B. antheris pendulis; foliis lanceo-latis, acuminato-fetaceis; pedunculis longiffimis.

B. pendulum ovatum, cæfpiticium & pilofum; fetâ bicolori. *Dill. mufc.* 396. t. 50. f. 66.

Mufcus capillaceus, minimus; capitulo nutante; pediculo pur-pureo. *Vaill. parif.* 134. t. 29. f. 7.

Habitat in Europæ *muris*, *tectis*, *glareofis*. *Suec. parif. ged. pal. c. icon. lith. lugd.*

HYPNUM.

* *FRONDIBUS PINNATIS.*

1312. 2. **HYPNUM** *Taxifolium*. H. fronde fimpliciffimâ, pinnatâ, lanceolatâ, bafi pedunculiferâ. *Fl. dan.* t. 473. f. 2.

H. taxiforme minus; bafi capfuliferâ. *Dill. mufc.* 263. t. 34. f. 2.

Mufcus pennatus; capitulis Adianti. *Vaill. parif.* 136. t. 24. f. 11.

Habitat in Europæ *umbrofis*. *Suec. gallob. pal. lith. lugd.*

3. HYPNUM *denticulatum*. H. fronde pinnatâ fimplici; pinnis duplicatis; bafi pedunculiferâ.

H. denticulatum pennatum; pinnulis duplicatis, recurvis. *Dill. mufc.* 266. t. 34. f. 5.

Muſcus pennatus , denticulatus, minor. *Vaill. pariſ.* 137. t. 29. ſ. 8.
Habitat in Europa ſuper terram umbroſam. Suec. ged. gallob. pal. burg.

4. HYPNUM *bryoïdes.* H. fronde ſimpliciſſimâ , pinnatâ , lanceolatâ , apice pedunculiferâ *Fl. dan.* t. 473. f. 1.
H. taxiforme exiguum verſùs ſummitatem capſuliferum. *Dill. muſc.* 262. t. 34. ſ. 1.
Muſcus polytrichoïdes, exiguis capitulis in ſummis ſurculis ſ. foliis ſubrotundis , erectis. *Vaill. pariſ.* 136. t. 24. f. 13.
Habitat in Europæ umbroſis. Suec. ged. pal. lith. lugd.

6. HYPNUM *adiantoïdes.* H. fronde pinnatâ , ramoſâ , erectâ , medio pedunculiferâ.
H. taxiforme paluſtre , ramoſum majus & erectum. *Dill. muſc.* 264. t. 34. f. 3.
Muſcus taxiformis, ramoſus. *Vaill. pariſ.* 136. t. 28. f. 5.
Habitat in Europæ paludoſis. ♃ *Herb. pal. carn. lugd.*

7. HYPNUM *complanatum.* H. fronde pinnatâ , ramoſâ; foliolis imbricatis, acutis, complicatis, compreſſis.
H. pennatum , compreſſum & ſplendens; capſulis ovatis. *Dill. muſc.* 268. t. 34. f. 7.
Muſcus trichomanoïdes, Filicifolius, ſplendens. *Vaill. pariſ.* 139. t. 23. f. 4.
Habitat in Europa ad truncos arborum. Suec. pal. lith. lugd.

* * *SURCULIS VAGIS.*

12. HYPNUM *undulatum.* H. ſurculis ramoſis ; frondibus ſubpinnatis; foliolis undulatis, complicatis.
H. pennatum undulatum; Lycopodii inſtar ſparſum. *Dill. muſc.* 271. t. 36. f. 11.
Habitat in Europæ locis ſaxoſis , cavernoſis. Lugd.

13. HYPNUM *criſpum.* H. ſurculis ramoſis ; frondibus ſubpinnatis; foliolis undulatis, planis.
H. pennatum undulatum criſpum , ſetis & capſulis brevibus. *Dill. elth.* 237. t. 36. f. 12.
Habitat in Europæ locis ſaxoſis. Pal. lith. lugd.

14. HYPNUM *triquetrum.* H. ramis vagis , recurvis ; foliis ovatis, recurvatis, patulis.
H. vulgare triangulum, maximum & pallidum. *Dill. muſc.* 293. t. 38. f. 28.
Muſcus ramoſus major, ſpermatophorus. *Vaill. pariſ.* 137. n. 11. t. 28. f. 9.
Habitat in Europæ pratis, ſylvis, ſepibus. Suec. ged. pal. burg. lugd.

15. HYPNUM *rutabulum.* H. ramis vagis , ſubrepentibus ; foliis ovatis , mucronatis, imbricatis.
H. dentatum vulgatiſſimum; operculis obtuſis. *Dill. muſc.* 295. t. 38. f. 29.

Gen.

Muſcus myoſurǫïdes; rutabili fructu. *Vaill. pariſ.* t. 27. f. 8. & t. 23. f. 2.

Habitat in Europæ ſepibus , ſylvis , *ad arborum radices. Pal. burg. lugd.*

* * * SURCULIS PINNATIS.

16. HYPNUM *filicinum.* H. ſurculis pinnatis; ramulis diſtantibus; foliolis imbricatis, incurvis, acutis, ſecundis.
H. repens, filicinum, criſpum. *Dill. muſc.* 282. t. 36. f. 19.
Muſcus filicinus paluſtris. *Vaill. pariſ.* 138. t. 29. f. 9. *cum ſynonymis & deſcriptione alienâ.*
Habitat in Europæ humidiuſculis. *Suec. pal. lugd.*

17. HYPNUM *proliferum.* H. ſurculis proliferis, plano-pinnatis; pedunculis aggregatis.
H. filicinum, Tamariſci foliis majoribus, ſplendentibus. *Dill. muſc.* 274. t. 35. f. 13.
Muſcus filicinus, flaveſcens, major, ramoſus. *Vaill. pariſ.* 140. n. 3.
Muſcus filicinus, major, ſericeus. *Ejuſd.* t. 29. f. 1. *bene.*
Muſcus vulgaris, pinnatus, major. C. B. *ejuſd.* t. 28. f. 1.
Habitat in Europæ pratis, ſylvis ad terram. *Suec. pal. burg. lith.*

18. HYPNUM *delicatulum.* H. ſurculis ſubproliferis, plano-pinnatis, cuſpidatis; pedunculis aggregatis.
H. filicinum, Tamariſci foliis minimis, non ſplendentibus ; ſetis capſulis brevioribus. *Dill. muſc.* 546. t. 83. f. 6.
Habitat in America, Europa ſeptentrionali. *Suec.*

19. HYPNUM *parietinum.* H. ſurculis plano-pinnatis, continuatis; pedunculis aggregatis.
H. filicinum, Tamariſci foliis minoribus, non ſplendentibus. *Dill. muſc.* 276. t. 35. f. 14.
Muſcus filicinus, minor, repens. *Læſ. pruſſ.* 167. ic. 44.
Muſcus filicinus, minor. *Vaill. pariſ.* 140. t. 23. f. 9.
Habitat in Europa ad arborum truncos imos, & in ſylvis ad terram. *Suec. pal. burg. lith. lugd.*

20. HYPNUM *prælongum.* H. ſurculis ſubpinnatis, decumbentibus; ramulis remotis; foliolis ovatis; antheris cernuis.
H. repens filicinum, triangularibus parvis foliis, prælongum. *Dill. muſc.* 278. t. 35. f. 15.
Habitat in Europæ terris, truncis, lignis. *Suec. pal. lith. lugd.*

21. HYPNUM *Criſta caſtrenſis.* H. ſurculis pinnatis; ramulis approximatis, apicibus recurvis.
H. filicinum, Criſtam caſtrenſem repræſentans. *Dill. muſc.* 284. t. 36. f. 20.
Muſcus terreſtris, repens, ſubflavus; foliis criſpis, minoribus; ramuliſque denſiùs confertis. *Vaill. pariſ.* 141. t. 27. f. 14.
Habitat in Europa, Penſylvania, *ad radices Abietis. Suec. gallob. pal. lugd.*

22. HYPNUM *abietinum*. H. furculis pinnatis, teretiufculis, remotis, inæqualibus.

H. lutefcens ; alis fubulatis, tenacibus. *Dill. mufc.* 280. t. 35. f. 17.

Mufcus pennatus, minor, caulibus ramofis, in fummitate veluti fpicatus. *Læf. pruff.* 167. t. 43. *Vaill. parif.* t. 29. f. 12.

Habitat in Europæ *fylvis abietinis. Suec. lith. lugd.*

23. HYPNUM *plumofum.* H. furculis pinnatis, repentibus ; ramis confertis; foliis imbricatis, fubulatis; antheris erectis.

H. repens filicinum, plumofum. *Dill. mufc.* 280. t. 35. f. 16.

Habitat in Europa *ad radices arborum. Angl. herb. lugd.*

* * * * FOLIIS REFLEXIS.

24. HYPNUM *Cupreffiforme.* H. furculis fubpinnatis ; foliis fecundis, recurvis, apice fubulatis. *Fl. dan.* 535. f. 2.

H. crifpum, Cupreffiforme ; foliis aduncis. *Dill. mufc.* 287. t. 37. f. 23.

Mufcus fquamofus, ramofus, minor & crifpus. *Vaill. parif.* 139 t. 27. f. 13.

Habitat in Europæ *fylvis ad arborum radices. Suec. ged. pal. burg. lith. lugd.*

25. HYPNUM *aduncum.* H. furculis erectiufculo fubramofis ; foliis fecundis recurvis, fubulatis ; ramis recurvatis.

H. paluftre erectum, fummitatibus aduncis. *Dill. mufc.* 292. t. 37. t. 26.

Habitat in Europæ *uliginofis. Suec. pal. lith. lugd.*

26. HYPNUM *compreffum.* H. furculis pinnatis, compreffis ; foliis acuminatis, recurvis; antheris erectiufculis, ovatis.

H. filicinum fericeum, molle & pellucidum ; mucronibus aduncis. *Dill. mufc.* 286. t. 36. f. 22.

Habitat in Europæ *truncis arborum. lugd.*

27. HYPNUM *fcorpioïdes.* H. ramis vagis, procumbentibus, recurvis; foliis fecundis acuminatis.

H. fcorpioïdes paluftre magnum, Lycopodii inftar fparfum. *Dill. mufc.* 290. t. 37. f. 25.

Habitat in Angliæ, Sueciæ *paludibus profundis. Suec. lugd.*

28. HYPNUM *viticulofum.* H. furculis repentibus ; ramis vagis, teretibus; foliis patulis, acuminatis.

H. fubhirfutum ; viticulis gracilibus, erectis ; capfulis teretibus. *Dill. mnfc.* 307. t. 39. f. 43.

Mufcus fquamofus ; viticulis longioribus, glabris. *Vaill. parif.* 137. t. 23. f. 1.

Habitat in Europæ *montofis aridis ad arbores. Ged. pal. lugd.*

29. HYPNUM *fquarrofum.* H. ramis vagis; foliis lanceolatis ; complicato-carinatis, quinquefariam recurvatis, *Fl. dan.* t. 535. f. 1.

Gen.

H. repens , triangularibus reflexis foliis, majus. *Dill. muſc.*
303. t. 39. f. 38.

β. H. repens , triangularibus reflexis foliis, minus. *Dill. muſc.*
304. t. 39. f. 39.

H. foliis cincinnatis , patùlis , reflexis. *Hall. helv.* n. 1733.
Fl. dan. t. 648. f. 3.

Muſcus erectus; foliis reflexis. *Vaill. pariſ.* 139. t. 27. f. 5.
Habitat in Europæ ſubhumidis. *Suec. pal. lith. lugd.*

30. HYPNUM *paluſtre.* H. ſurculis repentibus ; ramis confertis, erectis ; foliis ovatis , ſecundis ; antheris erectiuſculis.

H. heterophyllum aquaticum , polycephalum, repens. *Dill.
muſc.* 293. t. f. 27.
Habitat in Europæ udis. *Angl. lith. lugd.*

31. HYPNUM *loreum.* H. ſurculis reptantibus ; ramis vagis ,
erectis ; foliis ſecundis; antheris ſubrotundis.

H. loreum montanum ; capſulis ſubrotundis. *Dill. muſc.* 305.
t. 39. f. 40.

Muſcus ſquamoſus, major ; foliis anguſtioribus , acutiſſimis.
Vaill. pariſ. 138. t. 25. f. 2.

Muſco denticulato ſimilis. *Bauh. pin.* 360.
Habitat in Europæ montoſis. *Lugd.*

* * * * * *SURCULIS DENDROIDIBUS S. FASCICULATIS,*

32. HYPNUM *dendroïdes.* H. ſurculo erecto ; ramis faſciculatis ;
terminalibus, ſimpliciuſculis ; antheris erectis.

H. dendroïdes ſericeum ; ſetis & capſulis longioribus, erectis.
Dill. muſc. 313. t. 40. f. 48.

Muſcus ſquamoſus, ramoſus , erectus, alopecuroïdes. *Tourneſ.
inſt.* 554. t. 326. f. B. *Vaill. pariſ.* 137. t. 26. f. 6.
Habitat in Europæ *pratis ſylviſque ſubhumidis. Suec. pal. burg. lugd.*

33. HYPNUM *alopecurum.* H. ſurculo erecto ; ramis faſciculatis, terminalibus, ſubdiviſis ; antheris ſubnutantibus.

Muſcus ſquamoſus, alopecuroïdes ; flagellis recurvis. *Vaill.
pariſ.* 137. t. 23. f. 5.
Habitat in Europæ *ſylvis humidiuſculis. Suec. herb. pal.*

* * * * * * *SURCULIS TERETIUSCULIS.*

34. HYPNUM *curtipendulum.* H. ſurculis vagis , teretibus ; foliis
ovatis, acutis , patulis; antheris pendulis.

H. dentatum curtipendulum ; viticulis rigidis. *Dill. muſc.* 333.
t. 43. f. 69.

Habitat in Europa , America, *ad radices arborum, ſaxorum. Suec.
pal. lugd.*

35. HYPNUM *purum.* H. ſurculis pinnato-ſparſis , ſubulatis ;
foliis ovatis , obtuſis, conniventibus. *Fl. dan.* t. 706. f. 2.

H. Cupreſſiforme, vulgare ; foliis obtuſis. *Dill. muſc.* 309.
t. 40. f. 45.

Muscus squamosus, Cupressiformis. *Vaill. paris.* 138. t. 28. f. 3.
Habitat in Europæ *pascuis, sylvis. Suec. ged. pal. lith. lugd.*

37. HYPNUM *illecebrum.* H. surculis ramisque vagis, teretibus, erectiusculis, obtusis. *Fl. dan.* t. 706. f. 1.

H. Cupressiforme, rotundius vel illecebræ æmulum. *Dill. musc.* 311. t. 40. f. 46.

Muscus terrestris; surculis kali geniculati aut illecebræ æmulis; foliis subrotundis, squamatim incumbentibus. *Vaill. paris.* 137. t. 25. f. 7.

Habitat in Europæ & Americæ *septentrionalis pascuis. Suec. lugd.*

38. HYPNUM *riparium.* H. surculis teretibus, ramosis; foliolis acutis, patulis, distantibus. *Fl. dan.* 649. f. 1.

H. aquaticum; flagellis teretibus & pinnatis. *Dill. musc.* 308. t. 40. f. 44.

Habitat in Europa, *ad fluviorum ripas. Suec. pal. lugd.*

39. HYPNUM *cuspidatum.* H. surculis vagis; apice foliis convolutis, acuminatis.

H. palustre extremitatibus, cuspidatis & pungentibus. *Dill. musc.* 300. t. 39. f. 34.

Muscus squamosus, palustris; foliis flagellibusque rigidiusculis, incurvis. *Vaill. paris.* t. 23. f. 11.

Habitat in Europæ *paludibus muscosis, quas replet. Suec. ged. pal. lith. lugd.*

* * * * * * * *SURCULIS CONFERTIS.*

40. HYPNUM *sericeum.* H. surculo repente; ramis confertis, erectis; foliis subulatis; antheris erectis.

H. vulgare sericeum, recurvum; capsulis erectis, cuspidatis. *Dill. musc.* 323. t. 42. f. 59.

Muscus arboreus, splendens, sericeus. *Vaill. paris.* 132. t. 27. f. 3.

Habitat in Europa *ad truncos, muros, inque campis. Suec. paris. ged. pal. burg. lith. lugd.*

41. HYPNUM *velutinum.* H. surculo repente; ramis confertis, erectis; foliis subulatis; antheris subnutantibus. *Fl. dan.* t. 475.

H. velutinum; capsulis ovatis, cernuis. *Dill. musc.* 326. t. 42. f. 61.

Muscus squamosus, ramosus, tenuior; capitulis incurvis. *Vaill. paris.* 138. t. 26. f. 9.

Habitat in Europa *ad radices arborum umbrosas. Suec. ged. pal. burg. lith. lugd.*

42. HYPNUM *serpens.* H. surculis repentibus; ramis filiformibus; foliis oblitteratis.

H. trichodes serpens; setis & capsulis longis, erectis. *Dill. musc.* 329. t. 42. f. 64.

Muscus terrestris, omnium minimus; capitulis majusculis; oblongis, erectis. *Vaill. paris.* 138. t. 28. f. 2. 6. 7. 8.

Habitat in Europa, Virginia *ad caudices, ligna, saxa. Pal. lith. lugd.*

Gen.

43. HYPNUM *sciuroïdes.* H. furculis erectis, ramofis, incurvatis.

H. arboreum fciuroïdes. *Dill. mufc.* 319. t. 41. f. 54.

Mufcus arboreus, fplendens, myofuroïdes. *Vaill. parif.* t. 27. f. 12.

Habitat in Europæ truncis arborum. Pal. lith. lugd.

44. HYPNUM *gracile.* H. furculis repentibus ; ramis fafciculatis, teretibus, erectiufculis; antheris erectis, ovatis.

H. ornithopodioïdes. *Fl. dan.* t. 649. f. 2.

H. gracile ornithopodioïdes. *Dill. mufc.* 328. t. 41. f. 55.

Habitat in Europæ fagetis. Angl. lugd.

45. HYPNUM *myofuroïdes.* H. furculis ramofiffimis ; ramis fubulatis, utrinque attenuatis, teretibus.

H. myofuroïdes tenuius; capfulis nutantibus. *Dill. mufc.* 317. t. 41. f. 51.

Mufcus fquamofus, minor, myofuroïdes ; capitulis incurvis. *Vaill. parif.* 137. t. 27. f. 6.

Habitat in Europa fupra lapides arborumque radices, Gallob. Weif. erypt. pal. lith. lugd.

A L G Æ.

J U N G E R M A N N I A.

* F R O N D I B U S P I N N A T I S S E C U N D I S.

1313.

1. JUNGERMANNIA *afplenioïdes.* J. frondibus fimpliciter pinnatis; foliolis ovatis, fubciliatis.

Hepaticoïdes Polytrichæ facie. *Vaill. parif.* 19. t. 19. f. 7.

Habitat in Europæ, Indiæ udis umbrofis. Gallob. burg. lith. lugd.

3. JUNGERMANNIA *polyanthos.* J. frondibus fimpliciter pinnatis; foliolis integerrimis, imbricatis, convexis.

J. paluftris repens ; foliis denfiffimis, ex rotunditate acuminatis. *Mich. gen.* 8. t. 5. f. 5.

Habitat in Europæ paluftribus. Pal. lugd.

4. JUNGERMANNIA *lanceolata.* J. frondibus fimpliciter pinnatis; lanceolatis, apice floriferis; foliolis integerrimis.

J. paluftris minima repens ; foliis fubtotundis, denfiffimis ; lætè virentibus. *Mich. gen.* 8. t. 5. f. 67.

Habitat in Europæ humidis umbrofis. Pal. lith. lugd.

5. JUNGERMANNIA *bidentata.* J. frondibus fimpliciter pinnatis ; apice floriferis; foliolis bidentatis.

J. major repens ; foliis bifidis. *Mich. gen.* 8. t. 5. f. 12. *Seguier ver. fuppl.* 31.

Habitat in Europæ ericetis umbrofis. Pal. lith.

6. JUNGERMANNIA *bicufpidata.* J. frondibus fimpliciter pinnatis medio floriferis; foliolis bidentatis.

Fg

J. minima repens; foliis bifidis; vaginâ florum cylindraceâ.
  Mich. gen. 9. t. 6. f. 17.
Habitat in Europæ *umbrofis humidis. Herb. pal. lugd.*

* * FRONDIBUS PINNATIS, PINNULIS AURICULATIS
    SUPERNÈ TECTIS.

8. JUNGERMANNIA *undulata.* J. frondibus fupra bipinnatis,
  apice floriferis; foliolis fubrotundis, integerrimis, undulatis.
    Weif. crypt. pol. pal. c. fig.
  Hepatica faxatilis, undulata, feminifera. *Vaill. parif.* 98.
    t. 19. f. 6.
Habitat in Europa.

11. JUNGERMANNIA *albicans.* J. frondibus fupra bipinnatis,
  apice floriferis; foliolis linearibus, recurvatis.
  Hepaticoïdes albefcens; foliis pinnatis. *Vaill. parif.* 100. t. 19.
    f. 5.
Habitat in Europæ *umbrofis. Pal. burg.*

* * * FRONDIBUS IMBRICATIS.

15. JUNGERMANNIA *complanata.* J. furculis repentibus; foliis
  infernè auriculatis, duplicato-imbricatis; ramis æqualibus.
  Hepaticoïdes foliis & furculis Thuyæ inftar compreffis majór.
  Vaill. parif. t. 19. f. 9. *bene.*
Habitat in Europa ad arborum truncos. *Suec. ged. pal. lith. lugd.*

16. JUNGERMANNIA *dilatata.* J. furculis repentibus; foliis
  infernè auriculatis, duplicato-imbricatis; ramis apice latioribus.
  Hepaticoïdes, furculis & foliolis Thuyæ inftar compreffis minor.
  Vaill. parif. 99. t. 19. f. 10.
Habitat in Europa & America ad arborum truncos. *Suec. pal. burg.*
  lugd.

17. JUNGERMANNIA *Tamarifcifolia.* J. foliis imbricatis, ferie
  duplici; fuperioribus fubrotundis, convexis, obtufis, qua-
  druplo-majoribus.
  Hepaticoïdes quæ Mufcus trichomanoïdes terreftris minor
  floridus. *Vaill. parif.* 100. t. 23. f. 10.
Habitat in Europa ad truncos arborum, rupes. *Suec. pal. lith. lugd.*

18. JUNGERMANNIA *platyphyla.* J. furculis procumbentibus;
  fubtus imbricatis; foliis cordatis, acutis.
  Hepaticoïdes, furculis & foliolis Thuyæ inftar compreffis,
  major. *Vaill. parif.* t. 19. f. 9.
Habitat in Europæ & Americæ feptentrionalis fylvis. *Pal. lugd.*

19. JUNGERMANNIA *ciliaris.* J. furculis repentibus; foliolis
  duplicato-imbricatis, infernè auriculatis, ciliatis.
  Mufcus paluftris, Abfinthii folio. *Vaill. parif.* 140. t. 26.
    f. 11.
Habitat in Europa paffim. *Suec. pal. burg. lugd.*

  Tome I.   O o

Gen.

22. JUNGERMANNIA *rupeſtris.* J. furculis teretibus; foliolis fubulatis, fecundis.
Lichenaſtrum Alpinum nigricans ; foliis capillaceis, reflexis. *Dill. muſc.* 507. t. 73. f. 40.
Habitat in Europæ *frigidis, rupibus humentibus. Lugd.*

23. JUNGERMANNIA *trichophylla.* J. furculis teretibus ; foliolis capillaceis, æqualibus.
Lichenaſtrum trichodes minimum, in extremitate florens. *Dill. muſc.* 505. t. 73. f. 37.
Habitat in .Europæ *frigidis rupibus. Herb. lugd.*

* * * * * *ACAULES FRONDIBUS SIMPLICIBUS.*

25. JUNGERMANNIA *epiphylia.* J. acaulis ; foliolo frondi innato. *Fl. dan.* t. 359.
Marſilea major atro-virens ; floribus albicantibus è foliorum medio egredientibus. *Mich. gen.* 5. t. 74. f. 1.
Habitat in Europæ *ripis elatioribus, umbroſis, udis. Suec. pal. lith.*

26. JUNGERMANNIA *pinguis.* J. acaulis ; fronde oblongâ, finuatâ, pingui.
Hepatica faxatilis, undulata, feminifera. *Vaill. pariſ.* t. 19. f. 6.
Habitat in Europæ *paludibus. Suec.*

28. JUNGERMANNIA *furcata.* J. acaulis ; fronde lineari ramoſâ ; extremitatibus furcatis, obtuſiuſculis.
Hepatica arborea globulifera. *Vaill. pariſ.* 98. t. 23. f. 11.
Habitat in Europa *ad truncos, rupes & è terra. Suec. pal. lith.*

1315. 1. MARCHANTIA *polymorpha.* M. calyce communi decemfido.

M. major, capitulo ſtellato ; radiis teretibus. *Mich. gen.* 2 t. 1. f. 1.
Lichen petræus latifolius, f. Hepatica fontana. *Bauh. pin.* 362.
β. M. ſtellata. *March. Aĉt. Pariſ.* 1713. p. 307. t. 5.
M. capitulo ſtellato ; radiis teretibus. *Mich. gen.* 2. t. 1. f. 2.
Lichen petræus ſtellatus. *Bauh. pin.* 362.
γ. M. calyce communi oĉtopartito ; laciniis è plano convexis. *Fl. lapp.* 423.
M. capitulo non diſſeĉto. *Mich. gen.* 1. t. 1. f. 5. *Hall.* n. 1892. var. β.
Lichen petræus umbellatus. *Bauh. pin.* 362.
Habitat in Europa *juxta aquas, locis umbroſis. Suec. ged. gallob. pal. burg. lith. lugd.*

ſ. MARCHANTIA *hemiſphærica.* M. calyce communi quinque-fido, hemiſphærico, perichætio nullo. *Fl. dan.* t. 762.

Hepatica media ; capitulo hemiſphærico. *Mich. gen.* 3. t. 2.   Gen;
f. 2.
Habitat in Europæ *paludoſis. Suec. lugd.*

1. BLASIA *puſilla*.   1316.

B. puſilla, lichenis pixidati facie. *Mich. gen.* 14. t. 7. *Oed.
dan.* t, 45.
Habitat in Europa *ad latera foſſarum, ſolo ex arena ſterili. Suec.
herb. burg. lugd.*

2. RICCIA *cryſtallina*. R. frondibus ſuperficie papilloſis.   1317.

Hepatica paluſtris ; lobis inflatis. *Vaill. pariſ.* 98. t. 19. f. 2.
Habitat in Europæ *locis ſubhumidis. Gallob. lith. ſuec. lugd.*

2. RICCIA *minima*. R. frondibus glabris, bipartitis, acutis.
R. minima nitida ; ſegmentis anguſtioribus acutis. *Mich. gen.*
107. t. 57. f. 6.
Habitat in Europæ *inundatis. Suec. herb. lugd.*

3. RICCIA *glauca*. R. frondibus glabris, canaliculatis, bilobis,
obtuſis.
Hepatica paluſtris bifurca ; lobis brevioribus carinatis. *Vaill.
pariſ.* 98. t. 19. f. 1.
Habitat in Anglia, Italia, Gallia. *Herb. pal. burg. lith. lugd.*

4. RICCIA *fluitans*. R. frondibus dichotomis, lineari-filifor-
mibus. *Fl. dan.* t. 275.
Hepatica paluſtris dichotoma ; ſegmentis anguſtioribus. *Vaill.
pariſ.* 98. t. 10. f. 3.
Habitat in Europæ *foſſis, piſcinis, ad ripas ſupra aquam extenſa.
Suec. ged. burg. lith. lugd.*

3. ANTHOCEROS *punctatus*. A. frondibus indiviſis ;
ſinuatis, punctatis. *Fl. dan.* t. 396.   1318.

A. minor ; foliis magis carinatis, atque eleganter crenatis,
ſubtus incurvatis. *Mich. gen.* 11. t. 7. f. 2.
Habitat in Angliæ, Italiæ ; Germaniæ *uliginoſis, umbroſis. Herb.
pal. lugd.*

2. ANTHOCEROS *lævis*. A. frondibus indiviſis, ſinuatis ;
lævibus.
A. major. *Mich. gen.* 11. t. 7. f. 1.
Habitat in Europa & America *boreali. Herb. pal.*

LICHEN.

* A. *LEPROSI TUBERCULATI.*

1. LICHEN *ſcriptus*. L. leproſus albicans ; lineolis nigris,
ramoſis, characteriformibus.   1319.

Lichenes. *Mich. gen.* p. 102. n. 9. 10. 11. t. 56. f. 3.
Habitat in Europæ *corticibus arborum. Suec. pal. lugd.*

2. LICHEN *geographicus*. L. leprofus flavefcens; lineolis nigris, mappam referens. *Fl. dan.* t. 468. f. 1.

Lichen. *Mich. nov. gen.* p. 97. n. 19.

Lichenoïdes nigro-flavum tabulæ geographicæ inſtar pictum. *Dill. muſc.* 126. t. 18. f. 5.

Habitat in Europæ *rupibus altis. Suec. pal. lith. lugd.*

3. LICHEN *atrovirens*. L. leprofus, viridis, margine tubercu-lifque atris.

Habitat in Europæ *rupibus. Lugd.*

7. LICHEN *pertuſus*. L. leprofus; verrucis ſubteſſelatis, lævi-gatis, pertuſis, poro uno alterove cylindrico. *Fl. dan.* t. 766.

Lichenoïdes cruſtaceum arboreum, tenuiſſimum, cinereo-rufum; capſulis exiguis, crebris. *Mich. gen.* 106. t. 56. f. 2.

Habitat in Saxis & arboribus Europæ. *Herb. pal. lugd.*

8. LICHEN *rugoſus*. L. leprofus albicans; lineolis ſimplicibus punctifque nigris, confertis.

Lichenoïdes punctatum & rugoſum nigrum. *Dill. muſc.* 125. t. 18. f. 2.

Habitat in Europæ *ſylvis ſupra arborum truncos. Suec. carn. pal. lugd.*

9. LICHEN *ſanguinarius*. L. leprofus cinereo-virefcens; tuber-culis atris.

Lichenoïdes leprofum; cruſtâ cinereo virefcente; tuberculis integerrimis. *Dill. muſc.* 126. t. 18. f. 3.

Habitat in Europæ *rupibus, truncifque arborum. Suec. pal. herb. lith. lugd.*

11. LICHEN *vernalis*. L. leprofus albidus; tuberculis ſubro-tundis, ferrugineis.

Lichenoïdes leprofum, tuberculis fuſcis & ferrugineis. *Dill. muſc.* 126. t. 18. f. 4. & t. 55. f. 8.

Habitat primò verè in Suecia, & *paſſim in* Europa. *Herb. lugd.*

12. LICHEN *calcarius*. L. leprofus candidus; tuberculis atris.

Lichenoïdes tartareum tinctorium, candidum; tuberculis atris. *Dill. muſc.* 128. t. 18. f. 8.

Habitat in Europæ *rupibus marmoreis. Suec. lugd.*

13. LICHEN *cinereus*. L. leprofus tuberculis nigris, albo-mar-ginatis.

Habitat ubique in rupibus & faxis. *Lugd.*

14. LICHEN *atro-albus*. L. leprofus niger, tuberculis atro alboque mixtis.

Habitat in Alpium *rupibus. Lugd.*

15. LICHEN *ventoſus*. L. leprofus flavus; tuberculis rubris. *Fl. dan.* 472. f. 2.

Habitat in Alpium *rupibus. Suec. pal. lugd.*

16. LICHEN *fagineus*. L. leprofus albus; tuberculis albis, farinaceis.

L. cruſtaceus, arboribus adnaſcens, farinaceus, albus ; ſuperficie in acetabulis pulverulentis, veluti efflorefcente. *Mich.*
gen. 99. n. 54, t. 53. f. 1.
Habitat in Europa *truncos Fagi. Lugd.*

17. LICHEN *carpineus.* L. leproſus cinereus; tuberculis albidis ,
rugofis.
Habitat in Cárpini *truncis, ramis. Suec.*

18. LICHEN *corallinus.* L. leproſus ramoſus , teres , faſcicu-
latus, faſtigiatus, confertiſſimus, albus.
Habitat in Europæ *rupibus ac lapidibus. Zœga. Pal. lugd.*

19. LICHEN *ericetorum.* L. leproſus candidus ; tuberculis incar-
natis. *Fl. dan.* t. 472. f. 2.
L. cruſtaceus terreſtris; cruſtâ granuloſâ , ex albo ſubcinereâ ;
receptaculis florum rotundis , carneis, pediculo inſidentibus.
Mich. gen. 100. t. 69.
Habitat in Europæ *ſylvis ſteriliſſimis , glareoſis , ſubnudis , uliginoſis. Suec. herb. pal. lith. lugd.*

* * B. *LEPROSI SCUTELLATI.*

20. LICHEN *candelarius.* L. cruſtaceus flavus , ſcutellis luteis.
Lichenoïdes cruſtoſum ; orbiculis & ſcutellis flavis. *Dill. muſc.*
136. t. 18. f. 18.
Habitat in Europæ *parietibus , muris , truncis arborum , præſertim*
Quercûs. *Suec. pal. lith. lugd.*

22. LICHEN *tartareus.* L. cruſtaceus ex albido vireſcens ;
ſcutellis flaveſcentibus ; margine albo.
Lichenoïdes tartareum, farinaceum , ſcutellatum umbone fuſco.
Dill. muſc. 131. t. 18. f. 12.
Lichen cruſtaceus, ſaxatilis, farinaceus, verrucoſus, candidus ,
omnium craſſiſſimus; receptaculis florum nigricantibus. *Mich.*
gen. 96. t. 52. f. 6.
Habitat in Europæ *ad parietes rupium. Herb. pal. lugd.*

23. LICHEN *palleſcens.* L. cruſtaceus albicans ; ſcutellis
pallidis.
L. pulmonarius ſaxatilis , glauco·vireſcens, anguſtioribus ſegmentis ; receptaculis florum griſeis. *Mich. gen.* 94. t. 51.
f. 4.
Habitat in Europæ *lapidibus , aſſeribus , trabibuſque putridis. Suec.*
ged. pal. lugd.

24. LICHEN *ſubfuſcus.* L. cruſtaceus albicans; ſcutellis nigris;
junioribus urceolatis, cavis.
L. cruſtaceus , arboribus adnaſcens , ex cinereo albicans ;
receptaculis florum crebris , ſubfuſcis , limbo albo crenato
cinctis. *Mich. gen.* 97. t. 29.
Habitat in Europa *arboribus & rupibus innaſcens. Pal. lugd.*

25. LICHEN *Parellus.* L. cruſtaceus albus ; peltis concavis ,
obtuſis, pallidis.

Gen.

Lichenoïdes leprofum , tinctorium ; fcutellis lapidum cancri figurâ. *Dill. mufc.* 130. t. 18. f. 10.
Habitat in muris. Fl. herb. lugd.

C. *IMBRICATI.*

27. LICHEN *centrifugus.* L. imbricatus foliolis obfoletè multi-fidis , lævibus , albidis , centrifugis ; fcutellis rufo-fufcis.
L. imbricatus viridans ; fcutellis badiis. *Dill. mufc.* 180. t. 24. f. 75.
Habitat in Europæ *frigidæ rupibus. Suec. pal. lugd.*

28. LICHEN *faxatilis.* L. imbricatus ; foliolis finuatis , fcabris , lacunofis ; fcutellis badiis.
L. opere phrygio ornatus. *Vaill. parif.* t. 21. f. 5.
Habitat in Europæ *rupibus. Lugd.*   *rupeftris.*

29. LICHEN *omphalodes.* L. imbricatus ; foliolis multifidis , glabris , obtufis , incanis ; punctis vagis eminentibus.
L. nigricans omphalodes. *Vaill. parif.* 116. t. 20. f. 10.
Habitat in Europæ *rupibus.*   *arboreus & rupeftris.*
Suec. pal. lugd.

30. LICHEN *olixaceus.* L. imbricatus ; foliolis lobatis , nitidis , lividis.
L. cruftæ modo arboribus adnafcens , olivaceus. *Vaill. parif.* t. 20. f. 8.
Habitat in Europæ *rupibus.*   *arboreus & rupeftris.*
Suec. pal. lith. lugd.

32. LICHEN *ftygius.* L. imbricatus ; foliolis palmatis , recurvis , atris.
Habitat in Suecia , *imprimis in* Infula Baltici Blakulla.
Suec. lugd.   *rupeftris.*

33. LICHEN *crifpus.* L. imbricatus ; foliis lobatis , truncatis , crenatis , atro-viridibus ; fcutellis concoloribus.
Lichenoïdes gelatinofum , atro-virens , crifpum & rugofum. *Dill. mufc.* 139. t. 19. f. 23.
Habitat ad muros. Pal. lith. lugd.

34. LICHEN *criftatus.* L. imbricatus , dentato-ciliatus ; fcutellis folio majoribus.
Lichenoïdes gelatinofum , fufcum , Jacobeæ maritimæ divifura. *Dill. mufc.* 140. t. 19. f. 25.
Habitat in Europa *auftrali. Gallob. lugd.*

35. LICHEN *parietinus.* L. imbricatus ; foliis crifpis , fulvis , peltis concoloribus fulvis.
Lichenoïdes vulgare finuofum ; foliis & fcutellis luteis. *Dill. mufc.* 180. t. 24. f. 76. C.
Habitat in Europæ *parietibus , rupibus , lignis. Suec. pal. lith. lugd.*

36. LICHEN *phyfodes.* L. imbricatus ; laciniis obtufis , fub-inflatis.

L. pulmonarius arboribus adnascens ; desuper cinereus , subtus anthracinus ; segmentis teretibus, tubulosis. *Mich. gen.* 91. t. 50. f. 1. 2.
Habitat in Europæ *corticibus Betullæ*, & *saxis ac rupibus. Gallob. pal. lith. lugd.*

37. LICHEN *stellaris.* L. imbricatus ; foliolis oblongis , laciniatis , angustis , cinereis ; scutellis pullis.
L. pulmonarius vulgatissimus , superne albo cinereus , inferne nigricans ; segmentis angustis ; receptaculis nigricantibus. *Mich. gen.* 91. t. 43. f. 2.
Habitat in Europæ *ramis arborum.*   arboreus.
Suec. pal. lith. lugd.

D. *FOLIACEI.*

40. LICHEN *ciliaris.* L. foliaceus erectiusculus ; laciniis linearibus, ciliatis ; scutellis pedunculatis, crenatis. *Fl. dan.* t.711.
L. cinereus arboreus , marginibus pilosis, major. *Vaill. paris.* 115. t. 20. f. 4.
Habitat in Europæ *arboribus.*   arboreus.
Suec. pal. burg. lith. lugd.

41. LICHEN *Islandicus.* L. foliaceus, ascendens, laciniatus ; marginibus elevatis , ciliatis. *Fl. dan.* t. 135.
L. pulmonarius minor , &c. *Mich. gen.* 85. t. 44. f. 4.
Habitat in Europæ *sylvis sterilissimis , Pinnetis.*   terrestris.
Suec. ged. pal. burg. lith. lugd.

42. LICHEN *nivalis.* L. foliaceus, ascendens, laciniatus , crispus, glaber, lacunosus, albus, margine elevato. *Fl. dan.* t. 227.
Lichenoïdes lacunosum , candidum , glabrum , Endiviæ crispæ facie. *Dill. musc.* 162. t. 21. f. 56.
Habitat in Lapponiæ , Upsaliæ , Groenlandiæ *alpinis apricis , siccis , glareosis.*   terrestris.
Suec. lugd.

43. LICHEN *pulmonarius.* L. foliaceus , laciniatus , obtusus glaber, supra lacunosus, subtus tomentosus. *Blackw.* t. 353.
Muscus pulmonarius. *Bauh. pin.* 361.
Habitat in Europæ *sylvis umbrosis , super arbores antiquas , præsertim in Fagis & Quercubus. Suec. ged. burg. lith. lugd.*

44. LICHEN *furfuraceus.* L. foliaceus, decumbens, furfuraceus ; laciniis acutis , subtus lacunosis, atris.
L. arboreus , cornua cervi referens , subtus anthracinus , desuper cinereus. *Mich. gen.* 76. t. 38. f. 1.
Habitat in Europæ *arboribus. Suec. pal. lith. lugd.*

45. LICHEN *ampullaceus.* L. foliaceus , planiusculus , lobatus , crenatus; peltis globosis , inflatis.
Lichenoïdes tinctorum glabrum , vesiculosum. *Dill. musc.* 188. t. 24. f. 82.
Habitat in Lancastria Angliæ. *Lugd.*

47. LICHEN *farinaceus.* L. foliaceus, erectus, compreſſus, ramoſus; verrucis marginalibus farinoſis.

L. cinereus, anguſtior; ſcutis in marginibus ſegmentorum. *Vaill. pariſ.* 115. t. 20. f. 14. 15. 13.

Habitat in Europæ *arboribus, præſertim Quercetis, Fraxineis. Pal. burg. lith. lugd.*

48. LICHEN *calicaris.* L. foliaceus, erectus, linearis, ramoſus, lacunoſus, convexus, mucronatus.

L. cinereus, latifolius, ramoſus. *Vaill. pariſ.* 115. t. 20. f. 6.

β. L. pyxidatus damæ cornu diviſura, acetabulorum oris criſpis. *Vaill. pariſ.* 115. n. 6. t. 21. f. 2.

Habitat in Europæ *arboribus, rupibus. Suec. ged. gallob. pal. burg. lith. lugd.*

49. LICHEN *Fraxineus.* L. foliaceus, erectus, oblongus, lanceolatus, ſublaciniatus, lacunoſus, glaber; ſcutellis ſubpedunculatis.

L. pulmonarius, cinereus, mollior, in amplas lacinias diviſus. *Tournef. inſt.* 549. t. 325. f. A. B.

β. L. pulmonarius, rufeſcens, durior, in amplas lacinias diviſus. *Mich. gen.* 74. t. 36. f. 1.

Habitat in Europæ *arboribus, præſertim Fraxinis. Suec. burg. lith. lugd.*

51. LICHEN *Prunaſtri.* L. foliaceus, erectiuſculus, lacunoſus, ſubtus tomentoſus, albus.

L. cinereus, vulgatiſſimus, cornua damæ referens. *Vaill. pariſ.* 115. t. 20. f. 11. 12.

L. cornua damæ referens, anguſtifolius. *Vaill. pariſ.* t. 20. f. 7.

Habitat ad Europæ *arbores ſiccas. Suec. ged. pal. burg. lith. lugd.*

53. LICHEN *caperatus.* L. pallide viridis, rugoſus, margine undulatus.

Lichenoïdes caperatum roſaceæ expanſum. *Dill. muſc.* 193. t. 25. f. 97. C. C.

Habitat in Europa & America *ad ſaxa & arbores. Pal. lugd.*

55. LICHEN *glaucus.* L. foliaceus, depreſſus, lobatus, glaber; margine criſpo farinaceo. *Fl. dan.* t. 598.

L. pulmonarius, ſaxatilis, cinereus, minor; umbilicis nigricantibus. *Vaill. pariſ.* tab. 2. f. 12.

Habitat in Europæ *frigidæ, præſertim* Sueciæ, *truncis Betulinis. Suec. pal. lugd.*

E. *CORIACEI.*

57. LICHEN *aquaticus.* L. coriaceus, repens, lobatus, obtuſus; peltis hemiſphæricis, maximis.

Lichenoïdes ſcutellis amplis. *Dill. muſc.* 150. t. 20. f. 44.

Habitat in Suecia *ſub aqua in paludibus,* *terreſtris. Suec. lugd.*

58. LICHEN *reſupinatus.* L. coriaceus, repens, lobatus; peltis marginalibus poſticis. *Fl. dan.* t. 764.

L. pulmonarius major f. minor, ex obfcuro cinereus, infernè
    ex albo rufefcens ; receptaculis florum rubris , ad latera
    oblongis. *Mich. gen.* 86. t. 44. f. 1. 2.
Habitat in Europæ *fylvis.*   *terreftris.*
    Suec. lugd.

Gen.

59. LICHEN *venofus.* L. coriaceus, repens, ovatus, planus ,
    fubtus venofus , villofus; peltis marginalibus horizonta-
    libus.
L. pulmonarius, minimus, infernè albus & niger, reticulatus,
    &c. *Mich. gen.* p. 85. n. 12. t. 44. f. 3. *Hall. R.*
Habitat in Europa *ad margines fcrobiculorum in fylvis.*   *terreftris.*
    Suec. gallob. pal. lugd.

60. LICHEN *aphtofus.* L. coriaceus, repens, lobatus, obtufus,
    planus ; verrucis fparfis ; peltâ marginali afcendentę. *Fl.*
    dan. t. 767. f. 1.
L. pulmonarius, maximus , verrucofus , fupernè è cinereo
    virefcens , infernè obfcurus ; receptaculis florum rubris &
    circinatis. *Mich. gen.* 85.
Habitat in Europæ *fylvis acerofis fterilibus fub*   *terreftris.*
    juniperis. Suec. pal. lith. lugd.

62. LICHEN *caninus.* L. coriaceus, repens, lobatus, obtufus ,
    fubtus venofus, villofus ; peltâ marginali afcendente. *Fl.*
    dan. t. 767. f. 2.
L. pulmonarius, faxatilis, digitatus. *Vaill. parif.* 116. t. 21. f. 16.
Habitat in Europæ *fylvis, juxta lapides , in terra.*   *terreftris.*
    Suec. ged. pal. lith. lugd.

65. LICHEN *perlatus.* L. coriaceus, repens, lobatus, glaber,
    fubtus ater ; fcutellis pedunculatis , integris.
L. pulmonarius, faxatilis, cinereus, minor; umbilicis nigrican-
    cantibus. *Vaill. parif.* t. 21. f. 12.
Habitat in Europa *ad arborum , potiſſimùm Quercuum truncos.*
    Angl. herborn. gallob. pal. lugd.

66. LICHEN *faccatus.* L. coriaceus, repens, fubrotundus; peltis
    depreſſis , fubtus faccatis. *Oed. dan.* t. 532. f. 3.
L. pulmonarius, Alpinus, terreftris, glauco-virefcens ; recep-
    taculis florum fufcis. *Mich. gen.* 95. *ord.* 31. t. 52.
Habitat in Alpibus Europæ.   *terreftris.*
    Suec. herb. lugd.

F. *UMBILICATI , SQUALENTES QUASI FULIGINE.*

68. LICHEN *miniatus.* L. umbilicatus, gibbus, punctatus, fubtus
    fulvus. *Fl. dan.* t. 532. f. 1.
L. pulmonarius, faxatilis, è cinereo fufcus , minimus. *Mich.*
    gen. 101. *ord.* 36. t. 54. f. 1.
Habitat in Angliæ, Helvetiæ, &c. *rupibus alpinis.* Lugd.

69. LICHEN *velleus.* L. umbilicatus, fubtus hirfutiſſimus.
Lichenoïdes coriaceum; latiſſimo folio , umbilicato & verru-
    cofo. *Dill. mufc.* 145. t. 82. f. 5.

Gen.

Habitat in Alpinis Lapponiæ , Sueciæ, Angliæ.   *rupeſtris.*
Suec. lugd.

70. LICHEN *puſtulatus.* L. umbilicatus , ſubtus lacunoſus ,
furfure nigro aſperſus. *Fl. dan.* t. 597. f. 2.
Lichenoïdes cruſtæ modo ſaxis adnaſcens, verrucoſus, cinereus,
& veluti deuſtus. *Vaill. pariſ.* 116. t. 20. f. 9.
Habitat in Europæ *rupibus apricis.*   *rupeſtris.*
Suec. pal. lugd.

72. LICHEN *deuſtus.* L. umbilicatus, undique lævis.
Lichenoïdes coriaceum, cinereum ; peltis atris , compreſſis.
Vaill. pariſ. 219. t. 20. f. 117.
Habitat in Sueciæ , Galliæ *rupibus ſ. caulibus*   *rupeſtris.*
elevatis , apricis. Suec. burg. lugd.

73. LICHEN *polyphyllus.* L. umbilicatus , polyphyllus, utrinque
lævis, atro-virens , crenatus.
Lichenoïdes tennè pullum , foliis utrinque glaucis. *Dill. muſc.*
225. t. 30. f. 129.
Habitat in Europæ *rupibus elatis , apricis.*   *rupeſtris.*
Suec. lugd.

G. SCYPHIFERI.

75. LICHEN *cocciferus.* L. ſcyphifer ſimplex integerrimus ;
ſtipite cylindrico ; tuberculis coccineis.
L. pyxidatus , oris coccineis & tumentibus. *Vaill. pariſ.* 115.
t. 11. f. 4. *Mich. gen.* 82. t. 41. f. 3.
Habitat in Europæ *ſylvis ſterilibus, ericetis , rupibus. Suec. herb.
pal. lith. lugd.*

76. LICHEN *cornucopioïdes.* L. ſcyphifer , ſimplex , folio bre-
vior ; tuberculis coccineis.
Muſcus pyxoïdes. *Barr. rar.* 1284. t. 1268. f. 2.
Habitat in Lapponiæ, Sueciæ, Angliæ *ſylvis glareoſis. Herb. lugd.*

77. LICHEN *pyxidatus.* L. ſcyphifer, crenulatus ; tuberculis
fuſcis.
L. pyxidatus major; acetabulo fimbriato & tuberculoſo. *Vaill.
pariſ.* t. 21. f. 11.
β. Lichen caule ſimplici; calyce turbinato; centro ſimpliciter
prolifero. *Fl. lapp.*
Lichen pyxidatus prolifer. T. *Vaill. pariſ.* 115. t. 21. f. 5. 9.
Habitat in Europæ *ſylvis. Suec. ged. pal. burg. lith. lugd.*

78. LICHEN *fimbriatus.* L. ſcyphifer ſimplex , denticulatus ;
ſtipite cylindrico.
L. pyxidatus minor. *Vaill. pariſ.* 115. t. 21. f. 6. *Mich. gen.*
83. t. 41. f. 45.
Habitat in Europæ *ſylvis ſterilibus. Suec. pal. burg. lith. lugd.*

79. LICHEN *gracilis.* L. ſcyphifer ramoſus , denticulatus ,
filiformis.

L. pyxidatus & corniculatus, ramofus, Alpinus, è fufco cinereus; pyxidulis crenatis. *Mich. gen.* 81. t. 41. f. 5.
Habitat in Europæ *ericetis, montofis, fylvaticis. Suec. pal. lith.
lugd.*

80. LICHEN *digitatus.* L. fcyphifer ramofiffimus; ramis cylindricis; calycibus integris, nodofis.
Coralloïdes ramulofum, tuberculis coccineis. *Dill. mufc.* 96.
t. 15. f. 19.
Habitat in Europæ *fylvis fterilibus. Suec. pal. lugd.*

81. LICHEN *cornutus.* L. fcyphifer fimpliciufculus, fubventri-
cofus; calycibus integris.
L. cinereus, probofcideus & corniculatus, ut plurimùm non
ramofus. *Mich. gen.* 81. n. 12. 13. 14.
Mufcus fistulofus, corniculatus. *Barr. rar.* 1286. t. 1277. f. 1.
Bocc. mufc. 2. p. 149. t. 107.
Habitat in Europæ *ericetis. Suec. gallob. pal. lith. lugd.*

82. LICHEN *deformis.* L. fcyphifer fimpliciufculus, fubventri-
cofus; calycibus dentatis.
L. pyxoides, teres; acetabulis minoribus, repandis. *Mich. gen.*
80. t. 41. f. 1.
Habitat in Europæ *ericetis. Suec. herb. burg. lugd.*

H. *FRUTICULOSI.*

83. LICHEN *rangiferinus.* L. fruticulofus, perforatus, ramo-
fiffimus; ramulis nutantibus.
Lichen *rangiferinus, alpeftris. Flor. dan.* t. 180. *Kniph. cent.*
6. n. 56.
Mufcus coralloïdes f. cornutus, montanus. *Bauh. pin.* 361.
β. Lichen rangiferus, fylvaticus. *Oed. fl. dan.* t. 539.
Mufcus terreftris, coralloïdes, erectus; corniculis rufefcen-
tibus. *Bauh. pin.* 361. *prodr.* 152.
Habitat in Alpibus & Europæ *frigidæ fylvis fteriliffimis.
Suec. ged. pal. burg. lith. lugd.*
Alpeftris *differt* à fylvatico, *ut flos plenus à fimplici.*

84. LICHEN *uncialis.* L. fruticulofus, perforatus; ramulis breviffimis, acutis.
L. coralloïdes tubulofus, albidus major & mollior; caulibus
craffioribus, minus ramofis; receptaculis florum perexiguis,
rufefcentibus. *Mich. gen.* 79. n. 6. t. 40. f. 2.
Habitat in Europæ *ericetis. Suec. ged. pal. lith. lugd.*

85. LICHEN *fubulatus.* L. fruticulofus fubdichotomus; ramis
fimplicibus, fubulatis.
Coralloïdes corniculis longioribus & rarioribus. *Dill. mufc.*
102. t. 16. f. 26.
Habitat in Europæ *fylvis, ericetis. Suec. pal. burg. lith. lugd.*

86. LICHEN *globiferus.* L. fruticulofus, folidus, lævis; tuberculis
globofis, cavis, terminalibus.

L. fruticulofus, coralloïdes, non tubulofus, cinereus, ramo-
fiſſimus; receptaculis ſphæricis, concoloribus. *Mich. gen.*
105. t. 39. f. 6.
Habitat in Tingitana, Anglia, *Stenbrohult* Smolandiæ, *&c.*
Lugd.

87. LICHEN *paſchalis*. L. fruticulofus, ſolidus, tectus foliolis
cruſtaceis. *Fl. dan.* t. 151.
L. Alpinus, glaucus, ramoſus, botryoïdes. *Scheuch. alp.* 137.
t. 19. f. 4. *Mich. gen.* t. 53. f. 5. 8.
Habitat in Helvetiæ, Italiæ, Cambriæ, Lapponiæ, Scaniæ,
Groenlandiæ, Penſylvaniæ *alpeſtribus. Suec. pal. lith. lugd.*

88. LICHEN *fragilis*. L. fruticulofus, ſolidus: ramulis teretibus, obtuſis.
Coralloïdes Alpinum: corallinæ minoris facie. *Dill. muſc.*
116. t. 17. f. 34.
Habitat in Europæ *Alpibus Alpiniſque, per Sueciam in rupibus. Lugd.*

I. *FILAMENTOSI*.

90. LICHEN *plicatus*. L. filamentofus, pendulus; ramis implexis, ſcutellis radiatis.
Uſnea vulgaris; loris longis, implexis. *Dill. muſc.* 56. t. 11.
f. 1.
Muſcus arboreus, Uſnea officinarum. *Bauh. pin.* 361.
Habitat in Europæ *&* Americæ *borealis ſylvis denſis umbroſiſque*
fagetis. Suec. ged. lugd.

91. LICHEN *barbatus*. L. filamentofus, pendulus, ſubarticu-
latus; ramis patentibus.
Uſnea barbata; loris tenuibus, fibroſis. *Dill. muſc.* 63. t. 12.
f. 6.
Muſcus capillaceus, longiſſimus. *Bauh. pin.* 361.
Habitat in Europæ *&* Americæ *ſeptentrionalis ſylvis fagetis. Suec.*
ged. lith. lugd.

94. LICHEN *jubatus*. L. filamentofus, pendulus; axillis compreſſis.
L. capillaceus longiſſimus f. Muſcus arboreus nigricans, Uſnea
officinarum. *Mich. gen.* 77. n. 7. *R.*
Habitat in Europæ *ſylvis & rupibus. Suec. ged. lith. lugd.*

95. LICHEN *lanatus*. L. filamentofus, ramoſiſſimus, decumbens,
implicatus, opacus.
Uſnea lanæ nigræ inſtar, ſaxis adhærens. *Dill. muſc.* 66.
t. 13. f. 8.
Habitat in Europæ *frigidæ rupibus. Suec. herb. lugd.*

96. LICHEN *pubeſcens*. L. filamentofus, ramoſiſſimus, decumbens, implexus, nitidus.
Uſnea cæſpitoſa, exilis, capillacea, atra. *Dill. muſc.* 66. t. 13.
f. 9.
Habitat in Europa *ſeptentrionali,* Lapponia, *in rupibus noſtris*
planiuſculis, quos imbres diluunt. Suec. lugd.

97. LICHEN *chalybeiformis*. L. filamentofus, ramofus, divarica-
tus, decumbens, implicato-flexuofus. *Fl. dan.* t. 262.
Ufnea rigida, horfum vorfum extenfa. *Dill. mufc.* 66. t. 13.
f. 10.
Habitat in Europa *fuprà rupes & fepimenta. Lith. lugd.*

98. LICHEN *hirtus*. L. filamentofus ramofiffimus, erectus;
tuberculis farinaceis, fparfis.
Ufnea vulgatiffima, tenuior & brevior fine orbiculis. *Dill.
mufc.* 67. t. 13. f. 11.
Habitat in Europæ *arboribus, fepimentis. Suec. pal. lith. lugd.* |

99. LICHEN *vulpinus*. L. filamentofus, ramofiffimus, erectus,
faftigiatus, inæquali-angulofus. *Fl. dan.* t. 226.
Ufnea capillacea, citrina; fruticuli fpecie. *Dill. mufc.* 73.
t. 13. f. 16.
Habitat in Europæ *tectis ligneis, muris. Suec. lugd.*

100. LICHEN *articulatus*. L. filamentofus, articulatus; ramulis
tenuiffimis, punctatis.
Ufnea capillacea & nodofa. *Dill. mufc.* 60. t. 11. f. 4.
Habitat in Europæ *auftralis fylvis. Pal. lugd.*

101. LICHEN *floridus*. L. filamentofus, erectus; fcutellis radiatis.
Ufnea vulgatiffima, tenuior & brevior cum orbiculis. *Dill.
mufc.* 69. t. 13. f. 13.
Mufcus arboreus cum orbiculis. *Bauh. pin.* 361.
Habitat in Europæ *fagetis. Suec. ged. pal. burg. lith. lugd.*

1. TREMELLA *junipera*. T. feffilis, membranacea,
auriformis, fulva.

Habitat in Juniperitis *primo vere. Suec.*

2. TREMELLA *Noftoc*. T. plicata, undulata.
Linkia terreftris, gelatinofa, membranacea, vulgatiffima. *Mich.
gen.* 126. t. 67. f. 1.
Habitat in pratis *poft pluvias. Suec. pal. burg. lugd.*

3. TREMELLA *lichenoïdes*. T. erecta, plana; margine crifpo,
lacinulato.
Lichen terreftris, membranaceus, mollior, fufcus. *Mich. gen.*
26. t. 38.
Habitat in Mufcis, *locis umbrofis ad montes. Lugd.*

4. TREMELLA *verrucofa*. T. tuberculofa, folida, rugofa.
Linkia paluftris, gelatinofa, faxis adnafcens, ex obfcuro fulva
& concava veficam referens. *Mich. gen.* n. 26. t. 67. f. 2.
Habitat fupra lapides in rivulis. *Suec. lugd.*

7. TREMELLA *purpurea*. T. fubglobofa, feffilis, folitaria, glabra.
Lichenoïdes tuberculofum, amœne, purpureum. *Dill. mufc.* 127.
t. 18. f. 6.
Habitat in Arborum *ramis moribundis & emortuis. Suec. pal. lugd.*

1320.

Gen. 1321. 2. FUCUS *natans*. F. caule filiformi, ramofo ; foliis lanceolatis, ferratis ; fructificationibus globofis, pedunculatis.

F. folliculaceus , ferrato folio. *Bauh. pin.* 365.
Habitat in Pelago *liberè natans , nec radicatus.*

12. FUCUS *fpiralis*. F. fronde planâ , dichotomâ, integerrimâ, punctatâ , infernè lineari-canaliculatâ ; fructificationibus tuberculatis, geminis. *Fl. dan.* t. 286.
Habitat in Oceano.

13. FUCUS *canaliculatus*. F. fronde planâ , dichotomâ, integerrimâ , canaliculatâ , lineari ; fructificationibus tuberculatis, bipartitis, obtufis.
F. dichotomus, membranaceus , ex viridi flavefcens, geranoïdes, angulos rotundiufculos efformans. *Morif. hift.* 3. p. 646. f. 15. t. 8. f. 11.
Habitat in Oceano *Europæo*.

15. FUCUS *nodofus*. F. fronde compreffâ , dichotomâ ; foliis diftichis, integerrimis ; veficulis innatis , folitariis , dilatatis. *Oed. dan.* 146.
Habitat in mari *Atlantico*.

17. FUCUS *filiquofus*. F. fronde compreffâ , ramofâ ; foliis diftichis , alternis , integerrimis ; fructificationibus pedunculatis , oblongis, mucronatis. *Oed. dan.* t. 106.
F. maritimus alter , tuberculis paucifimis. *Bauh. pin.* 365.
F. marinus quartus. *Dod. pempt.* 480.
Habitat in Oceano.

26. FUCUS *aculeatus*. F. fronde filiformi, compreffâ , ramofifimâ ; dentibus marginalibus fubulatis , alternis , erectis. *Oed. dan.* 355.
Habitat in Oceano *Norvegico*.

31. FUCUS *Filum*. F. fronde filiformi, fubfragili, opacâ. *Fl. dan.* 821.
Alga nigro capillaceo folio. *Bauh. pin.* 364.
Filum maritimum, Germanicum. *Bauh. pin.* 355.
Habitat in Oceano *Atlantico*.

33. FUCUS *fafligiatus*. F. fronde filiformi , dichotomâ, ramofifimâ , faftigiatâ , obtufâ. *Oed. dan.* 393.
F. marinus polyfchides. *Læf. pruff.* 77. t. 15.
Habitat in Oceano *Baltico*.

34. FUCUS *furcellatus*. F. fronde filiformi , dichotomâ , ramofifimâ , acuminatâ. *Oed. dan.* 419.
Habitat in Oceano *Anglico*.

35. FUCUS *palmatus*. F. fronde palmatâ , planâ. *Kniph. cent.* I. n. 30.
F. membranaceus ceranoïdes. *Bauh. prodr.* 155.
Habitat in Oceano.

37. Fucus *digitatus*. F. fronde palmatâ; foliolis ensiformibus; Gen4
stirpe tereti. *Oed. dan.* 392.
F. arboreus polyschides edulis. *Bauh. pin.* 64.
Habitat in Oceano *Atlantico.*

38. Fucus *esculentus*. F. fronde simplici, indivisâ, ensiformi;
stirpe tetragonâ, pinnatâ, folium percurrente *Oed. dan.* 417.
F. longissimo, latissimo, tenuique folio. *Bauh. pin.* 364. *prodr.* 154.
Habitat in Mari *Atlantico. Equis & hominibus esculentus.*

39. Fucus *saccharinus*. F. fronde subsimplici, ensiformi; stirpe
tereti, brevissimâ. *Oed. dan.* 416.
F. alatus s. phasnagoïdes. *Bauh. pin.* 364.
Habitat in mare *Atlantico.*

40. Fucus *sanguineus*. F. frondibus membranaceis, ovato-
oblongis, integerrimis, petiolatis; caule tereti, ramoso.
Oed. dan. 349.
Habitat in Oceano *Atlantico.*

41. Fucus *ciliatus*. F. frondibus membranaceis, lanceolatis,
proliferis, ciliatis. *Oed. dan.* t. 353.
Habitat in Oceano *Atlantico.*

43. Fucus *alatus*. F. frondibus membranaceis, subdichotomis,
costatis; laciniis alternis, decurrentibus, bifidis. *Oed.* t. 352.
Habitat in Oceano septentrionali.

48. Fucus *vittatus*. F. frondibus membranaceis, divisis, ensiformibus, dentato-crispatis. *Oed. dan.* t. 353.
Habitat

49. Fucus *ramentaceus*. F. frondibus filiformibus, simplicibus,
hinc ramentis foliaceis, confertis.
Ulva *sobolifera*. coriacea, simplex, tubulosa, undique appen-
diculata. *Oed. fl. dan.* t. 356.
Habitat in Oceano *septentrionali.*

50. Fucus *plumosus*. F. frondibus cartilagineis, lanceolatis,
bipinnatis, plumosis; caule filiformi, compresso, ramoso.
Oed. dan. t. 350.
Habitat in Oceano *Atlantico.*

57. Fucus *ericoïdes*. F. filiformis, ramosissimus, hirtus.
Tamarisco similis maritima. *Bauh. pin.* 365.
Habitat in Oceano *Europæo.*

3. ULVA *intestinalis*. U. tubulosa, simplex. 1322.
Tremella marina, tubulosa, intestinorum figura. *Dill. musc.* 47.
t. 9. f. 7.
Fucus cavus. *Bauh. pin.* 364.
Habitat in mari omni. *Suec. hurg.*

9. Ulva *Lactuca*. U. palmata, prolifera, membranacea; ra-
mentis infernè angustatis.
Muscus marinus Lactucæ similis. *Bauh. pin.* 364.
Habitat in Oceano. *Suec.*

Gen.

25. ULVA *granulata*. U. fphærica , aggregata. *Fl. dah. t.* 706;
Tremella paluftris , veficulis fphæricis fungiformibus. *Dill.*
mufc. 55. t. 10. f. 17.
Habitat in Europa *ad ripas fluviorum. Suec, pal. burg. lith. lugd.*

16. ULVA *Pifum*. V. (*granulata*) globofa facta viridis.
Conferva (*Pifum*) fphærica filamentis concentricis. *Fl. dan.*
t. 660. f. 2.
Habitat ad ripas paludum fontiumque Europæ.

CONFERVA.

* *FILAMENTIS SIMPLICIBUS , ÆQUALIBUS , GENICULIS*
DESTITUTIS.

1323.

1. CONFERVA *rivularis*. C. filamentis fimpliciffimis
æqualibus longiffimis.
C. fluviatilis, fericea, vulgaris & fluitans. *Dill. mufc.* 12. t. 2.
f. 2.
Byffus paluftris , confervoïdes , non ramofa , viridis ; fericum
referens; filamentis longis , tenuiffimis. *Mich. gen.* 210. n. 3.
t. 89. f. 7.
Habitat in Europæ *rivulis fluviifque pacatioribus. Suec. carn. pal.*
burg. lith. lugd.

2. CONFERVA *fontinalis*. C. filamentis fimpliciffimis , æqualibus , digito brevioribus. *Fl. dan.* t. 651. f. 3.
Byffus. *Mich. gen.* 211. n. 8. t. 89. f. 8. n. 14. t. 89. f. 10.
& n. 15. t. 89. f. 11.
Habitat in Europæ *fontibus. Suec.*

* * *FILAMENTIS RAMOSIS , ÆQUALIBUS.*

3. CONFERVA *bullofa*. C. filamentis æqualibus , ramofis, aéreæ
bullas includentibus.
C. paluftris , bombycina. *Dill. mufc.* 18. t. 3. f. 11.
Mufcus aquaticus , bombycinus , tenuiffimimis filamentis. *Læf.*
pruff. 173. t. 55.
Habitat in Europæ *aquis ftagnantibus. Carn. pal. lith. lugd.*

4. CONFERVA *canalicularis*. C. filamentis æqualibus , bafin
verfus ramofioribus.
C. rivulorum, capillacea , denfiffimè congeftis ramulis. *Dill.*
mufc. 21. t. 4. f. 15.
Alga in tubulis aquam fontanam ducentibus. *Bauh. pin.* 364.
Habitat in Europæ *rivulis , tubulis , canalibus molendinariis. Lugd.*

* * * *FILAMENTIS ANASTOMOSANTIBUS.*

11. CONFERVA *reticulata*. C. filamentis reticulato-coadunatis.
Conferva

Conferva reticulata. *Dill. mufc.* 20. t. 4. f. 14.
Conferva reticulata , crifpa. *Pluk. alm.* 113. t. 24. f. 2. *Morif. hiſt.* 3. p. 644. f. 15. t. 4. f. 4.
Mufcus aquaticus, bombycinus, retiformis. *Laſ. pruſſ.* 173. t. 54.
Habitat in Europæ *fluviis ad eorum littora. Lith. ſuec. lugd.*

* * * * *FILAMENTIS NODOSIS.*

12. CONFERVA *fluviatilis.* C. filis fimpliciſſimis , fetiformibus , rectis ; geniculis craſſioribus , angulatis.
Conferva fluviatilis, lubrica , fetoſa , Equifeti facie. *Dill. mufc.* 39. t. 7. f. 47 & 48.
Habitat in Europæ *fluviis confragoſis. Lith. ſuec. lugd.*

13. CONFERVA *gelatinoſa.* C. filis ramoſis, moniliformibus ; articulis globoſis , gelatinoſis.
Conferva fontana, nodoſa, ſpermatis ranarum inſtar lubrica , major & fuſca. *Dill. mufc.* 36. t. 7. f. 42.
Corallina pinguis , ramoſa , viridis. *Vaill. parif.* 40. t. 7. f. 6.
Habitat in Europæ *fontibus præſtantiſſimis , limpidiſſimis. Suec. lugd.*

* * * * * *FILAMENTIS GENICULATIS.*

14. CONFERVA *capillaris.* C. filis geniculatis , fimplicibus ; articulis alternatim compreſſis.
C. filamentis longis, geniculatis, fimplicibus. *Dill. mufc.* 25. t. 5. f. 25.
C. fluitans; filamentis geniculatis. *Pluk. alm.* 113. t. 8. f. 9. *Morif. hiſt.* 3. p. 644. f. 15. t. 4. f. 3.
Habitat in Europæ *lacubus , ſtagnis , vadis , foſſis. Herb. pal. lith.*

17. CONFERVA *polymorpha.* C. filamentis geniculatis , ramis faſciculatis. *Fl. dan.* t. 395.
Fucus criſpus, loricatus , nigricans. *Barr. rar.* 1323. t. 1301.
Habitat in mari Europæo.

19. CONFERVA *glomerata.* C. filamentis geniculatis; ramulis brevioribus, multifidis. *Fl. dan.* t. 651. f. 2.
C. fontinalis, ramoſiſſima , glomeratim congeſta. *Dill. mufc.* 28. t. 5. f. 32. & t. 5. f. 28. 29.
C. fontinalis trichodes. *Bauh. pin.* 22.
Alga fontalis trichodes. *Bauh. pin.* 364.
Habitat in Europæ *fontibus , foſſis , rivulis. Pal. herb.*

20. CONFERVA *rupeſtris.* C. filamentis geniculatis , ramoſiſſimis , viridibus.
C. marina trichodes , ramoſior. *Dill. mufc.* 27. t. 5. f. 29.
C. marina trichodes ſ. Mufcus marinus , virens , tenuifolius. *Pluk. mant.* 53. t. 182. f. 6.
Habitat in Europæ *marinis rupibus copioſiſſima. Suec.*

Gen.

BYSSUS.

* FILAMENTOSÆ.

1324. 3. BYSSUS *septica*. B. capillacea, molliſſima, parallela, fragiliſſima, pallida.

Habitat in domibus ſub pavimentis, ubi aër mephiticus ſ. ſuffo-
catus, ſummè ſepticus corrodit tanquam menſtruum naturale
domos ligneas, duriſſimoſque truncos, ut fatiſcentes cadant
damno colonum. Lugd.

2. BYSSUS *Flos aquæ*. B. filamentis plumoſis, natantibus.
B. latiſſima, papyri inſtar ſupra aquam expanſa. *Dill. muſc.*
2. t. 1. f. 1.
Habitat in mari & omni aqua, primâ æſtate; noſte deſcendit
parùm, die natat ferè. Pal. burg. lith. ſuec. lugd.

4. BYSSUS *phoſphorea*. B. lanuginoſa, violacea, lignis adnaſcens.
Dill. muſc. 4. t. 1. f. 6.
Habitat in Europæ lignis putreſcentibus. Suec. pal. lith. lugd.

5. BYSSUS *velutina*. B. filamentoſa, viridis; filamentis ramoſis.
B. terreſtris, viridis, herbacea & molliſſima; filamentis ramoſis
& non ramoſis. *Mich. gen.* 211. t. 89. f. 5.
Habitat in terra. Suec. pal. burg. lith. lugd.

6. BYSSUS *aurea*. B. capillacea, pulverulenta; fruſtificationibus
ſparſis; filamentis ſimplicibus ramoſiſque. *Fl. dan.* t. 718.
f. 1.
B. minima ſaxatilis, aurea, inodora; filamentis partim ſimplicibus, partim ramoſis. *Mich. gen.* 210. t. 89. f. 2.
Habitat in rupibus Arverniæ, Italiæ. Pal. lugd.

* * PULVERULENTÆ.

8. BYSSUS *antiquitatis*. B. pulverulenta, atra.
B. petræa, integerrima, fibroſa. *Dill. muſc.* 9. t. 1. f. 13.
Habitat in muris antiquis. Suec. lith. lugd.

9. BYSSUS *ſaxatilis*. B. pulverulenta, cinerea, rupes operiens.
Habitat in ſaxo omni, diutiùs aëri expoſito, quod perenni cinereo
colore obducit, ipſa vix manifeſta. Suec. carn. burg. lith. lugd.

11. BYSSUS *candelaris*. B. pulverulenta, flava, lignis adnaſcens.
Dill. muſc. 3. t. 1. f. 4.
Lichen cruſtaceus, arboribus adnaſcens, tenuiſſimus, pulve-
rulentus, pallidè luteus, ſ. ochroleucus. *Mich. gen.* 100.
n. 70.
Habitat per omnes quatuor mundi plagas, in corticibus arborum,
parietibus antiquis, teſtis diutiùs vento humido expoſitis. Suec.
pal. burg. lith. lugd.

12. BYSSUS *botryoïdes*. B. pulverulenta, viridis.
Byſſus botryoïdes ſaturatè virens. *Dill. muſc.* 3. t. 1. f. 5.

Habitat in terra *diutiùs humida , umbrofa ; ut in ollis Hortula-norum. Suec. pal. lith. lugd.*

13. BYSSUS *incana.* B. pulverulenta , incana , farinæ inftar ftrata. *Dill. mufc.* 3. t. 1. f. 3.
Habitat in folo glareofo , ad latera foffularum , juxta vias pu-blicas. Suec. carn. lith. lugd.

14. BYSSUS *lactea.* B. pulverulento-cruftacea, albiffima.
Lichen cruftaceus , faxatilis , farinaceus , albus , globulis mi-nutiffimis undique refertus. *Mich. gen.* 99. n. 56.
Habitat in Mufcis *& arborum corticibus. Suec. pal. lugd.*

F U N G I.

A G A R I C U S.

* *STIPITATI, PILEO ORBICULATO.*

1. AGARICUS *Cantharellus.* A. ftipitatus ; lamellis ramofis , decurrentibus. *Fl. dan.* t. 264. *Schæff. fung.* t. 82.
Fungus minimus , flavefcens , infundibuliformis. *Bauh. pin.* 373. *Vaill. parif.* t. 11. f. 9. 10.
β. Fungus pileo per maturitatem inftar Agarici intybacei. *Vaill. parif.* t. 11. f. 11. 12. 13.
γ. Fungus angulofus & velut in lacinias fectus. *Vaill. parif.* t. 11. f. 14. 15.
Habitat in pratis. Suec. parif. ged. pal. burg. lith. lugd.

2. AGARICUS *quinquepartitus.* A. ftipitatus , pileo fubflavef-cente partito ; lamellis albidioribus internè dentato-connexis.
Habitat in pratis. Pal. lugd.

3. AGARICUS *integer.* A. ftipitatus , lamellis omnibus magni-tudine æqualibus.
Agaricus Ruffula. *Schæff. fung.* t. 58.
A. rofeus. *Schæff.* t. 75. Caffipes. *Ej.* t. 87. 88. ruber. t. 92. Cyanoxanthus. t. 93. & virefcens. t. 94.
Habitat in fylvis. fuec. pal. lugd.

4. AGARICUS *mufcarius.* A. ftipitatus ; lamellis dimidiatis , folitariis ; ftipite volvato, apice dilatato , bafi ovatâ. *Mich. gen.* t. 78. f. 2. *Schæff. fung.* t. 27. & 28. *var. abfque verrucis.*
A. olivaceus. *Schæff. fung.* t. 204. & A. Xerampelinus. *Ejufd.* t. 215.
Habitat in pratis. Suec. pal. burg. lith. lugd.

5. AGARICUS *dentatus.* A. ftipitatus , pileo convexo ; lamellis bafi mucrone dentatis.
A. Pfittacinus. *Schæff. fung.* t. 301. Coccineus. *Ejufd.* t. 302.
Habitat in fylvis. Herb. pal. lugd.

6. AGARICUS *deliciofus*. A. ftipitatus; pileo teftaceo ; fucco lutefcente. *Schæff. fung.* t. 11.
Fungus efculentus, lateritio colore immutabili, fuccum acrem & croceum fundens. *Mich. gen.* 141.
Habitat in montibus ftcrilibus, fylvofis. Suec. pal. lith. lugd.

7. AGARICUS *lactifluus*. A. ftipitatus; pileo plano, carneo, lactefcente; lamellis ruffis ; ftipite longo carneo. *Schæff. fung.* t. 5.
Habitat in fylvis. Pal.

8. AGARICUS *piperatus*. A. ftipitatus ; pileo planiufculo , lactefcente ; margine deflexo; lamellis incarnato-pallidis.
Fungus piperatus , albus, craffus , lacteo fucco turgens. *Mich. gen.* 141.
Fungus albus, acris. *Bauh. pin.* 371.
Habitat in pafcuis , fylvis. Suec. pal. burg. lith. lugd.

9. AGARICUS *campeftris*. A. ftipitatus ; pileo convexo , fquamato, albido ; lamellis ruffis. *Fl. dan.* t. 714. *Schæff. fung.* t. 33. & t. 310. 311.
Fungus campeftris, albus fuperne, inferne rubens. *Bauh. hift.* 3. p. 824. *Mich. gen.* 174. n. 8.
Habitat in pratis. Suec. pal. burg. lith. lugd.

10. AGARICUS *Georgii*. A. ftipitatus; pileo flavo , convexo; lamellis albis.
Fungus orbicularis, exalbida, prátenfis. *Bauh. pin.* 370.
Habitat in fylvis. Suec. lith.

11. AGARICUS *violaceus*. A. ftipitatus ; pileo ramofo, margine violaceo, tomentofo; ftipite cærulefcente ; lanâ ferrugineâ.
Agaricus violaceus. *Schæff. fung.* t. 3. Cærulefcens. t. 34. Amethyftinus. t. 56.
Fungus efculentus, bulbofus, dilutè purpureus. *Mich. gen.* 149. t. 74. f. 1.
Habitat ad margines fylvarum. Suec. parif. lith. lugd.

12. AGARICUS *cinnamomeus*. A. ftipitatus ; pileo fordidè flavo ; lamellis luteo-ruffis.
Habitat in fylvis. Suec. pal. lugd.

13. AGARICUS *vifcidus*. A. ftipitatus; pileo purpurafcente , fufco , vifcido; lamellis fufco-purpurafcentibus.
Habitat in fylvis. Pal. burg. lugd.

14. AGARICUS *equeftris*. A. ftipitatus ; pileo pallido ; difco ftellatim luteo ; lamellis fulphureis.
Habitat in pafcuis , fylvis. Suec. pal. lugd.

15. AGARICUS *mammofus*. A. ftipitatus; pileo convexo , acuminato, grifeo; lamellis convexis, grifeis, crenatis; ftipite nudo.
Habitat in fylvis. Pal. burg. lugd.

16. AGARICUS *clypeatus*. A. ftipitatus; pileo hemifphærico , vifcido, acuminato; lamellis albis ; ftipite longo , cylindrico, albo.

A. (*procerus*) , pileo plano papillari ; ftipite convergente , procero , annulato , fiftulofo , annulo peculiari inferto. *Schæff. fung.* t. 22. 23. *Fl. dan.* t. 772.
Habitat in pratis ſylvaticis. Suec. parif. lith. lugd.

17. AGARICUS *extinctorius.* A. ftipitatus ; pileo campaniformi , albido , lacero ; lamellis niveis ; ftipite fubbulbofo , fubulato , nudo.
Habitat in fimetis & ad pagos. Herb. lugd. fucc.

19. AGARICUS *fimetarius.* A. ftipitatus ; pileo campanulato , lacero ; lamellis nigris , lateraliter flexuofis ; ftipite fiftulofo. *Schæff. fung.* t. 7. 8. 46. 47.
Fungus fterquilineus. *Mich. gen.* 181. t. 80. f. 3. & t. 74. f. 6.
Habitat in fimetis. Ged. pal. naſſ. burg. lith. lugd.

20. AGARICUS *campanulatus.* A. ftipitatus ; pileo campanulato , ftriato , pellucido ; lamellis afcendentibus ; ftipite nudo.
Fungus multiplex , obtufè conicus ; colore grifeo , marino. *Vaill. parif.* 71. t. 12. f. 1. 2.
Habitat in pratis. Pal. burg. lith. lugd.

22. AGARICUS *fragilis.* A. ftipitatus ; pileo convexo , vifcido , pellucido ; lamellifque luteis ; ftipite nudo. *Schæff. fung.* t. 230.
Fungus pileo crocei fplendoris. *Vaill. parif.* t. 11. f. 16. 17. 18.
Habitat ad ambulacra. Herb. pal. lugd.

23. AGARICUS *umbelliferus.* A. ftipitatus ; pileo plicato , membranaceo ; lamellis bafi latioribus. *Schæff. fung. tab.* 309.
Fungus minimus , totus albus ; pileo hemifphærico utrinque ftriato ; lamellis rarioribus. *Mich. gen.* 166. t. 80. f. 11.
Habitat inter folia congefta , femiputrida. Suec. pal. lith. lugd.

24. AGARICUS *Androfaceus.* A. ftipitatus, albus ; pileo plicato , membranaceo ; ftipite nigro. *Schæff. fung.* t. 239.
Fungus pileo candicante ; lamellis paucis ; pediculo fufco, fplendente. *Vaill. parif.* 69. t. 11. f. 21. 22. 23.
Habitat in foliis dejectis Pini. Suec. parif. pal. lith. lugd.

25. AGARICUS *clavus.* A. ftipitatus ; pileo luteo , convexo , ftriato ; lamellis ftipiteque albis. *Schæff. fung.* t. 59.
Fungus minimus , aurantius , mammillaris. *Vaill. parif.* 76. t. 11. f. 19. 20.
Habitat in nemoribus , inter folia decidua. Suec. pal. burg. lugd.

* * *PARASITICI , ACAULES , DIMIDIATI.*

26. AGARICUS *quercinus.* A. acaulis ; lamellis labyrinthiformibus. *Schæff. fung.* t. 57.
Habitat in Quercubus. Suec. pal. burg. lith. lugd.

27. AGARICUS *betulinus*. A. acaulis, coriaceus, villosus; margine, obtuso; lamellis ramosis, anastomosantibus. *Fl. dan.* t. 776. f. 1.

Habitat in Betulis. *Suec. lugd.*

28. AGARICUS *alneus*. A. acaulis; lamellis bifidis, pulverulentis.

A. alneus. *Schœff. fung.* t. 246. *An.*

Habitat in Alno. *Suec. burg. lugd.*

BOLETUS.

* PARASITICI, ACAULES.

2. BOLETUS *suberosus*. B. acaulis, pulvinatus, albus, lævis; poris acutis, difformibus.

Habitat in Betulis. *Herb. lugd.*

3. BOLETUS *fomentarius*. B. acaulis, pulvinatus, inæqualis, obtusus; poris teretibus, æqualibus, glaucis.

Habitat in Betulis. *Suec. lugd.*

4. BOLETUS *igniarius*. B. acaulis, pulvinatus, lævis; poris tenuissimis.

B. ungulatus. *Schœf. fung.* t. 137. 138.

Fungus in caudicibus nascens, unguis equini figurâ. *Bauh. pin.* 372.

Habitat in Betulis aliisque arboribus. *Suec. carn. burg. lith. lugd.*

6. BOLETUS *versicolor*. B. acaulis; fasciis dicoloribus; poris albis. *Schœff. fung.* t. 136.

B. variegatus. *Schœff. fung.* t. 263. Atro-fuscus t. 268. Multicolor. t. 269. *varietates hujus esse videntur.*

Habitat ad truncos arborum antiquarum. *Suec. ged. pal. lugd.*

7. BOLETUS *suaveolens*. B. acaulis, supernè lævis, salicinus.

Habitat in Salice. *Suec. lith. lugd.*

* * STIPITATI.

8. BOLETUS *perennis*. B. stipitatus, perennis; pileo utrinque planiusculo.

Fungus lignosus, fasciatus. *Vaill. paris.* t. 12. f. 7.

Habitat in sylvis super terram, subjectis caudicibus arborum putridis. *Suec. paris. pal. lith. lugd.*

9. BOLETUS *viscidus*. B. stipitatus; pileo pulvinato, viscido; poris teretibus, convexis, immersis, distinctis; stipite lacero.

Habitat in sylvis. *Lugd.*

10. BOLETUS *luteus*. B. stipitatus; pileo pulvinato, subviscido; poris rotundatis, convexis, flavissimis; stipite albido. *Schœff. fung.* t. 114.

Habitat in sylvis. *Pal. lugd. paris.*

11. BOLETUS *bovinus.* B. ftipitatus; pileo glabro, pulvinato, marginato; poris compofitis, acutis; porulis angulatis, brevioribus.
Boletus craffipes. *Schæff. fung.* t. 112.
B. polyporus, carne fecedente, petiolatus; petiolo terreo, infernè aurantio. *Hall. helv.* n. 2307. R.
Boletus luridus. *Schæff. fung.* t. 107.
B. reticulatus. *Schæff.* t. 108.
B. bulbofus. *Schæff.* t. 134.
B. bovinus. *Ejufd.* t. 104.
ε. B. olivaceus. *Ejufd.* t. 105.
f. Polyporus. *Hall. hel.* n. 2310.
B. rufus. *Schæff.* t. 103.
Habitat in pratis. Lith. lugd. parif.

12. BOLETUS *granulatus.* B. ftipitatus; pileo vifcido, pulvinato; poris teretibus, fubangulatifque, truncatis; angulo granulato.
Habitat in fylvis. Suec. lugd.

13. BOLETUS *fubtomentofus.* B. ftipitatus; pileo flavo, fubtomentofo; poris fubangulatis, difformibus, fulvis, planis; ftipite flavo.
Habitat in fylvis. Suec. lugd.

14. BOLETUS *fubfquamofus.* B. ftipitatus; pileo albido; poris difformibus, oblongo-flexuofis, niveis.
Habitat in fylvis. Suec. lugd.

1. HYDNUM *imbricatum.* H. ftipitatum; pileo convexo, imbricato. *Fl. dan.* t. 176. *Schæff. fung.* t. 140.   1327.

Habitat in fylvis acerofis. Suec. pal. naff. lugd.

2. HYDNUM *repandum.* H. ftipitatum; pileo convexo, lævi, flexuofo. *Schæf. fung.* t. 141. *Fl. dan.* t. 310.
Erinaceus efculentus, pallidè luteus. *Mich.gen.* 132. t. 72. f. 3.
Habitat in fylvarum defertis. Suec. parif. pal. burg. lugd.

3. HYDNUM *tomentofum.* H. ftipitatum; pileo plano, infundibuliformi. *Fl. dan.* t. 534. f. 3.
Habitat in fylvis acerofis. Suec. ped. herb. lugd.

4. HYDNUM *aurifcalpium.* H. ftipitatum; pileo dimidiato. *Schæff. fung.* t. 143.
Erinaceus parvus, hirfutus, ex fufco fulvus; pileo femiorbiculari; pediculo tenuiore. *Mich. gen.* 132. t. 72. f. 8.
Habitat in fylvis acerofis fupra terram, fubjacente ramo, aut ftrobilo; an varietas fola H. imbricati? Suec. pal. lugd.

5. HYDNUM *parafiticum.* H. acaule, arcuato-rugofum, tomentofum. *Fl. dan.* t. 465.
Habitat in Europæ arboribus. Lugd.

Gen. 1328. 1. PHALLUS *efculentus.* P. pileo ovato, celluloſo ;
ſtipite nudo, rugoſo. *Schœff. fung.* t. 199. 298,
299. 300.

Boletus eſculentus, rugoſus, albicans, quaſi fuligine infectus,
Tournef. inſt. 561. t. 329. f. *A.*
Boletus eſculentus, rugoſus. 1. 2. 3. *Mich. gen.* 230. t. 85,
f. 1. 2.
Habitat in ſylvis antiquis. Suec. pariſ. burg. lith. lugd.
Varietas *pileo bicolli picta eſt in fl. dan.* t. 53.

2. PHALLUS *impudicus.* P. volvatus, ſtipitatus; pileo celluloſo,
Fl. dan. t. 175. *Schœff. fung.* t. 196. 198.
P. vulgaris totus albus; volvâ rotundâ; pileo cellulato, ac
ſummâ parte umbilico pervio ornato. *Mich. gen.* 201. t. 83,
Habitat in ſylvis. Ged. burg. lith. lugd.

CLATHRUS,

* *ACAULES.*

1329. 1. CLATHRUS *cancellatus.* C. acaulis, ſubrotundus,
Barr. ic. 1265. *Schœff. fung. tom. IV. tab. in*
titulo expreſſa,

C. ruber. *Mich. gen.* 214. t. 93,
Boletus cancellatus, purpureus. *Tournef. inſt.* 561. t. 329. f. 6,
Habitat in Europa *auſtraliori.*

* * *STIPITATI,*

2. CLATHRUS *denudatus.* C. ſtipitatus; capitulo oblongo,
volvato. *Jacq. miſcell. auſtr.* 1. p. 136. *tab.* 6.
Clathroïdes purpureum, pediculo donatum. *Mich. gen.* 142,
t. 94. f. 1.
Habitat in Europa *auſtraliore. Lugd.*

3. CLATHRUS *nudus.* C. ſtipitatus; capitulo oblongo, axi lon-
gitudinali adnato. *Fl. dan.* t. 216.
Clathroïdaſtrum. *Mich. gen.* 214. t. 94,
Habitat in Italiæ *lignis putridis. Suec. lugd.*

4. CLATHRUS *recutitus.* C. ſtipitatus; capitulo globoſo; glande
ovali.
Habitat in Sueciæ *truncis arborum. Suec. lugd.*

✳

HELVELLA.

* STIPITATA.

1. HELVELLA *Mitra*. H. pileo deflexo, adnato, lo= 1330.
bato, difformi. *Fl. dan.* t. 116. *Schœff. fung.* t.
154. 159. 162.
Fungoïdes, fungiforme, crifpum, laciniatum & variè compli=
catum. *Mich. gen.* 204. t. 86. f. 7.
Habitat in truncis putridis. *Suec. ged. pal. lugd.*

* * ACAULIS.

2. HELVELLA *pinéti*. H. acaulis.
Agaricus acaulis utrinque planiufculus. *Fl. fuec.* 1084.
Habitat in Pinu, Abiete.

1. PEZIZA *lentifera*. P. campanulata, lentifera. *Fl. dan.* 1331.
t. 105.
P. fericea. *Schœff. fung.* t. 180.
Gyathoïdes cyathiforme, cinereum & veluti fericeum. *Mich.
gen.* 222. t. 102. f. 1.
Fungoïdes infundibuli formâ, femine fœtum. *Vaill. parif.*
56. t. 11. f. 6. 7.
Habitat in agris, *lignis, fepimentis. Pal. burg. lugd.*

2. PEZIZA *punctata*. P. turbinata, truncata; difco punctato.
Fl. dan. t. 288.
Habitat in ftercore equino, *nec alibi. Anne varietas Boleti? Suec.
lugd.*

3. PEZIZA *cornucopioïdes*. P. infundibuliformis; difco patente,
finuato, punctato. *Fl. dan.* t. 384. *Schœff. fung.* t. 165.
Fungoïdes nigricans majus, Cornucopiæ formâ. *Vaill. parif.*
t. 13. f. 2. 3.
Habitat in Gallia. *Pal. lugd.*

4. PEZIZA *acetabulum*. P. cyathiformis, extus angulata; venis
ramofis. *Schœff. fung.* t. 150. 155 & 156.
Fungoïdes fufcum, acetabuliforme, externè ramificatum. *Vaill.
parif.* 57. t. 13. f. 1.
Fungoïdes maximum, pyxidatum. *Vaill. parif.* 57. t. 13. f. 1.
Habitat in Europa *auftrali. Lugd.*

5. PEZIZA *cyathoïdes*. P. cyathiformis; margine obtufo, erecto.
Habitat in terra. *Suec. pal. lugd.*

6. PEZIZA *cupularis*. P. globofo-campanulata; margine cre-
nato. *Fl. dan.* t. 469. f. 3.
Fungoïdes glandis cupulam referens; margine dentato.
Vaill. parif. 57. t. 11. f. 1. 2. 3.
Habitat in Gallia, Helvetia, Germania, &c. *Suec. pal. lugd.*

Gen.

7. PEZIZA *scutellata*. P. planâ ; margine convexo piloso.
P. plana sessilis aurantia , annulata. *Vaill. parif.* t. 13. f. 14.
Fungoïdes , qui Fungus minimus , scutellatus , coloris aurantii.
Vaill. parif. t. 13. f. 13. 14.
Habitat in parietibus.putridis. Suec. pal. lugd.

8. PEZIZA *cochleata*. P. turbinata , cochleata.
Fungoïdes auriculam Judæ referens , intus rufefcens , extus
candicans & quî farinofum. *Vaill. parif.* 57. t. 11. f. 8.
Habitat in umbrofis. Herb. lugd.

9. PEZIZA *Auricula*. P. concava, rugofa, auriformis.
Agaricum Auriculæ formâ. *Mich. gen.* 124. t. 66. f. 1.
Habitat ad arbores putridas. Burg. lugd. fuec.

CLAVARIA.

* *INDIVISÆ.*

1332.

1. CLAVARIA *piftillaris*. C. clavæformis, fimpliciffima.
Schœff. fung. t. 169.
C. alba, piftilli formâ. *Vaill. parif.* 39. t. 8. f. 5.
Habitat in fylvis umbrofis. Suec. parif. pal. burg. lith. lugd.

2. CLAVARIA *militaris*. C. clavata , integerrima ; capite fqua-
mofo. *Fl. dan.* t. 657. f. 1.
C. gemmata. *Schœff. fung.* t. 290.
C. militaris , crocea. *Vaill. parif.* 39. t. 7. f. 4.
Habitat in fylvis auftralibus. Suec. parif. pal. burg. lith. lugd.

3. CLAVARIA *ophiogloffoïdes*. C. clavata , integerrima , compreffa, obtufa. *Schœff. fung.* t. 327.
C. ophiogliffoïdes , nigra. *Mich. gen.* 208. t. 87. f. 4. *Vaill.
parif.* 39. t. 7. f. 3.
Habitat in fylvis auftralibus. ♄ *Parif. pal. lugd.*

* * *RAMOSÆ.*

4. CLAVARIA *digitata*. C. ramofa, lignea, nigra.
Lichen-Agaricus terreftris, &c. *Mich. gen.* 104. t. 54. f. 4.
Habitat in fylvis auftralibus. Parif. burg. lith.

5. CLAVARIA *Hypoxylon*. C. ramofo-cornuta, compreffa.
Schœff. fung. t. 328.
Lichen-Agaricus, nigricans, lignoinnafcens, &c. *Mich. gen.* 104.
t. 55. f. 1.
*Habitat in cellis , navibus , aliifque nunquam fole illuftratis. Suec.
gallob. pal. burg.*

6. CLAVARIA *coralloïdes*. C. ramis confertis , ramofiffimis ,
inæqualibus.

Corallo-Fungus flavus. *Vaill. parif.* 41. t. 8. f. 4.
Habitat in fylvis opacis. Suec. parif. pal. burg. lith. lugd.

7. CLAVARIA *faftigiata.* C. ramis confertis, ramofiffimis, faftigiatis, obtufis, luteis.
Habitat in fylvis. Suec. lugd.

1. CLAVARIA *mufcoïdes.* C. ramis ramofis, acuminatis, inæqualibus, luteis. *Fl. dan.* t. 775. f. 3.
Habitat in Mufcos. *Suec. lugd.*

LYCOPERDON.

* SOLIDA, SUBTERRANEA ABSQUE RADICE.

1. LYCOPERDON *Tuber.* L. globofum, folidum, muricatum, radice deftitutum.

1333.

Tuber brumale; pulpâ obfcurâ, odoratâ. *Mich. gen.* 221. t. 164.
Habitat fub terra. Burg. fucc. parif. lugd.

2. LYCOPERDON *cervinum.* L. globofum, folidiufculum, lacerum, centro farinifero, radice deftitutum.
Lycoperdaftrum tuberofum, Arrhizon fulvum; cortice duriore, craffo & granulato; medullâ ex albo purpurafcente; femine nigro, craffiore. *Mich. gen.* 220. t. 99. f. 4.
Habitat in Bohemia, Silefia, Delphinatu. *Lugd.*

** PULVERULENTA, RADICATA SUPRA TERRAM.

3. LYCOPERDON *Bovifta.* L. fubrotundum, lacerato-dehifcens. *Schæff.* t. 292. 295 & aliæ.
Habitat in campis fterilibus. Suec. parif. pal. burg. lith. lugd.

4. LYCOPERDON *Aurantium.* L. fphæroïdale, bafi rugofum, ftipitatum, laciniis obtufè emarginatis, dehifcens.
L. Aurantii coloris, ad bafin rugofum. *Vaill. parif.* 123. t. 16. f. 9. 10.
Habitat in Gallia. *Burg. lugd.*

5. LYCOPERDON *ftellatum.* L. volvâ multifidâ, patente; capitulo glabro; ore acuminato, dentato. *Schæff. fung.* t. 182. *Fl. dan.* t. 360.
Geafter major, umbilico fimbriato *Mich. gen.* 220. t. 100. f. 1. 2. 3.
Habitat in collibus. Suec. parif. pal. burg. lith. lugd.

6. LYCOPERDON *Carpobolus.* L. volvâ multifidâ; fructu globofo ex feminibus combinatis.
Carpobolus. *Mich. gen.* 221. t. 101. n. 2.
Habitat in Italia, Suecia, Helvetia. *Lugd.*

8. LYCOPERDON *pedunculatum.* L. ftipite longo; capitulo globofo, glabro; ore cylindrico, integerrimo.

Gen.   L. Parifienfe minimum pediculo donatum. *Tournef. inft.* 563.
t. 331. *f. E. F.*
Habitat in campeftribus. Suec. parif. burg. lith. lugd.

* * * PARASITICA, IN FARINAM FATISCENTIA.

10. LYCOPERDON *cancellatum.* L. parafiticum apice puftulâ,
lateribus fiffâ. *Jacq. auftr.* t. 12. *Fl. dan.* t. 704.
Habitat in foliis Pyri.

11. LYCOPERDON *variolofum.* L. parafiticum, feffile, fubrotundum; cortice exteriore, fulvo, deciduo; farinâ atrâ,
compacta.
Lycogala globofum grani pifi magnitudine, aëris recocti
colore. *Mich. gen.* 216. t. 15. f. 2.
Habitat paffim in arborum ramis emortuis, aut moribundis. Lugd.

12. LYCOPERDON *truncatum.* L. parafiticum, fubrotundum,
truncatum.
Habitat in Fagetis.

13. LYCOPERDON *pififormis.* L. globofum, fcabrum; ore
perforato. *Jacq. mifcell. auftr. vol.* I. *tab.* 7.
Habitat in truncis putridæ fagi. Lugd.

14. LYCOPERDON *Epidendrum.* L. cortice farinâque purpureâ.
Fl. dan. t. 720.
Habitat in lignis, parietibufque antiquis. Suec. pal. lugd.

15. LYCOPERDON *epiphyllum.* L. aggregatum, parafiticum;
ore multifido, lacero; pulvere fulvo.
Habitat in dorfo foliorum Tuffilaginis. *Suec. lugd.*

MUCOR.

* PERENNES.

1334.   1. MUCOR *Sphærocephalus.* M. perennis; ftipite fili-
formi, nigro; capitulo globofo, cinereo.
Sphærocephalus niger; villo ochroleuco. *Hall. helv.* 3. t. 1. f. 3.
Habitat in parietibus, lapidibus, lignis. Suec. pal. lugd.

2. MUCOR *Lichenoïdes.* M. perennis; ftipite fubulato, nigro;
capitulo lenticulari, cinereo.
Coralloïdes fungiforme arborum nigrum, vix cruftofum. *Dill.
mufc.* 78. t. 14. f. 3.
Habitat in corticibus Pini. *Suec. pal. lugd.*

3. MUCOR *Embolus.* M. fetâ nigrâ, villo fufco.
Embolus nigerrimus, villo albo afperfus. *Hall. helv.* 8.
t. 1. f. 1. *hift. helv.* n. 2137.
Habitat in lignis putridis.

4. MUCOR *fulvus*. M. perennis, pallidus ; pileo fulvo.
Habitat Upfaliæ.

5. MUCOR *furfuraceus*. M. perennis, viridis ; foliis furfuraceis;
ftipite filiformi ; capitulo globofo.
Habitat in terra nuda Suecia. *Dan. Rolande. Suec. lugd.*

** FUGACES.

6. MUCOR *Mucedo*. M. ftipitatus ; capfulâ globofâ. *Fl. dan.*
t. 467. f. 4.
M. vulgaris ; capitulo lucido, per maturitatem nigro ; pediculo
grifeo. *Mich. gen.* 215. t. 95. f. 1.
*Habitat in variis putridis , pane , plantis. &c. Gallob. pal. naff.
lith. lugd.*

7. MUCOR *leprofus*. M. fetaceus ; feminibus radicalibus.
Afpergillus cefpitofus , denfiffimus , initio niveus , deinde
aureus ; feminibus ovatis. *Mich. gen.* 213. t. 91. f. 5.
Habitat in cavernulis. Autumno.

8. MUCOR *glaucus*. M. ftipitatus ; capitulo fubrotundo , aggre-
gato. *Fl. dan.* t. 777. f. 2.
Afpergillus capitatus ; capitulo glauco ; feminibus rotundis.
Mich. gen. 212. t. 91. f. 1.
Habitat in Citris, Melonibus , Pomis *aliifque corruptis. Lugd.*

9. MUCOR *cruftaceus*. M. ftipitatus ; fpicis digitatis.
Botrytis non ramofa , alba ; feminibus rotundis. *Mich. gen.* 212.
t. 91. f. 3.
Habitat in cibis corruptis. Lith. lugd.

10. MUCOR *cefpitofus*. M. ftipite ramofo ; fpicis ternatis.
Afpergillus albus , tenuiffimus ; graminis dactyloïdis facie ;
rotundis. *Mich. gen.* 213. t. 91. f. 3.
Habitat in putrefcentibus. Lugd.

12. MUCOR *Erifiphe*. M. albus; capitulis fufcis, feffilibus.
Habitat in foliis Humuli, Aceris, Lamii, Galeopfidis , Lithofpermi. *Suec. lith. lugd.*

13. MUCOR *fepticus*. M. unctuofus , flavus. *Fl. dan.* t. 778.
*Habitat in Vaporariis defervefcentibus vifibili incremento ; maturus
femina explodens.*

PALMÆ SPATHACEÆ, TRIPETALÆ.

* FLABELLIFOLIÆ.

1335. CHAMÆROPS.   dioica. *Drupæ* tres. *Stam.* 6. *Pist.* 3.

** PENNATIFOLIÆ.

1339. PHŒNIX.   dioica. *Drupa* 1 *sperma.* *Stam.* 3. *Pist.* 1.

PALMÆ.

Gen. 1335. 1. **CHAMÆROPS** *humilis*. C. frondibus palmatis, plicatis; stipitibus spinosis.

Palma minor. *Bauh. pin.* 506.
Chamæriphes. *Dod. pempt.* 820.
Habitat in Europa australi, præsertim Hispania.

1339. 1. **PHŒNIX** *dactilyfera*. P. frondibus pinnatis; foliolis complicatis, ensiformibus. *Hipp. cent.* 2. n. 55.

Dactylis palma. *Black. t.* 2028.
Palma major. *Bauh. pin.* 506.
Habitat in India.

FINIS.

INDEX.

GENERICA NOMINA Romano Charactere traduntur : Curſivis Litteris SYNONYMA.

Q q iij

Q q iv

ORDINES
NATURALES.

1. CREATOR T. O. in primordio veſtiit Vegetabile
Medullare principiis conſtitutivis diverſi *Corticalis*,
unde tot difformia individua, quot *Ordines* naturales, prognata.

2. *Claſſicas* has (1) plantas Omnipotens miſcuit inter ſe,
unde tot *Genera* ordinum, quot inde plantæ.

3. *Genericas* has (2) miſcuit Natura, unde tot *Species*
congeneres, quot hodie exiſtunt.

4. *Species* has (3) miſcuit Caſus, unde totidem, quot
paſſim occurrunt, *Varietates.*

5. Suadent hæc (1-4) *Creatoris* leges à ſimplicibus ad
compoſita.
Naturæ leges generationis in hybridis.
Hominis leges ex obſervatis à poſteriori.

6. BOTANICUS has leges, quantùm licet, obſervabit:
Varietates ad *Species* reducat Tyro.
Cùm ſpecialis cognitio ſit primùm ſolidæ cognitionis;
Species ad *Genera* reducat Botanicus.
Cùm inde fraterna affinitas plantarum.
Genera ad *Ordines* reducere tentet Veteranus, cùm
inde proſapiens ex natura vegetabilium, (hoc
tamen difficile ob defectum occultorum) e. gr.
Tamarix --- *Cactus*, niſi *Reaumuria.*
Actæa -- *Pæonia*, niſi *Cimicifuga.*

9. Multitudo Generum eſt onus memoriæ, levandum
Syſtemate.
Syſtema indigitabit abſque præceptore plantam.

Ordines naturales non conftituunt methodum abfque clave.

Methodus artificialis itaque fola valet in diagnofi, cùm clavis M. naturalis vix ac ne vix poffibilis fit.

10. Ordines naturales valent de natura plantarum. Artificiales in diagnofi plantarum.

11. Genera qui condit naturalia, naturales Ordines ibi, ubi licet, perfpectos reddat.

Qui loco Methodi naturalis difponunt plantas fecundùm ejus fragmenta refpuuntque artificialem, videntur mihi iis fimiles, qui commodam & fornicatam domum evertunt, inque ejus locum reædificant aliam, fed tectum fornicis conficere non valent.

ORDINUM NATURALIUM
ENUMERATIO.

1. *P*ALMÆ.
2. *Piperitæ.*
3. *Calamariæ.*
4. *Gramineæ.*
5. *Tripetaloideæ.*
6. *Enfatæ.*
7. *Orchideæ.*
8. *Scitamineæ.*
9. *Spathaceæ.*
10. *Coronariæ.*
11. *Sarmentofæ.*
12. *Oleraceæ.*
13. *Succulentæ.*
14. *Gruinales.*
15. *Inundatæ.*
16. *Calycifloræ.*
17. *Calycanthemæ.*
18. *Bicornes.*
19. *Hefperideæ.*
20. *Rotaceæ.*
21. *Preciæ.*
22. *Caryophylleæ.*
23. *Trihilatæ.*
24. *Corydales.*
25. *Putamineæ.*
26. *Multifiliquæ.*
27. *Rhoeadeæ.*
28. *Luridæ.*
29. *Campanaceæ.*
30. *Contortæ.*
31. *Veprecula.*
32. *Papilionaceæ.*
33. *Lomentaceæ.*
34. *Cucurbitaceæ.*
35. *Senticofæ.*
36. *Pomaceæ.*
37. *Columniferæ.*
38. *Tricoccæ.*
39. *Siliquofæ.*
40. *Perfonatæ.*
41. *Afperifoliæ.*
42. *Verticillatæ.*
43. *Dumofæ.*
44. *Sepiariæ.*
45. *Umbellatæ.*
46. *Hederaceæ.*
47. *Stellatæ.*
48. *Aggregatæ.*
49. *Compofitæ.*
50. *Amentaceæ.*
51. *Coniferæ.*
52. *Coadunatæ.*
53. *Scabridæ.*
54. Mifcellaneæ.
55. *Filices.*
56. *Mufci.*
57. *Algæ.*
58. *Fungi.*

ORDINUM

ORDINUM NATURALIUM,
SUBDIVISIO.

I. PALMÆ.

a. PHŒNIX.	1339
Chamærops.	1335
β. Stratiotes.	744
Hydrocharis.	1231
Vallisneria.	1199

II. PIPERITÆ.

Arum.	1119
Calla.	1121
Acorus.	468

III. CALAMARIÆ.

Sparganium.	1132
Typha.	1131
Eriophorum.	74
Scirpus.	73
Carex.	1137
Cyperus	72
Schoenus.	71

IV. GRAMINA.

Coix.	1135
Zea.	1133
Ægilops.	1256
Ischæmum.	1254
Triticum.	105
Secale.	103
Hordeum.	104
Elymus.	102

Lolium.	101
Anthoxantum.	46
Dactylis.	92
Cenchrus.	1255
Cynosurus.	93
Andropogon.	1251
Saccharum.	79
Arundo.	99
Lagurus.	98
Stipa.	96
Avena.	97
Bromus.	95
Festuca.	94
Poa.	89
Briza.	90
Holcus.	1252
Melica.	88
Aira.	87
Phalaris.	80
Panicum.	82
Milium.	85
Agrostis.	86
Phleum.	83
Alopecurus.	84

V. TRIPETALOIDEÆ.

Aphyllanthes.	441
Juncus.	471
Triglochin.	488
Scheuchzeria.	487
Butomus.	550
Alisma.	495
Sagittaria.	1164

Tome I. R

Rr ij

Hottonia.	216	Impatiens.	1093
Samolus.	238	Utricularia.	34
		Pinguicula.	33

XXII. CARYOPHILLEÆ.

Dianthus.	614
Saponaria.	613
Gypfophyla.	612
Velezia.	350
Silene.	616
Cucubalus.	615
Lychnis.	636
ϐ. Agroftemma.	635
Spergula.	638
Ceraftium.	637
Arenaria.	618
Stellaria.	617
Alfine.	411
Holofteum.	110
Cherleria.	619
Sagina.	188
Moehringia.	536
Bufonia.	180
γ. Pharnacium.	410
Polycarpon.	112
Minuartia.	114
Queria.	115
Ortegia.	57
Loeflingia.	58
δ. Scleranthus.	611

XXIII. TRIHILATÆ.

ϐ. Malpigia.	625
Acer.	1266
Æfculus.	498
γ. Staphylea.	404
Tropæolon.	502

XXIV. CORYDALES.

Epimedium.	154
Hypecoum.	183
Fumaria.	920

XXV. PUTAMINEÆ.

Cleome.	890
Capparis.	699

XXVI. MULTISILIQUÆ.

α. Pæonia.	732
Aquilegia.	741
Aconitum.	737
Delphinium.	736
ϐ. Dictamnus.	562
Ruta.	565
Peganum.	656
γ. Nigella.	742
Garidella.	620
Ifopyrum.	759
Trollius.	758
Helleborus.	760
Caltha.	761
Ranunculus.	757
Myofurus.	426
Adonis.	756
δ. Anemone.	752
Atragene.	753
Clematis.	754
Thalictrum.	759

XXVII. RHOEADEÆ.

Argemone.	705
Chelidonium.	703
Papaver.	704

XXVIII. LURIDÆ.

Celfia.	815
Verbafcum.	262
Digitalis.	816
Nicotiana.	256

Rubia.	134	Seriola.	996
Spigelia.	222	Hyoseris.	995
γ. Coffea.	237	Andryala.	994
Cornus.	155	Crepis.	993
		Hieracium.	992
XLVIII. AGGREGATÆ.		Leontodon.	991
		Prenanthes.	990
α. Statice.	418	Chrondilla.	989
Globularia.	2118	Lactuca.	988
Dipsacus.	120	Sonchus.	987
Scabiosa.	121	Picris.	986
Knautia.	122	Scorzonera.	985
γ. Valeriana.	48	Tragopogon.	984
Boerhaavia.	9	Geropogon.	983
Circæa.	25		
δ. Lonicera.	250	*γ. Discoïdeæ.*	
Linnæa.	835		
Loranthus.	478	Gnaphalium.	1026
Viscum.	1209	Xeranthemum.	1027
		Stæhelina.	1018
XLIX. COMPOSITÆ.		Tanacetum.	1024
		Matricaria.	1049
α. Capitatæ.		Carpesium.	1028
		Chrysanthemum.	1048
Echinops.	1084	Baccharis.	1029
Arctium.	1002	Conyza.	1037
Serratula.	1003	Inula.	1031
Carduus.	1004	Erigeron.	1036
Cnicus.	1005	Cineraria.	1032
Onopordum.	1006	Tussilago.	1030
Cinara.	1007	Doronicum.	1039
Carlina.	1008	Arnica.	1038
Atractylis.	1009	Senecio.	1032
Carthamus.	1010	Solidago.	1035
Centaurea.	1066	Chrysocoma.	1019
		Aster.	1034
β. Semiflosculosæ.		Santolina.	1022
		Anthemis.	1052
Scolymus.	1001	Anacyclus.	1051
Cichorium.	1000	Cotula.	1050
Catananche.	999	Athanasia.	1023
Lapsana.	998	Achillea.	1052
Hypochoeris.	997		

LV. FILICES.

Ophiogloſſum.	288
Oſmunda.	1289
Thrichomanes.	1298
Adianthum.	1297
Aſplenium.	1295
Pteris.	1291
Lonchitis.	1294
Hemionitis.	1293
Polypodium.	1296
Acroſticum.	1290
Marſilea	1299
Pilularia.	1300
Iſoetes.	1301

LVI. MUSCI.

Lycopodium.	1302
Fontinalis.	1306
Sphagnum.	1304
Phaſcum.	1305
Mnium.	1310
Splachnum.	1308
Polytricum.	1309
Bryum.	1311
Hypnum.	1312
Buxbaumia.	1307

LVII. ALGÆ.

Marchantia.	1315
Jungermannia.	1313
Anthoceros.	1318
Targionia.	1314
Lichen.	1219
Blaſia.	1316
Riccia.	1317
Tremella.	1320
Ulva.	1322
Fucus.	1321
Chara.	1319
Conferva.	1323

LVIII. FUNGI.

Agaricus.	1325
Boletus.	1326
Hydnum.	1327
Phallus.	1328
Clathrus.	1329
Elvela.	1330
Clavaria.	1332
Peziza.	1331
Lycoperdon.	1333
Byſſus.	1224
Mucor.	1334

DUBII ETIAMNUM ORDINIS.

BERBERIS.	476	Monotropa.	583
Coris.	260	Montia.	107
Creſſa.	341	Najas.	1198
Cuſcuta.	182	Plantago.	148
Empetrum.	1202	Plumbago.	227
Lagoecia.	306	Trapa.	165
Mirabilis.	259		

CAROLI LINNÆI

METHODUS NOVA GRAMINUM
SYSTEMATICA,

Excerpta è Differtatione Academica Amœn. Acad. Vol. VII.

§. I.

SUMMA Graminum fimilitudo fecit, ut omnia uno nomine generico Gramina diceret antiquior ætas. Ad recentiora etiam tempora idem obtinuit, ut divifis in genera nonnulla Cerealibus, generale huic Ordini inditum fuerit Graminum nowen, etiam à maximis fyftematicis, ut Turnefortio, Rajo, Boerhaavio, Scheuchzero, aliifque. Tempore quidem Cafp. Bauhini, quo vix ducenta Gramina erant cognita, valere hoc potuit; aucto vero mirificè numero, diftinctam in his plantis, quod ad herbam adeò fimilibus, fibi comparare cognitionem; haud minus difficile foret, quàm fi quis omnes Umbellatas uri fubjiceret generi. Ut igitur à Curiofis ritè genera cognofcantur, fyftematicè omnino inftar Exerciûs in Legiones, Cohortes, Manipulos, in Genera difpefci debent. Hoc vero juftè peragitur, fi Genera Naturalia ritè inveftigata, certis ac determinatis infigniantur nominibus genericis atque characteribus. Naturalia verò Genera exiftere, atque Gramina æquè ac alias plantas ita effe difpofita ut tyro fit, qui non intelligat. Quis enim non videt, e. gr. *Brizas* inter fe, & *Arundines* inter fe ipfâ facie tantam habere fimilitudinem, ut cognitâ unâ, cæteræ quoque cognofcantur fpecies; contra autem fi *Arundines Brizis* vel *Brizas Arundinibus* immifceres, nemo tam crudus foret, qui non has videret plurimùm difcrepare. Ab inirio quidem difficillimum fuit limitibus Gramina circumfcribere atque diftinguere, fed D. *Præfes*, qui totam penitùs Botanicam reformavit, huic quoque primus diftincta ftabilivit genera, & labore ac perfectione pari fingulis characterem dedit atque notam propriam; ut cognitis modò partibus eâdem f cilitate hanc ac alias plantarum familias quifque cognofcere poffit: fi verò quis filum hoc Ariadneum omiferit, ex hoc fanè labyrintho vix ac ne vix quidem fe èxpediet. Infinitum Scheuchzeri in Graminibus determinandis laborem admiror, fed clavem ejus dichotomam adhibere cupienti tot occurrunt nodi, imprimis quoad longitudinem glumarum & ariftarum, ut vix credam quemquam ad finem ufque eum fequi poffe. Ad difficultatem hancce levandam, Gramina quidem fecundùm *Methodum Linnæanam feu fexualem* dudùm in Syftem. Nat. *D. Præfidis*, ut nil perfeétius, funt explicata: Quemadmodùm autem in proverbio eft iftud tritum: *Mus mifer in antro, qui non gaudet pluribus uno*, & ficut ubi unica tantùm nobis relicta fuerit via, in illa magni perfæpè obvia fefe fiftunt impedimenta, quæ alia facilè evitantur; quamobrem etiam unus hác proficifcitur viá, alter alio potiùs egreditur tramite; fic quoque cum Graminibus, uno tantùm fyftemate explicatis, comparatum effe crediderim. Methodum igitur novam è Generibus Plantarum formatam, & à figura numeroque Calycis & Corollæ defumptam, exftruere conabimur: Florem quoque unum è quovis Genere delineatum fiftam, ut huic Ordini lux affundatur uberior. Antea tamen verbo tantummodò monendum duco, ea Gramina *propriè* vocari SPICATA, quorum flores feffiles denticulis infident excavatis, feu *rachin* habent *dentatam*: *impropriè* verò quibus flores funt feffiles, & *vagi*, feu abfque denticulis fubjectis (a); PANICULATA contra floribus femper pedicellatis funt inftructa. CALAMARIÆ autem calyce uni vel quinque valvi in amento pofito, corollâque nullâ, ab his facillimè diftinguuntur.

METHODUS GRAMINUM CALYCINA.

S P I C A T A.

* *Spica difticha, receptaculo dentato.*

SECALE. † *Calyx* bivalvis, biflorus aut triflorus; *valvulis corollæ* minoribus, lanceolatis. *Tab. I.* 1. (b).

(a) Perfæpè apud Auétores recentioris etiam ævi plurima Gramina vocantur *Spicata*, quamvis verè non fint talia, e. gr. dùm *Panici* genus in *Spicata* & *Paniculata* difpefcitur; verum in ejufmodi cafibus tantùm *Panicula fpicata*, anteà definita, intelligitur.

(b) Prior numerus Tabulam, & pofterior Figuram flores depictos tradentem, fignificat. Cruce Genera exceptionibus obnoxia notantur, quæ poftea in §. III. recenfentur.

ÆGILOPS. †   *Calix* bivalvis , triflorus ; *valvulis* rachin amplectentibus ; *ariſtis* plurimis. *T. I.* 10.

TRITICUM.   *Calyx* bivalvis , triflorus aut multiflorus ; *valvulis* corollæ æqualibus , tumidioribus. *T. I.* 2.

LOLIUM.   *Involucrum* monophyllum , multiflorum. *T. I.* 3.

HORDEUM.   *Involucrum* hexaphyllum, triflorum. *T. I.* 4.

ELYMUS †   *Involucrum* hexaphyllum , triſtachyum. *T. I.* 5.

* * *Spica teretiuſcula , floribus vagis.*

CENCHRUS. †   *Involucrum* triflorum, laciniatum, ſpinoſum. *Calix* partialis, bivalvis, biflorus. *T. I.* 9.

COIX.   *Calyx* bivalvis , biflorus : *inferior* in rachi femineus ; valvulis oſſificatis , duris ; *ſuperiores* maſculi valvulis ovatis , planis. *T. I.* 8.

ZEA. †   *Calyx* bivalvis ; *inferiores* in planta feminei uniflori , valvulis ſubrotundis , concavis ; *ſuperiores* maſculi , biflori , valvulis oblongis. *T. I.* 7.

PHLEUM.   *Calyx* bivalvis, linearis, truncatus, æqualis, apice bicuſpidatus. *Corolla* bivalvis æqualis. *T. II.* 27.

BOBARTIA.   *Calyx* imbricatus ; *inferiores* glumæ univalves, abſque corollis ; *ſupremus* bivalvis, uniflorus. *Germen* inferum. *T. I.* 6.

* * * *Spica ſecunda ſ. unilateralis.*

TRIPSACUM. †   *Calyces inferiores* in ſpica uniflori feminei : valvulis 2. ſ. 4-partitis, ad baſin ſinubus hiantibus. *Corolla* trivalvis ; *ſuperiores* biflori maſculi, bivalves. *T. I.* 12.

ISCHÆMUM.   *Calyx* bivalvis , biflorus , inſidens rachi dichotomæ, & in axillis, & in apice pedicelli. *T. I.* 11.

NARDUS.   *Calyx* nullus. *Corollæ* ſolitariæ bivalves. *T. I.* 13.

* * * * *Spica biflora ſpathacea.*

LYGEUM.   *Calyx* nullus , niſi ſpatha communis ;

Corollæ binæ, bivalves, fupra idem *germen* commune, biloculare, hirfutum. *T. I.* 15.

PANICULATA.

* Calyce nullo.

ZIZANIA. *Corolla* bivalvis, imberbis; mares & feminæ in diftinctis flofculis. *Stamina* fex. *T. I.* 16. (c)

SACCHARUM. *Corolla* bivalvis, lanugine longiore tectâ. *T. I.* 17.

* * Calyce unifloro.

PANICUM. † *Calyx* 3-valvis, *valvulâ* tertiâ dorfali minore: *Corolla* bivalvis. *T. I.* 18.

CORNUCOPIÆ. *Calyx* 2-valvis: *Corolla* univalvis: *Involucrum* infundibuliforme, multiflorum. *T. I.* 19.

ALOPECURUS. *Calyx* 2-valvis: *Corolla* univalvis, apice fimplici, bafi ariftatâ, abfque involucro. *T. I.* 20.

ARISTIDA. *Calyx* 2-valvis: *Corolla* univalvis, ariftis tribus terminalibus. *T. I.* 21.

LAGURUS. *Calyx* 2-valvis, *valvulis* linearibus, villofis. *Corolla* 2-valvis, *valvulâ* exteriore, *ariftis* 2. terminalibus, tertiâ dorfali. *T. I.* 22.

STIPA. *Calyx* 2-valvis: *Corolla* 2-valvis, *ariftâ* terminali tortili, bafi articulatâ. *T. II.* 23.

ANTHOXAN- *Calyx* 2-valvis. *Corolla* 2-valvis, è dorfo
THUM. valvulis utriufque *ariftam* emittens, alteram geniculatam. *T. II.* 24.

ANDROPOGON. *Flos Hermaphrod.*: *Calyx* 2-valvis, feffilis, bafi lanugine cinctus. *Corolla* ariftata, è bafi valvulæ majoris tortilis. *Flos Mafc. Calyx* 2-valvis, pedunculatus: *Corolla* mutica. *T. II.* 24.

ORYZA. *Calyx* 2-valvis, minimus: *Corolla* 2-valvis calyce major: *valvulâ* majore quinquangulari, *ariftâ* terminali rectâ. *Stamina* fex. *T. II.* 26.

(c) Ubi numerus ftaminum non fuerit expofitus, tria tantùm dari fubintelligendum eft.

PHALARIS. *Calyx* 2-valvis, æqualis; *valvulis* carinatis, corollam includentibus. *T. II.* 28.

DACTYLIS. † *Calyx* 2-valvis : *valvulâ* alterâ longiore compreſſâ, carinatâ. *Corolla* 2-valvis. *Panicula* ſpicata, ſecunda. *T. II.* 29.

CINNA. *Calyx* 2-valvis : *valvulis* acutis, corollâ paulò brevioribus. *Corolla* 2-valvis, ſub apice ariſtata. *Stamen* 1. *T. II.* 30.

AGROSTIS. *Calyx* 2-valvis : *valvulis* acutis, corollâ brevioribus. *Corolla* 2-valvis, acuminata. *T. II.* 31.

MILIUM. *Calyx* 2-valvis : *valvulis* ventricoſis, corollâ majoribus. *Corolla* 2-valvis, ovata; *Piſtillis* penicelliformibus. *T. II.* 32.

PASPALUM. *Calyx* 2-valvis ; *valvulis* ſubrotundis, figura corollæ. *Corolla* bivalvis : alterâ *valvulâ* rotundâ, concavâ; alterâ claudente convexâ. *Panicula* ſpicata, ſecunda. *T. II.* 33.

OLYRA? *Calyx* 2-valvis ; *Terminalis* femineus : *valvulis* maximis concavis. *Corolla* minima. *Inferior* maſculus; *valvulis* corollæ ferè æqualibus. *T. II.* 34.

PHARUS. *Calyx* 2-valvis : *Seſſilis* femineus; *valvulis* ovato-oblongis. *Corolla* 2-valvis, calyci æqualis. *Pedunculatus* maſculus è baſi feminei, *valvulis* acutis corollâ minoribus. *Corolla* 2-valvis, acuta. *Stamina* ſex. *T. II.* 35.

* * * *Calyce bifloro aut trifloro.*

MELICA? *Calyx* 2-valvis, ovatus; *floſculi* duo cum rudimento tertii intermedio. *T. II.* 36.

AIRA. *Calyx* 2-valvis, acuminatus : *floſculi* duo aut tres, ſine rudimento intermedio. *T. II.* 37.

APLUDA. *Calix* bivalvis, truncatus, continens *floſculum* unum ſeſſilem, & duos in pedicello communi. *T. II.* 38.

HOLCUS. *Calyx* 2-valvis, ovatus, continens *corollam hermaphroditam* ſeſſilem, & unam vel duas *maſculas*, aut intra aut extra calycem poſitas, pedicellatas. *T. II.* 39.

* * * * *Calyce*

**** *Calyce multifloro.*

UNIOLA. *Calyx* imbricatus, multivalvis; *valvulis* carinatis. *Spiculæ* ovatæ. *T. II.* 40.

BRIZA. *Calyx* 2-valvis : *valvulis* cordatis. *Corollæ* valvula exterior cordata, interior minor oblonga. *Spiculæ* cordatæ. *T. II.* 41.

POA. *Calyx* 2-valvis, ovatus. *Corolla* valvulis ovatis, acuminatis : *Spiculis* ovato-oblongis. *T. II.* 42.

FESTUCA. *Calyx* 2-valvis, acuminatus. *Corolla* valvulis mucronatis. *Spiculæ* tenuiores, acutæ. *T. II.* 43.

BROMUS. *Calyx* 2-valvis. *Corolla* valvulis sub apice aristatis. *Spiculæ* oblongæ. *T. II.* 44.

AVENA. † *Calyx* 2-valvis. *Corolla* valvulis dorso arista contorta, in medio geniculata. *Spiculæ* diffusæ. *T. II.* 45.

ARUNDO. † *Calyx* 2-valvis. *Corolla* basi lanata, mutica. *T. II.* 46.

CYNOSURUS. *Involucrum* commune multiflorum. *Calyx* partialis bivalvis, multiflorus. *T. I.* 14.

CALAMARIÆ.

CYPERUS. *Calyx* univalvis, in *Amento* disticho. *Corolla* nulla, nisi calycem dicas. *Semen* nudum. *T. II.* 48.

CAREX. *Calix* univalvis, in *Amento* imbricato; masc. & femin. distincti : *Nectarium* 2-dentatum, semen obvestiens. *Corolla* nulla. *T. II.* 27.

SCIRPUS. *Calyx* univalvis, in *Amento* imbricato. *Corolla* nulla. *Semen* subnudum, pilis minimis. *T. II.* 49.

ERIOPHORUM. *Calyx* univalvis, in *Amento* imbricato. *Corolla* nulla. *Semen* lanigerum, villis longioribus. *T. II.* 50.

SCHOENUS. *Calyx* quinque-valvis, in *Amento* imbricato. *Semen* subrotundum. *Fig.* 2. 51.

§. II.

Expofitam fic vides, Lector B., Methodum illam, quam ad cognitionem Graminum facilitandam quid conferre crediderim. Suâ forfan gaudet utilitate, fuis quoque laborat incommodis. Quandò notas fufficientes & characteres, à Cályce partibufque fructificationis externis defumere non potui, eas à numero fituque ftaminum petere coactus fui, quod tamen plerumque evitavi. Prætereà huic, uti ubique in re herbaria, genera majori vel minori junguntur affinitate. Opera Naturæ quafi in catena non interrupta difpofita fingere licet; fi nobis perfpecta, fi benè cognita effent omnia, difficiliùs fegregari poffent genera, & minima foret proximorum articulorum differentia. Quò propiùs ad faftigium evecta fuerit fcientia hæcce, quò penitùs Naturam indagare valeamus, tantò majores in notis familiarum explanandis difficultates exfurgunt; limites enim fenfim fenfimque obfcuriores evadunt. Fruftrà igitur à fyftemate quovis tantam quæfiveris certitudinem, quafi non fuis fubjecta effet difficultatibus, fuis exceptionibus. Ad hoc facilitandum, ea præcipuè genera, quæ maxime ut ita dicam cónfanguinitate propinqua funt, adhùc repetens enodabo.

CORNUCOPIÆ tantâ cum ALOPECURO corollâ univalvi annexum eft affinitate, ut nullâ aliâ notâ, quàm involucro prioris, inter fe diftinguantur.

ARISTIDA totâ interdum facie LAGURUM vel STIPAM repræfentat, ut tanquam mediam his interpofitam effe videatur; nam nifi adhibito majori accuratiorique examine partium, quifque facilè *Ariftidam plumofam* generi *Stipæ* tribuendam cenferet. *Lagurus* etiam, dùm tres quoque habeat ariftas, cum hâc facilè confunditur, quanquam infertione ariftarum differant.

ANDROPOGON, SACCHARUM, & ARUNDO, & lana flofculorum, & ipfa ftructura externa parùm difcrepant, parvo licèt negotio, fi ritè examinata fuerint, diftinguantur. *Andropogon ravennæ* tantam cum *Arundinibus* habet fimilitudinem, ut ad eas, fi flofculorum fitus & ariftæ non prohiberent, referendum quifque judicaret.

MILIUM medium inter PANICUM & AGROSTIDEM tenet locum, & à priori defectu valvulæ tertiæ dorfalis, à pofteriore verò piftillis penicilliformibus valvulifque ovatis tumidioribus differt.

CINNA nullâ notâ conftanti fufficientique à calyce vel corollê defumptâ ab *Agroftide* difcernitur; nam & plurimæ inter pofteriores funt ariftatæ. Stamen unicum prioris effentialem conftituit differentiam.

MELICA diftinctiffima fanè ab omnibus graminibus, mediante flofculi rudimento inter duos flores perfectos: HOLCUS *lanatus* tamen, & *H. latifolius* ftructurâ ei maximè affimilant, flofculo verò intermedio mafculo facillimè feparantur. Aira cærulea hujus generis eft.

AIRÆ duo, vel maximè tres, intrà calycem communem funt flofculi, POÆ verò femper plures. Interdùm tamen *Aira aquatica* in locis falfis crefcens, cujufque exemplar cum D. Præfide D. D. *Schreber* communicavit, pluribus luxuriat flofculis, unumquemque facilè deceptura.

UNIOLA & BRIZA primo afpectu floribus maximè convenirent, nifi valvulæ *pofterioris*, ferè ut in *Phalaride*, carinatæ effent & imbricatæ.

POAM inter FESTUCAM & BROMUM maxima quidem differentia effe videtur; fed *Feftuca fluitans* Poæ fpiculis ovatis, *F. elatior* Bromo valvulis ariftatis maximè conveniunt, ut ad reliquam defcriptionem, ne confundantur, plurimùm attendendum. Majori tamen jure ad *Feftucas*, quam ad cætera referuntur genera.

SCIRPUS & ERIOPHORUM ambo femina ad bafin villofa habent; prioris autem fetæ funt fubulatæ, breviffimæ, leves & vix manifeftæ; pofterioris verò calyce majores, ut lanam quafi forment.

§. III.

Genera etiam quædam Graminum quibufdam obnoxia funt exceptionibus, quas indefeffus olim labor, acutumque examen fuperabunt. Plurimas enumerare conabor, ne confundantur alii, vel fallantur.

SECALE in quibufdam fpeciebus duos, in aliis tres habet flofculos, dùm tertius pedunculatus eft inter duos majores feffilis. Facilè tamen à *Tritico* calyce, corollâ minori & lineari diftinguitur.

ELYMI fpecies interdum duas , fæpiùs très in eodem rachis denticulo habent fpiculas; femper tamen duo involucra fingulæ fpiculæ funt fubjecta. Ab *Hordeo* autem, cùm in priori fpicæ fint multifloræ , in pofteriori verò tantùm tres fimplices flores , facillimè feparatur.

ÆGILOPS *incurvata* calycem habet uniflorum glumis indivifis (*d*); reliquæ verò fpecies triflorum ariftatum , facie tamen , & glumis rachin ampleCtentibus convenientes, ad idem genus naturale fpeCtant.

CENCHRUS *racemofus* & *lappaceus* non accuratè funt fpicati , & *pofterior* etiam calycem habet trivalvem tantùm biflorum ; valvulis tamen echinatis , quæ genuinum confti-tuunt generis charaCterem , facilè dignofcuntur.

ZEÆ flores *mafculi* non in fpicam propriè fic diCtam congefti funt , fed cùm flores *feminei* fint perfeCtè fpicati , fpicatis etiam annumeratur.

TRIPSACUM *daCtyloïdeum* & *hermaphroditum* ejufdem funt generis , finu calycis , quafi foramine faCto , ab omnibus reliquis graminibus diftinCto : Priori tamen flores mafculi & feminei funt diftinCti , pofteriori verò omnes hermaphro-diti , in fpica etiam tereti pofiti.

CYNOSURI genus multis fubjeCtum eft difficultatibus ; fpecies enim involucro , in plurimis diffimili , quàm maximè inter fe difcrepant. *C. criftatus* , *echinatus* & *aureus* facilè invo-lucro peCtinato dignofcuntur ; *C. Lima* autem tantâ ftruCturâ glumarum & fpicâ fecundâ cum his adhæret fimilitudine , ut removeri nequeat. Si verò hic non feparatur , neque *C. Ægyptius* , *Coracanus* aut *Indicus* , ad aliud genus referri poffunt , utpote qui eo maximâ junCti affinitate. *C. durus* ægrè his adneCtitur fpeciebus , quanquam duritie fuâ illis maximè convenit. *C. cæruleus* tandem æque ac congeneres fpicam quidem fecundam habet , multùm tamen involucris integris à cæteris differt , quare etiam à *D. Scopoli* aliifque ad novum & diftinCtum genus fit relatus. Optandum forèt , ut quis certam & fufficientem notam ad has fpecies com-binandas inveniret.

PANICUM jure ad uniflora refertur , quamvis *P. glaucum* , *viride* , *compofitum* , *groffarium* , *patens* biflora fint , cùm omnia reliqua calycem habeant uniflorum.

(*d*) Vid. Tab. I. Fig. 10. lib. B. a.

DACTYLIS *cynosuroïdes* uniflora & ferè spicata, sed *D. glomerata* 4-flora ; quoniam verò habitu & structurâ conveniant, ægrè eas distinguimus.

HOLCUS interdum calycem biflorum, interdum triflorum habet, floresque masculos in aliis speciebus intrà eundem cum hermaphrodito calycem sessiles, in aliis extra pedicellatos. Vid. Spec. Plant. *D. Præsidis.*

AVENÆ species & uniflorae, 4-florae, & multiflorae sunt, quod magnam methodi calycinæ adfert difficultatem. Arista dorsalis, articulata, intorta essentialem hujus Generis constituit characterem.

ARUNDO pari etiam modo calycibus unifloris, 2, 3, vel multifloris variat. Sed neque Avenas, neque has genere distinguendas esse nemo non videt.

Enumeravi, examinent alii, inquirant, concilient.

EXPLICATIO TABULARUM.

TABULA I.

Fig. 1. SECALE. *aa* Glumæ calycinæ. *bb* Corollæ, quarum valvula interior plana, exterior concava aristata. *c* rachis cum suis denticulis.

Fig. 2. TRITICUM. *aa* Glumæ calycis truncatæ, amplectentes corollas tres *bbb*, quarum valvula exterior aristata tantùm videre est.

Fig. 3. LOLIUM. *aaa* Involucrum 1-phyllum. *bbb* Spiculae constantes è corollis. *c* Corolla aperta, ut duæ ejus valvulae videantur.

Fig. 4. HORDEUM. *a–a* Involucra, quorum 2 pertinent ad unamquamque corollam *bbb*, quæ à tergo desinentes in aristas longas repræsentantur.

Fig. 5. ELYMUS. *a–a* Involucra duo ad unamquamque spiculam multifloram *bbb*. *c* Involucra spiculis desumptis denticulo adnixa.

Fig. 6. BOBARTIA. *A* spica cylindrica, glumis calycinis numerosis, univalvibus, & unico in apice flore, *Lit. B* exposito, ubi *aa* glumae calycis, *c* germen, *b* corolla minima, supera.

Fig. 7.   ZEA. *A* spica cylindrica, obvoluta, ubi *a* flores feminei, stylis longissimis *b*. *c* Flos femineus, uniflorus. *B* spica masculina, è floribus bifloris *d* constans.

Fig. 8.   COIX. *A* Spica subcylindrica, ubi *a* flos femineus biflorus, stigmate 2-partito villoso *bb*, & *c* flores masculi biflori, quorum unus *B* major expositus.

Fig. 9.   CENCHRUS. *A* flos totus, cum involucro spinoso. *B* involucrum dimidiatum ab interna parte visum, cum floribus tribus sessilibus *aaa*. *C* flos exemptus, constans calyce *lb* bifloro, & Corollis altera *c* mascula, altera *d* hermaphrodita.

Fig. 10.   ÆGILOPS. *A* florem unicum spicæ monstrat, ubi *a* & *b* Glumæ calycis rachin *c* amplectentes. *d* Corollæ tres polygamæ. *B*. ÆGILOPS *incurvata*, glumis calycinis *e* indivisis.

Fig. 11.   ISCHÆMUM. *ccc* rachis dichotomus, cui insident & in axillis flores biflori *aa* (microscopio picti in *A*), & in pedunculis flores polygami *b*, (*B* plenius expositi).

Fig. 12.   TRIPSACUM, *aa* flores feminei ; unusquisque calyce bipartito, foramine hiante, continente duas corollas, quarum una *d* exposita. *b-b* flores masculi per paria denticulis inserti, quorum *c* unum biflorum demonstrat. *e* Calyx quadripartitus TRIPSACI *hermaphroditi*, etiam foraminibus notatus.

Fig. 13.   NARDUS. *A* spica secunda, Corollis *cc*, quarum una *B* major apparet, valvulâ inferiore *a* majore & amplectente minorem *b*, nunc extra situm naturalem tractam.

Fig. 14.   CYNOSURUS. *A* spica secunda, è plurimis Corollis *B* constans, ubi *a* involucrum multifidum, *bb* calyx multiflorus, & *cc* flosculi.

Fig. 15.   LYGEUM. *A* spica biflora. *a* spatha. *bb* glumæ corollarum exteriores & *cc* interiores bifidæ, longiores, insidentes germini hirsuto. *dd* pistilla. *f* stamina. *B* Germen villis destitutum, abscissum, ut duo ejus loculamenta videantur. Figura Loeflingii est.

Fig. 16.   ZIZANIA. *a* Corolla feminea, *b* masculina, ambo sine calyce.

Fig. 17.   SACCHARUM. Corolla extus lana loco calycis obtecta

Fig. 18. PANICUM. *bb* Calycis Glumæ duæ æquales , *a* tertia Gluma dorſalis. *c* Corolla.

Fig. 19. CORNUCOPIÆ. *A* flores cum involucro *a* 1-phyllo. *b* flores cum fructificatione. *B* flos exemptus , ubi *cc* Calycis glumæ & *d* Corolla 1-valvis.

Fig. 20. ALOPECURUS *aa* Calycis valvulæ. *b* Corolla univalvis , baſi ariſtata.

Fig. 21. ARISTIDA. *aa* Glumæ calycinæ lineares , *b* corolla univalvis , apice triariſtata ; baſi hirſuta.

Fig. 22. LAGURUS. *aa* Calycis valvulæ tenuiſſimæ , villoſæ. *b* Gluma exterior Corollæ ariſtis 2-terminalibus & tertia dorſalis contorta. *c* Interior Corollæ gluma.

TABULA II.

Fig. 23. STIPA. *aa* Valvulæ calycis *b* Valvula exterior corollæ , ariſta baſi articulata , contorta. *c* valvula interior corollina

Fig. 24. ANTHOXANTHUM. *aa* Glumæ calycinæ *b* ariſta interioris valvulæ corollinæ , contorta , geniculata , *c* ariſta exterioris recta.

Fig. 25. ANDROPOGON. *a* flos Hermaphroditus ſeſſilis ; *c* ariſta corollæ articulata. *bb* flores maſculi , pedunculati.

Fig. 26. ORYZA. *Lit. A* : *aa* Calyx minimus *b* valvula corollæ exterior ariſtata , *c* interior. *Lit. B* Nectarium exemptum & microſcopio viſum , cujus valvulæ ovatæ , crenatæ , continent ſtamina & piſtilla. Figura *a* Michelio mutata.

Fig. 27. PHLEUM. *aa* Glumæ calycis explicatæ , ut corolla videatur ; *b* flos in ſitu naturali , ubi bicuſpidatus apparet.

Fig. 28. PHALARIS. *aa* Glumæ calicinæ carinatæ. *b* Corolla.

Fig. 29. DACTYLIS. Gluma calycis exterior major carinata , *b* minor. *c* Corolla , cujus gluma exterior etiam carinata. *d* panicula ſecunda.

Fig. 30. CINNA. *a* corolla ariſtata , *b* calyx.

Fig. 31. AGROSTIS. Fig. 32. MILIUM.

Fig. 33. PASPALUM. Corolla cum panicula ſpicata ſecunda.

Fig. 34. OLYRA. *a* flos femineus terminalis. *b* Maſculus pedunculatus.

Fig. 35. PHARUS. *b* flos femineus ſeſſilis , *a* maſculus hexandrus , è baſi feminei pedunçulatus.

Fig. 36. MELICA. *aa* Calyx, *bb* corollæ fertiles, *c* rudimentum tertiæ intermedium.

Fig. 37. AIRA. *aa* Calyx, *bb* corollæ fine rudimento intermedio.

Fig. 38. APLUDA. *aa* Calyx cujus altera valvula truncata. *c* Corollæ valvula exterior truncata, *d* interior acuta. *b* Flofculi duo mafculi in pedicello communi, quem gluma calycis obtectum videre non licet.

Fig. 39. HOLCUS. *aa* Corollæ mafculæ, pedunculatæ. *b* Flos hermaphroditus.

Fig. 40. UNIOLA. *aaa* Calyx imbricatus. *bbb* Corollæ cum fructificatione.

Fig. 41. BRIZA. *aa* Calycis glumæ. *bbb* Corollæ, quarum glumæ exteriores tantùm videntur. *B* corollam exemptam repræfentat, dùm *c* valvula exterior cordata, *d* interior, obovata.

Fig. 42. POA. *A* tota fpicula, ubi *aa* calyx, *bb* corollæ. *B* flofculus corollinus, ubi *c* valvula exterior, *d* interior.

Fig. 43. FESTUCA. *aa* Glumæ calycis. *bbb* Corollæ, in fpiculam acuminatam.

Fig. 44. BROMUS. *aa* Calyx. *bbb* Corollæ, quarum valvulæ exteriores, fub apice ariftatæ tantùm videntur.

Fig. 45. AVENA. *aa* Calyx. *bbb* Corollæ dorfo ariftatæ.

Fig. 46. ARUNDO. *aa* Valvulæ calycinæ. *bbb* Corollæ lanâ obtectæ.

Fig. 47. CAREX. *a* Amentum imbricatum. *e* Squama calycina feminea. *d* Nectarium bifidum. *b* Germen cum ftylo nectario deftitutum. *c* Squama calycina cum ftaminibus.

Fig. 48. CYPERUS. *a* Amentum diftichum. *b* Squama calycis cum fructificatione.

Fig. 49. SCIRPUS. *b* Amentum imbricatum. *a* Squama calycina cum ftaminibus, & germine parùm villofo.

Fig. 50. ERIOPHORUM. *a* Amentum imbricatum, villofum. *b* Squama calycis cum fructificatione villis contecta.

Fig. 51. SCHŒNUS. Calycis petala fex cum fructificatione.

Fin du premier Volume.

www.ingramcontent.com/pod-product-compliance
Lightning Source LLC
Chambersburg PA
CBHW031537210326
41599CB00015B/1928